SEASONS, EASTER AND ASTRONOMICAL MOTIONS

ISBN 978-1-291-64500-2

© 2013 Ricci Pier Paolo. Tutti i diritti sono riservati.
© 2013 Ricci Pier Paolo. All rights reserved.

In copertina foto Nasa ©
On the cover photo Nasa ©

3

INTRODUZIONE

Questo libro, l'ultimo della serie dedicata al sistema solare, include vari aspetti di diversa natura dei pianeti affrontati nella loro evoluzione nel corso dei secoli, come le stagioni , la durata del giorno, la precessione, gli elementi orbitali dei pianeti, la data della Pasqua e tanto altro. Un capitolo è dedicato anche ai transiti ed alle occultazioni visibili dagli altri pianeti.

Questo non è un manuale tecnico e di difficile lettura, ma una descrizione completa e molto dettagliata su quello che il cielo ci offre durante la nostra vita, quindi ogni tabella è pronta all'uso ed ogni evento riportato sarà facilmente visibile ad occhio nudo od eventualmente con un modestissimo binocolo.

Un'opera per astrofili, per astronomi, per professionisti o semplici appassionati.

INTRODUCTION

This book, the last of the series dedicated to the solar system, includes various aspects of different kinds of planets during their evolution over the centuries, like the seasons, the length of the day, the precession, the orbital elements of the planets, the date of Easter and much more. A chapter is also dedicated to the transits and occultations visible to the other planets.
This is not a technical and difficult to read manual, but a complete and very detailed description of what the sky gives us throughout our lives, so each table is ready for use, and each reported event will be easily visible to the naked eye or possibly with a simple pair of binoculars.
The book is for stargazing astronomers and professionals.

SEASONS - STAGIONI

Winters and summers solstices
Springs and autumns equinoxes

Time : Universal time

Solstizi invernali ed estivi
Equinozi primaverili ed autunnali

Time : tempi in U.T.

PRIMAVERA - SPRING

Year	Day	Time
1	Wed, Mar 21	1:06
2	Thu, Mar 21	7:02
3	Fri, Mar 21	12:40
4	Sat, Mar 20	18:31
5	Mon, Mar 21	0:28
6	Tue, Mar 21	6:19
7	Wed, Mar 21	12:17
8	Thu, Mar 20	18:04
9	Fri, Mar 20	23:54
10	Dom, Mar 21	5:49
11	Mon, Mar 21	11:27
12	Tue, Mar 20	17:13
13	Wed, Mar 20	23:05
14	Fri, Mar 21	4:46
15	Sat, Mar 21	10:32
16	Dom, Mar 20	16:14
17	Mon, Mar 20	22:01
18	Wed, Mar 21	3:59
19	Thu, Mar 21	9:43
20	Fri, Mar 20	15:33
21	Sat, Mar 20	21:29
22	Mon, Mar 21	3:16
23	Tue, Mar 21	9:06
24	Wed, Mar 20	14:54
25	Thu, Mar 20	20:44
26	Sat, Mar 21	2:39
27	Dom, Mar 21	8:20
28	Mon, Mar 20	14:06
29	Tue, Mar 20	20:03
30	Thu, Mar 21	1:52
31	Fri, Mar 21	7:41
32	Sat, Mar 20	13:28
33	Dom, Mar 20	19:15
34	Tue, Mar 21	1:04
35	Wed, Mar 21	6:45
36	Thu, Mar 20	12:29
37	Fri, Mar 20	18:22
38	Dom, Mar 21	0:09
39	Mon, Mar 21	5:53
40	Tue, Mar 20	11:42
41	Wed, Mar 20	17:35
42	Thu, Mar 20	23:31
43	Sat, Mar 21	5:22
44	Dom, Mar 20	11:10
45	Mon, Mar 20	17:05
46	Tue, Mar 20	22:55
47	Thu, Mar 21	4:38
48	Fri, Mar 20	10:27
49	Sat, Mar 20	16:15
50	Dom, Mar 20	22:02
51	Tue, Mar 21	3:44
52	Wed, Mar 20	9:28
53	Thu, Mar 20	15:21
54	Fri, Mar 20	21:13
55	Dom, Mar 21	2:59
56	Mon, Mar 20	8:47
57	Tue, Mar 20	14:39
58	Wed, Mar 20	20:26
59	Fri, Mar 21	2:12
60	Sat, Mar 20	8:00
61	Dom, Mar 20	13:53
62	Mon, Mar 20	19:45
63	Wed, Mar 21	1:30
64	Thu, Mar 20	7:18
65	Fri, Mar 20	13:16
66	Sat, Mar 20	19:07
67	Mon, Mar 21	0:55
68	Tue, Mar 20	6:43
69	Wed, Mar 20	12:30
70	Thu, Mar 20	18:19
71	Sat, Mar 21	0:01
72	Dom, Mar 20	5:44
73	Mon, Mar 20	11:36
74	Tue, Mar 20	17:19
75	Wed, Mar 20	23:01
76	Fri, Mar 20	4:51
77	Sat, Mar 20	10:43
78	Dom, Mar 20	16:41
79	Mon, Mar 20	22:31
80	Wed, Mar 20	4:19
81	Thu, Mar 20	10:17
82	Fri, Mar 20	16:04
83	Sat, Mar 20	21:48
84	Mon, Mar 20	3:41
85	Tue, Mar 20	9:27
86	Wed, Mar 20	15:17
87	Thu, Mar 20	21:01
88	Sat, Mar 20	2:43
89	Dom, Mar 20	8:41
90	Mon, Mar 20	14:29
91	Tue, Mar 20	20:10
92	Thu, Mar 20	2:01
93	Fri, Mar 20	7:46
94	Sat, Mar 20	13:35
95	Dom, Mar 20	19:24
96	Tue, Mar 20	1:07
97	Wed, Mar 20	7:06
98	Thu, Mar 20	12:54
99	Fri, Mar 20	18:35
100	Dom, Mar 21	0:33
101	Mon, Mar 21	6:26
102	Tue, Mar 21	12:20
103	Wed, Mar 21	18:12
104	Thu, Mar 20	23:53
105	Sat, Mar 21	5:48
106	Dom, Mar 21	11:34
107	Mon, Mar 21	17:09
108	Tue, Mar 20	23:01
109	Thu, Mar 21	4:44
110	Fri, Mar 21	10:28
111	Sat, Mar 21	16:17
112	Dom, Mar 20	22:00
113	Tue, Mar 21	4:01
114	Wed, Mar 21	9:56
115	Thu, Mar 21	15:36
116	Fri, Mar 20	21:34
117	Dom, Mar 21	3:24
118	Mon, Mar 21	9:11
119	Tue, Mar 21	15:05
120	Wed, Mar 20	20:48
121	Fri, Mar 21	2:42
122	Sat, Mar 21	8:32
123	Dom, Mar 21	14:06
124	Mon, Mar 20	20:02
125	Wed, Mar 21	1:54
126	Thu, Mar 21	7:38
127	Fri, Mar 21	13:31
128	Sat, Mar 20	19:10
129	Mon, Mar 21	1:02
130	Tue, Mar 21	6:53
131	Wed, Mar 21	12:28
132	Thu, Mar 20	18:23
133	Sat, Mar 21	0:14
134	Dom, Mar 21	5:56
135	Mon, Mar 21	11:52
136	Tue, Mar 20	17:40
137	Wed, Mar 20	23:38
138	Fri, Mar 21	5:36
139	Sat, Mar 21	11:14
140	Dom, Mar 20	17:07
141	Mon, Mar 20	22:59
142	Wed, Mar 21	4:39
143	Thu, Mar 21	10:30
144	Fri, Mar 20	16:13
145	Sat, Mar 20	21:59
146	Mon, Mar 21	3:50
147	Tue, Mar 21	9:25
148	Wed, Mar 20	15:19
149	Thu, Mar 20	21:17
150	Sat, Mar 21	3:00
151	Dom, Mar 21	8:53
152	Mon, Mar 20	14:42
153	Tue, Mar 20	20:31
154	Thu, Mar 21	2:27
155	Fri, Mar 21	8:05
156	Sat, Mar 20	13:57
157	Dom, Mar 20	19:53
158	Tue, Mar 21	1:32
159	Wed, Mar 21	7:25
160	Thu, Mar 20	13:17
161	Fri, Mar 20	19:08
162	Dom, Mar 21	1:02
163	Mon, Mar 21	6:39
164	Tue, Mar 20	12:26
165	Wed, Mar 20	18:19
166	Thu, Mar 20	23:57
167	Sat, Mar 21	5:45
168	Dom, Mar 20	11:34
169	Mon, Mar 20	17:20
170	Tue, Mar 20	23:12
171	Thu, Mar 21	4:55
172	Fri, Mar 20	10:48
173	Sat, Mar 20	16:51
174	Dom, Mar 20	22:37
175	Tue, Mar 21	4:27
176	Wed, Mar 20	10:21
177	Thu, Mar 20	16:09
178	Fri, Mar 20	22:00
179	Dom, Mar 21	3:41
180	Mon, Mar 20	9:26
181	Tue, Mar 20	15:18
182	Wed, Mar 20	20:57
183	Fri, Mar 21	2:42
184	Sat, Mar 20	8:37
185	Dom, Mar 20	14:27
186	Mon, Mar 20	20:17
187	Wed, Mar 21	2:00
188	Thu, Mar 20	7:46
189	Fri, Mar 20	13:43
190	Sat, Mar 20	19:27
191	Mon, Mar 21	1:14
192	Tue, Mar 20	7:09
193	Wed, Mar 20	12:59
194	Thu, Mar 20	18:49
195	Sat, Mar 21	0:37
196	Dom, Mar 20	6:28
197	Mon, Mar 20	12:26
198	Tue, Mar 20	18:11
199	Wed, Mar 20	23:53
200	Fri, Mar 21	5:43
201	Sat, Mar 21	11:31
202	Dom, Mar 21	17:14
203	Mon, Mar 21	22:57
204	Wed, Mar 21	4:42
205	Thu, Mar 21	10:32
206	Fri, Mar 21	16:18
207	Sat, Mar 21	22:05
208	Mon, Mar 21	4:04
209	Tue, Mar 21	10:01
210	Wed, Mar 21	15:50
211	Thu, Mar 21	21:38
212	Sat, Mar 21	3:29

213	Dom,	Mar 21	9:21
214	Mon,	Mar 21	15:08
215	Tue,	Mar 21	20:51
216	Thu,	Mar 21	2:41
217	Fri,	Mar 21	8:30
218	Sat,	Mar 21	14:12
219	Dom,	Mar 21	19:58
220	Tue,	Mar 21	1:50
221	Wed,	Mar 21	7:41
222	Thu,	Mar 21	13:26
223	Fri,	Mar 21	19:11
224	Dom,	Mar 21	1:00
225	Mon,	Mar 21	6:54
226	Tue,	Mar 21	12:39
227	Wed,	Mar 21	18:25
228	Fri,	Mar 21	0:18
229	Sat,	Mar 21	6:07
230	Dom,	Mar 21	11:56
231	Mon,	Mar 21	17:48
232	Tue,	Mar 20	23:42
233	Thu,	Mar 21	5:40
234	Fri,	Mar 21	11:24
235	Sat,	Mar 21	17:06
236	Dom,	Mar 20	22:58
237	Tue,	Mar 21	4:42
238	Wed,	Mar 21	10:26
239	Thu,	Mar 21	16:11
240	Fri,	Mar 20	21:56
241	Dom,	Mar 21	3:48
242	Mon,	Mar 21	9:33
243	Tue,	Mar 21	15:18
244	Wed,	Mar 20	21:19
245	Fri,	Mar 21	3:09
246	Sat,	Mar 21	8:57
247	Dom,	Mar 21	14:48
248	Mon,	Mar 20	20:36
249	Wed,	Mar 21	2:32
250	Thu,	Mar 21	8:18
251	Fri,	Mar 21	14:00
252	Sat,	Mar 20	19:55
253	Mon,	Mar 21	1:40
254	Tue,	Mar 21	7:23
255	Wed,	Mar 21	13:17
256	Thu,	Mar 20	19:05
257	Sat,	Mar 21	1:00
258	Dom,	Mar 21	6:45
259	Mon,	Mar 21	12:22
260	Tue,	Mar 20	18:18
261	Thu,	Mar 21	0:04
262	Fri,	Mar 21	5:45
263	Sat,	Mar 21	11:38
264	Dom,	Mar 20	17:24
265	Mon,	Mar 20	23:18
266	Wed,	Mar 21	5:10
267	Thu,	Mar 21	10:54
268	Fri,	Mar 20	16:58
269	Sat,	Mar 20	22:50
270	Mon,	Mar 21	4:31
271	Tue,	Mar 21	10:24
272	Wed,	Mar 20	16:10
273	Thu,	Mar 20	22:00
274	Sat,	Mar 21	3:47
275	Dom,	Mar 21	9:23
276	Mon,	Mar 20	15:16
277	Tue,	Mar 20	21:02
278	Thu,	Mar 21	2:40
279	Fri,	Mar 21	8:37
280	Sat,	Mar 20	14:28
281	Dom,	Mar 20	20:19
282	Tue,	Mar 21	2:12
283	Wed,	Mar 21	7:51
284	Thu,	Mar 20	13:49
285	Fri,	Mar 20	19:42
286	Dom,	Mar 21	1:21
287	Mon,	Mar 21	7:17
288	Tue,	Mar 20	13:06
289	Wed,	Mar 20	18:53
290	Fri,	Mar 21	0:48
291	Sat,	Mar 21	6:30
292	Dom,	Mar 20	12:27
293	Mon,	Mar 20	18:19
294	Tue,	Mar 20	23:52
295	Thu,	Mar 21	5:43
296	Fri,	Mar 20	11:30
297	Sat,	Mar 20	17:14
298	Dom,	Mar 20	23:05
299	Tue,	Mar 21	4:44
300	Wed,	Mar 21	10:37
301	Thu,	Mar 21	16:32
302	Fri,	Mar 21	22:13
303	Dom,	Mar 22	4:13
304	Mon,	Mar 21	10:11
305	Tue,	Mar 21	15:58
306	Wed,	Mar 21	21:52
307	Fri,	Mar 22	3:34
308	Sat,	Mar 21	9:26
309	Dom,	Mar 21	15:19
310	Mon,	Mar 21	20:53
311	Wed,	Mar 22	2:42
312	Thu,	Mar 21	8:31
313	Fri,	Mar 21	14:12
314	Sat,	Mar 21	20:04
315	Mon,	Mar 22	1:50
316	Tue,	Mar 21	7:42
317	Wed,	Mar 21	13:38
318	Thu,	Mar 21	19:15
319	Sat,	Mar 22	1:06
320	Dom,	Mar 21	7:03
321	Mon,	Mar 21	12:47
322	Tue,	Mar 21	18:40
323	Thu,	Mar 22	0:27
324	Fri,	Mar 21	6:16
325	Sat,	Mar 21	12:13
326	Dom,	Mar 21	17:55
327	Mon,	Mar 21	23:48
328	Wed,	Mar 21	5:46
329	Thu,	Mar 21	11:27
330	Fri,	Mar 21	17:14
331	Sat,	Mar 21	22:58
332	Mon,	Mar 21	4:44
333	Tue,	Mar 21	10:35
334	Wed,	Mar 21	16:13
335	Thu,	Mar 21	21:58
336	Sat,	Mar 21	3:54
337	Dom,	Mar 21	9:39
338	Mon,	Mar 21	15:32
339	Tue,	Mar 21	21:27
340	Thu,	Mar 21	3:19
341	Fri,	Mar 21	9:14
342	Sat,	Mar 21	14:57
343	Dom,	Mar 21	20:45
344	Tue,	Mar 21	2:42
345	Wed,	Mar 21	8:26
346	Thu,	Mar 21	14:10
347	Fri,	Mar 21	19:58
348	Dom,	Mar 21	1:44
349	Mon,	Mar 21	7:35
350	Tue,	Mar 21	13:19
351	Wed,	Mar 21	19:07
352	Fri,	Mar 21	1:04
353	Sat,	Mar 21	6:48
354	Dom,	Mar 21	12:32
355	Mon,	Mar 21	18:23
356	Wed,	Mar 21	0:12
357	Thu,	Mar 21	6:03
358	Fri,	Mar 21	11:47
359	Sat,	Mar 21	17:34
360	Dom,	Mar 20	23:30
361	Tue,	Mar 21	5:20
362	Wed,	Mar 21	11:10
363	Thu,	Mar 21	17:05
364	Fri,	Mar 20	22:58
365	Dom,	Mar 21	4:45
366	Mon,	Mar 21	10:28
367	Tue,	Mar 21	16:13
368	Wed,	Mar 20	22:03
369	Fri,	Mar 21	3:49
370	Sat,	Mar 21	9:29
371	Dom,	Mar 21	15:16
372	Mon,	Mar 20	21:07
373	Wed,	Mar 21	2:54
374	Thu,	Mar 21	8:44
375	Fri,	Mar 21	14:36
376	Sat,	Mar 20	20:31
377	Mon,	Mar 21	2:21
378	Tue,	Mar 21	8:06
379	Wed,	Mar 21	13:58
380	Thu,	Mar 20	19:53
381	Sat,	Mar 21	1:40
382	Dom,	Mar 21	7:24
383	Mon,	Mar 21	13:12
384	Tue,	Mar 20	19:01
385	Thu,	Mar 21	0:51
386	Fri,	Mar 21	6:38
387	Sat,	Mar 21	12:28
388	Dom,	Mar 20	18:21
389	Tue,	Mar 21	0:03
390	Wed,	Mar 21	5:45
391	Thu,	Mar 21	11:34
392	Fri,	Mar 20	17:22
393	Sat,	Mar 20	23:11
394	Mon,	Mar 21	4:57
395	Tue,	Mar 21	10:44
396	Wed,	Mar 20	16:43
397	Thu,	Mar 20	22:33
398	Sat,	Mar 21	4:23
399	Dom,	Mar 21	10:21
400	Mon,	Mar 20	16:10
401	Tue,	Mar 20	21:58
402	Thu,	Mar 21	3:44
403	Fri,	Mar 21	9:28
404	Sat,	Mar 20	15:22
405	Dom,	Mar 20	21:04
406	Tue,	Mar 21	2:42
407	Wed,	Mar 21	8:33
408	Thu,	Mar 20	14:18
409	Fri,	Mar 20	20:08
410	Dom,	Mar 21	1:59
411	Mon,	Mar 21	7:47
412	Tue,	Mar 20	13:46
413	Wed,	Mar 20	19:33
414	Fri,	Mar 21	1:15
415	Sat,	Mar 21	7:13
416	Dom,	Mar 20	13:02
417	Mon,	Mar 20	18:50
418	Wed,	Mar 21	0:40
419	Thu,	Mar 21	6:23
420	Fri,	Mar 20	12:20
421	Sat,	Mar 20	18:10
422	Dom,	Mar 20	23:51
423	Tue,	Mar 21	5:47
424	Wed,	Mar 20	11:33
425	Thu,	Mar 20	17:13
426	Fri,	Mar 20	23:03
427	Dom,	Mar 21	4:44
428	Mon,	Mar 20	10:38
429	Tue,	Mar 20	16:26
430	Wed,	Mar 20	22:03
431	Fri,	Mar 21	4:01
432	Sat,	Mar 20	9:52
433	Dom,	Mar 20	15:41
434	Mon,	Mar 20	21:40

435	Wed,	Mar 21	3:29
436	Thu,	Mar 20	9:24
437	Fri,	Mar 20	15:14
438	Sat,	Mar 20	20:51
439	Mon,	Mar 21	2:47
440	Tue,	Mar 20	8:34
441	Wed,	Mar 20	14:13
442	Thu,	Mar 20	20:02
443	Sat,	Mar 21	1:45
444	Dom,	Mar 20	7:36
445	Mon,	Mar 20	13:30
446	Tue,	Mar 20	19:10
447	Thu,	Mar 21	1:07
448	Fri,	Mar 20	6:58
449	Sat,	Mar 20	12:37
450	Dom,	Mar 20	18:33
451	Tue,	Mar 21	0:21
452	Wed,	Mar 20	6:12
453	Thu,	Mar 20	12:06
454	Fri,	Mar 20	17:43
455	Sat,	Mar 20	23:38
456	Mon,	Mar 20	5:33
457	Tue,	Mar 20	11:15
458	Wed,	Mar 20	17:13
459	Thu,	Mar 20	23:00
460	Sat,	Mar 20	4:47
461	Dom,	Mar 20	10:38
462	Mon,	Mar 20	16:13
463	Tue,	Mar 20	22:04
464	Thu,	Mar 20	3:55
465	Fri,	Mar 20	9:31
466	Sat,	Mar 20	15:22
467	Dom,	Mar 20	21:12
468	Tue,	Mar 20	3:03
469	Wed,	Mar 20	9:02
470	Thu,	Mar 20	14:46
471	Fri,	Mar 20	20:41
472	Dom,	Mar 20	2:37
473	Mon,	Mar 20	8:16
474	Tue,	Mar 20	14:08
475	Wed,	Mar 20	20:01
476	Fri,	Mar 20	1:46
477	Sat,	Mar 20	7:37
478	Dom,	Mar 20	13:15
479	Mon,	Mar 20	19:03
480	Wed,	Mar 20	0:59
481	Thu,	Mar 20	6:39
482	Fri,	Mar 20	12:30
483	Sat,	Mar 20	18:23
484	Mon,	Mar 20	0:06
485	Tue,	Mar 20	5:58
486	Wed,	Mar 20	11:40
487	Thu,	Mar 20	17:29
488	Fri,	Mar 19	23:26
489	Dom,	Mar 20	5:05
490	Mon,	Mar 20	10:56
491	Tue,	Mar 20	16:52
492	Wed,	Mar 19	22:43
493	Fri,	Mar 20	4:40
494	Sat,	Mar 20	10:27
495	Dom,	Mar 20	16:16
496	Mon,	Mar 19	22:09
497	Wed,	Mar 20	3:47
498	Thu,	Mar 20	9:32
499	Fri,	Mar 20	15:24
500	Sat,	Mar 20	21:06
501	Mon,	Mar 21	2:52
502	Tue,	Mar 21	8:35
503	Wed,	Mar 21	14:23
504	Thu,	Mar 20	20:20
505	Sat,	Mar 21	2:08
506	Dom,	Mar 21	7:58
507	Mon,	Mar 21	13:56
508	Tue,	Mar 20	19:44
509	Thu,	Mar 21	1:34
510	Fri,	Mar 21	7:23
511	Sat,	Mar 21	13:12
512	Dom,	Mar 20	19:05
513	Tue,	Mar 21	0:46
514	Wed,	Mar 21	6:30
515	Thu,	Mar 21	12:25
516	Fri,	Mar 20	18:14
517	Dom,	Mar 21	0:01
518	Mon,	Mar 21	5:49
519	Tue,	Mar 21	11:35
520	Wed,	Mar 20	17:24
521	Thu,	Mar 20	23:06
522	Sat,	Mar 21	4:52
523	Dom,	Mar 21	10:46
524	Mon,	Mar 20	16:36
525	Tue,	Mar 20	22:21
526	Thu,	Mar 21	4:11
527	Fri,	Mar 21	10:05
528	Sat,	Mar 20	16:01
529	Dom,	Mar 20	21:52
530	Tue,	Mar 21	3:41
531	Wed,	Mar 21	9:34
532	Thu,	Mar 20	15:23
533	Fri,	Mar 20	21:05
534	Dom,	Mar 21	2:51
535	Mon,	Mar 21	8:39
536	Tue,	Mar 20	14:23
537	Wed,	Mar 20	20:06
538	Fri,	Mar 21	1:49
539	Sat,	Mar 21	7:42
540	Dom,	Mar 20	13:37
541	Mon,	Mar 20	19:25
542	Wed,	Mar 21	1:15
543	Thu,	Mar 21	7:09
544	Fri,	Mar 20	12:56
545	Sat,	Mar 20	18:44
546	Mon,	Mar 21	0:33
547	Tue,	Mar 21	6:25
548	Wed,	Mar 20	12:17
549	Thu,	Mar 20	18:01
550	Fri,	Mar 20	23:47
551	Dom,	Mar 21	5:42
552	Mon,	Mar 20	11:31
553	Tue,	Mar 20	17:17
554	Wed,	Mar 20	23:06
555	Fri,	Mar 21	4:52
556	Sat,	Mar 20	10:43
557	Dom,	Mar 20	16:26
558	Mon,	Mar 20	22:09
559	Wed,	Mar 21	4:04
560	Thu,	Mar 20	9:48
561	Fri,	Mar 20	15:32
562	Sat,	Mar 20	21:25
563	Mon,	Mar 21	3:17
564	Tue,	Mar 20	9:16
565	Wed,	Mar 20	15:07
566	Thu,	Mar 20	20:53
567	Sat,	Mar 21	2:51
568	Dom,	Mar 20	8:35
569	Mon,	Mar 20	14:18
570	Tue,	Mar 20	20:09
571	Thu,	Mar 21	1:54
572	Fri,	Mar 20	7:43
573	Sat,	Mar 20	13:27
574	Dom,	Mar 20	19:07
575	Tue,	Mar 21	1:06
576	Wed,	Mar 20	6:55
577	Thu,	Mar 20	12:38
578	Fri,	Mar 20	18:31
579	Dom,	Mar 21	0:18
580	Mon,	Mar 20	6:09
581	Tue,	Mar 20	11:59
582	Wed,	Mar 20	17:42
583	Thu,	Mar 20	23:41
584	Sat,	Mar 20	5:29
585	Dom,	Mar 20	11:09
586	Mon,	Mar 20	17:07
587	Tue,	Mar 20	22:57
588	Thu,	Mar 20	4:50
589	Fri,	Mar 20	10:43
590	Sat,	Mar 20	16:22
591	Dom,	Mar 20	22:16
592	Tue,	Mar 20	4:02
593	Wed,	Mar 20	9:37
594	Thu,	Mar 20	15:31
595	Fri,	Mar 20	21:15
596	Dom,	Mar 20	3:00
597	Mon,	Mar 20	8:51
598	Tue,	Mar 20	14:33
599	Wed,	Mar 20	20:35
600	Fri,	Mar 21	2:31
601	Sat,	Mar 21	8:12
602	Dom,	Mar 21	14:10
603	Mon,	Mar 21	20:01
604	Wed,	Mar 21	1:47
605	Thu,	Mar 21	7:41
606	Fri,	Mar 21	13:22
607	Sat,	Mar 21	19:14
608	Mon,	Mar 21	1:03
609	Tue,	Mar 21	6:37
610	Wed,	Mar 21	12:31
611	Thu,	Mar 21	18:23
612	Sat,	Mar 21	0:08
613	Dom,	Mar 21	6:01
614	Mon,	Mar 21	11:42
615	Tue,	Mar 21	17:33
616	Wed,	Mar 20	23:27
617	Fri,	Mar 21	5:03
618	Sat,	Mar 21	11:00
619	Dom,	Mar 21	16:53
620	Mon,	Mar 20	22:36
621	Wed,	Mar 21	4:32
622	Thu,	Mar 21	10:19
623	Fri,	Mar 21	16:16
624	Sat,	Mar 20	22:14
625	Mon,	Mar 21	3:51
626	Tue,	Mar 21	9:42
627	Wed,	Mar 21	15:33
628	Thu,	Mar 20	21:12
629	Sat,	Mar 21	3:02
630	Dom,	Mar 21	8:44
631	Mon,	Mar 21	14:30
632	Tue,	Mar 20	20:21
633	Thu,	Mar 21	1:57
634	Fri,	Mar 21	7:51
635	Sat,	Mar 21	13:52
636	Dom,	Mar 20	19:38
637	Tue,	Mar 21	1:33
638	Wed,	Mar 21	7:22
639	Thu,	Mar 21	13:12
640	Fri,	Mar 20	19:08
641	Dom,	Mar 21	0:47
642	Mon,	Mar 21	6:37
643	Tue,	Mar 21	12:32
644	Wed,	Mar 20	18:10
645	Thu,	Mar 20	23:59
646	Sat,	Mar 21	5:50
647	Dom,	Mar 21	11:39
648	Mon,	Mar 20	17:34
649	Tue,	Mar 20	23:12
650	Thu,	Mar 21	4:59
651	Fri,	Mar 21	10:54
652	Sat,	Mar 20	16:34
653	Dom,	Mar 20	22:23
654	Tue,	Mar 21	4:14
655	Wed,	Mar 21	10:02
656	Thu,	Mar 20	15:55

657	Fri,	Mar 20	21:39
658	Dom,	Mar 21	3:32
659	Mon,	Mar 21	9:34
660	Tue,	Mar 20	15:20
661	Wed,	Mar 20	21:08
662	Fri,	Mar 21	2:59
663	Sat,	Mar 21	8:46
664	Dom,	Mar 20	14:34
665	Mon,	Mar 20	20:16
666	Wed,	Mar 21	2:00
667	Thu,	Mar 21	7:52
668	Fri,	Mar 20	13:32
669	Sat,	Mar 20	19:17
670	Mon,	Mar 21	1:12
671	Tue,	Mar 21	7:05
672	Wed,	Mar 20	12:57
673	Thu,	Mar 20	18:43
674	Sat,	Mar 21	0:31
675	Dom,	Mar 21	6:27
676	Mon,	Mar 20	12:13
677	Tue,	Mar 20	17:59
678	Wed,	Mar 20	23:53
679	Fri,	Mar 21	5:42
680	Sat,	Mar 20	11:30
681	Dom,	Mar 20	17:16
682	Mon,	Mar 20	23:07
683	Wed,	Mar 21	5:03
684	Thu,	Mar 20	10:48
685	Fri,	Mar 20	16:30
686	Sat,	Mar 20	22:20
687	Mon,	Mar 21	4:08
688	Tue,	Mar 20	9:53
689	Wed,	Mar 20	15:37
690	Thu,	Mar 20	21:25
691	Sat,	Mar 21	3:15
692	Dom,	Mar 20	9:02
693	Mon,	Mar 20	14:50
694	Tue,	Mar 20	20:47
695	Thu,	Mar 21	2:46
696	Fri,	Mar 20	8:35
697	Sat,	Mar 20	14:23
698	Dom,	Mar 20	20:13
699	Tue,	Mar 21	2:03
700	Wed,	Mar 21	7:50
701	Thu,	Mar 21	13:32
702	Fri,	Mar 21	19:20
703	Dom,	Mar 22	1:10
704	Mon,	Mar 21	6:51
705	Tue,	Mar 21	12:36
706	Wed,	Mar 21	18:30
707	Fri,	Mar 22	0:21
708	Sat,	Mar 21	6:09
709	Dom,	Mar 21	11:54
710	Mon,	Mar 21	17:44
711	Tue,	Mar 21	23:40
712	Thu,	Mar 21	5:27
713	Fri,	Mar 21	11:13
714	Sat,	Mar 21	17:07
715	Dom,	Mar 21	22:56
716	Tue,	Mar 21	4:44
717	Wed,	Mar 21	10:34
718	Thu,	Mar 21	16:26
719	Fri,	Mar 21	22:23
720	Dom,	Mar 21	4:07
721	Mon,	Mar 21	9:47
722	Tue,	Mar 21	15:39
723	Wed,	Mar 21	21:23
724	Fri,	Mar 21	3:06
725	Sat,	Mar 21	8:53
726	Dom,	Mar 21	14:37
727	Mon,	Mar 21	20:31
728	Wed,	Mar 21	2:17
729	Thu,	Mar 21	8:04
730	Fri,	Mar 21	14:06
731	Sat,	Mar 21	19:59
732	Mon,	Mar 21	1:47
733	Tue,	Mar 21	7:39
734	Wed,	Mar 21	13:26
735	Thu,	Mar 21	19:22
736	Sat,	Mar 21	1:08
737	Dom,	Mar 21	6:47
738	Mon,	Mar 21	12:41
739	Tue,	Mar 21	18:24
740	Thu,	Mar 21	0:06
741	Fri,	Mar 21	5:58
742	Sat,	Mar 21	11:46
743	Dom,	Mar 21	17:41
744	Mon,	Mar 20	23:29
745	Wed,	Mar 21	5:07
746	Thu,	Mar 21	11:04
747	Fri,	Mar 21	16:53
748	Sat,	Mar 20	22:35
749	Mon,	Mar 21	4:30
750	Tue,	Mar 21	10:17
751	Wed,	Mar 21	16:10
752	Thu,	Mar 20	22:03
753	Sat,	Mar 21	3:46
754	Dom,	Mar 21	9:48
755	Mon,	Mar 21	15:39
756	Tue,	Mar 20	21:17
757	Thu,	Mar 21	3:10
758	Fri,	Mar 21	8:53
759	Sat,	Mar 21	14:42
760	Dom,	Mar 20	20:31
761	Tue,	Mar 21	2:06
762	Wed,	Mar 21	8:00
763	Thu,	Mar 21	13:49
764	Fri,	Mar 20	19:28
765	Dom,	Mar 21	1:26
766	Mon,	Mar 21	7:19
767	Tue,	Mar 21	13:13
768	Wed,	Mar 20	19:07
769	Fri,	Mar 21	0:47
770	Sat,	Mar 21	6:44
771	Dom,	Mar 21	12:37
772	Mon,	Mar 20	18:14
773	Wed,	Mar 21	0:08
774	Thu,	Mar 21	5:55
775	Fri,	Mar 21	11:40
776	Sat,	Mar 20	17:34
777	Dom,	Mar 20	23:15
778	Tue,	Mar 21	5:11
779	Wed,	Mar 21	11:05
780	Thu,	Mar 20	16:38
781	Fri,	Mar 20	22:30
782	Dom,	Mar 21	4:19
783	Mon,	Mar 21	10:04
784	Tue,	Mar 20	15:58
785	Wed,	Mar 20	21:38
786	Fri,	Mar 21	3:31
787	Sat,	Mar 21	9:27
788	Dom,	Mar 20	15:07
789	Mon,	Mar 20	21:07
790	Wed,	Mar 21	3:04
791	Thu,	Mar 21	8:51
792	Fri,	Mar 20	14:44
793	Sat,	Mar 20	20:26
794	Mon,	Mar 21	2:15
795	Tue,	Mar 21	8:08
796	Wed,	Mar 20	13:42
797	Thu,	Mar 20	19:30
798	Sat,	Mar 21	1:20
799	Dom,	Mar 21	7:01
800	Mon,	Mar 20	12:54
801	Tue,	Mar 20	18:42
802	Thu,	Mar 21	0:35
803	Fri,	Mar 21	6:32
804	Sat,	Mar 20	12:11
805	Dom,	Mar 20	18:02
806	Mon,	Mar 20	24:00
807	Wed,	Mar 21	5:45
808	Thu,	Mar 20	11:37
809	Fri,	Mar 20	17:24
810	Sat,	Mar 20	23:11
811	Mon,	Mar 21	5:06
812	Tue,	Mar 20	10:47
813	Wed,	Mar 20	16:38
814	Thu,	Mar 20	22:36
815	Sat,	Mar 21	4:17
816	Dom,	Mar 20	10:04
817	Mon,	Mar 20	15:48
818	Tue,	Mar 20	21:34
819	Thu,	Mar 21	3:27
820	Fri,	Mar 20	9:05
821	Sat,	Mar 20	14:53
822	Dom,	Mar 20	20:49
823	Tue,	Mar 21	2:36
824	Wed,	Mar 20	8:30
825	Thu,	Mar 20	14:26
826	Fri,	Mar 20	20:19
827	Dom,	Mar 21	2:14
828	Mon,	Mar 20	7:56
829	Tue,	Mar 20	13:42
830	Wed,	Mar 20	19:37
831	Fri,	Mar 21	1:22
832	Sat,	Mar 20	7:05
833	Dom,	Mar 20	12:51
834	Mon,	Mar 20	18:36
835	Wed,	Mar 21	0:24
836	Thu,	Mar 20	6:09
837	Fri,	Mar 20	11:58
838	Sat,	Mar 20	17:56
839	Dom,	Mar 20	23:43
840	Tue,	Mar 20	5:29
841	Wed,	Mar 20	11:21
842	Thu,	Mar 20	17:13
843	Fri,	Mar 20	23:03
844	Dom,	Mar 20	4:49
845	Mon,	Mar 20	10:36
846	Tue,	Mar 20	16:30
847	Wed,	Mar 20	22:20
848	Fri,	Mar 20	4:08
849	Sat,	Mar 20	10:02
850	Dom,	Mar 20	15:53
851	Mon,	Mar 20	21:39
852	Wed,	Mar 20	3:20
853	Thu,	Mar 20	9:05
854	Fri,	Mar 20	14:55
855	Sat,	Mar 20	20:42
856	Mon,	Mar 20	2:25
857	Tue,	Mar 20	8:13
858	Wed,	Mar 20	14:06
859	Thu,	Mar 20	19:54
860	Sat,	Mar 20	1:45
861	Dom,	Mar 20	7:40
862	Mon,	Mar 20	13:34
863	Tue,	Mar 20	19:26
864	Thu,	Mar 20	1:11
865	Fri,	Mar 20	7:00
866	Sat,	Mar 20	12:55
867	Dom,	Mar 20	18:38
868	Tue,	Mar 20	0:21
869	Wed,	Mar 20	6:08
870	Thu,	Mar 20	11:55
871	Fri,	Mar 20	17:45
872	Sat,	Mar 19	23:31
873	Mon,	Mar 20	5:21
874	Tue,	Mar 20	11:17
875	Wed,	Mar 20	17:00
876	Thu,	Mar 19	22:44
877	Sat,	Mar 20	4:35
878	Dom,	Mar 20	10:25

879	Mon,	Mar 20	16:16
880	Tue,	Mar 19	22:02
881	Thu,	Mar 20	3:49
882	Fri,	Mar 20	9:47
883	Sat,	Mar 20	15:36
884	Dom,	Mar 19	21:24
885	Tue,	Mar 20	3:22
886	Wed,	Mar 20	9:09
887	Thu,	Mar 20	14:57
888	Fri,	Mar 19	20:42
889	Dom,	Mar 20	2:25
890	Mon,	Mar 20	8:19
891	Tue,	Mar 20	14:02
892	Wed,	Mar 19	19:40
893	Fri,	Mar 20	1:32
894	Sat,	Mar 20	7:18
895	Dom,	Mar 20	13:09
896	Mon,	Mar 19	19:03
897	Wed,	Mar 20	0:51
898	Thu,	Mar 20	6:51
899	Fri,	Mar 20	12:39
900	Sat,	Mar 20	18:20
901	Mon,	Mar 21	0:18
902	Tue,	Mar 21	6:07
903	Wed,	Mar 21	11:53
904	Thu,	Mar 20	17:43
905	Fri,	Mar 20	23:24
906	Dom,	Mar 21	5:19
907	Mon,	Mar 21	11:08
908	Tue,	Mar 20	16:48
909	Wed,	Mar 20	22:46
910	Fri,	Mar 21	4:32
911	Sat,	Mar 21	10:14
912	Dom,	Mar 20	16:04
913	Mon,	Mar 20	21:47
914	Wed,	Mar 21	3:42
915	Thu,	Mar 21	9:32
916	Fri,	Mar 20	15:09
917	Sat,	Mar 20	21:08
918	Mon,	Mar 21	3:00
919	Tue,	Mar 21	8:49
920	Wed,	Mar 20	14:48
921	Thu,	Mar 20	20:36
922	Sat,	Mar 21	2:30
923	Dom,	Mar 21	8:20
924	Mon,	Mar 20	13:54
925	Tue,	Mar 20	19:49
926	Thu,	Mar 21	1:36
927	Fri,	Mar 21	7:13
928	Sat,	Mar 20	13:03
929	Dom,	Mar 20	18:45
930	Tue,	Mar 21	0:37
931	Wed,	Mar 21	6:31
932	Thu,	Mar 20	12:13
933	Fri,	Mar 20	18:11
934	Dom,	Mar 21	0:05
935	Mon,	Mar 21	5:46
936	Tue,	Mar 20	11:42
937	Wed,	Mar 20	17:31
938	Thu,	Mar 20	23:23
939	Sat,	Mar 21	5:16
940	Dom,	Mar 20	10:52
941	Mon,	Mar 20	16:45
942	Tue,	Mar 20	22:40
943	Thu,	Mar 21	4:20
944	Fri,	Mar 20	10:16
945	Sat,	Mar 20	16:03
946	Dom,	Mar 20	21:49
947	Tue,	Mar 21	3:40
948	Wed,	Mar 20	9:15
949	Thu,	Mar 20	15:07
950	Fri,	Mar 20	21:01
951	Dom,	Mar 21	2:38
952	Mon,	Mar 20	8:31
953	Tue,	Mar 20	14:22
954	Wed,	Mar 20	20:13
955	Fri,	Mar 21	2:13
956	Sat,	Mar 20	7:58
957	Dom,	Mar 20	13:53
958	Mon,	Mar 20	19:49
959	Wed,	Mar 21	1:26
960	Thu,	Mar 20	7:17
961	Fri,	Mar 20	13:07
962	Sat,	Mar 20	18:51
963	Mon,	Mar 21	0:40
964	Tue,	Mar 20	6:18
965	Wed,	Mar 20	12:05
966	Thu,	Mar 20	18:02
967	Fri,	Mar 20	23:44
968	Dom,	Mar 20	5:36
969	Mon,	Mar 20	11:31
970	Tue,	Mar 20	17:17
971	Wed,	Mar 20	23:09
972	Fri,	Mar 20	4:54
973	Sat,	Mar 20	10:44
974	Dom,	Mar 20	16:42
975	Mon,	Mar 20	22:22
976	Wed,	Mar 20	4:10
977	Thu,	Mar 20	10:05
978	Fri,	Mar 20	15:53
979	Sat,	Mar 20	21:48
980	Mon,	Mar 20	3:35
981	Tue,	Mar 20	9:22
982	Wed,	Mar 20	15:15
983	Thu,	Mar 20	20:53
984	Sat,	Mar 20	2:38
985	Dom,	Mar 20	8:30
986	Mon,	Mar 20	14:14
987	Tue,	Mar 20	20:01
988	Thu,	Mar 20	1:46
989	Fri,	Mar 20	7:36
990	Sat,	Mar 20	13:34
991	Dom,	Mar 20	19:23
992	Tue,	Mar 20	1:14
993	Wed,	Mar 20	7:11
994	Thu,	Mar 20	13:00
995	Fri,	Mar 20	18:48
996	Dom,	Mar 20	0:36
997	Mon,	Mar 20	6:24
998	Tue,	Mar 20	12:15
999	Wed,	Mar 20	17:57
1000	Thu,	Mar 20	23:39
1001	Sat,	Mar 21	5:32
1002	Dom,	Mar 21	11:22
1003	Mon,	Mar 21	17:10
1004	Tue,	Mar 20	22:59
1005	Thu,	Mar 21	4:46
1006	Fri,	Mar 21	10:36
1007	Sat,	Mar 21	16:21
1008	Dom,	Mar 20	22:07
1009	Tue,	Mar 21	4:02
1010	Wed,	Mar 21	9:53
1011	Thu,	Mar 21	15:39
1012	Fri,	Mar 20	21:28
1013	Dom,	Mar 21	3:22
1014	Mon,	Mar 21	9:16
1015	Tue,	Mar 21	15:07
1016	Wed,	Mar 20	20:55
1017	Fri,	Mar 21	2:46
1018	Sat,	Mar 21	8:35
1019	Dom,	Mar 21	14:16
1020	Mon,	Mar 20	20:01
1021	Wed,	Mar 21	1:50
1022	Thu,	Mar 21	7:34
1023	Fri,	Mar 21	13:17
1024	Sat,	Mar 20	19:02
1025	Mon,	Mar 21	0:54
1026	Tue,	Mar 21	6:52
1027	Wed,	Mar 21	12:41
1028	Thu,	Mar 20	18:33
1029	Sat,	Mar 21	0:28
1030	Dom,	Mar 21	6:17
1031	Mon,	Mar 21	12:04
1032	Tue,	Mar 20	17:54
1033	Wed,	Mar 20	23:43
1034	Fri,	Mar 21	5:36
1035	Sat,	Mar 21	11:18
1036	Dom,	Mar 20	17:02
1037	Mon,	Mar 20	22:56
1038	Wed,	Mar 21	4:43
1039	Thu,	Mar 21	10:30
1040	Fri,	Mar 20	16:18
1041	Sat,	Mar 20	22:04
1042	Mon,	Mar 21	3:55
1043	Tue,	Mar 21	9:41
1044	Wed,	Mar 20	15:25
1045	Thu,	Mar 20	21:22
1046	Sat,	Mar 21	3:08
1047	Dom,	Mar 21	8:53
1048	Mon,	Mar 20	14:46
1049	Tue,	Mar 20	20:38
1050	Thu,	Mar 21	2:36
1051	Fri,	Mar 21	8:28
1052	Sat,	Mar 20	14:13
1053	Dom,	Mar 20	20:09
1054	Tue,	Mar 21	1:53
1055	Wed,	Mar 21	7:33
1056	Thu,	Mar 20	13:24
1057	Fri,	Mar 20	19:07
1058	Dom,	Mar 21	0:55
1059	Mon,	Mar 21	6:40
1060	Tue,	Mar 20	12:21
1061	Wed,	Mar 20	18:21
1062	Fri,	Mar 21	0:12
1063	Sat,	Mar 21	5:57
1064	Dom,	Mar 20	11:53
1065	Mon,	Mar 20	17:41
1066	Tue,	Mar 20	23:33
1067	Thu,	Mar 21	5:24
1068	Fri,	Mar 20	11:07
1069	Sat,	Mar 20	17:05
1070	Dom,	Mar 20	22:53
1071	Tue,	Mar 21	4:31
1072	Wed,	Mar 20	10:25
1073	Thu,	Mar 20	16:14
1074	Fri,	Mar 20	22:05
1075	Dom,	Mar 21	3:58
1076	Mon,	Mar 20	9:37
1077	Tue,	Mar 20	15:30
1078	Wed,	Mar 20	21:18
1079	Fri,	Mar 21	2:54
1080	Sat,	Mar 20	8:49
1081	Dom,	Mar 20	14:36
1082	Mon,	Mar 20	20:22
1083	Wed,	Mar 21	2:15
1084	Thu,	Mar 20	7:58
1085	Fri,	Mar 20	13:59
1086	Sat,	Mar 20	19:57
1087	Mon,	Mar 21	1:38
1088	Tue,	Mar 20	7:35
1089	Wed,	Mar 20	13:24
1090	Thu,	Mar 20	19:09
1091	Sat,	Mar 21	1:02
1092	Dom,	Mar 20	6:42
1093	Mon,	Mar 20	12:33
1094	Tue,	Mar 20	18:22
1095	Wed,	Mar 20	23:54
1096	Fri,	Mar 20	5:48
1097	Sat,	Mar 20	11:41
1098	Dom,	Mar 20	17:28
1099	Mon,	Mar 20	23:23
1100	Wed,	Mar 21	5:06

1101	Thu,	Mar 21	10:58
1102	Fri,	Mar 21	16:53
1103	Sat,	Mar 21	22:31
1104	Mon,	Mar 21	4:26
1105	Tue,	Mar 21	10:20
1106	Wed,	Mar 21	16:02
1107	Thu,	Mar 21	21:57
1108	Sat,	Mar 21	3:43
1109	Dom,	Mar 21	9:37
1110	Mon,	Mar 21	15:35
1111	Tue,	Mar 21	21:12
1112	Thu,	Mar 21	3:02
1113	Fri,	Mar 21	8:53
1114	Sat,	Mar 21	14:31
1115	Dom,	Mar 21	20:22
1116	Tue,	Mar 21	2:06
1117	Wed,	Mar 21	7:53
1118	Thu,	Mar 21	13:46
1119	Fri,	Mar 21	19:23
1120	Dom,	Mar 21	1:17
1121	Mon,	Mar 21	7:18
1122	Tue,	Mar 21	13:06
1123	Wed,	Mar 21	19:02
1124	Fri,	Mar 21	0:52
1125	Sat,	Mar 21	6:41
1126	Dom,	Mar 21	12:36
1127	Mon,	Mar 21	18:15
1128	Wed,	Mar 21	0:03
1129	Thu,	Mar 21	5:56
1130	Fri,	Mar 21	11:34
1131	Sat,	Mar 21	17:21
1132	Dom,	Mar 20	23:11
1133	Tue,	Mar 21	5:00
1134	Wed,	Mar 21	10:55
1135	Thu,	Mar 21	16:35
1136	Fri,	Mar 20	22:21
1137	Dom,	Mar 21	4:18
1138	Mon,	Mar 21	10:01
1139	Tue,	Mar 21	15:51
1140	Wed,	Mar 20	21:44
1141	Fri,	Mar 21	3:33
1142	Sat,	Mar 21	9:26
1143	Dom,	Mar 21	15:10
1144	Mon,	Mar 20	21:01
1145	Wed,	Mar 21	3:02
1146	Thu,	Mar 21	8:48
1147	Fri,	Mar 21	14:35
1148	Sat,	Mar 20	20:25
1149	Mon,	Mar 21	2:10
1150	Tue,	Mar 21	7:58
1151	Wed,	Mar 21	13:39
1152	Thu,	Mar 20	19:23
1153	Sat,	Mar 21	1:15
1154	Dom,	Mar 21	6:57
1155	Mon,	Mar 21	12:43
1156	Tue,	Mar 20	18:40
1157	Thu,	Mar 21	0:35
1158	Fri,	Mar 21	6:29
1159	Sat,	Mar 21	12:16
1160	Dom,	Mar 20	18:05
1161	Mon,	Mar 20	24:00
1162	Wed,	Mar 21	5:47
1163	Thu,	Mar 21	11:32
1164	Fri,	Mar 20	17:24
1165	Sat,	Mar 20	23:12
1166	Mon,	Mar 21	4:57
1167	Tue,	Mar 21	10:42
1168	Wed,	Mar 20	16:30
1169	Thu,	Mar 20	22:25
1170	Sat,	Mar 21	4:12
1171	Dom,	Mar 21	9:56
1172	Mon,	Mar 20	15:46
1173	Tue,	Mar 20	21:36
1174	Thu,	Mar 21	3:22
1175	Fri,	Mar 21	9:09
1176	Sat,	Mar 20	14:58
1177	Dom,	Mar 20	20:50
1178	Tue,	Mar 21	2:38
1179	Wed,	Mar 21	8:26
1180	Thu,	Mar 20	14:22
1181	Fri,	Mar 20	20:21
1182	Dom,	Mar 21	2:09
1183	Mon,	Mar 21	7:54
1184	Tue,	Mar 20	13:44
1185	Wed,	Mar 20	19:31
1186	Fri,	Mar 21	1:18
1187	Sat,	Mar 21	7:00
1188	Dom,	Mar 20	12:46
1189	Mon,	Mar 20	18:37
1190	Wed,	Mar 21	0:19
1191	Thu,	Mar 21	6:04
1192	Fri,	Mar 20	12:00
1193	Sat,	Mar 20	17:52
1194	Dom,	Mar 20	23:44
1195	Tue,	Mar 21	5:31
1196	Wed,	Mar 20	11:20
1197	Thu,	Mar 20	17:18
1198	Fri,	Mar 20	23:03
1199	Dom,	Mar 21	4:49
1200	Mon,	Mar 20	10:42
1201	Tue,	Mar 20	16:29
1202	Wed,	Mar 20	22:16
1203	Fri,	Mar 21	4:05
1204	Sat,	Mar 20	9:55
1205	Dom,	Mar 20	15:53
1206	Mon,	Mar 20	21:37
1207	Wed,	Mar 21	3:17
1208	Thu,	Mar 20	9:09
1209	Fri,	Mar 20	14:54
1210	Sat,	Mar 20	20:39
1211	Mon,	Mar 21	2:28
1212	Tue,	Mar 20	8:13
1213	Wed,	Mar 20	14:08
1214	Thu,	Mar 20	19:56
1215	Sat,	Mar 21	1:41
1216	Dom,	Mar 20	7:45
1217	Mon,	Mar 20	13:37
1218	Tue,	Mar 20	19:25
1219	Thu,	Mar 21	1:17
1220	Fri,	Mar 20	7:02
1221	Sat,	Mar 20	12:56
1222	Dom,	Mar 20	18:42
1223	Tue,	Mar 21	0:19
1224	Wed,	Mar 20	6:13
1225	Thu,	Mar 20	11:56
1226	Fri,	Mar 20	17:37
1227	Sat,	Mar 20	23:30
1228	Mon,	Mar 20	5:18
1229	Tue,	Mar 20	11:15
1230	Wed,	Mar 20	17:04
1231	Thu,	Mar 20	22:44
1232	Sat,	Mar 20	4:42
1233	Dom,	Mar 20	10:33
1234	Mon,	Mar 20	16:16
1235	Tue,	Mar 20	22:12
1236	Thu,	Mar 20	3:58
1237	Fri,	Mar 20	9:51
1238	Sat,	Mar 20	15:43
1239	Dom,	Mar 20	21:24
1240	Tue,	Mar 20	3:24
1241	Wed,	Mar 20	9:15
1242	Thu,	Mar 20	14:53
1243	Fri,	Mar 20	20:44
1244	Dom,	Mar 20	2:27
1245	Mon,	Mar 20	8:15
1246	Tue,	Mar 20	14:06
1247	Wed,	Mar 20	19:41
1248	Fri,	Mar 20	1:36
1249	Sat,	Mar 20	7:27
1250	Dom,	Mar 20	13:07
1251	Mon,	Mar 20	19:07
1252	Wed,	Mar 20	1:01
1253	Thu,	Mar 20	6:55
1254	Fri,	Mar 20	12:51
1255	Sat,	Mar 20	18:30
1256	Mon,	Mar 20	0:26
1257	Tue,	Mar 20	6:18
1258	Wed,	Mar 20	11:55
1259	Thu,	Mar 20	17:46
1260	Fri,	Mar 19	23:32
1261	Dom,	Mar 20	5:16
1262	Mon,	Mar 20	11:08
1263	Tue,	Mar 20	16:49
1264	Wed,	Mar 19	22:45
1265	Fri,	Mar 20	4:41
1266	Sat,	Mar 20	10:17
1267	Dom,	Mar 20	16:09
1268	Mon,	Mar 19	22:01
1269	Wed,	Mar 20	3:48
1270	Thu,	Mar 20	9:43
1271	Fri,	Mar 20	15:25
1272	Sat,	Mar 19	21:17
1273	Mon,	Mar 20	3:14
1274	Tue,	Mar 20	8:53
1275	Wed,	Mar 20	14:50
1276	Thu,	Mar 19	20:47
1277	Sat,	Mar 20	2:32
1278	Dom,	Mar 20	8:23
1279	Mon,	Mar 20	14:03
1280	Tue,	Mar 19	19:51
1281	Thu,	Mar 20	1:44
1282	Fri,	Mar 20	7:19
1283	Sat,	Mar 20	13:07
1284	Dom,	Mar 19	18:59
1285	Tue,	Mar 20	0:42
1286	Wed,	Mar 20	6:36
1287	Thu,	Mar 20	12:25
1288	Fri,	Mar 19	18:20
1289	Dom,	Mar 20	0:19
1290	Mon,	Mar 20	5:59
1291	Tue,	Mar 20	11:50
1292	Wed,	Mar 19	17:46
1293	Thu,	Mar 19	23:32
1294	Sat,	Mar 20	5:22
1295	Dom,	Mar 20	11:07
1296	Mon,	Mar 19	16:53
1297	Tue,	Mar 19	22:46
1298	Thu,	Mar 20	4:27
1299	Fri,	Mar 20	10:17
1300	Sat,	Mar 20	16:14
1301	Dom,	Mar 20	21:58
1302	Tue,	Mar 21	3:45
1303	Wed,	Mar 21	9:31
1304	Thu,	Mar 20	15:18
1305	Fri,	Mar 20	21:12
1306	Dom,	Mar 21	2:54
1307	Mon,	Mar 21	8:41
1308	Tue,	Mar 20	14:38
1309	Wed,	Mar 20	20:25
1310	Fri,	Mar 21	2:18
1311	Sat,	Mar 21	8:12
1312	Dom,	Mar 20	14:06
1313	Mon,	Mar 20	19:59
1314	Wed,	Mar 21	1:41
1315	Thu,	Mar 21	7:25
1316	Fri,	Mar 20	13:19
1317	Sat,	Mar 20	19:03
1318	Mon,	Mar 21	0:46
1319	Tue,	Mar 21	6:32
1320	Wed,	Mar 20	12:18
1321	Thu,	Mar 20	18:07
1322	Fri,	Mar 20	23:54

1323	Dom,	Mar 21	5:44
1324	Mon,	Mar 20	11:42
1325	Tue,	Mar 20	17:33
1326	Wed,	Mar 20	23:19
1327	Fri,	Mar 21	5:11
1328	Sat,	Mar 20	11:04
1329	Dom,	Mar 20	16:54
1330	Mon,	Mar 20	22:40
1331	Wed,	Mar 21	4:26
1332	Thu,	Mar 20	10:18
1333	Fri,	Mar 20	16:07
1334	Sat,	Mar 20	21:53
1335	Mon,	Mar 21	3:45
1336	Tue,	Mar 20	9:37
1337	Wed,	Mar 20	15:22
1338	Thu,	Mar 20	21:04
1339	Sat,	Mar 21	2:49
1340	Dom,	Mar 20	8:39
1341	Mon,	Mar 20	14:28
1342	Tue,	Mar 20	20:12
1343	Thu,	Mar 21	2:01
1344	Fri,	Mar 20	7:56
1345	Sat,	Mar 20	13:45
1346	Dom,	Mar 20	19:37
1347	Tue,	Mar 21	1:32
1348	Wed,	Mar 20	7:26
1349	Thu,	Mar 20	13:18
1350	Fri,	Mar 20	19:02
1351	Dom,	Mar 21	0:49
1352	Mon,	Mar 20	6:43
1353	Tue,	Mar 20	12:26
1354	Wed,	Mar 20	18:07
1355	Thu,	Mar 20	23:54
1356	Sat,	Mar 20	5:39
1357	Dom,	Mar 20	11:29
1358	Mon,	Mar 20	17:17
1359	Tue,	Mar 20	23:07
1360	Thu,	Mar 20	5:06
1361	Fri,	Mar 20	10:52
1362	Sat,	Mar 20	16:36
1363	Dom,	Mar 20	22:30
1364	Tue,	Mar 20	4:20
1365	Wed,	Mar 20	10:11
1366	Thu,	Mar 20	15:59
1367	Fri,	Mar 20	21:44
1368	Dom,	Mar 20	3:41
1369	Mon,	Mar 20	9:28
1370	Tue,	Mar 20	15:14
1371	Wed,	Mar 20	21:10
1372	Fri,	Mar 20	2:57
1373	Sat,	Mar 20	8:43
1374	Dom,	Mar 20	14:28
1375	Mon,	Mar 20	20:10
1376	Wed,	Mar 20	2:06
1377	Thu,	Mar 20	7:50
1378	Fri,	Mar 20	13:29
1379	Sat,	Mar 20	19:24
1380	Mon,	Mar 20	1:11
1381	Tue,	Mar 20	7:03
1382	Wed,	Mar 20	13:00
1383	Thu,	Mar 20	18:49
1384	Sat,	Mar 20	0:49
1385	Dom,	Mar 20	6:37
1386	Mon,	Mar 20	12:17
1387	Tue,	Mar 20	18:13
1388	Wed,	Mar 19	24:00
1389	Fri,	Mar 20	5:45
1390	Sat,	Mar 20	11:33
1391	Dom,	Mar 20	17:13
1392	Mon,	Mar 19	23:07
1393	Wed,	Mar 20	4:56
1394	Thu,	Mar 20	10:37
1395	Fri,	Mar 20	16:35
1396	Sat,	Mar 19	22:23
1397	Mon,	Mar 20	4:07
1398	Tue,	Mar 20	9:59
1399	Wed,	Mar 20	15:44
1400	Thu,	Mar 20	21:40
1401	Sat,	Mar 21	3:31
1402	Dom,	Mar 21	9:09
1403	Mon,	Mar 21	15:05
1404	Tue,	Mar 20	20:57
1405	Thu,	Mar 21	2:44
1406	Fri,	Mar 21	8:43
1407	Sat,	Mar 21	14:30
1408	Dom,	Mar 20	20:23
1409	Tue,	Mar 21	2:12
1410	Wed,	Mar 21	7:46
1411	Thu,	Mar 21	13:39
1412	Fri,	Mar 20	19:27
1413	Dom,	Mar 21	1:05
1414	Mon,	Mar 21	6:57
1415	Tue,	Mar 21	12:40
1416	Wed,	Mar 20	18:32
1417	Fri,	Mar 21	0:29
1418	Sat,	Mar 21	6:11
1419	Dom,	Mar 21	12:11
1420	Mon,	Mar 20	18:05
1421	Tue,	Mar 20	23:47
1422	Thu,	Mar 21	5:42
1423	Fri,	Mar 21	11:31
1424	Sat,	Mar 20	17:21
1425	Dom,	Mar 20	23:14
1426	Tue,	Mar 21	4:49
1427	Wed,	Mar 21	10:40
1428	Thu,	Mar 20	16:33
1429	Fri,	Mar 20	22:13
1430	Dom,	Mar 21	4:08
1431	Mon,	Mar 21	9:56
1432	Tue,	Mar 20	15:43
1433	Wed,	Mar 20	21:35
1434	Fri,	Mar 21	3:12
1435	Sat,	Mar 21	9:04
1436	Dom,	Mar 20	15:00
1437	Mon,	Mar 20	20:39
1438	Wed,	Mar 21	2:32
1439	Thu,	Mar 21	8:24
1440	Fri,	Mar 20	14:15
1441	Sat,	Mar 20	20:15
1442	Mon,	Mar 21	2:00
1443	Tue,	Mar 21	7:54
1444	Wed,	Mar 20	13:49
1445	Thu,	Mar 20	19:25
1446	Sat,	Mar 21	1:14
1447	Dom,	Mar 21	7:03
1448	Mon,	Mar 20	12:47
1449	Tue,	Mar 20	18:36
1450	Thu,	Mar 21	0:14
1451	Fri,	Mar 21	6:01
1452	Sat,	Mar 20	11:58
1453	Dom,	Mar 20	17:42
1454	Mon,	Mar 20	23:36
1455	Wed,	Mar 21	5:32
1456	Thu,	Mar 20	11:20
1457	Fri,	Mar 20	17:13
1458	Sat,	Mar 20	22:59
1459	Mon,	Mar 21	4:49
1460	Tue,	Mar 20	10:46
1461	Wed,	Mar 20	16:26
1462	Thu,	Mar 20	22:12
1463	Sat,	Mar 21	4:06
1464	Dom,	Mar 20	9:53
1465	Mon,	Mar 20	15:45
1466	Tue,	Mar 20	21:32
1467	Thu,	Mar 21	3:18
1468	Fri,	Mar 20	9:10
1469	Sat,	Mar 20	14:50
1470	Dom,	Mar 20	20:36
1471	Tue,	Mar 21	2:30
1472	Wed,	Mar 20	8:17
1473	Thu,	Mar 20	14:05
1474	Fri,	Mar 20	19:52
1475	Dom,	Mar 21	1:42
1476	Mon,	Mar 20	7:40
1477	Tue,	Mar 20	13:30
1478	Wed,	Mar 20	19:22
1479	Fri,	Mar 21	1:18
1480	Sat,	Mar 20	7:06
1481	Dom,	Mar 20	12:52
1482	Mon,	Mar 20	18:38
1483	Wed,	Mar 21	0:25
1484	Thu,	Mar 20	6:13
1485	Fri,	Mar 20	11:55
1486	Sat,	Mar 20	17:37
1487	Dom,	Mar 20	23:29
1488	Tue,	Mar 20	5:21
1489	Wed,	Mar 20	11:10
1490	Thu,	Mar 20	17:00
1491	Fri,	Mar 20	22:51
1492	Dom,	Mar 20	4:41
1493	Mon,	Mar 20	10:29
1494	Tue,	Mar 20	16:16
1495	Wed,	Mar 20	22:11
1496	Fri,	Mar 20	4:03
1497	Sat,	Mar 20	9:48
1498	Dom,	Mar 20	15:36
1499	Mon,	Mar 20	21:27
1500	Wed,	Mar 21	3:19
1501	Thu,	Mar 21	9:09
1502	Fri,	Mar 21	14:57
1503	Sat,	Mar 21	20:46
1504	Mon,	Mar 21	2:36
1505	Tue,	Mar 21	8:18
1506	Wed,	Mar 21	14:02
1507	Thu,	Mar 21	19:53
1508	Sat,	Mar 21	1:38
1509	Dom,	Mar 21	7:23
1510	Mon,	Mar 21	13:10
1511	Tue,	Mar 21	19:02
1512	Thu,	Mar 21	1:01
1513	Fri,	Mar 21	6:52
1514	Sat,	Mar 21	12:42
1515	Dom,	Mar 21	18:39
1516	Tue,	Mar 21	0:25
1517	Wed,	Mar 21	6:12
1518	Thu,	Mar 21	12:01
1519	Fri,	Mar 21	17:49
1520	Sat,	Mar 20	23:40
1521	Mon,	Mar 21	5:22
1522	Tue,	Mar 21	11:04
1523	Wed,	Mar 21	16:58
1524	Thu,	Mar 20	22:45
1525	Sat,	Mar 21	4:33
1526	Dom,	Mar 21	10:24
1527	Mon,	Mar 21	16:10
1528	Tue,	Mar 20	22:03
1529	Thu,	Mar 21	3:50
1530	Fri,	Mar 21	9:36
1531	Sat,	Mar 21	15:33
1532	Dom,	Mar 20	21:21
1533	Tue,	Mar 21	3:05
1534	Wed,	Mar 21	8:59
1535	Thu,	Mar 21	14:49
1536	Fri,	Mar 20	20:46
1537	Dom,	Mar 21	2:38
1538	Mon,	Mar 21	8:21
1539	Tue,	Mar 21	14:16
1540	Wed,	Mar 20	19:59
1541	Fri,	Mar 21	1:38
1542	Sat,	Mar 21	7:29
1543	Dom,	Mar 21	13:12
1544	Mon,	Mar 20	19:01

1545	Wed, Mar 21	0:48	1619	Wed, Mar 20	23:14	1693	Thu, Mar 19	21:36
1546	Thu, Mar 21	6:28	1620	Fri, Mar 20	5:10	1694	Sat, Mar 20	3:30
1547	Fri, Mar 21	12:29	1621	Sat, Mar 20	10:53	1695	Dom, Mar 20	9:16
1548	Sat, Mar 20	18:22	1622	Dom, Mar 20	16:41	1696	Mon, Mar 19	15:03
1549	Mon, Mar 21	0:08	1623	Mon, Mar 20	22:38	1697	Tue, Mar 19	20:55
1550	Tue, Mar 21	6:07	1624	Wed, Mar 20	4:23	1698	Thu, Mar 20	2:41
1551	Wed, Mar 21	11:55	1625	Thu, Mar 20	10:12	1699	Fri, Mar 20	8:37
1552	Thu, Mar 20	17:47	1626	Fri, Mar 20	16:06	1700	Sat, Mar 20	14:26
1553	Fri, Mar 20	23:39	1627	Sat, Mar 20	21:54	1701	Dom, Mar 20	20:10
1554	Dom, Mar 21	5:20	1628	Mon, Mar 20	3:46	1702	Tue, Mar 21	2:12
1555	Mon, Mar 21	11:17	1629	Tue, Mar 20	9:30	1703	Wed, Mar 21	8:04
1556	Tue, Mar 20	17:04	1630	Wed, Mar 20	15:19	1704	Thu, Mar 20	13:49
1557	Wed, Mar 20	22:40	1631	Thu, Mar 20	21:17	1705	Fri, Mar 20	19:41
1558	Fri, Mar 21	4:33	1632	Sat, Mar 20	3:04	1706	Dom, Mar 21	1:24
1559	Sat, Mar 21	10:20	1633	Dom, Mar 20	8:49	1707	Mon, Mar 21	7:17
1560	Dom, Mar 20	16:11	1634	Mon, Mar 20	14:39	1708	Tue, Mar 20	13:04
1561	Mon, Mar 20	22:04	1635	Tue, Mar 20	20:24	1709	Wed, Mar 20	18:40
1562	Wed, Mar 21	3:43	1636	Thu, Mar 20	2:12	1710	Fri, Mar 21	0:34
1563	Thu, Mar 21	9:37	1637	Fri, Mar 20	7:54	1711	Sat, Mar 21	6:18
1564	Fri, Mar 20	15:27	1638	Sat, Mar 20	13:39	1712	Dom, Mar 20	11:59
1565	Sat, Mar 20	21:05	1639	Dom, Mar 20	19:32	1713	Mon, Mar 20	17:54
1566	Mon, Mar 21	3:01	1640	Tue, Mar 20	1:16	1714	Tue, Mar 20	23:43
1567	Tue, Mar 21	8:51	1641	Wed, Mar 20	7:03	1715	Thu, Mar 21	5:42
1568	Wed, Mar 20	14:38	1642	Thu, Mar 20	13:00	1716	Fri, Mar 20	11:35
1569	Thu, Mar 20	20:32	1643	Fri, Mar 20	18:57	1717	Sat, Mar 20	17:14
1570	Sat, Mar 21	2:15	1644	Dom, Mar 20	0:51	1718	Dom, Mar 20	23:13
1571	Dom, Mar 21	8:15	1645	Mon, Mar 20	6:40	1719	Tue, Mar 21	5:03
1572	Mon, Mar 20	14:12	1646	Tue, Mar 20	12:28	1720	Wed, Mar 20	10:46
1573	Tue, Mar 20	19:52	1647	Wed, Mar 20	18:22	1721	Thu, Mar 20	16:41
1574	Thu, Mar 21	1:48	1648	Fri, Mar 20	0:09	1722	Fri, Mar 20	22:26
1575	Fri, Mar 21	7:36	1649	Sat, Mar 20	5:53	1723	Dom, Mar 21	4:17
1576	Sat, Mar 20	13:18	1650	Dom, Mar 20	11:42	1724	Mon, Mar 20	10:08
1577	Dom, Mar 20	19:10	1651	Mon, Mar 20	17:30	1725	Tue, Mar 20	15:47
1578	Tue, Mar 21	0:49	1652	Tue, Mar 19	23:13	1726	Wed, Mar 20	21:46
1579	Wed, Mar 21	6:39	1653	Thu, Mar 20	4:57	1727	Fri, Mar 21	3:37
1580	Thu, Mar 20	12:29	1654	Fri, Mar 20	10:46	1728	Sat, Mar 20	9:15
1581	Fri, Mar 20	18:03	1655	Sat, Mar 20	16:40	1729	Dom, Mar 20	15:07
1582	Sat, Mar 20	23:57	1656	Dom, Mar 19	22:30	1730	Mon, Mar 20	20:51
1583	Mon, Mar 21	5:52	1657	Tue, Mar 20	4:13	1731	Wed, Mar 21	2:40
1584	Tue, Mar 20	11:40	1658	Wed, Mar 20	10:04	1732	Thu, Mar 20	8:32
1585	Wed, Mar 20	17:38	1659	Thu, Mar 20	15:57	1733	Fri, Mar 20	14:10
1586	Thu, Mar 20	23:23	1660	Fri, Mar 19	21:45	1734	Sat, Mar 20	20:05
1587	Sat, Mar 21	5:16	1661	Dom, Mar 20	3:33	1735	Mon, Mar 21	1:58
1588	Dom, Mar 20	11:12	1662	Mon, Mar 20	9:24	1736	Tue, Mar 20	7:38
1589	Mon, Mar 20	16:50	1663	Tue, Mar 20	15:15	1737	Wed, Mar 20	13:38
1590	Tue, Mar 20	22:44	1664	Wed, Mar 19	21:04	1738	Thu, Mar 20	19:33
1591	Thu, Mar 21	4:37	1665	Fri, Mar 20	2:51	1739	Sat, Mar 21	1:27
1592	Fri, Mar 20	10:19	1666	Sat, Mar 20	8:45	1740	Dom, Mar 20	7:22
1593	Sat, Mar 20	16:10	1667	Dom, Mar 20	14:43	1741	Mon, Mar 20	13:01
1594	Dom, Mar 20	21:56	1668	Mon, Mar 19	20:30	1742	Tue, Mar 20	18:54
1595	Tue, Mar 21	3:47	1669	Wed, Mar 20	2:14	1743	Thu, Mar 21	0:46
1596	Wed, Mar 20	9:44	1670	Thu, Mar 20	8:02	1744	Fri, Mar 20	6:21
1597	Thu, Mar 20	15:22	1671	Fri, Mar 20	13:48	1745	Sat, Mar 20	12:12
1598	Fri, Mar 20	21:11	1672	Sat, Mar 19	19:33	1746	Dom, Mar 20	17:57
1599	Dom, Mar 21	3:03	1673	Mon, Mar 20	1:17	1747	Mon, Mar 20	23:41
1600	Mon, Mar 20	8:43	1674	Tue, Mar 20	7:03	1748	Wed, Mar 20	5:33
1601	Tue, Mar 20	14:35	1675	Wed, Mar 20	12:56	1749	Thu, Mar 20	11:14
1602	Wed, Mar 20	20:21	1676	Thu, Mar 19	18:40	1750	Fri, Mar 20	17:11
1603	Fri, Mar 21	2:09	1677	Sat, Mar 20	0:26	1751	Sat, Mar 20	23:08
1604	Sat, Mar 20	8:04	1678	Dom, Mar 20	6:24	1752	Mon, Mar 20	4:46
1605	Dom, Mar 20	13:42	1679	Mon, Mar 20	12:17	1753	Tue, Mar 20	10:40
1606	Mon, Mar 20	19:36	1680	Tue, Mar 19	18:10	1754	Wed, Mar 20	16:33
1607	Wed, Mar 21	1:37	1681	Wed, Mar 19	24:00	1755	Thu, Mar 20	22:21
1608	Thu, Mar 20	7:25	1682	Fri, Mar 20	5:48	1756	Sat, Mar 20	4:17
1609	Fri, Mar 20	13:20	1683	Sat, Mar 20	11:46	1757	Dom, Mar 20	9:59
1610	Sat, Mar 20	19:09	1684	Dom, Mar 19	17:31	1758	Mon, Mar 20	15:50
1611	Mon, Mar 21	0:57	1685	Mon, Mar 19	23:14	1759	Tue, Mar 20	21:45
1612	Tue, Mar 20	6:50	1686	Wed, Mar 20	5:07	1760	Thu, Mar 20	3:24
1613	Wed, Mar 20	12:28	1687	Thu, Mar 20	10:51	1761	Fri, Mar 20	9:18
1614	Thu, Mar 20	18:15	1688	Fri, Mar 19	16:36	1762	Sat, Mar 20	15:14
1615	Sat, Mar 21	0:07	1689	Sat, Mar 19	22:24	1763	Dom, Mar 20	20:59
1616	Dom, Mar 20	5:46	1690	Mon, Mar 20	4:12	1764	Tue, Mar 20	2:50
1617	Mon, Mar 20	11:33	1691	Tue, Mar 20	10:10	1765	Wed, Mar 20	8:30
1618	Tue, Mar 20	17:23	1692	Wed, Mar 19	15:56	1766	Thu, Mar 20	14:16

1767	Fri,	Mar 20	20:10
1768	Dom,	Mar 20	1:47
1769	Mon,	Mar 20	7:36
1770	Tue,	Mar 20	13:29
1771	Wed,	Mar 20	19:15
1772	Fri,	Mar 20	1:10
1773	Sat,	Mar 20	7:00
1774	Dom,	Mar 20	12:56
1775	Mon,	Mar 20	18:55
1776	Wed,	Mar 20	0:36
1777	Thu,	Mar 20	6:25
1778	Fri,	Mar 20	12:20
1779	Sat,	Mar 20	18:05
1780	Dom,	Mar 19	23:53
1781	Tue,	Mar 20	5:36
1782	Wed,	Mar 20	11:21
1783	Thu,	Mar 20	17:12
1784	Fri,	Mar 19	22:53
1785	Dom,	Mar 20	4:42
1786	Mon,	Mar 20	10:41
1787	Tue,	Mar 20	16:27
1788	Wed,	Mar 19	22:16
1789	Fri,	Mar 20	4:04
1790	Sat,	Mar 20	9:53
1791	Dom,	Mar 20	15:48
1792	Mon,	Mar 19	21:32
1793	Wed,	Mar 20	3:19
1794	Thu,	Mar 20	9:15
1795	Fri,	Mar 20	15:03
1796	Sat,	Mar 19	20:53
1797	Mon,	Mar 20	2:47
1798	Tue,	Mar 20	8:38
1799	Wed,	Mar 20	14:30
1800	Thu,	Mar 20	20:11
1801	Sat,	Mar 21	1:54
1802	Dom,	Mar 21	7:47
1803	Mon,	Mar 21	13:33
1804	Tue,	Mar 20	19:16
1805	Thu,	Mar 21	1:03
1806	Fri,	Mar 21	6:51
1807	Sat,	Mar 21	12:41
1808	Dom,	Mar 20	18:29
1809	Tue,	Mar 21	0:21
1810	Wed,	Mar 21	6:19
1811	Thu,	Mar 21	12:12
1812	Fri,	Mar 20	17:58
1813	Sat,	Mar 20	23:49
1814	Mon,	Mar 21	5:41
1815	Tue,	Mar 21	11:30
1816	Wed,	Mar 20	17:15
1817	Thu,	Mar 20	22:59
1818	Sat,	Mar 21	4:49
1819	Dom,	Mar 21	10:38
1820	Mon,	Mar 20	16:23
1821	Tue,	Mar 20	22:14
1822	Thu,	Mar 21	4:08
1823	Fri,	Mar 21	9:54
1824	Sat,	Mar 20	15:37
1825	Dom,	Mar 20	21:24
1826	Tue,	Mar 21	3:15
1827	Wed,	Mar 21	9:07
1828	Thu,	Mar 20	14:52
1829	Fri,	Mar 20	20:41
1830	Dom,	Mar 21	2:36
1831	Mon,	Mar 21	8:25
1832	Tue,	Mar 20	14:15
1833	Wed,	Mar 20	20:11
1834	Fri,	Mar 21	2:03
1835	Sat,	Mar 21	7:54
1836	Dom,	Mar 20	13:38
1837	Mon,	Mar 20	19:22
1838	Wed,	Mar 21	1:16
1839	Thu,	Mar 21	6:58
1840	Fri,	Mar 20	12:39
1841	Sat,	Mar 20	18:27
1842	Mon,	Mar 21	0:12
1843	Tue,	Mar 21	6:03
1844	Wed,	Mar 20	11:53
1845	Thu,	Mar 20	17:43
1846	Fri,	Mar 20	23:44
1847	Dom,	Mar 21	5:31
1848	Mon,	Mar 20	11:16
1849	Tue,	Mar 20	17:11
1850	Wed,	Mar 20	23:00
1851	Fri,	Mar 21	4:53
1852	Sat,	Mar 20	10:40
1853	Dom,	Mar 20	16:23
1854	Mon,	Mar 20	22:18
1855	Wed,	Mar 21	4:04
1856	Thu,	Mar 20	9:48
1857	Fri,	Mar 20	15:44
1858	Sat,	Mar 20	21:30
1859	Mon,	Mar 21	3:17
1860	Tue,	Mar 20	9:03
1861	Wed,	Mar 20	14:45
1862	Thu,	Mar 20	20:42
1863	Sat,	Mar 21	2:29
1864	Dom,	Mar 20	8:09
1865	Mon,	Mar 20	14:05
1866	Tue,	Mar 20	19:53
1867	Thu,	Mar 21	1:45
1868	Fri,	Mar 20	7:43
1869	Sat,	Mar 20	13:31
1870	Dom,	Mar 20	19:31
1871	Tue,	Mar 21	1:19
1872	Wed,	Mar 20	6:56
1873	Thu,	Mar 20	12:51
1874	Fri,	Mar 20	18:37
1875	Dom,	Mar 21	0:20
1876	Mon,	Mar 20	6:09
1877	Tue,	Mar 20	11:47
1878	Wed,	Mar 20	17:41
1879	Thu,	Mar 20	23:31
1880	Sat,	Mar 20	5:12
1881	Dom,	Mar 20	11:13
1882	Mon,	Mar 20	17:03
1883	Tue,	Mar 20	22:49
1884	Thu,	Mar 20	4:43
1885	Fri,	Mar 20	10:29
1886	Sat,	Mar 20	16:25
1887	Dom,	Mar 20	22:17
1888	Tue,	Mar 20	3:54
1889	Wed,	Mar 20	9:50
1890	Thu,	Mar 20	15:40
1891	Fri,	Mar 20	21:24
1892	Dom,	Mar 20	3:21
1893	Mon,	Mar 20	9:07
1894	Tue,	Mar 20	14:58
1895	Wed,	Mar 20	20:48
1896	Fri,	Mar 20	2:22
1897	Sat,	Mar 20	8:15
1898	Dom,	Mar 20	14:05
1899	Mon,	Mar 20	19:45
1900	Wed,	Mar 21	1:38
1901	Thu,	Mar 21	7:23
1902	Fri,	Mar 21	13:16
1903	Sat,	Mar 21	19:14
1904	Mon,	Mar 21	0:57
1905	Tue,	Mar 21	6:57
1906	Wed,	Mar 21	12:52
1907	Thu,	Mar 21	18:32
1908	Sat,	Mar 21	0:26
1909	Dom,	Mar 21	6:13
1910	Mon,	Mar 21	12:02
1911	Tue,	Mar 21	17:54
1912	Wed,	Mar 20	23:28
1913	Fri,	Mar 21	5:18
1914	Sat,	Mar 21	11:10
1915	Dom,	Mar 21	16:51
1916	Mon,	Mar 20	22:46
1917	Wed,	Mar 21	4:37
1918	Thu,	Mar 21	10:25
1919	Fri,	Mar 21	16:19
1920	Sat,	Mar 20	21:58
1921	Mon,	Mar 21	3:51
1922	Tue,	Mar 21	9:48
1923	Wed,	Mar 21	15:28
1924	Thu,	Mar 20	21:20
1925	Sat,	Mar 21	3:11
1926	Dom,	Mar 21	9:00
1927	Mon,	Mar 21	14:59
1928	Tue,	Mar 20	20:43
1929	Thu,	Mar 21	2:35
1930	Fri,	Mar 21	8:29
1931	Sat,	Mar 21	14:06
1932	Dom,	Mar 20	19:53
1933	Tue,	Mar 21	1:43
1934	Wed,	Mar 21	7:27
1935	Thu,	Mar 21	13:17
1936	Fri,	Mar 20	18:57
1937	Dom,	Mar 21	0:45
1938	Mon,	Mar 21	6:42
1939	Tue,	Mar 21	12:28
1940	Wed,	Mar 20	18:23
1941	Fri,	Mar 21	0:20
1942	Sat,	Mar 21	6:09
1943	Dom,	Mar 21	12:02
1944	Mon,	Mar 20	17:48
1945	Tue,	Mar 20	23:37
1946	Thu,	Mar 21	5:32
1947	Fri,	Mar 21	11:12
1948	Sat,	Mar 20	16:57
1949	Dom,	Mar 20	22:48
1950	Tue,	Mar 21	4:34
1951	Wed,	Mar 21	10:25
1952	Thu,	Mar 20	16:13
1953	Fri,	Mar 20	22:00
1954	Dom,	Mar 21	3:53
1955	Mon,	Mar 21	9:35
1956	Tue,	Mar 20	15:20
1957	Wed,	Mar 20	21:16
1958	Fri,	Mar 21	3:05
1959	Sat,	Mar 21	8:54
1960	Dom,	Mar 20	14:42
1961	Mon,	Mar 20	20:32
1962	Wed,	Mar 21	2:29
1963	Thu,	Mar 21	8:19
1964	Fri,	Mar 20	14:09
1965	Sat,	Mar 20	20:04
1966	Mon,	Mar 21	1:52
1967	Tue,	Mar 21	7:37
1968	Wed,	Mar 20	13:21
1969	Thu,	Mar 20	19:08
1970	Sat,	Mar 21	0:56
1971	Dom,	Mar 21	6:38
1972	Mon,	Mar 20	12:21
1973	Tue,	Mar 20	18:12
1974	Thu,	Mar 21	0:06
1975	Fri,	Mar 21	5:57
1976	Sat,	Mar 20	11:49
1977	Dom,	Mar 20	17:42
1978	Mon,	Mar 20	23:33
1979	Wed,	Mar 21	5:22
1980	Thu,	Mar 20	11:09
1981	Fri,	Mar 20	17:03
1982	Sat,	Mar 20	22:55
1983	Mon,	Mar 21	4:38
1984	Tue,	Mar 20	10:24
1985	Wed,	Mar 20	16:14
1986	Thu,	Mar 20	22:03
1987	Sat,	Mar 21	3:52
1988	Dom,	Mar 20	9:39

1989	Mon,	Mar 20	15:28
1990	Tue,	Mar 20	21:19
1991	Thu,	Mar 21	3:02
1992	Fri,	Mar 20	8:48
1993	Sat,	Mar 20	14:41
1994	Dom,	Mar 20	20:28
1995	Tue,	Mar 21	2:15
1996	Wed,	Mar 20	8:03
1997	Thu,	Mar 20	13:55
1998	Fri,	Mar 20	19:54
1999	Dom,	Mar 21	1:46
2000	Mon,	Mar 20	7:35
2001	Tue,	Mar 20	13:31
2002	Wed,	Mar 20	19:16
2003	Fri,	Mar 21	1:00
2004	Sat,	Mar 20	6:49
2005	Dom,	Mar 20	12:34
2006	Mon,	Mar 20	18:25
2007	Wed,	Mar 21	0:07
2008	Thu,	Mar 20	5:48
2009	Fri,	Mar 20	11:44
2010	Sat,	Mar 20	17:32
2011	Dom,	Mar 20	23:21
2012	Tue,	Mar 20	5:14
2013	Wed,	Mar 20	11:02
2014	Thu,	Mar 20	16:57
2015	Fri,	Mar 20	22:45
2016	Dom,	Mar 20	4:30
2017	Mon,	Mar 20	10:29
2018	Tue,	Mar 20	16:15
2019	Wed,	Mar 20	21:58
2020	Fri,	Mar 20	3:50
2021	Sat,	Mar 20	9:37
2022	Dom,	Mar 20	15:33
2023	Mon,	Mar 20	21:25
2024	Wed,	Mar 20	3:07
2025	Thu,	Mar 20	9:02
2026	Fri,	Mar 20	14:46
2027	Sat,	Mar 20	20:25
2028	Mon,	Mar 20	2:17
2029	Tue,	Mar 20	8:02
2030	Wed,	Mar 20	13:52
2031	Thu,	Mar 20	19:41
2032	Sat,	Mar 20	1:22
2033	Dom,	Mar 20	7:23
2034	Mon,	Mar 20	13:18
2035	Tue,	Mar 20	19:03
2036	Thu,	Mar 20	1:03
2037	Fri,	Mar 20	6:50
2038	Sat,	Mar 20	12:41
2039	Dom,	Mar 20	18:32
2040	Tue,	Mar 20	0:12
2041	Wed,	Mar 20	6:07
2042	Thu,	Mar 20	11:53
2043	Fri,	Mar 20	17:28
2044	Sat,	Mar 19	23:21
2045	Mon,	Mar 20	5:07
2046	Tue,	Mar 20	10:58
2047	Wed,	Mar 20	16:53
2048	Thu,	Mar 19	22:34
2049	Sat,	Mar 20	4:29
2050	Dom,	Mar 20	10:20
2051	Mon,	Mar 20	15:59
2052	Tue,	Mar 19	21:56
2053	Thu,	Mar 20	3:47
2054	Fri,	Mar 20	9:34
2055	Sat,	Mar 20	15:29
2056	Dom,	Mar 19	21:11
2057	Tue,	Mar 20	3:08
2058	Wed,	Mar 20	9:05
2059	Thu,	Mar 20	14:45
2060	Fri,	Mar 19	20:39
2061	Dom,	Mar 20	2:26
2062	Mon,	Mar 20	8:08
2063	Tue,	Mar 20	14:00
2064	Wed,	Mar 19	19:39
2065	Fri,	Mar 20	1:29
2066	Sat,	Mar 20	7:20
2067	Dom,	Mar 20	12:55
2068	Mon,	Mar 19	18:50
2069	Wed,	Mar 20	0:46
2070	Thu,	Mar 20	6:36
2071	Fri,	Mar 20	12:35
2072	Sat,	Mar 19	18:22
2073	Mon,	Mar 20	0:14
2074	Tue,	Mar 20	6:10
2075	Wed,	Mar 20	11:47
2076	Thu,	Mar 19	17:40
2077	Fri,	Mar 19	23:32
2078	Dom,	Mar 20	5:12
2079	Mon,	Mar 20	11:02
2080	Tue,	Mar 19	16:45
2081	Wed,	Mar 19	22:36
2082	Fri,	Mar 20	4:32
2083	Sat,	Mar 20	10:11
2084	Dom,	Mar 19	16:01
2085	Mon,	Mar 19	21:54
2086	Wed,	Mar 20	3:36
2087	Thu,	Mar 20	9:30
2088	Fri,	Mar 19	15:18
2089	Sat,	Mar 19	21:08
2090	Mon,	Mar 20	3:03
2091	Tue,	Mar 20	8:43
2092	Wed,	Mar 19	14:35
2093	Thu,	Mar 19	20:36
2094	Sat,	Mar 20	2:23
2095	Dom,	Mar 20	8:17
2096	Mon,	Mar 19	14:05
2097	Tue,	Mar 19	19:50
2098	Thu,	Mar 20	1:42
2099	Fri,	Mar 20	7:19
2100	Sat,	Mar 20	13:05
2101	Dom,	Mar 20	18:58
2102	Tue,	Mar 21	0:38
2103	Wed,	Mar 21	6:25
2104	Thu,	Mar 20	12:16
2105	Fri,	Mar 20	18:08
2106	Dom,	Mar 21	0:06
2107	Mon,	Mar 21	5:52
2108	Tue,	Mar 20	11:41
2109	Wed,	Mar 20	17:38
2110	Thu,	Mar 20	23:24
2111	Sat,	Mar 21	5:13
2112	Dom,	Mar 20	11:05
2113	Mon,	Mar 20	16:53
2114	Tue,	Mar 20	22:42
2115	Thu,	Mar 21	4:25
2116	Fri,	Mar 20	10:11
2117	Sat,	Mar 20	16:08
2118	Dom,	Mar 20	21:56
2119	Tue,	Mar 21	3:41
2120	Wed,	Mar 20	9:31
2121	Thu,	Mar 20	15:18
2122	Fri,	Mar 20	21:06
2123	Dom,	Mar 21	2:51
2124	Mon,	Mar 20	8:38
2125	Tue,	Mar 20	14:32
2126	Wed,	Mar 20	20:18
2127	Fri,	Mar 21	2:05
2128	Sat,	Mar 20	8:01
2129	Dom,	Mar 20	13:57
2130	Mon,	Mar 20	19:51
2131	Wed,	Mar 21	1:39
2132	Thu,	Mar 20	7:27
2133	Fri,	Mar 20	13:18
2134	Sat,	Mar 20	19:05
2135	Mon,	Mar 21	0:48
2136	Tue,	Mar 20	6:36
2137	Wed,	Mar 20	12:24
2138	Thu,	Mar 20	18:07
2139	Fri,	Mar 20	23:51
2140	Dom,	Mar 20	5:40
2141	Mon,	Mar 20	11:35
2142	Tue,	Mar 20	17:27
2143	Wed,	Mar 20	23:14
2144	Fri,	Mar 20	5:05
2145	Sat,	Mar 20	11:00
2146	Dom,	Mar 20	16:47
2147	Mon,	Mar 20	22:36
2148	Wed,	Mar 20	4:26
2149	Thu,	Mar 20	10:16
2150	Fri,	Mar 20	16:05
2151	Sat,	Mar 20	21:51
2152	Mon,	Mar 20	3:42
2153	Tue,	Mar 20	9:39
2154	Wed,	Mar 20	15:25
2155	Thu,	Mar 20	21:09
2156	Sat,	Mar 20	2:57
2157	Dom,	Mar 20	8:42
2158	Mon,	Mar 20	14:30
2159	Tue,	Mar 20	20:15
2160	Thu,	Mar 20	2:01
2161	Fri,	Mar 20	7:55
2162	Sat,	Mar 20	13:41
2163	Dom,	Mar 20	19:27
2164	Tue,	Mar 20	1:26
2165	Wed,	Mar 20	7:20
2166	Thu,	Mar 20	13:14
2167	Fri,	Mar 20	19:04
2168	Dom,	Mar 20	0:51
2169	Mon,	Mar 20	6:47
2170	Tue,	Mar 20	12:32
2171	Wed,	Mar 20	18:13
2172	Fri,	Mar 20	0:05
2173	Sat,	Mar 20	5:47
2174	Dom,	Mar 20	11:32
2175	Mon,	Mar 20	17:20
2176	Tue,	Mar 19	23:06
2177	Thu,	Mar 20	5:06
2178	Fri,	Mar 20	10:54
2179	Sat,	Mar 20	16:36
2180	Dom,	Mar 19	22:32
2181	Tue,	Mar 20	4:19
2182	Wed,	Mar 20	10:08
2183	Thu,	Mar 20	16:01
2184	Fri,	Mar 19	21:47
2185	Dom,	Mar 20	3:43
2186	Mon,	Mar 20	9:31
2187	Tue,	Mar 20	15:14
2188	Wed,	Mar 19	21:14
2189	Fri,	Mar 20	3:04
2190	Sat,	Mar 20	8:49
2191	Dom,	Mar 20	14:39
2192	Mon,	Mar 19	20:21
2193	Wed,	Mar 20	2:13
2194	Thu,	Mar 20	8:01
2195	Fri,	Mar 20	13:37
2196	Sat,	Mar 19	19:32
2197	Mon,	Mar 20	1:18
2198	Tue,	Mar 20	7:00
2199	Wed,	Mar 20	12:57
2200	Thu,	Mar 20	18:47
2201	Sat,	Mar 21	0:47
2202	Dom,	Mar 21	6:42
2203	Mon,	Mar 21	12:22
2204	Tue,	Mar 20	18:20
2205	Thu,	Mar 21	0:10
2206	Fri,	Mar 21	5:51
2207	Sat,	Mar 21	11:45
2208	Dom,	Mar 20	17:27
2209	Mon,	Mar 20	23:17
2210	Wed,	Mar 21	5:06

2211	Thu,	Mar 21	10:44
2212	Fri,	Mar 20	16:42
2213	Sat,	Mar 20	22:35
2214	Mon,	Mar 21	4:15
2215	Tue,	Mar 21	10:08
2216	Wed,	Mar 20	15:53
2217	Thu,	Mar 20	21:44
2218	Sat,	Mar 21	3:38
2219	Dom,	Mar 21	9:18
2220	Mon,	Mar 20	15:13
2221	Tue,	Mar 20	21:06
2222	Thu,	Mar 21	2:46
2223	Fri,	Mar 21	8:44
2224	Sat,	Mar 20	14:38
2225	Dom,	Mar 20	20:30
2226	Tue,	Mar 21	2:25
2227	Wed,	Mar 21	8:02
2228	Thu,	Mar 20	13:53
2229	Fri,	Mar 20	19:45
2230	Dom,	Mar 21	1:20
2231	Mon,	Mar 21	7:11
2232	Tue,	Mar 20	12:57
2233	Wed,	Mar 20	18:41
2234	Fri,	Mar 21	0:35
2235	Sat,	Mar 21	6:18
2236	Dom,	Mar 20	12:15
2237	Mon,	Mar 20	18:15
2238	Tue,	Mar 20	23:55
2239	Thu,	Mar 21	5:49
2240	Fri,	Mar 20	11:42
2241	Sat,	Mar 20	17:30
2242	Dom,	Mar 20	23:24
2243	Tue,	Mar 21	5:07
2244	Wed,	Mar 20	10:56
2245	Thu,	Mar 20	16:49
2246	Fri,	Mar 20	22:27
2247	Dom,	Mar 21	4:19
2248	Mon,	Mar 20	10:14
2249	Tue,	Mar 20	16:00
2250	Wed,	Mar 20	21:50
2251	Fri,	Mar 21	3:31
2252	Sat,	Mar 20	9:19
2253	Dom,	Mar 20	15:14
2254	Mon,	Mar 20	20:53
2255	Wed,	Mar 21	2:42
2256	Thu,	Mar 20	8:37
2257	Fri,	Mar 20	14:23
2258	Sat,	Mar 20	20:18
2259	Mon,	Mar 21	2:09
2260	Tue,	Mar 20	8:04
2261	Wed,	Mar 20	14:03
2262	Thu,	Mar 20	19:44
2263	Sat,	Mar 21	1:31
2264	Dom,	Mar 20	7:24
2265	Mon,	Mar 20	13:08
2266	Tue,	Mar 20	18:56
2267	Thu,	Mar 21	0:39
2268	Fri,	Mar 20	6:23
2269	Sat,	Mar 20	12:14
2270	Dom,	Mar 20	17:55
2271	Mon,	Mar 20	23:45
2272	Wed,	Mar 20	5:44
2273	Thu,	Mar 20	11:34
2274	Fri,	Mar 20	17:24
2275	Sat,	Mar 20	23:13
2276	Mon,	Mar 20	5:04
2277	Tue,	Mar 20	10:59
2278	Wed,	Mar 20	16:43
2279	Thu,	Mar 20	22:30
2280	Sat,	Mar 20	4:24
2281	Dom,	Mar 20	10:11
2282	Mon,	Mar 20	15:59
2283	Tue,	Mar 20	21:51
2284	Thu,	Mar 20	3:42
2285	Fri,	Mar 20	9:32
2286	Sat,	Mar 20	15:13
2287	Dom,	Mar 20	20:56
2288	Tue,	Mar 20	2:48
2289	Wed,	Mar 20	8:36
2290	Thu,	Mar 20	14:21
2291	Fri,	Mar 20	20:10
2292	Dom,	Mar 20	1:59
2293	Mon,	Mar 20	7:50
2294	Tue,	Mar 20	13:40
2295	Wed,	Mar 20	19:32
2296	Fri,	Mar 20	1:31
2297	Sat,	Mar 20	7:24
2298	Dom,	Mar 20	13:10
2299	Mon,	Mar 20	18:59
2300	Wed,	Mar 21	0:50
2301	Thu,	Mar 21	6:37
2302	Fri,	Mar 21	12:20
2303	Sat,	Mar 21	18:04
2304	Dom,	Mar 20	23:51
2305	Tue,	Mar 21	5:40
2306	Wed,	Mar 21	11:25
2307	Thu,	Mar 21	17:17
2308	Fri,	Mar 20	23:13
2309	Dom,	Mar 21	5:00
2310	Mon,	Mar 21	10:46
2311	Tue,	Mar 21	16:35
2312	Wed,	Mar 20	22:26
2313	Fri,	Mar 21	4:20
2314	Sat,	Mar 21	10:06
2315	Dom,	Mar 21	15:54
2316	Mon,	Mar 20	21:49
2317	Wed,	Mar 21	3:36
2318	Thu,	Mar 21	9:24
2319	Fri,	Mar 21	15:18
2320	Sat,	Mar 20	21:09
2321	Mon,	Mar 21	2:59
2322	Tue,	Mar 21	8:42
2323	Wed,	Mar 21	14:26
2324	Thu,	Mar 20	20:20
2325	Sat,	Mar 21	2:03
2326	Dom,	Mar 21	7:45
2327	Mon,	Mar 21	13:35
2328	Tue,	Mar 20	19:21
2329	Thu,	Mar 21	1:14
2330	Fri,	Mar 21	7:05
2331	Sat,	Mar 21	12:56
2332	Dom,	Mar 20	18:58
2333	Tue,	Mar 21	0:46
2334	Wed,	Mar 21	6:30
2335	Thu,	Mar 21	12:24
2336	Fri,	Mar 20	18:11
2337	Dom,	Mar 21	0:03
2338	Mon,	Mar 21	5:49
2339	Tue,	Mar 21	11:30
2340	Wed,	Mar 20	17:24
2341	Thu,	Mar 20	23:09
2342	Sat,	Mar 21	4:52
2343	Dom,	Mar 21	10:48
2344	Mon,	Mar 20	16:36
2345	Tue,	Mar 20	22:24
2346	Thu,	Mar 21	4:13
2347	Fri,	Mar 21	9:55
2348	Sat,	Mar 20	15:54
2349	Dom,	Mar 20	21:42
2350	Tue,	Mar 21	3:23
2351	Wed,	Mar 21	9:19
2352	Thu,	Mar 20	15:08
2353	Fri,	Mar 20	20:59
2354	Dom,	Mar 21	2:56
2355	Mon,	Mar 21	8:43
2356	Tue,	Mar 20	14:41
2357	Wed,	Mar 20	20:29
2358	Fri,	Mar 21	2:05
2359	Sat,	Mar 21	7:59
2360	Dom,	Mar 20	13:44
2361	Mon,	Mar 20	19:27
2362	Wed,	Mar 21	1:17
2363	Thu,	Mar 21	6:56
2364	Fri,	Mar 20	12:50
2365	Sat,	Mar 20	18:41
2366	Mon,	Mar 21	0:23
2367	Tue,	Mar 21	6:25
2368	Wed,	Mar 20	12:17
2369	Thu,	Mar 20	18:04
2370	Fri,	Mar 20	23:59
2371	Dom,	Mar 21	5:44
2372	Mon,	Mar 20	11:40
2373	Tue,	Mar 20	17:32
2374	Wed,	Mar 20	23:08
2375	Fri,	Mar 21	5:01
2376	Sat,	Mar 20	10:49
2377	Dom,	Mar 20	16:32
2378	Mon,	Mar 20	22:28
2379	Wed,	Mar 21	4:14
2380	Thu,	Mar 20	10:06
2381	Fri,	Mar 20	15:56
2382	Sat,	Mar 20	21:31
2383	Mon,	Mar 21	3:24
2384	Tue,	Mar 20	9:17
2385	Wed,	Mar 20	14:58
2386	Thu,	Mar 20	20:53
2387	Sat,	Mar 21	2:39
2388	Dom,	Mar 20	8:32
2389	Mon,	Mar 20	14:31
2390	Tue,	Mar 20	20:14
2391	Thu,	Mar 21	2:13
2392	Fri,	Mar 20	8:07
2393	Sat,	Mar 20	13:47
2394	Dom,	Mar 20	19:39
2395	Tue,	Mar 21	1:24
2396	Wed,	Mar 20	7:11
2397	Thu,	Mar 20	13:03
2398	Fri,	Mar 20	18:36
2399	Dom,	Mar 21	0:25
2400	Mon,	Mar 20	6:18
2401	Tue,	Mar 20	12:00
2402	Wed,	Mar 20	17:57
2403	Thu,	Mar 20	23:49
2404	Sat,	Mar 20	5:40
2405	Dom,	Mar 20	11:35
2406	Mon,	Mar 20	17:16
2407	Tue,	Mar 20	23:09
2408	Thu,	Mar 20	5:06
2409	Fri,	Mar 20	10:47
2410	Sat,	Mar 20	16:37
2411	Dom,	Mar 20	22:27
2412	Tue,	Mar 20	4:14
2413	Wed,	Mar 20	10:10
2414	Thu,	Mar 20	15:54
2415	Fri,	Mar 20	21:44
2416	Dom,	Mar 20	3:38
2417	Mon,	Mar 20	9:16
2418	Tue,	Mar 20	15:03
2419	Wed,	Mar 20	20:54
2420	Fri,	Mar 20	2:40
2421	Sat,	Mar 20	8:31
2422	Dom,	Mar 20	14:13
2423	Mon,	Mar 20	20:02
2424	Wed,	Mar 20	2:00
2425	Thu,	Mar 20	7:47
2426	Fri,	Mar 20	13:42
2427	Sat,	Mar 20	19:39
2428	Mon,	Mar 20	1:28
2429	Tue,	Mar 20	7:19
2430	Wed,	Mar 20	13:03
2431	Thu,	Mar 20	18:50
2432	Sat,	Mar 20	0:44

2433	Dom,	Mar 20	6:24
2434	Mon,	Mar 20	12:07
2435	Tue,	Mar 20	17:58
2436	Wed,	Mar 19	23:45
2437	Fri,	Mar 20	5:36
2438	Sat,	Mar 20	11:25
2439	Dom,	Mar 20	17:14
2440	Mon,	Mar 19	23:08
2441	Wed,	Mar 20	4:53
2442	Thu,	Mar 20	10:40
2443	Fri,	Mar 20	16:36
2444	Sat,	Mar 19	22:27
2445	Mon,	Mar 20	4:15
2446	Tue,	Mar 20	10:02
2447	Wed,	Mar 20	15:51
2448	Thu,	Mar 19	21:46
2449	Sat,	Mar 20	3:35
2450	Dom,	Mar 20	9:24
2451	Mon,	Mar 20	15:18
2452	Tue,	Mar 19	21:05
2453	Thu,	Mar 20	2:49
2454	Fri,	Mar 20	8:33
2455	Sat,	Mar 20	14:20
2456	Dom,	Mar 19	20:09
2457	Tue,	Mar 20	1:53
2458	Wed,	Mar 20	7:37
2459	Thu,	Mar 20	13:29
2460	Fri,	Mar 19	19:24
2461	Dom,	Mar 20	1:15
2462	Mon,	Mar 20	7:08
2463	Tue,	Mar 20	13:03
2464	Wed,	Mar 19	18:53
2465	Fri,	Mar 20	0:42
2466	Sat,	Mar 20	6:29
2467	Dom,	Mar 20	12:20
2468	Mon,	Mar 19	18:13
2469	Tue,	Mar 19	23:55
2470	Thu,	Mar 20	5:38
2471	Fri,	Mar 20	11:28
2472	Sat,	Mar 19	17:15
2473	Dom,	Mar 19	23:05
2474	Tue,	Mar 20	4:53
2475	Wed,	Mar 20	10:42
2476	Thu,	Mar 19	16:35
2477	Fri,	Mar 19	22:19
2478	Dom,	Mar 20	4:06
2479	Mon,	Mar 20	10:01
2480	Tue,	Mar 19	15:49
2481	Wed,	Mar 19	21:37
2482	Fri,	Mar 20	3:26
2483	Sat,	Mar 20	9:17
2484	Dom,	Mar 19	15:15
2485	Mon,	Mar 19	21:06
2486	Wed,	Mar 20	2:54
2487	Thu,	Mar 20	8:49
2488	Fri,	Mar 19	14:32
2489	Sat,	Mar 19	20:15
2490	Mon,	Mar 20	2:03
2491	Tue,	Mar 20	7:47
2492	Wed,	Mar 19	13:38
2493	Thu,	Mar 19	19:22
2494	Sat,	Mar 20	1:03
2495	Dom,	Mar 20	7:00
2496	Mon,	Mar 19	12:49
2497	Tue,	Mar 19	18:40
2498	Thu,	Mar 20	0:36
2499	Fri,	Mar 20	6:24
2500	Sat,	Mar 20	12:20
2501	Dom,	Mar 20	18:09
2502	Mon,	Mar 20	23:53
2503	Wed,	Mar 21	5:52
2504	Thu,	Mar 20	11:37
2505	Fri,	Mar 20	17:19
2506	Sat,	Mar 20	23:09
2507	Mon,	Mar 21	4:53
2508	Tue,	Mar 20	10:48
2509	Wed,	Mar 20	16:39
2510	Thu,	Mar 20	22:20
2511	Sat,	Mar 21	4:16
2512	Dom,	Mar 20	10:01
2513	Mon,	Mar 20	15:42
2514	Tue,	Mar 20	21:36
2515	Thu,	Mar 21	3:22
2516	Fri,	Mar 20	9:14
2517	Sat,	Mar 20	15:05
2518	Dom,	Mar 20	20:46
2519	Tue,	Mar 21	2:47
2520	Wed,	Mar 20	8:41
2521	Thu,	Mar 20	14:27
2522	Fri,	Mar 20	20:25
2523	Dom,	Mar 21	2:11
2524	Mon,	Mar 20	7:59
2525	Tue,	Mar 20	13:50
2526	Wed,	Mar 20	19:28
2527	Fri,	Mar 21	1:22
2528	Sat,	Mar 20	7:09
2529	Dom,	Mar 20	12:44
2530	Mon,	Mar 20	18:37
2531	Wed,	Mar 21	0:24
2532	Thu,	Mar 20	6:16
2533	Fri,	Mar 20	12:14
2534	Sat,	Mar 20	17:56
2535	Dom,	Mar 20	23:53
2536	Tue,	Mar 20	5:46
2537	Wed,	Mar 20	11:25
2538	Thu,	Mar 20	17:23
2539	Fri,	Mar 20	23:12
2540	Dom,	Mar 20	4:59
2541	Mon,	Mar 20	10:52
2542	Tue,	Mar 20	16:32
2543	Wed,	Mar 20	22:27
2544	Fri,	Mar 20	4:23
2545	Sat,	Mar 20	10:02
2546	Dom,	Mar 20	15:55
2547	Mon,	Mar 20	21:43
2548	Wed,	Mar 20	3:25
2549	Thu,	Mar 20	9:17
2550	Fri,	Mar 20	14:58
2551	Sat,	Mar 20	20:49
2552	Mon,	Mar 20	2:43
2553	Tue,	Mar 20	8:19
2554	Wed,	Mar 20	14:14
2555	Thu,	Mar 20	20:11
2556	Sat,	Mar 20	2:00
2557	Dom,	Mar 20	8:01
2558	Mon,	Mar 20	13:47
2559	Tue,	Mar 20	19:38
2560	Thu,	Mar 20	1:33
2561	Fri,	Mar 20	7:10
2562	Sat,	Mar 20	13:01
2563	Dom,	Mar 20	18:52
2564	Tue,	Mar 20	0:31
2565	Wed,	Mar 20	6:20
2566	Thu,	Mar 20	12:03
2567	Fri,	Mar 20	17:54
2568	Sat,	Mar 19	23:51
2569	Mon,	Mar 20	5:32
2570	Tue,	Mar 20	11:23
2571	Wed,	Mar 20	17:17
2572	Thu,	Mar 19	23:02
2573	Sat,	Mar 20	4:55
2574	Dom,	Mar 20	10:45
2575	Mon,	Mar 20	16:35
2576	Tue,	Mar 19	22:30
2577	Thu,	Mar 20	4:10
2578	Fri,	Mar 20	10:00
2579	Sat,	Mar 20	15:58
2580	Dom,	Mar 19	21:45
2581	Tue,	Mar 20	3:37
2582	Wed,	Mar 20	9:25
2583	Thu,	Mar 20	15:09
2584	Fri,	Mar 19	21:00
2585	Dom,	Mar 20	2:39
2586	Mon,	Mar 20	8:24
2587	Tue,	Mar 20	14:18
2588	Wed,	Mar 19	20:00
2589	Fri,	Mar 20	1:48
2590	Sat,	Mar 20	7:41
2591	Dom,	Mar 20	13:34
2592	Mon,	Mar 19	19:33
2593	Wed,	Mar 20	1:21
2594	Thu,	Mar 20	7:10
2595	Fri,	Mar 20	13:06
2596	Sat,	Mar 19	18:52
2597	Mon,	Mar 20	0:40
2598	Tue,	Mar 20	6:30
2599	Wed,	Mar 20	12:17
2600	Thu,	Mar 20	18:04
2601	Fri,	Mar 20	23:45
2602	Dom,	Mar 21	5:31
2603	Mon,	Mar 21	11:26
2604	Tue,	Mar 20	17:15
2605	Wed,	Mar 20	23:01
2606	Fri,	Mar 21	4:52
2607	Sat,	Mar 21	10:41
2608	Dom,	Mar 20	16:31
2609	Mon,	Mar 20	22:18
2610	Wed,	Mar 21	4:06
2611	Thu,	Mar 21	10:00
2612	Fri,	Mar 20	15:49
2613	Sat,	Mar 20	21:35
2614	Mon,	Mar 21	3:29
2615	Tue,	Mar 21	9:25
2616	Wed,	Mar 20	15:17
2617	Thu,	Mar 20	21:05
2618	Sat,	Mar 21	2:50
2619	Dom,	Mar 21	8:40
2620	Mon,	Mar 20	14:26
2621	Tue,	Mar 20	20:09
2622	Thu,	Mar 21	1:56
2623	Fri,	Mar 21	7:46
2624	Sat,	Mar 20	13:30
2625	Dom,	Mar 20	19:15
2626	Tue,	Mar 21	1:06
2627	Wed,	Mar 21	7:01
2628	Thu,	Mar 20	12:56
2629	Fri,	Mar 20	18:45
2630	Dom,	Mar 21	0:36
2631	Mon,	Mar 21	6:31
2632	Tue,	Mar 20	12:18
2633	Wed,	Mar 20	18:05
2634	Thu,	Mar 20	23:55
2635	Sat,	Mar 21	5:42
2636	Dom,	Mar 20	11:30
2637	Mon,	Mar 20	17:14
2638	Tue,	Mar 20	23:03
2639	Thu,	Mar 21	5:00
2640	Fri,	Mar 20	10:47
2641	Sat,	Mar 20	16:31
2642	Dom,	Mar 20	22:20
2643	Tue,	Mar 21	4:06
2644	Wed,	Mar 20	9:56
2645	Thu,	Mar 20	15:43
2646	Fri,	Mar 20	21:31
2647	Dom,	Mar 21	3:27
2648	Mon,	Mar 20	9:13
2649	Tue,	Mar 20	14:59
2650	Wed,	Mar 20	20:57
2651	Fri,	Mar 21	2:50
2652	Sat,	Mar 20	8:43
2653	Dom,	Mar 20	14:33
2654	Mon,	Mar 20	20:18

2655	Wed,	Mar 21	2:13
2656	Thu,	Mar 20	7:58
2657	Fri,	Mar 20	13:37
2658	Sat,	Mar 20	19:29
2659	Mon,	Mar 21	1:11
2660	Tue,	Mar 20	6:56
2661	Wed,	Mar 20	12:45
2662	Thu,	Mar 20	18:32
2663	Sat,	Mar 21	0:33
2664	Dom,	Mar 20	6:24
2665	Mon,	Mar 20	12:06
2666	Tue,	Mar 20	18:03
2667	Wed,	Mar 20	23:51
2668	Fri,	Mar 20	5:40
2669	Sat,	Mar 20	11:33
2670	Dom,	Mar 20	17:18
2671	Mon,	Mar 20	23:14
2672	Wed,	Mar 20	5:02
2673	Thu,	Mar 20	10:41
2674	Fri,	Mar 20	16:40
2675	Sat,	Mar 20	22:29
2676	Mon,	Mar 20	4:14
2677	Tue,	Mar 20	10:05
2678	Wed,	Mar 20	15:46
2679	Thu,	Mar 20	21:38
2680	Sat,	Mar 20	3:27
2681	Dom,	Mar 20	9:05
2682	Mon,	Mar 20	15:01
2683	Tue,	Mar 20	20:49
2684	Thu,	Mar 20	2:32
2685	Fri,	Mar 20	8:30
2686	Sat,	Mar 20	14:20
2687	Dom,	Mar 20	20:20
2688	Tue,	Mar 20	2:16
2689	Wed,	Mar 20	7:55
2690	Thu,	Mar 20	13:51
2691	Fri,	Mar 20	19:41
2692	Dom,	Mar 20	1:20
2693	Mon,	Mar 20	7:13
2694	Tue,	Mar 20	12:54
2695	Wed,	Mar 20	18:42
2696	Fri,	Mar 20	0:32
2697	Sat,	Mar 20	6:09
2698	Dom,	Mar 20	12:07
2699	Mon,	Mar 20	18:02
2700	Tue,	Mar 20	23:43
2701	Thu,	Mar 21	5:38
2702	Fri,	Mar 21	11:25
2703	Sat,	Mar 21	17:17
2704	Dom,	Mar 20	23:13
2705	Tue,	Mar 21	4:54
2706	Wed,	Mar 21	10:49
2707	Thu,	Mar 21	16:42
2708	Fri,	Mar 20	22:21
2709	Dom,	Mar 21	4:17
2710	Mon,	Mar 21	10:09
2711	Tue,	Mar 21	15:59
2712	Wed,	Mar 20	21:53
2713	Fri,	Mar 21	3:30
2714	Sat,	Mar 21	9:19
2715	Dom,	Mar 21	15:12
2716	Mon,	Mar 20	20:48
2717	Wed,	Mar 21	2:39
2718	Thu,	Mar 21	8:27
2719	Fri,	Mar 21	14:13
2720	Sat,	Mar 20	20:08
2721	Mon,	Mar 21	1:52
2722	Tue,	Mar 21	7:50
2723	Wed,	Mar 21	13:51
2724	Thu,	Mar 20	19:32
2725	Sat,	Mar 21	1:25
2726	Dom,	Mar 21	7:18
2727	Mon,	Mar 21	13:04
2728	Tue,	Mar 20	18:58
2729	Thu,	Mar 21	0:38
2730	Fri,	Mar 21	6:25
2731	Sat,	Mar 21	12:17
2732	Dom,	Mar 20	17:54
2733	Mon,	Mar 20	23:45
2734	Wed,	Mar 21	5:41
2735	Thu,	Mar 21	11:28
2736	Fri,	Mar 20	17:21
2737	Sat,	Mar 20	23:03
2738	Mon,	Mar 21	4:52
2739	Tue,	Mar 21	10:48
2740	Wed,	Mar 20	16:30
2741	Thu,	Mar 20	22:20
2742	Sat,	Mar 21	4:15
2743	Dom,	Mar 21	10:02
2744	Mon,	Mar 20	15:55
2745	Tue,	Mar 20	21:45
2746	Thu,	Mar 21	3:37
2747	Fri,	Mar 21	9:35
2748	Sat,	Mar 20	15:16
2749	Dom,	Mar 20	21:01
2750	Tue,	Mar 21	2:53
2751	Wed,	Mar 21	8:37
2752	Thu,	Mar 20	14:25
2753	Fri,	Mar 20	20:09
2754	Dom,	Mar 21	1:54
2755	Mon,	Mar 21	7:45
2756	Tue,	Mar 20	13:28
2757	Wed,	Mar 20	19:19
2758	Fri,	Mar 21	1:20
2759	Sat,	Mar 21	7:11
2760	Dom,	Mar 20	13:02
2761	Mon,	Mar 20	18:51
2762	Wed,	Mar 21	0:42
2763	Thu,	Mar 21	6:35
2764	Fri,	Mar 20	12:21
2765	Sat,	Mar 20	18:06
2766	Dom,	Mar 20	23:58
2767	Tue,	Mar 21	5:44
2768	Wed,	Mar 20	11:30
2769	Thu,	Mar 20	17:21
2770	Fri,	Mar 20	23:12
2771	Dom,	Mar 21	5:02
2772	Mon,	Mar 20	10:46
2773	Tue,	Mar 20	16:29
2774	Wed,	Mar 20	22:21
2775	Fri,	Mar 21	4:12
2776	Sat,	Mar 20	9:57
2777	Dom,	Mar 20	15:48
2778	Mon,	Mar 20	21:38
2779	Wed,	Mar 21	3:29
2780	Thu,	Mar 20	9:19
2781	Fri,	Mar 20	15:11
2782	Sat,	Mar 20	21:08
2783	Mon,	Mar 21	3:02
2784	Tue,	Mar 20	8:46
2785	Wed,	Mar 20	14:33
2786	Thu,	Mar 20	20:23
2787	Sat,	Mar 21	2:09
2788	Dom,	Mar 20	7:52
2789	Mon,	Mar 20	13:36
2790	Tue,	Mar 20	19:23
2791	Thu,	Mar 21	1:12
2792	Fri,	Mar 20	6:58
2793	Sat,	Mar 20	12:50
2794	Dom,	Mar 20	18:49
2795	Tue,	Mar 21	0:38
2796	Wed,	Mar 20	6:26
2797	Thu,	Mar 20	12:16
2798	Fri,	Mar 20	18:07
2799	Dom,	Mar 21	0:02
2800	Mon,	Mar 20	5:48
2801	Tue,	Mar 20	11:34
2802	Wed,	Mar 20	17:28
2803	Thu,	Mar 20	23:13
2804	Sat,	Mar 20	4:59
2805	Dom,	Mar 20	10:52
2806	Mon,	Mar 20	16:41
2807	Tue,	Mar 20	22:32
2808	Thu,	Mar 20	4:15
2809	Fri,	Mar 20	9:58
2810	Sat,	Mar 20	15:53
2811	Dom,	Mar 20	21:38
2812	Tue,	Mar 20	3:22
2813	Wed,	Mar 20	9:13
2814	Thu,	Mar 20	15:00
2815	Fri,	Mar 20	20:54
2816	Dom,	Mar 20	2:47
2817	Mon,	Mar 20	8:37
2818	Tue,	Mar 20	14:39
2819	Wed,	Mar 20	20:28
2820	Fri,	Mar 20	2:10
2821	Sat,	Mar 20	8:03
2822	Dom,	Mar 20	13:49
2823	Mon,	Mar 20	19:38
2824	Wed,	Mar 20	1:25
2825	Thu,	Mar 20	7:03
2826	Fri,	Mar 20	12:58
2827	Sat,	Mar 20	18:43
2828	Mon,	Mar 20	0:25
2829	Tue,	Mar 20	6:24
2830	Wed,	Mar 20	12:13
2831	Thu,	Mar 20	18:03
2832	Fri,	Mar 19	23:54
2833	Dom,	Mar 20	5:37
2834	Mon,	Mar 20	11:37
2835	Tue,	Mar 20	17:27
2836	Wed,	Mar 19	23:07
2837	Fri,	Mar 20	5:03
2838	Sat,	Mar 20	10:49
2839	Dom,	Mar 20	16:39
2840	Mon,	Mar 19	22:34
2841	Wed,	Mar 20	4:19
2842	Thu,	Mar 20	10:17
2843	Fri,	Mar 20	16:04
2844	Sat,	Mar 19	21:40
2845	Mon,	Mar 20	3:33
2846	Tue,	Mar 20	9:19
2847	Wed,	Mar 20	15:03
2848	Thu,	Mar 19	20:55
2849	Sat,	Mar 20	2:35
2850	Dom,	Mar 20	8:30
2851	Mon,	Mar 20	14:24
2852	Tue,	Mar 19	20:06
2853	Thu,	Mar 20	2:08
2854	Fri,	Mar 20	8:02
2855	Sat,	Mar 20	13:48
2856	Dom,	Mar 19	19:43
2857	Tue,	Mar 20	1:27
2858	Wed,	Mar 20	7:21
2859	Thu,	Mar 20	13:13
2860	Fri,	Mar 19	18:47
2861	Dom,	Mar 20	0:39
2862	Mon,	Mar 20	6:26
2863	Tue,	Mar 20	12:08
2864	Wed,	Mar 19	18:04
2865	Thu,	Mar 19	23:51
2866	Sat,	Mar 20	5:44
2867	Dom,	Mar 20	11:36
2868	Mon,	Mar 19	17:12
2869	Tue,	Mar 19	23:07
2870	Thu,	Mar 20	5:00
2871	Fri,	Mar 20	10:44
2872	Sat,	Mar 19	16:38
2873	Dom,	Mar 19	22:25
2874	Tue,	Mar 20	4:17
2875	Wed,	Mar 20	10:15
2876	Thu,	Mar 19	15:57

2877	Fri,	Mar 19	21:54	2951	Sat,	Mar 20	20:30	3025	Dom,	Mar 20	19:07
2878	Dom,	Mar 20	3:48	2952	Mon,	Mar 20	2:16	3026	Tue,	Mar 21	0:52
2879	Mon,	Mar 20	9:27	2953	Tue,	Mar 20	8:05	3027	Wed,	Mar 21	6:44
2880	Tue,	Mar 19	15:17	2954	Wed,	Mar 20	13:57	3028	Thu,	Mar 20	12:22
2881	Wed,	Mar 19	21:02	2955	Thu,	Mar 20	19:39	3029	Fri,	Mar 20	18:15
2882	Fri,	Mar 20	2:49	2956	Sat,	Mar 20	1:21	3030	Dom,	Mar 21	0:10
2883	Sat,	Mar 20	8:41	2957	Dom,	Mar 20	7:11	3031	Mon,	Mar 21	5:49
2884	Dom,	Mar 19	14:16	2958	Mon,	Mar 20	12:58	3032	Tue,	Mar 20	11:43
2885	Mon,	Mar 19	20:05	2959	Tue,	Mar 20	18:48	3033	Wed,	Mar 20	17:32
2886	Wed,	Mar 20	1:59	2960	Thu,	Mar 20	0:39	3034	Thu,	Mar 20	23:16
2887	Thu,	Mar 20	7:42	2961	Fri,	Mar 20	6:29	3035	Sat,	Mar 21	5:10
2888	Fri,	Mar 19	13:40	2962	Sat,	Mar 20	12:24	3036	Dom,	Mar 20	10:53
2889	Sat,	Mar 19	19:35	2963	Dom,	Mar 20	18:10	3037	Mon,	Mar 20	16:45
2890	Mon,	Mar 20	1:26	2964	Mon,	Mar 19	23:57	3038	Tue,	Mar 20	22:40
2891	Tue,	Mar 20	7:23	2965	Wed,	Mar 20	5:54	3039	Thu,	Mar 21	4:18
2892	Wed,	Mar 19	13:04	2966	Thu,	Mar 20	11:41	3040	Fri,	Mar 20	10:12
2893	Thu,	Mar 19	18:56	2967	Fri,	Mar 20	17:30	3041	Sat,	Mar 20	16:08
2894	Sat,	Mar 20	0:52	2968	Sat,	Mar 19	23:18	3042	Dom,	Mar 20	21:58
2895	Dom,	Mar 20	6:33	2969	Mon,	Mar 20	5:06	3043	Tue,	Mar 21	3:56
2896	Mon,	Mar 19	12:21	2970	Tue,	Mar 20	11:04	3044	Wed,	Mar 20	9:43
2897	Tue,	Mar 19	18:09	2971	Wed,	Mar 20	16:53	3045	Thu,	Mar 20	15:31
2898	Wed,	Mar 19	23:55	2972	Thu,	Mar 19	22:40	3046	Fri,	Mar 20	21:25
2899	Fri,	Mar 20	5:49	2973	Sat,	Mar 20	4:34	3047	Dom,	Mar 21	3:00
2900	Sat,	Mar 20	11:32	2974	Dom,	Mar 20	10:17	3048	Mon,	Mar 20	8:50
2901	Dom,	Mar 20	17:22	2975	Mon,	Mar 20	16:00	3049	Tue,	Mar 20	14:41
2902	Mon,	Mar 20	23:16	2976	Tue,	Mar 19	21:48	3050	Wed,	Mar 20	20:20
2903	Wed,	Mar 21	4:56	2977	Thu,	Mar 20	3:33	3051	Fri,	Mar 21	2:10
2904	Thu,	Mar 20	10:44	2978	Fri,	Mar 20	9:26	3052	Sat,	Mar 20	7:54
2905	Fri,	Mar 20	16:36	2979	Sat,	Mar 20	15:11	3053	Dom,	Mar 20	13:45
2906	Sat,	Mar 20	22:24	2980	Dom,	Mar 19	20:53	3054	Mon,	Mar 20	19:44
2907	Mon,	Mar 21	4:17	2981	Tue,	Mar 20	2:50	3055	Wed,	Mar 21	1:28
2908	Tue,	Mar 20	10:01	2982	Wed,	Mar 20	8:41	3056	Thu,	Mar 20	7:20
2909	Wed,	Mar 20	15:50	2983	Thu,	Mar 20	14:32	3057	Fri,	Mar 20	13:16
2910	Thu,	Mar 20	21:48	2984	Fri,	Mar 19	20:30	3058	Sat,	Mar 20	19:01
2911	Sat,	Mar 21	3:36	2985	Dom,	Mar 20	2:18	3059	Mon,	Mar 21	0:55
2912	Dom,	Mar 20	9:30	2986	Mon,	Mar 20	8:13	3060	Tue,	Mar 20	6:44
2913	Mon,	Mar 20	15:26	2987	Tue,	Mar 20	14:02	3061	Wed,	Mar 20	12:34
2914	Tue,	Mar 20	21:14	2988	Wed,	Mar 19	19:44	3062	Thu,	Mar 20	18:27
2915	Thu,	Mar 21	3:03	2989	Fri,	Mar 20	1:41	3063	Sat,	Mar 21	0:07
2916	Fri,	Mar 20	8:46	2990	Sat,	Mar 20	7:26	3064	Dom,	Mar 20	5:54
2917	Sat,	Mar 20	14:32	2991	Dom,	Mar 20	13:06	3065	Mon,	Mar 20	11:50
2918	Dom,	Mar 20	20:24	2992	Mon,	Mar 19	18:56	3066	Tue,	Mar 20	17:37
2919	Tue,	Mar 21	2:05	2993	Wed,	Mar 20	0:38	3067	Wed,	Mar 20	23:28
2920	Wed,	Mar 20	7:48	2994	Thu,	Mar 20	6:32	3068	Fri,	Mar 20	5:16
2921	Thu,	Mar 20	13:38	2995	Fri,	Mar 20	12:25	3069	Sat,	Mar 20	11:01
2922	Fri,	Mar 20	19:27	2996	Sat,	Mar 19	18:06	3070	Dom,	Mar 20	16:52
2923	Dom,	Mar 21	1:19	2997	Mon,	Mar 20	0:04	3071	Mon,	Mar 20	22:33
2924	Mon,	Mar 20	7:10	2998	Tue,	Mar 20	5:50	3072	Wed,	Mar 20	4:19
2925	Tue,	Mar 20	13:01	2999	Wed,	Mar 20	11:33	3073	Thu,	Mar 20	10:14
2926	Wed,	Mar 20	18:56	3000	Thu,	Mar 20	17:29	3074	Fri,	Mar 20	15:58
2927	Fri,	Mar 21	0:43	3001	Fri,	Mar 20	23:16	3075	Sat,	Mar 20	21:47
2928	Sat,	Mar 20	6:30	3002	Dom,	Mar 21	5:09	3076	Mon,	Mar 20	3:40
2929	Dom,	Mar 20	12:25	3003	Mon,	Mar 21	11:01	3077	Tue,	Mar 20	9:33
2930	Mon,	Mar 20	18:17	3004	Tue,	Mar 20	16:42	3078	Wed,	Mar 20	15:32
2931	Wed,	Mar 21	0:04	3005	Wed,	Mar 20	22:41	3079	Thu,	Mar 20	21:21
2932	Thu,	Mar 20	5:50	3006	Fri,	Mar 21	4:34	3080	Sat,	Mar 20	3:09
2933	Fri,	Mar 20	11:37	3007	Sat,	Mar 21	10:19	3081	Dom,	Mar 20	9:04
2934	Sat,	Mar 20	17:28	3008	Dom,	Mar 20	16:16	3082	Mon,	Mar 20	14:49
2935	Dom,	Mar 20	23:18	3009	Mon,	Mar 20	22:01	3083	Tue,	Mar 20	20:35
2936	Tue,	Mar 20	5:05	3010	Wed,	Mar 21	3:48	3084	Thu,	Mar 20	2:24
2937	Wed,	Mar 20	10:58	3011	Thu,	Mar 21	9:38	3085	Fri,	Mar 20	8:10
2938	Thu,	Mar 20	16:47	3012	Fri,	Mar 20	15:15	3086	Sat,	Mar 20	13:57
2939	Fri,	Mar 20	22:30	3013	Sat,	Mar 20	21:08	3087	Dom,	Mar 20	19:38
2940	Dom,	Mar 20	4:16	3014	Mon,	Mar 21	2:57	3088	Tue,	Mar 20	1:23
2941	Mon,	Mar 20	10:05	3015	Tue,	Mar 21	8:32	3089	Wed,	Mar 20	7:19
2942	Tue,	Mar 20	15:54	3016	Wed,	Mar 20	14:26	3090	Thu,	Mar 20	13:09
2943	Wed,	Mar 20	21:41	3017	Thu,	Mar 20	20:15	3091	Fri,	Mar 20	18:58
2944	Fri,	Mar 20	3:26	3018	Sat,	Mar 21	2:08	3092	Dom,	Mar 20	0:50
2945	Sat,	Mar 20	9:19	3019	Dom,	Mar 21	8:08	3093	Mon,	Mar 20	6:41
2946	Dom,	Mar 20	15:15	3020	Mon,	Mar 20	13:52	3094	Tue,	Mar 20	12:31
2947	Mon,	Mar 20	21:07	3021	Tue,	Mar 20	19:49	3095	Wed,	Mar 20	18:20
2948	Wed,	Mar 20	3:00	3022	Thu,	Mar 21	1:42	3096	Fri,	Mar 20	0:09
2949	Thu,	Mar 20	8:54	3023	Fri,	Mar 21	7:21	3097	Sat,	Mar 20	6:02
2950	Fri,	Mar 20	14:43	3024	Sat,	Mar 20	13:18	3098	Dom,	Mar 20	11:51

3099	Mon,	Mar 20	17:36
3100	Tue,	Mar 20	23:28
3101	Thu,	Mar 21	5:22
3102	Fri,	Mar 21	11:13
3103	Sat,	Mar 21	17:00
3104	Dom,	Mar 20	22:45
3105	Tue,	Mar 21	4:32
3106	Wed,	Mar 21	10:20
3107	Thu,	Mar 21	16:03
3108	Fri,	Mar 20	21:51
3109	Dom,	Mar 21	3:42
3110	Mon,	Mar 21	9:28
3111	Tue,	Mar 21	15:14
3112	Wed,	Mar 20	21:07
3113	Fri,	Mar 21	3:02
3114	Sat,	Mar 21	8:59
3115	Dom,	Mar 21	14:49
3116	Mon,	Mar 20	20:39
3117	Wed,	Mar 21	2:34
3118	Thu,	Mar 21	8:20
3119	Fri,	Mar 21	14:05
3120	Sat,	Mar 20	19:55
3121	Mon,	Mar 21	1:40
3122	Tue,	Mar 21	7:27
3123	Wed,	Mar 21	13:10
3124	Thu,	Mar 20	18:57
3125	Sat,	Mar 21	0:55
3126	Dom,	Mar 21	6:43
3127	Mon,	Mar 21	12:28
3128	Tue,	Mar 20	18:20
3129	Thu,	Mar 21	0:06
3130	Fri,	Mar 21	5:58
3131	Sat,	Mar 21	11:48
3132	Dom,	Mar 20	17:35
3133	Mon,	Mar 20	23:33
3134	Wed,	Mar 21	5:18
3135	Thu,	Mar 21	11:03
3136	Fri,	Mar 20	17:00
3137	Sat,	Mar 20	22:51
3138	Mon,	Mar 21	4:44
3139	Tue,	Mar 21	10:32
3140	Wed,	Mar 20	16:15
3141	Thu,	Mar 20	22:09
3142	Sat,	Mar 21	3:54
3143	Dom,	Mar 21	9:34
3144	Mon,	Mar 20	15:26
3145	Tue,	Mar 20	21:10
3146	Thu,	Mar 21	2:55
3147	Fri,	Mar 21	8:46
3148	Sat,	Mar 20	14:34
3149	Dom,	Mar 20	20:36
3150	Tue,	Mar 21	2:30
3151	Wed,	Mar 21	8:13
3152	Thu,	Mar 20	14:10
3153	Fri,	Mar 20	19:58
3154	Dom,	Mar 21	1:46
3155	Mon,	Mar 21	7:39
3156	Tue,	Mar 20	13:21
3157	Wed,	Mar 20	19:16
3158	Fri,	Mar 21	1:02
3159	Sat,	Mar 21	6:40
3160	Dom,	Mar 20	12:38
3161	Mon,	Mar 20	18:27
3162	Wed,	Mar 21	0:12
3163	Thu,	Mar 21	6:04
3164	Fri,	Mar 20	11:46
3165	Sat,	Mar 20	17:39
3166	Dom,	Mar 20	23:31
3167	Tue,	Mar 21	5:10
3168	Wed,	Mar 20	11:07
3169	Thu,	Mar 20	16:56
3170	Fri,	Mar 20	22:40
3171	Dom,	Mar 21	4:37
3172	Mon,	Mar 20	10:27
3173	Tue,	Mar 20	16:25
3174	Wed,	Mar 20	22:21
3175	Fri,	Mar 21	3:59
3176	Sat,	Mar 20	9:53
3177	Dom,	Mar 20	15:42
3178	Mon,	Mar 20	21:21
3179	Wed,	Mar 21	3:13
3180	Thu,	Mar 20	8:55
3181	Fri,	Mar 20	14:42
3182	Sat,	Mar 20	20:33
3183	Mon,	Mar 21	2:11
3184	Tue,	Mar 20	8:10
3185	Wed,	Mar 20	14:07
3186	Thu,	Mar 20	19:50
3187	Sat,	Mar 21	1:47
3188	Dom,	Mar 20	7:34
3189	Mon,	Mar 20	13:26
3190	Tue,	Mar 20	19:23
3191	Thu,	Mar 21	1:03
3192	Fri,	Mar 20	6:56
3193	Sat,	Mar 20	12:48
3194	Dom,	Mar 20	18:26
3195	Tue,	Mar 21	0:20
3196	Wed,	Mar 20	6:10
3197	Thu,	Mar 20	12:00
3198	Fri,	Mar 20	17:54
3199	Sat,	Mar 20	23:31
3200	Mon,	Mar 20	5:20
3201	Tue,	Mar 20	11:13
3202	Wed,	Mar 20	16:52
3203	Thu,	Mar 20	22:44
3204	Sat,	Mar 20	4:35
3205	Dom,	Mar 20	10:21
3206	Mon,	Mar 20	16:17
3207	Tue,	Mar 20	22:03
3208	Thu,	Mar 20	3:59
3209	Fri,	Mar 20	10:01
3210	Sat,	Mar 20	15:43
3211	Dom,	Mar 20	21:34
3212	Tue,	Mar 20	3:25
3213	Wed,	Mar 20	9:10
3214	Thu,	Mar 20	15:03
3215	Fri,	Mar 20	20:42
3216	Dom,	Mar 20	2:28
3217	Mon,	Mar 20	8:20
3218	Tue,	Mar 20	13:57
3219	Wed,	Mar 20	19:48
3220	Fri,	Mar 20	1:44
3221	Sat,	Mar 20	7:34
3222	Dom,	Mar 20	13:28
3223	Mon,	Mar 20	19:13
3224	Wed,	Mar 20	1:02
3225	Thu,	Mar 20	6:59
3226	Fri,	Mar 20	12:43
3227	Sat,	Mar 20	18:32
3228	Mon,	Mar 20	0:27
3229	Tue,	Mar 20	6:13
3230	Wed,	Mar 20	12:04
3231	Thu,	Mar 20	17:52
3232	Fri,	Mar 19	23:43
3233	Dom,	Mar 20	5:39
3234	Mon,	Mar 20	11:20
3235	Tue,	Mar 20	17:04
3236	Wed,	Mar 19	22:56
3237	Fri,	Mar 20	4:41
3238	Sat,	Mar 20	10:30
3239	Dom,	Mar 20	16:16
3240	Mon,	Mar 19	22:02
3241	Wed,	Mar 20	3:55
3242	Thu,	Mar 20	9:40
3243	Fri,	Mar 20	15:31
3244	Sat,	Mar 19	21:32
3245	Mon,	Mar 20	3:25
3246	Tue,	Mar 20	9:16
3247	Wed,	Mar 20	15:05
3248	Thu,	Mar 19	20:53
3249	Sat,	Mar 20	2:46
3250	Dom,	Mar 20	8:29
3251	Mon,	Mar 20	14:13
3252	Tue,	Mar 19	20:03
3253	Thu,	Mar 20	1:49
3254	Fri,	Mar 20	7:34
3255	Sat,	Mar 20	13:24
3256	Dom,	Mar 19	19:17
3257	Tue,	Mar 20	1:08
3258	Wed,	Mar 20	6:54
3259	Thu,	Mar 20	12:39
3260	Fri,	Mar 19	18:32
3261	Dom,	Mar 20	0:25
3262	Mon,	Mar 20	6:12
3263	Tue,	Mar 20	12:02
3264	Wed,	Mar 19	17:54
3265	Thu,	Mar 19	23:43
3266	Sat,	Mar 20	5:32
3267	Dom,	Mar 20	11:22
3268	Mon,	Mar 19	17:18
3269	Tue,	Mar 19	23:11
3270	Thu,	Mar 20	4:55
3271	Fri,	Mar 20	10:40
3272	Sat,	Mar 19	16:30
3273	Dom,	Mar 19	22:16
3274	Tue,	Mar 20	4:00
3275	Wed,	Mar 20	9:44
3276	Thu,	Mar 19	15:31
3277	Fri,	Mar 19	21:23
3278	Dom,	Mar 20	3:10
3279	Mon,	Mar 20	9:02
3280	Tue,	Mar 19	15:02
3281	Wed,	Mar 19	20:53
3282	Fri,	Mar 20	2:41
3283	Sat,	Mar 20	8:32
3284	Dom,	Mar 19	14:21
3285	Mon,	Mar 19	20:16
3286	Wed,	Mar 20	2:01
3287	Thu,	Mar 20	7:45
3288	Fri,	Mar 19	13:38
3289	Sat,	Mar 19	19:22
3290	Mon,	Mar 20	1:07
3291	Tue,	Mar 20	6:59
3292	Wed,	Mar 19	12:48
3293	Thu,	Mar 19	18:40
3294	Sat,	Mar 20	0:25
3295	Dom,	Mar 20	6:08
3296	Mon,	Mar 19	12:05
3297	Tue,	Mar 19	17:52
3298	Wed,	Mar 19	23:37
3299	Fri,	Mar 20	5:30
3300	Sat,	Mar 20	11:17
3301	Dom,	Mar 20	17:12
3302	Mon,	Mar 20	23:04
3303	Wed,	Mar 21	4:53
3304	Thu,	Mar 20	10:55
3305	Fri,	Mar 20	16:42
3306	Sat,	Mar 20	22:23
3307	Mon,	Mar 21	4:15
3308	Tue,	Mar 20	9:59
3309	Wed,	Mar 20	15:48
3310	Thu,	Mar 20	21:34
3311	Sat,	Mar 21	3:13
3312	Dom,	Mar 20	9:07
3313	Mon,	Mar 20	14:53
3314	Tue,	Mar 20	20:36
3315	Thu,	Mar 21	2:36
3316	Fri,	Mar 20	8:27
3317	Sat,	Mar 20	14:20
3318	Dom,	Mar 20	20:13
3319	Tue,	Mar 21	1:56
3320	Wed,	Mar 20	7:55

3321	Thu,	Mar 20	13:46
3322	Fri,	Mar 20	19:25
3323	Dom,	Mar 21	1:20
3324	Mon,	Mar 20	7:05
3325	Tue,	Mar 20	12:52
3326	Wed,	Mar 20	18:46
3327	Fri,	Mar 21	0:30
3328	Sat,	Mar 20	6:27
3329	Dom,	Mar 20	12:15
3330	Mon,	Mar 20	17:51
3331	Tue,	Mar 20	23:44
3332	Thu,	Mar 20	5:32
3333	Fri,	Mar 20	11:18
3334	Sat,	Mar 20	17:12
3335	Dom,	Mar 20	22:54
3336	Tue,	Mar 20	4:49
3337	Wed,	Mar 20	10:44
3338	Thu,	Mar 20	16:26
3339	Fri,	Mar 20	22:28
3340	Dom,	Mar 20	4:21
3341	Mon,	Mar 20	10:07
3342	Tue,	Mar 20	16:00
3343	Wed,	Mar 20	21:42
3344	Fri,	Mar 20	3:34
3345	Sat,	Mar 20	9:26
3346	Dom,	Mar 20	14:59
3347	Mon,	Mar 20	20:50
3348	Wed,	Mar 20	2:38
3349	Thu,	Mar 20	8:20
3350	Fri,	Mar 20	14:17
3351	Sat,	Mar 20	20:05
3352	Mon,	Mar 20	2:00
3353	Tue,	Mar 20	7:55
3354	Wed,	Mar 20	13:32
3355	Thu,	Mar 20	19:28
3356	Sat,	Mar 20	1:22
3357	Dom,	Mar 20	7:06
3358	Mon,	Mar 20	13:01
3359	Tue,	Mar 20	18:46
3360	Thu,	Mar 20	0:36
3361	Fri,	Mar 20	6:32
3362	Sat,	Mar 20	12:14
3363	Dom,	Mar 20	18:08
3364	Tue,	Mar 20	0:02
3365	Wed,	Mar 20	5:41
3366	Thu,	Mar 20	11:30
3367	Fri,	Mar 20	17:16
3368	Sat,	Mar 19	23:03
3369	Mon,	Mar 20	4:57
3370	Tue,	Mar 20	10:34
3371	Wed,	Mar 20	16:24
3372	Thu,	Mar 19	22:19
3373	Sat,	Mar 20	4:04
3374	Dom,	Mar 20	10:02
3375	Mon,	Mar 20	15:57
3376	Tue,	Mar 19	21:48
3377	Thu,	Mar 20	3:45
3378	Fri,	Mar 20	9:25
3379	Sat,	Mar 20	15:15
3380	Dom,	Mar 19	21:11
3381	Tue,	Mar 20	2:50
3382	Wed,	Mar 20	8:38
3383	Thu,	Mar 20	14:25
3384	Fri,	Mar 19	20:10
3385	Dom,	Mar 20	2:03
3386	Mon,	Mar 20	7:47
3387	Tue,	Mar 20	13:38
3388	Wed,	Mar 19	19:34
3389	Fri,	Mar 20	1:16
3390	Sat,	Mar 20	7:05
3391	Dom,	Mar 20	12:58
3392	Mon,	Mar 19	18:48
3393	Wed,	Mar 20	0:41
3394	Thu,	Mar 20	6:27
3395	Fri,	Mar 20	12:14
3396	Sat,	Mar 19	18:11
3397	Dom,	Mar 19	23:58
3398	Tue,	Mar 20	5:50
3399	Wed,	Mar 20	11:46
3400	Thu,	Mar 20	17:33
3401	Fri,	Mar 20	23:20
3402	Dom,	Mar 21	5:03
3403	Mon,	Mar 21	10:48
3404	Tue,	Mar 20	16:40
3405	Wed,	Mar 20	22:22
3406	Fri,	Mar 21	4:06
3407	Sat,	Mar 21	9:57
3408	Dom,	Mar 20	15:47
3409	Mon,	Mar 20	21:40
3410	Wed,	Mar 21	3:33
3411	Thu,	Mar 21	9:26
3412	Fri,	Mar 20	15:21
3413	Sat,	Mar 20	21:09
3414	Mon,	Mar 21	2:56
3415	Tue,	Mar 21	8:50
3416	Wed,	Mar 20	14:41
3417	Thu,	Mar 20	20:27
3418	Sat,	Mar 21	2:11
3419	Dom,	Mar 21	7:57
3420	Mon,	Mar 20	13:46
3421	Tue,	Mar 20	19:35
3422	Thu,	Mar 21	1:22
3423	Fri,	Mar 21	7:15
3424	Sat,	Mar 20	13:06
3425	Dom,	Mar 20	18:50
3426	Tue,	Mar 21	0:37
3427	Wed,	Mar 21	6:28
3428	Thu,	Mar 20	12:18
3429	Fri,	Mar 20	18:07
3430	Sat,	Mar 20	23:54
3431	Mon,	Mar 21	5:46
3432	Tue,	Mar 20	11:42
3433	Wed,	Mar 20	17:32
3434	Thu,	Mar 20	23:25
3435	Sat,	Mar 21	5:18
3436	Dom,	Mar 20	11:06
3437	Mon,	Mar 20	16:52
3438	Tue,	Mar 20	22:36
3439	Thu,	Mar 21	4:24
3440	Fri,	Mar 20	10:15
3441	Sat,	Mar 20	15:58
3442	Dom,	Mar 20	21:40
3443	Tue,	Mar 21	3:31
3444	Wed,	Mar 20	9:19
3445	Thu,	Mar 20	15:11
3446	Fri,	Mar 20	21:04
3447	Dom,	Mar 21	2:55
3448	Mon,	Mar 20	8:52
3449	Tue,	Mar 20	14:39
3450	Wed,	Mar 20	20:26
3451	Fri,	Mar 21	2:23
3452	Sat,	Mar 20	8:10
3453	Dom,	Mar 20	13:56
3454	Mon,	Mar 20	19:44
3455	Wed,	Mar 21	1:28
3456	Thu,	Mar 20	7:24
3457	Fri,	Mar 20	13:13
3458	Sat,	Mar 20	18:58
3459	Mon,	Mar 21	0:54
3460	Tue,	Mar 20	6:37
3461	Wed,	Mar 20	12:21
3462	Thu,	Mar 20	18:10
3463	Fri,	Mar 20	23:56
3464	Dom,	Mar 20	5:51
3465	Mon,	Mar 20	11:38
3466	Tue,	Mar 20	17:21
3467	Wed,	Mar 20	23:19
3468	Fri,	Mar 20	5:10
3469	Sat,	Mar 20	11:01
3470	Dom,	Mar 20	16:58
3471	Mon,	Mar 20	22:46
3472	Wed,	Mar 20	4:40
3473	Thu,	Mar 20	10:28
3474	Fri,	Mar 20	16:08
3475	Sat,	Mar 20	22:04
3476	Mon,	Mar 20	3:48
3477	Tue,	Mar 20	9:27
3478	Wed,	Mar 20	15:18
3479	Thu,	Mar 20	21:00
3480	Sat,	Mar 20	2:54
3481	Dom,	Mar 20	8:49
3482	Mon,	Mar 20	14:32
3483	Tue,	Mar 20	20:31
3484	Thu,	Mar 20	2:20
3485	Fri,	Mar 20	8:02
3486	Sat,	Mar 20	13:59
3487	Dom,	Mar 20	19:46
3488	Tue,	Mar 20	1:40
3489	Wed,	Mar 20	7:31
3490	Thu,	Mar 20	13:10
3491	Fri,	Mar 20	19:08
3492	Dom,	Mar 20	0:59
3493	Mon,	Mar 20	6:43
3494	Tue,	Mar 20	12:39
3495	Wed,	Mar 20	18:23
3496	Fri,	Mar 20	0:10
3497	Sat,	Mar 20	6:00
3498	Dom,	Mar 20	11:38
3499	Mon,	Mar 20	17:32
3500	Tue,	Mar 20	23:22
3501	Thu,	Mar 21	5:00
3502	Fri,	Mar 21	10:54
3503	Sat,	Mar 21	16:45
3504	Dom,	Mar 20	22:38
3505	Tue,	Mar 21	4:39
3506	Wed,	Mar 21	10:24
3507	Thu,	Mar 21	16:21
3508	Fri,	Mar 20	22:14
3509	Dom,	Mar 21	3:52
3510	Mon,	Mar 21	9:46
3511	Tue,	Mar 21	15:34
3512	Wed,	Mar 20	21:18
3513	Fri,	Mar 21	3:09
3514	Sat,	Mar 21	8:46
3515	Dom,	Mar 21	14:37
3516	Mon,	Mar 20	20:33
3517	Wed,	Mar 21	2:13
3518	Thu,	Mar 21	8:08
3519	Fri,	Mar 21	13:58
3520	Sat,	Mar 20	19:44
3521	Mon,	Mar 21	1:39
3522	Tue,	Mar 21	7:24
3523	Wed,	Mar 21	13:17
3524	Thu,	Mar 20	19:13
3525	Sat,	Mar 21	0:52
3526	Dom,	Mar 21	6:44
3527	Mon,	Mar 21	12:39
3528	Tue,	Mar 20	18:27
3529	Thu,	Mar 21	0:25
3530	Fri,	Mar 21	6:10
3531	Sat,	Mar 21	11:58
3532	Dom,	Mar 20	17:49
3533	Mon,	Mar 20	23:26
3534	Wed,	Mar 21	5:14
3535	Thu,	Mar 21	11:06
3536	Fri,	Mar 20	16:47
3537	Sat,	Mar 20	22:38
3538	Mon,	Mar 21	4:24
3539	Tue,	Mar 21	10:15
3540	Wed,	Mar 20	16:16
3541	Thu,	Mar 20	22:02
3542	Sat,	Mar 21	3:54

3543	Dom,	Mar 21	9:50
3544	Mon,	Mar 20	15:35
3545	Tue,	Mar 20	21:28
3546	Thu,	Mar 21	3:17
3547	Fri,	Mar 21	9:04
3548	Sat,	Mar 20	14:57
3549	Dom,	Mar 20	20:34
3550	Tue,	Mar 21	2:20
3551	Wed,	Mar 21	8:15
3552	Thu,	Mar 20	14:02
3553	Fri,	Mar 20	19:53
3554	Dom,	Mar 21	1:42
3555	Mon,	Mar 21	7:29
3556	Tue,	Mar 20	13:21
3557	Wed,	Mar 20	19:04
3558	Fri,	Mar 21	0:52
3559	Sat,	Mar 21	6:48
3560	Dom,	Mar 20	12:34
3561	Mon,	Mar 20	18:23
3562	Wed,	Mar 21	0:16
3563	Thu,	Mar 21	6:08
3564	Fri,	Mar 20	12:05
3565	Sat,	Mar 20	17:54
3566	Dom,	Mar 20	23:41
3567	Tue,	Mar 21	5:33
3568	Wed,	Mar 20	11:18
3569	Thu,	Mar 20	17:03
3570	Fri,	Mar 20	22:51
3571	Dom,	Mar 21	4:37
3572	Mon,	Mar 20	10:24
3573	Tue,	Mar 20	16:07
3574	Wed,	Mar 20	21:53
3575	Fri,	Mar 21	3:49
3576	Sat,	Mar 20	9:42
3577	Dom,	Mar 20	15:32
3578	Mon,	Mar 20	21:25
3579	Wed,	Mar 21	3:17
3580	Thu,	Mar 20	9:08
3581	Fri,	Mar 20	14:56
3582	Sat,	Mar 20	20:45
3583	Mon,	Mar 21	2:36
3584	Tue,	Mar 20	8:25
3585	Wed,	Mar 20	14:08
3586	Thu,	Mar 20	19:58
3587	Sat,	Mar 21	1:51
3588	Dom,	Mar 20	7:41
3589	Mon,	Mar 20	13:28
3590	Tue,	Mar 20	19:14
3591	Thu,	Mar 21	1:01
3592	Fri,	Mar 20	6:50
3593	Sat,	Mar 20	12:35
3594	Dom,	Mar 20	18:25
3595	Tue,	Mar 21	0:18
3596	Wed,	Mar 20	6:04
3597	Thu,	Mar 20	11:52
3598	Fri,	Mar 20	17:44
3599	Sat,	Mar 20	23:39
3600	Mon,	Mar 20	5:36
3601	Tue,	Mar 20	11:26
3602	Wed,	Mar 20	17:14
3603	Thu,	Mar 20	23:08
3604	Sat,	Mar 20	4:53
3605	Dom,	Mar 20	10:37
3606	Mon,	Mar 20	16:25
3607	Tue,	Mar 20	22:09
3608	Thu,	Mar 20	3:56
3609	Fri,	Mar 20	9:40
3610	Sat,	Mar 20	15:27
3611	Dom,	Mar 20	21:25
3612	Tue,	Mar 20	3:16
3613	Wed,	Mar 20	9:02
3614	Thu,	Mar 20	14:56
3615	Fri,	Mar 20	20:43
3616	Dom,	Mar 20	2:36
3617	Mon,	Mar 20	8:27
3618	Tue,	Mar 20	14:14
3619	Wed,	Mar 20	20:12
3620	Fri,	Mar 20	1:57
3621	Sat,	Mar 20	7:40
3622	Dom,	Mar 20	13:35
3623	Mon,	Mar 20	19:24
3624	Wed,	Mar 20	1:16
3625	Thu,	Mar 20	7:05
3626	Fri,	Mar 20	12:46
3627	Sat,	Mar 20	18:40
3628	Mon,	Mar 20	0:25
3629	Tue,	Mar 20	6:06
3630	Wed,	Mar 20	12:00
3631	Thu,	Mar 20	17:45
3632	Fri,	Mar 19	23:32
3633	Dom,	Mar 20	5:24
3634	Mon,	Mar 20	11:12
3635	Tue,	Mar 20	17:15
3636	Wed,	Mar 19	23:10
3637	Fri,	Mar 20	4:53
3638	Sat,	Mar 20	10:50
3639	Dom,	Mar 20	16:37
3640	Mon,	Mar 19	22:22
3641	Wed,	Mar 20	4:15
3642	Thu,	Mar 20	9:56
3643	Fri,	Mar 20	15:48
3644	Sat,	Mar 19	21:35
3645	Mon,	Mar 20	3:11
3646	Tue,	Mar 20	9:08
3647	Wed,	Mar 20	14:58
3648	Thu,	Mar 19	20:45
3649	Sat,	Mar 20	2:40
3650	Dom,	Mar 20	8:23
3651	Mon,	Mar 20	14:18
3652	Tue,	Mar 19	20:11
3653	Thu,	Mar 20	1:52
3654	Fri,	Mar 20	7:50
3655	Sat,	Mar 20	13:39
3656	Dom,	Mar 19	19:22
3657	Tue,	Mar 20	1:18
3658	Wed,	Mar 20	7:05
3659	Thu,	Mar 20	13:02
3660	Fri,	Mar 19	18:57
3661	Dom,	Mar 20	0:34
3662	Mon,	Mar 20	6:26
3663	Tue,	Mar 20	12:14
3664	Wed,	Mar 19	17:54
3665	Thu,	Mar 19	23:46
3666	Sat,	Mar 20	5:29
3667	Dom,	Mar 20	11:18
3668	Mon,	Mar 19	17:10
3669	Tue,	Mar 19	22:50
3670	Thu,	Mar 20	4:49
3671	Fri,	Mar 20	10:47
3672	Sat,	Mar 19	16:32
3673	Dom,	Mar 19	22:29
3674	Tue,	Mar 20	4:17
3675	Wed,	Mar 20	10:07
3676	Thu,	Mar 19	16:04
3677	Fri,	Mar 19	21:42
3678	Dom,	Mar 20	3:34
3679	Mon,	Mar 20	9:25
3680	Tue,	Mar 19	15:01
3681	Wed,	Mar 19	20:54
3682	Fri,	Mar 20	2:44
3683	Sat,	Mar 20	8:34
3684	Dom,	Mar 19	14:29
3685	Mon,	Mar 19	20:07
3686	Wed,	Mar 20	1:58
3687	Thu,	Mar 20	7:52
3688	Fri,	Mar 19	13:33
3689	Sat,	Mar 19	19:26
3690	Mon,	Mar 20	1:17
3691	Tue,	Mar 20	7:05
3692	Wed,	Mar 19	13:00
3693	Thu,	Mar 19	18:46
3694	Sat,	Mar 20	0:40
3695	Dom,	Mar 20	6:41
3696	Mon,	Mar 19	12:23
3697	Tue,	Mar 19	18:12
3698	Thu,	Mar 20	0:02
3699	Fri,	Mar 20	5:46
3700	Sat,	Mar 20	11:37
3701	Dom,	Mar 20	17:18
3702	Mon,	Mar 20	23:03
3703	Wed,	Mar 21	4:55
3704	Thu,	Mar 20	10:34
3705	Fri,	Mar 20	16:25
3706	Sat,	Mar 20	22:23
3707	Mon,	Mar 21	4:14
3708	Tue,	Mar 20	10:11
3709	Wed,	Mar 20	15:57
3710	Thu,	Mar 20	21:47
3711	Sat,	Mar 21	3:44
3712	Dom,	Mar 20	9:27
3713	Mon,	Mar 20	15:16
3714	Tue,	Mar 20	21:09
3715	Thu,	Mar 21	2:54
3716	Fri,	Mar 20	8:43
3717	Sat,	Mar 20	14:30
3718	Dom,	Mar 20	20:19
3719	Tue,	Mar 21	2:15
3720	Wed,	Mar 20	7:57
3721	Thu,	Mar 20	13:41
3722	Fri,	Mar 20	19:32
3723	Dom,	Mar 21	1:20
3724	Mon,	Mar 20	7:09
3725	Tue,	Mar 20	12:57
3726	Wed,	Mar 20	18:45
3727	Fri,	Mar 21	0:39
3728	Sat,	Mar 20	6:25
3729	Dom,	Mar 20	12:16
3730	Mon,	Mar 20	18:16
3731	Wed,	Mar 21	0:10
3732	Thu,	Mar 20	5:59
3733	Fri,	Mar 20	11:47
3734	Sat,	Mar 20	17:34
3735	Dom,	Mar 20	23:24
3736	Tue,	Mar 20	5:08
3737	Wed,	Mar 20	10:51
3738	Thu,	Mar 20	16:40
3739	Fri,	Mar 20	22:26
3740	Dom,	Mar 20	4:12
3741	Mon,	Mar 20	10:02
3742	Tue,	Mar 20	15:56
3743	Wed,	Mar 20	21:50
3744	Fri,	Mar 20	3:38
3745	Sat,	Mar 20	9:25
3746	Dom,	Mar 20	15:18
3747	Mon,	Mar 20	21:11
3748	Wed,	Mar 20	2:59
3749	Thu,	Mar 20	8:48
3750	Fri,	Mar 20	14:40
3751	Sat,	Mar 20	20:27
3752	Mon,	Mar 20	2:14
3753	Tue,	Mar 20	8:03
3754	Wed,	Mar 20	13:56
3755	Thu,	Mar 20	19:49
3756	Sat,	Mar 20	1:32
3757	Dom,	Mar 20	7:17
3758	Mon,	Mar 20	13:08
3759	Tue,	Mar 20	18:54
3760	Thu,	Mar 20	0:40
3761	Fri,	Mar 20	6:27
3762	Sat,	Mar 20	12:15
3763	Dom,	Mar 20	18:08
3764	Mon,	Mar 19	23:56

3765	Wed,	Mar 20	5:48
3766	Thu,	Mar 20	11:49
3767	Fri,	Mar 20	17:40
3768	Sat,	Mar 19	23:28
3769	Mon,	Mar 20	5:18
3770	Tue,	Mar 20	11:05
3771	Wed,	Mar 20	16:58
3772	Thu,	Mar 19	22:43
3773	Sat,	Mar 20	4:25
3774	Dom,	Mar 20	10:18
3775	Mon,	Mar 20	16:00
3776	Tue,	Mar 19	21:45
3777	Thu,	Mar 20	3:38
3778	Fri,	Mar 20	9:27
3779	Sat,	Mar 20	15:22
3780	Dom,	Mar 19	21:09
3781	Tue,	Mar 20	2:53
3782	Wed,	Mar 20	8:51
3783	Thu,	Mar 20	14:39
3784	Fri,	Mar 19	20:25
3785	Dom,	Mar 20	2:19
3786	Mon,	Mar 20	8:05
3787	Tue,	Mar 20	13:59
3788	Wed,	Mar 19	19:49
3789	Fri,	Mar 20	1:36
3790	Sat,	Mar 20	7:37
3791	Dom,	Mar 20	13:24
3792	Mon,	Mar 19	19:04
3793	Wed,	Mar 20	0:55
3794	Thu,	Mar 20	6:38
3795	Fri,	Mar 20	12:28
3796	Sat,	Mar 19	18:16
3797	Dom,	Mar 19	23:55
3798	Tue,	Mar 20	5:50
3799	Wed,	Mar 20	11:39
3800	Thu,	Mar 20	17:23
3801	Fri,	Mar 20	23:23
3802	Dom,	Mar 21	5:16
3803	Mon,	Mar 21	11:09
3804	Tue,	Mar 20	17:02
3805	Wed,	Mar 20	22:44
3806	Fri,	Mar 21	4:43
3807	Sat,	Mar 21	10:33
3808	Dom,	Mar 20	16:11
3809	Mon,	Mar 20	22:04
3810	Wed,	Mar 21	3:47
3811	Thu,	Mar 21	9:33
3812	Fri,	Mar 20	15:26
3813	Sat,	Mar 20	21:09
3814	Mon,	Mar 21	3:07
3815	Tue,	Mar 21	8:57
3816	Wed,	Mar 20	14:34
3817	Thu,	Mar 20	20:29
3818	Sat,	Mar 21	2:17
3819	Dom,	Mar 21	8:06
3820	Mon,	Mar 20	14:01
3821	Tue,	Mar 20	19:43
3822	Thu,	Mar 21	1:39
3823	Fri,	Mar 21	7:34
3824	Sat,	Mar 20	13:16
3825	Dom,	Mar 20	19:16
3826	Tue,	Mar 21	1:08
3827	Wed,	Mar 21	6:53
3828	Thu,	Mar 20	12:45
3829	Fri,	Mar 20	18:26
3830	Dom,	Mar 21	0:16
3831	Mon,	Mar 21	6:08
3832	Tue,	Mar 20	11:42
3833	Wed,	Mar 20	17:33
3834	Thu,	Mar 20	23:22
3835	Sat,	Mar 21	5:04
3836	Dom,	Mar 20	11:03
3837	Mon,	Mar 20	16:52
3838	Tue,	Mar 20	22:48
3839	Thu,	Mar 21	4:45
3840	Fri,	Mar 20	10:24
3841	Sat,	Mar 20	16:19
3842	Dom,	Mar 20	22:13
3843	Tue,	Mar 21	3:56
3844	Wed,	Mar 20	9:50
3845	Thu,	Mar 20	15:34
3846	Fri,	Mar 20	21:22
3847	Dom,	Mar 21	3:16
3848	Mon,	Mar 20	8:56
3849	Tue,	Mar 20	14:50
3850	Wed,	Mar 20	20:43
3851	Fri,	Mar 21	2:24
3852	Sat,	Mar 20	8:14
3853	Dom,	Mar 20	14:00
3854	Mon,	Mar 20	19:49
3855	Wed,	Mar 21	1:45
3856	Thu,	Mar 20	7:25
3857	Fri,	Mar 20	13:15
3858	Sat,	Mar 20	19:11
3859	Mon,	Mar 21	0:57
3860	Tue,	Mar 20	6:54
3861	Wed,	Mar 20	12:49
3862	Thu,	Mar 20	18:40
3863	Sat,	Mar 21	0:34
3864	Dom,	Mar 20	6:14
3865	Mon,	Mar 20	12:01
3866	Tue,	Mar 20	17:55
3867	Wed,	Mar 20	23:35
3868	Fri,	Mar 20	5:22
3869	Sat,	Mar 20	11:08
3870	Dom,	Mar 20	16:53
3871	Mon,	Mar 20	22:47
3872	Wed,	Mar 20	4:33
3873	Thu,	Mar 20	10:25
3874	Fri,	Mar 20	16:23
3875	Sat,	Mar 20	22:07
3876	Mon,	Mar 20	3:57
3877	Tue,	Mar 20	9:51
3878	Wed,	Mar 20	15:41
3879	Thu,	Mar 20	21:35
3880	Sat,	Mar 20	3:19
3881	Dom,	Mar 20	9:06
3882	Mon,	Mar 20	14:59
3883	Tue,	Mar 20	20:46
3884	Thu,	Mar 20	2:36
3885	Fri,	Mar 20	8:30
3886	Sat,	Mar 20	14:18
3887	Dom,	Mar 20	20:05
3888	Tue,	Mar 20	1:48
3889	Wed,	Mar 20	7:34
3890	Thu,	Mar 20	13:26
3891	Fri,	Mar 20	19:11
3892	Dom,	Mar 20	0:56
3893	Mon,	Mar 20	6:48
3894	Tue,	Mar 20	12:40
3895	Wed,	Mar 20	18:33
3896	Fri,	Mar 20	0:26
3897	Sat,	Mar 20	6:19
3898	Dom,	Mar 20	12:14
3899	Mon,	Mar 20	18:01
3900	Tue,	Mar 20	23:47
3901	Thu,	Mar 21	5:39
3902	Fri,	Mar 21	11:29
3903	Sat,	Mar 21	17:15
3904	Dom,	Mar 20	22:58
3905	Tue,	Mar 21	4:43
3906	Wed,	Mar 21	10:31
3907	Thu,	Mar 21	16:20
3908	Fri,	Mar 20	22:08
3909	Dom,	Mar 21	4:02
3910	Mon,	Mar 21	9:55
3911	Tue,	Mar 21	15:41
3912	Wed,	Mar 20	21:29
3913	Fri,	Mar 21	3:22
3914	Sat,	Mar 21	9:12
3915	Dom,	Mar 21	15:03
3916	Mon,	Mar 20	20:49
3917	Wed,	Mar 21	2:39
3918	Thu,	Mar 21	8:35
3919	Fri,	Mar 21	14:24
3920	Sat,	Mar 20	20:15
3921	Mon,	Mar 21	2:08
3922	Tue,	Mar 21	7:53
3923	Wed,	Mar 21	13:39
3924	Thu,	Mar 20	19:23
3925	Sat,	Mar 21	1:09
3926	Dom,	Mar 21	7:02
3927	Mon,	Mar 21	12:46
3928	Tue,	Mar 20	18:30
3929	Thu,	Mar 21	0:21
3930	Fri,	Mar 21	6:10
3931	Sat,	Mar 21	12:04
3932	Dom,	Mar 20	17:58
3933	Mon,	Mar 20	23:50
3934	Wed,	Mar 21	5:48
3935	Thu,	Mar 21	11:35
3936	Fri,	Mar 20	17:20
3937	Sat,	Mar 20	23:16
3938	Mon,	Mar 21	5:02
3939	Tue,	Mar 21	10:47
3940	Wed,	Mar 20	16:33
3941	Thu,	Mar 20	22:16
3942	Sat,	Mar 21	4:11
3943	Dom,	Mar 21	10:00
3944	Mon,	Mar 20	15:44
3945	Tue,	Mar 20	21:42
3946	Thu,	Mar 21	3:26
3947	Fri,	Mar 21	9:11
3948	Sat,	Mar 20	15:03
3949	Dom,	Mar 20	20:49
3950	Tue,	Mar 21	2:46
3951	Wed,	Mar 21	8:35
3952	Thu,	Mar 20	14:18
3953	Fri,	Mar 20	20:16
3954	Dom,	Mar 21	2:05
3955	Mon,	Mar 21	7:55
3956	Tue,	Mar 20	13:52
3957	Wed,	Mar 20	19:38
3958	Fri,	Mar 21	1:30
3959	Sat,	Mar 21	7:17
3960	Dom,	Mar 20	12:56
3961	Mon,	Mar 20	18:51
3962	Wed,	Mar 21	0:36
3963	Thu,	Mar 21	6:15
3964	Fri,	Mar 20	12:07
3965	Sat,	Mar 20	17:50
3966	Dom,	Mar 20	23:45
3967	Tue,	Mar 21	5:42
3968	Wed,	Mar 20	11:26
3969	Thu,	Mar 20	17:26
3970	Fri,	Mar 20	23:17
3971	Dom,	Mar 21	4:59
3972	Mon,	Mar 20	10:56
3973	Tue,	Mar 20	16:43
3974	Wed,	Mar 20	22:35
3975	Fri,	Mar 21	4:26
3976	Sat,	Mar 20	10:03
3977	Dom,	Mar 20	15:58
3978	Mon,	Mar 20	21:48
3979	Wed,	Mar 21	3:31
3980	Thu,	Mar 20	9:27
3981	Fri,	Mar 20	15:12
3982	Sat,	Mar 20	20:59
3983	Mon,	Mar 21	2:51
3984	Tue,	Mar 20	8:30
3985	Wed,	Mar 20	14:26
3986	Thu,	Mar 20	20:18

```
3987  Sat, Mar 21   1:57      3992  Fri, Mar 20   7:21      3997  Thu, Mar 20  12:24
3988  Dom, Mar 20   7:52      3993  Sat, Mar 20  13:15      3998  Fri, Mar 20  18:07
3989  Mon, Mar 20  13:42      3994  Dom, Mar 20  19:07      3999  Sat, Mar 20  23:58
3990  Tue, Mar 20  19:35      3995  Tue, Mar 21   0:44      4000  Mon, Mar 20   5:36
3991  Thu, Mar 21   1:36      3996  Wed, Mar 20   6:37
```

ESTATE - SUMMER

Year	Day		Time
1	Sat,	Jun 23	3:25
2	Sun,	Jun 23	9:14
3	Mon,	Jun 23	14:53
4	Tue,	Jun 22	20:51
5	Thu,	Jun 23	2:44
6	Fri,	Jun 23	8:23
7	Sat,	Jun 23	14:18
8	Sun,	Jun 22	20:08
9	Tue,	Jun 23	2:02
10	Wed,	Jun 23	7:55
11	Thu,	Jun 23	13:33
12	Fri,	Jun 22	19:26
13	Sun,	Jun 23	1:15
14	Mon,	Jun 23	6:46
15	Tue,	Jun 23	12:34
16	Wed,	Jun 22	18:19
17	Fri,	Jun 23	0:04
18	Sat,	Jun 23	5:55
19	Sun,	Jun 23	11:33
20	Mon,	Jun 22	17:30
21	Tue,	Jun 22	23:27
22	Thu,	Jun 23	5:05
23	Fri,	Jun 23	11:01
24	Sat,	Jun 22	16:54
25	Sun,	Jun 22	22:41
26	Tue,	Jun 23	4:35
27	Wed,	Jun 23	10:13
28	Thu,	Jun 22	16:07
29	Fri,	Jun 22	22:00
30	Sun,	Jun 23	3:32
31	Mon,	Jun 23	9:22
32	Tue,	Jun 22	15:12
33	Wed,	Jun 22	20:56
34	Fri,	Jun 23	2:48
35	Sat,	Jun 23	8:28
36	Sun,	Jun 22	14:18
37	Mon,	Jun 22	20:12
38	Wed,	Jun 23	1:45
39	Thu,	Jun 23	7:36
40	Fri,	Jun 22	13:30
41	Sat,	Jun 22	19:15
42	Mon,	Jun 23	1:09
43	Tue,	Jun 23	6:54
44	Wed,	Jun 22	12:47
45	Thu,	Jun 22	18:47
46	Sat,	Jun 23	0:23
47	Sun,	Jun 23	6:12
48	Mon,	Jun 22	12:07
49	Tue,	Jun 22	17:46
50	Wed,	Jun 22	23:34
51	Fri,	Jun 23	5:15
52	Sat,	Jun 22	11:02
53	Sun,	Jun 22	16:56
54	Mon,	Jun 22	22:30
55	Wed,	Jun 23	4:17
56	Thu,	Jun 22	10:15
57	Fri,	Jun 22	16:00
58	Sat,	Jun 22	21:52
59	Mon,	Jun 23	3:39
60	Tue,	Jun 22	9:29
61	Wed,	Jun 22	15:25
62	Thu,	Jun 22	21:02
63	Sat,	Jun 23	2:50
64	Sun,	Jun 22	8:47
65	Mon,	Jun 22	14:30
66	Tue,	Jun 22	20:18
67	Thu,	Jun 23	2:07
68	Fri,	Jun 22	7:55
69	Sat,	Jun 22	13:49
70	Sun,	Jun 22	19:28
71	Tue,	Jun 23	1:11
72	Wed,	Jun 22	7:06
73	Thu,	Jun 22	12:47
74	Fri,	Jun 22	18:30
75	Sun,	Jun 23	0:18
76	Mon,	Jun 22	6:05
77	Tue,	Jun 22	11:58
78	Wed,	Jun 22	17:39
79	Thu,	Jun 22	23:26
80	Sat,	Jun 22	5:28
81	Sun,	Jun 22	11:16
82	Mon,	Jun 22	17:05
83	Tue,	Jun 22	22:57
84	Thu,	Jun 22	4:46
85	Fri,	Jun 22	10:35
86	Sat,	Jun 22	16:15
87	Sun,	Jun 22	21:57
88	Tue,	Jun 22	3:51
89	Wed,	Jun 22	9:34
90	Thu,	Jun 22	15:16
91	Fri,	Jun 22	21:05
92	Sun,	Jun 22	2:55
93	Mon,	Jun 22	8:44
94	Tue,	Jun 22	14:27
95	Wed,	Jun 22	20:12
96	Fri,	Jun 22	2:07
97	Sat,	Jun 22	7:56
98	Sun,	Jun 22	13:40
99	Mon,	Jun 22	19:32
100	Wed,	Jun 23	1:26
101	Thu,	Jun 23	7:15
102	Fri,	Jun 23	12:59
103	Sat,	Jun 23	18:47
104	Mon,	Jun 23	0:42
105	Tue,	Jun 23	6:31
106	Wed,	Jun 23	12:11
107	Thu,	Jun 23	17:59
108	Fri,	Jun 22	23:47
109	Sun,	Jun 23	5:29
110	Mon,	Jun 23	11:09
111	Tue,	Jun 23	16:53
112	Wed,	Jun 22	22:44
113	Fri,	Jun 23	4:32
114	Sat,	Jun 23	10:17
115	Sun,	Jun 23	16:09
116	Mon,	Jun 22	22:09
117	Wed,	Jun 23	3:58
118	Thu,	Jun 23	9:45
119	Fri,	Jun 23	15:36
120	Sat,	Jun 22	21:26
121	Mon,	Jun 23	3:15
122	Tue,	Jun 23	8:57
123	Wed,	Jun 23	14:42
124	Thu,	Jun 22	20:35
125	Sat,	Jun 23	2:17
126	Sun,	Jun 23	7:56
127	Mon,	Jun 23	13:46
128	Tue,	Jun 22	19:34
129	Thu,	Jun 23	1:23
130	Fri,	Jun 23	7:08
131	Sat,	Jun 23	12:53
132	Sun,	Jun 22	18:50
133	Tue,	Jun 23	0:35
134	Wed,	Jun 23	6:17
135	Thu,	Jun 23	12:12
136	Fri,	Jun 22	18:02
137	Sat,	Jun 22	23:52
138	Mon,	Jun 23	5:40
139	Tue,	Jun 23	11:27
140	Wed,	Jun 22	17:25
141	Thu,	Jun 22	23:11
142	Sat,	Jun 23	4:49
143	Sun,	Jun 23	10:40
144	Mon,	Jun 22	16:25
145	Tue,	Jun 22	22:08
146	Thu,	Jun 23	3:53
147	Fri,	Jun 23	9:35
148	Sat,	Jun 22	15:30
149	Sun,	Jun 22	21:16
150	Tue,	Jun 23	2:55
151	Wed,	Jun 23	8:54
152	Thu,	Jun 22	14:46
153	Fri,	Jun 22	20:34
154	Sun,	Jun 23	2:26
155	Mon,	Jun 23	8:10
156	Tue,	Jun 22	14:06
157	Wed,	Jun 22	19:54
158	Fri,	Jun 23	1:29
159	Sat,	Jun 23	7:25
160	Sun,	Jun 22	13:12
161	Mon,	Jun 22	18:54
162	Wed,	Jun 23	0:45
163	Thu,	Jun 23	6:28
164	Fri,	Jun 22	12:22
165	Sat,	Jun 22	18:11
166	Sun,	Jun 22	23:45
167	Tue,	Jun 23	5:39
168	Wed,	Jun 22	11:28
169	Thu,	Jun 22	17:08
170	Fri,	Jun 22	23:00
171	Sun,	Jun 23	4:45
172	Mon,	Jun 22	10:38
173	Tue,	Jun 22	16:31
174	Wed,	Jun 22	22:09
175	Fri,	Jun 23	4:08
176	Sat,	Jun 22	10:04
177	Sun,	Jun 22	15:44
178	Mon,	Jun 22	21:37
179	Wed,	Jun 23	3:22
180	Thu,	Jun 22	9:10
181	Fri,	Jun 22	14:59
182	Sat,	Jun 22	20:31
183	Mon,	Jun 23	2:23
184	Tue,	Jun 22	8:14
185	Wed,	Jun 22	13:50
186	Thu,	Jun 22	19:42
187	Sat,	Jun 23	1:31
188	Sun,	Jun 22	7:21
189	Mon,	Jun 22	13:16
190	Tue,	Jun 22	18:53
191	Thu,	Jun 23	0:47
192	Fri,	Jun 22	6:43
193	Sat,	Jun 22	12:22
194	Sun,	Jun 22	18:15
195	Tue,	Jun 23	0:04
196	Wed,	Jun 22	5:52
197	Thu,	Jun 22	11:45
198	Fri,	Jun 22	17:23
199	Sat,	Jun 22	23:15
200	Mon,	Jun 23	5:10
201	Tue,	Jun 23	10:45
202	Wed,	Jun 23	16:32
203	Thu,	Jun 23	22:19
204	Sat,	Jun 23	4:02
205	Sun,	Jun 23	9:52
206	Mon,	Jun 23	15:31
207	Tue,	Jun 23	21:21
208	Thu,	Jun 23	3:20
209	Fri,	Jun 23	8:59
210	Sat,	Jun 23	14:53
211	Sun,	Jun 23	20:50
212	Tue,	Jun 23	2:39

213	Wed,	Jun 23	8:34
214	Thu,	Jun 23	14:15
215	Fri,	Jun 23	20:03
216	Sun,	Jun 23	1:58
217	Mon,	Jun 23	7:32
218	Tue,	Jun 23	13:17
219	Wed,	Jun 23	19:06
220	Fri,	Jun 23	0:48
221	Sat,	Jun 23	6:37
222	Sun,	Jun 23	12:19
223	Mon,	Jun 23	18:08
224	Wed,	Jun 23	0:06
225	Thu,	Jun 23	5:46
226	Fri,	Jun 23	11:33
227	Sat,	Jun 23	17:29
228	Sun,	Jun 22	23:15
229	Tue,	Jun 23	5:07
230	Wed,	Jun 23	10:53
231	Thu,	Jun 23	16:42
232	Fri,	Jun 22	22:38
233	Sun,	Jun 23	4:20
234	Mon,	Jun 23	10:05
235	Tue,	Jun 23	16:00
236	Wed,	Jun 22	21:45
237	Fri,	Jun 23	3:30
238	Sat,	Jun 23	9:13
239	Sun,	Jun 23	14:57
240	Mon,	Jun 22	20:49
241	Wed,	Jun 23	2:28
242	Thu,	Jun 23	8:11
243	Fri,	Jun 23	14:07
244	Sat,	Jun 22	19:55
245	Mon,	Jun 23	1:43
246	Tue,	Jun 23	7:35
247	Wed,	Jun 23	13:27
248	Thu,	Jun 22	19:23
249	Sat,	Jun 23	1:08
250	Sun,	Jun 23	6:51
251	Mon,	Jun 23	12:45
252	Tue,	Jun 22	18:31
253	Thu,	Jun 23	0:14
254	Fri,	Jun 23	5:58
255	Sat,	Jun 23	11:46
256	Sun,	Jun 22	17:35
257	Mon,	Jun 22	23:18
258	Wed,	Jun 23	5:02
259	Thu,	Jun 23	10:56
260	Fri,	Jun 22	16:46
261	Sat,	Jun 22	22:29
262	Mon,	Jun 23	4:16
263	Tue,	Jun 23	10:07
264	Wed,	Jun 22	15:56
265	Thu,	Jun 22	21:42
266	Sat,	Jun 23	3:27
267	Sun,	Jun 23	9:21
268	Mon,	Jun 22	15:13
269	Tue,	Jun 22	20:58
270	Thu,	Jun 23	2:48
271	Fri,	Jun 23	8:42
272	Sat,	Jun 22	14:30
273	Sun,	Jun 22	20:13
274	Tue,	Jun 23	1:56
275	Wed,	Jun 23	7:44
276	Thu,	Jun 22	13:32
277	Fri,	Jun 22	19:13
278	Sun,	Jun 23	0:57
279	Mon,	Jun 23	6:49
280	Tue,	Jun 22	12:36
281	Wed,	Jun 22	18:21
282	Fri,	Jun 23	0:11
283	Sat,	Jun 23	6:03
284	Sun,	Jun 22	11:58
285	Mon,	Jun 22	17:43
286	Tue,	Jun 22	23:29
287	Thu,	Jun 23	5:25
288	Fri,	Jun 22	11:12
289	Sat,	Jun 22	16:55
290	Sun,	Jun 22	22:43
291	Tue,	Jun 23	4:30
292	Wed,	Jun 22	10:21
293	Thu,	Jun 22	16:06
294	Fri,	Jun 22	21:48
295	Sun,	Jun 23	3:45
296	Mon,	Jun 22	9:29
297	Tue,	Jun 22	15:08
298	Wed,	Jun 22	20:56
299	Fri,	Jun 23	2:41
300	Sat,	Jun 23	8:33
301	Sun,	Jun 23	14:19
302	Mon,	Jun 23	20:03
303	Wed,	Jun 24	2:03
304	Thu,	Jun 23	7:54
305	Fri,	Jun 23	13:38
306	Sat,	Jun 23	19:34
307	Mon,	Jun 24	1:23
308	Tue,	Jun 23	7:14
309	Wed,	Jun 23	13:00
310	Thu,	Jun 23	18:39
311	Sat,	Jun 24	0:33
312	Sun,	Jun 23	6:17
313	Mon,	Jun 23	11:51
314	Tue,	Jun 23	17:41
315	Wed,	Jun 23	23:25
316	Fri,	Jun 23	5:13
317	Sat,	Jun 23	11:04
318	Sun,	Jun 23	16:47
319	Mon,	Jun 23	22:47
320	Wed,	Jun 23	4:39
321	Thu,	Jun 23	10:18
322	Fri,	Jun 23	16:14
323	Sat,	Jun 23	22:03
324	Mon,	Jun 23	3:51
325	Tue,	Jun 23	9:43
326	Wed,	Jun 23	15:22
327	Thu,	Jun 23	21:18
328	Sat,	Jun 23	3:09
329	Sun,	Jun 23	8:44
330	Mon,	Jun 23	14:37
331	Tue,	Jun 23	20:24
332	Thu,	Jun 23	2:06
333	Fri,	Jun 23	7:55
334	Sat,	Jun 23	13:33
335	Sun,	Jun 23	19:26
336	Tue,	Jun 23	1:18
337	Wed,	Jun 23	6:54
338	Thu,	Jun 23	12:49
339	Fri,	Jun 23	18:42
340	Sun,	Jun 23	0:29
341	Mon,	Jun 23	6:25
342	Tue,	Jun 23	12:11
343	Wed,	Jun 23	18:06
344	Fri,	Jun 23	0:01
345	Sat,	Jun 23	5:33
346	Sun,	Jun 23	11:23
347	Mon,	Jun 23	17:13
348	Tue,	Jun 22	22:51
349	Thu,	Jun 23	4:41
350	Fri,	Jun 23	10:21
351	Sat,	Jun 23	16:11
352	Sun,	Jun 22	22:05
353	Tue,	Jun 23	3:41
354	Wed,	Jun 23	9:35
355	Thu,	Jun 23	15:31
356	Fri,	Jun 22	21:12
357	Sun,	Jun 23	3:05
358	Mon,	Jun 23	8:51
359	Tue,	Jun 23	14:42
360	Wed,	Jun 22	20:37
361	Fri,	Jun 23	2:13
362	Sat,	Jun 23	8:04
363	Sun,	Jun 23	14:00
364	Mon,	Jun 22	19:41
365	Wed,	Jun 23	1:33
366	Thu,	Jun 23	7:20
367	Fri,	Jun 23	13:07
368	Sat,	Jun 22	19:00
369	Mon,	Jun 23	0:33
370	Tue,	Jun 23	6:19
371	Wed,	Jun 23	12:13
372	Thu,	Jun 22	17:52
373	Fri,	Jun 22	23:40
374	Sun,	Jun 23	5:30
375	Mon,	Jun 23	11:18
376	Tue,	Jun 22	17:16
377	Wed,	Jun 22	22:57
378	Fri,	Jun 23	4:47
379	Sat,	Jun 23	10:47
380	Sun,	Jun 22	16:28
381	Mon,	Jun 22	22:17
382	Wed,	Jun 23	4:07
383	Thu,	Jun 23	9:53
384	Fri,	Jun 22	15:45
385	Sat,	Jun 22	21:22
386	Mon,	Jun 23	3:06
387	Tue,	Jun 23	9:02
388	Wed,	Jun 22	14:43
389	Thu,	Jun 22	20:30
390	Sat,	Jun 23	2:21
391	Sun,	Jun 23	8:08
392	Mon,	Jun 22	13:58
393	Tue,	Jun 22	19:39
394	Thu,	Jun 23	1:24
395	Fri,	Jun 23	7:21
396	Sat,	Jun 22	13:05
397	Sun,	Jun 22	18:51
398	Tue,	Jun 23	0:47
399	Wed,	Jun 23	6:37
400	Thu,	Jun 22	12:31
401	Fri,	Jun 22	18:16
402	Sun,	Jun 23	0:02
403	Mon,	Jun 23	5:57
404	Tue,	Jun 22	11:38
405	Wed,	Jun 22	17:17
406	Thu,	Jun 22	23:07
407	Sat,	Jun 23	4:52
408	Sun,	Jun 22	10:37
409	Mon,	Jun 22	16:19
410	Tue,	Jun 22	22:03
411	Thu,	Jun 23	3:59
412	Fri,	Jun 22	9:47
413	Sat,	Jun 22	15:34
414	Sun,	Jun 22	21:31
415	Tue,	Jun 23	3:24
416	Wed,	Jun 22	9:13
417	Thu,	Jun 22	14:58
418	Fri,	Jun 22	20:46
419	Sun,	Jun 23	2:39
420	Mon,	Jun 22	8:24
421	Tue,	Jun 22	14:05
422	Wed,	Jun 22	19:54
423	Fri,	Jun 23	1:45
424	Sat,	Jun 22	7:29
425	Sun,	Jun 22	13:12
426	Mon,	Jun 22	18:59
427	Wed,	Jun 23	0:48
428	Thu,	Jun 22	6:33
429	Fri,	Jun 22	12:15
430	Sat,	Jun 22	18:05
431	Sun,	Jun 22	24:00
432	Tue,	Jun 22	5:46
433	Wed,	Jun 22	11:32
434	Thu,	Jun 22	17:25

435	Fri,	Jun 22	23:19
436	Sun,	Jun 22	5:10
437	Mon,	Jun 22	10:56
438	Tue,	Jun 22	16:46
439	Wed,	Jun 22	22:39
440	Fri,	Jun 22	4:20
441	Sat,	Jun 22	9:59
442	Sun,	Jun 22	15:47
443	Mon,	Jun 22	21:33
444	Wed,	Jun 22	3:16
445	Thu,	Jun 22	9:00
446	Fri,	Jun 22	14:47
447	Sat,	Jun 22	20:44
448	Mon,	Jun 22	2:31
449	Tue,	Jun 22	8:16
450	Wed,	Jun 22	14:12
451	Thu,	Jun 22	20:02
452	Sat,	Jun 22	1:49
453	Sun,	Jun 22	7:37
454	Mon,	Jun 22	13:24
455	Tue,	Jun 22	19:20
456	Thu,	Jun 22	1:04
457	Fri,	Jun 22	6:42
458	Sat,	Jun 22	12:37
459	Sun,	Jun 22	18:24
460	Tue,	Jun 22	0:09
461	Wed,	Jun 22	5:57
462	Thu,	Jun 22	11:42
463	Fri,	Jun 22	17:35
464	Sat,	Jun 21	23:18
465	Mon,	Jun 22	4:55
466	Tue,	Jun 22	10:50
467	Wed,	Jun 22	16:38
468	Thu,	Jun 21	22:22
469	Sat,	Jun 22	4:13
470	Sun,	Jun 22	10:02
471	Mon,	Jun 22	15:59
472	Tue,	Jun 21	21:51
473	Thu,	Jun 22	3:31
474	Fri,	Jun 22	9:28
475	Sat,	Jun 22	15:17
476	Sun,	Jun 21	20:56
477	Tue,	Jun 22	2:46
478	Wed,	Jun 22	8:30
479	Thu,	Jun 22	14:20
480	Fri,	Jun 21	20:07
481	Sun,	Jun 22	1:41
482	Mon,	Jun 22	7:37
483	Tue,	Jun 22	13:28
484	Wed,	Jun 21	19:07
485	Fri,	Jun 22	1:01
486	Sat,	Jun 22	6:48
487	Sun,	Jun 22	12:39
488	Mon,	Jun 21	18:30
489	Wed,	Jun 22	0:07
490	Thu,	Jun 22	6:04
491	Fri,	Jun 22	11:57
492	Sat,	Jun 21	17:35
493	Sun,	Jun 21	23:29
494	Tue,	Jun 22	5:18
495	Wed,	Jun 22	11:10
496	Thu,	Jun 21	17:02
497	Fri,	Jun 21	22:39
498	Sun,	Jun 22	4:32
499	Mon,	Jun 22	10:22
500	Tue,	Jun 22	15:54
501	Wed,	Jun 22	21:43
502	Fri,	Jun 23	3:30
503	Sat,	Jun 23	9:15
504	Sun,	Jun 22	15:07
505	Mon,	Jun 22	20:45
506	Wed,	Jun 23	2:42
507	Thu,	Jun 23	8:41
508	Fri,	Jun 22	14:21
509	Sat,	Jun 22	20:17
510	Mon,	Jun 23	2:10
511	Tue,	Jun 23	7:56
512	Wed,	Jun 22	13:48
513	Thu,	Jun 22	19:26
514	Sat,	Jun 23	1:17
515	Sun,	Jun 23	7:11
516	Mon,	Jun 22	12:42
517	Tue,	Jun 22	18:31
518	Thu,	Jun 23	0:21
519	Fri,	Jun 23	6:05
520	Sat,	Jun 22	11:56
521	Sun,	Jun 22	17:36
522	Mon,	Jun 22	23:27
523	Wed,	Jun 23	5:23
524	Thu,	Jun 22	10:59
525	Fri,	Jun 22	16:50
526	Sat,	Jun 22	22:46
527	Mon,	Jun 23	4:32
528	Tue,	Jun 22	10:25
529	Wed,	Jun 22	16:10
530	Thu,	Jun 22	22:02
531	Sat,	Jun 23	4:02
532	Sun,	Jun 22	9:39
533	Mon,	Jun 22	15:26
534	Tue,	Jun 22	21:19
535	Thu,	Jun 23	2:58
536	Fri,	Jun 22	8:43
537	Sat,	Jun 22	14:24
538	Sun,	Jun 22	20:09
539	Tue,	Jun 23	2:04
540	Wed,	Jun 22	7:41
541	Thu,	Jun 22	13:29
542	Fri,	Jun 22	19:29
543	Sun,	Jun 23	1:16
544	Mon,	Jun 22	7:09
545	Tue,	Jun 22	12:58
546	Wed,	Jun 22	18:48
547	Fri,	Jun 23	0:44
548	Sat,	Jun 22	6:23
549	Sun,	Jun 22	12:08
550	Mon,	Jun 22	18:03
551	Tue,	Jun 22	23:45
552	Thu,	Jun 22	5:29
553	Fri,	Jun 22	11:15
554	Sat,	Jun 22	17:03
555	Sun,	Jun 22	22:56
556	Tue,	Jun 22	4:36
557	Wed,	Jun 22	10:20
558	Thu,	Jun 22	16:16
559	Fri,	Jun 22	22:00
560	Sun,	Jun 22	3:45
561	Mon,	Jun 22	9:34
562	Tue,	Jun 22	15:25
563	Wed,	Jun 22	21:18
564	Fri,	Jun 22	3:02
565	Sat,	Jun 22	8:49
566	Sun,	Jun 22	14:48
567	Mon,	Jun 22	20:37
568	Wed,	Jun 22	2:22
569	Thu,	Jun 22	8:11
570	Fri,	Jun 22	13:59
571	Sat,	Jun 22	19:47
572	Mon,	Jun 22	1:26
573	Tue,	Jun 22	7:08
574	Wed,	Jun 22	13:00
575	Thu,	Jun 22	18:45
576	Sat,	Jun 22	0:27
577	Sun,	Jun 22	6:17
578	Mon,	Jun 22	12:10
579	Tue,	Jun 22	18:02
580	Wed,	Jun 21	23:47
581	Fri,	Jun 22	5:34
582	Sat,	Jun 22	11:28
583	Sun,	Jun 22	17:17
584	Mon,	Jun 21	23:00
585	Wed,	Jun 22	4:49
586	Thu,	Jun 22	10:43
587	Fri,	Jun 22	16:30
588	Sat,	Jun 21	22:14
589	Mon,	Jun 22	4:01
590	Tue,	Jun 22	9:53
591	Wed,	Jun 22	15:42
592	Thu,	Jun 21	21:23
593	Sat,	Jun 22	3:09
594	Sun,	Jun 22	9:02
595	Mon,	Jun 22	14:45
596	Tue,	Jun 21	20:26
597	Thu,	Jun 22	2:13
598	Fri,	Jun 22	8:03
599	Sat,	Jun 22	13:53
600	Sun,	Jun 22	19:38
601	Tue,	Jun 23	1:29
602	Wed,	Jun 23	7:29
603	Thu,	Jun 23	13:19
604	Fri,	Jun 22	19:04
605	Sun,	Jun 23	0:55
606	Mon,	Jun 23	6:43
607	Tue,	Jun 23	12:30
608	Wed,	Jun 22	18:12
609	Thu,	Jun 22	23:55
610	Sat,	Jun 23	5:48
611	Sun,	Jun 23	11:31
612	Mon,	Jun 22	17:10
613	Tue,	Jun 22	23:01
614	Thu,	Jun 23	4:50
615	Fri,	Jun 23	10:39
616	Sat,	Jun 22	16:26
617	Sun,	Jun 22	22:11
618	Tue,	Jun 23	4:10
619	Wed,	Jun 23	9:57
620	Thu,	Jun 22	15:39
621	Fri,	Jun 22	21:34
622	Sun,	Jun 23	3:24
623	Mon,	Jun 23	9:12
624	Tue,	Jun 22	15:00
625	Wed,	Jun 22	20:45
626	Fri,	Jun 23	2:44
627	Sat,	Jun 23	8:30
628	Sun,	Jun 22	14:06
629	Mon,	Jun 22	19:57
630	Wed,	Jun 23	1:40
631	Thu,	Jun 23	7:22
632	Fri,	Jun 22	13:08
633	Sat,	Jun 22	18:50
634	Mon,	Jun 23	0:46
635	Tue,	Jun 23	6:35
636	Wed,	Jun 22	12:15
637	Thu,	Jun 22	18:15
638	Sat,	Jun 23	0:09
639	Sun,	Jun 23	5:56
640	Mon,	Jun 22	11:49
641	Tue,	Jun 22	17:33
642	Wed,	Jun 22	23:28
643	Fri,	Jun 23	5:17
644	Sat,	Jun 22	10:49
645	Sun,	Jun 22	16:43
646	Mon,	Jun 22	22:29
647	Wed,	Jun 23	4:07
648	Thu,	Jun 22	9:58
649	Fri,	Jun 22	15:41
650	Sat,	Jun 22	21:36
651	Mon,	Jun 23	3:27
652	Tue,	Jun 22	9:02
653	Wed,	Jun 22	14:58
654	Thu,	Jun 22	20:50
655	Sat,	Jun 23	2:31
656	Sun,	Jun 22	8:25

657	Mon,	Jun 22	14:11
658	Tue,	Jun 22	20:05
659	Thu,	Jun 23	1:58
660	Fri,	Jun 22	7:35
661	Sat,	Jun 22	13:31
662	Sun,	Jun 22	19:25
663	Tue,	Jun 23	1:03
664	Wed,	Jun 22	6:53
665	Thu,	Jun 22	12:37
666	Fri,	Jun 22	18:23
667	Sun,	Jun 23	0:14
668	Mon,	Jun 22	5:46
669	Tue,	Jun 22	11:37
670	Wed,	Jun 22	17:31
671	Thu,	Jun 22	23:08
672	Sat,	Jun 22	5:02
673	Sun,	Jun 22	10:55
674	Mon,	Jun 22	16:47
675	Tue,	Jun 22	22:44
676	Thu,	Jun 22	4:21
677	Fri,	Jun 22	10:13
678	Sat,	Jun 22	16:09
679	Sun,	Jun 22	21:45
680	Tue,	Jun 22	3:36
681	Wed,	Jun 22	9:24
682	Thu,	Jun 22	15:10
683	Fri,	Jun 22	21:03
684	Sun,	Jun 22	2:40
685	Mon,	Jun 22	8:30
686	Tue,	Jun 22	14:27
687	Wed,	Jun 22	20:02
688	Fri,	Jun 22	1:51
689	Sat,	Jun 22	7:41
690	Sun,	Jun 22	13:26
691	Mon,	Jun 22	19:18
692	Wed,	Jun 22	0:58
693	Thu,	Jun 22	6:47
694	Fri,	Jun 22	12:45
695	Sat,	Jun 22	18:25
696	Mon,	Jun 22	0:16
697	Tue,	Jun 22	6:14
698	Wed,	Jun 22	12:02
699	Thu,	Jun 22	17:55
700	Fri,	Jun 22	23:36
701	Sun,	Jun 23	5:21
702	Mon,	Jun 23	11:15
703	Tue,	Jun 23	16:50
704	Wed,	Jun 22	22:34
705	Fri,	Jun 23	4:26
706	Sat,	Jun 23	10:09
707	Sun,	Jun 23	15:58
708	Mon,	Jun 22	21:42
709	Wed,	Jun 23	3:31
710	Thu,	Jun 23	9:31
711	Fri,	Jun 23	15:12
712	Sat,	Jun 22	20:59
713	Mon,	Jun 23	2:56
714	Tue,	Jun 23	8:44
715	Wed,	Jun 23	14:33
716	Thu,	Jun 22	20:19
717	Sat,	Jun 23	2:06
718	Sun,	Jun 23	8:01
719	Mon,	Jun 23	13:42
720	Tue,	Jun 22	19:26
721	Thu,	Jun 23	1:21
722	Fri,	Jun 23	7:07
723	Sat,	Jun 23	12:51
724	Sun,	Jun 22	18:33
725	Tue,	Jun 23	0:18
726	Wed,	Jun 23	6:08
727	Thu,	Jun 23	11:51
728	Fri,	Jun 22	17:34
729	Sat,	Jun 22	23:30
730	Mon,	Jun 23	5:21
731	Tue,	Jun 23	11:10
732	Wed,	Jun 22	17:01
733	Thu,	Jun 22	22:54
734	Sat,	Jun 23	4:50
735	Sun,	Jun 23	10:35
736	Mon,	Jun 22	16:18
737	Tue,	Jun 22	22:10
738	Thu,	Jun 23	3:57
739	Fri,	Jun 23	9:37
740	Sat,	Jun 22	15:20
741	Sun,	Jun 22	21:06
742	Tue,	Jun 23	2:54
743	Wed,	Jun 23	8:37
744	Thu,	Jun 22	14:23
745	Fri,	Jun 22	20:17
746	Sun,	Jun 23	2:11
747	Mon,	Jun 23	7:56
748	Tue,	Jun 22	13:43
749	Wed,	Jun 22	19:36
750	Fri,	Jun 23	1:26
751	Sat,	Jun 23	7:12
752	Sun,	Jun 22	12:59
753	Mon,	Jun 22	18:50
754	Wed,	Jun 23	0:43
755	Thu,	Jun 23	6:26
756	Fri,	Jun 22	12:12
757	Sat,	Jun 22	18:05
758	Sun,	Jun 22	23:50
759	Tue,	Jun 23	5:32
760	Wed,	Jun 22	11:15
761	Thu,	Jun 22	17:03
762	Fri,	Jun 22	22:54
763	Sun,	Jun 23	4:36
764	Mon,	Jun 22	10:20
765	Tue,	Jun 22	16:15
766	Wed,	Jun 22	22:03
767	Fri,	Jun 23	3:51
768	Sat,	Jun 22	9:43
769	Sun,	Jun 22	15:36
770	Mon,	Jun 22	21:32
771	Wed,	Jun 23	3:17
772	Thu,	Jun 22	8:59
773	Fri,	Jun 22	14:53
774	Sat,	Jun 22	20:38
775	Mon,	Jun 23	2:18
776	Tue,	Jun 22	8:06
777	Wed,	Jun 22	13:51
778	Thu,	Jun 22	19:42
779	Sat,	Jun 23	1:27
780	Sun,	Jun 22	7:09
781	Mon,	Jun 22	13:07
782	Tue,	Jun 22	18:54
783	Thu,	Jun 23	0:35
784	Fri,	Jun 22	6:27
785	Sat,	Jun 22	12:13
786	Sun,	Jun 22	18:06
787	Mon,	Jun 22	23:53
788	Wed,	Jun 22	5:35
789	Thu,	Jun 22	11:33
790	Fri,	Jun 22	17:22
791	Sat,	Jun 22	23:05
792	Mon,	Jun 22	5:00
793	Tue,	Jun 22	10:48
794	Wed,	Jun 22	16:38
795	Thu,	Jun 22	22:24
796	Sat,	Jun 22	4:01
797	Sun,	Jun 22	9:55
798	Mon,	Jun 22	15:41
799	Tue,	Jun 22	21:16
800	Thu,	Jun 22	3:08
801	Fri,	Jun 22	8:55
802	Sat,	Jun 22	14:44
803	Sun,	Jun 22	20:36
804	Tue,	Jun 22	2:19
805	Wed,	Jun 22	8:19
806	Thu,	Jun 22	14:12
807	Fri,	Jun 22	19:49
808	Sun,	Jun 22	1:45
809	Mon,	Jun 22	7:34
810	Tue,	Jun 22	13:20
811	Wed,	Jun 22	19:11
812	Fri,	Jun 22	0:49
813	Sat,	Jun 22	6:42
814	Sun,	Jun 22	12:33
815	Mon,	Jun 22	18:08
816	Wed,	Jun 22	0:02
817	Thu,	Jun 22	5:51
818	Fri,	Jun 22	11:33
819	Sat,	Jun 22	17:23
820	Sun,	Jun 21	23:01
821	Tue,	Jun 22	4:54
822	Wed,	Jun 22	10:48
823	Thu,	Jun 22	16:25
824	Fri,	Jun 21	22:20
825	Sun,	Jun 22	4:15
826	Mon,	Jun 22	10:01
827	Tue,	Jun 22	15:58
828	Wed,	Jun 21	21:43
829	Fri,	Jun 22	3:36
830	Sat,	Jun 22	9:30
831	Sun,	Jun 22	15:03
832	Mon,	Jun 21	20:52
833	Wed,	Jun 22	2:42
834	Thu,	Jun 22	8:19
835	Fri,	Jun 22	14:07
836	Sat,	Jun 21	19:47
837	Mon,	Jun 22	1:36
838	Tue,	Jun 22	7:32
839	Wed,	Jun 22	13:09
840	Thu,	Jun 21	19:04
841	Sat,	Jun 22	1:03
842	Sun,	Jun 22	6:46
843	Mon,	Jun 22	12:39
844	Tue,	Jun 21	18:25
845	Thu,	Jun 22	0:15
846	Fri,	Jun 22	6:11
847	Sat,	Jun 22	11:47
848	Sun,	Jun 21	17:36
849	Mon,	Jun 21	23:31
850	Wed,	Jun 22	5:10
851	Thu,	Jun 22	11:00
852	Fri,	Jun 21	16:45
853	Sat,	Jun 21	22:32
854	Mon,	Jun 22	4:24
855	Tue,	Jun 22	9:59
856	Wed,	Jun 21	15:46
857	Thu,	Jun 21	21:42
858	Sat,	Jun 22	3:23
859	Sun,	Jun 22	9:13
860	Mon,	Jun 21	15:04
861	Tue,	Jun 21	20:54
862	Thu,	Jun 22	2:52
863	Fri,	Jun 22	8:36
864	Sat,	Jun 21	14:25
865	Sun,	Jun 21	20:24
866	Tue,	Jun 22	2:04
867	Wed,	Jun 22	7:48
868	Thu,	Jun 21	13:36
869	Fri,	Jun 21	19:20
870	Sun,	Jun 22	1:10
871	Mon,	Jun 22	6:48
872	Tue,	Jun 21	12:31
873	Wed,	Jun 21	18:27
874	Fri,	Jun 22	0:10
875	Sat,	Jun 22	5:58
876	Sun,	Jun 21	11:51
877	Mon,	Jun 21	17:41
878	Tue,	Jun 21	23:33

879	Thu,	Jun 22	5:16
880	Fri,	Jun 21	11:03
881	Sat,	Jun 21	16:59
882	Sun,	Jun 21	22:44
883	Tue,	Jun 22	4:28
884	Wed,	Jun 21	10:19
885	Thu,	Jun 21	16:09
886	Fri,	Jun 21	22:00
887	Sun,	Jun 22	3:45
888	Mon,	Jun 21	9:31
889	Tue,	Jun 21	15:24
890	Wed,	Jun 21	21:06
891	Fri,	Jun 22	2:46
892	Sat,	Jun 21	8:35
893	Sun,	Jun 21	14:24
894	Mon,	Jun 21	20:10
895	Wed,	Jun 22	1:54
896	Thu,	Jun 21	7:41
897	Fri,	Jun 21	13:37
898	Sat,	Jun 21	19:26
899	Mon,	Jun 22	1:12
900	Tue,	Jun 22	7:07
901	Wed,	Jun 22	13:00
902	Thu,	Jun 22	18:47
903	Sat,	Jun 23	0:31
904	Sun,	Jun 22	6:19
905	Mon,	Jun 22	12:09
906	Tue,	Jun 22	17:53
907	Wed,	Jun 22	23:33
908	Fri,	Jun 22	5:21
909	Sat,	Jun 22	11:13
910	Sun,	Jun 22	16:59
911	Mon,	Jun 22	22:43
912	Wed,	Jun 22	4:33
913	Thu,	Jun 22	10:22
914	Fri,	Jun 22	16:09
915	Sat,	Jun 22	21:52
916	Mon,	Jun 22	3:41
917	Tue,	Jun 22	9:38
918	Wed,	Jun 22	15:24
919	Thu,	Jun 22	21:09
920	Sat,	Jun 22	3:03
921	Sun,	Jun 22	8:55
922	Mon,	Jun 22	14:45
923	Tue,	Jun 22	20:31
924	Thu,	Jun 22	2:18
925	Fri,	Jun 22	8:12
926	Sat,	Jun 22	13:53
927	Sun,	Jun 22	19:31
928	Tue,	Jun 22	1:20
929	Wed,	Jun 22	7:05
930	Thu,	Jun 22	12:48
931	Fri,	Jun 22	18:32
932	Sun,	Jun 22	0:19
933	Mon,	Jun 22	6:17
934	Tue,	Jun 22	12:07
935	Wed,	Jun 22	17:52
936	Thu,	Jun 21	23:51
937	Sat,	Jun 22	5:41
938	Sun,	Jun 22	11:27
939	Mon,	Jun 22	17:16
940	Tue,	Jun 21	23:01
941	Thu,	Jun 22	4:56
942	Fri,	Jun 22	10:41
943	Sat,	Jun 22	16:17
944	Sun,	Jun 21	22:11
945	Tue,	Jun 22	3:57
946	Wed,	Jun 22	9:40
947	Thu,	Jun 22	15:29
948	Fri,	Jun 21	21:12
949	Sun,	Jun 22	3:06
950	Mon,	Jun 22	8:53
951	Tue,	Jun 22	14:31
952	Wed,	Jun 21	20:28
953	Fri,	Jun 22	2:18
954	Sat,	Jun 22	8:01
955	Sun,	Jun 22	13:54
956	Mon,	Jun 21	19:42
957	Wed,	Jun 22	1:40
958	Thu,	Jun 22	7:32
959	Fri,	Jun 22	13:11
960	Sat,	Jun 21	19:07
961	Mon,	Jun 22	0:54
962	Tue,	Jun 22	6:30
963	Wed,	Jun 22	12:17
964	Thu,	Jun 21	18:00
965	Fri,	Jun 21	23:49
966	Sun,	Jun 22	5:38
967	Mon,	Jun 22	11:12
968	Tue,	Jun 21	17:09
969	Wed,	Jun 21	23:03
970	Fri,	Jun 22	4:44
971	Sat,	Jun 22	10:40
972	Sun,	Jun 21	16:30
973	Mon,	Jun 21	22:22
974	Wed,	Jun 22	4:15
975	Thu,	Jun 22	9:52
976	Fri,	Jun 21	15:47
977	Sat,	Jun 21	21:39
978	Mon,	Jun 22	3:14
979	Tue,	Jun 22	9:06
980	Wed,	Jun 21	14:52
981	Thu,	Jun 21	20:42
982	Sat,	Jun 22	2:35
983	Sun,	Jun 22	8:11
984	Mon,	Jun 21	14:04
985	Tue,	Jun 21	19:56
986	Thu,	Jun 22	1:29
987	Fri,	Jun 22	7:20
988	Sat,	Jun 21	13:09
989	Sun,	Jun 21	18:56
990	Tue,	Jun 22	0:50
991	Wed,	Jun 22	6:30
992	Thu,	Jun 21	12:25
993	Fri,	Jun 21	18:24
994	Sun,	Jun 22	0:03
995	Mon,	Jun 22	5:56
996	Tue,	Jun 21	11:48
997	Wed,	Jun 21	17:33
998	Thu,	Jun 21	23:24
999	Sat,	Jun 22	5:01
1000	Sun,	Jun 22	10:50
1001	Mon,	Jun 22	16:44
1002	Tue,	Jun 22	22:16
1003	Thu,	Jun 23	4:04
1004	Fri,	Jun 22	9:58
1005	Sat,	Jun 22	15:43
1006	Sun,	Jun 22	21:37
1007	Tue,	Jun 23	3:19
1008	Wed,	Jun 22	9:10
1009	Thu,	Jun 22	15:07
1010	Fri,	Jun 22	20:43
1011	Sun,	Jun 23	2:33
1012	Mon,	Jun 22	8:29
1013	Tue,	Jun 22	14:15
1014	Wed,	Jun 22	20:06
1015	Fri,	Jun 23	1:50
1016	Sat,	Jun 22	7:40
1017	Sun,	Jun 22	13:38
1018	Mon,	Jun 22	19:15
1019	Wed,	Jun 23	1:01
1020	Thu,	Jun 22	6:54
1021	Fri,	Jun 22	12:35
1022	Sat,	Jun 22	18:21
1023	Mon,	Jun 23	0:03
1024	Tue,	Jun 22	5:48
1025	Wed,	Jun 22	11:43
1026	Thu,	Jun 22	17:22
1027	Fri,	Jun 22	23:09
1028	Sun,	Jun 22	5:11
1029	Mon,	Jun 22	11:00
1030	Tue,	Jun 22	16:53
1031	Wed,	Jun 22	22:42
1032	Fri,	Jun 22	4:31
1033	Sat,	Jun 22	10:26
1034	Sun,	Jun 22	16:05
1035	Mon,	Jun 22	21:48
1036	Wed,	Jun 22	3:43
1037	Thu,	Jun 22	9:25
1038	Fri,	Jun 22	15:08
1039	Sat,	Jun 22	20:53
1040	Mon,	Jun 22	2:40
1041	Tue,	Jun 22	8:33
1042	Wed,	Jun 22	14:14
1043	Thu,	Jun 22	19:59
1044	Sat,	Jun 22	1:55
1045	Sun,	Jun 22	7:43
1046	Mon,	Jun 22	13:29
1047	Tue,	Jun 22	19:19
1048	Thu,	Jun 22	1:10
1049	Fri,	Jun 22	7:03
1050	Sat,	Jun 22	12:47
1051	Sun,	Jun 22	18:33
1052	Tue,	Jun 22	0:31
1053	Wed,	Jun 22	6:21
1054	Thu,	Jun 22	12:04
1055	Fri,	Jun 22	17:51
1056	Sat,	Jun 21	23:38
1057	Mon,	Jun 22	5:22
1058	Tue,	Jun 22	11:02
1059	Wed,	Jun 22	16:44
1060	Thu,	Jun 21	22:36
1061	Sat,	Jun 22	4:24
1062	Sun,	Jun 22	10:07
1063	Mon,	Jun 22	15:59
1064	Tue,	Jun 21	21:55
1065	Thu,	Jun 22	3:47
1066	Fri,	Jun 22	9:35
1067	Sat,	Jun 22	15:23
1068	Sun,	Jun 21	21:17
1069	Tue,	Jun 22	3:07
1070	Wed,	Jun 22	8:49
1071	Thu,	Jun 22	14:35
1072	Fri,	Jun 21	20:26
1073	Sun,	Jun 22	2:10
1074	Mon,	Jun 22	7:51
1075	Tue,	Jun 22	13:38
1076	Wed,	Jun 21	19:28
1077	Fri,	Jun 22	1:20
1078	Sat,	Jun 22	7:02
1079	Sun,	Jun 22	12:48
1080	Mon,	Jun 21	18:42
1081	Wed,	Jun 22	0:27
1082	Thu,	Jun 22	6:10
1083	Fri,	Jun 22	12:01
1084	Sat,	Jun 21	17:51
1085	Sun,	Jun 21	23:43
1086	Tue,	Jun 22	5:28
1087	Wed,	Jun 22	11:16
1088	Thu,	Jun 21	17:16
1089	Fri,	Jun 21	23:03
1090	Sun,	Jun 22	4:46
1091	Mon,	Jun 22	10:36
1092	Tue,	Jun 21	16:23
1093	Wed,	Jun 21	22:10
1094	Fri,	Jun 22	3:52
1095	Sat,	Jun 22	9:33
1096	Sun,	Jun 21	15:27
1097	Mon,	Jun 21	21:11
1098	Wed,	Jun 22	2:51
1099	Thu,	Jun 22	8:46
1100	Fri,	Jun 22	14:37

1101	Sat,	Jun 22	20:28
1102	Mon,	Jun 23	2:17
1103	Tue,	Jun 23	8:01
1104	Wed,	Jun 22	13:59
1105	Thu,	Jun 22	19:46
1106	Sat,	Jun 23	1:25
1107	Sun,	Jun 23	7:20
1108	Mon,	Jun 22	13:08
1109	Tue,	Jun 22	18:55
1110	Thu,	Jun 23	0:42
1111	Fri,	Jun 23	6:25
1112	Sat,	Jun 22	12:22
1113	Sun,	Jun 22	18:09
1114	Mon,	Jun 22	23:45
1115	Wed,	Jun 23	5:38
1116	Thu,	Jun 22	11:24
1117	Fri,	Jun 22	17:08
1118	Sat,	Jun 22	22:56
1119	Mon,	Jun 23	4:37
1120	Tue,	Jun 22	10:34
1121	Wed,	Jun 22	16:24
1122	Thu,	Jun 22	22:03
1123	Sat,	Jun 23	4:03
1124	Sun,	Jun 22	9:58
1125	Mon,	Jun 22	15:45
1126	Tue,	Jun 22	21:38
1127	Thu,	Jun 23	3:20
1128	Fri,	Jun 22	9:13
1129	Sat,	Jun 22	15:01
1130	Sun,	Jun 22	20:33
1131	Tue,	Jun 23	2:25
1132	Wed,	Jun 22	8:13
1133	Thu,	Jun 22	13:51
1134	Fri,	Jun 22	19:41
1135	Sun,	Jun 23	1:25
1136	Mon,	Jun 22	7:19
1137	Tue,	Jun 22	13:13
1138	Wed,	Jun 22	18:48
1139	Fri,	Jun 23	0:45
1140	Sat,	Jun 22	6:39
1141	Sun,	Jun 22	12:21
1142	Mon,	Jun 22	18:15
1143	Wed,	Jun 23	0:01
1144	Thu,	Jun 22	5:53
1145	Fri,	Jun 22	11:47
1146	Sat,	Jun 22	17:22
1147	Sun,	Jun 22	23:17
1148	Tue,	Jun 22	5:11
1149	Wed,	Jun 22	10:48
1150	Thu,	Jun 22	16:37
1151	Fri,	Jun 22	22:19
1152	Sun,	Jun 22	4:06
1153	Mon,	Jun 22	9:56
1154	Tue,	Jun 22	15:30
1155	Wed,	Jun 22	21:22
1156	Fri,	Jun 22	3:19
1157	Sat,	Jun 22	8:58
1158	Sun,	Jun 22	14:53
1159	Mon,	Jun 22	20:46
1160	Wed,	Jun 22	2:39
1161	Thu,	Jun 22	8:36
1162	Fri,	Jun 22	14:15
1163	Sat,	Jun 22	20:05
1164	Mon,	Jun 22	2:01
1165	Tue,	Jun 22	7:35
1166	Wed,	Jun 22	13:22
1167	Thu,	Jun 22	19:09
1168	Sat,	Jun 22	0:52
1169	Sun,	Jun 22	6:43
1170	Mon,	Jun 22	12:20
1171	Tue,	Jun 22	18:11
1172	Thu,	Jun 22	0:10
1173	Fri,	Jun 22	5:48
1174	Sat,	Jun 22	11:37
1175	Sun,	Jun 22	17:30
1176	Mon,	Jun 21	23:17
1177	Wed,	Jun 22	5:11
1178	Thu,	Jun 22	10:52
1179	Fri,	Jun 22	16:43
1180	Sat,	Jun 21	22:41
1181	Mon,	Jun 22	4:20
1182	Tue,	Jun 22	10:08
1183	Wed,	Jun 22	16:03
1184	Thu,	Jun 21	21:50
1185	Sat,	Jun 22	3:40
1186	Sun,	Jun 22	9:20
1187	Mon,	Jun 22	15:05
1188	Tue,	Jun 21	20:59
1189	Thu,	Jun 22	2:36
1190	Fri,	Jun 22	8:19
1191	Sat,	Jun 22	14:11
1192	Sun,	Jun 21	19:57
1193	Tue,	Jun 22	1:48
1194	Wed,	Jun 22	7:35
1195	Thu,	Jun 22	13:26
1196	Fri,	Jun 21	19:26
1197	Sun,	Jun 22	1:09
1198	Mon,	Jun 22	6:54
1199	Tue,	Jun 22	12:49
1200	Wed,	Jun 21	18:35
1201	Fri,	Jun 22	0:23
1202	Sat,	Jun 22	6:06
1203	Sun,	Jun 22	11:53
1204	Mon,	Jun 21	17:46
1205	Tue,	Jun 21	23:27
1206	Thu,	Jun 22	5:10
1207	Fri,	Jun 22	11:05
1208	Sat,	Jun 21	16:54
1209	Sun,	Jun 21	22:39
1210	Tue,	Jun 22	4:23
1211	Wed,	Jun 22	10:11
1212	Thu,	Jun 21	16:03
1213	Fri,	Jun 21	21:46
1214	Sun,	Jun 22	3:30
1215	Mon,	Jun 22	9:25
1216	Tue,	Jun 21	15:17
1217	Wed,	Jun 21	21:04
1218	Fri,	Jun 22	2:55
1219	Sat,	Jun 22	8:48
1220	Sun,	Jun 21	14:41
1221	Mon,	Jun 21	20:25
1222	Wed,	Jun 22	2:07
1223	Thu,	Jun 22	7:57
1224	Fri,	Jun 21	13:45
1225	Sat,	Jun 21	19:25
1226	Mon,	Jun 22	1:08
1227	Tue,	Jun 22	6:55
1228	Wed,	Jun 21	12:43
1229	Thu,	Jun 21	18:28
1230	Sat,	Jun 22	0:14
1231	Sun,	Jun 22	6:09
1232	Mon,	Jun 21	12:04
1233	Tue,	Jun 21	17:50
1234	Wed,	Jun 21	23:37
1235	Fri,	Jun 22	5:32
1236	Sat,	Jun 21	11:21
1237	Sun,	Jun 21	17:07
1238	Mon,	Jun 21	22:53
1239	Wed,	Jun 22	4:42
1240	Thu,	Jun 21	10:34
1241	Fri,	Jun 21	16:18
1242	Sat,	Jun 21	22:02
1243	Mon,	Jun 22	3:56
1244	Tue,	Jun 21	9:41
1245	Wed,	Jun 21	15:22
1246	Thu,	Jun 21	21:06
1247	Sat,	Jun 22	2:52
1248	Sun,	Jun 21	8:45
1249	Mon,	Jun 21	14:28
1250	Tue,	Jun 21	20:13
1251	Thu,	Jun 22	2:11
1252	Fri,	Jun 21	8:00
1253	Sat,	Jun 21	13:47
1254	Sun,	Jun 21	19:41
1255	Tue,	Jun 22	1:32
1256	Wed,	Jun 21	7:28
1257	Thu,	Jun 21	13:13
1258	Fri,	Jun 21	18:53
1259	Sun,	Jun 22	0:47
1260	Mon,	Jun 21	6:30
1261	Tue,	Jun 21	12:08
1262	Wed,	Jun 21	17:54
1263	Thu,	Jun 21	23:38
1264	Sat,	Jun 21	5:28
1265	Sun,	Jun 21	11:16
1266	Mon,	Jun 21	16:59
1267	Tue,	Jun 21	23:00
1268	Thu,	Jun 21	4:50
1269	Fri,	Jun 21	10:31
1270	Sat,	Jun 21	16:25
1271	Sun,	Jun 21	22:13
1272	Tue,	Jun 21	4:05
1273	Wed,	Jun 21	9:55
1274	Thu,	Jun 21	15:35
1275	Fri,	Jun 21	21:32
1276	Sun,	Jun 21	3:20
1277	Mon,	Jun 21	8:58
1278	Tue,	Jun 21	14:52
1279	Wed,	Jun 21	20:38
1280	Fri,	Jun 21	2:26
1281	Sat,	Jun 21	8:13
1282	Sun,	Jun 21	13:50
1283	Mon,	Jun 21	19:44
1284	Wed,	Jun 21	1:33
1285	Thu,	Jun 21	7:09
1286	Fri,	Jun 21	13:02
1287	Sat,	Jun 21	18:51
1288	Mon,	Jun 21	0:42
1289	Tue,	Jun 21	6:37
1290	Wed,	Jun 21	12:21
1291	Thu,	Jun 21	18:20
1292	Sat,	Jun 21	0:13
1293	Sun,	Jun 21	5:48
1294	Mon,	Jun 21	11:41
1295	Tue,	Jun 21	17:29
1296	Wed,	Jun 20	23:12
1297	Fri,	Jun 21	5:02
1298	Sat,	Jun 21	10:39
1299	Sun,	Jun 21	16:32
1300	Mon,	Jun 21	22:24
1301	Wed,	Jun 22	3:59
1302	Thu,	Jun 22	9:54
1303	Fri,	Jun 22	15:46
1304	Sat,	Jun 21	21:30
1305	Mon,	Jun 22	3:23
1306	Tue,	Jun 22	9:03
1307	Wed,	Jun 22	14:56
1308	Thu,	Jun 21	20:51
1309	Sat,	Jun 22	2:26
1310	Sun,	Jun 22	8:20
1311	Mon,	Jun 22	14:13
1312	Tue,	Jun 21	19:58
1313	Thu,	Jun 22	1:53
1314	Fri,	Jun 22	7:38
1315	Sat,	Jun 22	13:29
1316	Sun,	Jun 21	19:22
1317	Tue,	Jun 22	0:54
1318	Wed,	Jun 22	6:42
1319	Thu,	Jun 22	12:33
1320	Fri,	Jun 21	18:13
1321	Sun,	Jun 22	0:02
1322	Mon,	Jun 22	5:45

1323	Tue,	Jun 22	11:34
1324	Wed,	Jun 21	17:31
1325	Thu,	Jun 21	23:10
1326	Sat,	Jun 22	5:03
1327	Sun,	Jun 22	11:03
1328	Mon,	Jun 21	16:47
1329	Tue,	Jun 21	22:39
1330	Thu,	Jun 22	4:26
1331	Fri,	Jun 22	10:14
1332	Sat,	Jun 21	16:09
1333	Sun,	Jun 21	21:44
1334	Tue,	Jun 22	3:30
1335	Wed,	Jun 22	9:25
1336	Thu,	Jun 21	15:05
1337	Fri,	Jun 21	20:54
1338	Sun,	Jun 22	2:41
1339	Mon,	Jun 22	8:28
1340	Tue,	Jun 21	14:20
1341	Wed,	Jun 21	19:56
1342	Fri,	Jun 22	1:43
1343	Sat,	Jun 22	7:40
1344	Sun,	Jun 21	13:23
1345	Mon,	Jun 21	19:13
1346	Wed,	Jun 22	1:05
1347	Thu,	Jun 22	6:55
1348	Fri,	Jun 21	12:52
1349	Sat,	Jun 21	18:36
1350	Mon,	Jun 22	0:24
1351	Tue,	Jun 22	6:21
1352	Wed,	Jun 21	12:03
1353	Thu,	Jun 21	17:45
1354	Fri,	Jun 21	23:32
1355	Sun,	Jun 22	5:16
1356	Mon,	Jun 21	11:04
1357	Tue,	Jun 21	16:42
1358	Wed,	Jun 21	22:25
1359	Fri,	Jun 22	4:22
1360	Sat,	Jun 21	10:08
1361	Sun,	Jun 21	15:57
1362	Mon,	Jun 21	21:52
1363	Wed,	Jun 22	3:44
1364	Thu,	Jun 21	9:36
1365	Fri,	Jun 21	15:21
1366	Sat,	Jun 21	21:07
1367	Mon,	Jun 22	3:03
1368	Tue,	Jun 21	8:48
1369	Wed,	Jun 21	14:30
1370	Thu,	Jun 21	20:19
1371	Sat,	Jun 22	2:08
1372	Sun,	Jun 21	7:55
1373	Mon,	Jun 21	13:38
1374	Tue,	Jun 21	19:24
1375	Thu,	Jun 22	1:16
1376	Fri,	Jun 21	7:01
1377	Sat,	Jun 21	12:41
1378	Sun,	Jun 21	18:31
1379	Tue,	Jun 22	0:23
1380	Wed,	Jun 21	6:10
1381	Thu,	Jun 21	11:56
1382	Fri,	Jun 21	17:45
1383	Sat,	Jun 21	23:41
1384	Mon,	Jun 21	5:33
1385	Tue,	Jun 21	11:19
1386	Wed,	Jun 21	17:12
1387	Thu,	Jun 21	23:04
1388	Sat,	Jun 21	4:48
1389	Sun,	Jun 21	10:30
1390	Mon,	Jun 21	16:15
1391	Tue,	Jun 21	22:04
1392	Thu,	Jun 21	3:49
1393	Fri,	Jun 21	9:29
1394	Sat,	Jun 21	15:16
1395	Sun,	Jun 21	21:10
1396	Tue,	Jun 21	2:56
1397	Wed,	Jun 21	8:43
1398	Thu,	Jun 21	14:35
1399	Fri,	Jun 21	20:27
1400	Sun,	Jun 22	2:16
1401	Mon,	Jun 22	8:01
1402	Tue,	Jun 22	13:48
1403	Wed,	Jun 22	19:44
1404	Fri,	Jun 22	1:29
1405	Sat,	Jun 22	7:10
1406	Sun,	Jun 22	13:03
1407	Mon,	Jun 22	18:52
1408	Wed,	Jun 22	0:42
1409	Thu,	Jun 22	6:28
1410	Fri,	Jun 22	12:14
1411	Sat,	Jun 22	18:07
1412	Sun,	Jun 21	23:49
1413	Tue,	Jun 22	5:27
1414	Wed,	Jun 22	11:19
1415	Thu,	Jun 22	17:06
1416	Fri,	Jun 21	22:52
1417	Sun,	Jun 22	4:39
1418	Mon,	Jun 22	10:25
1419	Tue,	Jun 22	16:25
1420	Wed,	Jun 21	22:14
1421	Fri,	Jun 22	3:58
1422	Sat,	Jun 22	9:56
1423	Sun,	Jun 22	15:46
1424	Mon,	Jun 21	21:31
1425	Wed,	Jun 22	3:19
1426	Thu,	Jun 22	9:02
1427	Fri,	Jun 22	14:55
1428	Sat,	Jun 21	20:39
1429	Mon,	Jun 22	2:14
1430	Tue,	Jun 22	8:08
1431	Wed,	Jun 22	13:56
1432	Thu,	Jun 21	19:40
1433	Sat,	Jun 22	1:31
1434	Sun,	Jun 22	7:15
1435	Mon,	Jun 22	13:09
1436	Tue,	Jun 21	18:58
1437	Thu,	Jun 22	0:35
1438	Fri,	Jun 22	6:33
1439	Sat,	Jun 22	12:24
1440	Sun,	Jun 21	18:07
1441	Tue,	Jun 22	0:01
1442	Wed,	Jun 22	5:47
1443	Thu,	Jun 22	11:43
1444	Fri,	Jun 21	17:36
1445	Sat,	Jun 21	23:12
1446	Mon,	Jun 22	5:08
1447	Tue,	Jun 22	10:56
1448	Wed,	Jun 21	16:31
1449	Thu,	Jun 21	22:19
1450	Sat,	Jun 22	4:01
1451	Sun,	Jun 22	9:50
1452	Mon,	Jun 21	15:39
1453	Tue,	Jun 21	21:15
1454	Thu,	Jun 22	3:12
1455	Fri,	Jun 22	9:09
1456	Sat,	Jun 21	14:51
1457	Sun,	Jun 21	20:48
1458	Tue,	Jun 22	2:38
1459	Wed,	Jun 22	8:30
1460	Thu,	Jun 21	14:23
1461	Fri,	Jun 21	19:59
1462	Sun,	Jun 22	1:52
1463	Mon,	Jun 22	7:45
1464	Tue,	Jun 21	13:18
1465	Wed,	Jun 21	19:07
1466	Fri,	Jun 22	0:53
1467	Sat,	Jun 22	6:40
1468	Sun,	Jun 21	12:33
1469	Mon,	Jun 21	18:10
1470	Wed,	Jun 22	0:03
1471	Thu,	Jun 22	5:58
1472	Fri,	Jun 21	11:33
1473	Sat,	Jun 21	17:26
1474	Sun,	Jun 21	23:17
1475	Tue,	Jun 22	5:05
1476	Wed,	Jun 21	11:00
1477	Thu,	Jun 21	16:40
1478	Fri,	Jun 21	22:36
1479	Sun,	Jun 22	4:35
1480	Mon,	Jun 21	10:14
1481	Tue,	Jun 21	16:04
1482	Wed,	Jun 21	21:54
1483	Fri,	Jun 22	3:36
1484	Sat,	Jun 21	9:25
1485	Sun,	Jun 21	15:01
1486	Mon,	Jun 21	20:48
1487	Wed,	Jun 22	2:43
1488	Thu,	Jun 21	8:18
1489	Fri,	Jun 21	14:06
1490	Sat,	Jun 21	20:01
1491	Mon,	Jun 22	1:49
1492	Tue,	Jun 21	7:44
1493	Wed,	Jun 21	13:30
1494	Thu,	Jun 21	19:21
1495	Sat,	Jun 22	1:20
1496	Sun,	Jun 21	6:57
1497	Mon,	Jun 21	12:44
1498	Tue,	Jun 21	18:39
1499	Thu,	Jun 22	0:21
1500	Fri,	Jun 22	6:10
1501	Sat,	Jun 22	11:52
1502	Sun,	Jun 22	17:41
1503	Mon,	Jun 22	23:38
1504	Wed,	Jun 22	5:17
1505	Thu,	Jun 22	11:02
1506	Fri,	Jun 22	16:56
1507	Sat,	Jun 22	22:39
1508	Mon,	Jun 22	4:26
1509	Tue,	Jun 22	10:11
1510	Wed,	Jun 22	15:59
1511	Thu,	Jun 22	21:55
1512	Sat,	Jun 22	3:36
1513	Sun,	Jun 22	9:22
1514	Mon,	Jun 22	15:22
1515	Tue,	Jun 22	21:12
1516	Thu,	Jun 22	3:01
1517	Fri,	Jun 22	8:50
1518	Sat,	Jun 22	14:38
1519	Sun,	Jun 22	20:31
1520	Tue,	Jun 22	2:09
1521	Wed,	Jun 22	7:50
1522	Thu,	Jun 22	13:44
1523	Fri,	Jun 22	19:27
1524	Sun,	Jun 22	1:10
1525	Mon,	Jun 22	6:57
1526	Tue,	Jun 22	12:46
1527	Wed,	Jun 22	18:41
1528	Fri,	Jun 22	0:25
1529	Sat,	Jun 22	6:10
1530	Sun,	Jun 22	12:06
1531	Mon,	Jun 22	17:55
1532	Tue,	Jun 21	23:40
1533	Thu,	Jun 22	5:30
1534	Fri,	Jun 22	11:22
1535	Sat,	Jun 22	17:13
1536	Sun,	Jun 21	22:56
1537	Tue,	Jun 22	4:41
1538	Wed,	Jun 22	10:36
1539	Thu,	Jun 22	16:27
1540	Fri,	Jun 21	22:09
1541	Sun,	Jun 22	3:55
1542	Mon,	Jun 22	9:44
1543	Tue,	Jun 22	15:29
1544	Wed,	Jun 21	21:10

1545	Fri,	Jun 22	2:52
1546	Sat,	Jun 22	8:43
1547	Sun,	Jun 22	14:33
1548	Mon,	Jun 21	20:17
1549	Wed,	Jun 22	2:08
1550	Thu,	Jun 22	8:06
1551	Fri,	Jun 22	13:59
1552	Sat,	Jun 21	19:47
1553	Mon,	Jun 22	1:35
1554	Tue,	Jun 22	7:27
1555	Wed,	Jun 22	13:17
1556	Thu,	Jun 21	18:57
1557	Sat,	Jun 22	0:42
1558	Sun,	Jun 22	6:34
1559	Mon,	Jun 22	12:17
1560	Tue,	Jun 21	17:56
1561	Wed,	Jun 21	23:42
1562	Fri,	Jun 22	5:33
1563	Sat,	Jun 22	11:24
1564	Sun,	Jun 21	17:09
1565	Mon,	Jun 21	22:55
1566	Wed,	Jun 22	4:53
1567	Thu,	Jun 22	10:40
1568	Fri,	Jun 21	16:23
1569	Sat,	Jun 21	22:15
1570	Mon,	Jun 22	4:05
1571	Tue,	Jun 22	9:57
1572	Wed,	Jun 21	15:43
1573	Thu,	Jun 21	21:29
1574	Sat,	Jun 22	3:28
1575	Sun,	Jun 22	9:15
1576	Mon,	Jun 21	14:54
1577	Tue,	Jun 21	20:43
1578	Thu,	Jun 22	2:27
1579	Fri,	Jun 22	8:13
1580	Sat,	Jun 21	13:56
1581	Sun,	Jun 21	19:36
1582	Tue,	Jun 22	1:33
1583	Wed,	Jun 22	7:19
1584	Thu,	Jun 21	13:00
1585	Fri,	Jun 21	18:56
1586	Sun,	Jun 22	0:49
1587	Mon,	Jun 22	6:43
1588	Tue,	Jun 21	12:33
1589	Wed,	Jun 21	18:17
1590	Fri,	Jun 22	0:15
1591	Sat,	Jun 22	6:02
1592	Sun,	Jun 21	11:38
1593	Mon,	Jun 21	17:30
1594	Tue,	Jun 21	23:16
1595	Thu,	Jun 22	5:00
1596	Fri,	Jun 21	10:48
1597	Sat,	Jun 21	16:29
1598	Sun,	Jun 21	22:27
1599	Tue,	Jun 22	4:16
1600	Wed,	Jun 21	9:52
1601	Thu,	Jun 21	15:46
1602	Fri,	Jun 21	21:35
1603	Sun,	Jun 22	3:20
1604	Mon,	Jun 21	9:11
1605	Tue,	Jun 21	14:54
1606	Wed,	Jun 21	20:51
1607	Fri,	Jun 22	2:42
1608	Sat,	Jun 21	8:18
1609	Sun,	Jun 21	14:17
1610	Mon,	Jun 21	20:09
1611	Wed,	Jun 22	1:55
1612	Thu,	Jun 21	7:46
1613	Fri,	Jun 21	13:27
1614	Sat,	Jun 21	19:18
1615	Mon,	Jun 22	1:07
1616	Tue,	Jun 21	6:38
1617	Wed,	Jun 21	12:30
1618	Thu,	Jun 21	18:20
1619	Fri,	Jun 21	24:00
1620	Sun,	Jun 21	5:52
1621	Mon,	Jun 21	11:39
1622	Tue,	Jun 21	17:34
1623	Wed,	Jun 21	23:30
1624	Fri,	Jun 21	5:06
1625	Sat,	Jun 21	11:01
1626	Sun,	Jun 21	16:56
1627	Mon,	Jun 21	22:36
1628	Wed,	Jun 21	4:29
1629	Thu,	Jun 21	10:14
1630	Fri,	Jun 21	16:04
1631	Sat,	Jun 21	21:57
1632	Mon,	Jun 21	3:30
1633	Tue,	Jun 21	9:23
1634	Wed,	Jun 21	15:19
1635	Thu,	Jun 21	20:56
1636	Sat,	Jun 21	2:46
1637	Sun,	Jun 21	8:30
1638	Mon,	Jun 21	14:17
1639	Tue,	Jun 21	20:09
1640	Thu,	Jun 21	1:44
1641	Fri,	Jun 21	7:36
1642	Sat,	Jun 21	13:32
1643	Sun,	Jun 21	19:13
1644	Tue,	Jun 21	1:07
1645	Wed,	Jun 21	7:01
1646	Thu,	Jun 21	12:54
1647	Fri,	Jun 21	18:50
1648	Sun,	Jun 21	0:28
1649	Mon,	Jun 21	6:16
1650	Tue,	Jun 21	12:11
1651	Wed,	Jun 21	17:47
1652	Thu,	Jun 20	23:32
1653	Sat,	Jun 21	5:20
1654	Sun,	Jun 21	11:03
1655	Mon,	Jun 21	16:53
1656	Tue,	Jun 20	22:32
1657	Thu,	Jun 21	4:21
1658	Fri,	Jun 21	10:22
1659	Sat,	Jun 21	16:03
1660	Sun,	Jun 20	21:52
1661	Tue,	Jun 21	3:46
1662	Wed,	Jun 21	9:35
1663	Thu,	Jun 21	15:28
1664	Fri,	Jun 20	21:10
1665	Sun,	Jun 21	2:58
1666	Mon,	Jun 21	8:56
1667	Tue,	Jun 21	14:35
1668	Wed,	Jun 20	20:22
1669	Fri,	Jun 21	2:15
1670	Sat,	Jun 21	8:02
1671	Sun,	Jun 21	13:49
1672	Mon,	Jun 20	19:28
1673	Wed,	Jun 21	1:12
1674	Thu,	Jun 21	7:06
1675	Fri,	Jun 21	12:46
1676	Sat,	Jun 20	18:29
1677	Mon,	Jun 21	0:24
1678	Tue,	Jun 21	6:13
1679	Wed,	Jun 21	12:04
1680	Thu,	Jun 20	17:52
1681	Fri,	Jun 20	23:45
1682	Sun,	Jun 21	5:44
1683	Mon,	Jun 21	11:30
1684	Tue,	Jun 20	17:14
1685	Wed,	Jun 20	23:07
1686	Fri,	Jun 21	4:53
1687	Sat,	Jun 21	10:36
1688	Sun,	Jun 20	16:18
1689	Mon,	Jun 20	22:02
1690	Wed,	Jun 21	3:53
1691	Thu,	Jun 21	9:35
1692	Fri,	Jun 20	15:19
1693	Sat,	Jun 20	21:15
1694	Mon,	Jun 21	3:06
1695	Tue,	Jun 21	8:52
1696	Wed,	Jun 20	14:38
1697	Thu,	Jun 20	20:28
1698	Sat,	Jun 21	2:21
1699	Sun,	Jun 21	8:07
1700	Mon,	Jun 21	13:52
1701	Tue,	Jun 21	19:45
1702	Thu,	Jun 22	1:37
1703	Fri,	Jun 22	7:21
1704	Sat,	Jun 21	13:08
1705	Sun,	Jun 21	19:00
1706	Tue,	Jun 22	0:51
1707	Wed,	Jun 22	6:35
1708	Thu,	Jun 21	12:17
1709	Fri,	Jun 21	18:05
1710	Sat,	Jun 21	23:55
1711	Mon,	Jun 22	5:36
1712	Tue,	Jun 21	11:19
1713	Wed,	Jun 21	17:10
1714	Thu,	Jun 21	22:59
1715	Sat,	Jun 22	4:47
1716	Sun,	Jun 21	10:36
1717	Mon,	Jun 21	16:30
1718	Tue,	Jun 21	22:27
1719	Thu,	Jun 22	4:12
1720	Fri,	Jun 21	9:57
1721	Sat,	Jun 21	15:50
1722	Sun,	Jun 21	21:37
1723	Tue,	Jun 22	3:21
1724	Wed,	Jun 21	9:06
1725	Thu,	Jun 21	14:53
1726	Fri,	Jun 21	20:45
1727	Sun,	Jun 22	2:27
1728	Mon,	Jun 21	8:11
1729	Tue,	Jun 21	14:06
1730	Wed,	Jun 21	19:53
1731	Fri,	Jun 22	1:36
1732	Sat,	Jun 21	7:24
1733	Sun,	Jun 21	13:10
1734	Mon,	Jun 21	19:04
1735	Wed,	Jun 22	0:49
1736	Thu,	Jun 21	6:31
1737	Fri,	Jun 21	12:30
1738	Sat,	Jun 21	18:19
1739	Mon,	Jun 22	0:05
1740	Tue,	Jun 21	5:59
1741	Wed,	Jun 21	11:49
1742	Thu,	Jun 21	17:43
1743	Fri,	Jun 21	23:28
1744	Sun,	Jun 21	5:06
1745	Mon,	Jun 21	11:00
1746	Tue,	Jun 21	16:44
1747	Wed,	Jun 21	22:22
1748	Fri,	Jun 21	4:10
1749	Sat,	Jun 21	9:53
1750	Sun,	Jun 21	15:44
1751	Mon,	Jun 21	21:33
1752	Wed,	Jun 21	3:16
1753	Thu,	Jun 21	9:17
1754	Fri,	Jun 21	15:09
1755	Sat,	Jun 21	20:51
1756	Mon,	Jun 21	2:45
1757	Tue,	Jun 21	8:33
1758	Wed,	Jun 21	14:24
1759	Thu,	Jun 21	20:13
1760	Sat,	Jun 21	1:51
1761	Sun,	Jun 21	7:47
1762	Mon,	Jun 21	13:36
1763	Tue,	Jun 21	19:12
1764	Thu,	Jun 21	1:06
1765	Fri,	Jun 21	6:52
1766	Sat,	Jun 21	12:39

```
1767  Sun, Jun 21  18:27        1841  Mon, Jun 21  15:32        1915  Tue, Jun 22  12:29
1768  Tue, Jun 21   0:02        1842  Tue, Jun 21  21:20        1916  Wed, Jun 21  18:24
1769  Wed, Jun 21   5:58        1843  Thu, Jun 22   3:01        1917  Fri, Jun 22   0:13
1770  Thu, Jun 21  11:49        1844  Fri, Jun 21   8:45        1918  Sat, Jun 22   5:59
1771  Fri, Jun 21  17:27        1845  Sat, Jun 21  14:41        1919  Sun, Jun 22  11:53
1772  Sat, Jun 20  23:23        1846  Sun, Jun 21  20:29        1920  Mon, Jun 21  17:39
1773  Mon, Jun 21   5:13        1847  Tue, Jun 22   2:17        1921  Tue, Jun 21  23:35
1774  Tue, Jun 21  11:03        1848  Wed, Jun 21   8:13        1922  Thu, Jun 22   5:26
1775  Wed, Jun 21  16:59        1849  Thu, Jun 21  14:06        1923  Fri, Jun 22  11:02
1776  Thu, Jun 20  22:42        1850  Fri, Jun 21  19:57        1924  Sat, Jun 21  16:59
1777  Sat, Jun 21   4:41        1851  Sun, Jun 22   1:42        1925  Sun, Jun 21  22:49
1778  Sun, Jun 21  10:34        1852  Mon, Jun 21   7:27        1926  Tue, Jun 22   4:29
1779  Mon, Jun 21  16:08        1853  Tue, Jun 21  13:21        1927  Wed, Jun 22  10:21
1780  Tue, Jun 20  21:59        1854  Wed, Jun 21  19:06        1928  Thu, Jun 21  16:06
1781  Thu, Jun 21   3:45        1855  Fri, Jun 22   0:46        1929  Fri, Jun 21  22:00
1782  Fri, Jun 21   9:26        1856  Sat, Jun 21   6:35        1930  Sun, Jun 22   3:52
1783  Sat, Jun 21  15:14        1857  Sun, Jun 21  12:24        1931  Mon, Jun 22   9:28
1784  Sun, Jun 20  20:51        1858  Mon, Jun 21  18:11        1932  Tue, Jun 21  15:22
1785  Tue, Jun 21   2:41        1859  Tue, Jun 21  23:55        1933  Wed, Jun 21  21:11
1786  Wed, Jun 21   8:36        1860  Thu, Jun 21   5:41        1934  Fri, Jun 22   2:47
1787  Thu, Jun 21  14:12        1861  Fri, Jun 21  11:33        1935  Sat, Jun 22   8:37
1788  Fri, Jun 20  20:08        1862  Sat, Jun 21  17:19        1936  Sun, Jun 21  14:21
1789  Sun, Jun 21   2:03        1863  Sun, Jun 21  23:01        1937  Mon, Jun 21  20:11
1790  Mon, Jun 21   7:49        1864  Tue, Jun 21   4:51        1938  Wed, Jun 22   2:03
1791  Tue, Jun 21  13:43        1865  Wed, Jun 21  10:45        1939  Thu, Jun 22   7:39
1792  Wed, Jun 20  19:25        1866  Thu, Jun 21  16:33        1940  Fri, Jun 21  13:36
1793  Fri, Jun 21   1:19        1867  Fri, Jun 21  22:19        1941  Sat, Jun 21  19:32
1794  Sat, Jun 21   7:15        1868  Sun, Jun 21   4:09        1942  Mon, Jun 22   1:15
1795  Sun, Jun 21  12:50        1869  Mon, Jun 21  10:03        1943  Tue, Jun 22   7:12
1796  Mon, Jun 20  18:41        1870  Tue, Jun 21  15:55        1944  Wed, Jun 21  13:01
1797  Wed, Jun 21   0:34        1871  Wed, Jun 21  21:41        1945  Thu, Jun 21  18:51
1798  Thu, Jun 21   6:15        1872  Fri, Jun 21   3:31        1946  Sat, Jun 22   0:44
1799  Fri, Jun 21  12:08        1873  Sat, Jun 21   9:24        1947  Sun, Jun 22   6:19
1800  Sat, Jun 21  17:51        1874  Sun, Jun 21  15:06        1948  Mon, Jun 21  12:10
1801  Sun, Jun 21  23:41        1875  Mon, Jun 21  20:46        1949  Tue, Jun 21  18:02
1802  Tue, Jun 22   5:34        1876  Wed, Jun 21   2:31        1950  Wed, Jun 21  23:35
1803  Wed, Jun 22  11:07        1877  Thu, Jun 21   8:17        1951  Fri, Jun 22   5:24
1804  Thu, Jun 21  16:55        1878  Fri, Jun 21  14:03        1952  Sat, Jun 21  11:12
1805  Fri, Jun 21  22:49        1879  Sat, Jun 21  19:43        1953  Sun, Jun 21  16:59
1806  Sun, Jun 22   4:29        1880  Mon, Jun 21   1:30        1954  Mon, Jun 21  22:54
1807  Mon, Jun 22  10:20        1881  Tue, Jun 21   7:27        1955  Wed, Jun 22   4:31
1808  Tue, Jun 21  16:05        1882  Wed, Jun 21  13:15        1956  Thu, Jun 21  10:23
1809  Wed, Jun 21  21:56        1883  Thu, Jun 21  19:03        1957  Fri, Jun 21  16:20
1810  Fri, Jun 22   3:54        1884  Sat, Jun 21   0:58        1958  Sat, Jun 21  21:56
1811  Sat, Jun 22   9:35        1885  Sun, Jun 21   6:50        1959  Mon, Jun 22   3:49
1812  Sun, Jun 21  15:28        1886  Mon, Jun 21  12:40        1960  Tue, Jun 21   9:41
1813  Mon, Jun 21  21:27        1887  Tue, Jun 21  18:26        1961  Wed, Jun 21  15:30
1814  Wed, Jun 22   3:09        1888  Thu, Jun 21   0:13        1962  Thu, Jun 21  21:24
1815  Thu, Jun 22   8:57        1889  Fri, Jun 21   6:09        1963  Sat, Jun 22   3:03
1816  Fri, Jun 21  14:43        1890  Sat, Jun 21  11:53        1964  Sun, Jun 21   8:56
1817  Sat, Jun 21  20:29        1891  Sun, Jun 21  17:32        1965  Mon, Jun 21  14:55
1818  Mon, Jun 22   2:22        1892  Mon, Jun 20  23:22        1966  Tue, Jun 21  20:33
1819  Tue, Jun 22   7:57        1893  Wed, Jun 21   5:09        1967  Thu, Jun 22   2:23
1820  Wed, Jun 21  13:41        1894  Thu, Jun 21  10:56        1968  Fri, Jun 21   8:13
1821  Thu, Jun 21  19:36        1895  Fri, Jun 21  16:43        1969  Sat, Jun 21  13:55
1822  Sat, Jun 22   1:18        1896  Sat, Jun 20  22:27        1970  Sun, Jun 21  19:42
1823  Sun, Jun 22   7:07        1897  Mon, Jun 21   4:22        1971  Tue, Jun 22   1:19
1824  Mon, Jun 21  12:57        1898  Tue, Jun 21  10:06        1972  Wed, Jun 21   7:05
1825  Tue, Jun 21  18:46        1899  Wed, Jun 21  15:45        1973  Thu, Jun 21  13:00
1826  Thu, Jun 22   0:41        1900  Thu, Jun 21  21:39        1974  Fri, Jun 21  18:37
1827  Fri, Jun 22   6:20        1901  Sat, Jun 22   3:27        1975  Sun, Jun 22   0:26
1828  Sat, Jun 21  12:07        1902  Sun, Jun 22   9:14        1976  Mon, Jun 21   6:24
1829  Sun, Jun 21  18:04        1903  Mon, Jun 22  15:04        1977  Tue, Jun 21  12:14
1830  Mon, Jun 21  23:47        1904  Tue, Jun 21  20:50        1978  Wed, Jun 21  18:10
1831  Wed, Jun 22   5:35        1905  Thu, Jun 22   2:50        1979  Thu, Jun 21  23:56
1832  Thu, Jun 21  11:26        1906  Fri, Jun 22   8:41        1980  Sat, Jun 21   5:46
1833  Fri, Jun 21  17:15        1907  Sat, Jun 22  14:22        1981  Sun, Jun 21  11:44
1834  Sat, Jun 21  23:10        1908  Sun, Jun 21  20:19        1982  Mon, Jun 21  17:23
1835  Mon, Jun 22   4:54        1909  Tue, Jun 22   2:05        1983  Tue, Jun 21  23:08
1836  Tue, Jun 21  10:41        1910  Wed, Jun 22   7:48        1984  Thu, Jun 21   5:02
1837  Wed, Jun 21  16:36        1911  Thu, Jun 22  13:35        1985  Fri, Jun 21  10:44
1838  Thu, Jun 21  22:18        1912  Fri, Jun 21  19:16        1986  Sat, Jun 21  16:30
1839  Sat, Jun 22   3:59        1913  Sun, Jun 22   1:09        1987  Sun, Jun 21  22:11
1840  Sun, Jun 21   9:46        1914  Mon, Jun 22   6:54        1988  Tue, Jun 21   3:56
```

1989	Wed,	Jun 21	9:53
1990	Thu,	Jun 21	15:32
1991	Fri,	Jun 21	21:18
1992	Sun,	Jun 21	3:14
1993	Mon,	Jun 21	9:00
1994	Tue,	Jun 21	14:48
1995	Wed,	Jun 21	20:34
1996	Fri,	Jun 21	2:23
1997	Sat,	Jun 21	8:20
1998	Sun,	Jun 21	14:02
1999	Mon,	Jun 21	19:49
2000	Wed,	Jun 21	1:48
2001	Thu,	Jun 21	7:38
2002	Fri,	Jun 21	13:25
2003	Sat,	Jun 21	19:11
2004	Mon,	Jun 21	0:57
2005	Tue,	Jun 21	6:46
2006	Wed,	Jun 21	12:26
2007	Thu,	Jun 21	18:06
2008	Fri,	Jun 20	23:59
2009	Sun,	Jun 21	5:45
2010	Mon,	Jun 21	11:28
2011	Tue,	Jun 21	17:16
2012	Wed,	Jun 20	23:08
2013	Fri,	Jun 21	5:04
2014	Sat,	Jun 21	10:51
2015	Sun,	Jun 21	16:38
2016	Mon,	Jun 20	22:34
2017	Wed,	Jun 21	4:24
2018	Thu,	Jun 21	10:07
2019	Fri,	Jun 21	15:54
2020	Sat,	Jun 20	21:43
2021	Mon,	Jun 21	3:32
2022	Tue,	Jun 21	9:14
2023	Wed,	Jun 21	14:58
2024	Thu,	Jun 20	20:51
2025	Sat,	Jun 21	2:42
2026	Sun,	Jun 21	8:25
2027	Mon,	Jun 21	14:11
2028	Tue,	Jun 20	20:01
2029	Thu,	Jun 21	1:48
2030	Fri,	Jun 21	7:31
2031	Sat,	Jun 21	13:17
2032	Sun,	Jun 20	19:09
2033	Tue,	Jun 21	1:01
2034	Wed,	Jun 21	6:44
2035	Thu,	Jun 21	12:33
2036	Fri,	Jun 20	18:32
2037	Sun,	Jun 21	0:22
2038	Mon,	Jun 21	6:10
2039	Tue,	Jun 21	11:57
2040	Wed,	Jun 20	17:47
2041	Thu,	Jun 20	23:36
2042	Sat,	Jun 21	5:16
2043	Sun,	Jun 21	10:58
2044	Mon,	Jun 20	16:51
2045	Tue,	Jun 20	22:34
2046	Thu,	Jun 21	4:15
2047	Fri,	Jun 21	10:03
2048	Sat,	Jun 20	15:54
2049	Sun,	Jun 20	21:48
2050	Tue,	Jun 21	3:33
2051	Wed,	Jun 21	9:18
2052	Thu,	Jun 20	15:16
2053	Fri,	Jun 20	21:04
2054	Sun,	Jun 21	2:47
2055	Mon,	Jun 21	8:40
2056	Tue,	Jun 20	14:28
2057	Wed,	Jun 20	20:20
2058	Fri,	Jun 21	2:04
2059	Sat,	Jun 21	7:47
2060	Sun,	Jun 20	13:46
2061	Mon,	Jun 20	19:33
2062	Wed,	Jun 21	1:12
2063	Thu,	Jun 21	7:02
2064	Fri,	Jun 20	12:46
2065	Sat,	Jun 20	18:33
2066	Mon,	Jun 21	0:17
2067	Tue,	Jun 21	5:56
2068	Wed,	Jun 20	11:54
2069	Thu,	Jun 20	17:42
2070	Fri,	Jun 20	23:23
2071	Sun,	Jun 21	5:21
2072	Mon,	Jun 20	11:15
2073	Tue,	Jun 20	17:08
2074	Wed,	Jun 20	22:59
2075	Fri,	Jun 21	4:41
2076	Sat,	Jun 20	10:38
2077	Sun,	Jun 20	16:24
2078	Mon,	Jun 20	21:59
2079	Wed,	Jun 21	3:50
2080	Thu,	Jun 20	9:35
2081	Fri,	Jun 20	15:18
2082	Sat,	Jun 20	21:04
2083	Mon,	Jun 21	2:44
2084	Tue,	Jun 20	8:42
2085	Wed,	Jun 20	14:34
2086	Thu,	Jun 20	20:11
2087	Sat,	Jun 21	2:07
2088	Sun,	Jun 20	7:58
2089	Mon,	Jun 20	13:44
2090	Tue,	Jun 20	19:37
2091	Thu,	Jun 21	1:20
2092	Fri,	Jun 20	7:16
2093	Sat,	Jun 20	13:09
2094	Sun,	Jun 20	18:43
2095	Tue,	Jun 21	0:40
2096	Wed,	Jun 20	6:33
2097	Thu,	Jun 20	12:15
2098	Fri,	Jun 20	18:05
2099	Sat,	Jun 20	23:43
2100	Mon,	Jun 21	5:34
2101	Tue,	Jun 21	11:23
2102	Wed,	Jun 21	16:55
2103	Thu,	Jun 21	22:48
2104	Sat,	Jun 21	4:40
2105	Sun,	Jun 21	10:21
2106	Mon,	Jun 21	16:15
2107	Tue,	Jun 21	22:02
2108	Thu,	Jun 21	4:00
2109	Fri,	Jun 21	9:57
2110	Sat,	Jun 21	15:34
2111	Sun,	Jun 21	21:28
2112	Tue,	Jun 21	3:22
2113	Wed,	Jun 21	9:00
2114	Thu,	Jun 21	14:49
2115	Fri,	Jun 21	20:32
2116	Sun,	Jun 21	2:19
2117	Mon,	Jun 21	8:12
2118	Tue,	Jun 21	13:45
2119	Wed,	Jun 21	19:38
2120	Fri,	Jun 21	1:35
2121	Sat,	Jun 21	7:14
2122	Sun,	Jun 21	13:04
2123	Mon,	Jun 21	18:52
2124	Wed,	Jun 21	0:40
2125	Thu,	Jun 21	6:35
2126	Fri,	Jun 21	12:12
2127	Sat,	Jun 21	18:04
2128	Mon,	Jun 21	0:01
2129	Tue,	Jun 21	5:40
2130	Wed,	Jun 21	11:32
2131	Thu,	Jun 21	17:24
2132	Fri,	Jun 20	23:15
2133	Sun,	Jun 21	5:09
2134	Mon,	Jun 21	10:47
2135	Tue,	Jun 21	16:33
2136	Wed,	Jun 20	22:27
2137	Fri,	Jun 21	4:03
2138	Sat,	Jun 21	9:48
2139	Sun,	Jun 21	15:36
2140	Mon,	Jun 20	21:21
2141	Wed,	Jun 21	3:13
2142	Thu,	Jun 21	8:54
2143	Fri,	Jun 21	14:45
2144	Sat,	Jun 20	20:46
2145	Mon,	Jun 21	2:29
2146	Tue,	Jun 21	8:17
2147	Wed,	Jun 21	14:11
2148	Thu,	Jun 20	19:59
2149	Sat,	Jun 21	1:51
2150	Sun,	Jun 21	7:32
2151	Mon,	Jun 21	13:19
2152	Tue,	Jun 20	19:15
2153	Thu,	Jun 21	0:54
2154	Fri,	Jun 21	6:38
2155	Sat,	Jun 21	12:32
2156	Sun,	Jun 20	18:20
2157	Tue,	Jun 21	0:08
2158	Wed,	Jun 21	5:49
2159	Thu,	Jun 21	11:34
2160	Fri,	Jun 20	17:28
2161	Sat,	Jun 20	23:09
2162	Mon,	Jun 21	4:53
2163	Tue,	Jun 21	10:47
2164	Wed,	Jun 20	16:38
2165	Thu,	Jun 20	22:28
2166	Sat,	Jun 21	4:16
2167	Sun,	Jun 21	10:09
2168	Mon,	Jun 20	16:07
2169	Tue,	Jun 20	21:52
2170	Thu,	Jun 21	3:34
2171	Fri,	Jun 21	9:26
2172	Sat,	Jun 20	15:13
2173	Sun,	Jun 20	20:55
2174	Tue,	Jun 21	2:36
2175	Wed,	Jun 21	8:20
2176	Thu,	Jun 20	14:10
2177	Fri,	Jun 20	19:53
2178	Sun,	Jun 21	1:37
2179	Mon,	Jun 21	7:33
2180	Tue,	Jun 20	13:27
2181	Wed,	Jun 20	19:15
2182	Fri,	Jun 21	1:02
2183	Sat,	Jun 21	6:54
2184	Sun,	Jun 20	12:47
2185	Mon,	Jun 20	18:33
2186	Wed,	Jun 21	0:17
2187	Thu,	Jun 21	6:09
2188	Fri,	Jun 20	12:01
2189	Sat,	Jun 20	17:44
2190	Sun,	Jun 20	23:29
2191	Tue,	Jun 21	5:20
2192	Wed,	Jun 20	11:08
2193	Thu,	Jun 20	16:51
2194	Fri,	Jun 20	22:33
2195	Sun,	Jun 21	4:20
2196	Mon,	Jun 20	10:12
2197	Tue,	Jun 20	15:55
2198	Wed,	Jun 20	21:39
2199	Fri,	Jun 21	3:32
2200	Sat,	Jun 21	9:22
2201	Sun,	Jun 21	15:11
2202	Mon,	Jun 21	21:01
2203	Wed,	Jun 22	2:55
2204	Thu,	Jun 21	8:54
2205	Fri,	Jun 21	14:38
2206	Sat,	Jun 21	20:21
2207	Mon,	Jun 22	2:13
2208	Tue,	Jun 21	7:57
2209	Wed,	Jun 21	13:39
2210	Thu,	Jun 21	19:22

2211	Sat,	Jun	22	1:07
2212	Sun,	Jun	21	7:00
2213	Mon,	Jun	21	12:44
2214	Tue,	Jun	21	18:27
2215	Thu,	Jun	22	0:25
2216	Fri,	Jun	21	6:14
2217	Sat,	Jun	21	11:58
2218	Sun,	Jun	21	17:48
2219	Mon,	Jun	21	23:36
2220	Wed,	Jun	21	5:32
2221	Thu,	Jun	21	11:18
2222	Fri,	Jun	21	16:59
2223	Sat,	Jun	21	22:56
2224	Mon,	Jun	21	4:43
2225	Tue,	Jun	21	10:25
2226	Wed,	Jun	21	16:18
2227	Thu,	Jun	21	22:05
2228	Sat,	Jun	21	3:59
2229	Sun,	Jun	21	9:44
2230	Mon,	Jun	21	15:20
2231	Tue,	Jun	21	21:15
2232	Thu,	Jun	21	3:00
2233	Fri,	Jun	21	8:38
2234	Sat,	Jun	21	14:29
2235	Sun,	Jun	21	20:14
2236	Tue,	Jun	21	2:08
2237	Wed,	Jun	21	7:59
2238	Thu,	Jun	21	13:42
2239	Fri,	Jun	21	19:43
2240	Sun,	Jun	21	1:35
2241	Mon,	Jun	21	7:15
2242	Tue,	Jun	21	13:08
2243	Wed,	Jun	21	18:55
2244	Fri,	Jun	21	0:45
2245	Sat,	Jun	21	6:33
2246	Sun,	Jun	21	12:09
2247	Mon,	Jun	21	18:03
2248	Tue,	Jun	20	23:52
2249	Thu,	Jun	21	5:28
2250	Fri,	Jun	21	11:22
2251	Sat,	Jun	21	17:11
2252	Sun,	Jun	20	22:59
2253	Tue,	Jun	21	4:49
2254	Wed,	Jun	21	10:26
2255	Thu,	Jun	21	16:21
2256	Fri,	Jun	20	22:14
2257	Sun,	Jun	21	3:50
2258	Mon,	Jun	21	9:46
2259	Tue,	Jun	21	15:36
2260	Wed,	Jun	20	21:25
2261	Fri,	Jun	21	3:21
2262	Sat,	Jun	21	9:03
2263	Sun,	Jun	21	14:59
2264	Mon,	Jun	20	20:52
2265	Wed,	Jun	21	2:25
2266	Thu,	Jun	21	8:16
2267	Fri,	Jun	21	14:03
2268	Sat,	Jun	20	19:44
2269	Mon,	Jun	21	1:33
2270	Tue,	Jun	21	7:10
2271	Wed,	Jun	21	13:00
2272	Thu,	Jun	20	18:55
2273	Sat,	Jun	21	0:33
2274	Sun,	Jun	21	6:29
2275	Mon,	Jun	21	12:27
2276	Tue,	Jun	20	18:14
2277	Thu,	Jun	21	0:08
2278	Fri,	Jun	21	5:51
2279	Sat,	Jun	21	11:42
2280	Sun,	Jun	20	17:38
2281	Mon,	Jun	20	23:12
2282	Wed,	Jun	21	5:01
2283	Thu,	Jun	21	10:53
2284	Fri,	Jun	20	16:34
2285	Sat,	Jun	20	22:25
2286	Mon,	Jun	21	4:08
2287	Tue,	Jun	21	9:56
2288	Wed,	Jun	20	15:49
2289	Thu,	Jun	20	21:23
2290	Sat,	Jun	21	3:11
2291	Sun,	Jun	21	9:07
2292	Mon,	Jun	20	14:50
2293	Tue,	Jun	20	20:42
2294	Thu,	Jun	21	2:29
2295	Fri,	Jun	21	8:19
2296	Sat,	Jun	20	14:18
2297	Sun,	Jun	20	19:59
2298	Tue,	Jun	21	1:52
2299	Wed,	Jun	21	7:50
2300	Thu,	Jun	21	13:32
2301	Fri,	Jun	21	19:18
2302	Sun,	Jun	22	1:02
2303	Mon,	Jun	22	6:46
2304	Tue,	Jun	21	12:36
2305	Wed,	Jun	21	18:12
2306	Thu,	Jun	21	23:55
2307	Sat,	Jun	22	5:51
2308	Sun,	Jun	21	11:35
2309	Mon,	Jun	21	17:25
2310	Tue,	Jun	21	23:17
2311	Thu,	Jun	22	5:08
2312	Fri,	Jun	21	11:03
2313	Sat,	Jun	21	16:45
2314	Sun,	Jun	21	22:32
2315	Tue,	Jun	22	4:30
2316	Wed,	Jun	21	10:14
2317	Thu,	Jun	21	15:59
2318	Fri,	Jun	21	21:47
2319	Sun,	Jun	22	3:34
2320	Mon,	Jun	21	9:25
2321	Tue,	Jun	21	15:07
2322	Wed,	Jun	21	20:54
2323	Fri,	Jun	22	2:49
2324	Sat,	Jun	21	8:32
2325	Sun,	Jun	21	14:14
2326	Mon,	Jun	21	20:02
2327	Wed,	Jun	22	1:50
2328	Thu,	Jun	21	7:39
2329	Fri,	Jun	21	13:23
2330	Sat,	Jun	21	19:09
2331	Mon,	Jun	22	1:06
2332	Tue,	Jun	21	6:56
2333	Wed,	Jun	21	12:44
2334	Thu,	Jun	21	18:37
2335	Sat,	Jun	22	0:30
2336	Sun,	Jun	21	6:17
2337	Mon,	Jun	21	12:01
2338	Tue,	Jun	21	17:45
2339	Wed,	Jun	21	23:37
2340	Fri,	Jun	21	5:22
2341	Sat,	Jun	21	11:01
2342	Sun,	Jun	21	16:48
2343	Mon,	Jun	21	22:38
2344	Wed,	Jun	21	4:25
2345	Thu,	Jun	21	10:11
2346	Fri,	Jun	21	16:00
2347	Sat,	Jun	21	21:53
2348	Mon,	Jun	21	3:42
2349	Tue,	Jun	21	9:25
2350	Wed,	Jun	21	15:14
2351	Thu,	Jun	21	21:08
2352	Sat,	Jun	21	2:55
2353	Sun,	Jun	21	8:39
2354	Mon,	Jun	21	14:30
2355	Tue,	Jun	21	20:21
2356	Thu,	Jun	21	2:13
2357	Fri,	Jun	21	7:58
2358	Sat,	Jun	21	13:46
2359	Sun,	Jun	21	19:39
2360	Tue,	Jun	21	1:21
2361	Wed,	Jun	21	7:01
2362	Thu,	Jun	21	12:49
2363	Fri,	Jun	21	18:35
2364	Sun,	Jun	21	0:22
2365	Mon,	Jun	21	6:05
2366	Tue,	Jun	21	11:50
2367	Wed,	Jun	21	17:48
2368	Thu,	Jun	20	23:36
2369	Sat,	Jun	21	5:24
2370	Sun,	Jun	21	11:21
2371	Mon,	Jun	21	17:12
2372	Tue,	Jun	20	23:02
2373	Thu,	Jun	21	4:47
2374	Fri,	Jun	21	10:32
2375	Sat,	Jun	21	16:27
2376	Sun,	Jun	20	22:09
2377	Tue,	Jun	21	3:47
2378	Wed,	Jun	21	9:37
2379	Thu,	Jun	21	15:24
2380	Fri,	Jun	20	21:11
2381	Sun,	Jun	21	2:58
2382	Mon,	Jun	21	8:42
2383	Tue,	Jun	21	14:38
2384	Wed,	Jun	20	20:24
2385	Fri,	Jun	21	2:03
2386	Sat,	Jun	21	8:00
2387	Sun,	Jun	21	13:49
2388	Mon,	Jun	20	19:37
2389	Wed,	Jun	21	1:28
2390	Thu,	Jun	21	7:12
2391	Fri,	Jun	21	13:12
2392	Sat,	Jun	20	19:03
2393	Mon,	Jun	21	0:42
2394	Tue,	Jun	21	6:39
2395	Wed,	Jun	21	12:24
2396	Thu,	Jun	20	18:04
2397	Fri,	Jun	20	23:51
2398	Sun,	Jun	21	5:29
2399	Mon,	Jun	21	11:22
2400	Tue,	Jun	20	17:08
2401	Wed,	Jun	20	22:43
2402	Fri,	Jun	21	4:39
2403	Sat,	Jun	21	10:31
2404	Sun,	Jun	20	16:18
2405	Mon,	Jun	20	22:14
2406	Wed,	Jun	21	4:01
2407	Thu,	Jun	21	9:57
2408	Fri,	Jun	20	15:49
2409	Sat,	Jun	20	21:26
2410	Mon,	Jun	21	3:21
2411	Tue,	Jun	21	9:11
2412	Wed,	Jun	20	14:49
2413	Thu,	Jun	20	20:38
2414	Sat,	Jun	21	2:20
2415	Sun,	Jun	21	8:11
2416	Mon,	Jun	20	14:04
2417	Tue,	Jun	20	19:40
2418	Thu,	Jun	21	1:35
2419	Fri,	Jun	21	7:26
2420	Sat,	Jun	20	13:03
2421	Sun,	Jun	20	18:55
2422	Tue,	Jun	21	0:41
2423	Wed,	Jun	21	6:32
2424	Thu,	Jun	20	12:27
2425	Fri,	Jun	20	18:03
2426	Sun,	Jun	21	0:00
2427	Mon,	Jun	21	5:58
2428	Tue,	Jun	20	11:38
2429	Wed,	Jun	20	17:33
2430	Thu,	Jun	20	23:20
2431	Sat,	Jun	21	5:07
2432	Sun,	Jun	20	10:58

2433	Mon,	Jun 20	16:32
2434	Tue,	Jun 20	22:21
2435	Thu,	Jun 21	4:14
2436	Fri,	Jun 20	9:48
2437	Sat,	Jun 20	15:37
2438	Sun,	Jun 20	21:26
2439	Tue,	Jun 21	3:15
2440	Wed,	Jun 20	9:12
2441	Thu,	Jun 20	14:53
2442	Fri,	Jun 20	20:46
2443	Sun,	Jun 21	2:44
2444	Mon,	Jun 20	8:21
2445	Tue,	Jun 20	14:12
2446	Wed,	Jun 20	20:04
2447	Fri,	Jun 21	1:49
2448	Sat,	Jun 20	7:42
2449	Sun,	Jun 20	13:21
2450	Mon,	Jun 20	19:11
2451	Wed,	Jun 21	1:09
2452	Thu,	Jun 20	6:47
2453	Fri,	Jun 20	12:35
2454	Sat,	Jun 20	18:26
2455	Mon,	Jun 21	0:09
2456	Tue,	Jun 20	5:58
2457	Wed,	Jun 20	11:37
2458	Thu,	Jun 20	17:24
2459	Fri,	Jun 20	23:21
2460	Sun,	Jun 20	4:58
2461	Mon,	Jun 20	10:47
2462	Tue,	Jun 20	16:43
2463	Wed,	Jun 20	22:34
2464	Fri,	Jun 20	4:29
2465	Sat,	Jun 20	10:16
2466	Sun,	Jun 20	16:05
2467	Mon,	Jun 20	22:01
2468	Wed,	Jun 20	3:39
2469	Thu,	Jun 20	9:23
2470	Fri,	Jun 20	15:15
2471	Sat,	Jun 20	20:58
2472	Mon,	Jun 20	2:43
2473	Tue,	Jun 20	8:25
2474	Wed,	Jun 20	14:11
2475	Thu,	Jun 20	20:08
2476	Sat,	Jun 20	1:50
2477	Sun,	Jun 20	7:35
2478	Mon,	Jun 20	13:32
2479	Tue,	Jun 20	19:20
2480	Thu,	Jun 20	1:08
2481	Fri,	Jun 20	6:56
2482	Sat,	Jun 20	12:46
2483	Sun,	Jun 20	18:41
2484	Tue,	Jun 20	0:23
2485	Wed,	Jun 20	6:08
2486	Thu,	Jun 20	12:04
2487	Fri,	Jun 20	17:54
2488	Sat,	Jun 19	23:41
2489	Mon,	Jun 20	5:26
2490	Tue,	Jun 20	11:11
2491	Wed,	Jun 20	16:59
2492	Thu,	Jun 19	22:38
2493	Sat,	Jun 20	4:19
2494	Sun,	Jun 20	10:11
2495	Mon,	Jun 20	16:00
2496	Tue,	Jun 19	21:44
2497	Thu,	Jun 20	3:33
2498	Fri,	Jun 20	9:27
2499	Sat,	Jun 20	15:23
2500	Sun,	Jun 20	21:12
2501	Tue,	Jun 21	2:59
2502	Wed,	Jun 21	8:54
2503	Thu,	Jun 21	14:45
2504	Fri,	Jun 20	20:27
2505	Sun,	Jun 21	2:13
2506	Mon,	Jun 21	8:01
2507	Tue,	Jun 21	13:47
2508	Wed,	Jun 20	19:27
2509	Fri,	Jun 21	1:09
2510	Sat,	Jun 21	7:01
2511	Sun,	Jun 21	12:53
2512	Mon,	Jun 20	18:38
2513	Wed,	Jun 21	0:24
2514	Thu,	Jun 21	6:18
2515	Fri,	Jun 21	12:06
2516	Sat,	Jun 20	17:51
2517	Sun,	Jun 20	23:38
2518	Tue,	Jun 21	5:30
2519	Wed,	Jun 21	11:23
2520	Thu,	Jun 20	17:07
2521	Fri,	Jun 20	22:54
2522	Sun,	Jun 21	4:51
2523	Mon,	Jun 21	10:40
2524	Tue,	Jun 20	16:24
2525	Wed,	Jun 20	22:11
2526	Fri,	Jun 21	3:56
2527	Sat,	Jun 21	9:46
2528	Sun,	Jun 20	15:26
2529	Mon,	Jun 20	21:07
2530	Wed,	Jun 21	3:02
2531	Thu,	Jun 21	8:46
2532	Fri,	Jun 20	14:28
2533	Sat,	Jun 20	20:19
2534	Mon,	Jun 21	2:11
2535	Tue,	Jun 21	8:08
2536	Wed,	Jun 20	13:57
2537	Thu,	Jun 20	19:41
2538	Sat,	Jun 21	1:39
2539	Sun,	Jun 21	7:26
2540	Mon,	Jun 20	13:07
2541	Tue,	Jun 20	18:57
2542	Thu,	Jun 21	0:44
2543	Fri,	Jun 21	6:33
2544	Sat,	Jun 20	12:17
2545	Sun,	Jun 20	17:57
2546	Mon,	Jun 20	23:56
2547	Wed,	Jun 21	5:44
2548	Thu,	Jun 20	11:22
2549	Fri,	Jun 20	17:14
2550	Sat,	Jun 20	23:00
2551	Mon,	Jun 21	4:49
2552	Tue,	Jun 20	10:36
2553	Wed,	Jun 20	16:16
2554	Thu,	Jun 20	22:14
2555	Sat,	Jun 21	4:03
2556	Sun,	Jun 20	9:41
2557	Mon,	Jun 20	15:39
2558	Tue,	Jun 20	21:31
2559	Thu,	Jun 21	3:24
2560	Fri,	Jun 20	9:15
2561	Sat,	Jun 20	14:55
2562	Sun,	Jun 20	20:50
2563	Tue,	Jun 21	2:37
2564	Wed,	Jun 20	8:09
2565	Thu,	Jun 20	14:01
2566	Fri,	Jun 20	19:47
2567	Sun,	Jun 21	1:31
2568	Mon,	Jun 20	7:19
2569	Tue,	Jun 20	13:00
2570	Wed,	Jun 20	18:58
2571	Fri,	Jun 21	0:52
2572	Sat,	Jun 20	6:29
2573	Sun,	Jun 20	12:25
2574	Mon,	Jun 20	18:18
2575	Wed,	Jun 21	0:03
2576	Thu,	Jun 20	5:56
2577	Fri,	Jun 20	11:38
2578	Sat,	Jun 20	17:32
2579	Sun,	Jun 20	23:24
2580	Tue,	Jun 20	4:57
2581	Wed,	Jun 20	10:51
2582	Thu,	Jun 20	16:44
2583	Fri,	Jun 20	22:26
2584	Sun,	Jun 20	4:17
2585	Mon,	Jun 20	9:55
2586	Tue,	Jun 20	15:45
2587	Wed,	Jun 20	21:36
2588	Fri,	Jun 20	3:08
2589	Sat,	Jun 20	9:01
2590	Sun,	Jun 20	14:55
2591	Mon,	Jun 20	20:38
2592	Wed,	Jun 20	2:33
2593	Thu,	Jun 20	8:21
2594	Fri,	Jun 20	14:18
2595	Sat,	Jun 20	20:16
2596	Mon,	Jun 20	1:53
2597	Tue,	Jun 20	7:45
2598	Wed,	Jun 20	13:38
2599	Thu,	Jun 20	19:16
2600	Sat,	Jun 21	1:04
2601	Sun,	Jun 21	6:46
2602	Mon,	Jun 21	12:31
2603	Tue,	Jun 21	18:21
2604	Wed,	Jun 20	23:55
2605	Fri,	Jun 21	5:46
2606	Sat,	Jun 21	11:46
2607	Sun,	Jun 21	17:27
2608	Mon,	Jun 20	23:19
2609	Wed,	Jun 21	5:08
2610	Thu,	Jun 21	10:58
2611	Fri,	Jun 21	16:53
2612	Sat,	Jun 20	22:32
2613	Mon,	Jun 21	4:22
2614	Tue,	Jun 21	10:20
2615	Wed,	Jun 21	15:59
2616	Thu,	Jun 20	21:48
2617	Sat,	Jun 21	3:39
2618	Sun,	Jun 21	9:27
2619	Mon,	Jun 21	15:20
2620	Tue,	Jun 20	20:55
2621	Thu,	Jun 21	2:41
2622	Fri,	Jun 21	8:35
2623	Sat,	Jun 21	14:14
2624	Sun,	Jun 20	19:59
2625	Tue,	Jun 21	1:49
2626	Wed,	Jun 21	7:36
2627	Thu,	Jun 21	13:29
2628	Fri,	Jun 20	19:12
2629	Sun,	Jun 21	1:04
2630	Mon,	Jun 21	7:07
2631	Tue,	Jun 21	12:52
2632	Wed,	Jun 20	18:38
2633	Fri,	Jun 21	0:30
2634	Sat,	Jun 21	6:17
2635	Sun,	Jun 21	12:04
2636	Mon,	Jun 20	17:45
2637	Tue,	Jun 20	23:28
2638	Thu,	Jun 21	5:23
2639	Fri,	Jun 21	11:03
2640	Sat,	Jun 20	16:46
2641	Sun,	Jun 20	22:40
2642	Tue,	Jun 21	4:30
2643	Wed,	Jun 21	10:19
2644	Thu,	Jun 20	16:02
2645	Fri,	Jun 20	21:49
2646	Sun,	Jun 21	3:45
2647	Mon,	Jun 21	9:29
2648	Tue,	Jun 20	15:14
2649	Wed,	Jun 20	21:07
2650	Fri,	Jun 21	2:57
2651	Sat,	Jun 21	8:45
2652	Sun,	Jun 20	14:31
2653	Mon,	Jun 20	20:23
2654	Wed,	Jun 21	2:19

2655	Thu,	Jun 21	8:04	2729	Fri,	Jun 21	5:07	2803	Sat,	Jun 21	2:11
2656	Fri,	Jun 20	13:45	2730	Sat,	Jun 21	10:54	2804	Sun,	Jun 20	7:59
2657	Sat,	Jun 20	19:35	2731	Sun,	Jun 21	16:41	2805	Mon,	Jun 20	13:44
2658	Mon,	Jun 21	1:23	2732	Mon,	Jun 20	22:15	2806	Tue,	Jun 20	19:34
2659	Tue,	Jun 21	7:04	2733	Wed,	Jun 21	4:08	2807	Thu,	Jun 21	1:16
2660	Wed,	Jun 20	12:46	2734	Thu,	Jun 21	9:58	2808	Fri,	Jun 20	7:00
2661	Thu,	Jun 20	18:33	2735	Fri,	Jun 21	15:35	2809	Sat,	Jun 20	12:55
2662	Sat,	Jun 21	0:23	2736	Sat,	Jun 20	21:31	2810	Sun,	Jun 20	18:40
2663	Sun,	Jun 21	6:09	2737	Mon,	Jun 21	3:22	2811	Tue,	Jun 21	0:22
2664	Mon,	Jun 20	11:54	2738	Tue,	Jun 21	9:12	2812	Wed,	Jun 20	6:12
2665	Tue,	Jun 20	17:50	2739	Wed,	Jun 21	15:05	2813	Thu,	Jun 20	12:02
2666	Wed,	Jun 20	23:46	2740	Thu,	Jun 20	20:44	2814	Fri,	Jun 20	17:53
2667	Fri,	Jun 21	5:32	2741	Sat,	Jun 21	2:40	2815	Sat,	Jun 20	23:38
2668	Sat,	Jun 20	11:19	2742	Sun,	Jun 21	8:34	2816	Mon,	Jun 20	5:25
2669	Sun,	Jun 20	17:10	2743	Mon,	Jun 21	14:10	2817	Tue,	Jun 20	11:21
2670	Mon,	Jun 20	23:02	2744	Tue,	Jun 20	20:03	2818	Wed,	Jun 20	17:12
2671	Wed,	Jun 21	4:48	2745	Thu,	Jun 21	1:53	2819	Thu,	Jun 20	22:59
2672	Thu,	Jun 20	10:31	2746	Fri,	Jun 21	7:38	2820	Sat,	Jun 20	4:51
2673	Fri,	Jun 20	16:20	2747	Sat,	Jun 21	13:32	2821	Sun,	Jun 20	10:44
2674	Sat,	Jun 20	22:12	2748	Sun,	Jun 20	19:12	2822	Mon,	Jun 20	16:29
2675	Mon,	Jun 21	3:53	2749	Tue,	Jun 21	1:07	2823	Tue,	Jun 20	22:10
2676	Tue,	Jun 20	9:37	2750	Wed,	Jun 21	7:00	2824	Thu,	Jun 20	3:53
2677	Wed,	Jun 20	15:29	2751	Thu,	Jun 21	12:33	2825	Fri,	Jun 20	9:41
2678	Thu,	Jun 20	21:19	2752	Fri,	Jun 20	18:22	2826	Sat,	Jun 20	15:27
2679	Sat,	Jun 21	3:03	2753	Sun,	Jun 21	0:11	2827	Sun,	Jun 20	21:06
2680	Sun,	Jun 20	8:46	2754	Mon,	Jun 21	5:53	2828	Tue,	Jun 20	2:53
2681	Mon,	Jun 20	14:33	2755	Tue,	Jun 21	11:44	2829	Wed,	Jun 20	8:46
2682	Tue,	Jun 20	20:27	2756	Wed,	Jun 20	17:23	2830	Thu,	Jun 20	14:34
2683	Thu,	Jun 21	2:11	2757	Thu,	Jun 20	23:15	2831	Fri,	Jun 20	20:22
2684	Fri,	Jun 20	7:54	2758	Sat,	Jun 21	5:11	2832	Sun,	Jun 20	2:14
2685	Sat,	Jun 20	13:50	2759	Sun,	Jun 21	10:50	2833	Mon,	Jun 20	8:08
2686	Sun,	Jun 20	19:39	2760	Mon,	Jun 20	16:46	2834	Tue,	Jun 20	13:59
2687	Tue,	Jun 21	1:29	2761	Tue,	Jun 20	22:43	2835	Wed,	Jun 20	19:43
2688	Wed,	Jun 20	7:19	2762	Thu,	Jun 21	4:29	2836	Fri,	Jun 20	1:32
2689	Thu,	Jun 20	13:11	2763	Fri,	Jun 21	10:22	2837	Sat,	Jun 20	7:27
2690	Fri,	Jun 20	19:09	2764	Sat,	Jun 20	16:04	2838	Sun,	Jun 20	13:11
2691	Sun,	Jun 21	0:53	2765	Sun,	Jun 20	21:53	2839	Mon,	Jun 20	18:53
2692	Mon,	Jun 20	6:33	2766	Tue,	Jun 21	3:48	2840	Wed,	Jun 20	0:40
2693	Tue,	Jun 20	12:26	2767	Wed,	Jun 21	9:21	2841	Thu,	Jun 20	6:29
2694	Wed,	Jun 20	18:09	2768	Thu,	Jun 20	15:08	2842	Fri,	Jun 20	12:19
2695	Thu,	Jun 20	23:50	2769	Fri,	Jun 20	21:00	2843	Sat,	Jun 20	18:04
2696	Sat,	Jun 20	5:34	2770	Sun,	Jun 21	2:41	2844	Sun,	Jun 19	23:50
2697	Sun,	Jun 20	11:16	2771	Mon,	Jun 21	8:32	2845	Tue,	Jun 20	5:45
2698	Mon,	Jun 20	17:09	2772	Tue,	Jun 20	14:18	2846	Wed,	Jun 20	11:27
2699	Tue,	Jun 20	22:53	2773	Wed,	Jun 20	20:07	2847	Thu,	Jun 20	17:07
2700	Thu,	Jun 21	4:36	2774	Fri,	Jun 21	2:03	2848	Fri,	Jun 19	22:57
2701	Fri,	Jun 21	10:37	2775	Sat,	Jun 21	7:38	2849	Sun,	Jun 20	4:45
2702	Sat,	Jun 21	16:28	2776	Sun,	Jun 20	13:26	2850	Mon,	Jun 20	10:34
2703	Sun,	Jun 21	22:14	2777	Mon,	Jun 20	19:22	2851	Tue,	Jun 20	16:20
2704	Tue,	Jun 21	4:06	2778	Wed,	Jun 21	1:06	2852	Wed,	Jun 19	22:06
2705	Wed,	Jun 21	9:53	2779	Thu,	Jun 21	6:57	2853	Fri,	Jun 20	4:05
2706	Thu,	Jun 21	15:49	2780	Fri,	Jun 20	12:44	2854	Sat,	Jun 20	9:54
2707	Fri,	Jun 21	21:36	2781	Sat,	Jun 20	18:34	2855	Sun,	Jun 20	15:39
2708	Sun,	Jun 21	3:15	2782	Mon,	Jun 21	0:32	2856	Mon,	Jun 19	21:35
2709	Mon,	Jun 21	9:11	2783	Tue,	Jun 21	6:13	2857	Wed,	Jun 20	3:23
2710	Tue,	Jun 21	14:58	2784	Wed,	Jun 20	12:02	2858	Thu,	Jun 20	9:12
2711	Wed,	Jun 21	20:38	2785	Thu,	Jun 20	18:00	2859	Fri,	Jun 20	14:57
2712	Fri,	Jun 21	2:29	2786	Fri,	Jun 20	23:41	2860	Sat,	Jun 19	20:39
2713	Sat,	Jun 21	8:15	2787	Sun,	Jun 21	5:27	2861	Mon,	Jun 20	2:34
2714	Sun,	Jun 21	14:06	2788	Mon,	Jun 20	11:10	2862	Tue,	Jun 20	8:16
2715	Mon,	Jun 21	19:52	2789	Tue,	Jun 20	16:55	2863	Wed,	Jun 20	13:52
2716	Wed,	Jun 21	1:27	2790	Wed,	Jun 20	22:45	2864	Thu,	Jun 19	19:44
2717	Thu,	Jun 21	7:24	2791	Fri,	Jun 21	4:21	2865	Sat,	Jun 20	1:30
2718	Fri,	Jun 21	13:12	2792	Sat,	Jun 20	10:04	2866	Sun,	Jun 20	7:19
2719	Sat,	Jun 21	18:51	2793	Sun,	Jun 20	16:00	2867	Mon,	Jun 20	13:10
2720	Mon,	Jun 21	0:44	2794	Mon,	Jun 20	21:46	2868	Tue,	Jun 19	18:55
2721	Tue,	Jun 21	6:31	2795	Wed,	Jun 21	3:36	2869	Thu,	Jun 20	0:53
2722	Wed,	Jun 21	12:24	2796	Thu,	Jun 20	9:31	2870	Fri,	Jun 20	6:40
2723	Thu,	Jun 21	18:17	2797	Fri,	Jun 20	15:23	2871	Sat,	Jun 20	12:18
2724	Fri,	Jun 20	23:59	2798	Sat,	Jun 20	21:19	2872	Sun,	Jun 19	18:14
2725	Sun,	Jun 21	6:02	2799	Mon,	Jun 21	3:02	2873	Tue,	Jun 20	0:03
2726	Mon,	Jun 21	11:54	2800	Tue,	Jun 20	8:47	2874	Wed,	Jun 20	5:49
2727	Tue,	Jun 21	17:32	2801	Wed,	Jun 20	14:44	2875	Thu,	Jun 20	11:40
2728	Wed,	Jun 20	23:23	2802	Thu,	Jun 20	20:28	2876	Fri,	Jun 19	17:23

2877	Sat,	Jun 19	23:20	2951	Sun,	Jun 20	20:26	3025	Mon,	Jun 20	17:38
2878	Mon,	Jun 20	5:11	2952	Tue,	Jun 20	2:14	3026	Tue,	Jun 20	23:17
2879	Tue,	Jun 20	10:48	2953	Wed,	Jun 20	8:07	3027	Thu,	Jun 21	5:06
2880	Wed,	Jun 19	16:44	2954	Thu,	Jun 20	13:46	3028	Fri,	Jun 20	10:50
2881	Thu,	Jun 19	22:31	2955	Fri,	Jun 20	19:28	3029	Sat,	Jun 20	16:37
2882	Sat,	Jun 20	4:10	2956	Sun,	Jun 20	1:20	3030	Sun,	Jun 20	22:20
2883	Sun,	Jun 20	9:59	2957	Mon,	Jun 20	7:04	3031	Tue,	Jun 21	3:59
2884	Mon,	Jun 19	15:38	2958	Tue,	Jun 20	12:48	3032	Wed,	Jun 20	9:57
2885	Tue,	Jun 19	21:31	2959	Wed,	Jun 20	18:31	3033	Thu,	Jun 20	15:48
2886	Thu,	Jun 20	3:20	2960	Fri,	Jun 20	0:20	3034	Fri,	Jun 20	21:28
2887	Fri,	Jun 20	8:54	2961	Sat,	Jun 20	6:17	3035	Sun,	Jun 21	3:22
2888	Sat,	Jun 19	14:51	2962	Sun,	Jun 20	12:04	3036	Mon,	Jun 20	9:10
2889	Sun,	Jun 19	20:44	2963	Mon,	Jun 20	17:50	3037	Tue,	Jun 20	15:00
2890	Tue,	Jun 20	2:31	2964	Tue,	Jun 19	23:47	3038	Wed,	Jun 20	20:50
2891	Wed,	Jun 20	8:29	2965	Thu,	Jun 20	5:36	3039	Fri,	Jun 21	2:31
2892	Thu,	Jun 19	14:16	2966	Fri,	Jun 20	11:22	3040	Sat,	Jun 20	8:29
2893	Fri,	Jun 19	20:11	2967	Sat,	Jun 20	17:09	3041	Sun,	Jun 20	14:19
2894	Sun,	Jun 20	2:03	2968	Sun,	Jun 19	22:57	3042	Mon,	Jun 20	19:56
2895	Mon,	Jun 20	7:38	2969	Tue,	Jun 20	4:50	3043	Wed,	Jun 21	1:52
2896	Tue,	Jun 19	13:32	2970	Wed,	Jun 20	10:32	3044	Thu,	Jun 20	7:42
2897	Wed,	Jun 19	19:21	2971	Thu,	Jun 20	16:15	3045	Fri,	Jun 20	13:31
2898	Fri,	Jun 20	0:58	2972	Fri,	Jun 19	22:09	3046	Sat,	Jun 20	19:22
2899	Sat,	Jun 20	6:46	2973	Sun,	Jun 20	4:00	3047	Mon,	Jun 21	0:58
2900	Sun,	Jun 20	12:28	2974	Mon,	Jun 20	9:45	3048	Tue,	Jun 20	6:52
2901	Mon,	Jun 20	18:18	2975	Tue,	Jun 20	15:30	3049	Wed,	Jun 20	12:40
2902	Wed,	Jun 21	0:11	2976	Wed,	Jun 19	21:17	3050	Thu,	Jun 20	18:12
2903	Thu,	Jun 21	5:47	2977	Fri,	Jun 20	3:07	3051	Sat,	Jun 21	0:05
2904	Fri,	Jun 20	11:41	2978	Sat,	Jun 20	8:48	3052	Sun,	Jun 20	5:52
2905	Sat,	Jun 20	17:35	2979	Sun,	Jun 20	14:31	3053	Mon,	Jun 20	11:36
2906	Sun,	Jun 20	23:13	2980	Mon,	Jun 19	20:23	3054	Tue,	Jun 20	17:27
2907	Tue,	Jun 21	5:07	2981	Wed,	Jun 20	2:13	3055	Wed,	Jun 20	23:10
2908	Wed,	Jun 20	10:55	2982	Thu,	Jun 20	7:57	3056	Fri,	Jun 20	5:10
2909	Thu,	Jun 20	16:46	2983	Fri,	Jun 20	13:45	3057	Sat,	Jun 20	11:06
2910	Fri,	Jun 20	22:41	2984	Sat,	Jun 19	19:41	3058	Sun,	Jun 20	16:44
2911	Sun,	Jun 21	4:18	2985	Mon,	Jun 20	1:35	3059	Mon,	Jun 20	22:40
2912	Mon,	Jun 20	10:12	2986	Tue,	Jun 20	7:25	3060	Wed,	Jun 20	4:31
2913	Tue,	Jun 20	16:10	2987	Wed,	Jun 20	13:12	3061	Thu,	Jun 20	10:15
2914	Wed,	Jun 20	21:50	2988	Thu,	Jun 19	19:04	3062	Fri,	Jun 20	16:06
2915	Fri,	Jun 21	3:44	2989	Sat,	Jun 20	0:55	3063	Sat,	Jun 20	21:46
2916	Sat,	Jun 20	9:30	2990	Sun,	Jun 20	6:35	3064	Mon,	Jun 20	3:38
2917	Sun,	Jun 20	15:15	2991	Mon,	Jun 20	12:18	3065	Tue,	Jun 20	9:29
2918	Mon,	Jun 20	21:05	2992	Tue,	Jun 19	18:08	3066	Wed,	Jun 20	15:01
2919	Wed,	Jun 21	2:37	2993	Wed,	Jun 19	23:52	3067	Thu,	Jun 20	20:54
2920	Thu,	Jun 20	8:26	2994	Fri,	Jun 20	5:33	3068	Sat,	Jun 20	2:47
2921	Fri,	Jun 20	14:19	2995	Sat,	Jun 20	11:16	3069	Sun,	Jun 20	8:30
2922	Sat,	Jun 20	19:55	2996	Sun,	Jun 19	17:06	3070	Mon,	Jun 20	14:22
2923	Mon,	Jun 21	1:45	2997	Mon,	Jun 19	23:01	3071	Tue,	Jun 20	20:03
2924	Tue,	Jun 20	7:36	2998	Wed,	Jun 20	4:45	3072	Thu,	Jun 20	1:54
2925	Wed,	Jun 20	13:27	2999	Thu,	Jun 20	10:32	3073	Fri,	Jun 20	7:48
2926	Thu,	Jun 20	19:25	3000	Fri,	Jun 20	16:28	3074	Sat,	Jun 20	13:21
2927	Sat,	Jun 21	1:08	3001	Sat,	Jun 20	22:17	3075	Sun,	Jun 20	19:14
2928	Sun,	Jun 20	7:01	3002	Mon,	Jun 21	4:03	3076	Tue,	Jun 20	1:09
2929	Mon,	Jun 20	13:00	3003	Tue,	Jun 21	9:52	3077	Wed,	Jun 20	6:50
2930	Tue,	Jun 20	18:38	3004	Wed,	Jun 20	15:42	3078	Thu,	Jun 20	12:44
2931	Thu,	Jun 21	0:27	3005	Thu,	Jun 20	21:36	3079	Fri,	Jun 20	18:31
2932	Fri,	Jun 20	6:18	3006	Sat,	Jun 21	3:19	3080	Sun,	Jun 20	0:27
2933	Sat,	Jun 20	12:01	3007	Sun,	Jun 21	9:03	3081	Mon,	Jun 20	6:25
2934	Sun,	Jun 20	17:50	3008	Mon,	Jun 20	15:00	3082	Tue,	Jun 20	12:00
2935	Mon,	Jun 20	23:27	3009	Tue,	Jun 20	20:49	3083	Wed,	Jun 20	17:50
2936	Wed,	Jun 20	5:13	3010	Thu,	Jun 21	2:32	3084	Thu,	Jun 19	23:43
2937	Thu,	Jun 20	11:11	3011	Fri,	Jun 21	8:18	3085	Sat,	Jun 20	5:20
2938	Fri,	Jun 20	16:50	3012	Sat,	Jun 20	14:02	3086	Sun,	Jun 20	11:07
2939	Sat,	Jun 20	22:39	3013	Sun,	Jun 20	19:51	3087	Mon,	Jun 20	16:50
2940	Mon,	Jun 20	4:32	3014	Tue,	Jun 21	1:33	3088	Tue,	Jun 19	22:36
2941	Tue,	Jun 20	10:16	3015	Wed,	Jun 21	7:12	3089	Thu,	Jun 20	4:28
2942	Wed,	Jun 20	16:07	3016	Thu,	Jun 20	13:08	3090	Fri,	Jun 20	10:03
2943	Thu,	Jun 20	21:48	3017	Fri,	Jun 20	18:55	3091	Sat,	Jun 20	15:54
2944	Sat,	Jun 20	3:37	3018	Sun,	Jun 21	0:38	3092	Sun,	Jun 19	21:54
2945	Sun,	Jun 20	9:35	3019	Mon,	Jun 21	6:31	3093	Tue,	Jun 20	3:38
2946	Mon,	Jun 20	15:16	3020	Tue,	Jun 20	12:23	3094	Wed,	Jun 20	9:29
2947	Tue,	Jun 20	21:03	3021	Wed,	Jun 20	18:21	3095	Thu,	Jun 20	15:20
2948	Thu,	Jun 20	3:00	3022	Fri,	Jun 21	0:11	3096	Fri,	Jun 19	21:10
2949	Fri,	Jun 20	8:49	3023	Sat,	Jun 21	5:54	3097	Sun,	Jun 20	3:06
2950	Sat,	Jun 20	14:42	3024	Sun,	Jun 20	11:52	3098	Mon,	Jun 20	8:44

3099	Tue,	Jun	20	14:32
3100	Wed,	Jun	20	20:29
3101	Fri,	Jun	21	2:08
3102	Sat,	Jun	21	7:54
3103	Sun,	Jun	21	13:44
3104	Mon,	Jun	20	19:32
3105	Wed,	Jun	21	1:25
3106	Thu,	Jun	21	7:01
3107	Fri,	Jun	21	12:45
3108	Sat,	Jun	20	18:40
3109	Mon,	Jun	21	0:19
3110	Tue,	Jun	21	6:05
3111	Wed,	Jun	21	11:56
3112	Thu,	Jun	20	17:46
3113	Fri,	Jun	20	23:39
3114	Sun,	Jun	21	5:24
3115	Mon,	Jun	21	11:15
3116	Tue,	Jun	20	17:17
3117	Wed,	Jun	20	23:03
3118	Fri,	Jun	21	4:48
3119	Sat,	Jun	21	10:39
3120	Sun,	Jun	20	16:26
3121	Mon,	Jun	20	22:11
3122	Wed,	Jun	21	3:50
3123	Thu,	Jun	21	9:33
3124	Fri,	Jun	20	15:24
3125	Sat,	Jun	20	21:06
3126	Mon,	Jun	21	2:49
3127	Tue,	Jun	21	8:44
3128	Wed,	Jun	20	14:36
3129	Thu,	Jun	20	20:27
3130	Sat,	Jun	21	2:12
3131	Sun,	Jun	21	8:01
3132	Mon,	Jun	20	13:57
3133	Tue,	Jun	20	19:44
3134	Thu,	Jun	21	1:27
3135	Fri,	Jun	21	7:20
3136	Sat,	Jun	20	13:10
3137	Sun,	Jun	20	18:55
3138	Tue,	Jun	21	0:39
3139	Wed,	Jun	21	6:28
3140	Thu,	Jun	20	12:21
3141	Fri,	Jun	20	18:06
3142	Sat,	Jun	20	23:47
3143	Mon,	Jun	21	5:35
3144	Tue,	Jun	20	11:25
3145	Wed,	Jun	20	17:08
3146	Thu,	Jun	20	22:51
3147	Sat,	Jun	21	4:40
3148	Sun,	Jun	20	10:31
3149	Mon,	Jun	20	16:20
3150	Tue,	Jun	20	22:07
3151	Thu,	Jun	21	4:02
3152	Fri,	Jun	20	10:01
3153	Sat,	Jun	20	15:47
3154	Sun,	Jun	20	21:31
3155	Tue,	Jun	21	3:22
3156	Wed,	Jun	20	9:09
3157	Thu,	Jun	20	14:55
3158	Fri,	Jun	20	20:36
3159	Sun,	Jun	21	2:23
3160	Mon,	Jun	20	8:15
3161	Tue,	Jun	20	13:56
3162	Wed,	Jun	20	19:39
3163	Fri,	Jun	21	1:33
3164	Sat,	Jun	20	7:23
3165	Sun,	Jun	20	13:10
3166	Mon,	Jun	20	18:56
3167	Wed,	Jun	21	0:44
3168	Thu,	Jun	20	6:40
3169	Fri,	Jun	20	12:24
3170	Sat,	Jun	20	18:07
3171	Mon,	Jun	21	0:01
3172	Tue,	Jun	20	5:50
3173	Wed,	Jun	20	11:36
3174	Thu,	Jun	20	17:26
3175	Fri,	Jun	20	23:16
3176	Sun,	Jun	20	5:13
3177	Mon,	Jun	20	10:57
3178	Tue,	Jun	20	16:35
3179	Wed,	Jun	20	22:28
3180	Fri,	Jun	20	4:12
3181	Sat,	Jun	20	9:53
3182	Sun,	Jun	20	15:40
3183	Mon,	Jun	20	21:23
3184	Wed,	Jun	20	3:18
3185	Thu,	Jun	20	9:04
3186	Fri,	Jun	20	14:46
3187	Sat,	Jun	20	20:48
3188	Mon,	Jun	20	2:39
3189	Tue,	Jun	20	8:25
3190	Wed,	Jun	20	14:17
3191	Thu,	Jun	20	20:03
3192	Sat,	Jun	20	1:58
3193	Sun,	Jun	20	7:45
3194	Mon,	Jun	20	13:21
3195	Tue,	Jun	20	19:16
3196	Thu,	Jun	20	1:01
3197	Fri,	Jun	20	6:41
3198	Sat,	Jun	20	12:32
3199	Sun,	Jun	20	18:18
3200	Tue,	Jun	20	0:11
3201	Wed,	Jun	20	5:58
3202	Thu,	Jun	20	11:33
3203	Fri,	Jun	20	17:29
3204	Sat,	Jun	19	23:19
3205	Mon,	Jun	20	4:59
3206	Tue,	Jun	20	10:54
3207	Wed,	Jun	20	16:41
3208	Thu,	Jun	19	22:34
3209	Sat,	Jun	20	4:28
3210	Sun,	Jun	20	10:09
3211	Mon,	Jun	20	16:09
3212	Tue,	Jun	19	22:02
3213	Thu,	Jun	20	3:38
3214	Fri,	Jun	20	9:30
3215	Sat,	Jun	20	15:13
3216	Sun,	Jun	19	20:58
3217	Tue,	Jun	20	2:45
3218	Wed,	Jun	20	8:18
3219	Thu,	Jun	20	14:11
3220	Fri,	Jun	19	20:01
3221	Sun,	Jun	20	1:40
3222	Mon,	Jun	20	7:37
3223	Tue,	Jun	20	13:30
3224	Wed,	Jun	19	19:22
3225	Fri,	Jun	20	1:16
3226	Sat,	Jun	20	6:55
3227	Sun,	Jun	20	12:50
3228	Mon,	Jun	19	18:45
3229	Wed,	Jun	20	0:20
3230	Thu,	Jun	20	6:12
3231	Fri,	Jun	20	12:01
3232	Sat,	Jun	19	17:44
3233	Sun,	Jun	19	23:35
3234	Tue,	Jun	20	5:14
3235	Wed,	Jun	20	11:06
3236	Thu,	Jun	19	17:01
3237	Fri,	Jun	19	22:33
3238	Sun,	Jun	20	4:24
3239	Mon,	Jun	20	10:15
3240	Tue,	Jun	19	15:59
3241	Wed,	Jun	19	21:52
3242	Fri,	Jun	20	3:33
3243	Sat,	Jun	20	9:25
3244	Sun,	Jun	19	15:23
3245	Mon,	Jun	19	21:03
3246	Wed,	Jun	20	2:58
3247	Thu,	Jun	20	8:55
3248	Fri,	Jun	19	14:40
3249	Sat,	Jun	19	20:30
3250	Mon,	Jun	20	2:10
3251	Tue,	Jun	20	7:56
3252	Wed,	Jun	19	13:49
3253	Thu,	Jun	19	19:22
3254	Sat,	Jun	20	1:08
3255	Sun,	Jun	20	7:01
3256	Mon,	Jun	19	12:43
3257	Tue,	Jun	19	18:34
3258	Thu,	Jun	20	0:21
3259	Fri,	Jun	20	6:13
3260	Sat,	Jun	19	12:10
3261	Sun,	Jun	19	17:49
3262	Mon,	Jun	19	23:37
3263	Wed,	Jun	20	5:35
3264	Thu,	Jun	19	11:19
3265	Fri,	Jun	19	17:07
3266	Sat,	Jun	19	22:53
3267	Mon,	Jun	20	4:40
3268	Tue,	Jun	19	10:35
3269	Wed,	Jun	19	16:16
3270	Thu,	Jun	19	22:04
3271	Sat,	Jun	20	4:01
3272	Sun,	Jun	19	9:43
3273	Mon,	Jun	19	15:27
3274	Tue,	Jun	19	21:12
3275	Thu,	Jun	20	2:58
3276	Fri,	Jun	19	8:49
3277	Sat,	Jun	19	14:29
3278	Sun,	Jun	19	20:14
3279	Tue,	Jun	20	2:10
3280	Wed,	Jun	19	7:57
3281	Thu,	Jun	19	13:47
3282	Fri,	Jun	19	19:40
3283	Sun,	Jun	20	1:33
3284	Mon,	Jun	19	7:26
3285	Tue,	Jun	19	13:09
3286	Wed,	Jun	19	18:53
3287	Fri,	Jun	20	0:47
3288	Sat,	Jun	19	6:32
3289	Sun,	Jun	19	12:12
3290	Mon,	Jun	19	17:58
3291	Tue,	Jun	19	23:45
3292	Thu,	Jun	19	5:33
3293	Fri,	Jun	19	11:18
3294	Sat,	Jun	19	17:04
3295	Sun,	Jun	19	23:00
3296	Tue,	Jun	19	4:47
3297	Wed,	Jun	19	10:29
3298	Thu,	Jun	19	16:19
3299	Fri,	Jun	19	22:11
3300	Sun,	Jun	20	4:01
3301	Mon,	Jun	20	9:47
3302	Tue,	Jun	20	15:34
3303	Wed,	Jun	20	21:28
3304	Fri,	Jun	20	3:20
3305	Sat,	Jun	20	9:05
3306	Sun,	Jun	20	14:55
3307	Mon,	Jun	20	20:47
3308	Wed,	Jun	20	2:32
3309	Thu,	Jun	20	8:12
3310	Fri,	Jun	20	13:56
3311	Sat,	Jun	20	19:43
3312	Mon,	Jun	20	1:30
3313	Tue,	Jun	20	7:10
3314	Wed,	Jun	20	12:55
3315	Thu,	Jun	20	18:50
3316	Sat,	Jun	20	0:38
3317	Sun,	Jun	20	6:28
3318	Mon,	Jun	20	12:22
3319	Tue,	Jun	20	18:16
3320	Thu,	Jun	20	0:08

3321	Fri,	Jun 20	5:52	3395	Sat,	Jun 20	2:53	3469	Sat,	Jun 19	23:52
3322	Sat,	Jun 20	11:38	3396	Sun,	Jun 19	8:48	3470	Mon,	Jun 20	5:46
3323	Sun,	Jun 20	17:34	3397	Mon,	Jun 19	14:24	3471	Tue,	Jun 20	11:38
3324	Mon,	Jun 19	23:17	3398	Tue,	Jun 19	20:16	3472	Wed,	Jun 19	17:26
3325	Wed,	Jun 20	4:57	3399	Thu,	Jun 20	2:12	3473	Thu,	Jun 19	23:12
3326	Thu,	Jun 20	10:44	3400	Fri,	Jun 20	7:51	3474	Sat,	Jun 20	5:01
3327	Fri,	Jun 20	16:30	3401	Sat,	Jun 20	13:43	3475	Sun,	Jun 20	10:52
3328	Sat,	Jun 19	22:19	3402	Sun,	Jun 20	19:31	3476	Mon,	Jun 19	16:32
3329	Mon,	Jun 20	4:04	3403	Tue,	Jun 21	1:15	3477	Tue,	Jun 19	22:14
3330	Tue,	Jun 20	9:49	3404	Wed,	Jun 20	7:05	3478	Thu,	Jun 20	4:05
3331	Wed,	Jun 20	15:45	3405	Thu,	Jun 20	12:39	3479	Fri,	Jun 20	9:49
3332	Thu,	Jun 19	21:29	3406	Fri,	Jun 20	18:27	3480	Sat,	Jun 19	15:32
3333	Sat,	Jun 20	3:10	3407	Sun,	Jun 21	0:22	3481	Sun,	Jun 19	21:18
3334	Sun,	Jun 20	9:03	3408	Mon,	Jun 20	5:58	3482	Tue,	Jun 20	3:08
3335	Mon,	Jun 20	14:52	3409	Tue,	Jun 20	11:49	3483	Wed,	Jun 20	9:06
3336	Tue,	Jun 19	20:43	3410	Wed,	Jun 20	17:41	3484	Thu,	Jun 19	14:53
3337	Thu,	Jun 20	2:30	3411	Thu,	Jun 20	23:32	3485	Fri,	Jun 19	20:39
3338	Fri,	Jun 20	8:15	3412	Sat,	Jun 20	5:31	3486	Sun,	Jun 20	2:35
3339	Sat,	Jun 20	14:14	3413	Sun,	Jun 20	11:15	3487	Mon,	Jun 20	8:23
3340	Sun,	Jun 19	20:04	3414	Mon,	Jun 20	17:07	3488	Tue,	Jun 19	14:08
3341	Tue,	Jun 20	1:47	3415	Tue,	Jun 20	23:05	3489	Wed,	Jun 19	19:56
3342	Wed,	Jun 20	7:43	3416	Thu,	Jun 20	4:43	3490	Fri,	Jun 20	1:44
3343	Thu,	Jun 20	13:29	3417	Fri,	Jun 20	10:30	3491	Sat,	Jun 20	7:37
3344	Fri,	Jun 19	19:14	3418	Sat,	Jun 20	16:20	3492	Sun,	Jun 19	13:19
3345	Sun,	Jun 20	0:59	3419	Sun,	Jun 20	22:04	3493	Mon,	Jun 19	19:00
3346	Mon,	Jun 20	6:37	3420	Tue,	Jun 20	3:51	3494	Wed,	Jun 20	0:56
3347	Tue,	Jun 20	12:31	3421	Wed,	Jun 20	9:28	3495	Thu,	Jun 20	6:44
3348	Wed,	Jun 19	18:15	3422	Thu,	Jun 20	15:13	3496	Fri,	Jun 19	12:27
3349	Thu,	Jun 19	23:51	3423	Fri,	Jun 20	21:10	3497	Sat,	Jun 19	18:15
3350	Sat,	Jun 20	5:44	3424	Sun,	Jun 20	2:51	3498	Mon,	Jun 20	0:00
3351	Sun,	Jun 20	11:32	3425	Mon,	Jun 20	8:38	3499	Tue,	Jun 20	5:51
3352	Mon,	Jun 19	17:22	3426	Tue,	Jun 20	14:33	3500	Wed,	Jun 20	11:35
3353	Tue,	Jun 19	23:16	3427	Wed,	Jun 20	20:20	3501	Thu,	Jun 20	17:14
3354	Thu,	Jun 20	5:02	3428	Fri,	Jun 20	2:11	3502	Fri,	Jun 20	23:11
3355	Fri,	Jun 20	11:02	3429	Sat,	Jun 20	7:55	3503	Sun,	Jun 21	4:58
3356	Sat,	Jun 19	16:51	3430	Sun,	Jun 20	13:44	3504	Mon,	Jun 20	10:40
3357	Sun,	Jun 19	22:29	3431	Mon,	Jun 20	19:42	3505	Tue,	Jun 20	16:35
3358	Tue,	Jun 20	4:25	3432	Wed,	Jun 20	1:23	3506	Wed,	Jun 20	22:26
3359	Wed,	Jun 20	10:13	3433	Thu,	Jun 20	7:09	3507	Fri,	Jun 21	4:24
3360	Thu,	Jun 19	15:56	3434	Fri,	Jun 20	13:05	3508	Sat,	Jun 20	10:15
3361	Fri,	Jun 19	21:45	3435	Sat,	Jun 20	18:54	3509	Sun,	Jun 20	15:56
3362	Sun,	Jun 20	3:25	3436	Mon,	Jun 20	0:45	3510	Mon,	Jun 20	21:53
3363	Mon,	Jun 20	9:20	3437	Tue,	Jun 20	6:29	3511	Wed,	Jun 21	3:38
3364	Tue,	Jun 19	15:10	3438	Wed,	Jun 20	12:13	3512	Thu,	Jun 20	9:15
3365	Wed,	Jun 19	20:47	3439	Thu,	Jun 20	18:05	3513	Fri,	Jun 20	15:05
3366	Fri,	Jun 20	2:43	3440	Fri,	Jun 19	23:43	3514	Sat,	Jun 20	20:47
3367	Sat,	Jun 20	8:31	3441	Sun,	Jun 20	5:24	3515	Mon,	Jun 21	2:35
3368	Sun,	Jun 19	14:11	3442	Mon,	Jun 20	11:16	3516	Tue,	Jun 20	8:19
3369	Mon,	Jun 19	20:01	3443	Tue,	Jun 20	17:02	3517	Wed,	Jun 20	13:56
3370	Wed,	Jun 20	1:43	3444	Wed,	Jun 19	22:48	3518	Thu,	Jun 20	19:55
3371	Thu,	Jun 20	7:37	3445	Fri,	Jun 20	4:33	3519	Sat,	Jun 21	1:46
3372	Fri,	Jun 19	13:28	3446	Sat,	Jun 20	10:23	3520	Sun,	Jun 20	7:27
3373	Sat,	Jun 19	19:03	3447	Sun,	Jun 20	16:22	3521	Mon,	Jun 20	13:23
3374	Mon,	Jun 20	1:00	3448	Mon,	Jun 19	22:10	3522	Tue,	Jun 20	19:12
3375	Tue,	Jun 20	6:54	3449	Wed,	Jun 20	3:58	3523	Thu,	Jun 21	1:03
3376	Wed,	Jun 19	12:39	3450	Thu,	Jun 20	9:55	3524	Fri,	Jun 20	6:55
3377	Thu,	Jun 19	18:36	3451	Fri,	Jun 20	15:45	3525	Sat,	Jun 20	12:34
3378	Sat,	Jun 20	0:21	3452	Sat,	Jun 19	21:30	3526	Sun,	Jun 20	18:31
3379	Sun,	Jun 20	6:14	3453	Mon,	Jun 20	3:15	3527	Tue,	Jun 21	0:21
3380	Mon,	Jun 19	12:05	3454	Tue,	Jun 20	9:02	3528	Wed,	Jun 20	5:57
3381	Tue,	Jun 19	17:38	3455	Wed,	Jun 20	14:50	3529	Thu,	Jun 20	11:51
3382	Wed,	Jun 19	23:31	3456	Thu,	Jun 19	20:32	3530	Fri,	Jun 20	17:41
3383	Fri,	Jun 20	5:20	3457	Sat,	Jun 20	2:12	3531	Sat,	Jun 20	23:29
3384	Sat,	Jun 19	10:56	3458	Sun,	Jun 20	8:04	3532	Mon,	Jun 20	5:19
3385	Sun,	Jun 19	16:45	3459	Mon,	Jun 20	13:56	3533	Tue,	Jun 20	10:55
3386	Mon,	Jun 19	22:28	3460	Tue,	Jun 19	19:41	3534	Wed,	Jun 20	16:46
3387	Wed,	Jun 20	4:19	3461	Thu,	Jun 20	1:28	3535	Thu,	Jun 20	22:35
3388	Thu,	Jun 19	10:14	3462	Fri,	Jun 20	7:17	3536	Sat,	Jun 20	4:08
3389	Fri,	Jun 19	15:53	3463	Sat,	Jun 20	13:06	3537	Sun,	Jun 20	10:01
3390	Sat,	Jun 19	21:48	3464	Sun,	Jun 19	18:51	3538	Mon,	Jun 20	15:51
3391	Mon,	Jun 20	3:43	3465	Tue,	Jun 20	0:35	3539	Tue,	Jun 20	21:37
3392	Tue,	Jun 19	9:22	3466	Wed,	Jun 20	6:29	3540	Thu,	Jun 20	3:30
3393	Wed,	Jun 19	15:15	3467	Thu,	Jun 20	12:21	3541	Fri,	Jun 20	9:13
3394	Thu,	Jun 19	21:03	3468	Fri,	Jun 19	18:06	3542	Sat,	Jun 20	15:13

3543	Sun,	Jun 20	21:11
3544	Tue,	Jun 20	2:49
3545	Wed,	Jun 20	8:44
3546	Thu,	Jun 20	14:35
3547	Fri,	Jun 20	20:16
3548	Sun,	Jun 20	2:06
3549	Mon,	Jun 20	7:43
3550	Tue,	Jun 20	13:32
3551	Wed,	Jun 20	19:22
3552	Fri,	Jun 20	0:54
3553	Sat,	Jun 20	6:45
3554	Sun,	Jun 20	12:41
3555	Mon,	Jun 20	18:25
3556	Wed,	Jun 20	0:19
3557	Thu,	Jun 20	6:02
3558	Fri,	Jun 20	11:54
3559	Sat,	Jun 20	17:50
3560	Sun,	Jun 19	23:26
3561	Tue,	Jun 20	5:18
3562	Wed,	Jun 20	11:14
3563	Thu,	Jun 20	16:55
3564	Fri,	Jun 19	22:46
3565	Sun,	Jun 20	4:32
3566	Mon,	Jun 20	10:23
3567	Tue,	Jun 20	16:20
3568	Wed,	Jun 19	21:55
3569	Fri,	Jun 20	3:43
3570	Sat,	Jun 20	9:36
3571	Sun,	Jun 20	15:14
3572	Mon,	Jun 19	21:01
3573	Wed,	Jun 20	2:45
3574	Thu,	Jun 20	8:32
3575	Fri,	Jun 20	14:26
3576	Sat,	Jun 19	20:04
3577	Mon,	Jun 20	1:56
3578	Tue,	Jun 20	7:58
3579	Wed,	Jun 20	13:43
3580	Thu,	Jun 19	19:34
3581	Sat,	Jun 20	1:22
3582	Sun,	Jun 20	7:11
3583	Mon,	Jun 20	13:03
3584	Tue,	Jun 19	18:42
3585	Thu,	Jun 20	0:27
3586	Fri,	Jun 20	6:23
3587	Sat,	Jun 20	12:02
3588	Sun,	Jun 19	17:46
3589	Mon,	Jun 19	23:36
3590	Wed,	Jun 20	5:25
3591	Thu,	Jun 20	11:18
3592	Fri,	Jun 19	16:58
3593	Sat,	Jun 19	22:43
3594	Mon,	Jun 20	4:40
3595	Tue,	Jun 20	10:23
3596	Wed,	Jun 19	16:08
3597	Thu,	Jun 19	21:59
3598	Sat,	Jun 20	3:48
3599	Sun,	Jun 20	9:40
3600	Mon,	Jun 19	15:24
3601	Tue,	Jun 19	21:15
3602	Thu,	Jun 20	3:15
3603	Fri,	Jun 20	9:02
3604	Sat,	Jun 19	14:45
3605	Sun,	Jun 19	20:33
3606	Tue,	Jun 20	2:19
3607	Wed,	Jun 20	8:05
3608	Thu,	Jun 19	13:44
3609	Fri,	Jun 19	19:27
3610	Sun,	Jun 20	1:19
3611	Mon,	Jun 20	7:03
3612	Tue,	Jun 19	12:45
3613	Wed,	Jun 19	18:39
3614	Fri,	Jun 20	0:35
3615	Sat,	Jun 20	6:25
3616	Sun,	Jun 19	12:12
3617	Mon,	Jun 19	18:01
3618	Tue,	Jun 19	23:56
3619	Thu,	Jun 20	5:44
3620	Fri,	Jun 19	11:27
3621	Sat,	Jun 19	17:17
3622	Sun,	Jun 19	23:07
3623	Tue,	Jun 20	4:50
3624	Wed,	Jun 19	10:34
3625	Thu,	Jun 19	16:22
3626	Fri,	Jun 19	22:14
3627	Sun,	Jun 20	4:01
3628	Mon,	Jun 19	9:41
3629	Tue,	Jun 19	15:28
3630	Wed,	Jun 19	21:20
3631	Fri,	Jun 20	3:04
3632	Sat,	Jun 19	8:48
3633	Sun,	Jun 19	14:39
3634	Mon,	Jun 19	20:31
3635	Wed,	Jun 20	2:20
3636	Thu,	Jun 19	8:08
3637	Fri,	Jun 19	14:01
3638	Sat,	Jun 19	20:01
3639	Mon,	Jun 20	1:47
3640	Tue,	Jun 19	7:29
3641	Wed,	Jun 19	13:19
3642	Thu,	Jun 19	19:04
3643	Sat,	Jun 20	0:48
3644	Sun,	Jun 19	6:28
3645	Mon,	Jun 19	12:11
3646	Tue,	Jun 19	18:04
3647	Wed,	Jun 19	23:46
3648	Fri,	Jun 19	5:29
3649	Sat,	Jun 19	11:26
3650	Sun,	Jun 19	17:18
3651	Mon,	Jun 19	23:08
3652	Wed,	Jun 19	4:55
3653	Thu,	Jun 19	10:43
3654	Fri,	Jun 19	16:41
3655	Sat,	Jun 19	22:27
3656	Mon,	Jun 19	4:08
3657	Tue,	Jun 19	10:03
3658	Wed,	Jun 19	15:49
3659	Thu,	Jun 19	21:33
3660	Sat,	Jun 19	3:20
3661	Sun,	Jun 19	9:07
3662	Mon,	Jun 19	15:03
3663	Tue,	Jun 19	20:47
3664	Thu,	Jun 19	2:24
3665	Fri,	Jun 19	8:18
3666	Sat,	Jun 19	14:03
3667	Sun,	Jun 19	19:46
3668	Tue,	Jun 19	1:34
3669	Wed,	Jun 19	7:19
3670	Thu,	Jun 19	13:14
3671	Fri,	Jun 19	19:04
3672	Sun,	Jun 19	0:46
3673	Mon,	Jun 19	6:48
3674	Tue,	Jun 19	12:40
3675	Wed,	Jun 19	18:24
3676	Fri,	Jun 19	0:14
3677	Sat,	Jun 19	5:57
3678	Sun,	Jun 19	11:50
3679	Mon,	Jun 19	17:36
3680	Tue,	Jun 18	23:10
3681	Thu,	Jun 19	5:04
3682	Fri,	Jun 19	10:51
3683	Sat,	Jun 19	16:30
3684	Sun,	Jun 18	22:23
3685	Tue,	Jun 19	4:10
3686	Wed,	Jun 19	10:04
3687	Thu,	Jun 19	15:55
3688	Fri,	Jun 18	21:31
3689	Sun,	Jun 19	3:28
3690	Mon,	Jun 19	9:20
3691	Tue,	Jun 19	14:59
3692	Wed,	Jun 18	20:52
3693	Fri,	Jun 19	2:39
3694	Sat,	Jun 19	8:29
3695	Sun,	Jun 19	14:22
3696	Mon,	Jun 18	20:01
3697	Wed,	Jun 19	1:59
3698	Thu,	Jun 19	7:52
3699	Fri,	Jun 19	13:27
3700	Sat,	Jun 19	19:17
3701	Mon,	Jun 20	1:01
3702	Tue,	Jun 20	6:47
3703	Wed,	Jun 20	12:37
3704	Thu,	Jun 19	18:10
3705	Sat,	Jun 20	0:03
3706	Sun,	Jun 20	5:57
3707	Mon,	Jun 20	11:34
3708	Tue,	Jun 19	17:32
3709	Wed,	Jun 19	23:26
3710	Fri,	Jun 20	5:18
3711	Sat,	Jun 20	11:12
3712	Sun,	Jun 19	16:51
3713	Mon,	Jun 19	22:45
3714	Wed,	Jun 20	4:39
3715	Thu,	Jun 20	10:13
3716	Fri,	Jun 19	16:03
3717	Sat,	Jun 19	21:51
3718	Mon,	Jun 20	3:34
3719	Tue,	Jun 20	9:25
3720	Wed,	Jun 19	15:04
3721	Thu,	Jun 19	20:56
3722	Sat,	Jun 20	2:51
3723	Sun,	Jun 20	8:25
3724	Mon,	Jun 19	14:14
3725	Tue,	Jun 19	20:08
3726	Thu,	Jun 20	1:53
3727	Fri,	Jun 20	7:46
3728	Sat,	Jun 19	13:29
3729	Sun,	Jun 19	19:20
3730	Tue,	Jun 20	1:18
3731	Wed,	Jun 20	6:57
3732	Thu,	Jun 19	12:50
3733	Fri,	Jun 19	18:48
3734	Sun,	Jun 20	0:32
3735	Mon,	Jun 20	6:20
3736	Tue,	Jun 19	12:00
3737	Wed,	Jun 19	17:45
3738	Thu,	Jun 19	23:36
3739	Sat,	Jun 20	5:10
3740	Sun,	Jun 19	10:54
3741	Mon,	Jun 19	16:47
3742	Tue,	Jun 19	22:32
3743	Thu,	Jun 20	4:24
3744	Fri,	Jun 19	10:14
3745	Sat,	Jun 19	16:07
3746	Sun,	Jun 19	22:05
3747	Tue,	Jun 20	3:46
3748	Wed,	Jun 19	9:34
3749	Thu,	Jun 19	15:30
3750	Fri,	Jun 19	21:15
3751	Sun,	Jun 20	3:02
3752	Mon,	Jun 19	8:46
3753	Tue,	Jun 19	14:31
3754	Wed,	Jun 19	20:22
3755	Fri,	Jun 20	2:02
3756	Sat,	Jun 19	7:47
3757	Sun,	Jun 19	13:44
3758	Mon,	Jun 19	19:28
3759	Wed,	Jun 20	1:12
3760	Thu,	Jun 19	6:59
3761	Fri,	Jun 19	12:47
3762	Sat,	Jun 19	18:39
3763	Mon,	Jun 20	0:22
3764	Tue,	Jun 19	6:07

3765	Wed,	Jun 19	12:04
3766	Thu,	Jun 19	17:53
3767	Fri,	Jun 19	23:42
3768	Sun,	Jun 19	5:35
3769	Mon,	Jun 19	11:26
3770	Tue,	Jun 19	17:17
3771	Wed,	Jun 19	22:58
3772	Fri,	Jun 19	4:40
3773	Sat,	Jun 19	10:32
3774	Sun,	Jun 19	16:17
3775	Mon,	Jun 19	21:57
3776	Wed,	Jun 19	3:42
3777	Thu,	Jun 19	9:31
3778	Fri,	Jun 19	15:19
3779	Sat,	Jun 19	21:05
3780	Mon,	Jun 19	2:55
3781	Tue,	Jun 19	8:51
3782	Wed,	Jun 19	14:42
3783	Thu,	Jun 19	20:25
3784	Sat,	Jun 19	2:14
3785	Sun,	Jun 19	8:07
3786	Mon,	Jun 19	13:54
3787	Tue,	Jun 19	19:38
3788	Thu,	Jun 19	1:23
3789	Fri,	Jun 19	7:15
3790	Sat,	Jun 19	13:05
3791	Sun,	Jun 19	18:49
3792	Tue,	Jun 19	0:38
3793	Wed,	Jun 19	6:31
3794	Thu,	Jun 19	12:14
3795	Fri,	Jun 19	17:55
3796	Sat,	Jun 18	23:41
3797	Mon,	Jun 19	5:30
3798	Tue,	Jun 19	11:19
3799	Wed,	Jun 19	17:02
3800	Thu,	Jun 19	22:47
3801	Sat,	Jun 20	4:43
3802	Sun,	Jun 20	10:31
3803	Mon,	Jun 20	16:19
3804	Tue,	Jun 19	22:14
3805	Thu,	Jun 20	4:06
3806	Fri,	Jun 20	9:59
3807	Sat,	Jun 20	15:42
3808	Sun,	Jun 19	21:26
3809	Tue,	Jun 20	3:20
3810	Wed,	Jun 20	9:02
3811	Thu,	Jun 20	14:40
3812	Fri,	Jun 19	20:28
3813	Sun,	Jun 20	2:13
3814	Mon,	Jun 20	8:03
3815	Tue,	Jun 20	13:50
3816	Wed,	Jun 19	19:35
3817	Fri,	Jun 20	1:33
3818	Sat,	Jun 20	7:18
3819	Sun,	Jun 20	12:59
3820	Mon,	Jun 19	18:52
3821	Wed,	Jun 20	0:42
3822	Thu,	Jun 20	6:33
3823	Fri,	Jun 20	12:21
3824	Sat,	Jun 19	18:04
3825	Mon,	Jun 20	0:02
3826	Tue,	Jun 20	5:51
3827	Wed,	Jun 20	11:32
3828	Thu,	Jun 19	17:27
3829	Fri,	Jun 19	23:14
3830	Sun,	Jun 20	4:58
3831	Mon,	Jun 20	10:43
3832	Tue,	Jun 19	16:21
3833	Wed,	Jun 19	22:15
3834	Fri,	Jun 20	4:00
3835	Sat,	Jun 20	9:35
3836	Sun,	Jun 19	15:30
3837	Mon,	Jun 19	21:19
3838	Wed,	Jun 20	3:10
3839	Thu,	Jun 20	9:06
3840	Fri,	Jun 19	14:53
3841	Sat,	Jun 19	20:52
3842	Mon,	Jun 20	2:42
3843	Tue,	Jun 20	8:18
3844	Wed,	Jun 19	14:13
3845	Thu,	Jun 19	20:00
3846	Sat,	Jun 20	1:42
3847	Sun,	Jun 20	7:30
3848	Mon,	Jun 19	13:07
3849	Tue,	Jun 19	19:00
3850	Thu,	Jun 20	0:49
3851	Fri,	Jun 20	6:26
3852	Sat,	Jun 19	12:22
3853	Sun,	Jun 19	18:13
3854	Mon,	Jun 19	23:55
3855	Wed,	Jun 20	5:47
3856	Thu,	Jun 19	11:30
3857	Fri,	Jun 19	17:25
3858	Sat,	Jun 19	23:18
3859	Mon,	Jun 20	4:54
3860	Tue,	Jun 19	10:50
3861	Wed,	Jun 19	16:45
3862	Thu,	Jun 19	22:28
3863	Sat,	Jun 20	4:24
3864	Sun,	Jun 19	10:08
3865	Mon,	Jun 19	15:57
3866	Tue,	Jun 19	21:47
3867	Thu,	Jun 20	3:18
3868	Fri,	Jun 19	9:09
3869	Sat,	Jun 19	15:00
3870	Sun,	Jun 19	20:36
3871	Tue,	Jun 20	2:26
3872	Wed,	Jun 19	8:11
3873	Thu,	Jun 19	14:02
3874	Fri,	Jun 19	19:59
3875	Sun,	Jun 20	1:40
3876	Mon,	Jun 19	7:36
3877	Tue,	Jun 19	13:33
3878	Wed,	Jun 19	19:13
3879	Fri,	Jun 20	1:04
3880	Sat,	Jun 19	6:51
3881	Sun,	Jun 19	12:39
3882	Mon,	Jun 19	18:30
3883	Wed,	Jun 20	0:05
3884	Thu,	Jun 19	5:54
3885	Fri,	Jun 19	11:50
3886	Sat,	Jun 19	17:29
3887	Sun,	Jun 19	23:21
3888	Tue,	Jun 19	5:09
3889	Wed,	Jun 19	10:55
3890	Thu,	Jun 19	16:46
3891	Fri,	Jun 19	22:23
3892	Sun,	Jun 19	4:12
3893	Mon,	Jun 19	10:10
3894	Tue,	Jun 19	15:48
3895	Wed,	Jun 19	21:38
3896	Fri,	Jun 19	3:30
3897	Sat,	Jun 19	9:19
3898	Sun,	Jun 19	15:17
3899	Mon,	Jun 19	21:00
3900	Wed,	Jun 20	2:50
3901	Thu,	Jun 20	8:46
3902	Fri,	Jun 20	14:24
3903	Sat,	Jun 20	20:09
3904	Mon,	Jun 20	1:58
3905	Tue,	Jun 20	7:41
3906	Wed,	Jun 20	13:28
3907	Thu,	Jun 20	19:06
3908	Sat,	Jun 20	0:52
3909	Sun,	Jun 20	6:50
3910	Mon,	Jun 20	12:34
3911	Tue,	Jun 20	18:23
3912	Thu,	Jun 20	0:18
3913	Fri,	Jun 20	6:06
3914	Sat,	Jun 20	11:56
3915	Sun,	Jun 20	17:41
3916	Mon,	Jun 19	23:29
3917	Wed,	Jun 20	5:26
3918	Thu,	Jun 20	11:08
3919	Fri,	Jun 20	16:51
3920	Sat,	Jun 19	22:45
3921	Mon,	Jun 20	4:34
3922	Tue,	Jun 20	10:22
3923	Wed,	Jun 20	16:07
3924	Thu,	Jun 19	21:52
3925	Sat,	Jun 20	3:43
3926	Sun,	Jun 20	9:23
3927	Mon,	Jun 20	15:04
3928	Tue,	Jun 19	20:56
3929	Thu,	Jun 20	2:43
3930	Fri,	Jun 20	8:30
3931	Sat,	Jun 20	14:15
3932	Sun,	Jun 19	20:07
3933	Tue,	Jun 20	2:04
3934	Wed,	Jun 20	7:55
3935	Thu,	Jun 20	13:42
3936	Fri,	Jun 19	19:37
3937	Sun,	Jun 20	1:27
3938	Mon,	Jun 20	7:11
3939	Tue,	Jun 20	12:54
3940	Wed,	Jun 19	18:41
3941	Fri,	Jun 20	0:28
3942	Sat,	Jun 20	6:09
3943	Sun,	Jun 20	11:48
3944	Mon,	Jun 19	17:38
3945	Tue,	Jun 19	23:31
3946	Thu,	Jun 20	5:17
3947	Fri,	Jun 20	11:05
3948	Sat,	Jun 19	16:57
3949	Sun,	Jun 19	22:47
3950	Tue,	Jun 20	4:35
3951	Wed,	Jun 20	10:20
3952	Thu,	Jun 19	16:12
3953	Fri,	Jun 19	22:06
3954	Sun,	Jun 20	3:50
3955	Mon,	Jun 20	9:35
3956	Tue,	Jun 19	15:28
3957	Wed,	Jun 19	21:18
3958	Fri,	Jun 20	3:05
3959	Sat,	Jun 20	8:49
3960	Sun,	Jun 19	14:35
3961	Mon,	Jun 19	20:25
3962	Wed,	Jun 20	2:05
3963	Thu,	Jun 20	7:46
3964	Fri,	Jun 19	13:39
3965	Sat,	Jun 19	19:24
3966	Mon,	Jun 20	1:09
3967	Tue,	Jun 20	6:57
3968	Wed,	Jun 19	12:47
3969	Thu,	Jun 19	18:47
3970	Sat,	Jun 20	0:36
3971	Sun,	Jun 20	6:22
3972	Mon,	Jun 19	12:19
3973	Tue,	Jun 19	18:06
3974	Wed,	Jun 19	23:49
3975	Fri,	Jun 20	5:36
3976	Sat,	Jun 19	11:20
3977	Sun,	Jun 19	17:11
3978	Mon,	Jun 19	22:52
3979	Wed,	Jun 20	4:31
3980	Thu,	Jun 19	10:27
3981	Fri,	Jun 19	16:16
3982	Sat,	Jun 19	22:00
3983	Mon,	Jun 20	3:51
3984	Tue,	Jun 19	9:36
3985	Wed,	Jun 19	15:29
3986	Thu,	Jun 19	21:15

```
3987  Sat, Jun 20   2:56      3992  Fri, Jun 19   8:05      3997  Thu, Jun 19  13:09
3988  Sun, Jun 19   8:54      3993  Sat, Jun 19  14:00      3998  Fri, Jun 19  18:45
3989  Mon, Jun 19  14:42      3994  Sun, Jun 19  19:50      3999  Sun, Jun 20   0:35
3990  Tue, Jun 19  20:23      3995  Tue, Jun 20   1:28      4000  Mon, Jun 19   6:19
3991  Thu, Jun 20   2:16      3996  Wed, Jun 19   7:24
```

Year	Day	Time
1	Mon, Sep 24	10:04
2	Tue, Sep 24	15:53
3	Wed, Sep 24	21:46
4	Fri, Sep 24	3:38
5	Sat, Sep 24	9:24
6	Sun, Sep 24	15:11
7	Mon, Sep 24	21:05
8	Wed, Sep 24	2:53
9	Thu, Sep 24	8:39
10	Fri, Sep 24	14:26
11	Sat, Sep 24	20:15
12	Mon, Sep 24	2:06
13	Tue, Sep 24	7:51
14	Wed, Sep 24	13:34
15	Thu, Sep 24	19:24
16	Sat, Sep 24	1:06
17	Sun, Sep 24	6:47
18	Mon, Sep 24	12:36
19	Tue, Sep 24	18:23
20	Thu, Sep 24	0:16
21	Fri, Sep 24	6:02
22	Sat, Sep 24	11:46
23	Sun, Sep 24	17:42
24	Mon, Sep 23	23:32
25	Wed, Sep 24	5:20
26	Thu, Sep 24	11:15
27	Fri, Sep 24	17:04
28	Sat, Sep 23	22:54
29	Mon, Sep 24	4:39
30	Tue, Sep 24	10:20
31	Wed, Sep 24	16:12
32	Thu, Sep 23	21:55
33	Sat, Sep 24	3:33
34	Sun, Sep 24	9:22
35	Mon, Sep 24	15:08
36	Tue, Sep 23	20:57
37	Thu, Sep 24	2:49
38	Fri, Sep 24	8:32
39	Sat, Sep 24	14:27
40	Sun, Sep 23	20:15
41	Tue, Sep 24	1:56
42	Wed, Sep 24	7:53
43	Thu, Sep 24	13:43
44	Fri, Sep 23	19:32
45	Sun, Sep 24	1:23
46	Mon, Sep 24	7:03
47	Tue, Sep 24	12:56
48	Wed, Sep 23	18:46
49	Fri, Sep 24	0:25
50	Sat, Sep 24	6:19
51	Sun, Sep 24	12:04
52	Mon, Sep 23	17:47
53	Tue, Sep 23	23:36
54	Thu, Sep 24	5:15
55	Fri, Sep 24	11:07
56	Sat, Sep 23	16:57
57	Sun, Sep 23	22:34
58	Tue, Sep 24	4:29
59	Wed, Sep 24	10:20
60	Thu, Sep 23	16:10
61	Fri, Sep 23	22:06
62	Sun, Sep 24	3:50
63	Mon, Sep 24	9:42
64	Tue, Sep 23	15:33
65	Wed, Sep 23	21:10
66	Fri, Sep 24	3:03
67	Sat, Sep 24	8:54
68	Sun, Sep 23	14:34
69	Mon, Sep 23	20:25
70	Wed, Sep 24	2:04
71	Thu, Sep 24	7:52
72	Fri, Sep 23	13:46
73	Sat, Sep 23	19:23
74	Mon, Sep 24	1:17
75	Tue, Sep 24	7:09
76	Wed, Sep 23	12:49
77	Thu, Sep 23	18:44
78	Sat, Sep 24	0:28
79	Sun, Sep 24	6:17
80	Mon, Sep 23	12:12
81	Tue, Sep 23	17:49
82	Wed, Sep 23	23:43
83	Fri, Sep 24	5:39
84	Sat, Sep 23	11:22
85	Sun, Sep 23	17:17
86	Mon, Sep 23	23:02
87	Wed, Sep 24	4:45
88	Thu, Sep 23	10:37
89	Fri, Sep 23	16:12
90	Sat, Sep 23	22:01
91	Mon, Sep 24	3:54
92	Tue, Sep 23	9:32
93	Wed, Sep 23	15:22
94	Thu, Sep 23	21:08
95	Sat, Sep 24	2:55
96	Sun, Sep 23	8:52
97	Mon, Sep 23	14:35
98	Tue, Sep 23	20:26
99	Thu, Sep 24	2:24
100	Fri, Sep 24	8:05
101	Sat, Sep 24	13:58
102	Sun, Sep 24	19:48
103	Tue, Sep 25	1:32
104	Wed, Sep 24	7:24
105	Thu, Sep 24	13:02
106	Fri, Sep 24	18:47
107	Sun, Sep 25	0:44
108	Mon, Sep 24	6:24
109	Tue, Sep 24	12:13
110	Wed, Sep 24	18:01
111	Thu, Sep 24	23:42
112	Sat, Sep 24	5:33
113	Sun, Sep 24	11:14
114	Mon, Sep 24	17:02
115	Tue, Sep 24	23:00
116	Thu, Sep 24	4:44
117	Fri, Sep 24	10:33
118	Sat, Sep 24	16:27
119	Sun, Sep 24	22:15
120	Tue, Sep 24	4:11
121	Wed, Sep 24	9:56
122	Thu, Sep 24	15:42
123	Fri, Sep 24	21:35
124	Sun, Sep 24	3:15
125	Mon, Sep 24	8:59
126	Tue, Sep 24	14:48
127	Wed, Sep 24	20:30
128	Fri, Sep 24	2:16
129	Sat, Sep 24	7:59
130	Sun, Sep 24	13:43
131	Mon, Sep 24	19:40
132	Wed, Sep 24	1:28
133	Thu, Sep 24	7:17
134	Fri, Sep 24	13:11
135	Sat, Sep 24	18:58
136	Mon, Sep 24	0:48
137	Tue, Sep 24	6:37
138	Wed, Sep 24	12:24
139	Thu, Sep 24	18:18
140	Sat, Sep 24	0:02
141	Sun, Sep 24	5:45
142	Mon, Sep 24	11:35
143	Tue, Sep 24	17:22
144	Wed, Sep 23	23:09
145	Fri, Sep 24	4:54
146	Sat, Sep 24	10:38
147	Sun, Sep 24	16:26
148	Mon, Sep 23	22:12
149	Wed, Sep 24	3:56
150	Thu, Sep 24	9:48
151	Fri, Sep 24	15:38
152	Sat, Sep 23	21:25
153	Mon, Sep 24	3:13
154	Tue, Sep 24	9:04
155	Wed, Sep 24	14:58
156	Thu, Sep 23	20:50
157	Sat, Sep 24	2:36
158	Sun, Sep 24	8:25
159	Mon, Sep 24	14:14
160	Tue, Sep 23	19:56
161	Thu, Sep 24	1:41
162	Fri, Sep 24	7:28
163	Sat, Sep 24	13:14
164	Sun, Sep 23	18:59
165	Tue, Sep 24	0:43
166	Wed, Sep 24	6:31
167	Thu, Sep 24	12:24
168	Fri, Sep 23	18:11
169	Sat, Sep 23	23:57
170	Mon, Sep 24	5:48
171	Tue, Sep 24	11:37
172	Wed, Sep 23	17:25
173	Thu, Sep 23	23:15
174	Sat, Sep 24	5:03
175	Sun, Sep 24	10:56
176	Mon, Sep 23	16:41
177	Tue, Sep 23	22:24
178	Thu, Sep 24	4:17
179	Fri, Sep 24	10:05
180	Sat, Sep 23	15:53
181	Sun, Sep 23	21:40
182	Tue, Sep 24	3:23
183	Wed, Sep 24	9:13
184	Thu, Sep 23	14:57
185	Fri, Sep 23	20:38
186	Sun, Sep 24	2:31
187	Mon, Sep 24	8:16
188	Tue, Sep 23	14:02
189	Wed, Sep 23	19:53
190	Fri, Sep 24	1:40
191	Sat, Sep 24	7:37
192	Sun, Sep 23	13:28
193	Mon, Sep 23	19:11
194	Wed, Sep 24	1:05
195	Thu, Sep 24	6:52
196	Fri, Sep 23	12:37
197	Sat, Sep 23	18:28
198	Mon, Sep 24	0:12
199	Tue, Sep 24	6:01
200	Wed, Sep 24	11:47
201	Thu, Sep 24	17:24
202	Fri, Sep 24	23:17
203	Sun, Sep 25	5:06
204	Mon, Sep 24	10:48
205	Tue, Sep 24	16:40
206	Wed, Sep 24	22:24
207	Fri, Sep 25	4:14
208	Sat, Sep 24	10:06
209	Sun, Sep 24	15:47
210	Mon, Sep 24	21:43
211	Wed, Sep 25	3:34
212	Thu, Sep 24	9:16

213	Fri,	Sep 24	15:11
214	Sat,	Sep 24	21:00
215	Mon,	Sep 25	2:51
216	Tue,	Sep 24	8:44
217	Wed,	Sep 24	14:20
218	Thu,	Sep 24	20:10
219	Sat,	Sep 25	1:57
220	Sun,	Sep 24	7:33
221	Mon,	Sep 24	13:25
222	Tue,	Sep 24	19:09
223	Thu,	Sep 25	0:54
224	Fri,	Sep 24	6:46
225	Sat,	Sep 24	12:26
226	Sun,	Sep 24	18:22
227	Tue,	Sep 25	0:19
228	Wed,	Sep 24	6:00
229	Thu,	Sep 24	11:56
230	Fri,	Sep 24	17:45
231	Sat,	Sep 24	23:32
232	Mon,	Sep 24	5:27
233	Tue,	Sep 24	11:07
234	Wed,	Sep 24	16:56
235	Thu,	Sep 24	22:47
236	Sat,	Sep 24	4:21
237	Sun,	Sep 24	10:12
238	Mon,	Sep 24	16:01
239	Tue,	Sep 24	21:45
240	Thu,	Sep 24	3:39
241	Fri,	Sep 24	9:17
242	Sat,	Sep 24	15:04
243	Sun,	Sep 24	20:59
244	Tue,	Sep 24	2:38
245	Wed,	Sep 24	8:32
246	Thu,	Sep 24	14:25
247	Fri,	Sep 24	20:10
248	Sun,	Sep 24	2:06
249	Mon,	Sep 24	7:50
250	Tue,	Sep 24	13:42
251	Wed,	Sep 24	19:39
252	Fri,	Sep 24	1:17
253	Sat,	Sep 24	7:05
254	Sun,	Sep 24	12:55
255	Mon,	Sep 24	18:35
256	Wed,	Sep 24	0:25
257	Thu,	Sep 24	6:07
258	Fri,	Sep 24	11:50
259	Sat,	Sep 24	17:43
260	Sun,	Sep 23	23:21
261	Tue,	Sep 24	5:11
262	Wed,	Sep 24	11:09
263	Thu,	Sep 24	16:55
264	Fri,	Sep 23	22:49
265	Sun,	Sep 24	4:36
266	Mon,	Sep 24	10:21
267	Tue,	Sep 24	16:18
268	Wed,	Sep 23	21:59
269	Fri,	Sep 24	3:47
270	Sat,	Sep 24	9:42
271	Sun,	Sep 24	15:23
272	Mon,	Sep 23	21:13
273	Wed,	Sep 24	2:59
274	Thu,	Sep 24	8:44
275	Fri,	Sep 24	14:38
276	Sat,	Sep 23	20:18
277	Mon,	Sep 24	2:01
278	Tue,	Sep 24	7:55
279	Wed,	Sep 24	13:38
280	Thu,	Sep 23	19:28
281	Sat,	Sep 24	1:16
282	Sun,	Sep 24	7:01
283	Mon,	Sep 24	12:55
284	Tue,	Sep 23	18:39
285	Thu,	Sep 24	0:27
286	Fri,	Sep 24	6:27
287	Sat,	Sep 24	12:16
288	Sun,	Sep 23	18:03
289	Mon,	Sep 23	23:51
290	Wed,	Sep 24	5:35
291	Thu,	Sep 24	11:25
292	Fri,	Sep 23	17:08
293	Sat,	Sep 23	22:50
294	Mon,	Sep 24	4:43
295	Tue,	Sep 24	10:27
296	Wed,	Sep 23	16:11
297	Thu,	Sep 23	22:01
298	Sat,	Sep 24	3:49
299	Sun,	Sep 24	9:40
300	Mon,	Sep 24	15:25
301	Tue,	Sep 24	21:09
302	Thu,	Sep 25	3:05
303	Fri,	Sep 25	8:55
304	Sat,	Sep 24	14:43
305	Sun,	Sep 24	20:34
306	Tue,	Sep 25	2:22
307	Wed,	Sep 25	8:11
308	Thu,	Sep 24	13:57
309	Fri,	Sep 24	19:43
310	Sun,	Sep 25	1:37
311	Mon,	Sep 25	7:25
312	Tue,	Sep 24	13:07
313	Wed,	Sep 24	18:52
314	Fri,	Sep 25	0:38
315	Sat,	Sep 25	6:23
316	Sun,	Sep 24	12:07
317	Mon,	Sep 24	17:53
318	Tue,	Sep 24	23:43
319	Thu,	Sep 25	5:34
320	Fri,	Sep 24	11:21
321	Sat,	Sep 24	17:13
322	Sun,	Sep 24	23:09
323	Tue,	Sep 25	4:59
324	Wed,	Sep 24	10:45
325	Thu,	Sep 24	16:33
326	Fri,	Sep 24	22:22
327	Sun,	Sep 25	4:13
328	Mon,	Sep 24	9:57
329	Tue,	Sep 24	15:41
330	Wed,	Sep 24	21:30
331	Fri,	Sep 25	3:12
332	Sat,	Sep 24	8:54
333	Sun,	Sep 24	14:43
334	Mon,	Sep 24	20:33
335	Wed,	Sep 25	2:23
336	Thu,	Sep 24	8:09
337	Fri,	Sep 24	13:54
338	Sat,	Sep 24	19:49
339	Mon,	Sep 25	1:37
340	Tue,	Sep 24	7:23
341	Wed,	Sep 24	13:16
342	Thu,	Sep 24	19:05
343	Sat,	Sep 25	0:56
344	Sun,	Sep 24	6:46
345	Mon,	Sep 24	12:31
346	Tue,	Sep 24	18:26
347	Thu,	Sep 25	0:10
348	Fri,	Sep 24	5:47
349	Sat,	Sep 24	11:37
350	Sun,	Sep 24	17:21
351	Mon,	Sep 24	23:08
352	Wed,	Sep 24	4:56
353	Thu,	Sep 24	10:37
354	Fri,	Sep 24	16:30
355	Sat,	Sep 24	22:18
356	Mon,	Sep 24	4:01
357	Tue,	Sep 24	9:59
358	Wed,	Sep 24	15:51
359	Thu,	Sep 24	21:41
360	Sat,	Sep 24	3:32
361	Sun,	Sep 24	9:15
362	Mon,	Sep 24	15:09
363	Tue,	Sep 24	20:58
364	Thu,	Sep 24	2:35
365	Fri,	Sep 24	8:27
366	Sat,	Sep 24	14:13
367	Sun,	Sep 24	19:56
368	Tue,	Sep 24	1:48
369	Wed,	Sep 24	7:30
370	Thu,	Sep 24	13:23
371	Fri,	Sep 24	19:11
372	Sun,	Sep 24	0:47
373	Mon,	Sep 24	6:40
374	Tue,	Sep 24	12:32
375	Wed,	Sep 24	18:17
376	Fri,	Sep 24	0:12
377	Sat,	Sep 24	5:55
378	Sun,	Sep 24	11:47
379	Mon,	Sep 24	17:40
380	Tue,	Sep 23	23:19
381	Thu,	Sep 24	5:16
382	Fri,	Sep 24	11:09
383	Sat,	Sep 24	16:50
384	Sun,	Sep 23	22:41
385	Tue,	Sep 24	4:23
386	Wed,	Sep 24	10:10
387	Thu,	Sep 24	16:01
388	Fri,	Sep 23	21:35
389	Sun,	Sep 24	3:26
390	Mon,	Sep 24	9:17
391	Tue,	Sep 24	14:58
392	Wed,	Sep 23	20:53
393	Fri,	Sep 24	2:42
394	Sat,	Sep 24	8:32
395	Sun,	Sep 24	14:26
396	Mon,	Sep 23	20:03
397	Wed,	Sep 24	1:56
398	Thu,	Sep 24	7:52
399	Fri,	Sep 24	13:33
400	Sat,	Sep 23	19:27
401	Mon,	Sep 24	1:13
402	Tue,	Sep 24	6:58
403	Wed,	Sep 24	12:52
404	Thu,	Sep 23	18:30
405	Sat,	Sep 24	0:20
406	Sun,	Sep 24	6:14
407	Mon,	Sep 24	11:50
408	Tue,	Sep 23	17:39
409	Wed,	Sep 23	23:26
410	Fri,	Sep 24	5:11
411	Sat,	Sep 24	11:05
412	Sun,	Sep 23	16:43
413	Mon,	Sep 23	22:33
414	Wed,	Sep 24	4:31
415	Thu,	Sep 24	10:14
416	Fri,	Sep 23	16:09
417	Sat,	Sep 23	22:04
418	Mon,	Sep 24	3:50
419	Tue,	Sep 24	9:43
420	Wed,	Sep 23	15:22
421	Thu,	Sep 23	21:09
422	Sat,	Sep 24	3:04
423	Sun,	Sep 24	8:42
424	Mon,	Sep 23	14:27
425	Tue,	Sep 23	20:16
426	Thu,	Sep 24	1:57
427	Fri,	Sep 24	7:48
428	Sat,	Sep 23	13:32
429	Sun,	Sep 23	19:20
430	Tue,	Sep 24	1:18
431	Wed,	Sep 24	6:59
432	Thu,	Sep 23	12:48
433	Fri,	Sep 23	18:44
434	Sun,	Sep 24	0:30

435	Mon,	Sep 24	6:23
436	Tue,	Sep 23	12:09
437	Wed,	Sep 23	17:54
438	Thu,	Sep 23	23:51
439	Sat,	Sep 24	5:33
440	Sun,	Sep 23	11:19
441	Mon,	Sep 23	17:13
442	Tue,	Sep 23	22:54
443	Thu,	Sep 24	4:40
444	Fri,	Sep 23	10:21
445	Sat,	Sep 23	16:05
446	Sun,	Sep 23	21:59
447	Tue,	Sep 24	3:42
448	Wed,	Sep 23	9:27
449	Thu,	Sep 23	15:22
450	Fri,	Sep 23	21:11
451	Sun,	Sep 24	3:02
452	Mon,	Sep 23	8:54
453	Tue,	Sep 23	14:44
454	Wed,	Sep 23	20:39
455	Fri,	Sep 24	2:24
456	Sat,	Sep 23	8:07
457	Sun,	Sep 23	14:00
458	Mon,	Sep 23	19:46
459	Wed,	Sep 24	1:29
460	Thu,	Sep 23	7:13
461	Fri,	Sep 23	12:56
462	Sat,	Sep 23	18:46
463	Mon,	Sep 24	0:32
464	Tue,	Sep 23	6:17
465	Wed,	Sep 23	12:12
466	Thu,	Sep 23	18:00
467	Fri,	Sep 23	23:45
468	Sun,	Sep 23	5:33
469	Mon,	Sep 23	11:23
470	Tue,	Sep 23	17:16
471	Wed,	Sep 23	23:03
472	Fri,	Sep 23	4:49
473	Sat,	Sep 23	10:42
474	Sun,	Sep 23	16:33
475	Mon,	Sep 23	22:19
476	Wed,	Sep 23	4:06
477	Thu,	Sep 23	9:56
478	Fri,	Sep 23	15:42
479	Sat,	Sep 23	21:25
480	Mon,	Sep 23	3:09
481	Tue,	Sep 23	8:58
482	Wed,	Sep 23	14:48
483	Thu,	Sep 23	20:31
484	Sat,	Sep 23	2:15
485	Sun,	Sep 23	8:06
486	Mon,	Sep 23	13:55
487	Tue,	Sep 23	19:45
488	Thu,	Sep 23	1:35
489	Fri,	Sep 23	7:27
490	Sat,	Sep 23	13:20
491	Sun,	Sep 23	19:05
492	Tue,	Sep 23	0:50
493	Wed,	Sep 23	6:43
494	Thu,	Sep 23	12:30
495	Fri,	Sep 23	18:14
496	Sun,	Sep 23	0:01
497	Mon,	Sep 23	5:47
498	Tue,	Sep 23	11:38
499	Wed,	Sep 23	17:24
500	Thu,	Sep 23	23:08
501	Sat,	Sep 24	5:00
502	Sun,	Sep 24	10:45
503	Mon,	Sep 24	16:27
504	Tue,	Sep 23	22:17
505	Thu,	Sep 24	4:05
506	Fri,	Sep 24	9:58
507	Sat,	Sep 24	15:47
508	Sun,	Sep 23	21:30
509	Tue,	Sep 24	3:27
510	Wed,	Sep 24	9:16
511	Thu,	Sep 24	15:02
512	Fri,	Sep 23	20:57
513	Sun,	Sep 24	2:44
514	Mon,	Sep 24	8:33
515	Tue,	Sep 24	14:19
516	Wed,	Sep 23	19:58
517	Fri,	Sep 24	1:51
518	Sat,	Sep 24	7:36
519	Sun,	Sep 24	13:13
520	Mon,	Sep 23	19:03
521	Wed,	Sep 24	0:49
522	Thu,	Sep 24	6:39
523	Fri,	Sep 24	12:32
524	Sat,	Sep 23	18:16
525	Mon,	Sep 24	0:12
526	Tue,	Sep 24	6:03
527	Wed,	Sep 24	11:43
528	Thu,	Sep 23	17:39
529	Fri,	Sep 23	23:29
530	Sun,	Sep 24	5:18
531	Mon,	Sep 24	11:09
532	Tue,	Sep 23	16:48
533	Wed,	Sep 23	22:40
534	Fri,	Sep 24	4:31
535	Sat,	Sep 24	10:07
536	Sun,	Sep 23	16:01
537	Mon,	Sep 23	21:46
538	Wed,	Sep 24	3:28
539	Thu,	Sep 24	9:19
540	Fri,	Sep 23	14:59
541	Sat,	Sep 23	20:52
542	Mon,	Sep 24	2:45
543	Tue,	Sep 24	8:23
544	Wed,	Sep 23	14:19
545	Thu,	Sep 23	20:12
546	Sat,	Sep 24	2:00
547	Sun,	Sep 24	7:59
548	Mon,	Sep 23	13:42
549	Tue,	Sep 23	19:34
550	Thu,	Sep 24	1:24
551	Fri,	Sep 24	6:59
552	Sat,	Sep 23	12:50
553	Sun,	Sep 23	18:39
554	Tue,	Sep 24	0:18
555	Wed,	Sep 24	6:08
556	Thu,	Sep 23	11:48
557	Fri,	Sep 23	17:37
558	Sat,	Sep 23	23:32
559	Mon,	Sep 24	5:11
560	Tue,	Sep 23	11:05
561	Wed,	Sep 23	17:00
562	Thu,	Sep 23	22:43
563	Sat,	Sep 24	4:38
564	Sun,	Sep 23	10:25
565	Mon,	Sep 23	16:14
566	Tue,	Sep 23	22:10
567	Thu,	Sep 24	3:46
568	Fri,	Sep 23	9:36
569	Sat,	Sep 23	15:31
570	Sun,	Sep 23	21:12
571	Tue,	Sep 24	3:05
572	Wed,	Sep 23	8:50
573	Thu,	Sep 23	14:33
574	Fri,	Sep 23	20:25
575	Sun,	Sep 24	2:00
576	Mon,	Sep 23	7:49
577	Tue,	Sep 23	13:44
578	Wed,	Sep 23	19:25
579	Fri,	Sep 24	1:18
580	Sat,	Sep 23	7:06
581	Sun,	Sep 23	12:55
582	Mon,	Sep 23	18:53
583	Wed,	Sep 24	0:36
584	Thu,	Sep 23	6:25
585	Fri,	Sep 23	12:21
586	Sat,	Sep 23	18:02
587	Sun,	Sep 23	23:52
588	Tue,	Sep 23	5:41
589	Wed,	Sep 23	11:25
590	Thu,	Sep 23	17:16
591	Fri,	Sep 23	22:53
592	Sun,	Sep 23	4:37
593	Mon,	Sep 23	10:34
594	Tue,	Sep 23	16:17
595	Wed,	Sep 23	22:07
596	Fri,	Sep 23	3:58
597	Sat,	Sep 23	9:42
598	Sun,	Sep 23	15:34
599	Mon,	Sep 23	21:17
600	Wed,	Sep 24	3:04
601	Thu,	Sep 24	9:02
602	Fri,	Sep 24	14:46
603	Sat,	Sep 24	20:35
604	Mon,	Sep 24	2:28
605	Tue,	Sep 24	8:16
606	Wed,	Sep 24	14:08
607	Thu,	Sep 24	19:53
608	Sat,	Sep 24	1:37
609	Sun,	Sep 24	7:29
610	Mon,	Sep 24	13:10
611	Tue,	Sep 24	18:55
612	Thu,	Sep 24	0:45
613	Fri,	Sep 24	6:30
614	Sat,	Sep 24	12:16
615	Sun,	Sep 24	18:00
616	Mon,	Sep 23	23:45
617	Wed,	Sep 24	5:42
618	Thu,	Sep 24	11:32
619	Fri,	Sep 24	17:21
620	Sat,	Sep 23	23:15
621	Mon,	Sep 24	5:04
622	Tue,	Sep 24	10:52
623	Wed,	Sep 24	16:40
624	Thu,	Sep 23	22:26
625	Sat,	Sep 24	4:18
626	Sun,	Sep 24	10:04
627	Mon,	Sep 24	15:46
628	Tue,	Sep 23	21:36
629	Thu,	Sep 24	3:23
630	Fri,	Sep 24	9:09
631	Sat,	Sep 24	14:54
632	Sun,	Sep 23	20:39
633	Tue,	Sep 24	2:28
634	Wed,	Sep 24	8:15
635	Thu,	Sep 24	14:02
636	Fri,	Sep 23	19:54
637	Sun,	Sep 24	1:46
638	Mon,	Sep 24	7:33
639	Tue,	Sep 24	13:21
640	Wed,	Sep 23	19:12
641	Fri,	Sep 24	1:05
642	Sat,	Sep 24	6:57
643	Sun,	Sep 24	12:44
644	Mon,	Sep 23	18:30
645	Wed,	Sep 24	0:19
646	Thu,	Sep 24	6:00
647	Fri,	Sep 24	11:42
648	Sat,	Sep 23	17:30
649	Sun,	Sep 23	23:15
650	Tue,	Sep 24	5:02
651	Wed,	Sep 24	10:47
652	Thu,	Sep 23	16:35
653	Fri,	Sep 23	22:31
654	Sun,	Sep 24	4:20
655	Mon,	Sep 24	10:06
656	Tue,	Sep 23	16:00

657	Wed,	Sep 23	21:49
658	Fri,	Sep 24	3:39
659	Sat,	Sep 24	9:29
660	Sun,	Sep 23	15:17
661	Mon,	Sep 23	21:09
662	Wed,	Sep 24	2:52
663	Thu,	Sep 24	8:32
664	Fri,	Sep 23	14:23
665	Sat,	Sep 23	20:10
666	Mon,	Sep 24	1:57
667	Tue,	Sep 24	7:45
668	Wed,	Sep 23	13:28
669	Thu,	Sep 23	19:19
670	Sat,	Sep 24	1:05
671	Sun,	Sep 24	6:46
672	Mon,	Sep 23	12:41
673	Tue,	Sep 23	18:30
674	Thu,	Sep 24	0:16
675	Fri,	Sep 24	6:11
676	Sat,	Sep 23	11:58
677	Sun,	Sep 23	17:55
678	Mon,	Sep 23	23:45
679	Wed,	Sep 24	5:25
680	Thu,	Sep 23	11:18
681	Fri,	Sep 23	17:03
682	Sat,	Sep 23	22:46
683	Mon,	Sep 24	4:37
684	Tue,	Sep 23	10:20
685	Wed,	Sep 23	16:09
686	Thu,	Sep 23	21:56
687	Sat,	Sep 24	3:33
688	Sun,	Sep 23	9:28
689	Mon,	Sep 23	15:19
690	Tue,	Sep 23	21:04
691	Thu,	Sep 24	2:58
692	Fri,	Sep 23	8:44
693	Sat,	Sep 23	14:35
694	Sun,	Sep 23	20:28
695	Tue,	Sep 24	2:07
696	Wed,	Sep 23	8:02
697	Thu,	Sep 23	13:53
698	Fri,	Sep 23	19:32
699	Sun,	Sep 24	1:27
700	Mon,	Sep 24	7:14
701	Tue,	Sep 24	13:03
702	Wed,	Sep 24	18:56
703	Fri,	Sep 25	0:31
704	Sat,	Sep 24	6:21
705	Sun,	Sep 24	12:10
706	Mon,	Sep 24	17:47
707	Tue,	Sep 24	23:42
708	Thu,	Sep 24	5:28
709	Fri,	Sep 24	11:14
710	Sat,	Sep 24	17:08
711	Sun,	Sep 24	22:48
712	Tue,	Sep 24	4:43
713	Wed,	Sep 24	10:41
714	Thu,	Sep 24	16:23
715	Fri,	Sep 24	22:18
716	Sun,	Sep 24	4:07
717	Mon,	Sep 24	9:52
718	Tue,	Sep 24	15:46
719	Wed,	Sep 24	21:24
720	Fri,	Sep 24	3:12
721	Sat,	Sep 24	9:04
722	Sun,	Sep 24	14:40
723	Mon,	Sep 24	20:30
724	Wed,	Sep 24	2:21
725	Thu,	Sep 24	8:05
726	Fri,	Sep 24	13:58
727	Sat,	Sep 24	19:38
728	Mon,	Sep 24	1:26
729	Tue,	Sep 24	7:23
730	Wed,	Sep 24	13:03
731	Thu,	Sep 24	18:57
732	Sat,	Sep 24	0:52
733	Sun,	Sep 24	6:36
734	Mon,	Sep 24	12:30
735	Tue,	Sep 24	18:14
736	Thu,	Sep 24	0:04
737	Fri,	Sep 24	6:02
738	Sat,	Sep 24	11:39
739	Sun,	Sep 24	17:27
740	Mon,	Sep 23	23:16
741	Wed,	Sep 24	4:55
742	Thu,	Sep 24	10:45
743	Fri,	Sep 24	16:27
744	Sat,	Sep 23	22:11
745	Mon,	Sep 24	4:06
746	Tue,	Sep 24	9:47
747	Wed,	Sep 24	15:37
748	Thu,	Sep 23	21:37
749	Sat,	Sep 24	3:25
750	Sun,	Sep 24	9:18
751	Mon,	Sep 24	15:05
752	Tue,	Sep 23	20:52
753	Thu,	Sep 24	2:48
754	Fri,	Sep 24	8:30
755	Sat,	Sep 24	14:15
756	Sun,	Sep 23	20:09
757	Tue,	Sep 24	1:50
758	Wed,	Sep 24	7:36
759	Thu,	Sep 24	13:21
760	Fri,	Sep 23	19:06
761	Sun,	Sep 24	1:00
762	Mon,	Sep 24	6:42
763	Tue,	Sep 24	12:26
764	Wed,	Sep 23	18:21
765	Fri,	Sep 24	0:07
766	Sat,	Sep 24	5:57
767	Sun,	Sep 24	11:48
768	Mon,	Sep 23	17:35
769	Tue,	Sep 23	23:30
770	Thu,	Sep 24	5:15
771	Fri,	Sep 24	11:03
772	Sat,	Sep 23	17:00
773	Sun,	Sep 23	22:48
774	Tue,	Sep 24	4:33
775	Wed,	Sep 24	10:19
776	Thu,	Sep 23	16:02
777	Fri,	Sep 23	21:51
778	Sun,	Sep 24	3:34
779	Mon,	Sep 24	9:17
780	Tue,	Sep 23	15:09
781	Wed,	Sep 23	20:55
782	Fri,	Sep 24	2:41
783	Sat,	Sep 24	8:32
784	Sun,	Sep 23	14:24
785	Mon,	Sep 23	20:16
786	Wed,	Sep 24	2:04
787	Thu,	Sep 24	7:49
788	Fri,	Sep 23	13:43
789	Sat,	Sep 23	19:33
790	Mon,	Sep 24	1:19
791	Tue,	Sep 24	7:08
792	Wed,	Sep 23	12:55
793	Thu,	Sep 23	18:42
794	Sat,	Sep 24	0:27
795	Sun,	Sep 24	6:13
796	Mon,	Sep 23	12:04
797	Tue,	Sep 23	17:54
798	Wed,	Sep 23	23:37
799	Fri,	Sep 24	5:22
800	Sat,	Sep 23	11:12
801	Sun,	Sep 23	16:59
802	Mon,	Sep 23	22:45
803	Wed,	Sep 24	4:33
804	Thu,	Sep 23	10:23
805	Fri,	Sep 23	16:15
806	Sat,	Sep 23	22:03
807	Mon,	Sep 24	3:53
808	Tue,	Sep 23	9:49
809	Wed,	Sep 23	15:38
810	Thu,	Sep 23	21:23
811	Sat,	Sep 24	3:10
812	Sun,	Sep 23	8:57
813	Mon,	Sep 23	14:46
814	Tue,	Sep 23	20:30
815	Thu,	Sep 24	2:13
816	Fri,	Sep 23	8:04
817	Sat,	Sep 23	13:48
818	Sun,	Sep 23	19:31
819	Tue,	Sep 24	1:22
820	Wed,	Sep 23	7:12
821	Thu,	Sep 23	13:04
822	Fri,	Sep 23	18:51
823	Sun,	Sep 24	0:35
824	Mon,	Sep 23	6:31
825	Tue,	Sep 23	12:21
826	Wed,	Sep 23	18:05
827	Thu,	Sep 23	23:58
828	Sat,	Sep 23	5:46
829	Sun,	Sep 23	11:36
830	Mon,	Sep 23	17:25
831	Tue,	Sep 23	23:09
832	Thu,	Sep 23	5:04
833	Fri,	Sep 23	10:50
834	Sat,	Sep 23	16:26
835	Sun,	Sep 23	22:16
836	Tue,	Sep 23	4:00
837	Wed,	Sep 23	9:47
838	Thu,	Sep 23	15:37
839	Fri,	Sep 23	21:18
840	Sun,	Sep 23	3:14
841	Mon,	Sep 23	9:04
842	Tue,	Sep 23	14:47
843	Wed,	Sep 23	20:45
844	Fri,	Sep 23	2:38
845	Sat,	Sep 23	8:27
846	Sun,	Sep 23	14:19
847	Mon,	Sep 23	20:00
848	Wed,	Sep 23	1:54
849	Thu,	Sep 23	7:42
850	Fri,	Sep 23	13:18
851	Sat,	Sep 23	19:08
852	Mon,	Sep 23	0:54
853	Tue,	Sep 23	6:36
854	Wed,	Sep 23	12:28
855	Thu,	Sep 23	18:11
856	Sat,	Sep 23	0:04
857	Sun,	Sep 23	5:56
858	Mon,	Sep 23	11:33
859	Tue,	Sep 23	17:27
860	Wed,	Sep 22	23:20
861	Fri,	Sep 23	5:06
862	Sat,	Sep 23	11:02
863	Sun,	Sep 23	16:47
864	Mon,	Sep 22	22:39
865	Wed,	Sep 23	4:33
866	Thu,	Sep 23	10:10
867	Fri,	Sep 23	16:04
868	Sat,	Sep 22	21:56
869	Mon,	Sep 23	3:34
870	Tue,	Sep 23	9:25
871	Wed,	Sep 23	15:05
872	Thu,	Sep 22	20:53
873	Sat,	Sep 23	2:45
874	Sun,	Sep 23	8:20
875	Mon,	Sep 23	14:11
876	Tue,	Sep 22	20:05
877	Thu,	Sep 23	1:47
878	Fri,	Sep 23	7:45

879	Sat,	Sep 23	13:35
880	Sun,	Sep 22	19:27
881	Tue,	Sep 23	1:23
882	Wed,	Sep 23	7:00
883	Thu,	Sep 23	12:50
884	Fri,	Sep 22	18:45
885	Sun,	Sep 23	0:24
886	Mon,	Sep 23	6:15
887	Tue,	Sep 23	12:01
888	Wed,	Sep 22	17:45
889	Thu,	Sep 22	23:38
890	Sat,	Sep 23	5:16
891	Sun,	Sep 23	11:05
892	Mon,	Sep 22	17:01
893	Tue,	Sep 22	22:40
894	Thu,	Sep 23	4:30
895	Fri,	Sep 23	10:21
896	Sat,	Sep 22	16:07
897	Sun,	Sep 22	22:04
898	Tue,	Sep 23	3:44
899	Wed,	Sep 23	9:32
900	Thu,	Sep 23	15:30
901	Fri,	Sep 23	21:11
902	Sun,	Sep 24	3:04
903	Mon,	Sep 24	8:58
904	Tue,	Sep 23	14:44
905	Wed,	Sep 23	20:35
906	Fri,	Sep 24	2:13
907	Sat,	Sep 24	7:57
908	Sun,	Sep 23	13:53
909	Mon,	Sep 23	19:31
910	Wed,	Sep 24	1:18
911	Thu,	Sep 24	7:08
912	Fri,	Sep 23	12:53
913	Sat,	Sep 23	18:45
914	Mon,	Sep 24	0:31
915	Tue,	Sep 24	6:19
916	Wed,	Sep 23	12:18
917	Thu,	Sep 23	18:01
918	Fri,	Sep 23	23:48
919	Sun,	Sep 24	5:44
920	Mon,	Sep 23	11:31
921	Tue,	Sep 23	17:22
922	Wed,	Sep 23	23:06
923	Fri,	Sep 24	4:50
924	Sat,	Sep 23	10:45
925	Sun,	Sep 23	16:28
926	Mon,	Sep 23	22:13
927	Wed,	Sep 24	4:08
928	Thu,	Sep 23	9:52
929	Fri,	Sep 23	15:37
930	Sat,	Sep 23	21:19
931	Mon,	Sep 24	3:04
932	Tue,	Sep 23	8:59
933	Wed,	Sep 23	14:44
934	Thu,	Sep 23	20:30
935	Sat,	Sep 24	2:25
936	Sun,	Sep 23	8:16
937	Mon,	Sep 23	14:06
938	Tue,	Sep 23	19:57
939	Thu,	Sep 24	1:46
940	Fri,	Sep 23	7:40
941	Sat,	Sep 23	13:24
942	Sun,	Sep 23	19:07
943	Tue,	Sep 24	0:59
944	Wed,	Sep 23	6:46
945	Thu,	Sep 23	12:28
946	Fri,	Sep 23	18:11
947	Sat,	Sep 23	23:55
948	Mon,	Sep 23	5:44
949	Tue,	Sep 23	11:32
950	Wed,	Sep 23	17:19
951	Thu,	Sep 23	23:14
952	Sat,	Sep 23	5:06
953	Sun,	Sep 23	10:52
954	Mon,	Sep 23	16:40
955	Tue,	Sep 23	22:31
956	Thu,	Sep 23	4:23
957	Fri,	Sep 23	10:12
958	Sat,	Sep 23	15:58
959	Sun,	Sep 23	21:49
960	Tue,	Sep 23	3:40
961	Wed,	Sep 23	9:24
962	Thu,	Sep 23	15:09
963	Fri,	Sep 23	20:58
964	Sun,	Sep 23	2:43
965	Mon,	Sep 23	8:25
966	Tue,	Sep 23	14:10
967	Wed,	Sep 23	19:59
968	Fri,	Sep 23	1:52
969	Sat,	Sep 23	7:36
970	Sun,	Sep 23	13:21
971	Mon,	Sep 23	19:15
972	Wed,	Sep 23	1:05
973	Thu,	Sep 23	6:56
974	Fri,	Sep 23	12:49
975	Sat,	Sep 23	18:40
976	Mon,	Sep 23	0:34
977	Tue,	Sep 23	6:18
978	Wed,	Sep 23	12:00
979	Thu,	Sep 23	17:52
980	Fri,	Sep 22	23:36
981	Sun,	Sep 23	5:19
982	Mon,	Sep 23	11:05
983	Tue,	Sep 23	16:51
984	Wed,	Sep 22	22:43
985	Fri,	Sep 23	4:30
986	Sat,	Sep 23	10:13
987	Sun,	Sep 23	16:09
988	Mon,	Sep 22	21:56
989	Wed,	Sep 23	3:40
990	Thu,	Sep 23	9:32
991	Fri,	Sep 23	15:22
992	Sat,	Sep 22	21:16
993	Mon,	Sep 23	3:05
994	Tue,	Sep 23	8:46
995	Wed,	Sep 23	14:41
996	Thu,	Sep 22	20:30
997	Sat,	Sep 23	2:13
998	Sun,	Sep 23	8:07
999	Mon,	Sep 23	13:52
1000	Tue,	Sep 23	19:40
1001	Thu,	Sep 24	1:26
1002	Fri,	Sep 24	7:04
1003	Sat,	Sep 24	12:58
1004	Sun,	Sep 23	18:46
1005	Tue,	Sep 24	0:25
1006	Wed,	Sep 24	6:19
1007	Thu,	Sep 24	12:06
1008	Fri,	Sep 23	17:58
1009	Sat,	Sep 23	23:52
1010	Mon,	Sep 24	5:35
1011	Tue,	Sep 24	11:32
1012	Wed,	Sep 23	17:22
1013	Thu,	Sep 23	23:02
1014	Sat,	Sep 24	4:56
1015	Sun,	Sep 24	10:45
1016	Mon,	Sep 23	16:32
1017	Tue,	Sep 23	22:22
1018	Thu,	Sep 24	3:59
1019	Fri,	Sep 24	9:51
1020	Sat,	Sep 23	15:42
1021	Sun,	Sep 23	21:20
1022	Tue,	Sep 24	3:14
1023	Wed,	Sep 24	9:03
1024	Thu,	Sep 23	14:46
1025	Fri,	Sep 23	20:38
1026	Sun,	Sep 24	2:18
1027	Mon,	Sep 24	8:11
1028	Tue,	Sep 23	14:07
1029	Wed,	Sep 23	19:45
1030	Fri,	Sep 24	1:41
1031	Sat,	Sep 24	7:34
1032	Sun,	Sep 23	13:21
1033	Mon,	Sep 23	19:18
1034	Wed,	Sep 24	1:00
1035	Thu,	Sep 24	6:50
1036	Fri,	Sep 23	12:42
1037	Sat,	Sep 23	18:15
1038	Mon,	Sep 24	0:06
1039	Tue,	Sep 24	5:57
1040	Wed,	Sep 23	11:37
1041	Thu,	Sep 23	17:27
1042	Fri,	Sep 23	23:07
1043	Sun,	Sep 24	4:57
1044	Mon,	Sep 23	10:53
1045	Tue,	Sep 23	16:34
1046	Wed,	Sep 23	22:29
1047	Fri,	Sep 24	4:26
1048	Sat,	Sep 23	10:09
1049	Sun,	Sep 23	16:03
1050	Mon,	Sep 23	21:50
1051	Wed,	Sep 24	3:39
1052	Thu,	Sep 23	9:34
1053	Fri,	Sep 23	15:10
1054	Sat,	Sep 23	20:58
1055	Mon,	Sep 24	2:53
1056	Tue,	Sep 23	8:33
1057	Wed,	Sep 23	14:24
1058	Thu,	Sep 23	20:09
1059	Sat,	Sep 24	1:52
1060	Sun,	Sep 23	7:45
1061	Mon,	Sep 23	13:22
1062	Tue,	Sep 23	19:11
1063	Thu,	Sep 24	1:09
1064	Fri,	Sep 23	6:52
1065	Sat,	Sep 23	12:45
1066	Sun,	Sep 23	18:35
1067	Tue,	Sep 24	0:24
1068	Wed,	Sep 23	6:23
1069	Thu,	Sep 23	12:07
1070	Fri,	Sep 23	17:55
1071	Sat,	Sep 23	23:51
1072	Mon,	Sep 23	5:30
1073	Tue,	Sep 23	11:17
1074	Wed,	Sep 23	17:04
1075	Thu,	Sep 23	22:47
1076	Sat,	Sep 23	4:37
1077	Sun,	Sep 23	10:16
1078	Mon,	Sep 23	16:00
1079	Tue,	Sep 23	21:58
1080	Thu,	Sep 23	3:43
1081	Fri,	Sep 23	9:33
1082	Sat,	Sep 23	15:26
1083	Sun,	Sep 23	21:14
1084	Tue,	Sep 23	3:07
1085	Wed,	Sep 23	8:52
1086	Thu,	Sep 23	14:39
1087	Fri,	Sep 23	20:37
1088	Sun,	Sep 23	2:21
1089	Mon,	Sep 23	8:06
1090	Tue,	Sep 23	13:57
1091	Wed,	Sep 23	19:43
1092	Fri,	Sep 23	1:34
1093	Sat,	Sep 23	7:18
1094	Sun,	Sep 23	13:02
1095	Mon,	Sep 23	18:54
1096	Wed,	Sep 23	0:37
1097	Thu,	Sep 23	6:21
1098	Fri,	Sep 23	12:12
1099	Sat,	Sep 23	18:01
1100	Sun,	Sep 23	23:50

1101	Tue,	Sep 24	5:36
1102	Wed,	Sep 24	11:24
1103	Thu,	Sep 24	17:20
1104	Fri,	Sep 23	23:11
1105	Sun,	Sep 24	4:59
1106	Mon,	Sep 24	10:51
1107	Tue,	Sep 24	16:40
1108	Wed,	Sep 23	22:26
1109	Fri,	Sep 24	4:11
1110	Sat,	Sep 24	9:57
1111	Sun,	Sep 24	15:47
1112	Mon,	Sep 23	21:33
1113	Wed,	Sep 24	3:14
1114	Thu,	Sep 24	9:03
1115	Fri,	Sep 24	14:54
1116	Sat,	Sep 23	20:41
1117	Mon,	Sep 24	2:28
1118	Tue,	Sep 24	8:16
1119	Wed,	Sep 24	14:06
1120	Thu,	Sep 23	19:55
1121	Sat,	Sep 24	1:41
1122	Sun,	Sep 24	7:33
1123	Mon,	Sep 24	13:26
1124	Tue,	Sep 23	19:13
1125	Thu,	Sep 24	0:59
1126	Fri,	Sep 24	6:50
1127	Sat,	Sep 24	12:41
1128	Sun,	Sep 23	18:32
1129	Tue,	Sep 24	0:18
1130	Wed,	Sep 24	6:03
1131	Thu,	Sep 24	11:53
1132	Fri,	Sep 23	17:36
1133	Sat,	Sep 23	23:17
1134	Mon,	Sep 24	5:07
1135	Tue,	Sep 24	10:53
1136	Wed,	Sep 23	16:40
1137	Thu,	Sep 23	22:27
1138	Sat,	Sep 24	4:15
1139	Sun,	Sep 24	10:13
1140	Mon,	Sep 23	16:03
1141	Tue,	Sep 23	21:49
1142	Thu,	Sep 24	3:43
1143	Fri,	Sep 24	9:31
1144	Sat,	Sep 23	15:20
1145	Sun,	Sep 23	21:09
1146	Tue,	Sep 24	2:55
1147	Wed,	Sep 24	8:48
1148	Thu,	Sep 23	14:32
1149	Fri,	Sep 23	20:10
1150	Sun,	Sep 24	2:02
1151	Mon,	Sep 24	7:48
1152	Tue,	Sep 23	13:34
1153	Wed,	Sep 23	19:24
1154	Fri,	Sep 24	1:07
1155	Sat,	Sep 24	7:00
1156	Sun,	Sep 23	12:48
1157	Mon,	Sep 23	18:30
1158	Wed,	Sep 24	0:27
1159	Thu,	Sep 24	6:17
1160	Fri,	Sep 23	12:03
1161	Sat,	Sep 23	17:58
1162	Sun,	Sep 23	23:45
1163	Tue,	Sep 24	5:41
1164	Wed,	Sep 23	11:33
1165	Thu,	Sep 23	17:10
1166	Fri,	Sep 23	23:02
1167	Sun,	Sep 24	4:47
1168	Mon,	Sep 23	10:26
1169	Tue,	Sep 23	16:17
1170	Wed,	Sep 23	21:59
1171	Fri,	Sep 24	3:49
1172	Sat,	Sep 23	9:38
1173	Sun,	Sep 23	15:16
1174	Mon,	Sep 23	21:12
1175	Wed,	Sep 24	3:06
1176	Thu,	Sep 23	8:51
1177	Fri,	Sep 23	14:48
1178	Sat,	Sep 23	20:35
1179	Mon,	Sep 24	2:27
1180	Tue,	Sep 23	8:20
1181	Wed,	Sep 23	13:59
1182	Thu,	Sep 23	19:52
1183	Sat,	Sep 24	1:42
1184	Sun,	Sep 23	7:19
1185	Mon,	Sep 23	13:11
1186	Tue,	Sep 23	18:58
1187	Thu,	Sep 24	0:46
1188	Fri,	Sep 23	6:39
1189	Sat,	Sep 23	12:15
1190	Sun,	Sep 23	18:05
1191	Mon,	Sep 23	23:57
1192	Wed,	Sep 23	5:35
1193	Thu,	Sep 23	11:31
1194	Fri,	Sep 23	17:21
1195	Sat,	Sep 23	23:09
1196	Mon,	Sep 23	5:05
1197	Tue,	Sep 23	10:45
1198	Wed,	Sep 23	16:40
1199	Thu,	Sep 23	22:37
1200	Sat,	Sep 23	4:16
1201	Sun,	Sep 23	10:09
1202	Mon,	Sep 23	15:57
1203	Tue,	Sep 23	21:40
1204	Thu,	Sep 23	3:33
1205	Fri,	Sep 23	9:11
1206	Sat,	Sep 23	14:58
1207	Sun,	Sep 23	20:51
1208	Tue,	Sep 23	2:27
1209	Wed,	Sep 23	8:18
1210	Thu,	Sep 23	14:12
1211	Fri,	Sep 23	19:59
1212	Sun,	Sep 23	1:55
1213	Mon,	Sep 23	7:37
1214	Tue,	Sep 23	13:25
1215	Wed,	Sep 23	19:22
1216	Fri,	Sep 23	1:02
1217	Sat,	Sep 23	6:54
1218	Sun,	Sep 23	12:49
1219	Mon,	Sep 23	18:33
1220	Wed,	Sep 23	0:26
1221	Thu,	Sep 23	6:08
1222	Fri,	Sep 23	11:55
1223	Sat,	Sep 23	17:52
1224	Sun,	Sep 22	23:31
1225	Tue,	Sep 23	5:17
1226	Wed,	Sep 23	11:09
1227	Thu,	Sep 23	16:50
1228	Fri,	Sep 22	22:41
1229	Sun,	Sep 23	4:25
1230	Mon,	Sep 23	10:10
1231	Tue,	Sep 23	16:06
1232	Wed,	Sep 22	21:47
1233	Fri,	Sep 23	3:38
1234	Sat,	Sep 23	9:37
1235	Sun,	Sep 23	15:26
1236	Mon,	Sep 22	21:19
1237	Wed,	Sep 23	3:06
1238	Thu,	Sep 23	8:50
1239	Fri,	Sep 23	14:45
1240	Sat,	Sep 22	20:26
1241	Mon,	Sep 23	2:11
1242	Tue,	Sep 23	8:04
1243	Wed,	Sep 23	13:47
1244	Thu,	Sep 22	19:33
1245	Sat,	Sep 23	1:19
1246	Sun,	Sep 23	7:04
1247	Mon,	Sep 23	12:58
1248	Tue,	Sep 22	18:42
1249	Thu,	Sep 23	0:27
1250	Fri,	Sep 23	6:23
1251	Sat,	Sep 23	12:12
1252	Sun,	Sep 22	18:02
1253	Mon,	Sep 22	23:53
1254	Wed,	Sep 23	5:40
1255	Thu,	Sep 23	11:34
1256	Fri,	Sep 22	17:19
1257	Sat,	Sep 22	23:05
1258	Mon,	Sep 23	5:03
1259	Tue,	Sep 23	10:51
1260	Wed,	Sep 22	16:35
1261	Thu,	Sep 22	22:19
1262	Sat,	Sep 23	4:02
1263	Sun,	Sep 23	9:49
1264	Mon,	Sep 22	15:32
1265	Tue,	Sep 22	21:17
1266	Thu,	Sep 23	3:09
1267	Fri,	Sep 23	8:59
1268	Sat,	Sep 22	14:46
1269	Sun,	Sep 22	20:38
1270	Tue,	Sep 23	2:31
1271	Wed,	Sep 23	8:24
1272	Thu,	Sep 22	14:13
1273	Fri,	Sep 22	20:00
1274	Sun,	Sep 23	1:52
1275	Mon,	Sep 23	7:44
1276	Tue,	Sep 22	13:28
1277	Wed,	Sep 22	19:14
1278	Fri,	Sep 23	1:01
1279	Sat,	Sep 23	6:45
1280	Sun,	Sep 22	12:29
1281	Mon,	Sep 22	18:14
1282	Wed,	Sep 23	0:06
1283	Thu,	Sep 23	5:57
1284	Fri,	Sep 22	11:42
1285	Sat,	Sep 22	17:27
1286	Sun,	Sep 22	23:19
1287	Tue,	Sep 23	5:08
1288	Wed,	Sep 22	10:56
1289	Thu,	Sep 22	16:46
1290	Fri,	Sep 22	22:38
1291	Sun,	Sep 23	4:31
1292	Mon,	Sep 22	10:18
1293	Tue,	Sep 22	16:05
1294	Wed,	Sep 22	22:00
1295	Fri,	Sep 23	3:47
1296	Sat,	Sep 22	9:29
1297	Sun,	Sep 22	15:16
1298	Mon,	Sep 22	21:01
1299	Wed,	Sep 23	2:51
1300	Thu,	Sep 23	8:36
1301	Fri,	Sep 23	14:18
1302	Sat,	Sep 23	20:11
1303	Mon,	Sep 24	1:57
1304	Tue,	Sep 23	7:41
1305	Wed,	Sep 23	13:37
1306	Thu,	Sep 23	19:28
1307	Sat,	Sep 24	1:22
1308	Sun,	Sep 23	7:11
1309	Mon,	Sep 23	12:54
1310	Tue,	Sep 23	18:49
1311	Thu,	Sep 24	0:37
1312	Fri,	Sep 23	6:19
1313	Sat,	Sep 23	12:11
1314	Sun,	Sep 23	17:58
1315	Mon,	Sep 23	23:46
1316	Wed,	Sep 23	5:35
1317	Thu,	Sep 23	11:16
1318	Fri,	Sep 23	17:11
1319	Sat,	Sep 23	22:58
1320	Mon,	Sep 23	4:36
1321	Tue,	Sep 23	10:28
1322	Wed,	Sep 23	16:16

1323	Thu,	Sep 23	22:04
1324	Sat,	Sep 23	3:56
1325	Sun,	Sep 23	9:38
1326	Mon,	Sep 23	15:33
1327	Tue,	Sep 23	21:25
1328	Thu,	Sep 23	3:05
1329	Fri,	Sep 23	9:04
1330	Sat,	Sep 23	14:56
1331	Sun,	Sep 23	20:44
1332	Tue,	Sep 23	2:35
1333	Wed,	Sep 23	8:15
1334	Thu,	Sep 23	14:06
1335	Fri,	Sep 23	19:56
1336	Sun,	Sep 23	1:31
1337	Mon,	Sep 23	7:23
1338	Tue,	Sep 23	13:10
1339	Wed,	Sep 23	18:53
1340	Fri,	Sep 23	0:46
1341	Sat,	Sep 23	6:30
1342	Sun,	Sep 23	12:24
1343	Mon,	Sep 23	18:17
1344	Tue,	Sep 22	23:55
1345	Thu,	Sep 23	5:49
1346	Fri,	Sep 23	11:44
1347	Sat,	Sep 23	17:29
1348	Sun,	Sep 22	23:25
1349	Tue,	Sep 23	5:08
1350	Wed,	Sep 23	10:59
1351	Thu,	Sep 23	16:52
1352	Fri,	Sep 22	22:29
1353	Sun,	Sep 23	4:21
1354	Mon,	Sep 23	10:14
1355	Tue,	Sep 23	15:53
1356	Wed,	Sep 22	21:43
1357	Fri,	Sep 23	3:24
1358	Sat,	Sep 23	9:11
1359	Sun,	Sep 23	15:05
1360	Mon,	Sep 22	20:41
1361	Wed,	Sep 23	2:34
1362	Thu,	Sep 23	8:30
1363	Fri,	Sep 23	14:13
1364	Sat,	Sep 22	20:11
1365	Mon,	Sep 23	2:02
1366	Tue,	Sep 23	7:53
1367	Wed,	Sep 23	13:50
1368	Thu,	Sep 22	19:26
1369	Sat,	Sep 23	1:16
1370	Sun,	Sep 23	7:10
1371	Mon,	Sep 23	12:48
1372	Tue,	Sep 22	18:37
1373	Thu,	Sep 23	0:22
1374	Fri,	Sep 23	6:05
1375	Sat,	Sep 23	11:58
1376	Sun,	Sep 22	17:37
1377	Mon,	Sep 22	23:26
1378	Wed,	Sep 23	5:25
1379	Thu,	Sep 23	11:05
1380	Fri,	Sep 22	16:56
1381	Sat,	Sep 22	22:48
1382	Mon,	Sep 23	4:36
1383	Tue,	Sep 23	10:33
1384	Wed,	Sep 22	16:16
1385	Thu,	Sep 22	22:04
1386	Sat,	Sep 23	4:02
1387	Sun,	Sep 23	9:43
1388	Mon,	Sep 22	15:32
1389	Tue,	Sep 22	21:24
1390	Thu,	Sep 23	3:08
1391	Fri,	Sep 23	8:58
1392	Sat,	Sep 22	14:36
1393	Sun,	Sep 22	20:20
1394	Tue,	Sep 23	2:16
1395	Wed,	Sep 23	7:57
1396	Thu,	Sep 22	13:43
1397	Fri,	Sep 22	19:36
1398	Sun,	Sep 23	1:23
1399	Mon,	Sep 23	7:18
1400	Tue,	Sep 23	13:05
1401	Wed,	Sep 23	18:56
1402	Fri,	Sep 24	0:55
1403	Sat,	Sep 24	6:38
1404	Sun,	Sep 23	12:23
1405	Mon,	Sep 23	18:16
1406	Wed,	Sep 24	0:02
1407	Thu,	Sep 24	5:51
1408	Fri,	Sep 23	11:34
1409	Sat,	Sep 23	17:17
1410	Sun,	Sep 23	23:11
1411	Tue,	Sep 24	4:54
1412	Wed,	Sep 23	10:39
1413	Thu,	Sep 23	16:34
1414	Fri,	Sep 23	22:21
1415	Sun,	Sep 24	4:08
1416	Mon,	Sep 23	9:54
1417	Tue,	Sep 23	15:40
1418	Wed,	Sep 23	21:37
1419	Fri,	Sep 24	3:24
1420	Sat,	Sep 23	9:09
1421	Sun,	Sep 23	15:04
1422	Mon,	Sep 23	20:54
1423	Wed,	Sep 24	2:43
1424	Thu,	Sep 23	8:32
1425	Fri,	Sep 23	14:20
1426	Sat,	Sep 23	20:12
1427	Mon,	Sep 24	1:56
1428	Tue,	Sep 23	7:38
1429	Wed,	Sep 23	13:28
1430	Thu,	Sep 23	19:17
1431	Sat,	Sep 24	1:01
1432	Sun,	Sep 23	6:45
1433	Mon,	Sep 23	12:32
1434	Tue,	Sep 23	18:22
1435	Thu,	Sep 24	0:11
1436	Fri,	Sep 23	5:59
1437	Sat,	Sep 23	11:53
1438	Sun,	Sep 23	17:47
1439	Mon,	Sep 23	23:33
1440	Wed,	Sep 23	5:20
1441	Thu,	Sep 23	11:11
1442	Fri,	Sep 23	17:02
1443	Sat,	Sep 23	22:50
1444	Mon,	Sep 23	4:35
1445	Tue,	Sep 23	10:23
1446	Wed,	Sep 23	16:16
1447	Thu,	Sep 23	22:00
1448	Sat,	Sep 23	3:45
1449	Sun,	Sep 23	9:35
1450	Mon,	Sep 23	15:21
1451	Tue,	Sep 23	21:04
1452	Thu,	Sep 23	2:49
1453	Fri,	Sep 23	8:38
1454	Sat,	Sep 23	14:33
1455	Sun,	Sep 23	20:20
1456	Tue,	Sep 23	2:05
1457	Wed,	Sep 23	8:00
1458	Thu,	Sep 23	13:51
1459	Fri,	Sep 23	19:40
1460	Sun,	Sep 23	1:33
1461	Mon,	Sep 23	7:23
1462	Tue,	Sep 23	13:16
1463	Wed,	Sep 23	19:01
1464	Fri,	Sep 23	0:40
1465	Sat,	Sep 23	6:33
1466	Sun,	Sep 23	12:17
1467	Mon,	Sep 23	17:58
1468	Tue,	Sep 22	23:45
1469	Thu,	Sep 23	5:29
1470	Fri,	Sep 23	11:23
1471	Sat,	Sep 23	17:11
1472	Sun,	Sep 22	22:56
1473	Tue,	Sep 23	4:54
1474	Wed,	Sep 23	10:43
1475	Thu,	Sep 23	16:27
1476	Fri,	Sep 22	22:21
1477	Sun,	Sep 23	4:10
1478	Mon,	Sep 23	10:05
1479	Tue,	Sep 23	15:55
1480	Wed,	Sep 22	21:35
1481	Fri,	Sep 23	3:29
1482	Sat,	Sep 23	9:17
1483	Sun,	Sep 23	14:57
1484	Mon,	Sep 22	20:49
1485	Wed,	Sep 23	2:34
1486	Thu,	Sep 23	8:21
1487	Fri,	Sep 23	14:09
1488	Sat,	Sep 22	19:46
1489	Mon,	Sep 23	1:42
1490	Tue,	Sep 23	7:32
1491	Wed,	Sep 23	13:12
1492	Thu,	Sep 22	19:08
1493	Sat,	Sep 23	0:58
1494	Sun,	Sep 23	6:50
1495	Mon,	Sep 23	12:47
1496	Tue,	Sep 22	18:29
1497	Thu,	Sep 23	0:26
1498	Fri,	Sep 23	6:16
1499	Sat,	Sep 23	11:52
1500	Sun,	Sep 23	17:44
1501	Mon,	Sep 23	23:31
1502	Wed,	Sep 24	5:17
1503	Thu,	Sep 24	11:07
1504	Fri,	Sep 23	16:44
1505	Sat,	Sep 23	22:35
1506	Mon,	Sep 24	4:28
1507	Tue,	Sep 24	10:06
1508	Wed,	Sep 23	16:02
1509	Thu,	Sep 23	21:54
1510	Sat,	Sep 24	3:40
1511	Sun,	Sep 24	9:34
1512	Mon,	Sep 23	15:16
1513	Tue,	Sep 23	21:10
1514	Thu,	Sep 24	3:06
1515	Fri,	Sep 24	8:42
1516	Sat,	Sep 23	14:36
1517	Sun,	Sep 23	20:28
1518	Tue,	Sep 24	2:13
1519	Wed,	Sep 24	8:09
1520	Thu,	Sep 23	13:50
1521	Fri,	Sep 23	19:38
1522	Sun,	Sep 24	1:30
1523	Mon,	Sep 24	7:03
1524	Tue,	Sep 23	12:54
1525	Wed,	Sep 23	18:47
1526	Fri,	Sep 24	0:29
1527	Sat,	Sep 24	6:23
1528	Sun,	Sep 23	12:05
1529	Mon,	Sep 23	17:55
1530	Tue,	Sep 23	23:53
1531	Thu,	Sep 24	5:34
1532	Fri,	Sep 23	11:28
1533	Sat,	Sep 23	17:25
1534	Sun,	Sep 23	23:08
1535	Tue,	Sep 24	5:01
1536	Wed,	Sep 23	10:46
1537	Thu,	Sep 23	16:33
1538	Fri,	Sep 23	22:28
1539	Sun,	Sep 24	4:03
1540	Mon,	Sep 23	9:50
1541	Tue,	Sep 23	15:45
1542	Wed,	Sep 23	21:28
1543	Fri,	Sep 24	3:19
1544	Sat,	Sep 23	9:06

1545	Sun,	Sep 23	14:50
1546	Mon,	Sep 23	20:44
1547	Wed,	Sep 24	2:22
1548	Thu,	Sep 23	8:11
1549	Fri,	Sep 23	14:11
1550	Sat,	Sep 23	19:55
1551	Mon,	Sep 24	1:47
1552	Tue,	Sep 23	7:38
1553	Wed,	Sep 23	13:26
1554	Thu,	Sep 23	19:23
1555	Sat,	Sep 24	1:06
1556	Sun,	Sep 23	6:53
1557	Mon,	Sep 23	12:48
1558	Tue,	Sep 23	18:28
1559	Thu,	Sep 24	0:14
1560	Fri,	Sep 23	6:01
1561	Sat,	Sep 23	11:45
1562	Sun,	Sep 23	17:35
1563	Mon,	Sep 23	23:15
1564	Wed,	Sep 23	5:00
1565	Thu,	Sep 23	10:58
1566	Fri,	Sep 23	16:46
1567	Sat,	Sep 23	22:37
1568	Mon,	Sep 23	4:32
1569	Tue,	Sep 23	10:20
1570	Wed,	Sep 23	16:13
1571	Thu,	Sep 23	21:58
1572	Sat,	Sep 23	3:45
1573	Sun,	Sep 23	9:41
1574	Mon,	Sep 23	15:27
1575	Tue,	Sep 23	21:10
1576	Thu,	Sep 23	3:00
1577	Fri,	Sep 23	8:45
1578	Sat,	Sep 23	14:34
1579	Sun,	Sep 23	20:18
1580	Tue,	Sep 23	2:01
1581	Wed,	Sep 23	7:54
1582	Thu,	Sep 23	13:39
1583	Fri,	Sep 23	19:24
1584	Sun,	Sep 23	1:16
1585	Mon,	Sep 23	7:07
1586	Tue,	Sep 23	12:57
1587	Wed,	Sep 23	18:45
1588	Fri,	Sep 23	0:34
1589	Sat,	Sep 23	6:31
1590	Sun,	Sep 23	12:23
1591	Mon,	Sep 23	18:10
1592	Tue,	Sep 22	24:00
1593	Thu,	Sep 23	5:48
1594	Fri,	Sep 23	11:31
1595	Sat,	Sep 23	17:14
1596	Sun,	Sep 22	22:59
1597	Tue,	Sep 23	4:48
1598	Wed,	Sep 23	10:36
1599	Thu,	Sep 23	16:18
1600	Fri,	Sep 22	22:07
1601	Sun,	Sep 23	4:00
1602	Mon,	Sep 23	9:49
1603	Tue,	Sep 23	15:37
1604	Wed,	Sep 22	21:29
1605	Fri,	Sep 23	3:20
1606	Sat,	Sep 23	9:11
1607	Sun,	Sep 23	14:58
1608	Mon,	Sep 22	20:48
1609	Wed,	Sep 23	2:41
1610	Thu,	Sep 23	8:25
1611	Fri,	Sep 23	14:09
1612	Sat,	Sep 22	19:58
1613	Mon,	Sep 23	1:47
1614	Tue,	Sep 23	7:37
1615	Wed,	Sep 23	13:23
1616	Thu,	Sep 22	19:08
1617	Sat,	Sep 23	0:59
1618	Sun,	Sep 23	6:42
1619	Mon,	Sep 23	12:24
1620	Tue,	Sep 22	18:17
1621	Thu,	Sep 23	0:06
1622	Fri,	Sep 23	5:56
1623	Sat,	Sep 23	11:46
1624	Sun,	Sep 22	17:33
1625	Mon,	Sep 22	23:31
1626	Wed,	Sep 23	5:21
1627	Thu,	Sep 23	11:04
1628	Fri,	Sep 22	16:59
1629	Sat,	Sep 22	22:45
1630	Mon,	Sep 23	4:32
1631	Tue,	Sep 23	10:21
1632	Wed,	Sep 22	16:04
1633	Thu,	Sep 22	21:57
1634	Sat,	Sep 23	3:41
1635	Sun,	Sep 23	9:19
1636	Mon,	Sep 22	15:13
1637	Tue,	Sep 22	21:01
1638	Thu,	Sep 23	2:49
1639	Fri,	Sep 23	8:41
1640	Sat,	Sep 22	14:25
1641	Sun,	Sep 22	20:19
1642	Tue,	Sep 23	2:08
1643	Wed,	Sep 23	7:49
1644	Thu,	Sep 22	13:46
1645	Fri,	Sep 22	19:37
1646	Sun,	Sep 23	1:22
1647	Mon,	Sep 23	7:16
1648	Tue,	Sep 22	13:01
1649	Wed,	Sep 22	18:55
1650	Fri,	Sep 23	0:47
1651	Sat,	Sep 23	6:23
1652	Sun,	Sep 22	12:15
1653	Mon,	Sep 22	18:02
1654	Tue,	Sep 22	23:41
1655	Thu,	Sep 23	5:33
1656	Fri,	Sep 22	11:16
1657	Sat,	Sep 22	17:06
1658	Sun,	Sep 22	22:58
1659	Tue,	Sep 23	4:36
1660	Wed,	Sep 22	10:34
1661	Thu,	Sep 22	16:29
1662	Fri,	Sep 22	22:14
1663	Sun,	Sep 23	4:11
1664	Mon,	Sep 22	9:58
1665	Tue,	Sep 22	15:48
1666	Wed,	Sep 22	21:42
1667	Fri,	Sep 23	3:19
1668	Sat,	Sep 22	9:12
1669	Sun,	Sep 22	15:02
1670	Mon,	Sep 22	20:39
1671	Wed,	Sep 23	2:30
1672	Thu,	Sep 22	8:15
1673	Fri,	Sep 22	14:03
1674	Sat,	Sep 22	19:56
1675	Mon,	Sep 23	1:34
1676	Tue,	Sep 22	7:25
1677	Wed,	Sep 22	13:19
1678	Thu,	Sep 22	18:59
1679	Sat,	Sep 23	0:55
1680	Sun,	Sep 22	6:47
1681	Mon,	Sep 22	12:35
1682	Tue,	Sep 22	18:32
1683	Thu,	Sep 23	0:13
1684	Fri,	Sep 22	6:06
1685	Sat,	Sep 22	12:04
1686	Sun,	Sep 22	17:42
1687	Mon,	Sep 22	23:33
1688	Wed,	Sep 22	5:20
1689	Thu,	Sep 22	11:01
1690	Fri,	Sep 22	16:52
1691	Sat,	Sep 22	22:30
1692	Mon,	Sep 22	4:18
1693	Tue,	Sep 22	10:13
1694	Wed,	Sep 22	15:51
1695	Thu,	Sep 22	21:43
1696	Sat,	Sep 22	3:38
1697	Sun,	Sep 22	9:27
1698	Mon,	Sep 22	15:24
1699	Tue,	Sep 22	21:08
1700	Thu,	Sep 23	2:57
1701	Fri,	Sep 23	8:55
1702	Sat,	Sep 23	14:35
1703	Sun,	Sep 23	20:24
1704	Tue,	Sep 23	2:17
1705	Wed,	Sep 23	7:59
1706	Thu,	Sep 23	13:49
1707	Fri,	Sep 23	19:31
1708	Sun,	Sep 23	1:17
1709	Mon,	Sep 23	7:14
1710	Tue,	Sep 23	12:54
1711	Wed,	Sep 23	18:40
1712	Fri,	Sep 23	0:33
1713	Sat,	Sep 23	6:17
1714	Sun,	Sep 23	12:10
1715	Mon,	Sep 23	17:57
1716	Tue,	Sep 22	23:44
1717	Thu,	Sep 23	5:42
1718	Fri,	Sep 23	11:25
1719	Sat,	Sep 23	17:14
1720	Sun,	Sep 22	23:12
1721	Tue,	Sep 23	5:00
1722	Wed,	Sep 23	10:51
1723	Thu,	Sep 23	16:36
1724	Fri,	Sep 22	22:19
1725	Sun,	Sep 23	4:12
1726	Mon,	Sep 23	9:53
1727	Tue,	Sep 23	15:36
1728	Wed,	Sep 22	21:30
1729	Fri,	Sep 23	3:14
1730	Sat,	Sep 23	9:01
1731	Sun,	Sep 23	14:49
1732	Mon,	Sep 22	20:38
1733	Wed,	Sep 23	2:34
1734	Thu,	Sep 23	8:20
1735	Fri,	Sep 23	14:05
1736	Sat,	Sep 22	20:00
1737	Mon,	Sep 23	1:50
1738	Tue,	Sep 23	7:38
1739	Wed,	Sep 23	13:28
1740	Thu,	Sep 22	19:16
1741	Sat,	Sep 23	1:07
1742	Sun,	Sep 23	6:52
1743	Mon,	Sep 23	12:37
1744	Tue,	Sep 22	18:31
1745	Thu,	Sep 23	0:21
1746	Fri,	Sep 23	6:05
1747	Sat,	Sep 23	11:51
1748	Sun,	Sep 22	17:36
1749	Mon,	Sep 22	23:25
1750	Wed,	Sep 23	5:09
1751	Thu,	Sep 23	10:54
1752	Fri,	Sep 22	16:47
1753	Sat,	Sep 22	22:38
1754	Mon,	Sep 23	4:26
1755	Tue,	Sep 23	10:17
1756	Wed,	Sep 22	16:12
1757	Thu,	Sep 22	22:04
1758	Sat,	Sep 23	3:52
1759	Sun,	Sep 23	9:38
1760	Mon,	Sep 22	15:28
1761	Tue,	Sep 22	21:19
1762	Thu,	Sep 23	3:03
1763	Fri,	Sep 23	8:47
1764	Sat,	Sep 22	14:37
1765	Sun,	Sep 22	20:21
1766	Tue,	Sep 23	2:04

1767	Wed,	Sep 23	7:51
1768	Thu,	Sep 22	13:41
1769	Fri,	Sep 22	19:35
1770	Sun,	Sep 23	1:21
1771	Mon,	Sep 23	7:07
1772	Tue,	Sep 22	13:02
1773	Wed,	Sep 22	18:51
1774	Fri,	Sep 23	0:39
1775	Sat,	Sep 23	6:30
1776	Sun,	Sep 22	12:20
1777	Mon,	Sep 22	18:14
1778	Wed,	Sep 23	0:01
1779	Thu,	Sep 23	5:47
1780	Fri,	Sep 22	11:41
1781	Sat,	Sep 22	17:28
1782	Sun,	Sep 22	23:08
1783	Tue,	Sep 23	4:54
1784	Wed,	Sep 22	10:38
1785	Thu,	Sep 22	16:27
1786	Fri,	Sep 22	22:14
1787	Sun,	Sep 23	3:56
1788	Mon,	Sep 22	9:52
1789	Tue,	Sep 22	15:40
1790	Wed,	Sep 22	21:25
1791	Fri,	Sep 23	3:21
1792	Sat,	Sep 22	9:14
1793	Sun,	Sep 22	15:08
1794	Mon,	Sep 22	21:00
1795	Wed,	Sep 23	2:41
1796	Thu,	Sep 22	8:37
1797	Fri,	Sep 22	14:24
1798	Sat,	Sep 22	20:03
1799	Mon,	Sep 23	1:54
1800	Tue,	Sep 23	7:38
1801	Wed,	Sep 23	13:25
1802	Thu,	Sep 23	19:14
1803	Sat,	Sep 24	0:55
1804	Sun,	Sep 23	6:51
1805	Mon,	Sep 23	12:41
1806	Tue,	Sep 23	18:19
1807	Thu,	Sep 24	0:13
1808	Fri,	Sep 23	6:03
1809	Sat,	Sep 23	11:53
1810	Sun,	Sep 23	17:48
1811	Mon,	Sep 23	23:31
1812	Wed,	Sep 23	5:26
1813	Thu,	Sep 23	11:18
1814	Fri,	Sep 23	16:57
1815	Sat,	Sep 23	22:52
1816	Mon,	Sep 23	4:43
1817	Tue,	Sep 23	10:28
1818	Wed,	Sep 23	16:19
1819	Thu,	Sep 23	21:57
1820	Sat,	Sep 23	3:48
1821	Sun,	Sep 23	9:38
1822	Mon,	Sep 23	15:13
1823	Tue,	Sep 23	21:05
1824	Thu,	Sep 23	2:56
1825	Fri,	Sep 23	8:40
1826	Sat,	Sep 23	14:37
1827	Sun,	Sep 23	20:23
1828	Tue,	Sep 23	2:18
1829	Wed,	Sep 23	8:14
1830	Thu,	Sep 23	13:50
1831	Fri,	Sep 23	19:43
1832	Sun,	Sep 23	1:36
1833	Mon,	Sep 23	7:20
1834	Tue,	Sep 23	13:15
1835	Wed,	Sep 23	18:58
1836	Fri,	Sep 23	0:46
1837	Sat,	Sep 23	6:39
1838	Sun,	Sep 23	12:14
1839	Mon,	Sep 23	18:06
1840	Wed,	Sep 23	0:00
1841	Thu,	Sep 23	5:41
1842	Fri,	Sep 23	11:32
1843	Sat,	Sep 23	17:17
1844	Sun,	Sep 22	23:04
1845	Tue,	Sep 23	5:01
1846	Wed,	Sep 23	10:38
1847	Thu,	Sep 23	16:29
1848	Fri,	Sep 22	22:27
1849	Sun,	Sep 23	4:10
1850	Mon,	Sep 23	10:06
1851	Tue,	Sep 23	15:57
1852	Wed,	Sep 22	21:47
1853	Fri,	Sep 23	3:42
1854	Sat,	Sep 23	9:18
1855	Sun,	Sep 23	15:04
1856	Mon,	Sep 22	20:59
1857	Wed,	Sep 23	2:38
1858	Thu,	Sep 23	8:28
1859	Fri,	Sep 23	14:14
1860	Sat,	Sep 22	19:58
1861	Mon,	Sep 23	1:52
1862	Tue,	Sep 23	7:32
1863	Wed,	Sep 23	13:22
1864	Thu,	Sep 22	19:21
1865	Sat,	Sep 23	1:04
1866	Sun,	Sep 23	6:55
1867	Mon,	Sep 23	12:48
1868	Tue,	Sep 22	18:36
1869	Thu,	Sep 23	0:32
1870	Fri,	Sep 23	6:14
1871	Sat,	Sep 23	12:01
1872	Sun,	Sep 22	17:58
1873	Mon,	Sep 22	23:40
1874	Wed,	Sep 23	5:27
1875	Thu,	Sep 23	11:19
1876	Fri,	Sep 22	17:03
1877	Sat,	Sep 22	22:52
1878	Mon,	Sep 23	4:31
1879	Tue,	Sep 23	10:13
1880	Wed,	Sep 22	16:10
1881	Thu,	Sep 22	21:54
1882	Sat,	Sep 23	3:42
1883	Sun,	Sep 23	9:36
1884	Mon,	Sep 22	15:25
1885	Tue,	Sep 22	21:19
1886	Thu,	Sep 23	3:07
1887	Fri,	Sep 23	8:57
1888	Sat,	Sep 22	14:57
1889	Sun,	Sep 22	20:41
1890	Tue,	Sep 23	2:26
1891	Wed,	Sep 23	8:17
1892	Thu,	Sep 22	14:03
1893	Fri,	Sep 22	19:49
1894	Sun,	Sep 23	1:30
1895	Mon,	Sep 23	7:13
1896	Tue,	Sep 22	13:05
1897	Wed,	Sep 22	18:51
1898	Fri,	Sep 23	0:37
1899	Sat,	Sep 23	6:32
1900	Sun,	Sep 23	12:23
1901	Mon,	Sep 23	18:11
1902	Tue,	Sep 23	23:57
1903	Thu,	Sep 24	5:46
1904	Fri,	Sep 23	11:42
1905	Sat,	Sep 23	17:32
1906	Sun,	Sep 23	23:17
1907	Tue,	Sep 24	5:11
1908	Wed,	Sep 23	11:01
1909	Thu,	Sep 23	16:47
1910	Fri,	Sep 23	22:32
1911	Sun,	Sep 24	4:19
1912	Mon,	Sep 23	10:10
1913	Tue,	Sep 23	15:54
1914	Wed,	Sep 23	21:36
1915	Fri,	Sep 24	3:26
1916	Sat,	Sep 23	9:17
1917	Sun,	Sep 23	15:02
1918	Mon,	Sep 23	20:47
1919	Wed,	Sep 24	2:37
1920	Thu,	Sep 23	8:30
1921	Fri,	Sep 23	14:21
1922	Sat,	Sep 23	20:11
1923	Mon,	Sep 24	2:05
1924	Tue,	Sep 23	8:00
1925	Wed,	Sep 23	13:44
1926	Thu,	Sep 23	19:28
1927	Sat,	Sep 24	1:18
1928	Sun,	Sep 23	7:06
1929	Mon,	Sep 23	12:53
1930	Tue,	Sep 23	18:37
1931	Thu,	Sep 24	0:24
1932	Fri,	Sep 23	6:17
1933	Sat,	Sep 23	12:01
1934	Sun,	Sep 23	17:46
1935	Mon,	Sep 23	23:39
1936	Wed,	Sep 23	5:27
1937	Thu,	Sep 23	11:13
1938	Fri,	Sep 23	17:01
1939	Sat,	Sep 23	22:50
1940	Mon,	Sep 23	4:46
1941	Tue,	Sep 23	10:33
1942	Wed,	Sep 23	16:17
1943	Thu,	Sep 23	22:12
1944	Sat,	Sep 23	4:02
1945	Sun,	Sep 23	9:50
1946	Mon,	Sep 23	15:41
1947	Tue,	Sep 23	21:29
1948	Thu,	Sep 23	3:22
1949	Fri,	Sep 23	9:06
1950	Sat,	Sep 23	14:44
1951	Sun,	Sep 23	20:37
1952	Tue,	Sep 23	2:24
1953	Wed,	Sep 23	8:06
1954	Thu,	Sep 23	13:56
1955	Fri,	Sep 23	19:41
1956	Sun,	Sep 23	1:35
1957	Mon,	Sep 23	7:26
1958	Tue,	Sep 23	13:09
1959	Wed,	Sep 23	19:08
1960	Fri,	Sep 23	0:59
1961	Sat,	Sep 23	6:42
1962	Sun,	Sep 23	12:36
1963	Mon,	Sep 23	18:23
1964	Wed,	Sep 23	0:17
1965	Thu,	Sep 23	6:06
1966	Fri,	Sep 23	11:43
1967	Sat,	Sep 23	17:38
1968	Sun,	Sep 22	23:26
1969	Tue,	Sep 23	5:07
1970	Wed,	Sep 23	10:59
1971	Thu,	Sep 23	16:44
1972	Fri,	Sep 22	22:32
1973	Sun,	Sep 23	4:21
1974	Mon,	Sep 23	9:59
1975	Tue,	Sep 23	15:55
1976	Wed,	Sep 22	21:48
1977	Fri,	Sep 23	3:29
1978	Sat,	Sep 23	9:26
1979	Sun,	Sep 23	15:16
1980	Mon,	Sep 22	21:08
1981	Wed,	Sep 23	3:05
1982	Thu,	Sep 23	8:46
1983	Fri,	Sep 23	14:41
1984	Sat,	Sep 22	20:33
1985	Mon,	Sep 23	2:07
1986	Tue,	Sep 23	7:59
1987	Wed,	Sep 23	13:45
1988	Thu,	Sep 22	19:29

1989	Sat,	Sep 23	1:19
1990	Sun,	Sep 23	6:55
1991	Mon,	Sep 23	12:48
1992	Tue,	Sep 22	18:43
1993	Thu,	Sep 23	0:22
1994	Fri,	Sep 23	6:19
1995	Sat,	Sep 23	12:13
1996	Sun,	Sep 22	18:00
1997	Mon,	Sep 22	23:55
1998	Wed,	Sep 23	5:37
1999	Thu,	Sep 23	11:31
2000	Fri,	Sep 22	17:28
2001	Sat,	Sep 22	23:04
2002	Mon,	Sep 23	4:55
2003	Tue,	Sep 23	10:47
2004	Wed,	Sep 22	16:30
2005	Thu,	Sep 22	22:23
2006	Sat,	Sep 23	4:04
2007	Sun,	Sep 23	9:51
2008	Mon,	Sep 22	15:45
2009	Tue,	Sep 22	21:19
2010	Thu,	Sep 23	3:09
2011	Fri,	Sep 23	9:05
2012	Sat,	Sep 22	14:49
2013	Sun,	Sep 22	20:44
2014	Tue,	Sep 23	2:29
2015	Wed,	Sep 23	8:20
2016	Thu,	Sep 22	14:21
2017	Fri,	Sep 22	20:01
2018	Sun,	Sep 23	1:54
2019	Mon,	Sep 23	7:50
2020	Tue,	Sep 22	13:31
2021	Wed,	Sep 22	19:21
2022	Fri,	Sep 23	1:04
2023	Sat,	Sep 23	6:50
2024	Sun,	Sep 22	12:44
2025	Mon,	Sep 22	18:20
2026	Wed,	Sep 23	0:06
2027	Thu,	Sep 23	6:01
2028	Fri,	Sep 22	11:45
2029	Sat,	Sep 22	17:38
2030	Sun,	Sep 22	23:27
2031	Tue,	Sep 23	5:16
2032	Wed,	Sep 22	11:11
2033	Thu,	Sep 22	16:52
2034	Fri,	Sep 22	22:40
2035	Sun,	Sep 23	4:39
2036	Mon,	Sep 22	10:24
2037	Tue,	Sep 22	16:13
2038	Wed,	Sep 22	22:03
2039	Fri,	Sep 23	3:50
2040	Sat,	Sep 22	9:45
2041	Sun,	Sep 22	15:27
2042	Mon,	Sep 22	21:12
2043	Wed,	Sep 23	3:07
2044	Thu,	Sep 22	8:48
2045	Fri,	Sep 22	14:33
2046	Sat,	Sep 22	20:23
2047	Mon,	Sep 23	2:09
2048	Tue,	Sep 22	8:02
2049	Wed,	Sep 22	13:44
2050	Thu,	Sep 22	19:30
2051	Sat,	Sep 23	1:28
2052	Sun,	Sep 22	7:17
2053	Mon,	Sep 22	13:07
2054	Tue,	Sep 22	19:00
2055	Thu,	Sep 23	0:50
2056	Fri,	Sep 22	6:41
2057	Sat,	Sep 22	12:25
2058	Sun,	Sep 22	18:10
2059	Tue,	Sep 23	0:05
2060	Wed,	Sep 22	5:50
2061	Thu,	Sep 22	11:33
2062	Fri,	Sep 22	17:22
2063	Sat,	Sep 22	23:10
2064	Mon,	Sep 22	4:59
2065	Tue,	Sep 22	10:44
2066	Wed,	Sep 22	16:29
2067	Thu,	Sep 22	22:22
2068	Sat,	Sep 22	4:09
2069	Sun,	Sep 22	9:54
2070	Mon,	Sep 22	15:47
2071	Tue,	Sep 22	21:40
2072	Thu,	Sep 22	3:30
2073	Fri,	Sep 22	9:18
2074	Sat,	Sep 22	15:06
2075	Sun,	Sep 22	21:01
2076	Tue,	Sep 22	2:53
2077	Wed,	Sep 22	8:38
2078	Thu,	Sep 22	14:28
2079	Fri,	Sep 22	20:16
2080	Sun,	Sep 22	2:00
2081	Mon,	Sep 22	7:41
2082	Tue,	Sep 22	13:26
2083	Wed,	Sep 22	19:15
2084	Fri,	Sep 22	1:03
2085	Sat,	Sep 22	6:47
2086	Sun,	Sep 22	12:36
2087	Mon,	Sep 22	18:32
2088	Wed,	Sep 22	0:22
2089	Thu,	Sep 22	6:11
2090	Fri,	Sep 22	12:04
2091	Sat,	Sep 22	17:55
2092	Sun,	Sep 21	23:46
2093	Tue,	Sep 22	5:33
2094	Wed,	Sep 22	11:21
2095	Thu,	Sep 22	17:16
2096	Fri,	Sep 21	22:59
2097	Sun,	Sep 22	4:40
2098	Mon,	Sep 22	10:29
2099	Tue,	Sep 22	16:16
2100	Wed,	Sep 22	22:05
2101	Fri,	Sep 23	3:51
2102	Sat,	Sep 23	9:36
2103	Sun,	Sep 23	15:30
2104	Mon,	Sep 22	21:15
2105	Wed,	Sep 23	2:58
2106	Thu,	Sep 23	8:53
2107	Fri,	Sep 23	14:43
2108	Sat,	Sep 22	20:34
2109	Mon,	Sep 23	2:25
2110	Tue,	Sep 23	8:13
2111	Wed,	Sep 23	14:12
2112	Thu,	Sep 22	20:01
2113	Sat,	Sep 23	1:42
2114	Sun,	Sep 23	7:35
2115	Mon,	Sep 23	13:19
2116	Tue,	Sep 22	19:03
2117	Thu,	Sep 23	0:52
2118	Fri,	Sep 23	6:33
2119	Sat,	Sep 23	12:27
2120	Sun,	Sep 22	18:13
2121	Mon,	Sep 22	23:51
2122	Wed,	Sep 23	5:46
2123	Thu,	Sep 23	11:37
2124	Fri,	Sep 22	17:26
2125	Sat,	Sep 22	23:22
2126	Mon,	Sep 23	5:07
2127	Tue,	Sep 23	11:03
2128	Wed,	Sep 22	16:54
2129	Thu,	Sep 22	22:33
2130	Sat,	Sep 23	4:28
2131	Sun,	Sep 23	10:17
2132	Mon,	Sep 22	16:00
2133	Tue,	Sep 22	21:52
2134	Thu,	Sep 23	3:36
2135	Fri,	Sep 23	9:29
2136	Sat,	Sep 22	15:21
2137	Sun,	Sep 22	20:56
2138	Tue,	Sep 23	2:49
2139	Wed,	Sep 23	8:37
2140	Thu,	Sep 22	14:17
2141	Fri,	Sep 22	20:11
2142	Sun,	Sep 23	1:58
2143	Mon,	Sep 23	7:50
2144	Tue,	Sep 22	13:44
2145	Wed,	Sep 22	19:22
2146	Fri,	Sep 23	1:18
2147	Sat,	Sep 23	7:14
2148	Sun,	Sep 22	12:57
2149	Mon,	Sep 22	18:54
2150	Wed,	Sep 23	0:40
2151	Thu,	Sep 23	6:28
2152	Fri,	Sep 22	12:21
2153	Sat,	Sep 22	17:56
2154	Sun,	Sep 22	23:47
2155	Tue,	Sep 23	5:39
2156	Wed,	Sep 22	11:16
2157	Thu,	Sep 22	17:09
2158	Fri,	Sep 22	22:56
2159	Sun,	Sep 23	4:45
2160	Mon,	Sep 22	10:41
2161	Tue,	Sep 22	16:19
2162	Wed,	Sep 22	22:11
2163	Fri,	Sep 23	4:06
2164	Sat,	Sep 22	9:47
2165	Sun,	Sep 22	15:42
2166	Mon,	Sep 22	21:34
2167	Wed,	Sep 23	3:22
2168	Thu,	Sep 22	9:17
2169	Fri,	Sep 22	14:57
2170	Sat,	Sep 22	20:48
2171	Mon,	Sep 23	2:45
2172	Tue,	Sep 22	8:24
2173	Wed,	Sep 22	14:13
2174	Thu,	Sep 22	20:02
2175	Sat,	Sep 23	1:43
2176	Sun,	Sep 22	7:35
2177	Mon,	Sep 22	13:13
2178	Tue,	Sep 22	19:00
2179	Thu,	Sep 23	0:57
2180	Fri,	Sep 22	6:37
2181	Sat,	Sep 22	12:30
2182	Sun,	Sep 22	18:27
2183	Tue,	Sep 23	0:17
2184	Wed,	Sep 22	6:14
2185	Thu,	Sep 22	11:58
2186	Fri,	Sep 22	17:46
2187	Sat,	Sep 22	23:43
2188	Mon,	Sep 22	5:23
2189	Tue,	Sep 22	11:11
2190	Wed,	Sep 22	17:04
2191	Thu,	Sep 22	22:46
2192	Sat,	Sep 22	4:35
2193	Sun,	Sep 22	10:16
2194	Mon,	Sep 22	16:01
2195	Tue,	Sep 22	21:57
2196	Thu,	Sep 22	3:39
2197	Fri,	Sep 22	9:26
2198	Sat,	Sep 22	15:22
2199	Sun,	Sep 22	21:08
2200	Tue,	Sep 23	3:00
2201	Wed,	Sep 23	8:48
2202	Thu,	Sep 23	14:37
2203	Fri,	Sep 23	20:34
2204	Sun,	Sep 23	2:19
2205	Mon,	Sep 23	8:07
2206	Tue,	Sep 23	14:05
2207	Wed,	Sep 23	19:52
2208	Fri,	Sep 23	1:40
2209	Sat,	Sep 23	7:23
2210	Sun,	Sep 23	13:05

2211	Mon,	Sep 23	18:56
2212	Wed,	Sep 23	0:37
2213	Thu,	Sep 23	6:21
2214	Fri,	Sep 23	12:16
2215	Sat,	Sep 23	18:03
2216	Sun,	Sep 22	23:51
2217	Tue,	Sep 23	5:41
2218	Wed,	Sep 23	11:31
2219	Thu,	Sep 23	17:29
2220	Fri,	Sep 22	23:17
2221	Sun,	Sep 23	5:04
2222	Mon,	Sep 23	10:59
2223	Tue,	Sep 23	16:49
2224	Wed,	Sep 22	22:34
2225	Fri,	Sep 23	4:22
2226	Sat,	Sep 23	10:08
2227	Sun,	Sep 23	15:56
2228	Mon,	Sep 22	21:41
2229	Wed,	Sep 23	3:24
2230	Thu,	Sep 23	9:18
2231	Fri,	Sep 23	15:08
2232	Sat,	Sep 22	20:53
2233	Mon,	Sep 23	2:39
2234	Tue,	Sep 23	8:28
2235	Wed,	Sep 23	14:17
2236	Thu,	Sep 22	20:06
2237	Sat,	Sep 23	1:53
2238	Sun,	Sep 23	7:47
2239	Mon,	Sep 23	13:40
2240	Tue,	Sep 22	19:27
2241	Thu,	Sep 23	1:16
2242	Fri,	Sep 23	7:09
2243	Sat,	Sep 23	13:00
2244	Sun,	Sep 22	18:46
2245	Tue,	Sep 23	0:32
2246	Wed,	Sep 23	6:20
2247	Thu,	Sep 23	12:10
2248	Fri,	Sep 22	17:53
2249	Sat,	Sep 22	23:37
2250	Mon,	Sep 23	5:28
2251	Tue,	Sep 23	11:14
2252	Wed,	Sep 22	17:00
2253	Thu,	Sep 22	22:50
2254	Sat,	Sep 23	4:41
2255	Sun,	Sep 23	10:36
2256	Mon,	Sep 22	16:23
2257	Tue,	Sep 22	22:08
2258	Thu,	Sep 23	4:03
2259	Fri,	Sep 23	9:52
2260	Sat,	Sep 22	15:39
2261	Sun,	Sep 22	21:30
2262	Tue,	Sep 23	3:18
2263	Wed,	Sep 23	9:10
2264	Thu,	Sep 22	14:56
2265	Fri,	Sep 22	20:39
2266	Sun,	Sep 23	2:34
2267	Mon,	Sep 23	8:21
2268	Tue,	Sep 22	14:03
2269	Wed,	Sep 22	19:51
2270	Fri,	Sep 23	1:36
2271	Sat,	Sep 23	7:27
2272	Sun,	Sep 22	13:15
2273	Mon,	Sep 22	18:57
2274	Wed,	Sep 23	0:53
2275	Thu,	Sep 23	6:44
2276	Fri,	Sep 22	12:28
2277	Sat,	Sep 22	18:26
2278	Mon,	Sep 23	0:17
2279	Tue,	Sep 23	6:11
2280	Wed,	Sep 22	12:02
2281	Thu,	Sep 22	17:41
2282	Fri,	Sep 22	23:35
2283	Sun,	Sep 23	5:23
2284	Mon,	Sep 22	11:01
2285	Tue,	Sep 22	16:53
2286	Wed,	Sep 22	22:37
2287	Fri,	Sep 23	4:24
2288	Sat,	Sep 22	10:13
2289	Sun,	Sep 22	15:53
2290	Mon,	Sep 22	21:51
2291	Wed,	Sep 23	3:42
2292	Thu,	Sep 22	9:22
2293	Fri,	Sep 22	15:17
2294	Sat,	Sep 22	21:08
2295	Mon,	Sep 23	2:58
2296	Tue,	Sep 22	8:54
2297	Wed,	Sep 22	14:36
2298	Thu,	Sep 22	20:31
2299	Sat,	Sep 23	2:24
2300	Sun,	Sep 23	8:02
2301	Mon,	Sep 23	13:56
2302	Tue,	Sep 23	19:46
2303	Thu,	Sep 24	1:29
2304	Fri,	Sep 23	7:19
2305	Sat,	Sep 23	12:56
2306	Sun,	Sep 23	18:46
2307	Tue,	Sep 24	0:39
2308	Wed,	Sep 23	6:14
2309	Thu,	Sep 23	12:09
2310	Fri,	Sep 23	18:01
2311	Sat,	Sep 23	23:47
2312	Mon,	Sep 23	5:45
2313	Tue,	Sep 23	11:32
2314	Wed,	Sep 23	17:27
2315	Thu,	Sep 23	23:25
2316	Sat,	Sep 23	5:01
2317	Sun,	Sep 23	10:54
2318	Mon,	Sep 23	16:45
2319	Tue,	Sep 23	22:26
2320	Thu,	Sep 23	4:18
2321	Fri,	Sep 23	9:59
2322	Sat,	Sep 23	15:46
2323	Sun,	Sep 23	21:40
2324	Tue,	Sep 23	3:15
2325	Wed,	Sep 23	9:07
2326	Thu,	Sep 23	15:03
2327	Fri,	Sep 23	20:45
2328	Sun,	Sep 23	2:38
2329	Mon,	Sep 23	8:24
2330	Tue,	Sep 23	14:15
2331	Wed,	Sep 23	20:13
2332	Fri,	Sep 23	1:53
2333	Sat,	Sep 23	7:44
2334	Sun,	Sep 23	13:41
2335	Mon,	Sep 23	19:23
2336	Wed,	Sep 23	1:16
2337	Thu,	Sep 23	7:05
2338	Fri,	Sep 23	12:53
2339	Sat,	Sep 23	18:48
2340	Mon,	Sep 23	0:23
2341	Tue,	Sep 23	6:08
2342	Wed,	Sep 23	12:03
2343	Thu,	Sep 23	17:42
2344	Fri,	Sep 22	23:32
2345	Sun,	Sep 23	5:21
2346	Mon,	Sep 23	11:07
2347	Tue,	Sep 23	17:04
2348	Wed,	Sep 22	22:46
2349	Fri,	Sep 23	4:37
2350	Sat,	Sep 23	10:37
2351	Sun,	Sep 23	16:21
2352	Mon,	Sep 22	22:10
2353	Wed,	Sep 23	4:01
2354	Thu,	Sep 23	9:48
2355	Fri,	Sep 23	15:43
2356	Sat,	Sep 22	21:24
2357	Mon,	Sep 23	3:09
2358	Tue,	Sep 23	9:05
2359	Wed,	Sep 23	14:46
2360	Thu,	Sep 22	20:33
2361	Sat,	Sep 23	2:25
2362	Sun,	Sep 23	8:12
2363	Mon,	Sep 23	14:03
2364	Tue,	Sep 22	19:44
2365	Thu,	Sep 23	1:28
2366	Fri,	Sep 23	7:26
2367	Sat,	Sep 23	13:11
2368	Sun,	Sep 22	18:58
2369	Tue,	Sep 23	0:53
2370	Wed,	Sep 23	6:42
2371	Thu,	Sep 23	12:36
2372	Fri,	Sep 22	18:24
2373	Sun,	Sep 23	0:12
2374	Mon,	Sep 23	6:10
2375	Tue,	Sep 23	11:54
2376	Wed,	Sep 22	17:36
2377	Thu,	Sep 22	23:27
2378	Sat,	Sep 23	5:13
2379	Sun,	Sep 23	11:00
2380	Mon,	Sep 22	16:42
2381	Tue,	Sep 22	22:26
2382	Thu,	Sep 23	4:19
2383	Fri,	Sep 23	10:05
2384	Sat,	Sep 22	15:52
2385	Sun,	Sep 22	21:47
2386	Tue,	Sep 23	3:41
2387	Wed,	Sep 23	9:30
2388	Thu,	Sep 22	15:17
2389	Fri,	Sep 22	21:06
2390	Sun,	Sep 23	3:01
2391	Mon,	Sep 23	8:50
2392	Tue,	Sep 22	14:35
2393	Wed,	Sep 22	20:27
2394	Fri,	Sep 23	2:18
2395	Sat,	Sep 23	8:03
2396	Sun,	Sep 22	13:48
2397	Mon,	Sep 22	19:35
2398	Wed,	Sep 23	1:24
2399	Thu,	Sep 23	7:09
2400	Fri,	Sep 22	12:50
2401	Sat,	Sep 22	18:40
2402	Mon,	Sep 23	0:33
2403	Tue,	Sep 23	6:20
2404	Wed,	Sep 22	12:07
2405	Thu,	Sep 22	17:59
2406	Fri,	Sep 22	23:51
2407	Sun,	Sep 23	5:43
2408	Mon,	Sep 22	11:33
2409	Tue,	Sep 22	17:27
2410	Wed,	Sep 22	23:22
2411	Fri,	Sep 23	5:07
2412	Sat,	Sep 22	10:48
2413	Sun,	Sep 22	16:37
2414	Mon,	Sep 22	22:23
2415	Wed,	Sep 23	4:08
2416	Thu,	Sep 22	9:52
2417	Fri,	Sep 22	15:38
2418	Sat,	Sep 22	21:32
2419	Mon,	Sep 23	3:19
2420	Tue,	Sep 22	9:03
2421	Wed,	Sep 22	14:59
2422	Thu,	Sep 22	20:49
2423	Sat,	Sep 23	2:37
2424	Sun,	Sep 22	8:27
2425	Mon,	Sep 22	14:16
2426	Tue,	Sep 22	20:15
2427	Thu,	Sep 23	2:02
2428	Fri,	Sep 22	7:44
2429	Sat,	Sep 22	13:38
2430	Sun,	Sep 22	19:26
2431	Tue,	Sep 23	1:11
2432	Wed,	Sep 22	7:00

2433	Thu,	Sep 22	12:46
2434	Fri,	Sep 22	18:39
2435	Sun,	Sep 23	0:24
2436	Mon,	Sep 22	6:01
2437	Tue,	Sep 22	11:55
2438	Wed,	Sep 22	17:43
2439	Thu,	Sep 22	23:27
2440	Sat,	Sep 22	5:19
2441	Sun,	Sep 22	11:07
2442	Mon,	Sep 22	17:04
2443	Tue,	Sep 22	22:57
2444	Thu,	Sep 22	4:39
2445	Fri,	Sep 22	10:38
2446	Sat,	Sep 22	16:28
2447	Sun,	Sep 22	22:09
2448	Tue,	Sep 22	4:01
2449	Wed,	Sep 22	9:47
2450	Thu,	Sep 22	15:39
2451	Fri,	Sep 22	21:28
2452	Sun,	Sep 22	3:04
2453	Mon,	Sep 22	8:57
2454	Tue,	Sep 22	14:47
2455	Wed,	Sep 22	20:27
2456	Fri,	Sep 22	2:22
2457	Sat,	Sep 22	8:10
2458	Sun,	Sep 22	14:01
2459	Mon,	Sep 22	19:52
2460	Wed,	Sep 22	1:30
2461	Thu,	Sep 22	7:26
2462	Fri,	Sep 22	13:20
2463	Sat,	Sep 22	19:01
2464	Mon,	Sep 22	0:56
2465	Tue,	Sep 22	6:46
2466	Wed,	Sep 22	12:37
2467	Thu,	Sep 22	18:32
2468	Sat,	Sep 22	0:11
2469	Sun,	Sep 22	6:05
2470	Mon,	Sep 22	11:56
2471	Tue,	Sep 22	17:30
2472	Wed,	Sep 21	23:21
2473	Fri,	Sep 22	5:10
2474	Sat,	Sep 22	10:55
2475	Sun,	Sep 22	16:48
2476	Mon,	Sep 21	22:25
2477	Wed,	Sep 22	4:18
2478	Thu,	Sep 22	10:14
2479	Fri,	Sep 22	15:54
2480	Sat,	Sep 21	21:52
2481	Mon,	Sep 22	3:47
2482	Tue,	Sep 22	9:34
2483	Wed,	Sep 22	15:29
2484	Thu,	Sep 21	21:10
2485	Sat,	Sep 22	3:02
2486	Sun,	Sep 22	8:58
2487	Mon,	Sep 22	14:33
2488	Tue,	Sep 21	20:24
2489	Thu,	Sep 22	2:15
2490	Fri,	Sep 22	7:59
2491	Sat,	Sep 22	13:51
2492	Sun,	Sep 21	19:32
2493	Tue,	Sep 22	1:20
2494	Wed,	Sep 22	7:14
2495	Thu,	Sep 22	12:49
2496	Fri,	Sep 21	18:40
2497	Sun,	Sep 22	0:37
2498	Mon,	Sep 22	6:24
2499	Tue,	Sep 22	12:19
2500	Wed,	Sep 22	18:05
2501	Thu,	Sep 22	23:56
2502	Sat,	Sep 23	5:56
2503	Sun,	Sep 23	11:37
2504	Mon,	Sep 22	17:27
2505	Tue,	Sep 22	23:24
2506	Thu,	Sep 23	5:05
2507	Fri,	Sep 23	10:53
2508	Sat,	Sep 22	16:35
2509	Sun,	Sep 22	22:19
2510	Tue,	Sep 23	4:13
2511	Wed,	Sep 23	9:49
2512	Thu,	Sep 22	15:36
2513	Fri,	Sep 22	21:33
2514	Sun,	Sep 23	3:20
2515	Mon,	Sep 23	9:13
2516	Tue,	Sep 22	15:04
2517	Wed,	Sep 22	20:54
2518	Fri,	Sep 23	2:50
2519	Sat,	Sep 23	8:32
2520	Sun,	Sep 22	14:21
2521	Mon,	Sep 22	20:19
2522	Wed,	Sep 23	2:05
2523	Thu,	Sep 23	7:51
2524	Fri,	Sep 22	13:39
2525	Sat,	Sep 22	19:24
2526	Mon,	Sep 23	1:16
2527	Tue,	Sep 23	6:58
2528	Wed,	Sep 22	12:42
2529	Thu,	Sep 22	18:38
2530	Sat,	Sep 23	0:21
2531	Sun,	Sep 23	6:06
2532	Mon,	Sep 22	11:56
2533	Tue,	Sep 22	17:45
2534	Wed,	Sep 22	23:39
2535	Fri,	Sep 23	5:25
2536	Sat,	Sep 22	11:12
2537	Sun,	Sep 22	17:12
2538	Mon,	Sep 22	23:02
2539	Wed,	Sep 23	4:51
2540	Thu,	Sep 22	10:43
2541	Fri,	Sep 22	16:30
2542	Sat,	Sep 22	22:19
2543	Mon,	Sep 23	4:01
2544	Tue,	Sep 22	9:45
2545	Wed,	Sep 22	15:38
2546	Thu,	Sep 22	21:24
2547	Sat,	Sep 23	3:07
2548	Sun,	Sep 22	8:55
2549	Mon,	Sep 22	14:45
2550	Tue,	Sep 22	20:36
2551	Thu,	Sep 23	2:23
2552	Fri,	Sep 22	8:12
2553	Sat,	Sep 22	14:06
2554	Sun,	Sep 22	19:56
2555	Tue,	Sep 23	1:41
2556	Wed,	Sep 22	7:32
2557	Thu,	Sep 22	13:25
2558	Fri,	Sep 22	19:13
2559	Sun,	Sep 23	0:59
2560	Mon,	Sep 22	6:47
2561	Tue,	Sep 22	12:40
2562	Wed,	Sep 22	18:31
2563	Fri,	Sep 23	0:15
2564	Sat,	Sep 22	6:03
2565	Sun,	Sep 22	11:53
2566	Mon,	Sep 22	17:36
2567	Tue,	Sep 22	23:20
2568	Thu,	Sep 22	5:07
2569	Fri,	Sep 22	10:58
2570	Sat,	Sep 22	16:48
2571	Sun,	Sep 22	22:34
2572	Tue,	Sep 22	4:23
2573	Wed,	Sep 22	10:20
2574	Thu,	Sep 22	16:10
2575	Fri,	Sep 22	21:57
2576	Sun,	Sep 22	3:51
2577	Mon,	Sep 22	9:41
2578	Tue,	Sep 22	15:31
2579	Wed,	Sep 22	21:17
2580	Fri,	Sep 22	3:02
2581	Sat,	Sep 22	8:56
2582	Sun,	Sep 22	14:40
2583	Mon,	Sep 22	20:20
2584	Wed,	Sep 22	2:11
2585	Thu,	Sep 22	7:58
2586	Fri,	Sep 22	13:48
2587	Sat,	Sep 22	19:36
2588	Mon,	Sep 22	1:20
2589	Tue,	Sep 22	7:16
2590	Wed,	Sep 22	13:02
2591	Thu,	Sep 22	18:45
2592	Sat,	Sep 22	0:41
2593	Sun,	Sep 22	6:32
2594	Mon,	Sep 22	12:23
2595	Tue,	Sep 22	18:14
2596	Thu,	Sep 22	0:00
2597	Fri,	Sep 22	5:59
2598	Sat,	Sep 22	11:48
2599	Sun,	Sep 22	17:28
2600	Mon,	Sep 22	23:20
2601	Wed,	Sep 23	5:05
2602	Thu,	Sep 23	10:48
2603	Fri,	Sep 23	16:36
2604	Sat,	Sep 22	22:17
2605	Mon,	Sep 23	4:11
2606	Tue,	Sep 23	9:59
2607	Wed,	Sep 23	15:37
2608	Thu,	Sep 22	21:35
2609	Sat,	Sep 23	3:28
2610	Sun,	Sep 23	9:17
2611	Mon,	Sep 23	15:14
2612	Tue,	Sep 22	20:59
2613	Thu,	Sep 23	2:55
2614	Fri,	Sep 23	8:47
2615	Sat,	Sep 23	14:24
2616	Sun,	Sep 22	20:20
2617	Tue,	Sep 23	2:08
2618	Wed,	Sep 23	7:49
2619	Thu,	Sep 23	13:39
2620	Fri,	Sep 22	19:21
2621	Sun,	Sep 23	1:13
2622	Mon,	Sep 23	7:05
2623	Tue,	Sep 23	12:42
2624	Wed,	Sep 22	18:35
2625	Fri,	Sep 23	0:26
2626	Sat,	Sep 23	6:08
2627	Sun,	Sep 23	12:03
2628	Mon,	Sep 22	17:51
2629	Tue,	Sep 22	23:45
2630	Thu,	Sep 23	5:41
2631	Fri,	Sep 23	11:20
2632	Sat,	Sep 22	17:16
2633	Sun,	Sep 22	23:12
2634	Tue,	Sep 23	4:53
2635	Wed,	Sep 23	10:47
2636	Thu,	Sep 22	16:31
2637	Fri,	Sep 22	22:17
2638	Sun,	Sep 23	4:09
2639	Mon,	Sep 23	9:43
2640	Tue,	Sep 22	15:34
2641	Wed,	Sep 22	21:27
2642	Fri,	Sep 23	3:05
2643	Sat,	Sep 23	8:58
2644	Sun,	Sep 22	14:48
2645	Mon,	Sep 22	20:39
2646	Wed,	Sep 23	2:38
2647	Thu,	Sep 23	8:18
2648	Fri,	Sep 22	14:11
2649	Sat,	Sep 22	20:08
2650	Mon,	Sep 23	1:47
2651	Tue,	Sep 23	7:40
2652	Wed,	Sep 22	13:30
2653	Thu,	Sep 22	19:17
2654	Sat,	Sep 23	1:10

2655	Sun,	Sep 23	6:49	2729	Mon,	Sep 23	5:07	2803	Tue,	Sep 23	3:10
2656	Mon,	Sep 22	12:38	2730	Tue,	Sep 23	10:51	2804	Wed,	Sep 22	9:03
2657	Tue,	Sep 22	18:35	2731	Wed,	Sep 23	16:34	2805	Thu,	Sep 22	14:43
2658	Thu,	Sep 23	0:14	2732	Thu,	Sep 22	22:21	2806	Fri,	Sep 22	20:35
2659	Fri,	Sep 23	6:04	2733	Sat,	Sep 23	4:11	2807	Sun,	Sep 23	2:16
2660	Sat,	Sep 22	11:53	2734	Sun,	Sep 23	9:55	2808	Mon,	Sep 22	8:02
2661	Sun,	Sep 22	17:37	2735	Mon,	Sep 23	15:39	2809	Tue,	Sep 22	13:56
2662	Mon,	Sep 22	23:31	2736	Tue,	Sep 22	21:32	2810	Wed,	Sep 22	19:31
2663	Wed,	Sep 23	5:13	2737	Thu,	Sep 23	3:20	2811	Fri,	Sep 23	1:24
2664	Thu,	Sep 22	11:01	2738	Fri,	Sep 23	9:07	2812	Sat,	Sep 22	7:22
2665	Fri,	Sep 22	17:00	2739	Sat,	Sep 23	14:59	2813	Sun,	Sep 22	13:06
2666	Sat,	Sep 22	22:40	2740	Sun,	Sep 22	20:52	2814	Mon,	Sep 22	19:01
2667	Mon,	Sep 23	4:32	2741	Tue,	Sep 23	2:50	2815	Wed,	Sep 23	0:48
2668	Tue,	Sep 22	10:29	2742	Wed,	Sep 23	8:40	2816	Thu,	Sep 22	6:38
2669	Wed,	Sep 22	16:17	2743	Thu,	Sep 23	14:24	2817	Fri,	Sep 22	12:37
2670	Thu,	Sep 22	22:14	2744	Fri,	Sep 22	20:19	2818	Sat,	Sep 22	18:17
2671	Sat,	Sep 23	3:57	2745	Sun,	Sep 23	2:05	2819	Mon,	Sep 23	0:07
2672	Sun,	Sep 22	9:43	2746	Mon,	Sep 23	7:49	2820	Tue,	Sep 22	6:04
2673	Mon,	Sep 22	15:38	2747	Tue,	Sep 23	13:39	2821	Wed,	Sep 22	11:46
2674	Tue,	Sep 22	21:17	2748	Wed,	Sep 22	19:24	2822	Thu,	Sep 22	17:37
2675	Thu,	Sep 23	3:04	2749	Fri,	Sep 23	1:16	2823	Fri,	Sep 22	23:25
2676	Fri,	Sep 22	8:56	2750	Sat,	Sep 23	7:02	2824	Sun,	Sep 22	5:11
2677	Sat,	Sep 22	14:40	2751	Sun,	Sep 23	12:43	2825	Mon,	Sep 22	11:04
2678	Sun,	Sep 22	20:30	2752	Mon,	Sep 22	18:39	2826	Tue,	Sep 22	16:39
2679	Tue,	Sep 23	2:13	2753	Wed,	Sep 23	0:27	2827	Wed,	Sep 22	22:23
2680	Wed,	Sep 22	8:00	2754	Thu,	Sep 23	6:09	2828	Fri,	Sep 22	4:20
2681	Thu,	Sep 22	13:57	2755	Fri,	Sep 23	12:00	2829	Sat,	Sep 22	10:01
2682	Fri,	Sep 22	19:41	2756	Sat,	Sep 22	17:47	2830	Sun,	Sep 22	15:52
2683	Sun,	Sep 23	1:28	2757	Sun,	Sep 22	23:41	2831	Mon,	Sep 22	21:43
2684	Mon,	Sep 22	7:24	2758	Tue,	Sep 23	5:31	2832	Wed,	Sep 22	3:31
2685	Tue,	Sep 22	13:12	2759	Wed,	Sep 23	11:14	2833	Thu,	Sep 22	9:29
2686	Wed,	Sep 22	19:04	2760	Thu,	Sep 22	17:11	2834	Fri,	Sep 22	15:14
2687	Fri,	Sep 23	0:53	2761	Fri,	Sep 22	23:01	2835	Sat,	Sep 22	21:05
2688	Sat,	Sep 22	6:40	2762	Sun,	Sep 23	4:44	2836	Mon,	Sep 22	3:07
2689	Sun,	Sep 22	12:37	2763	Mon,	Sep 23	10:39	2837	Tue,	Sep 22	8:51
2690	Mon,	Sep 22	18:21	2764	Tue,	Sep 22	16:30	2838	Wed,	Sep 22	14:39
2691	Wed,	Sep 23	0:07	2765	Wed,	Sep 22	22:22	2839	Thu,	Sep 22	20:28
2692	Thu,	Sep 22	6:03	2766	Fri,	Sep 23	4:12	2840	Sat,	Sep 22	2:13
2693	Fri,	Sep 22	11:51	2767	Sat,	Sep 23	9:50	2841	Sun,	Sep 22	8:05
2694	Sat,	Sep 22	17:38	2768	Sun,	Sep 22	15:43	2842	Mon,	Sep 22	13:44
2695	Sun,	Sep 22	23:23	2769	Mon,	Sep 22	21:30	2843	Tue,	Sep 22	19:28
2696	Tue,	Sep 22	5:05	2770	Wed,	Sep 23	3:08	2844	Thu,	Sep 22	1:23
2697	Wed,	Sep 22	10:56	2771	Thu,	Sep 23	9:00	2845	Fri,	Sep 22	7:06
2698	Thu,	Sep 22	16:38	2772	Fri,	Sep 22	14:47	2846	Sat,	Sep 22	12:53
2699	Fri,	Sep 22	22:21	2773	Sat,	Sep 22	20:36	2847	Sun,	Sep 22	18:46
2700	Sun,	Sep 23	4:16	2774	Mon,	Sep 23	2:29	2848	Tue,	Sep 22	0:34
2701	Mon,	Sep 23	10:06	2775	Tue,	Sep 23	8:10	2849	Wed,	Sep 22	6:27
2702	Tue,	Sep 23	15:55	2776	Wed,	Sep 22	14:08	2850	Thu,	Sep 22	12:10
2703	Wed,	Sep 23	21:46	2777	Thu,	Sep 22	20:02	2851	Fri,	Sep 22	17:57
2704	Fri,	Sep 23	3:38	2778	Sat,	Sep 23	1:40	2852	Sat,	Sep 21	23:56
2705	Sat,	Sep 23	9:35	2779	Sun,	Sep 23	7:36	2853	Mon,	Sep 22	5:44
2706	Sun,	Sep 23	15:23	2780	Mon,	Sep 22	13:26	2854	Tue,	Sep 22	11:31
2707	Mon,	Sep 23	21:09	2781	Tue,	Sep 22	19:16	2855	Wed,	Sep 22	17:25
2708	Wed,	Sep 23	3:03	2782	Thu,	Sep 23	1:11	2856	Thu,	Sep 21	23:13
2709	Thu,	Sep 23	8:53	2783	Fri,	Sep 23	6:52	2857	Sat,	Sep 22	5:04
2710	Fri,	Sep 23	14:39	2784	Sat,	Sep 22	12:45	2858	Sun,	Sep 22	10:50
2711	Sat,	Sep 23	20:25	2785	Sun,	Sep 22	18:37	2859	Mon,	Sep 22	16:36
2712	Mon,	Sep 23	2:11	2786	Tue,	Sep 23	0:12	2860	Tue,	Sep 21	22:32
2713	Tue,	Sep 23	7:58	2787	Wed,	Sep 23	6:07	2861	Thu,	Sep 22	4:17
2714	Wed,	Sep 23	13:41	2788	Thu,	Sep 22	11:57	2862	Fri,	Sep 22	9:59
2715	Thu,	Sep 23	19:25	2789	Fri,	Sep 22	17:42	2863	Sat,	Sep 22	15:48
2716	Sat,	Sep 23	1:17	2790	Sat,	Sep 22	23:33	2864	Sun,	Sep 21	21:36
2717	Sun,	Sep 23	7:10	2791	Mon,	Sep 23	5:12	2865	Tue,	Sep 22	3:23
2718	Mon,	Sep 23	12:56	2792	Tue,	Sep 22	11:02	2866	Wed,	Sep 22	9:08
2719	Tue,	Sep 23	18:44	2793	Wed,	Sep 22	16:55	2867	Thu,	Sep 22	14:54
2720	Thu,	Sep 23	0:35	2794	Thu,	Sep 22	22:32	2868	Fri,	Sep 21	20:50
2721	Fri,	Sep 23	6:25	2795	Sat,	Sep 23	4:26	2869	Sun,	Sep 22	2:39
2722	Sat,	Sep 23	12:15	2796	Sun,	Sep 22	10:21	2870	Mon,	Sep 22	8:27
2723	Sun,	Sep 23	18:03	2797	Mon,	Sep 22	16:07	2871	Tue,	Sep 22	14:22
2724	Mon,	Sep 22	23:57	2798	Tue,	Sep 22	22:05	2872	Wed,	Sep 21	20:16
2725	Wed,	Sep 23	5:52	2799	Thu,	Sep 23	3:52	2873	Fri,	Sep 22	2:04
2726	Thu,	Sep 23	11:38	2800	Fri,	Sep 22	9:47	2874	Sat,	Sep 22	7:49
2727	Fri,	Sep 23	17:26	2801	Sat,	Sep 22	15:44	2875	Sun,	Sep 22	13:37
2728	Sat,	Sep 22	23:19	2802	Sun,	Sep 22	21:20	2876	Mon,	Sep 21	19:30

2877	Wed,	Sep 22	1:19
2878	Thu,	Sep 22	7:02
2879	Fri,	Sep 22	12:52
2880	Sat,	Sep 21	18:43
2881	Mon,	Sep 22	0:28
2882	Tue,	Sep 22	6:13
2883	Wed,	Sep 22	12:02
2884	Thu,	Sep 21	17:52
2885	Fri,	Sep 21	23:40
2886	Sun,	Sep 22	5:23
2887	Mon,	Sep 22	11:13
2888	Tue,	Sep 21	17:08
2889	Wed,	Sep 21	22:55
2890	Fri,	Sep 22	4:42
2891	Sat,	Sep 22	10:35
2892	Sun,	Sep 21	16:27
2893	Mon,	Sep 21	22:19
2894	Wed,	Sep 22	4:08
2895	Thu,	Sep 22	9:59
2896	Fri,	Sep 21	15:54
2897	Sat,	Sep 21	21:38
2898	Mon,	Sep 22	3:19
2899	Tue,	Sep 22	9:08
2900	Wed,	Sep 22	14:55
2901	Thu,	Sep 22	20:40
2902	Sat,	Sep 23	2:25
2903	Sun,	Sep 23	8:10
2904	Mon,	Sep 22	14:05
2905	Tue,	Sep 22	19:53
2906	Thu,	Sep 23	1:38
2907	Fri,	Sep 23	7:36
2908	Sat,	Sep 22	13:27
2909	Sun,	Sep 22	19:15
2910	Tue,	Sep 23	1:06
2911	Wed,	Sep 23	6:54
2912	Thu,	Sep 22	12:51
2913	Fri,	Sep 22	18:40
2914	Sun,	Sep 23	0:20
2915	Mon,	Sep 23	6:14
2916	Tue,	Sep 22	12:01
2917	Wed,	Sep 22	17:46
2918	Thu,	Sep 22	23:35
2919	Sat,	Sep 23	5:19
2920	Sun,	Sep 22	11:12
2921	Mon,	Sep 22	16:57
2922	Tue,	Sep 22	22:35
2923	Thu,	Sep 23	4:31
2924	Fri,	Sep 22	10:22
2925	Sat,	Sep 22	16:07
2926	Sun,	Sep 22	22:01
2927	Tue,	Sep 23	3:49
2928	Wed,	Sep 22	9:46
2929	Thu,	Sep 22	15:40
2930	Fri,	Sep 22	21:23
2931	Sun,	Sep 23	3:21
2932	Mon,	Sep 22	9:12
2933	Tue,	Sep 22	14:51
2934	Wed,	Sep 22	20:41
2935	Fri,	Sep 23	2:24
2936	Sat,	Sep 22	8:13
2937	Sun,	Sep 22	14:02
2938	Mon,	Sep 22	19:37
2939	Wed,	Sep 23	1:32
2940	Thu,	Sep 22	7:23
2941	Fri,	Sep 22	13:04
2942	Sat,	Sep 22	19:01
2943	Mon,	Sep 23	0:51
2944	Tue,	Sep 22	6:43
2945	Wed,	Sep 22	12:38
2946	Thu,	Sep 22	18:16
2947	Sat,	Sep 23	0:14
2948	Sun,	Sep 22	6:09
2949	Mon,	Sep 22	11:48
2950	Tue,	Sep 22	17:41
2951	Wed,	Sep 22	23:29
2952	Fri,	Sep 22	5:18
2953	Sat,	Sep 22	11:11
2954	Sun,	Sep 22	16:49
2955	Mon,	Sep 22	22:42
2956	Wed,	Sep 22	4:34
2957	Thu,	Sep 22	10:09
2958	Fri,	Sep 22	16:00
2959	Sat,	Sep 22	21:50
2960	Mon,	Sep 22	3:37
2961	Tue,	Sep 22	9:32
2962	Wed,	Sep 22	15:13
2963	Thu,	Sep 22	21:07
2964	Sat,	Sep 22	3:06
2965	Sun,	Sep 22	8:46
2966	Mon,	Sep 22	14:41
2967	Tue,	Sep 22	20:35
2968	Thu,	Sep 22	2:21
2969	Fri,	Sep 22	8:15
2970	Sat,	Sep 22	13:54
2971	Sun,	Sep 22	19:44
2972	Tue,	Sep 22	1:39
2973	Wed,	Sep 22	7:14
2974	Thu,	Sep 22	13:03
2975	Fri,	Sep 22	18:55
2976	Sun,	Sep 22	0:40
2977	Mon,	Sep 22	6:35
2978	Tue,	Sep 22	12:18
2979	Wed,	Sep 22	18:08
2980	Fri,	Sep 22	0:05
2981	Sat,	Sep 22	5:42
2982	Sun,	Sep 22	11:32
2983	Mon,	Sep 22	17:29
2984	Tue,	Sep 21	23:16
2985	Thu,	Sep 22	5:10
2986	Fri,	Sep 22	10:56
2987	Sat,	Sep 22	16:46
2988	Sun,	Sep 21	22:44
2989	Tue,	Sep 22	4:24
2990	Wed,	Sep 22	10:12
2991	Thu,	Sep 22	16:08
2992	Fri,	Sep 21	21:50
2993	Sun,	Sep 22	3:37
2994	Mon,	Sep 22	9:21
2995	Tue,	Sep 22	15:06
2996	Wed,	Sep 21	21:02
2997	Fri,	Sep 22	2:39
2998	Sat,	Sep 22	8:25
2999	Sun,	Sep 22	14:24
3000	Mon,	Sep 22	20:12
3001	Wed,	Sep 23	2:06
3002	Thu,	Sep 23	7:57
3003	Fri,	Sep 23	13:48
3004	Sat,	Sep 22	19:44
3005	Mon,	Sep 23	1:26
3006	Tue,	Sep 23	7:12
3007	Wed,	Sep 23	13:09
3008	Thu,	Sep 22	18:55
3009	Sat,	Sep 23	0:41
3010	Sun,	Sep 23	6:28
3011	Mon,	Sep 23	12:14
3012	Tue,	Sep 22	18:06
3013	Wed,	Sep 22	23:48
3014	Fri,	Sep 23	5:32
3015	Sat,	Sep 23	11:27
3016	Sun,	Sep 22	17:13
3017	Mon,	Sep 22	22:59
3018	Wed,	Sep 23	4:50
3019	Thu,	Sep 23	10:41
3020	Fri,	Sep 22	16:36
3021	Sat,	Sep 22	22:22
3022	Mon,	Sep 23	4:10
3023	Tue,	Sep 23	10:08
3024	Wed,	Sep 22	16:00
3025	Thu,	Sep 22	21:47
3026	Sat,	Sep 23	3:38
3027	Sun,	Sep 23	9:25
3028	Mon,	Sep 22	15:12
3029	Tue,	Sep 22	20:53
3030	Thu,	Sep 23	2:35
3031	Fri,	Sep 23	8:27
3032	Sat,	Sep 22	14:14
3033	Sun,	Sep 22	19:58
3034	Tue,	Sep 23	1:47
3035	Wed,	Sep 23	7:40
3036	Thu,	Sep 22	13:32
3037	Fri,	Sep 22	19:21
3038	Sun,	Sep 23	1:11
3039	Mon,	Sep 23	7:06
3040	Tue,	Sep 22	12:58
3041	Wed,	Sep 22	18:44
3042	Fri,	Sep 23	0:34
3043	Sat,	Sep 23	6:28
3044	Sun,	Sep 22	12:14
3045	Mon,	Sep 22	17:57
3046	Tue,	Sep 22	23:43
3047	Thu,	Sep 23	5:33
3048	Fri,	Sep 22	11:24
3049	Sat,	Sep 22	17:08
3050	Sun,	Sep 22	22:55
3051	Tue,	Sep 23	4:47
3052	Wed,	Sep 22	10:31
3053	Thu,	Sep 22	16:15
3054	Fri,	Sep 22	22:05
3055	Sun,	Sep 23	3:57
3056	Mon,	Sep 22	9:51
3057	Tue,	Sep 22	15:39
3058	Wed,	Sep 22	21:28
3059	Fri,	Sep 23	3:26
3060	Sat,	Sep 22	9:16
3061	Sun,	Sep 22	15:01
3062	Mon,	Sep 22	20:52
3063	Wed,	Sep 23	2:40
3064	Thu,	Sep 22	8:28
3065	Fri,	Sep 22	14:14
3066	Sat,	Sep 22	19:57
3067	Mon,	Sep 23	1:52
3068	Tue,	Sep 22	7:36
3069	Wed,	Sep 22	13:16
3070	Thu,	Sep 22	19:08
3071	Sat,	Sep 23	0:58
3072	Sun,	Sep 22	6:50
3073	Mon,	Sep 22	12:42
3074	Tue,	Sep 22	18:27
3075	Thu,	Sep 23	0:25
3076	Fri,	Sep 22	6:12
3077	Sat,	Sep 22	11:53
3078	Sun,	Sep 22	17:49
3079	Mon,	Sep 22	23:38
3080	Wed,	Sep 22	5:28
3081	Thu,	Sep 22	11:18
3082	Fri,	Sep 22	17:02
3083	Sat,	Sep 22	22:59
3084	Mon,	Sep 22	4:48
3085	Tue,	Sep 22	10:26
3086	Wed,	Sep 22	16:19
3087	Thu,	Sep 22	22:05
3088	Sat,	Sep 22	3:49
3089	Sun,	Sep 22	9:39
3090	Mon,	Sep 22	15:22
3091	Tue,	Sep 22	21:17
3092	Thu,	Sep 22	3:08
3093	Fri,	Sep 22	8:46
3094	Sat,	Sep 22	14:44
3095	Sun,	Sep 22	20:37
3096	Tue,	Sep 22	2:26
3097	Wed,	Sep 22	8:23
3098	Thu,	Sep 22	14:08

3099	Fri,	Sep 22	20:03
3100	Sun,	Sep 23	1:54
3101	Mon,	Sep 23	7:29
3102	Tue,	Sep 23	13:23
3103	Wed,	Sep 23	19:13
3104	Fri,	Sep 23	0:53
3105	Sat,	Sep 23	6:45
3106	Sun,	Sep 23	12:27
3107	Mon,	Sep 23	18:20
3108	Wed,	Sep 23	0:13
3109	Thu,	Sep 23	5:49
3110	Fri,	Sep 23	11:44
3111	Sat,	Sep 23	17:36
3112	Sun,	Sep 22	23:19
3113	Tue,	Sep 23	5:15
3114	Wed,	Sep 23	11:04
3115	Thu,	Sep 23	16:57
3116	Fri,	Sep 22	22:53
3117	Sun,	Sep 23	4:31
3118	Mon,	Sep 23	10:26
3119	Tue,	Sep 23	16:22
3120	Wed,	Sep 22	22:03
3121	Fri,	Sep 23	3:56
3122	Sat,	Sep 23	9:40
3123	Sun,	Sep 23	15:25
3124	Mon,	Sep 22	21:16
3125	Wed,	Sep 23	2:50
3126	Thu,	Sep 23	8:40
3127	Fri,	Sep 23	14:36
3128	Sat,	Sep 22	20:15
3129	Mon,	Sep 23	2:10
3130	Tue,	Sep 23	8:02
3131	Wed,	Sep 23	13:54
3132	Thu,	Sep 22	19:54
3133	Sat,	Sep 23	1:35
3134	Sun,	Sep 23	7:28
3135	Mon,	Sep 23	13:26
3136	Tue,	Sep 22	19:04
3137	Thu,	Sep 23	0:57
3138	Fri,	Sep 23	6:46
3139	Sat,	Sep 23	12:30
3140	Sun,	Sep 22	18:22
3141	Mon,	Sep 22	23:58
3142	Wed,	Sep 23	5:46
3143	Thu,	Sep 23	11:43
3144	Fri,	Sep 22	17:23
3145	Sat,	Sep 22	23:14
3146	Mon,	Sep 23	5:06
3147	Tue,	Sep 23	10:51
3148	Wed,	Sep 22	16:46
3149	Thu,	Sep 22	22:29
3150	Sat,	Sep 23	4:20
3151	Sun,	Sep 23	10:20
3152	Mon,	Sep 22	16:03
3153	Tue,	Sep 22	21:54
3154	Thu,	Sep 23	3:50
3155	Fri,	Sep 23	9:37
3156	Sat,	Sep 22	15:30
3157	Sun,	Sep 22	21:12
3158	Tue,	Sep 23	2:56
3159	Wed,	Sep 23	8:51
3160	Thu,	Sep 22	14:29
3161	Fri,	Sep 22	20:15
3162	Sun,	Sep 23	2:09
3163	Mon,	Sep 23	7:54
3164	Tue,	Sep 22	13:44
3165	Wed,	Sep 22	19:30
3166	Fri,	Sep 23	1:19
3167	Sat,	Sep 23	7:19
3168	Sun,	Sep 22	13:05
3169	Mon,	Sep 22	18:54
3170	Wed,	Sep 23	0:49
3171	Thu,	Sep 23	6:37
3172	Fri,	Sep 22	12:27
3173	Sat,	Sep 22	18:13
3174	Sun,	Sep 22	24:00
3175	Tue,	Sep 23	5:54
3176	Wed,	Sep 22	11:37
3177	Thu,	Sep 22	17:22
3178	Fri,	Sep 22	23:17
3179	Sun,	Sep 23	5:05
3180	Mon,	Sep 22	10:53
3181	Tue,	Sep 22	16:38
3182	Wed,	Sep 22	22:24
3183	Fri,	Sep 23	4:16
3184	Sat,	Sep 22	10:01
3185	Sun,	Sep 22	15:47
3186	Mon,	Sep 22	21:42
3187	Wed,	Sep 23	3:34
3188	Thu,	Sep 22	9:22
3189	Fri,	Sep 22	15:12
3190	Sat,	Sep 22	21:04
3191	Mon,	Sep 23	3:00
3192	Tue,	Sep 22	8:48
3193	Wed,	Sep 22	14:33
3194	Thu,	Sep 22	20:24
3195	Sat,	Sep 23	2:13
3196	Sun,	Sep 22	7:57
3197	Mon,	Sep 22	13:43
3198	Tue,	Sep 22	19:30
3199	Thu,	Sep 23	1:19
3200	Fri,	Sep 22	7:04
3201	Sat,	Sep 22	12:49
3202	Sun,	Sep 22	18:41
3203	Tue,	Sep 23	0:36
3204	Wed,	Sep 22	6:23
3205	Thu,	Sep 22	12:10
3206	Fri,	Sep 22	18:03
3207	Sat,	Sep 22	23:54
3208	Mon,	Sep 22	5:43
3209	Tue,	Sep 22	11:32
3210	Wed,	Sep 22	17:24
3211	Thu,	Sep 22	23:18
3212	Sat,	Sep 22	5:03
3213	Sun,	Sep 22	10:49
3214	Mon,	Sep 22	16:43
3215	Tue,	Sep 22	22:30
3216	Thu,	Sep 22	4:15
3217	Fri,	Sep 22	10:00
3218	Sat,	Sep 22	15:45
3219	Sun,	Sep 22	21:36
3220	Tue,	Sep 22	3:20
3221	Wed,	Sep 22	9:05
3222	Thu,	Sep 22	15:00
3223	Fri,	Sep 22	20:50
3224	Sun,	Sep 22	2:38
3225	Mon,	Sep 22	8:32
3226	Tue,	Sep 22	14:24
3227	Wed,	Sep 22	20:22
3228	Fri,	Sep 22	2:11
3229	Sat,	Sep 22	7:54
3230	Sun,	Sep 22	13:49
3231	Mon,	Sep 22	19:36
3232	Wed,	Sep 22	1:18
3233	Thu,	Sep 22	7:07
3234	Fri,	Sep 22	12:50
3235	Sat,	Sep 22	18:40
3236	Mon,	Sep 22	0:27
3237	Tue,	Sep 22	6:07
3238	Wed,	Sep 22	12:05
3239	Thu,	Sep 22	17:54
3240	Fri,	Sep 21	23:38
3241	Sun,	Sep 22	5:32
3242	Mon,	Sep 22	11:20
3243	Tue,	Sep 22	17:14
3244	Wed,	Sep 21	23:07
3245	Fri,	Sep 22	4:50
3246	Sat,	Sep 22	10:49
3247	Sun,	Sep 22	16:39
3248	Mon,	Sep 21	22:20
3249	Wed,	Sep 22	4:14
3250	Thu,	Sep 22	10:02
3251	Fri,	Sep 22	15:52
3252	Sat,	Sep 21	21:41
3253	Mon,	Sep 22	3:17
3254	Tue,	Sep 22	9:10
3255	Wed,	Sep 22	14:59
3256	Thu,	Sep 21	20:36
3257	Sat,	Sep 22	2:30
3258	Sun,	Sep 22	8:18
3259	Mon,	Sep 22	14:09
3260	Tue,	Sep 21	20:04
3261	Thu,	Sep 22	1:48
3262	Fri,	Sep 22	7:47
3263	Sat,	Sep 22	13:43
3264	Sun,	Sep 21	19:22
3265	Tue,	Sep 22	1:16
3266	Wed,	Sep 22	7:05
3267	Thu,	Sep 22	12:51
3268	Fri,	Sep 21	18:45
3269	Sun,	Sep 22	0:23
3270	Mon,	Sep 22	6:16
3271	Tue,	Sep 22	12:07
3272	Wed,	Sep 21	17:43
3273	Thu,	Sep 21	23:36
3274	Sat,	Sep 22	5:28
3275	Sun,	Sep 22	11:14
3276	Mon,	Sep 21	17:08
3277	Tue,	Sep 21	22:49
3278	Thu,	Sep 22	4:42
3279	Fri,	Sep 22	10:38
3280	Sat,	Sep 21	16:16
3281	Sun,	Sep 21	22:10
3282	Tue,	Sep 22	4:04
3283	Wed,	Sep 22	9:50
3284	Thu,	Sep 21	15:46
3285	Fri,	Sep 21	21:32
3286	Sun,	Sep 22	3:24
3287	Mon,	Sep 22	9:21
3288	Tue,	Sep 21	14:55
3289	Wed,	Sep 21	20:44
3290	Fri,	Sep 22	2:35
3291	Sat,	Sep 22	8:16
3292	Sun,	Sep 21	14:08
3293	Mon,	Sep 21	19:52
3294	Wed,	Sep 22	1:40
3295	Thu,	Sep 22	7:37
3296	Fri,	Sep 21	13:14
3297	Sat,	Sep 21	19:07
3298	Mon,	Sep 22	1:06
3299	Tue,	Sep 22	6:50
3300	Wed,	Sep 22	12:45
3301	Thu,	Sep 22	18:32
3302	Sat,	Sep 23	0:22
3303	Sun,	Sep 23	6:20
3304	Mon,	Sep 22	11:59
3305	Tue,	Sep 22	17:47
3306	Wed,	Sep 22	23:44
3307	Fri,	Sep 23	5:25
3308	Sat,	Sep 22	11:16
3309	Sun,	Sep 22	17:04
3310	Mon,	Sep 22	22:51
3311	Wed,	Sep 23	4:45
3312	Thu,	Sep 22	10:21
3313	Fri,	Sep 22	16:06
3314	Sat,	Sep 22	22:02
3315	Mon,	Sep 23	3:46
3316	Tue,	Sep 22	9:36
3317	Wed,	Sep 22	15:29
3318	Thu,	Sep 22	21:18
3319	Sat,	Sep 23	3:16
3320	Sun,	Sep 22	9:01

3321	Mon,	Sep 22	14:51
3322	Tue,	Sep 22	20:52
3323	Thu,	Sep 23	2:36
3324	Fri,	Sep 22	8:23
3325	Sat,	Sep 22	14:12
3326	Sun,	Sep 22	19:56
3327	Tue,	Sep 23	1:48
3328	Wed,	Sep 22	7:27
3329	Thu,	Sep 22	13:09
3330	Fri,	Sep 22	19:04
3331	Sun,	Sep 23	0:48
3332	Mon,	Sep 22	6:36
3333	Tue,	Sep 22	12:30
3334	Wed,	Sep 22	18:22
3335	Fri,	Sep 23	0:16
3336	Sat,	Sep 22	6:01
3337	Sun,	Sep 22	11:48
3338	Mon,	Sep 22	17:47
3339	Tue,	Sep 22	23:36
3340	Thu,	Sep 22	5:23
3341	Fri,	Sep 22	11:15
3342	Sat,	Sep 22	17:05
3343	Sun,	Sep 22	22:54
3344	Tue,	Sep 22	4:38
3345	Wed,	Sep 22	10:22
3346	Thu,	Sep 22	16:15
3347	Fri,	Sep 22	22:01
3348	Sun,	Sep 22	3:42
3349	Mon,	Sep 22	9:32
3350	Tue,	Sep 22	15:22
3351	Wed,	Sep 22	21:10
3352	Fri,	Sep 22	2:57
3353	Sat,	Sep 22	8:45
3354	Sun,	Sep 22	14:41
3355	Mon,	Sep 22	20:33
3356	Wed,	Sep 22	2:22
3357	Thu,	Sep 22	8:18
3358	Fri,	Sep 22	14:13
3359	Sat,	Sep 22	20:00
3360	Mon,	Sep 22	1:44
3361	Tue,	Sep 22	7:29
3362	Wed,	Sep 22	13:19
3363	Thu,	Sep 22	19:06
3364	Sat,	Sep 22	0:49
3365	Sun,	Sep 22	6:37
3366	Mon,	Sep 22	12:30
3367	Tue,	Sep 22	18:16
3368	Thu,	Sep 22	0:01
3369	Fri,	Sep 22	5:52
3370	Sat,	Sep 22	11:44
3371	Sun,	Sep 22	17:35
3372	Mon,	Sep 21	23:21
3373	Wed,	Sep 22	5:11
3374	Thu,	Sep 22	11:09
3375	Fri,	Sep 22	16:56
3376	Sat,	Sep 21	22:41
3377	Mon,	Sep 22	4:33
3378	Tue,	Sep 22	10:22
3379	Wed,	Sep 22	16:13
3380	Thu,	Sep 21	22:00
3381	Sat,	Sep 22	3:49
3382	Sun,	Sep 22	9:44
3383	Mon,	Sep 22	15:28
3384	Tue,	Sep 21	21:07
3385	Thu,	Sep 22	2:57
3386	Fri,	Sep 22	8:45
3387	Sat,	Sep 22	14:33
3388	Sun,	Sep 21	20:20
3389	Tue,	Sep 22	2:08
3390	Wed,	Sep 22	8:05
3391	Thu,	Sep 22	13:55
3392	Fri,	Sep 21	19:39
3393	Sun,	Sep 22	1:37
3394	Mon,	Sep 22	7:28
3395	Tue,	Sep 22	13:16
3396	Wed,	Sep 21	19:06
3397	Fri,	Sep 22	0:52
3398	Sat,	Sep 22	6:48
3399	Sun,	Sep 22	12:36
3400	Mon,	Sep 22	18:13
3401	Wed,	Sep 23	0:07
3402	Thu,	Sep 23	5:55
3403	Fri,	Sep 23	11:39
3404	Sat,	Sep 22	17:31
3405	Sun,	Sep 22	23:16
3406	Tue,	Sep 23	5:11
3407	Wed,	Sep 23	10:58
3408	Thu,	Sep 22	16:35
3409	Fri,	Sep 22	22:32
3410	Sun,	Sep 23	4:23
3411	Mon,	Sep 23	10:09
3412	Tue,	Sep 22	16:04
3413	Wed,	Sep 22	21:52
3414	Fri,	Sep 23	3:49
3415	Sat,	Sep 23	9:42
3416	Sun,	Sep 22	15:22
3417	Mon,	Sep 22	21:19
3418	Wed,	Sep 23	3:10
3419	Thu,	Sep 23	8:49
3420	Fri,	Sep 22	14:39
3421	Sat,	Sep 22	20:23
3422	Mon,	Sep 23	2:12
3423	Tue,	Sep 23	8:02
3424	Wed,	Sep 22	13:37
3425	Thu,	Sep 22	19:31
3426	Sat,	Sep 23	1:25
3427	Sun,	Sep 23	7:07
3428	Mon,	Sep 22	13:05
3429	Tue,	Sep 22	18:57
3430	Thu,	Sep 23	0:50
3431	Fri,	Sep 23	6:45
3432	Sat,	Sep 22	12:23
3433	Sun,	Sep 22	18:19
3434	Tue,	Sep 23	0:14
3435	Wed,	Sep 23	5:53
3436	Thu,	Sep 22	11:46
3437	Fri,	Sep 22	17:33
3438	Sat,	Sep 22	23:20
3439	Mon,	Sep 23	5:13
3440	Tue,	Sep 22	10:49
3441	Wed,	Sep 22	16:40
3442	Thu,	Sep 22	22:34
3443	Sat,	Sep 23	4:10
3444	Sun,	Sep 22	10:02
3445	Mon,	Sep 22	15:54
3446	Tue,	Sep 22	21:43
3447	Thu,	Sep 23	3:40
3448	Fri,	Sep 22	9:21
3449	Sat,	Sep 22	15:16
3450	Sun,	Sep 22	21:16
3451	Tue,	Sep 23	2:58
3452	Wed,	Sep 22	8:52
3453	Thu,	Sep 22	14:46
3454	Fri,	Sep 22	20:31
3455	Sun,	Sep 23	2:22
3456	Mon,	Sep 22	7:59
3457	Tue,	Sep 22	13:46
3458	Wed,	Sep 22	19:41
3459	Fri,	Sep 23	1:16
3460	Sat,	Sep 22	7:05
3461	Sun,	Sep 22	12:59
3462	Mon,	Sep 22	18:45
3463	Wed,	Sep 23	0:41
3464	Thu,	Sep 22	6:26
3465	Fri,	Sep 22	12:18
3466	Sat,	Sep 22	18:17
3467	Sun,	Sep 22	23:56
3468	Tue,	Sep 22	5:47
3469	Wed,	Sep 22	11:44
3470	Thu,	Sep 22	17:31
3471	Fri,	Sep 22	23:22
3472	Sun,	Sep 22	5:06
3473	Mon,	Sep 22	10:53
3474	Tue,	Sep 22	16:50
3475	Wed,	Sep 22	22:30
3476	Fri,	Sep 22	4:17
3477	Sat,	Sep 22	10:12
3478	Sun,	Sep 22	15:55
3479	Mon,	Sep 22	21:43
3480	Wed,	Sep 22	3:28
3481	Thu,	Sep 22	9:16
3482	Fri,	Sep 22	15:13
3483	Sat,	Sep 22	20:55
3484	Mon,	Sep 22	2:43
3485	Tue,	Sep 22	8:43
3486	Wed,	Sep 22	14:31
3487	Thu,	Sep 22	20:23
3488	Sat,	Sep 22	2:14
3489	Sun,	Sep 22	8:02
3490	Mon,	Sep 22	13:58
3491	Tue,	Sep 22	19:38
3492	Thu,	Sep 22	1:22
3493	Fri,	Sep 22	7:18
3494	Sat,	Sep 22	13:03
3495	Sun,	Sep 22	18:48
3496	Tue,	Sep 22	0:35
3497	Wed,	Sep 22	6:22
3498	Thu,	Sep 22	12:16
3499	Fri,	Sep 22	18:01
3500	Sat,	Sep 22	23:47
3501	Mon,	Sep 23	5:44
3502	Tue,	Sep 23	11:32
3503	Wed,	Sep 23	17:18
3504	Thu,	Sep 22	23:08
3505	Sat,	Sep 23	5:00
3506	Sun,	Sep 23	10:53
3507	Mon,	Sep 23	16:40
3508	Tue,	Sep 22	22:27
3509	Thu,	Sep 23	4:24
3510	Fri,	Sep 23	10:15
3511	Sat,	Sep 23	16:00
3512	Sun,	Sep 22	21:49
3513	Tue,	Sep 23	3:38
3514	Wed,	Sep 23	9:25
3515	Thu,	Sep 23	15:07
3516	Fri,	Sep 22	20:50
3517	Sun,	Sep 23	2:43
3518	Mon,	Sep 23	8:32
3519	Tue,	Sep 23	14:15
3520	Wed,	Sep 22	20:05
3521	Fri,	Sep 23	1:59
3522	Sat,	Sep 23	7:52
3523	Sun,	Sep 23	13:42
3524	Mon,	Sep 22	19:33
3525	Wed,	Sep 23	1:27
3526	Thu,	Sep 23	7:19
3527	Fri,	Sep 23	13:04
3528	Sat,	Sep 22	18:52
3529	Mon,	Sep 23	0:45
3530	Tue,	Sep 23	6:31
3531	Wed,	Sep 23	12:13
3532	Thu,	Sep 22	18:00
3533	Fri,	Sep 22	23:49
3534	Sun,	Sep 23	5:40
3535	Mon,	Sep 23	11:24
3536	Tue,	Sep 22	17:10
3537	Wed,	Sep 22	23:05
3538	Fri,	Sep 23	4:51
3539	Sat,	Sep 23	10:36
3540	Sun,	Sep 22	16:29
3541	Mon,	Sep 22	22:21
3542	Wed,	Sep 23	4:16

3543	Thu,	Sep 23	10:04
3544	Fri,	Sep 22	15:52
3545	Sat,	Sep 22	21:52
3546	Mon,	Sep 23	3:41
3547	Tue,	Sep 23	9:25
3548	Wed,	Sep 22	15:15
3549	Thu,	Sep 22	21:01
3550	Sat,	Sep 23	2:48
3551	Sun,	Sep 23	8:31
3552	Mon,	Sep 22	14:13
3553	Tue,	Sep 22	20:08
3554	Thu,	Sep 23	1:54
3555	Fri,	Sep 23	7:35
3556	Sat,	Sep 22	13:29
3557	Sun,	Sep 22	19:20
3558	Tue,	Sep 23	1:14
3559	Wed,	Sep 23	7:07
3560	Thu,	Sep 22	12:54
3561	Fri,	Sep 22	18:53
3562	Sun,	Sep 23	0:43
3563	Mon,	Sep 23	6:23
3564	Tue,	Sep 22	12:18
3565	Wed,	Sep 22	18:05
3566	Thu,	Sep 22	23:52
3567	Sat,	Sep 23	5:41
3568	Sun,	Sep 22	11:22
3569	Mon,	Sep 22	17:19
3570	Tue,	Sep 22	23:08
3571	Thu,	Sep 23	4:46
3572	Fri,	Sep 22	10:40
3573	Sat,	Sep 22	16:27
3574	Sun,	Sep 22	22:13
3575	Tue,	Sep 23	4:05
3576	Wed,	Sep 22	9:50
3577	Thu,	Sep 22	15:48
3578	Fri,	Sep 22	21:41
3579	Sun,	Sep 23	3:20
3580	Mon,	Sep 22	9:18
3581	Tue,	Sep 22	15:11
3582	Wed,	Sep 22	20:58
3583	Fri,	Sep 23	2:52
3584	Sat,	Sep 22	8:35
3585	Sun,	Sep 22	14:27
3586	Mon,	Sep 22	20:18
3587	Wed,	Sep 23	1:52
3588	Thu,	Sep 22	7:45
3589	Fri,	Sep 22	13:35
3590	Sat,	Sep 22	19:16
3591	Mon,	Sep 23	1:08
3592	Tue,	Sep 22	6:53
3593	Wed,	Sep 22	12:48
3594	Thu,	Sep 22	18:45
3595	Sat,	Sep 23	0:23
3596	Sun,	Sep 22	6:19
3597	Mon,	Sep 22	12:12
3598	Tue,	Sep 22	17:54
3599	Wed,	Sep 22	23:50
3600	Fri,	Sep 22	5:36
3601	Sat,	Sep 22	11:29
3602	Sun,	Sep 22	17:24
3603	Mon,	Sep 22	23:01
3604	Wed,	Sep 22	4:54
3605	Thu,	Sep 22	10:49
3606	Fri,	Sep 22	16:29
3607	Sat,	Sep 22	22:22
3608	Mon,	Sep 22	4:07
3609	Tue,	Sep 22	9:54
3610	Wed,	Sep 22	15:47
3611	Thu,	Sep 22	21:23
3612	Sat,	Sep 22	3:14
3613	Sun,	Sep 22	9:10
3614	Mon,	Sep 22	14:51
3615	Tue,	Sep 22	20:45
3616	Thu,	Sep 22	2:38
3617	Fri,	Sep 22	8:30
3618	Sat,	Sep 22	14:30
3619	Sun,	Sep 22	20:11
3620	Tue,	Sep 22	2:02
3621	Wed,	Sep 22	7:58
3622	Thu,	Sep 22	13:37
3623	Fri,	Sep 22	19:27
3624	Sun,	Sep 22	1:17
3625	Mon,	Sep 22	7:01
3626	Tue,	Sep 22	12:54
3627	Wed,	Sep 22	18:31
3628	Fri,	Sep 22	0:19
3629	Sat,	Sep 22	6:17
3630	Sun,	Sep 22	11:57
3631	Mon,	Sep 22	17:49
3632	Tue,	Sep 21	23:42
3633	Thu,	Sep 22	5:30
3634	Fri,	Sep 22	11:25
3635	Sat,	Sep 22	17:10
3636	Sun,	Sep 21	23:00
3637	Tue,	Sep 22	4:59
3638	Wed,	Sep 22	10:42
3639	Thu,	Sep 22	16:32
3640	Fri,	Sep 21	22:27
3641	Sun,	Sep 22	4:15
3642	Mon,	Sep 22	10:07
3643	Tue,	Sep 22	15:48
3644	Wed,	Sep 21	21:30
3645	Fri,	Sep 22	3:23
3646	Sat,	Sep 22	9:02
3647	Sun,	Sep 22	14:47
3648	Mon,	Sep 21	20:42
3649	Wed,	Sep 22	2:30
3650	Thu,	Sep 22	8:22
3651	Fri,	Sep 22	14:09
3652	Sat,	Sep 21	20:00
3653	Mon,	Sep 22	2:00
3654	Tue,	Sep 22	7:48
3655	Wed,	Sep 22	13:37
3656	Thu,	Sep 21	19:33
3657	Sat,	Sep 22	1:21
3658	Sun,	Sep 22	7:10
3659	Mon,	Sep 22	12:55
3660	Tue,	Sep 21	18:39
3661	Thu,	Sep 22	0:31
3662	Fri,	Sep 22	6:13
3663	Sat,	Sep 22	11:57
3664	Sun,	Sep 21	17:51
3665	Mon,	Sep 21	23:41
3666	Wed,	Sep 22	5:30
3667	Thu,	Sep 22	11:17
3668	Fri,	Sep 21	17:04
3669	Sat,	Sep 21	22:57
3670	Mon,	Sep 22	4:45
3671	Tue,	Sep 22	10:32
3672	Wed,	Sep 21	16:29
3673	Thu,	Sep 21	22:23
3674	Sat,	Sep 22	4:10
3675	Sun,	Sep 22	9:59
3676	Mon,	Sep 21	15:49
3677	Tue,	Sep 21	21:42
3678	Thu,	Sep 22	3:28
3679	Fri,	Sep 22	9:11
3680	Sat,	Sep 21	15:01
3681	Sun,	Sep 21	20:51
3682	Tue,	Sep 22	2:34
3683	Wed,	Sep 22	8:20
3684	Thu,	Sep 21	14:09
3685	Fri,	Sep 21	19:58
3686	Sun,	Sep 22	1:46
3687	Mon,	Sep 22	7:34
3688	Tue,	Sep 21	13:29
3689	Wed,	Sep 21	19:26
3690	Fri,	Sep 22	1:15
3691	Sat,	Sep 22	7:02
3692	Sun,	Sep 21	12:54
3693	Mon,	Sep 21	18:43
3694	Wed,	Sep 22	0:30
3695	Thu,	Sep 22	6:18
3696	Fri,	Sep 21	12:07
3697	Sat,	Sep 21	18:01
3698	Sun,	Sep 21	23:45
3699	Tue,	Sep 22	5:29
3700	Wed,	Sep 22	11:23
3701	Thu,	Sep 22	17:11
3702	Fri,	Sep 22	22:56
3703	Sun,	Sep 23	4:44
3704	Mon,	Sep 22	10:30
3705	Tue,	Sep 22	16:25
3706	Wed,	Sep 22	22:11
3707	Fri,	Sep 23	3:55
3708	Sat,	Sep 22	9:51
3709	Sun,	Sep 22	15:41
3710	Mon,	Sep 22	21:29
3711	Wed,	Sep 23	3:22
3712	Thu,	Sep 22	9:14
3713	Fri,	Sep 22	15:11
3714	Sat,	Sep 22	21:00
3715	Mon,	Sep 23	2:41
3716	Tue,	Sep 22	8:34
3717	Wed,	Sep 22	14:20
3718	Thu,	Sep 22	20:02
3719	Sat,	Sep 23	1:51
3720	Sun,	Sep 22	7:37
3721	Mon,	Sep 22	13:28
3722	Tue,	Sep 22	19:16
3723	Thu,	Sep 23	0:57
3724	Fri,	Sep 22	6:55
3725	Sat,	Sep 22	12:46
3726	Sun,	Sep 22	18:30
3727	Tue,	Sep 23	0:25
3728	Wed,	Sep 22	6:14
3729	Thu,	Sep 22	12:08
3730	Fri,	Sep 22	18:01
3731	Sat,	Sep 22	23:42
3732	Mon,	Sep 22	5:39
3733	Tue,	Sep 22	11:29
3734	Wed,	Sep 22	17:09
3735	Thu,	Sep 22	23:04
3736	Sat,	Sep 22	4:51
3737	Sun,	Sep 22	10:41
3738	Mon,	Sep 22	16:30
3739	Tue,	Sep 22	22:05
3740	Thu,	Sep 22	3:58
3741	Fri,	Sep 22	9:47
3742	Sat,	Sep 22	15:26
3743	Sun,	Sep 22	21:21
3744	Tue,	Sep 22	3:12
3745	Wed,	Sep 22	9:04
3746	Thu,	Sep 22	15:01
3747	Fri,	Sep 22	20:45
3748	Sun,	Sep 22	2:44
3749	Mon,	Sep 22	8:40
3750	Tue,	Sep 22	14:19
3751	Wed,	Sep 22	20:12
3752	Fri,	Sep 22	2:01
3753	Sat,	Sep 22	7:46
3754	Sun,	Sep 22	13:38
3755	Mon,	Sep 22	19:15
3756	Wed,	Sep 22	1:05
3757	Thu,	Sep 22	6:57
3758	Fri,	Sep 22	12:32
3759	Sat,	Sep 22	18:27
3760	Mon,	Sep 22	0:20
3761	Tue,	Sep 22	6:07
3762	Wed,	Sep 22	12:03
3763	Thu,	Sep 22	17:46
3764	Fri,	Sep 21	23:39

3765	Sun,	Sep 22	5:38
3766	Mon,	Sep 22	11:16
3767	Tue,	Sep 22	17:11
3768	Wed,	Sep 21	23:05
3769	Fri,	Sep 22	4:50
3770	Sat,	Sep 22	10:45
3771	Sun,	Sep 22	16:27
3772	Mon,	Sep 21	22:18
3773	Wed,	Sep 22	4:13
3774	Thu,	Sep 22	9:47
3775	Fri,	Sep 22	15:35
3776	Sat,	Sep 21	21:28
3777	Mon,	Sep 22	3:09
3778	Tue,	Sep 22	9:02
3779	Wed,	Sep 22	14:47
3780	Thu,	Sep 21	20:37
3781	Sat,	Sep 22	2:36
3782	Sun,	Sep 22	8:17
3783	Mon,	Sep 22	14:11
3784	Tue,	Sep 21	20:12
3785	Thu,	Sep 22	1:57
3786	Fri,	Sep 22	7:49
3787	Sat,	Sep 22	13:35
3788	Sun,	Sep 21	19:22
3789	Tue,	Sep 22	1:18
3790	Wed,	Sep 22	6:55
3791	Thu,	Sep 22	12:42
3792	Fri,	Sep 21	18:38
3793	Sun,	Sep 22	0:19
3794	Mon,	Sep 22	6:09
3795	Tue,	Sep 22	11:58
3796	Wed,	Sep 21	17:46
3797	Thu,	Sep 21	23:42
3798	Sat,	Sep 22	5:22
3799	Sun,	Sep 22	11:09
3800	Mon,	Sep 22	17:08
3801	Tue,	Sep 22	22:53
3802	Thu,	Sep 23	4:43
3803	Fri,	Sep 23	10:35
3804	Sat,	Sep 22	16:24
3805	Sun,	Sep 22	22:20
3806	Tue,	Sep 23	4:05
3807	Wed,	Sep 23	9:53
3808	Thu,	Sep 22	15:52
3809	Fri,	Sep 22	21:37
3810	Sun,	Sep 23	3:21
3811	Mon,	Sep 23	9:09
3812	Tue,	Sep 22	14:54
3813	Wed,	Sep 22	20:45
3814	Fri,	Sep 23	2:27
3815	Sat,	Sep 23	8:11
3816	Sun,	Sep 22	14:08
3817	Mon,	Sep 22	19:55
3818	Wed,	Sep 23	1:42
3819	Thu,	Sep 23	7:37
3820	Fri,	Sep 22	13:29
3821	Sat,	Sep 22	19:23
3822	Mon,	Sep 23	1:08
3823	Tue,	Sep 23	6:55
3824	Wed,	Sep 22	12:53
3825	Thu,	Sep 22	18:41
3826	Sat,	Sep 23	0:26
3827	Sun,	Sep 23	6:17
3828	Mon,	Sep 22	12:06
3829	Tue,	Sep 22	17:55
3830	Wed,	Sep 22	23:39
3831	Fri,	Sep 23	5:25
3832	Sat,	Sep 22	11:18
3833	Sun,	Sep 22	17:05
3834	Mon,	Sep 22	22:47
3835	Wed,	Sep 23	4:36
3836	Thu,	Sep 22	10:29
3837	Fri,	Sep 22	16:18
3838	Sat,	Sep 22	22:06
3839	Mon,	Sep 23	3:55
3840	Tue,	Sep 22	9:52
3841	Wed,	Sep 22	15:45
3842	Thu,	Sep 22	21:33
3843	Sat,	Sep 23	3:26
3844	Sun,	Sep 22	9:22
3845	Mon,	Sep 22	15:08
3846	Tue,	Sep 22	20:52
3847	Thu,	Sep 23	2:37
3848	Fri,	Sep 22	8:25
3849	Sat,	Sep 22	14:12
3850	Sun,	Sep 22	19:53
3851	Tue,	Sep 23	1:40
3852	Wed,	Sep 22	7:34
3853	Thu,	Sep 22	13:21
3854	Fri,	Sep 22	19:08
3855	Sun,	Sep 23	1:01
3856	Mon,	Sep 22	6:55
3857	Tue,	Sep 22	12:47
3858	Wed,	Sep 22	18:34
3859	Fri,	Sep 23	0:24
3860	Sat,	Sep 22	6:22
3861	Sun,	Sep 22	12:11
3862	Mon,	Sep 22	17:55
3863	Tue,	Sep 22	23:47
3864	Thu,	Sep 22	5:35
3865	Fri,	Sep 22	11:23
3866	Sat,	Sep 22	17:09
3867	Sun,	Sep 22	22:54
3868	Tue,	Sep 22	4:50
3869	Wed,	Sep 22	10:34
3870	Thu,	Sep 22	16:14
3871	Fri,	Sep 22	22:06
3872	Sun,	Sep 22	3:55
3873	Mon,	Sep 22	9:44
3874	Tue,	Sep 22	15:34
3875	Wed,	Sep 22	21:22
3876	Fri,	Sep 22	3:22
3877	Sat,	Sep 22	9:14
3878	Sun,	Sep 22	14:58
3879	Mon,	Sep 22	20:56
3880	Wed,	Sep 22	2:46
3881	Thu,	Sep 22	8:32
3882	Fri,	Sep 22	14:19
3883	Sat,	Sep 22	20:02
3884	Mon,	Sep 22	1:56
3885	Tue,	Sep 22	7:44
3886	Wed,	Sep 22	13:20
3887	Thu,	Sep 22	19:15
3888	Sat,	Sep 22	1:03
3889	Sun,	Sep 22	6:49
3890	Mon,	Sep 22	12:42
3891	Tue,	Sep 22	18:29
3892	Thu,	Sep 22	0:26
3893	Fri,	Sep 22	6:18
3894	Sat,	Sep 22	11:56
3895	Sun,	Sep 22	17:54
3896	Mon,	Sep 21	23:46
3897	Wed,	Sep 22	5:30
3898	Thu,	Sep 22	11:24
3899	Fri,	Sep 22	17:09
3900	Sat,	Sep 22	23:05
3901	Mon,	Sep 23	4:57
3902	Tue,	Sep 23	10:35
3903	Wed,	Sep 23	16:31
3904	Thu,	Sep 22	22:22
3905	Sat,	Sep 23	4:00
3906	Sun,	Sep 23	9:50
3907	Mon,	Sep 23	15:34
3908	Tue,	Sep 22	21:26
3909	Thu,	Sep 23	3:19
3910	Fri,	Sep 23	8:56
3911	Sat,	Sep 23	14:52
3912	Sun,	Sep 22	20:47
3913	Tue,	Sep 23	2:30
3914	Wed,	Sep 23	8:27
3915	Thu,	Sep 23	14:18
3916	Fri,	Sep 22	20:11
3917	Sun,	Sep 23	2:06
3918	Mon,	Sep 23	7:43
3919	Tue,	Sep 23	13:36
3920	Wed,	Sep 22	19:31
3921	Fri,	Sep 23	1:08
3922	Sat,	Sep 23	7:00
3923	Sun,	Sep 23	12:47
3924	Mon,	Sep 22	18:35
3925	Wed,	Sep 23	0:30
3926	Thu,	Sep 23	6:08
3927	Fri,	Sep 23	12:00
3928	Sat,	Sep 22	17:55
3929	Sun,	Sep 22	23:32
3930	Tue,	Sep 23	5:24
3931	Wed,	Sep 23	11:17
3932	Thu,	Sep 22	17:07
3933	Fri,	Sep 22	23:04
3934	Sun,	Sep 23	4:46
3935	Mon,	Sep 23	10:40
3936	Tue,	Sep 22	16:39
3937	Wed,	Sep 22	22:19
3938	Fri,	Sep 23	4:12
3939	Sat,	Sep 23	10:05
3940	Sun,	Sep 22	15:50
3941	Mon,	Sep 22	21:41
3942	Wed,	Sep 23	3:18
3943	Thu,	Sep 23	9:04
3944	Fri,	Sep 22	15:00
3945	Sat,	Sep 22	20:35
3946	Mon,	Sep 23	2:24
3947	Tue,	Sep 23	8:19
3948	Wed,	Sep 22	14:08
3949	Thu,	Sep 22	20:05
3950	Sat,	Sep 23	1:52
3951	Sun,	Sep 23	7:44
3952	Mon,	Sep 22	13:45
3953	Tue,	Sep 22	19:24
3954	Thu,	Sep 23	1:13
3955	Fri,	Sep 23	7:11
3956	Sat,	Sep 22	12:57
3957	Sun,	Sep 22	18:48
3958	Tue,	Sep 23	0:31
3959	Wed,	Sep 23	6:16
3960	Thu,	Sep 22	12:12
3961	Fri,	Sep 22	17:50
3962	Sat,	Sep 22	23:36
3963	Mon,	Sep 23	5:31
3964	Tue,	Sep 22	11:17
3965	Wed,	Sep 22	17:06
3966	Thu,	Sep 22	22:52
3967	Sat,	Sep 23	4:41
3968	Sun,	Sep 22	10:40
3969	Mon,	Sep 22	16:24
3970	Tue,	Sep 22	22:12
3971	Thu,	Sep 23	4:12
3972	Fri,	Sep 22	10:03
3973	Sat,	Sep 22	15:54
3974	Sun,	Sep 22	21:44
3975	Tue,	Sep 23	3:31
3976	Wed,	Sep 22	9:23
3977	Thu,	Sep 22	15:03
3978	Fri,	Sep 22	20:44
3979	Sun,	Sep 23	2:39
3980	Mon,	Sep 22	8:25
3981	Tue,	Sep 22	14:10
3982	Wed,	Sep 22	19:58
3983	Fri,	Sep 23	1:47
3984	Sat,	Sep 22	7:42
3985	Sun,	Sep 22	13:29
3986	Mon,	Sep 22	19:17

```
3987  Wed, Sep 23   1:16     3992  Tue, Sep 22   6:26     3997  Mon, Sep 22  11:24
3988  Thu, Sep 22   7:07     3993  Wed, Sep 22  12:10     3998  Tue, Sep 22  17:12
3989  Fri, Sep 22  12:54     3994  Thu, Sep 22  17:55     3999  Wed, Sep 22  23:02
3990  Sat, Sep 22  18:44     3995  Fri, Sep 22  23:49     4000  Fri, Sep 22   4:49
3991  Mon, Sep 23   0:34     3996  Sun, Sep 22   5:40
```

INVERNO - WINTER

Year	Day	Time
1	Fri, Dec 21	15:12
2	Sat, Dec 21	21:01
3	Mon, Dec 22	2:56
4	Tue, Dec 21	8:50
5	Wed, Dec 21	14:42
6	Thu, Dec 21	20:36
7	Sat, Dec 22	2:23
8	Sun, Dec 21	8:10
9	Mon, Dec 21	14:02
10	Tue, Dec 21	19:50
11	Thu, Dec 22	1:37
12	Fri, Dec 21	7:22
13	Sat, Dec 21	13:08
14	Sun, Dec 21	18:58
15	Tue, Dec 22	0:47
16	Wed, Dec 21	6:33
17	Thu, Dec 21	12:24
18	Fri, Dec 21	18:13
19	Sat, Dec 21	23:59
20	Mon, Dec 21	5:49
21	Tue, Dec 21	11:40
22	Wed, Dec 21	17:31
23	Thu, Dec 21	23:20
24	Sat, Dec 21	5:06
25	Sun, Dec 21	10:57
26	Mon, Dec 21	16:52
27	Tue, Dec 21	22:43
28	Thu, Dec 21	4:36
29	Fri, Dec 21	10:27
30	Sat, Dec 21	16:14
31	Sun, Dec 21	21:59
32	Tue, Dec 21	3:44
33	Wed, Dec 21	9:30
34	Thu, Dec 21	15:19
35	Fri, Dec 21	21:02
36	Sun, Dec 21	2:47
37	Mon, Dec 21	8:39
38	Tue, Dec 21	14:28
39	Wed, Dec 21	20:21
40	Fri, Dec 21	2:14
41	Sat, Dec 21	8:04
42	Sun, Dec 21	13:58
43	Mon, Dec 21	19:46
44	Wed, Dec 21	1:35
45	Thu, Dec 21	7:31
46	Fri, Dec 21	13:17
47	Sat, Dec 21	19:03
48	Mon, Dec 21	0:50
49	Tue, Dec 21	6:34
50	Wed, Dec 21	12:28
51	Thu, Dec 21	18:16
52	Sat, Dec 21	0:02
53	Sun, Dec 21	5:56
54	Mon, Dec 21	11:39
55	Tue, Dec 21	17:24
56	Wed, Dec 20	23:15
57	Fri, Dec 21	5:01
58	Sat, Dec 21	10:55
59	Sun, Dec 21	16:43
60	Mon, Dec 20	22:28
61	Wed, Dec 21	4:27
62	Thu, Dec 21	10:18
63	Fri, Dec 21	16:08
64	Sat, Dec 20	22:05
65	Mon, Dec 21	3:49
66	Tue, Dec 21	9:40
67	Wed, Dec 21	15:28
68	Thu, Dec 20	21:09
69	Sat, Dec 21	3:04
70	Sun, Dec 21	8:48
71	Mon, Dec 21	14:28
72	Tue, Dec 20	20:18
73	Thu, Dec 21	2:01
74	Fri, Dec 21	7:55
75	Sat, Dec 21	13:51
76	Sun, Dec 20	19:35
77	Tue, Dec 21	1:34
78	Wed, Dec 21	7:23
79	Thu, Dec 21	13:07
80	Fri, Dec 20	19:04
81	Sun, Dec 21	0:50
82	Mon, Dec 21	6:40
83	Tue, Dec 21	12:32
84	Wed, Dec 20	18:12
85	Fri, Dec 21	0:08
86	Sat, Dec 21	6:00
87	Sun, Dec 21	11:43
88	Mon, Dec 20	17:38
89	Tue, Dec 20	23:20
90	Thu, Dec 21	5:05
91	Fri, Dec 21	10:57
92	Sat, Dec 20	16:38
93	Sun, Dec 20	22:32
94	Tue, Dec 21	4:23
95	Wed, Dec 21	10:02
96	Thu, Dec 20	15:58
97	Fri, Dec 20	21:47
98	Sun, Dec 21	3:39
99	Mon, Dec 21	9:39
100	Tue, Dec 21	15:24
101	Wed, Dec 21	21:18
102	Fri, Dec 22	3:11
103	Sat, Dec 22	8:50
104	Sun, Dec 21	14:44
105	Mon, Dec 21	20:31
106	Wed, Dec 22	2:12
107	Thu, Dec 22	8:03
108	Fri, Dec 21	13:42
109	Sat, Dec 21	19:34
110	Mon, Dec 22	1:31
111	Tue, Dec 22	7:12
112	Wed, Dec 21	13:07
113	Thu, Dec 21	18:56
114	Sat, Dec 22	0:40
115	Sun, Dec 22	6:37
116	Mon, Dec 21	12:23
117	Tue, Dec 21	18:15
118	Thu, Dec 22	0:11
119	Fri, Dec 22	5:50
120	Sat, Dec 21	11:43
121	Sun, Dec 21	17:37
122	Mon, Dec 21	23:23
123	Wed, Dec 22	5:19
124	Thu, Dec 21	11:04
125	Fri, Dec 21	16:49
126	Sat, Dec 21	22:42
127	Mon, Dec 22	4:20
128	Tue, Dec 21	10:09
129	Wed, Dec 21	16:00
130	Thu, Dec 21	21:40
131	Sat, Dec 22	3:32
132	Sun, Dec 21	9:19
133	Mon, Dec 21	15:11
134	Tue, Dec 21	21:12
135	Thu, Dec 22	2:59
136	Fri, Dec 21	8:51
137	Sat, Dec 21	14:46
138	Sun, Dec 21	20:29
139	Tue, Dec 22	2:23
140	Wed, Dec 21	8:11
141	Thu, Dec 21	13:57
142	Fri, Dec 21	19:48
143	Sun, Dec 22	1:27
144	Mon, Dec 21	7:13
145	Tue, Dec 21	13:07
146	Wed, Dec 21	18:53
147	Fri, Dec 22	0:44
148	Sat, Dec 21	6:33
149	Sun, Dec 21	12:19
150	Mon, Dec 21	18:12
151	Tue, Dec 21	23:58
152	Thu, Dec 21	5:47
153	Fri, Dec 21	11:42
154	Sat, Dec 21	17:28
155	Sun, Dec 21	23:17
156	Tue, Dec 21	5:10
157	Wed, Dec 21	11:01
158	Thu, Dec 21	16:58
159	Fri, Dec 21	22:46
160	Sun, Dec 21	4:31
161	Mon, Dec 21	10:22
162	Tue, Dec 21	16:05
163	Wed, Dec 21	21:50
164	Fri, Dec 21	3:39
165	Sat, Dec 21	9:24
166	Sun, Dec 21	15:12
167	Mon, Dec 21	20:57
168	Wed, Dec 21	2:45
169	Thu, Dec 21	8:41
170	Fri, Dec 21	14:33
171	Sat, Dec 21	20:24
172	Mon, Dec 21	2:16
173	Tue, Dec 21	8:07
174	Wed, Dec 21	13:58
175	Thu, Dec 21	19:48
176	Sat, Dec 21	1:36
177	Sun, Dec 21	7:26
178	Mon, Dec 21	13:12
179	Tue, Dec 21	18:55
180	Thu, Dec 21	0:44
181	Fri, Dec 21	6:36
182	Sat, Dec 21	12:26
183	Sun, Dec 21	18:14
184	Tue, Dec 21	0:00
185	Wed, Dec 21	5:47
186	Thu, Dec 21	11:36
187	Fri, Dec 21	17:22
188	Sat, Dec 20	23:13
189	Mon, Dec 21	5:05
190	Tue, Dec 21	10:52
191	Wed, Dec 21	16:42
192	Thu, Dec 20	22:35
193	Sat, Dec 21	4:29
194	Sun, Dec 21	10:23
195	Mon, Dec 21	16:11
196	Tue, Dec 20	21:58
197	Thu, Dec 21	3:49
198	Fri, Dec 21	9:35
199	Sat, Dec 21	15:21
200	Sun, Dec 21	21:10
201	Tue, Dec 22	2:53
202	Wed, Dec 22	8:39
203	Thu, Dec 22	14:25
204	Fri, Dec 21	20:11
205	Sun, Dec 22	2:10
206	Mon, Dec 22	8:00
207	Tue, Dec 22	13:48
208	Wed, Dec 21	19:42
209	Fri, Dec 22	1:30
210	Sat, Dec 22	7:22
211	Sun, Dec 22	13:12
212	Mon, Dec 21	18:58

213	Wed,	Dec 22	0:53
214	Thu,	Dec 22	6:38
215	Fri,	Dec 22	12:23
216	Sat,	Dec 21	18:19
217	Mon,	Dec 22	0:07
218	Tue,	Dec 22	5:57
219	Wed,	Dec 22	11:44
220	Thu,	Dec 21	17:25
221	Fri,	Dec 21	23:17
222	Sun,	Dec 22	5:04
223	Mon,	Dec 22	10:47
224	Tue,	Dec 21	16:42
225	Wed,	Dec 21	22:27
226	Fri,	Dec 22	4:15
227	Sat,	Dec 22	10:08
228	Sun,	Dec 21	15:56
229	Mon,	Dec 21	21:57
230	Wed,	Dec 22	3:51
231	Thu,	Dec 22	9:35
232	Fri,	Dec 21	15:31
233	Sat,	Dec 21	21:17
234	Mon,	Dec 22	3:02
235	Tue,	Dec 22	8:54
236	Wed,	Dec 21	14:34
237	Thu,	Dec 21	20:24
238	Sat,	Dec 22	2:11
239	Sun,	Dec 22	7:49
240	Mon,	Dec 21	13:47
241	Tue,	Dec 21	19:37
242	Thu,	Dec 22	1:24
243	Fri,	Dec 22	7:18
244	Sat,	Dec 21	13:01
245	Sun,	Dec 21	18:55
246	Tue,	Dec 22	0:50
247	Wed,	Dec 22	6:32
248	Thu,	Dec 21	12:30
249	Fri,	Dec 21	18:19
250	Sun,	Dec 22	0:02
251	Mon,	Dec 22	5:57
252	Tue,	Dec 21	11:44
253	Wed,	Dec 21	17:37
254	Thu,	Dec 21	23:31
255	Sat,	Dec 22	5:09
256	Sun,	Dec 21	11:00
257	Mon,	Dec 21	16:49
258	Tue,	Dec 21	22:28
259	Thu,	Dec 22	4:21
260	Fri,	Dec 21	10:04
261	Sat,	Dec 21	15:51
262	Sun,	Dec 21	21:46
263	Tue,	Dec 22	3:29
264	Wed,	Dec 21	9:29
265	Thu,	Dec 21	15:27
266	Fri,	Dec 21	21:11
267	Sun,	Dec 22	3:07
268	Mon,	Dec 21	8:53
269	Tue,	Dec 21	14:41
270	Wed,	Dec 21	20:37
271	Fri,	Dec 22	2:17
272	Sat,	Dec 21	8:08
273	Sun,	Dec 21	13:57
274	Mon,	Dec 21	19:34
275	Wed,	Dec 22	1:27
276	Thu,	Dec 21	7:16
277	Fri,	Dec 21	13:04
278	Sat,	Dec 21	19:00
279	Mon,	Dec 22	0:40
280	Tue,	Dec 21	6:32
281	Wed,	Dec 21	12:27
282	Thu,	Dec 21	18:09
283	Sat,	Dec 22	0:03
284	Sun,	Dec 21	5:53
285	Mon,	Dec 21	11:38
286	Tue,	Dec 21	17:35
287	Wed,	Dec 21	23:21
288	Fri,	Dec 21	5:15
289	Sat,	Dec 21	11:14
290	Sun,	Dec 21	16:55
291	Mon,	Dec 21	22:43
292	Wed,	Dec 21	4:31
293	Thu,	Dec 21	10:13
294	Fri,	Dec 21	16:06
295	Sat,	Dec 21	21:48
296	Mon,	Dec 21	3:34
297	Tue,	Dec 21	9:28
298	Wed,	Dec 21	15:08
299	Thu,	Dec 21	21:01
300	Sat,	Dec 22	2:57
301	Sun,	Dec 22	8:46
302	Mon,	Dec 22	14:42
303	Tue,	Dec 22	20:29
304	Thu,	Dec 22	2:19
305	Fri,	Dec 22	8:16
306	Sat,	Dec 22	14:00
307	Sun,	Dec 22	19:48
308	Tue,	Dec 22	1:38
309	Wed,	Dec 22	7:21
310	Thu,	Dec 22	13:11
311	Fri,	Dec 22	18:59
312	Sun,	Dec 22	0:49
313	Mon,	Dec 22	6:44
314	Tue,	Dec 22	12:26
315	Wed,	Dec 22	18:10
316	Fri,	Dec 22	0:02
317	Sat,	Dec 22	5:48
318	Sun,	Dec 22	11:39
319	Mon,	Dec 22	17:28
320	Tue,	Dec 21	23:16
321	Thu,	Dec 22	5:11
322	Fri,	Dec 22	10:59
323	Sat,	Dec 22	16:50
324	Sun,	Dec 21	22:48
325	Tue,	Dec 22	4:38
326	Wed,	Dec 22	10:26
327	Thu,	Dec 22	16:15
328	Fri,	Dec 21	22:01
329	Sun,	Dec 22	3:52
330	Mon,	Dec 22	9:36
331	Tue,	Dec 22	15:19
332	Wed,	Dec 21	21:07
333	Fri,	Dec 22	2:52
334	Sat,	Dec 22	8:39
335	Sun,	Dec 22	14:31
336	Mon,	Dec 21	20:25
337	Wed,	Dec 22	2:18
338	Thu,	Dec 22	8:07
339	Fri,	Dec 22	13:54
340	Sat,	Dec 21	19:47
341	Mon,	Dec 22	1:40
342	Tue,	Dec 22	7:28
343	Wed,	Dec 22	13:17
344	Thu,	Dec 21	19:08
345	Sat,	Dec 22	0:55
346	Sun,	Dec 22	6:44
347	Mon,	Dec 22	12:32
348	Tue,	Dec 21	18:23
349	Thu,	Dec 22	0:13
350	Fri,	Dec 22	5:56
351	Sat,	Dec 22	11:42
352	Sun,	Dec 21	17:32
353	Mon,	Dec 21	23:20
354	Wed,	Dec 22	5:08
355	Thu,	Dec 22	10:55
356	Fri,	Dec 21	16:42
357	Sat,	Dec 21	22:35
358	Mon,	Dec 22	4:25
359	Tue,	Dec 22	10:19
360	Wed,	Dec 21	16:18
361	Thu,	Dec 21	22:09
362	Sat,	Dec 22	3:56
363	Sun,	Dec 22	9:45
364	Mon,	Dec 21	15:31
365	Tue,	Dec 21	21:21
366	Thu,	Dec 22	3:06
367	Fri,	Dec 22	8:48
368	Sat,	Dec 21	14:40
369	Sun,	Dec 21	20:24
370	Tue,	Dec 22	2:11
371	Wed,	Dec 22	8:05
372	Thu,	Dec 21	13:53
373	Fri,	Dec 21	19:46
374	Sun,	Dec 22	1:34
375	Mon,	Dec 22	7:19
376	Tue,	Dec 21	13:18
377	Wed,	Dec 21	19:07
378	Fri,	Dec 22	0:55
379	Sat,	Dec 22	6:47
380	Sun,	Dec 21	12:32
381	Mon,	Dec 21	18:23
382	Wed,	Dec 22	0:14
383	Thu,	Dec 22	6:01
384	Fri,	Dec 21	11:59
385	Sat,	Dec 21	17:45
386	Sun,	Dec 21	23:26
387	Tue,	Dec 22	5:17
388	Wed,	Dec 21	11:00
389	Thu,	Dec 21	16:49
390	Fri,	Dec 21	22:38
391	Sun,	Dec 22	4:19
392	Mon,	Dec 21	10:14
393	Tue,	Dec 21	16:05
394	Wed,	Dec 21	21:51
395	Fri,	Dec 22	3:52
396	Sat,	Dec 21	9:42
397	Sun,	Dec 21	15:32
398	Mon,	Dec 21	21:25
399	Wed,	Dec 22	3:07
400	Thu,	Dec 21	9:04
401	Fri,	Dec 21	14:54
402	Sat,	Dec 21	20:33
403	Mon,	Dec 22	2:26
404	Tue,	Dec 21	8:09
405	Wed,	Dec 21	13:53
406	Thu,	Dec 21	19:48
407	Sat,	Dec 22	1:31
408	Sun,	Dec 21	7:27
409	Mon,	Dec 21	13:18
410	Tue,	Dec 21	18:57
411	Thu,	Dec 22	0:53
412	Fri,	Dec 21	6:42
413	Sat,	Dec 21	12:29
414	Sun,	Dec 21	18:24
415	Tue,	Dec 22	0:07
416	Wed,	Dec 21	6:01
417	Thu,	Dec 21	11:56
418	Fri,	Dec 21	17:39
419	Sat,	Dec 21	23:39
420	Mon,	Dec 21	5:29
421	Tue,	Dec 21	11:11
422	Wed,	Dec 21	17:03
423	Thu,	Dec 21	22:44
424	Sat,	Dec 21	4:33
425	Sun,	Dec 21	10:26
426	Mon,	Dec 21	16:01
427	Tue,	Dec 21	21:53
428	Thu,	Dec 21	3:42
429	Fri,	Dec 21	9:25
430	Sat,	Dec 21	15:25
431	Sun,	Dec 21	21:14
432	Tue,	Dec 21	3:08
433	Wed,	Dec 21	9:05
434	Thu,	Dec 21	14:45

435	Fri,	Dec 21	20:41
436	Sun,	Dec 21	2:34
437	Mon,	Dec 21	8:16
438	Tue,	Dec 21	14:09
439	Wed,	Dec 21	19:52
440	Fri,	Dec 21	1:39
441	Sat,	Dec 21	7:34
442	Sun,	Dec 21	13:15
443	Mon,	Dec 21	19:08
444	Wed,	Dec 21	1:00
445	Thu,	Dec 21	6:39
446	Fri,	Dec 21	12:30
447	Sat,	Dec 21	18:18
448	Mon,	Dec 21	0:06
449	Tue,	Dec 21	6:03
450	Wed,	Dec 21	11:45
451	Thu,	Dec 21	17:35
452	Fri,	Dec 20	23:32
453	Sun,	Dec 21	5:17
454	Mon,	Dec 21	11:14
455	Tue,	Dec 21	17:08
456	Wed,	Dec 20	22:55
457	Fri,	Dec 21	4:49
458	Sat,	Dec 21	10:30
459	Sun,	Dec 21	16:17
460	Mon,	Dec 20	22:10
461	Wed,	Dec 21	3:49
462	Thu,	Dec 21	9:35
463	Fri,	Dec 21	15:22
464	Sat,	Dec 20	21:07
465	Mon,	Dec 21	3:03
466	Tue,	Dec 21	8:52
467	Wed,	Dec 21	14:44
468	Thu,	Dec 20	20:41
469	Sat,	Dec 21	2:24
470	Sun,	Dec 21	8:15
471	Mon,	Dec 21	14:08
472	Tue,	Dec 20	19:58
473	Thu,	Dec 21	1:51
474	Fri,	Dec 21	7:36
475	Sat,	Dec 21	13:22
476	Sun,	Dec 20	19:15
477	Tue,	Dec 21	1:01
478	Wed,	Dec 21	6:49
479	Thu,	Dec 21	12:42
480	Fri,	Dec 20	18:27
481	Sun,	Dec 21	0:15
482	Mon,	Dec 21	6:00
483	Tue,	Dec 21	11:47
484	Wed,	Dec 20	17:41
485	Thu,	Dec 20	23:26
486	Sat,	Dec 21	5:12
487	Sun,	Dec 21	11:04
488	Mon,	Dec 20	16:55
489	Tue,	Dec 20	22:49
490	Thu,	Dec 21	4:44
491	Fri,	Dec 21	10:36
492	Sat,	Dec 20	16:29
493	Sun,	Dec 20	22:15
494	Tue,	Dec 21	4:00
495	Wed,	Dec 21	9:51
496	Thu,	Dec 20	15:38
497	Fri,	Dec 20	21:23
498	Sun,	Dec 21	3:08
499	Mon,	Dec 21	8:54
500	Tue,	Dec 21	14:44
501	Wed,	Dec 21	20:34
502	Fri,	Dec 22	2:23
503	Sat,	Dec 22	8:15
504	Sun,	Dec 21	14:06
505	Mon,	Dec 21	19:53
506	Wed,	Dec 22	1:43
507	Thu,	Dec 22	7:36
508	Fri,	Dec 21	13:27
509	Sat,	Dec 21	19:17
510	Mon,	Dec 22	1:03
511	Tue,	Dec 22	6:52
512	Wed,	Dec 21	12:45
513	Thu,	Dec 21	18:34
514	Sat,	Dec 22	0:25
515	Sun,	Dec 22	6:17
516	Mon,	Dec 21	12:02
517	Tue,	Dec 21	17:48
518	Wed,	Dec 21	23:33
519	Fri,	Dec 22	5:20
520	Sat,	Dec 21	11:11
521	Sun,	Dec 21	16:56
522	Mon,	Dec 21	22:41
523	Wed,	Dec 22	4:34
524	Thu,	Dec 21	10:24
525	Fri,	Dec 21	16:18
526	Sat,	Dec 21	22:13
527	Mon,	Dec 22	4:02
528	Tue,	Dec 21	9:57
529	Wed,	Dec 21	15:45
530	Thu,	Dec 21	21:31
531	Sat,	Dec 22	3:26
532	Sun,	Dec 21	9:12
533	Mon,	Dec 21	14:57
534	Tue,	Dec 21	20:43
535	Thu,	Dec 22	2:25
536	Fri,	Dec 21	8:19
537	Sat,	Dec 21	14:08
538	Sun,	Dec 21	19:54
539	Tue,	Dec 22	1:50
540	Wed,	Dec 21	7:35
541	Thu,	Dec 21	13:21
542	Fri,	Dec 21	19:14
543	Sun,	Dec 22	1:00
544	Mon,	Dec 21	6:56
545	Tue,	Dec 21	12:45
546	Wed,	Dec 21	18:29
547	Fri,	Dec 22	0:28
548	Sat,	Dec 21	6:18
549	Sun,	Dec 21	12:08
550	Mon,	Dec 21	18:03
551	Tue,	Dec 21	23:46
552	Thu,	Dec 21	5:36
553	Fri,	Dec 21	11:23
554	Sat,	Dec 21	17:03
555	Sun,	Dec 21	22:58
556	Tue,	Dec 21	4:44
557	Wed,	Dec 21	10:24
558	Thu,	Dec 21	16:16
559	Fri,	Dec 21	22:00
560	Sun,	Dec 21	3:54
561	Mon,	Dec 21	9:52
562	Tue,	Dec 21	15:38
563	Wed,	Dec 21	21:37
564	Fri,	Dec 21	3:28
565	Sat,	Dec 21	9:11
566	Sun,	Dec 21	15:08
567	Mon,	Dec 21	20:53
568	Wed,	Dec 21	2:42
569	Thu,	Dec 21	8:33
570	Fri,	Dec 21	14:10
571	Sat,	Dec 21	20:05
572	Mon,	Dec 21	1:56
573	Tue,	Dec 21	7:39
574	Wed,	Dec 21	13:34
575	Thu,	Dec 21	19:18
576	Sat,	Dec 21	1:03
577	Sun,	Dec 21	6:57
578	Mon,	Dec 21	12:39
579	Tue,	Dec 21	18:35
580	Thu,	Dec 21	0:28
581	Fri,	Dec 21	6:09
582	Sat,	Dec 21	12:05
583	Sun,	Dec 21	17:55
584	Mon,	Dec 20	23:45
585	Wed,	Dec 21	5:45
586	Thu,	Dec 21	11:29
587	Fri,	Dec 21	17:21
588	Sat,	Dec 20	23:14
589	Mon,	Dec 21	4:51
590	Tue,	Dec 21	10:44
591	Wed,	Dec 21	16:30
592	Thu,	Dec 20	22:11
593	Sat,	Dec 21	4:03
594	Sun,	Dec 21	9:43
595	Mon,	Dec 21	15:35
596	Tue,	Dec 20	21:34
597	Thu,	Dec 21	3:17
598	Fri,	Dec 21	9:14
599	Sat,	Dec 21	15:05
600	Sun,	Dec 21	20:49
601	Tue,	Dec 22	2:46
602	Wed,	Dec 22	8:32
603	Thu,	Dec 22	14:24
604	Fri,	Dec 21	20:19
605	Sun,	Dec 22	1:58
606	Mon,	Dec 22	7:48
607	Tue,	Dec 22	13:40
608	Wed,	Dec 21	19:25
609	Fri,	Dec 22	1:20
610	Sat,	Dec 22	7:05
611	Sun,	Dec 22	12:51
612	Mon,	Dec 21	18:44
613	Wed,	Dec 22	0:25
614	Thu,	Dec 22	6:14
615	Fri,	Dec 22	12:07
616	Sat,	Dec 21	17:49
617	Sun,	Dec 21	23:42
618	Tue,	Dec 22	5:30
619	Wed,	Dec 22	11:22
620	Thu,	Dec 21	17:24
621	Fri,	Dec 21	23:11
622	Sun,	Dec 22	5:02
623	Mon,	Dec 22	10:55
624	Tue,	Dec 21	16:38
625	Wed,	Dec 21	22:29
626	Fri,	Dec 22	4:16
627	Sat,	Dec 22	10:01
628	Sun,	Dec 21	15:53
629	Mon,	Dec 21	21:32
630	Wed,	Dec 22	3:18
631	Thu,	Dec 22	9:12
632	Fri,	Dec 21	14:59
633	Sat,	Dec 21	20:51
634	Mon,	Dec 22	2:42
635	Tue,	Dec 22	8:30
636	Wed,	Dec 21	14:24
637	Thu,	Dec 21	20:12
638	Sat,	Dec 22	2:02
639	Sun,	Dec 22	7:56
640	Mon,	Dec 21	13:42
641	Tue,	Dec 21	19:30
642	Thu,	Dec 22	1:21
643	Fri,	Dec 22	7:12
644	Sat,	Dec 21	13:07
645	Sun,	Dec 21	18:55
646	Tue,	Dec 22	0:39
647	Wed,	Dec 22	6:28
648	Thu,	Dec 21	12:12
649	Fri,	Dec 21	17:57
650	Sat,	Dec 21	23:47
651	Mon,	Dec 22	5:34
652	Tue,	Dec 21	11:23
653	Wed,	Dec 21	17:10
654	Thu,	Dec 21	22:59
655	Sat,	Dec 22	4:55
656	Sun,	Dec 21	10:49

657	Mon,	Dec 21	16:40
658	Tue,	Dec 21	22:33
659	Thu,	Dec 22	4:23
660	Fri,	Dec 21	10:14
661	Sat,	Dec 21	16:02
662	Sun,	Dec 21	21:50
663	Tue,	Dec 22	3:37
664	Wed,	Dec 21	9:22
665	Thu,	Dec 21	15:04
666	Fri,	Dec 21	20:52
667	Sun,	Dec 22	2:45
668	Mon,	Dec 21	8:35
669	Tue,	Dec 21	14:25
670	Wed,	Dec 21	20:13
671	Fri,	Dec 22	2:01
672	Sat,	Dec 21	7:52
673	Sun,	Dec 21	13:40
674	Mon,	Dec 21	19:30
675	Wed,	Dec 22	1:25
676	Thu,	Dec 21	7:12
677	Fri,	Dec 21	13:02
678	Sat,	Dec 21	18:54
679	Mon,	Dec 22	0:45
680	Tue,	Dec 21	6:39
681	Wed,	Dec 21	12:26
682	Thu,	Dec 21	18:11
683	Sat,	Dec 22	0:02
684	Sun,	Dec 21	5:46
685	Mon,	Dec 21	11:32
686	Tue,	Dec 21	17:21
687	Wed,	Dec 21	23:05
688	Fri,	Dec 21	4:53
689	Sat,	Dec 21	10:40
690	Sun,	Dec 21	16:28
691	Mon,	Dec 21	22:28
692	Wed,	Dec 21	4:21
693	Thu,	Dec 21	10:10
694	Fri,	Dec 21	16:05
695	Sat,	Dec 21	21:51
696	Mon,	Dec 21	3:43
697	Tue,	Dec 21	9:33
698	Wed,	Dec 21	15:17
699	Thu,	Dec 21	21:11
700	Sat,	Dec 22	2:56
701	Sun,	Dec 22	8:38
702	Mon,	Dec 22	14:32
703	Tue,	Dec 22	20:19
704	Thu,	Dec 22	2:10
705	Fri,	Dec 22	7:59
706	Sat,	Dec 22	13:40
707	Sun,	Dec 22	19:35
708	Tue,	Dec 22	1:24
709	Wed,	Dec 22	7:08
710	Thu,	Dec 22	13:05
711	Fri,	Dec 22	18:51
712	Sun,	Dec 22	0:39
713	Mon,	Dec 22	6:33
714	Tue,	Dec 22	12:19
715	Wed,	Dec 22	18:19
716	Fri,	Dec 22	0:13
717	Sat,	Dec 22	5:56
718	Sun,	Dec 22	11:50
719	Mon,	Dec 22	17:35
720	Tue,	Dec 21	23:19
721	Thu,	Dec 22	5:11
722	Fri,	Dec 22	10:51
723	Sat,	Dec 22	16:40
724	Sun,	Dec 21	22:30
725	Tue,	Dec 22	4:09
726	Wed,	Dec 22	10:07
727	Thu,	Dec 22	15:59
728	Fri,	Dec 21	21:47
729	Sun,	Dec 22	3:43
730	Mon,	Dec 22	9:27
731	Tue,	Dec 22	15:21
732	Wed,	Dec 21	21:17
733	Fri,	Dec 22	2:59
734	Sat,	Dec 22	8:55
735	Sun,	Dec 22	14:43
736	Mon,	Dec 21	20:24
737	Wed,	Dec 22	2:19
738	Thu,	Dec 22	8:03
739	Fri,	Dec 22	13:57
740	Sat,	Dec 21	19:51
741	Mon,	Dec 22	1:29
742	Tue,	Dec 22	7:20
743	Wed,	Dec 22	13:09
744	Thu,	Dec 21	18:50
745	Sat,	Dec 22	0:45
746	Sun,	Dec 22	6:29
747	Mon,	Dec 22	12:18
748	Tue,	Dec 21	18:14
749	Wed,	Dec 21	23:57
750	Fri,	Dec 22	5:56
751	Sat,	Dec 22	11:55
752	Sun,	Dec 21	17:39
753	Mon,	Dec 21	23:34
754	Wed,	Dec 22	5:20
755	Thu,	Dec 22	11:06
756	Fri,	Dec 21	17:02
757	Sat,	Dec 21	22:41
758	Mon,	Dec 22	4:30
759	Tue,	Dec 22	10:20
760	Wed,	Dec 21	15:56
761	Thu,	Dec 21	21:49
762	Sat,	Dec 22	3:39
763	Sun,	Dec 22	9:28
764	Mon,	Dec 21	15:26
765	Tue,	Dec 21	21:09
766	Thu,	Dec 22	3:00
767	Fri,	Dec 22	8:58
768	Sat,	Dec 21	14:41
769	Sun,	Dec 21	20:35
770	Tue,	Dec 22	2:25
771	Wed,	Dec 22	8:10
772	Thu,	Dec 21	14:05
773	Fri,	Dec 21	19:50
774	Sun,	Dec 22	1:42
775	Mon,	Dec 22	7:39
776	Tue,	Dec 21	13:20
777	Wed,	Dec 21	19:07
778	Fri,	Dec 22	0:55
779	Sat,	Dec 22	6:38
780	Sun,	Dec 21	12:31
781	Mon,	Dec 21	18:15
782	Wed,	Dec 22	0:02
783	Thu,	Dec 22	5:57
784	Fri,	Dec 21	11:40
785	Sat,	Dec 21	17:33
786	Sun,	Dec 21	23:31
787	Tue,	Dec 22	5:21
788	Wed,	Dec 21	11:17
789	Thu,	Dec 21	17:04
790	Fri,	Dec 21	22:52
791	Sun,	Dec 22	4:48
792	Mon,	Dec 21	10:31
793	Tue,	Dec 21	16:17
794	Wed,	Dec 21	22:07
795	Fri,	Dec 22	3:48
796	Sat,	Dec 21	9:37
797	Sun,	Dec 21	15:25
798	Mon,	Dec 21	21:15
799	Wed,	Dec 22	3:11
800	Thu,	Dec 21	8:56
801	Fri,	Dec 21	14:42
802	Sat,	Dec 21	20:35
803	Mon,	Dec 22	2:24
804	Tue,	Dec 21	8:15
805	Wed,	Dec 21	14:06
806	Thu,	Dec 21	19:54
807	Sat,	Dec 22	1:47
808	Sun,	Dec 21	7:35
809	Mon,	Dec 21	13:24
810	Tue,	Dec 21	19:21
811	Thu,	Dec 22	1:11
812	Fri,	Dec 21	6:57
813	Sat,	Dec 21	12:44
814	Sun,	Dec 21	18:30
815	Tue,	Dec 22	0:20
816	Wed,	Dec 21	6:06
817	Thu,	Dec 21	11:49
818	Fri,	Dec 21	17:39
819	Sat,	Dec 21	23:26
820	Mon,	Dec 21	5:14
821	Tue,	Dec 21	11:07
822	Wed,	Dec 21	17:02
823	Thu,	Dec 21	22:57
824	Sat,	Dec 21	4:47
825	Sun,	Dec 21	10:34
826	Mon,	Dec 21	16:26
827	Tue,	Dec 21	22:18
828	Thu,	Dec 21	4:05
829	Fri,	Dec 21	9:53
830	Sat,	Dec 21	15:42
831	Sun,	Dec 21	21:28
832	Tue,	Dec 21	3:15
833	Wed,	Dec 21	9:04
834	Thu,	Dec 21	14:53
835	Fri,	Dec 21	20:46
836	Sun,	Dec 21	2:29
837	Mon,	Dec 21	8:16
838	Tue,	Dec 21	14:08
839	Wed,	Dec 21	19:57
840	Fri,	Dec 21	1:47
841	Sat,	Dec 21	7:36
842	Sun,	Dec 21	13:24
843	Mon,	Dec 21	19:17
844	Wed,	Dec 21	1:07
845	Thu,	Dec 21	6:58
846	Fri,	Dec 21	12:58
847	Sat,	Dec 21	18:47
848	Mon,	Dec 21	0:34
849	Tue,	Dec 21	6:22
850	Wed,	Dec 21	12:06
851	Thu,	Dec 21	17:56
852	Fri,	Dec 20	23:41
853	Sun,	Dec 21	5:23
854	Mon,	Dec 21	11:15
855	Tue,	Dec 21	17:00
856	Wed,	Dec 20	22:48
857	Fri,	Dec 21	4:43
858	Sat,	Dec 21	10:32
859	Sun,	Dec 21	16:27
860	Mon,	Dec 20	22:17
861	Wed,	Dec 21	4:02
862	Thu,	Dec 21	10:01
863	Fri,	Dec 21	15:52
864	Sat,	Dec 20	21:38
865	Mon,	Dec 21	3:31
866	Tue,	Dec 21	9:13
867	Wed,	Dec 21	15:03
868	Thu,	Dec 20	20:53
869	Sat,	Dec 21	2:37
870	Sun,	Dec 21	8:35
871	Mon,	Dec 21	14:22
872	Tue,	Dec 20	20:03
873	Thu,	Dec 21	1:55
874	Fri,	Dec 21	7:39
875	Sat,	Dec 21	13:29
876	Sun,	Dec 20	19:20
877	Tue,	Dec 21	1:02
878	Wed,	Dec 21	6:59

879	Thu,	Dec 21	12:50
880	Fri,	Dec 20	18:38
881	Sun,	Dec 21	0:39
882	Mon,	Dec 21	6:29
883	Tue,	Dec 21	12:18
884	Wed,	Dec 20	18:10
885	Thu,	Dec 20	23:50
886	Sat,	Dec 21	5:45
887	Sun,	Dec 21	11:35
888	Mon,	Dec 20	17:13
889	Tue,	Dec 20	23:05
890	Thu,	Dec 21	4:47
891	Fri,	Dec 21	10:32
892	Sat,	Dec 20	16:27
893	Sun,	Dec 20	22:12
894	Tue,	Dec 21	4:09
895	Wed,	Dec 21	10:03
896	Thu,	Dec 20	15:43
897	Fri,	Dec 20	21:41
898	Sun,	Dec 21	3:31
899	Mon,	Dec 21	9:19
900	Tue,	Dec 21	15:14
901	Wed,	Dec 21	20:55
902	Fri,	Dec 22	2:48
903	Sat,	Dec 22	8:42
904	Sun,	Dec 21	14:24
905	Mon,	Dec 21	20:21
906	Wed,	Dec 22	2:11
907	Thu,	Dec 22	7:52
908	Fri,	Dec 21	13:44
909	Sat,	Dec 21	19:25
910	Mon,	Dec 22	1:15
911	Tue,	Dec 22	7:09
912	Wed,	Dec 21	12:48
913	Thu,	Dec 21	18:40
914	Sat,	Dec 22	0:31
915	Sun,	Dec 22	6:15
916	Mon,	Dec 21	12:15
917	Tue,	Dec 21	18:05
918	Wed,	Dec 21	23:59
919	Fri,	Dec 22	5:57
920	Sat,	Dec 21	11:36
921	Sun,	Dec 21	17:29
922	Mon,	Dec 21	23:22
923	Wed,	Dec 22	5:03
924	Thu,	Dec 21	10:54
925	Fri,	Dec 21	16:36
926	Sat,	Dec 21	22:22
927	Mon,	Dec 22	4:18
928	Tue,	Dec 21	9:59
929	Wed,	Dec 21	15:53
930	Thu,	Dec 21	21:47
931	Sat,	Dec 22	3:28
932	Sun,	Dec 21	9:20
933	Mon,	Dec 21	15:09
934	Tue,	Dec 21	20:59
935	Thu,	Dec 22	2:56
936	Fri,	Dec 21	8:40
937	Sat,	Dec 21	14:30
938	Sun,	Dec 21	20:25
939	Tue,	Dec 22	2:09
940	Wed,	Dec 21	8:04
941	Thu,	Dec 21	13:57
942	Fri,	Dec 21	19:44
943	Sun,	Dec 22	1:37
944	Mon,	Dec 21	7:18
945	Tue,	Dec 21	13:04
946	Wed,	Dec 21	18:57
947	Fri,	Dec 22	0:37
948	Sat,	Dec 21	6:24
949	Sun,	Dec 21	12:12
950	Mon,	Dec 21	17:58
951	Tue,	Dec 21	23:55
952	Thu,	Dec 21	5:45
953	Fri,	Dec 21	11:39
954	Sat,	Dec 21	17:37
955	Sun,	Dec 21	23:21
956	Tue,	Dec 21	5:11
957	Wed,	Dec 21	11:04
958	Thu,	Dec 21	16:52
959	Fri,	Dec 21	22:45
960	Sun,	Dec 21	4:29
961	Mon,	Dec 21	10:14
962	Tue,	Dec 21	16:05
963	Wed,	Dec 21	21:50
964	Fri,	Dec 21	3:38
965	Sat,	Dec 21	9:30
966	Sun,	Dec 21	15:17
967	Mon,	Dec 21	21:06
968	Wed,	Dec 21	2:53
969	Thu,	Dec 21	8:42
970	Fri,	Dec 21	14:36
971	Sat,	Dec 21	20:24
972	Mon,	Dec 21	2:11
973	Tue,	Dec 21	8:03
974	Wed,	Dec 21	13:54
975	Thu,	Dec 21	19:48
976	Sat,	Dec 21	1:42
977	Sun,	Dec 21	7:33
978	Mon,	Dec 21	13:25
979	Tue,	Dec 21	19:10
980	Thu,	Dec 21	0:53
981	Fri,	Dec 21	6:42
982	Sat,	Dec 21	12:30
983	Sun,	Dec 21	18:15
984	Tue,	Dec 21	0:01
985	Wed,	Dec 21	5:47
986	Thu,	Dec 21	11:37
987	Fri,	Dec 21	17:29
988	Sat,	Dec 20	23:19
989	Mon,	Dec 21	5:13
990	Tue,	Dec 21	11:07
991	Wed,	Dec 21	16:55
992	Thu,	Dec 20	22:45
993	Sat,	Dec 21	4:39
994	Sun,	Dec 21	10:29
995	Mon,	Dec 21	16:18
996	Tue,	Dec 20	22:03
997	Thu,	Dec 21	3:49
998	Fri,	Dec 21	9:42
999	Sat,	Dec 21	15:29
1000	Sun,	Dec 21	21:19
1001	Tue,	Dec 22	3:11
1002	Wed,	Dec 22	8:56
1003	Thu,	Dec 22	14:42
1004	Fri,	Dec 21	20:29
1005	Sun,	Dec 22	2:16
1006	Mon,	Dec 22	8:11
1007	Tue,	Dec 22	13:57
1008	Wed,	Dec 21	19:44
1009	Fri,	Dec 22	1:38
1010	Sat,	Dec 22	7:28
1011	Sun,	Dec 22	13:22
1012	Mon,	Dec 21	19:17
1013	Wed,	Dec 22	1:05
1014	Thu,	Dec 22	6:59
1015	Fri,	Dec 22	12:46
1016	Sat,	Dec 21	18:30
1017	Mon,	Dec 22	0:24
1018	Tue,	Dec 22	6:09
1019	Wed,	Dec 22	11:53
1020	Thu,	Dec 21	17:40
1021	Fri,	Dec 21	23:22
1022	Sun,	Dec 22	5:16
1023	Mon,	Dec 22	11:08
1024	Tue,	Dec 21	16:54
1025	Wed,	Dec 21	22:53
1026	Fri,	Dec 22	4:39
1027	Sat,	Dec 22	10:27
1028	Sun,	Dec 21	16:21
1029	Mon,	Dec 21	22:07
1030	Wed,	Dec 22	4:03
1031	Thu,	Dec 22	9:53
1032	Fri,	Dec 21	15:35
1033	Sat,	Dec 21	21:32
1034	Mon,	Dec 22	3:20
1035	Tue,	Dec 22	9:08
1036	Wed,	Dec 21	15:03
1037	Thu,	Dec 21	20:45
1038	Sat,	Dec 22	2:35
1039	Sun,	Dec 22	8:23
1040	Mon,	Dec 21	14:03
1041	Tue,	Dec 21	19:59
1042	Thu,	Dec 22	1:46
1043	Fri,	Dec 22	7:28
1044	Sat,	Dec 21	13:22
1045	Sun,	Dec 21	19:07
1046	Tue,	Dec 22	1:02
1047	Wed,	Dec 22	7:00
1048	Thu,	Dec 21	12:47
1049	Fri,	Dec 21	18:46
1050	Sun,	Dec 22	0:36
1051	Mon,	Dec 22	6:18
1052	Tue,	Dec 21	12:14
1053	Wed,	Dec 21	17:58
1054	Thu,	Dec 21	23:46
1055	Sat,	Dec 22	5:37
1056	Sun,	Dec 21	11:13
1057	Mon,	Dec 21	17:07
1058	Tue,	Dec 21	22:58
1059	Thu,	Dec 22	4:41
1060	Fri,	Dec 21	10:38
1061	Sat,	Dec 21	16:23
1062	Sun,	Dec 21	22:10
1063	Tue,	Dec 22	4:06
1064	Wed,	Dec 21	9:48
1065	Thu,	Dec 21	15:45
1066	Fri,	Dec 21	21:40
1067	Sun,	Dec 22	3:21
1068	Mon,	Dec 21	9:16
1069	Tue,	Dec 21	15:05
1070	Wed,	Dec 21	20:55
1071	Fri,	Dec 22	2:53
1072	Sat,	Dec 21	8:36
1073	Sun,	Dec 21	14:27
1074	Mon,	Dec 21	20:18
1075	Wed,	Dec 22	1:55
1076	Thu,	Dec 21	7:47
1077	Fri,	Dec 21	13:35
1078	Sat,	Dec 21	19:17
1079	Mon,	Dec 22	1:10
1080	Tue,	Dec 21	6:51
1081	Wed,	Dec 21	12:44
1082	Thu,	Dec 21	18:44
1083	Sat,	Dec 22	0:30
1084	Sun,	Dec 21	6:27
1085	Mon,	Dec 21	12:20
1086	Tue,	Dec 21	18:04
1087	Thu,	Dec 22	0:01
1088	Fri,	Dec 21	5:46
1089	Sat,	Dec 21	11:36
1090	Sun,	Dec 21	17:30
1091	Mon,	Dec 21	23:07
1092	Wed,	Dec 21	4:56
1093	Thu,	Dec 21	10:46
1094	Fri,	Dec 21	16:31
1095	Sat,	Dec 21	22:26
1096	Mon,	Dec 21	4:12
1097	Tue,	Dec 21	9:59
1098	Wed,	Dec 21	15:53
1099	Thu,	Dec 21	21:35
1100	Sat,	Dec 22	3:27

1101	Sun,	Dec 22	9:21
1102	Mon,	Dec 22	15:06
1103	Tue,	Dec 22	20:59
1104	Thu,	Dec 22	2:48
1105	Fri,	Dec 22	8:38
1106	Sat,	Dec 22	14:39
1107	Sun,	Dec 22	20:26
1108	Tue,	Dec 22	2:15
1109	Wed,	Dec 22	8:07
1110	Thu,	Dec 22	13:49
1111	Fri,	Dec 22	19:38
1112	Sun,	Dec 22	1:25
1113	Mon,	Dec 22	7:10
1114	Tue,	Dec 22	13:02
1115	Wed,	Dec 22	18:43
1116	Fri,	Dec 22	0:29
1117	Sat,	Dec 22	6:25
1118	Sun,	Dec 22	12:13
1119	Mon,	Dec 22	18:08
1120	Wed,	Dec 22	0:00
1121	Thu,	Dec 22	5:49
1122	Fri,	Dec 22	11:44
1123	Sat,	Dec 22	17:32
1124	Sun,	Dec 21	23:21
1125	Tue,	Dec 22	5:14
1126	Wed,	Dec 22	10:59
1127	Thu,	Dec 22	16:45
1128	Fri,	Dec 21	22:34
1129	Sun,	Dec 22	4:23
1130	Mon,	Dec 22	10:17
1131	Tue,	Dec 22	16:05
1132	Wed,	Dec 21	21:51
1133	Fri,	Dec 22	3:40
1134	Sat,	Dec 22	9:26
1135	Sun,	Dec 22	15:12
1136	Mon,	Dec 21	21:03
1137	Wed,	Dec 22	2:52
1138	Thu,	Dec 22	8:43
1139	Fri,	Dec 22	14:32
1140	Sat,	Dec 21	20:20
1141	Mon,	Dec 22	2:16
1142	Tue,	Dec 22	8:11
1143	Wed,	Dec 22	14:01
1144	Thu,	Dec 21	19:52
1145	Sat,	Dec 22	1:42
1146	Sun,	Dec 22	7:30
1147	Mon,	Dec 22	13:18
1148	Tue,	Dec 21	19:04
1149	Thu,	Dec 22	0:52
1150	Fri,	Dec 22	6:37
1151	Sat,	Dec 22	12:20
1152	Sun,	Dec 21	18:07
1153	Tue,	Dec 22	0:00
1154	Wed,	Dec 22	5:52
1155	Thu,	Dec 22	11:43
1156	Fri,	Dec 21	17:34
1157	Sat,	Dec 21	23:23
1158	Mon,	Dec 22	5:15
1159	Tue,	Dec 22	11:04
1160	Wed,	Dec 21	16:54
1161	Thu,	Dec 21	22:48
1162	Sat,	Dec 22	4:36
1163	Sun,	Dec 22	10:23
1164	Mon,	Dec 21	16:15
1165	Tue,	Dec 21	22:04
1166	Thu,	Dec 22	3:58
1167	Fri,	Dec 22	9:44
1168	Sat,	Dec 21	15:27
1169	Sun,	Dec 21	21:18
1170	Tue,	Dec 22	3:03
1171	Wed,	Dec 22	8:50
1172	Thu,	Dec 21	14:41
1173	Fri,	Dec 21	20:26
1174	Sun,	Dec 22	2:16
1175	Mon,	Dec 22	8:04
1176	Tue,	Dec 21	13:52
1177	Wed,	Dec 21	19:53
1178	Fri,	Dec 22	1:47
1179	Sat,	Dec 22	7:37
1180	Sun,	Dec 21	13:31
1181	Mon,	Dec 21	19:18
1182	Wed,	Dec 22	1:07
1183	Thu,	Dec 22	6:57
1184	Fri,	Dec 21	12:39
1185	Sat,	Dec 21	18:31
1186	Mon,	Dec 22	0:16
1187	Tue,	Dec 22	5:57
1188	Wed,	Dec 21	11:51
1189	Thu,	Dec 21	17:38
1190	Fri,	Dec 21	23:30
1191	Sun,	Dec 22	5:22
1192	Mon,	Dec 21	11:04
1193	Tue,	Dec 21	16:59
1194	Wed,	Dec 21	22:51
1195	Fri,	Dec 22	4:36
1196	Sat,	Dec 21	10:35
1197	Sun,	Dec 21	16:21
1198	Mon,	Dec 21	22:09
1199	Wed,	Dec 22	4:02
1200	Thu,	Dec 21	9:47
1201	Fri,	Dec 21	15:45
1202	Sat,	Dec 21	21:38
1203	Mon,	Dec 22	3:19
1204	Tue,	Dec 21	9:13
1205	Wed,	Dec 21	14:56
1206	Thu,	Dec 21	20:40
1207	Sat,	Dec 22	2:32
1208	Sun,	Dec 21	8:13
1209	Mon,	Dec 21	14:04
1210	Tue,	Dec 21	19:55
1211	Thu,	Dec 22	1:36
1212	Fri,	Dec 21	7:36
1213	Sat,	Dec 21	13:30
1214	Sun,	Dec 21	19:19
1215	Tue,	Dec 22	1:16
1216	Wed,	Dec 21	6:59
1217	Thu,	Dec 21	12:52
1218	Fri,	Dec 21	18:48
1219	Sun,	Dec 22	0:28
1220	Mon,	Dec 21	6:23
1221	Tue,	Dec 21	12:11
1222	Wed,	Dec 21	17:50
1223	Thu,	Dec 21	23:43
1224	Sat,	Dec 21	5:26
1225	Sun,	Dec 21	11:19
1226	Mon,	Dec 21	17:16
1227	Tue,	Dec 21	22:54
1228	Thu,	Dec 21	4:48
1229	Fri,	Dec 21	10:39
1230	Sat,	Dec 21	16:21
1231	Sun,	Dec 21	22:17
1232	Tue,	Dec 21	4:03
1233	Wed,	Dec 21	9:53
1234	Thu,	Dec 21	15:49
1235	Fri,	Dec 21	21:32
1236	Sun,	Dec 21	3:30
1237	Mon,	Dec 21	9:28
1238	Tue,	Dec 21	15:11
1239	Wed,	Dec 21	21:04
1240	Fri,	Dec 21	2:48
1241	Sat,	Dec 21	8:34
1242	Sun,	Dec 21	14:28
1243	Mon,	Dec 21	20:08
1244	Wed,	Dec 21	1:57
1245	Thu,	Dec 21	7:49
1246	Fri,	Dec 21	13:26
1247	Sat,	Dec 21	19:19
1248	Mon,	Dec 21	1:10
1249	Tue,	Dec 21	7:01
1250	Wed,	Dec 21	13:01
1251	Thu,	Dec 21	18:45
1252	Sat,	Dec 21	0:37
1253	Sun,	Dec 21	6:35
1254	Mon,	Dec 21	12:18
1255	Tue,	Dec 21	18:11
1256	Wed,	Dec 20	24:00
1257	Fri,	Dec 21	5:44
1258	Sat,	Dec 21	11:38
1259	Sun,	Dec 21	17:21
1260	Mon,	Dec 20	23:12
1261	Wed,	Dec 21	5:09
1262	Thu,	Dec 21	10:50
1263	Fri,	Dec 21	16:37
1264	Sat,	Dec 20	22:25
1265	Mon,	Dec 21	4:10
1266	Tue,	Dec 21	10:04
1267	Wed,	Dec 21	15:50
1268	Thu,	Dec 20	21:39
1269	Sat,	Dec 21	3:35
1270	Sun,	Dec 21	9:19
1271	Mon,	Dec 21	15:11
1272	Tue,	Dec 20	21:09
1273	Thu,	Dec 21	3:00
1274	Fri,	Dec 21	8:55
1275	Sat,	Dec 21	14:42
1276	Sun,	Dec 20	20:28
1277	Tue,	Dec 21	2:22
1278	Wed,	Dec 21	8:05
1279	Thu,	Dec 21	13:50
1280	Fri,	Dec 20	19:39
1281	Sun,	Dec 21	1:21
1282	Mon,	Dec 21	7:10
1283	Tue,	Dec 21	12:58
1284	Wed,	Dec 20	18:49
1285	Fri,	Dec 21	0:46
1286	Sat,	Dec 21	6:34
1287	Sun,	Dec 21	12:22
1288	Mon,	Dec 20	18:15
1289	Wed,	Dec 21	0:05
1290	Thu,	Dec 21	5:58
1291	Fri,	Dec 21	11:48
1292	Sat,	Dec 20	17:37
1293	Sun,	Dec 20	23:28
1294	Tue,	Dec 21	5:15
1295	Wed,	Dec 21	11:02
1296	Thu,	Dec 20	16:56
1297	Fri,	Dec 20	22:46
1298	Sun,	Dec 21	4:32
1299	Mon,	Dec 21	10:18
1300	Tue,	Dec 21	16:05
1301	Wed,	Dec 21	21:54
1302	Fri,	Dec 22	3:42
1303	Sat,	Dec 22	9:27
1304	Sun,	Dec 21	15:17
1305	Mon,	Dec 21	21:08
1306	Wed,	Dec 22	2:56
1307	Thu,	Dec 22	8:51
1308	Fri,	Dec 21	14:47
1309	Sat,	Dec 21	20:42
1310	Mon,	Dec 22	2:32
1311	Tue,	Dec 22	8:18
1312	Wed,	Dec 21	14:07
1313	Thu,	Dec 21	19:59
1314	Sat,	Dec 22	1:45
1315	Sun,	Dec 22	7:31
1316	Mon,	Dec 21	13:20
1317	Tue,	Dec 21	19:05
1318	Thu,	Dec 22	0:52
1319	Fri,	Dec 22	6:40
1320	Sat,	Dec 21	12:30
1321	Sun,	Dec 21	18:25
1322	Tue,	Dec 22	0:12

1323	Wed,	Dec 22	5:59
1324	Thu,	Dec 21	11:54
1325	Fri,	Dec 21	17:43
1326	Sat,	Dec 21	23:34
1327	Mon,	Dec 22	5:24
1328	Tue,	Dec 21	11:10
1329	Wed,	Dec 21	17:04
1330	Thu,	Dec 21	22:52
1331	Sat,	Dec 22	4:42
1332	Sun,	Dec 21	10:40
1333	Mon,	Dec 21	16:28
1334	Tue,	Dec 21	22:14
1335	Thu,	Dec 22	4:01
1336	Fri,	Dec 21	9:44
1337	Sat,	Dec 21	15:36
1338	Sun,	Dec 21	21:22
1339	Tue,	Dec 22	3:05
1340	Wed,	Dec 21	8:58
1341	Thu,	Dec 21	14:45
1342	Fri,	Dec 21	20:34
1343	Sun,	Dec 22	2:30
1344	Mon,	Dec 21	8:20
1345	Tue,	Dec 21	14:17
1346	Wed,	Dec 21	20:07
1347	Fri,	Dec 22	1:51
1348	Sat,	Dec 21	7:49
1349	Sun,	Dec 21	13:39
1350	Mon,	Dec 21	19:24
1351	Wed,	Dec 22	1:16
1352	Thu,	Dec 21	6:57
1353	Fri,	Dec 21	12:46
1354	Sat,	Dec 21	18:36
1355	Mon,	Dec 22	0:18
1356	Tue,	Dec 21	6:17
1357	Wed,	Dec 21	12:05
1358	Thu,	Dec 21	17:47
1359	Fri,	Dec 21	23:41
1360	Sun,	Dec 21	5:26
1361	Mon,	Dec 21	11:18
1362	Tue,	Dec 21	17:11
1363	Wed,	Dec 21	22:53
1364	Fri,	Dec 21	4:50
1365	Sat,	Dec 21	10:42
1366	Sun,	Dec 21	16:28
1367	Mon,	Dec 21	22:28
1368	Wed,	Dec 21	4:17
1369	Thu,	Dec 21	10:07
1370	Fri,	Dec 21	15:58
1371	Sat,	Dec 21	21:37
1372	Mon,	Dec 21	3:30
1373	Tue,	Dec 21	9:20
1374	Wed,	Dec 21	14:57
1375	Thu,	Dec 21	20:50
1376	Sat,	Dec 21	2:34
1377	Sun,	Dec 21	8:19
1378	Mon,	Dec 21	14:16
1379	Tue,	Dec 21	20:01
1380	Thu,	Dec 21	2:00
1381	Fri,	Dec 21	7:56
1382	Sat,	Dec 21	13:37
1383	Sun,	Dec 21	19:35
1384	Tue,	Dec 21	1:25
1385	Wed,	Dec 21	7:12
1386	Thu,	Dec 21	13:08
1387	Fri,	Dec 21	18:48
1388	Sun,	Dec 21	0:39
1389	Mon,	Dec 21	6:31
1390	Tue,	Dec 21	12:11
1391	Wed,	Dec 21	18:07
1392	Thu,	Dec 20	23:57
1393	Sat,	Dec 21	5:39
1394	Sun,	Dec 21	11:32
1395	Mon,	Dec 21	17:13
1396	Tue,	Dec 20	23:04
1397	Thu,	Dec 21	5:01
1398	Fri,	Dec 21	10:41
1399	Sat,	Dec 21	16:35
1400	Sun,	Dec 21	22:27
1401	Tue,	Dec 22	4:13
1402	Wed,	Dec 22	10:12
1403	Thu,	Dec 22	16:02
1404	Fri,	Dec 21	21:55
1405	Sun,	Dec 22	3:52
1406	Mon,	Dec 22	9:31
1407	Tue,	Dec 22	15:21
1408	Wed,	Dec 21	21:13
1409	Fri,	Dec 22	2:53
1410	Sat,	Dec 22	8:44
1411	Sun,	Dec 22	14:26
1412	Mon,	Dec 21	20:11
1413	Wed,	Dec 22	2:07
1414	Thu,	Dec 22	7:50
1415	Fri,	Dec 22	13:45
1416	Sat,	Dec 21	19:42
1417	Mon,	Dec 22	1:25
1418	Tue,	Dec 22	7:19
1419	Wed,	Dec 22	13:08
1420	Thu,	Dec 21	18:58
1421	Sat,	Dec 22	0:56
1422	Sun,	Dec 22	6:39
1423	Mon,	Dec 22	12:28
1424	Tue,	Dec 21	18:21
1425	Thu,	Dec 22	0:05
1426	Fri,	Dec 22	5:57
1427	Sat,	Dec 22	11:48
1428	Sun,	Dec 21	17:35
1429	Mon,	Dec 21	23:27
1430	Wed,	Dec 22	5:09
1431	Thu,	Dec 22	10:56
1432	Fri,	Dec 21	16:50
1433	Sat,	Dec 21	22:33
1434	Mon,	Dec 22	4:21
1435	Tue,	Dec 22	10:11
1436	Wed,	Dec 21	15:58
1437	Thu,	Dec 21	21:55
1438	Sat,	Dec 22	3:47
1439	Sun,	Dec 22	9:40
1440	Mon,	Dec 21	15:38
1441	Tue,	Dec 21	21:23
1442	Thu,	Dec 22	3:11
1443	Fri,	Dec 22	9:02
1444	Sat,	Dec 21	14:49
1445	Sun,	Dec 21	20:40
1446	Tue,	Dec 22	2:24
1447	Wed,	Dec 22	8:08
1448	Thu,	Dec 21	13:59
1449	Fri,	Dec 21	19:45
1450	Sun,	Dec 22	1:34
1451	Mon,	Dec 22	7:27
1452	Tue,	Dec 21	13:16
1453	Wed,	Dec 21	19:06
1454	Fri,	Dec 22	0:54
1455	Sat,	Dec 22	6:44
1456	Sun,	Dec 21	12:39
1457	Mon,	Dec 21	18:29
1458	Wed,	Dec 22	0:16
1459	Thu,	Dec 22	6:06
1460	Fri,	Dec 21	11:57
1461	Sat,	Dec 21	17:49
1462	Sun,	Dec 21	23:41
1463	Tue,	Dec 22	5:32
1464	Wed,	Dec 21	11:22
1465	Thu,	Dec 21	17:09
1466	Fri,	Dec 21	22:51
1467	Sun,	Dec 22	4:39
1468	Mon,	Dec 21	10:28
1469	Tue,	Dec 21	16:14
1470	Wed,	Dec 21	22:01
1471	Fri,	Dec 22	3:48
1472	Sat,	Dec 21	9:39
1473	Sun,	Dec 21	15:33
1474	Mon,	Dec 21	21:24
1475	Wed,	Dec 22	3:18
1476	Thu,	Dec 21	9:13
1477	Fri,	Dec 21	15:02
1478	Sat,	Dec 21	20:51
1479	Mon,	Dec 22	2:44
1480	Tue,	Dec 21	8:33
1481	Wed,	Dec 21	14:21
1482	Thu,	Dec 21	20:06
1483	Sat,	Dec 22	1:49
1484	Sun,	Dec 21	7:41
1485	Mon,	Dec 21	13:28
1486	Tue,	Dec 21	19:17
1487	Thu,	Dec 22	1:11
1488	Fri,	Dec 21	6:57
1489	Sat,	Dec 21	12:45
1490	Sun,	Dec 21	18:33
1491	Tue,	Dec 22	0:21
1492	Wed,	Dec 21	6:17
1493	Thu,	Dec 21	12:06
1494	Fri,	Dec 21	17:53
1495	Sat,	Dec 21	23:49
1496	Mon,	Dec 21	5:38
1497	Tue,	Dec 21	11:32
1498	Wed,	Dec 21	17:24
1499	Thu,	Dec 21	23:11
1500	Sat,	Dec 22	5:04
1501	Sun,	Dec 22	10:49
1502	Mon,	Dec 22	16:32
1503	Tue,	Dec 22	22:26
1504	Thu,	Dec 22	4:10
1505	Fri,	Dec 22	9:55
1506	Sat,	Dec 22	15:43
1507	Sun,	Dec 22	21:25
1508	Tue,	Dec 22	3:20
1509	Wed,	Dec 22	9:14
1510	Thu,	Dec 22	15:03
1511	Fri,	Dec 22	21:03
1512	Sun,	Dec 22	2:52
1513	Mon,	Dec 22	8:39
1514	Tue,	Dec 22	14:34
1515	Wed,	Dec 22	20:18
1516	Fri,	Dec 22	2:13
1517	Sat,	Dec 22	8:03
1518	Sun,	Dec 22	13:42
1519	Mon,	Dec 22	19:38
1520	Wed,	Dec 22	1:25
1521	Thu,	Dec 22	7:11
1522	Fri,	Dec 22	13:06
1523	Sat,	Dec 22	18:48
1524	Mon,	Dec 22	0:39
1525	Tue,	Dec 22	6:29
1526	Wed,	Dec 22	12:09
1527	Thu,	Dec 22	18:08
1528	Fri,	Dec 21	23:57
1529	Sun,	Dec 22	5:42
1530	Mon,	Dec 22	11:36
1531	Tue,	Dec 22	17:21
1532	Wed,	Dec 21	23:16
1533	Fri,	Dec 22	5:14
1534	Sat,	Dec 22	10:59
1535	Sun,	Dec 22	16:57
1536	Mon,	Dec 21	22:47
1537	Wed,	Dec 22	4:28
1538	Thu,	Dec 22	10:22
1539	Fri,	Dec 22	16:05
1540	Sat,	Dec 21	21:51
1541	Mon,	Dec 22	3:43
1542	Tue,	Dec 22	9:20
1543	Wed,	Dec 22	15:13
1544	Thu,	Dec 21	21:07

1545	Sat,	Dec 22	2:51
1546	Sun,	Dec 22	8:50
1547	Mon,	Dec 22	14:37
1548	Tue,	Dec 21	20:25
1549	Thu,	Dec 22	2:22
1550	Fri,	Dec 22	8:05
1551	Sat,	Dec 22	14:01
1552	Sun,	Dec 21	19:56
1553	Tue,	Dec 22	1:36
1554	Wed,	Dec 22	7:30
1555	Thu,	Dec 22	13:17
1556	Fri,	Dec 21	19:05
1557	Sun,	Dec 22	1:03
1558	Mon,	Dec 22	6:45
1559	Tue,	Dec 22	12:36
1560	Wed,	Dec 21	18:27
1561	Fri,	Dec 22	0:05
1562	Sat,	Dec 22	5:58
1563	Sun,	Dec 22	11:46
1564	Mon,	Dec 21	17:30
1565	Tue,	Dec 21	23:24
1566	Thu,	Dec 22	5:08
1567	Fri,	Dec 22	11:00
1568	Sat,	Dec 21	17:01
1569	Sun,	Dec 21	22:48
1570	Tue,	Dec 22	4:45
1571	Wed,	Dec 22	10:37
1572	Thu,	Dec 21	16:21
1573	Fri,	Dec 21	22:16
1574	Sun,	Dec 22	4:01
1575	Mon,	Dec 22	9:49
1576	Tue,	Dec 21	15:43
1577	Wed,	Dec 21	21:20
1578	Fri,	Dec 22	3:07
1579	Sat,	Dec 22	8:57
1580	Sun,	Dec 21	14:42
1581	Mon,	Dec 21	20:38
1582	Wed,	Dec 22	2:26
1583	Thu,	Dec 22	8:14
1584	Fri,	Dec 21	14:11
1585	Sat,	Dec 21	19:54
1586	Mon,	Dec 22	1:46
1587	Tue,	Dec 22	7:42
1588	Wed,	Dec 21	13:27
1589	Thu,	Dec 21	19:20
1590	Sat,	Dec 22	1:08
1591	Sun,	Dec 22	6:58
1592	Mon,	Dec 21	12:56
1593	Tue,	Dec 21	18:43
1594	Thu,	Dec 22	0:30
1595	Fri,	Dec 22	6:21
1596	Sat,	Dec 21	12:02
1597	Sun,	Dec 21	17:51
1598	Mon,	Dec 21	23:38
1599	Wed,	Dec 22	5:24
1600	Thu,	Dec 21	11:17
1601	Fri,	Dec 21	17:00
1602	Sat,	Dec 21	22:47
1603	Mon,	Dec 22	4:43
1604	Tue,	Dec 21	10:34
1605	Wed,	Dec 21	16:30
1606	Thu,	Dec 21	22:24
1607	Sat,	Dec 22	4:13
1608	Sun,	Dec 21	10:07
1609	Mon,	Dec 21	15:54
1610	Tue,	Dec 21	21:42
1611	Thu,	Dec 22	3:33
1612	Fri,	Dec 21	9:18
1613	Sat,	Dec 21	15:02
1614	Sun,	Dec 21	20:50
1615	Tue,	Dec 22	2:38
1616	Wed,	Dec 21	8:31
1617	Thu,	Dec 21	14:21
1618	Fri,	Dec 21	20:07
1619	Sun,	Dec 22	1:57
1620	Mon,	Dec 21	7:45
1621	Tue,	Dec 21	13:34
1622	Wed,	Dec 21	19:26
1623	Fri,	Dec 22	1:18
1624	Sat,	Dec 21	7:09
1625	Sun,	Dec 21	12:58
1626	Mon,	Dec 21	18:46
1627	Wed,	Dec 22	0:40
1628	Thu,	Dec 21	6:34
1629	Fri,	Dec 21	12:23
1630	Sat,	Dec 21	18:12
1631	Mon,	Dec 22	0:01
1632	Tue,	Dec 21	5:48
1633	Wed,	Dec 21	11:35
1634	Thu,	Dec 21	17:22
1635	Fri,	Dec 21	23:08
1636	Sun,	Dec 21	4:56
1637	Mon,	Dec 21	10:40
1638	Tue,	Dec 21	16:28
1639	Wed,	Dec 21	22:23
1640	Fri,	Dec 21	4:17
1641	Sat,	Dec 21	10:10
1642	Sun,	Dec 21	16:01
1643	Mon,	Dec 21	21:50
1644	Wed,	Dec 21	3:43
1645	Thu,	Dec 21	9:32
1646	Fri,	Dec 21	15:20
1647	Sat,	Dec 21	21:14
1648	Mon,	Dec 21	3:00
1649	Tue,	Dec 21	8:46
1650	Wed,	Dec 21	14:36
1651	Thu,	Dec 21	20:23
1652	Sat,	Dec 21	2:16
1653	Sun,	Dec 21	8:04
1654	Mon,	Dec 21	13:48
1655	Tue,	Dec 21	19:41
1656	Thu,	Dec 21	1:26
1657	Fri,	Dec 21	7:14
1658	Sat,	Dec 21	13:07
1659	Sun,	Dec 21	18:53
1660	Tue,	Dec 21	0:45
1661	Wed,	Dec 21	6:34
1662	Thu,	Dec 21	12:21
1663	Fri,	Dec 21	18:22
1664	Sun,	Dec 21	0:15
1665	Mon,	Dec 21	6:04
1666	Tue,	Dec 21	11:58
1667	Wed,	Dec 21	17:42
1668	Thu,	Dec 20	23:32
1669	Sat,	Dec 21	5:21
1670	Sun,	Dec 21	11:02
1671	Mon,	Dec 21	16:54
1672	Tue,	Dec 20	22:39
1673	Thu,	Dec 21	4:20
1674	Fri,	Dec 21	10:15
1675	Sat,	Dec 21	16:03
1676	Sun,	Dec 20	21:56
1677	Tue,	Dec 21	3:51
1678	Wed,	Dec 21	9:34
1679	Thu,	Dec 21	15:30
1680	Fri,	Dec 20	21:23
1681	Sun,	Dec 21	3:08
1682	Mon,	Dec 21	9:06
1683	Tue,	Dec 21	14:53
1684	Wed,	Dec 20	20:39
1685	Fri,	Dec 21	2:32
1686	Sat,	Dec 21	8:14
1687	Sun,	Dec 21	14:11
1688	Mon,	Dec 20	20:04
1689	Wed,	Dec 21	1:44
1690	Thu,	Dec 21	7:37
1691	Fri,	Dec 21	13:21
1692	Sat,	Dec 20	19:05
1693	Mon,	Dec 21	0:59
1694	Tue,	Dec 21	6:41
1695	Wed,	Dec 21	12:34
1696	Thu,	Dec 20	18:27
1697	Sat,	Dec 21	0:08
1698	Sun,	Dec 21	6:08
1699	Mon,	Dec 21	12:03
1700	Tue,	Dec 21	17:53
1701	Wed,	Dec 21	23:51
1702	Fri,	Dec 22	5:34
1703	Sat,	Dec 22	11:25
1704	Sun,	Dec 21	17:19
1705	Mon,	Dec 21	22:58
1706	Wed,	Dec 22	4:51
1707	Thu,	Dec 22	10:38
1708	Fri,	Dec 21	16:17
1709	Sat,	Dec 21	22:10
1710	Mon,	Dec 22	3:53
1711	Tue,	Dec 22	9:46
1712	Wed,	Dec 21	15:44
1713	Thu,	Dec 21	21:25
1714	Sat,	Dec 22	3:19
1715	Sun,	Dec 22	9:13
1716	Mon,	Dec 21	14:57
1717	Tue,	Dec 21	20:55
1718	Thu,	Dec 22	2:41
1719	Fri,	Dec 22	8:30
1720	Sat,	Dec 21	14:26
1721	Sun,	Dec 21	20:07
1722	Tue,	Dec 22	2:03
1723	Wed,	Dec 22	7:59
1724	Thu,	Dec 21	13:42
1725	Fri,	Dec 21	19:34
1726	Sun,	Dec 22	1:17
1727	Mon,	Dec 22	7:02
1728	Tue,	Dec 21	12:56
1729	Wed,	Dec 21	18:37
1730	Fri,	Dec 22	0:27
1731	Sat,	Dec 22	6:20
1732	Sun,	Dec 21	12:01
1733	Mon,	Dec 21	17:55
1734	Tue,	Dec 21	23:48
1735	Thu,	Dec 22	5:39
1736	Fri,	Dec 21	11:40
1737	Sat,	Dec 21	17:25
1738	Sun,	Dec 21	23:15
1739	Tue,	Dec 22	5:12
1740	Wed,	Dec 21	10:55
1741	Thu,	Dec 21	16:46
1742	Fri,	Dec 21	22:34
1743	Sun,	Dec 22	4:16
1744	Mon,	Dec 21	10:08
1745	Tue,	Dec 21	15:51
1746	Wed,	Dec 21	21:41
1747	Fri,	Dec 22	3:39
1748	Sat,	Dec 21	9:23
1749	Sun,	Dec 21	15:12
1750	Mon,	Dec 21	21:01
1751	Wed,	Dec 22	2:47
1752	Thu,	Dec 21	8:42
1753	Fri,	Dec 21	14:30
1754	Sat,	Dec 21	20:19
1755	Mon,	Dec 22	2:15
1756	Tue,	Dec 21	8:01
1757	Wed,	Dec 21	13:52
1758	Thu,	Dec 21	19:47
1759	Sat,	Dec 22	1:37
1760	Sun,	Dec 21	7:31
1761	Mon,	Dec 21	13:17
1762	Tue,	Dec 21	19:02
1763	Thu,	Dec 22	0:55
1764	Fri,	Dec 21	6:39
1765	Sat,	Dec 21	12:24
1766	Sun,	Dec 21	18:13

1767	Mon,	Dec 21	23:57
1768	Wed,	Dec 21	5:46
1769	Thu,	Dec 21	11:36
1770	Fri,	Dec 21	17:27
1771	Sat,	Dec 21	23:26
1772	Mon,	Dec 21	5:16
1773	Tue,	Dec 21	11:04
1774	Wed,	Dec 21	16:57
1775	Thu,	Dec 21	22:47
1776	Sat,	Dec 21	4:39
1777	Sun,	Dec 21	10:29
1778	Mon,	Dec 21	16:16
1779	Tue,	Dec 21	22:07
1780	Thu,	Dec 21	3:53
1781	Fri,	Dec 21	9:39
1782	Sat,	Dec 21	15:30
1783	Sun,	Dec 21	21:21
1784	Tue,	Dec 21	3:08
1785	Wed,	Dec 21	8:54
1786	Thu,	Dec 21	14:42
1787	Fri,	Dec 21	20:32
1788	Sun,	Dec 21	2:23
1789	Mon,	Dec 21	8:10
1790	Tue,	Dec 21	14:00
1791	Wed,	Dec 21	19:52
1792	Fri,	Dec 21	1:41
1793	Sat,	Dec 21	7:34
1794	Sun,	Dec 21	13:31
1795	Mon,	Dec 21	19:25
1796	Wed,	Dec 21	1:16
1797	Thu,	Dec 21	7:00
1798	Fri,	Dec 21	12:47
1799	Sat,	Dec 21	18:38
1800	Mon,	Dec 22	0:23
1801	Tue,	Dec 22	6:08
1802	Wed,	Dec 22	11:56
1803	Thu,	Dec 22	17:42
1804	Fri,	Dec 21	23:30
1805	Sun,	Dec 22	5:19
1806	Mon,	Dec 22	11:10
1807	Tue,	Dec 22	17:06
1808	Wed,	Dec 21	22:55
1809	Fri,	Dec 22	4:43
1810	Sat,	Dec 22	10:39
1811	Sun,	Dec 22	16:30
1812	Mon,	Dec 21	22:22
1813	Wed,	Dec 22	4:12
1814	Thu,	Dec 22	9:56
1815	Fri,	Dec 22	15:49
1816	Sat,	Dec 21	21:35
1817	Mon,	Dec 22	3:22
1818	Tue,	Dec 22	9:19
1819	Wed,	Dec 22	15:07
1820	Thu,	Dec 21	20:53
1821	Sat,	Dec 22	2:40
1822	Sun,	Dec 22	8:23
1823	Mon,	Dec 22	14:16
1824	Tue,	Dec 21	20:04
1825	Thu,	Dec 22	1:48
1826	Fri,	Dec 22	7:44
1827	Sat,	Dec 22	13:32
1828	Sun,	Dec 21	19:22
1829	Tue,	Dec 22	1:19
1830	Wed,	Dec 22	7:09
1831	Thu,	Dec 22	13:05
1832	Fri,	Dec 21	18:56
1833	Sun,	Dec 22	0:38
1834	Mon,	Dec 22	6:34
1835	Tue,	Dec 22	12:22
1836	Wed,	Dec 21	18:06
1837	Thu,	Dec 21	23:57
1838	Sat,	Dec 22	5:37
1839	Sun,	Dec 22	11:26
1840	Mon,	Dec 21	17:16
1841	Tue,	Dec 21	22:59
1842	Thu,	Dec 22	4:59
1843	Fri,	Dec 22	10:51
1844	Sat,	Dec 21	16:34
1845	Sun,	Dec 21	22:30
1846	Tue,	Dec 22	4:15
1847	Wed,	Dec 22	10:08
1848	Thu,	Dec 21	16:03
1849	Fri,	Dec 21	21:44
1850	Sun,	Dec 22	3:40
1851	Mon,	Dec 22	9:31
1852	Tue,	Dec 21	15:15
1853	Wed,	Dec 21	21:14
1854	Fri,	Dec 22	3:01
1855	Sat,	Dec 22	8:50
1856	Sun,	Dec 21	14:41
1857	Mon,	Dec 21	20:18
1858	Wed,	Dec 22	2:12
1859	Thu,	Dec 22	8:03
1860	Fri,	Dec 21	13:43
1861	Sat,	Dec 21	19:36
1862	Mon,	Dec 22	1:21
1863	Tue,	Dec 22	7:08
1864	Wed,	Dec 21	13:06
1865	Thu,	Dec 21	18:52
1866	Sat,	Dec 22	0:51
1867	Sun,	Dec 22	6:49
1868	Mon,	Dec 21	12:30
1869	Tue,	Dec 21	18:26
1870	Thu,	Dec 22	0:15
1871	Fri,	Dec 22	6:01
1872	Sat,	Dec 21	11:55
1873	Sun,	Dec 21	17:35
1874	Mon,	Dec 21	23:24
1875	Wed,	Dec 22	5:17
1876	Thu,	Dec 21	10:56
1877	Fri,	Dec 21	16:52
1878	Sat,	Dec 21	22:43
1879	Mon,	Dec 22	4:26
1880	Tue,	Dec 21	10:20
1881	Wed,	Dec 21	16:02
1882	Thu,	Dec 21	21:55
1883	Sat,	Dec 22	3:53
1884	Sun,	Dec 21	9:35
1885	Mon,	Dec 21	15:29
1886	Tue,	Dec 21	21:21
1887	Thu,	Dec 22	3:06
1888	Fri,	Dec 21	9:04
1889	Sat,	Dec 21	14:53
1890	Sun,	Dec 21	20:46
1891	Tue,	Dec 22	2:42
1892	Wed,	Dec 21	8:20
1893	Thu,	Dec 21	14:08
1894	Fri,	Dec 21	19:59
1895	Sun,	Dec 22	1:40
1896	Mon,	Dec 21	7:30
1897	Tue,	Dec 21	13:14
1898	Wed,	Dec 21	19:00
1899	Fri,	Dec 22	0:57
1900	Sat,	Dec 22	6:42
1901	Sun,	Dec 22	12:37
1902	Mon,	Dec 22	18:36
1903	Wed,	Dec 23	0:21
1904	Thu,	Dec 22	6:14
1905	Fri,	Dec 22	12:04
1906	Sat,	Dec 22	17:54
1907	Sun,	Dec 22	23:52
1908	Tue,	Dec 22	5:34
1909	Wed,	Dec 22	11:21
1910	Thu,	Dec 22	17:13
1911	Fri,	Dec 22	22:54
1912	Sun,	Dec 22	4:45
1913	Mon,	Dec 22	10:36
1914	Tue,	Dec 22	16:23
1915	Wed,	Dec 22	22:16
1916	Fri,	Dec 22	3:59
1917	Sat,	Dec 22	9:46
1918	Sun,	Dec 22	15:42
1919	Mon,	Dec 22	21:28
1920	Wed,	Dec 22	3:18
1921	Thu,	Dec 22	9:08
1922	Fri,	Dec 22	14:57
1923	Sat,	Dec 22	20:54
1924	Mon,	Dec 22	2:46
1925	Tue,	Dec 22	8:37
1926	Wed,	Dec 22	14:34
1927	Thu,	Dec 22	20:19
1928	Sat,	Dec 22	2:04
1929	Sun,	Dec 22	7:53
1930	Mon,	Dec 22	13:40
1931	Tue,	Dec 22	19:30
1932	Thu,	Dec 22	1:14
1933	Fri,	Dec 22	6:58
1934	Sat,	Dec 22	12:49
1935	Sun,	Dec 22	18:37
1936	Tue,	Dec 22	0:27
1937	Wed,	Dec 22	6:22
1938	Thu,	Dec 22	12:13
1939	Fri,	Dec 22	18:06
1940	Sat,	Dec 21	23:55
1941	Mon,	Dec 22	5:45
1942	Tue,	Dec 22	11:39
1943	Wed,	Dec 22	17:29
1944	Thu,	Dec 21	23:15
1945	Sat,	Dec 22	5:04
1946	Sun,	Dec 22	10:53
1947	Mon,	Dec 22	16:43
1948	Tue,	Dec 21	22:33
1949	Thu,	Dec 22	4:23
1950	Fri,	Dec 22	10:13
1951	Sat,	Dec 22	16:00
1952	Sun,	Dec 21	21:43
1953	Tue,	Dec 22	3:32
1954	Wed,	Dec 22	9:24
1955	Thu,	Dec 22	15:11
1956	Fri,	Dec 21	21:00
1957	Sun,	Dec 22	2:49
1958	Mon,	Dec 22	8:40
1959	Tue,	Dec 22	14:34
1960	Wed,	Dec 21	20:26
1961	Fri,	Dec 22	2:19
1962	Sat,	Dec 22	8:14
1963	Sun,	Dec 22	14:02
1964	Mon,	Dec 21	19:49
1965	Wed,	Dec 22	1:40
1966	Thu,	Dec 22	7:28
1967	Fri,	Dec 22	13:16
1968	Sat,	Dec 21	19:00
1969	Mon,	Dec 22	0:44
1970	Tue,	Dec 22	6:35
1971	Wed,	Dec 22	12:24
1972	Thu,	Dec 21	18:13
1973	Sat,	Dec 22	0:08
1974	Sun,	Dec 22	5:55
1975	Mon,	Dec 22	11:45
1976	Tue,	Dec 21	17:35
1977	Wed,	Dec 21	23:23
1978	Fri,	Dec 22	5:21
1979	Sat,	Dec 22	11:10
1980	Sun,	Dec 21	16:56
1981	Mon,	Dec 21	22:50
1982	Wed,	Dec 22	4:38
1983	Thu,	Dec 22	10:30
1984	Fri,	Dec 21	16:23
1985	Sat,	Dec 21	22:08
1986	Mon,	Dec 22	4:02
1987	Tue,	Dec 22	9:46
1988	Wed,	Dec 21	15:28

1989	Thu,	Dec 21	21:22
1990	Sat,	Dec 22	3:07
1991	Sun,	Dec 22	8:54
1992	Mon,	Dec 21	14:43
1993	Tue,	Dec 21	20:26
1994	Thu,	Dec 22	2:23
1995	Fri,	Dec 22	8:17
1996	Sat,	Dec 21	14:06
1997	Sun,	Dec 21	20:07
1998	Tue,	Dec 22	1:56
1999	Wed,	Dec 22	7:44
2000	Thu,	Dec 21	13:38
2001	Fri,	Dec 21	19:22
2002	Sun,	Dec 22	1:15
2003	Mon,	Dec 22	7:04
2004	Tue,	Dec 21	12:42
2005	Wed,	Dec 21	18:35
2006	Fri,	Dec 22	0:22
2007	Sat,	Dec 22	6:08
2008	Sun,	Dec 21	12:04
2009	Mon,	Dec 21	17:47
2010	Tue,	Dec 21	23:38
2011	Thu,	Dec 22	5:30
2012	Fri,	Dec 21	11:12
2013	Sat,	Dec 21	17:11
2014	Sun,	Dec 21	23:03
2015	Tue,	Dec 22	4:48
2016	Wed,	Dec 21	10:44
2017	Thu,	Dec 21	16:28
2018	Fri,	Dec 21	22:22
2019	Sun,	Dec 22	4:19
2020	Mon,	Dec 21	10:03
2021	Tue,	Dec 21	15:59
2022	Wed,	Dec 21	21:48
2023	Fri,	Dec 22	3:28
2024	Sat,	Dec 21	9:20
2025	Sun,	Dec 21	15:03
2026	Mon,	Dec 21	20:50
2027	Wed,	Dec 22	2:42
2028	Thu,	Dec 21	8:20
2029	Fri,	Dec 21	14:14
2030	Sat,	Dec 21	20:10
2031	Mon,	Dec 22	1:56
2032	Tue,	Dec 21	7:56
2033	Wed,	Dec 21	13:46
2034	Thu,	Dec 21	19:34
2035	Sat,	Dec 22	1:31
2036	Sun,	Dec 21	7:13
2037	Mon,	Dec 21	13:08
2038	Tue,	Dec 21	19:02
2039	Thu,	Dec 22	0:41
2040	Fri,	Dec 21	6:33
2041	Sat,	Dec 21	12:19
2042	Sun,	Dec 21	18:05
2043	Tue,	Dec 22	0:02
2044	Wed,	Dec 21	5:44
2045	Thu,	Dec 21	11:35
2046	Fri,	Dec 21	17:29
2047	Sat,	Dec 21	23:08
2048	Mon,	Dec 21	5:03
2049	Tue,	Dec 21	10:53
2050	Wed,	Dec 21	16:39
2051	Thu,	Dec 21	22:35
2052	Sat,	Dec 21	4:18
2053	Sun,	Dec 21	10:10
2054	Mon,	Dec 21	16:10
2055	Tue,	Dec 21	21:57
2056	Thu,	Dec 21	3:52
2057	Fri,	Dec 21	9:44
2058	Sat,	Dec 21	15:26
2059	Sun,	Dec 21	21:19
2060	Tue,	Dec 21	3:03
2061	Wed,	Dec 21	8:50
2062	Thu,	Dec 21	14:44
2063	Fri,	Dec 21	20:23
2064	Sun,	Dec 21	2:10
2065	Mon,	Dec 21	8:01
2066	Tue,	Dec 21	13:47
2067	Wed,	Dec 21	19:45
2068	Fri,	Dec 21	1:34
2069	Sat,	Dec 21	7:24
2070	Sun,	Dec 21	13:21
2071	Mon,	Dec 21	19:06
2072	Wed,	Dec 21	0:58
2073	Thu,	Dec 21	6:52
2074	Fri,	Dec 21	12:38
2075	Sat,	Dec 21	18:29
2076	Mon,	Dec 21	0:15
2077	Tue,	Dec 21	6:03
2078	Wed,	Dec 21	12:00
2079	Thu,	Dec 21	17:46
2080	Fri,	Dec 20	23:35
2081	Sun,	Dec 21	5:25
2082	Mon,	Dec 21	11:07
2083	Tue,	Dec 21	16:55
2084	Wed,	Dec 20	22:44
2085	Fri,	Dec 21	4:31
2086	Sat,	Dec 21	10:25
2087	Sun,	Dec 21	16:12
2088	Mon,	Dec 20	21:59
2089	Wed,	Dec 21	3:55
2090	Thu,	Dec 21	9:47
2091	Fri,	Dec 21	15:41
2092	Sat,	Dec 20	21:35
2093	Mon,	Dec 21	3:24
2094	Tue,	Dec 21	9:16
2095	Wed,	Dec 21	15:04
2096	Thu,	Dec 20	20:50
2097	Sat,	Dec 21	2:40
2098	Sun,	Dec 21	8:24
2099	Mon,	Dec 21	14:08
2100	Tue,	Dec 21	19:55
2101	Thu,	Dec 22	1:43
2102	Fri,	Dec 22	7:37
2103	Sat,	Dec 22	13:28
2104	Sun,	Dec 21	19:16
2105	Tue,	Dec 22	1:08
2106	Wed,	Dec 22	6:57
2107	Thu,	Dec 22	12:46
2108	Fri,	Dec 21	18:39
2109	Sun,	Dec 22	0:32
2110	Mon,	Dec 22	6:23
2111	Tue,	Dec 22	12:12
2112	Wed,	Dec 21	18:00
2113	Thu,	Dec 21	23:51
2114	Sat,	Dec 22	5:44
2115	Sun,	Dec 22	11:32
2116	Mon,	Dec 21	17:19
2117	Tue,	Dec 21	23:08
2118	Thu,	Dec 22	4:54
2119	Fri,	Dec 22	10:42
2120	Sat,	Dec 21	16:29
2121	Sun,	Dec 21	22:16
2122	Tue,	Dec 22	4:06
2123	Wed,	Dec 22	9:51
2124	Thu,	Dec 21	15:40
2125	Fri,	Dec 21	21:37
2126	Sun,	Dec 22	3:31
2127	Mon,	Dec 22	9:26
2128	Tue,	Dec 21	15:18
2129	Wed,	Dec 21	21:07
2130	Fri,	Dec 22	2:58
2131	Sat,	Dec 22	8:46
2132	Sun,	Dec 21	14:32
2133	Mon,	Dec 21	20:25
2134	Wed,	Dec 22	2:09
2135	Thu,	Dec 22	7:54
2136	Fri,	Dec 21	13:43
2137	Sat,	Dec 21	19:29
2138	Mon,	Dec 22	1:23
2139	Tue,	Dec 22	7:13
2140	Wed,	Dec 21	12:57
2141	Thu,	Dec 21	18:52
2142	Sat,	Dec 22	0:40
2143	Sun,	Dec 22	6:29
2144	Mon,	Dec 21	12:25
2145	Tue,	Dec 21	18:11
2146	Thu,	Dec 22	0:04
2147	Fri,	Dec 22	5:53
2148	Sat,	Dec 21	11:38
2149	Sun,	Dec 21	17:37
2150	Mon,	Dec 21	23:29
2151	Wed,	Dec 22	5:17
2152	Thu,	Dec 21	11:10
2153	Fri,	Dec 21	16:52
2154	Sat,	Dec 21	22:40
2155	Mon,	Dec 22	4:29
2156	Tue,	Dec 21	10:10
2157	Wed,	Dec 21	16:04
2158	Thu,	Dec 21	21:51
2159	Sat,	Dec 22	3:34
2160	Sun,	Dec 21	9:30
2161	Mon,	Dec 21	15:19
2162	Tue,	Dec 21	21:13
2163	Thu,	Dec 22	3:09
2164	Fri,	Dec 21	8:52
2165	Sat,	Dec 21	14:49
2166	Sun,	Dec 21	20:42
2167	Tue,	Dec 22	2:26
2168	Wed,	Dec 21	8:23
2169	Thu,	Dec 21	14:08
2170	Fri,	Dec 21	19:53
2171	Sun,	Dec 22	1:44
2172	Mon,	Dec 21	7:25
2173	Tue,	Dec 21	13:21
2174	Wed,	Dec 21	19:15
2175	Fri,	Dec 22	0:56
2176	Sat,	Dec 21	6:50
2177	Sun,	Dec 21	12:35
2178	Mon,	Dec 21	18:20
2179	Wed,	Dec 22	0:16
2180	Thu,	Dec 21	5:58
2181	Fri,	Dec 21	11:53
2182	Sat,	Dec 21	17:47
2183	Sun,	Dec 21	23:29
2184	Tue,	Dec 21	5:28
2185	Wed,	Dec 21	11:22
2186	Thu,	Dec 21	17:11
2187	Fri,	Dec 21	23:08
2188	Sun,	Dec 21	4:49
2189	Mon,	Dec 21	10:40
2190	Tue,	Dec 21	16:33
2191	Wed,	Dec 21	22:12
2192	Fri,	Dec 21	4:04
2193	Sat,	Dec 21	9:52
2194	Sun,	Dec 21	15:31
2195	Mon,	Dec 21	21:24
2196	Wed,	Dec 21	3:08
2197	Thu,	Dec 21	9:01
2198	Fri,	Dec 21	15:02
2199	Sat,	Dec 21	20:45
2200	Mon,	Dec 22	2:40
2201	Tue,	Dec 22	8:34
2202	Wed,	Dec 22	14:18
2203	Thu,	Dec 22	20:16
2204	Sat,	Dec 22	2:02
2205	Sun,	Dec 22	7:50
2206	Mon,	Dec 22	13:46
2207	Tue,	Dec 22	19:26
2208	Thu,	Dec 22	1:19
2209	Fri,	Dec 22	7:14
2210	Sat,	Dec 22	12:56

2211	Sun,	Dec 22	18:48
2212	Tue,	Dec 22	0:31
2213	Wed,	Dec 22	6:16
2214	Thu,	Dec 22	12:12
2215	Fri,	Dec 22	17:54
2216	Sat,	Dec 21	23:45
2217	Mon,	Dec 22	5:40
2218	Tue,	Dec 22	11:23
2219	Wed,	Dec 22	17:17
2220	Thu,	Dec 21	23:10
2221	Sat,	Dec 22	5:03
2222	Sun,	Dec 22	11:03
2223	Mon,	Dec 22	16:49
2224	Tue,	Dec 21	22:37
2225	Thu,	Dec 22	4:32
2226	Fri,	Dec 22	10:13
2227	Sat,	Dec 22	16:03
2228	Sun,	Dec 21	21:50
2229	Tue,	Dec 22	3:32
2230	Wed,	Dec 22	9:24
2231	Thu,	Dec 22	15:07
2232	Fri,	Dec 21	20:56
2233	Sun,	Dec 22	2:55
2234	Mon,	Dec 22	8:41
2235	Tue,	Dec 22	14:32
2236	Wed,	Dec 21	20:23
2237	Fri,	Dec 22	2:11
2238	Sat,	Dec 22	8:08
2239	Sun,	Dec 22	13:56
2240	Mon,	Dec 21	19:45
2241	Wed,	Dec 22	1:40
2242	Thu,	Dec 22	7:25
2243	Fri,	Dec 22	13:13
2244	Sat,	Dec 21	19:07
2245	Mon,	Dec 22	0:56
2246	Tue,	Dec 22	6:48
2247	Wed,	Dec 22	12:34
2248	Thu,	Dec 21	18:18
2249	Sat,	Dec 22	0:10
2250	Sun,	Dec 22	5:55
2251	Mon,	Dec 22	11:42
2252	Tue,	Dec 21	17:32
2253	Wed,	Dec 21	23:19
2254	Fri,	Dec 22	5:10
2255	Sat,	Dec 22	11:01
2256	Sun,	Dec 21	16:53
2257	Mon,	Dec 21	22:52
2258	Wed,	Dec 22	4:43
2259	Thu,	Dec 22	10:30
2260	Fri,	Dec 21	16:22
2261	Sat,	Dec 21	22:11
2262	Mon,	Dec 22	4:02
2263	Tue,	Dec 22	9:50
2264	Wed,	Dec 21	15:36
2265	Thu,	Dec 21	21:25
2266	Sat,	Dec 22	3:10
2267	Sun,	Dec 22	8:55
2268	Mon,	Dec 21	14:47
2269	Tue,	Dec 21	20:40
2270	Thu,	Dec 22	2:29
2271	Fri,	Dec 22	8:16
2272	Sat,	Dec 21	14:06
2273	Sun,	Dec 21	19:57
2274	Tue,	Dec 22	1:49
2275	Wed,	Dec 22	7:37
2276	Thu,	Dec 21	13:27
2277	Fri,	Dec 21	19:19
2278	Sun,	Dec 22	1:08
2279	Mon,	Dec 22	6:59
2280	Tue,	Dec 21	12:54
2281	Wed,	Dec 21	18:46
2282	Fri,	Dec 22	0:37
2283	Sat,	Dec 22	6:22
2284	Sun,	Dec 21	12:06
2285	Mon,	Dec 21	17:58
2286	Tue,	Dec 21	23:43
2287	Thu,	Dec 22	5:28
2288	Fri,	Dec 21	11:18
2289	Sat,	Dec 21	17:04
2290	Sun,	Dec 21	22:54
2291	Tue,	Dec 22	4:44
2292	Wed,	Dec 21	10:35
2293	Thu,	Dec 21	16:34
2294	Fri,	Dec 21	22:24
2295	Sun,	Dec 22	4:12
2296	Mon,	Dec 21	10:07
2297	Tue,	Dec 21	15:57
2298	Wed,	Dec 21	21:48
2299	Fri,	Dec 22	3:37
2300	Sat,	Dec 22	9:21
2301	Sun,	Dec 22	15:12
2302	Mon,	Dec 22	20:58
2303	Wed,	Dec 23	2:42
2304	Thu,	Dec 22	8:39
2305	Fri,	Dec 22	14:27
2306	Sat,	Dec 22	20:14
2307	Mon,	Dec 23	2:03
2308	Tue,	Dec 22	7:46
2309	Wed,	Dec 22	13:40
2310	Thu,	Dec 22	19:31
2311	Sat,	Dec 23	1:15
2312	Sun,	Dec 22	7:12
2313	Mon,	Dec 22	13:02
2314	Tue,	Dec 22	18:51
2315	Thu,	Dec 23	0:49
2316	Fri,	Dec 22	6:37
2317	Sat,	Dec 22	12:34
2318	Sun,	Dec 22	18:23
2319	Tue,	Dec 23	0:03
2320	Wed,	Dec 22	5:57
2321	Thu,	Dec 22	11:44
2322	Fri,	Dec 22	17:28
2323	Sat,	Dec 22	23:19
2324	Mon,	Dec 22	4:59
2325	Tue,	Dec 22	10:48
2326	Wed,	Dec 22	16:40
2327	Thu,	Dec 22	22:23
2328	Sat,	Dec 22	4:24
2329	Sun,	Dec 22	10:18
2330	Mon,	Dec 22	16:04
2331	Tue,	Dec 22	22:00
2332	Thu,	Dec 22	3:47
2333	Fri,	Dec 22	9:39
2334	Sat,	Dec 22	15:35
2335	Sun,	Dec 22	21:14
2336	Tue,	Dec 22	3:09
2337	Wed,	Dec 22	8:59
2338	Thu,	Dec 22	14:40
2339	Fri,	Dec 22	20:37
2340	Sun,	Dec 22	2:24
2341	Mon,	Dec 22	8:12
2342	Tue,	Dec 22	14:04
2343	Wed,	Dec 22	19:41
2344	Fri,	Dec 22	1:35
2345	Sat,	Dec 22	7:28
2346	Sun,	Dec 22	13:10
2347	Mon,	Dec 22	19:06
2348	Wed,	Dec 22	0:52
2349	Thu,	Dec 22	6:41
2350	Fri,	Dec 22	12:39
2351	Sat,	Dec 22	18:25
2352	Mon,	Dec 22	0:23
2353	Tue,	Dec 22	6:20
2354	Wed,	Dec 22	12:01
2355	Thu,	Dec 22	17:54
2356	Fri,	Dec 21	23:42
2357	Sun,	Dec 22	5:27
2358	Mon,	Dec 22	11:20
2359	Tue,	Dec 22	16:59
2360	Wed,	Dec 21	22:47
2361	Fri,	Dec 22	4:41
2362	Sat,	Dec 22	10:21
2363	Sun,	Dec 22	16:17
2364	Mon,	Dec 21	22:11
2365	Wed,	Dec 22	3:56
2366	Thu,	Dec 22	9:52
2367	Fri,	Dec 22	15:35
2368	Sat,	Dec 21	21:28
2369	Mon,	Dec 22	3:27
2370	Tue,	Dec 22	9:09
2371	Wed,	Dec 22	15:03
2372	Thu,	Dec 21	20:54
2373	Sat,	Dec 22	2:37
2374	Sun,	Dec 22	8:33
2375	Mon,	Dec 22	14:20
2376	Tue,	Dec 21	20:11
2377	Thu,	Dec 22	2:07
2378	Fri,	Dec 22	7:45
2379	Sat,	Dec 22	13:34
2380	Sun,	Dec 21	19:25
2381	Tue,	Dec 22	1:08
2382	Wed,	Dec 22	6:59
2383	Thu,	Dec 22	12:44
2384	Fri,	Dec 21	18:31
2385	Sun,	Dec 22	0:29
2386	Mon,	Dec 22	6:16
2387	Tue,	Dec 22	12:11
2388	Wed,	Dec 21	18:11
2389	Thu,	Dec 21	23:56
2390	Sat,	Dec 22	5:48
2391	Sun,	Dec 22	11:37
2392	Mon,	Dec 21	17:25
2393	Tue,	Dec 21	23:21
2394	Thu,	Dec 22	5:04
2395	Fri,	Dec 22	10:49
2396	Sat,	Dec 21	16:41
2397	Sun,	Dec 21	22:22
2398	Tue,	Dec 22	4:13
2399	Wed,	Dec 22	10:03
2400	Thu,	Dec 21	15:51
2401	Fri,	Dec 21	21:46
2402	Sun,	Dec 22	3:31
2403	Mon,	Dec 22	9:19
2404	Tue,	Dec 21	15:16
2405	Wed,	Dec 21	21:04
2406	Fri,	Dec 22	2:54
2407	Sat,	Dec 22	8:44
2408	Sun,	Dec 21	14:33
2409	Mon,	Dec 21	20:29
2410	Wed,	Dec 22	2:19
2411	Thu,	Dec 22	8:10
2412	Fri,	Dec 21	14:05
2413	Sat,	Dec 21	19:51
2414	Mon,	Dec 22	1:34
2415	Tue,	Dec 22	7:21
2416	Wed,	Dec 21	13:08
2417	Thu,	Dec 21	18:58
2418	Sat,	Dec 22	0:44
2419	Sun,	Dec 22	6:28
2420	Mon,	Dec 21	12:21
2421	Tue,	Dec 21	18:10
2422	Thu,	Dec 22	0:01
2423	Fri,	Dec 22	5:56
2424	Sat,	Dec 21	11:50
2425	Sun,	Dec 21	17:43
2426	Mon,	Dec 21	23:33
2427	Wed,	Dec 22	5:22
2428	Thu,	Dec 21	11:16
2429	Fri,	Dec 21	17:05
2430	Sat,	Dec 21	22:50
2431	Mon,	Dec 22	4:36
2432	Tue,	Dec 21	10:24

2433	Wed,	Dec 21	16:12
2434	Thu,	Dec 21	22:02
2435	Sat,	Dec 22	3:52
2436	Sun,	Dec 21	9:42
2437	Mon,	Dec 21	15:31
2438	Tue,	Dec 21	21:15
2439	Thu,	Dec 22	3:04
2440	Fri,	Dec 21	8:58
2441	Sat,	Dec 21	14:48
2442	Sun,	Dec 21	20:38
2443	Tue,	Dec 22	2:29
2444	Wed,	Dec 21	8:19
2445	Thu,	Dec 21	14:14
2446	Fri,	Dec 21	20:04
2447	Sun,	Dec 22	1:55
2448	Mon,	Dec 21	7:50
2449	Tue,	Dec 21	13:36
2450	Wed,	Dec 21	19:22
2451	Fri,	Dec 22	1:12
2452	Sat,	Dec 21	6:58
2453	Sun,	Dec 21	12:47
2454	Mon,	Dec 21	18:31
2455	Wed,	Dec 22	0:14
2456	Thu,	Dec 21	6:07
2457	Fri,	Dec 21	11:57
2458	Sat,	Dec 21	17:48
2459	Sun,	Dec 21	23:45
2460	Tue,	Dec 21	5:35
2461	Wed,	Dec 21	11:26
2462	Thu,	Dec 21	17:16
2463	Fri,	Dec 21	23:03
2464	Sun,	Dec 21	5:00
2465	Mon,	Dec 21	10:49
2466	Tue,	Dec 21	16:34
2467	Wed,	Dec 21	22:27
2468	Fri,	Dec 21	4:13
2469	Sat,	Dec 21	10:03
2470	Sun,	Dec 21	15:54
2471	Mon,	Dec 21	21:38
2472	Wed,	Dec 21	3:32
2473	Thu,	Dec 21	9:19
2474	Fri,	Dec 21	15:01
2475	Sat,	Dec 21	20:57
2476	Mon,	Dec 21	2:44
2477	Tue,	Dec 21	8:32
2478	Wed,	Dec 21	14:23
2479	Thu,	Dec 21	20:06
2480	Sat,	Dec 21	2:03
2481	Sun,	Dec 21	7:58
2482	Mon,	Dec 21	13:47
2483	Tue,	Dec 21	19:47
2484	Thu,	Dec 21	1:36
2485	Fri,	Dec 21	7:22
2486	Sat,	Dec 21	13:14
2487	Sun,	Dec 21	18:56
2488	Tue,	Dec 21	0:49
2489	Wed,	Dec 21	6:38
2490	Thu,	Dec 21	12:16
2491	Fri,	Dec 21	18:09
2492	Sat,	Dec 20	23:57
2493	Mon,	Dec 21	5:43
2494	Tue,	Dec 21	11:40
2495	Wed,	Dec 21	17:24
2496	Thu,	Dec 20	23:17
2497	Sat,	Dec 21	5:11
2498	Sun,	Dec 21	10:53
2499	Mon,	Dec 21	16:53
2500	Tue,	Dec 21	22:46
2501	Thu,	Dec 22	4:30
2502	Fri,	Dec 22	10:25
2503	Sat,	Dec 22	16:08
2504	Sun,	Dec 21	22:00
2505	Tue,	Dec 22	3:57
2506	Wed,	Dec 22	9:39
2507	Thu,	Dec 22	15:35
2508	Fri,	Dec 21	21:23
2509	Sun,	Dec 22	3:03
2510	Mon,	Dec 22	8:55
2511	Tue,	Dec 22	14:38
2512	Wed,	Dec 21	20:27
2513	Fri,	Dec 22	2:21
2514	Sat,	Dec 22	8:00
2515	Sun,	Dec 22	13:55
2516	Mon,	Dec 21	19:51
2517	Wed,	Dec 22	1:38
2518	Thu,	Dec 22	7:39
2519	Fri,	Dec 22	13:29
2520	Sat,	Dec 21	19:18
2521	Mon,	Dec 22	1:14
2522	Tue,	Dec 22	6:55
2523	Wed,	Dec 22	12:48
2524	Thu,	Dec 21	18:42
2525	Sat,	Dec 22	0:20
2526	Sun,	Dec 22	6:10
2527	Mon,	Dec 22	11:54
2528	Tue,	Dec 21	17:39
2529	Wed,	Dec 21	23:37
2530	Fri,	Dec 22	5:21
2531	Sat,	Dec 22	11:13
2532	Sun,	Dec 21	17:08
2533	Mon,	Dec 21	22:49
2534	Wed,	Dec 22	4:44
2535	Thu,	Dec 22	10:36
2536	Fri,	Dec 21	16:23
2537	Sat,	Dec 21	22:21
2538	Mon,	Dec 22	4:04
2539	Tue,	Dec 22	9:56
2540	Wed,	Dec 21	15:54
2541	Thu,	Dec 21	21:39
2542	Sat,	Dec 22	3:32
2543	Sun,	Dec 22	9:22
2544	Mon,	Dec 21	15:04
2545	Tue,	Dec 21	20:56
2546	Thu,	Dec 22	2:39
2547	Fri,	Dec 22	8:26
2548	Sat,	Dec 21	14:21
2549	Sun,	Dec 21	20:01
2550	Tue,	Dec 22	1:49
2551	Wed,	Dec 22	7:42
2552	Thu,	Dec 21	13:30
2553	Fri,	Dec 21	19:29
2554	Sun,	Dec 22	1:21
2555	Mon,	Dec 22	7:11
2556	Tue,	Dec 21	13:08
2557	Wed,	Dec 21	18:53
2558	Fri,	Dec 22	0:42
2559	Sat,	Dec 22	6:36
2560	Sun,	Dec 21	12:20
2561	Mon,	Dec 21	18:10
2562	Tue,	Dec 21	23:55
2563	Thu,	Dec 22	5:41
2564	Fri,	Dec 21	11:37
2565	Sat,	Dec 21	17:23
2566	Sun,	Dec 21	23:11
2567	Tue,	Dec 22	5:03
2568	Wed,	Dec 21	10:47
2569	Thu,	Dec 21	16:38
2570	Fri,	Dec 21	22:28
2571	Sun,	Dec 22	4:17
2572	Mon,	Dec 21	10:12
2573	Tue,	Dec 21	16:00
2574	Wed,	Dec 21	21:47
2575	Fri,	Dec 22	3:42
2576	Sat,	Dec 21	9:33
2577	Sun,	Dec 21	15:27
2578	Mon,	Dec 21	21:19
2579	Wed,	Dec 22	3:06
2580	Thu,	Dec 21	8:57
2581	Fri,	Dec 21	14:43
2582	Sat,	Dec 21	20:29
2583	Mon,	Dec 22	2:18
2584	Tue,	Dec 21	8:05
2585	Wed,	Dec 21	13:49
2586	Thu,	Dec 21	19:36
2587	Sat,	Dec 22	1:25
2588	Sun,	Dec 21	7:20
2589	Mon,	Dec 21	13:13
2590	Tue,	Dec 21	19:03
2591	Thu,	Dec 22	0:55
2592	Fri,	Dec 21	6:46
2593	Sat,	Dec 21	12:35
2594	Sun,	Dec 21	18:27
2595	Tue,	Dec 22	0:19
2596	Wed,	Dec 21	6:09
2597	Thu,	Dec 21	11:57
2598	Fri,	Dec 21	17:43
2599	Sat,	Dec 21	23:33
2600	Mon,	Dec 22	5:25
2601	Tue,	Dec 22	11:13
2602	Wed,	Dec 22	17:00
2603	Thu,	Dec 22	22:50
2604	Sat,	Dec 22	4:35
2605	Sun,	Dec 22	10:24
2606	Mon,	Dec 22	16:13
2607	Tue,	Dec 22	22:01
2608	Thu,	Dec 22	3:54
2609	Fri,	Dec 22	9:40
2610	Sat,	Dec 22	15:29
2611	Sun,	Dec 22	21:26
2612	Tue,	Dec 22	3:20
2613	Wed,	Dec 22	9:14
2614	Thu,	Dec 22	15:07
2615	Fri,	Dec 22	20:53
2616	Sun,	Dec 22	2:45
2617	Mon,	Dec 22	8:31
2618	Tue,	Dec 22	14:16
2619	Wed,	Dec 22	20:08
2620	Fri,	Dec 22	1:52
2621	Sat,	Dec 22	7:36
2622	Sun,	Dec 22	13:25
2623	Mon,	Dec 22	19:11
2624	Wed,	Dec 22	1:07
2625	Thu,	Dec 22	6:58
2626	Fri,	Dec 22	12:44
2627	Sat,	Dec 22	18:40
2628	Mon,	Dec 22	0:29
2629	Tue,	Dec 22	6:19
2630	Wed,	Dec 22	12:15
2631	Thu,	Dec 22	18:03
2632	Fri,	Dec 21	23:55
2633	Sun,	Dec 22	5:45
2634	Mon,	Dec 22	11:27
2635	Tue,	Dec 22	17:24
2636	Wed,	Dec 21	23:15
2637	Fri,	Dec 22	5:00
2638	Sat,	Dec 22	10:53
2639	Sun,	Dec 22	16:35
2640	Mon,	Dec 21	22:23
2641	Wed,	Dec 22	4:13
2642	Thu,	Dec 22	9:54
2643	Fri,	Dec 22	15:50
2644	Sat,	Dec 21	21:38
2645	Mon,	Dec 22	3:22
2646	Tue,	Dec 22	9:20
2647	Wed,	Dec 22	15:10
2648	Thu,	Dec 21	21:06
2649	Sat,	Dec 22	3:03
2650	Sun,	Dec 22	8:46
2651	Mon,	Dec 22	14:41
2652	Tue,	Dec 21	20:32
2653	Thu,	Dec 22	2:15
2654	Fri,	Dec 22	8:10

2655	Sat,	Dec 22	13:54
2656	Sun,	Dec 21	19:38
2657	Tue,	Dec 22	1:29
2658	Wed,	Dec 22	7:08
2659	Thu,	Dec 22	13:03
2660	Fri,	Dec 21	18:59
2661	Sun,	Dec 22	0:41
2662	Mon,	Dec 22	6:38
2663	Tue,	Dec 22	12:25
2664	Wed,	Dec 21	18:12
2665	Fri,	Dec 22	0:10
2666	Sat,	Dec 22	5:53
2667	Sun,	Dec 22	11:47
2668	Mon,	Dec 21	17:42
2669	Tue,	Dec 21	23:23
2670	Thu,	Dec 22	5:20
2671	Fri,	Dec 22	11:12
2672	Sat,	Dec 21	17:00
2673	Sun,	Dec 21	22:56
2674	Tue,	Dec 22	4:36
2675	Wed,	Dec 22	10:24
2676	Thu,	Dec 21	16:18
2677	Fri,	Dec 21	21:57
2678	Sun,	Dec 22	3:51
2679	Mon,	Dec 22	9:39
2680	Tue,	Dec 21	15:21
2681	Wed,	Dec 21	21:15
2682	Fri,	Dec 22	3:00
2683	Sat,	Dec 22	8:54
2684	Sun,	Dec 21	14:56
2685	Mon,	Dec 21	20:40
2686	Wed,	Dec 22	2:35
2687	Thu,	Dec 22	8:29
2688	Fri,	Dec 21	14:13
2689	Sat,	Dec 21	20:09
2690	Mon,	Dec 22	1:53
2691	Tue,	Dec 22	7:40
2692	Wed,	Dec 21	13:34
2693	Thu,	Dec 21	19:13
2694	Sat,	Dec 22	1:05
2695	Sun,	Dec 22	7:01
2696	Mon,	Dec 21	12:44
2697	Tue,	Dec 21	18:37
2698	Thu,	Dec 22	0:21
2699	Fri,	Dec 22	6:06
2700	Sat,	Dec 22	12:04
2701	Sun,	Dec 22	17:47
2702	Mon,	Dec 22	23:40
2703	Wed,	Dec 23	5:36
2704	Thu,	Dec 22	11:20
2705	Fri,	Dec 22	17:14
2706	Sat,	Dec 22	23:05
2707	Mon,	Dec 23	4:56
2708	Tue,	Dec 22	10:56
2709	Wed,	Dec 22	16:40
2710	Thu,	Dec 22	22:28
2711	Sat,	Dec 23	4:22
2712	Sun,	Dec 22	10:04
2713	Mon,	Dec 22	15:52
2714	Tue,	Dec 22	21:39
2715	Thu,	Dec 23	3:21
2716	Fri,	Dec 22	9:13
2717	Sat,	Dec 22	14:57
2718	Sun,	Dec 22	20:47
2719	Tue,	Dec 23	2:48
2720	Wed,	Dec 22	8:36
2721	Thu,	Dec 22	14:28
2722	Fri,	Dec 22	20:20
2723	Sun,	Dec 23	2:08
2724	Mon,	Dec 22	8:04
2725	Tue,	Dec 22	13:53
2726	Wed,	Dec 22	19:41
2727	Fri,	Dec 23	1:36
2728	Sat,	Dec 22	7:19
2729	Sun,	Dec 22	13:06
2730	Mon,	Dec 22	18:57
2731	Wed,	Dec 23	0:45
2732	Thu,	Dec 22	6:38
2733	Fri,	Dec 22	12:23
2734	Sat,	Dec 22	18:08
2735	Mon,	Dec 23	0:00
2736	Tue,	Dec 22	5:48
2737	Wed,	Dec 22	11:35
2738	Thu,	Dec 22	17:27
2739	Fri,	Dec 22	23:15
2740	Sun,	Dec 22	5:07
2741	Mon,	Dec 22	10:59
2742	Tue,	Dec 22	16:52
2743	Wed,	Dec 22	22:50
2744	Fri,	Dec 22	4:43
2745	Sat,	Dec 22	10:28
2746	Sun,	Dec 22	16:17
2747	Mon,	Dec 22	22:05
2748	Wed,	Dec 22	3:53
2749	Thu,	Dec 22	9:41
2750	Fri,	Dec 22	15:27
2751	Sat,	Dec 22	21:15
2752	Mon,	Dec 22	3:01
2753	Tue,	Dec 22	8:46
2754	Wed,	Dec 22	14:38
2755	Thu,	Dec 22	20:33
2756	Sat,	Dec 22	2:24
2757	Sun,	Dec 22	8:14
2758	Mon,	Dec 22	14:05
2759	Tue,	Dec 22	19:58
2760	Thu,	Dec 22	1:50
2761	Fri,	Dec 22	7:39
2762	Sat,	Dec 22	13:27
2763	Sun,	Dec 22	19:18
2764	Tue,	Dec 22	1:06
2765	Wed,	Dec 22	6:54
2766	Thu,	Dec 22	12:48
2767	Fri,	Dec 22	18:39
2768	Sun,	Dec 22	0:29
2769	Mon,	Dec 22	6:13
2770	Tue,	Dec 22	11:57
2771	Wed,	Dec 22	17:48
2772	Thu,	Dec 21	23:35
2773	Sat,	Dec 22	5:22
2774	Sun,	Dec 22	11:15
2775	Mon,	Dec 22	17:02
2776	Tue,	Dec 21	22:54
2777	Thu,	Dec 22	4:45
2778	Fri,	Dec 22	10:36
2779	Sat,	Dec 22	16:35
2780	Sun,	Dec 21	22:25
2781	Tue,	Dec 22	4:12
2782	Wed,	Dec 22	10:06
2783	Thu,	Dec 22	15:54
2784	Fri,	Dec 21	21:44
2785	Sun,	Dec 22	3:33
2786	Mon,	Dec 22	9:14
2787	Tue,	Dec 22	15:05
2788	Wed,	Dec 21	20:51
2789	Fri,	Dec 22	2:35
2790	Sat,	Dec 22	8:32
2791	Sun,	Dec 22	14:23
2792	Mon,	Dec 21	20:11
2793	Wed,	Dec 22	2:02
2794	Thu,	Dec 22	7:45
2795	Fri,	Dec 22	13:41
2796	Sat,	Dec 21	19:33
2797	Mon,	Dec 22	1:17
2798	Tue,	Dec 22	7:15
2799	Wed,	Dec 22	13:04
2800	Thu,	Dec 21	18:52
2801	Sat,	Dec 22	0:48
2802	Sun,	Dec 22	6:34
2803	Mon,	Dec 22	12:30
2804	Tue,	Dec 21	18:20
2805	Wed,	Dec 21	23:58
2806	Fri,	Dec 22	5:52
2807	Sat,	Dec 22	11:39
2808	Sun,	Dec 21	17:23
2809	Mon,	Dec 21	23:15
2810	Wed,	Dec 22	4:56
2811	Thu,	Dec 22	10:47
2812	Fri,	Dec 21	16:39
2813	Sat,	Dec 21	22:24
2814	Mon,	Dec 22	4:26
2815	Tue,	Dec 22	10:21
2816	Wed,	Dec 21	16:07
2817	Thu,	Dec 21	22:03
2818	Sat,	Dec 22	3:49
2819	Sun,	Dec 22	9:41
2820	Mon,	Dec 21	15:36
2821	Tue,	Dec 21	21:15
2822	Thu,	Dec 22	3:08
2823	Fri,	Dec 22	8:57
2824	Sat,	Dec 21	14:37
2825	Sun,	Dec 21	20:33
2826	Tue,	Dec 22	2:19
2827	Wed,	Dec 22	8:07
2828	Thu,	Dec 21	14:01
2829	Fri,	Dec 21	19:39
2830	Sun,	Dec 22	1:34
2831	Mon,	Dec 22	7:29
2832	Tue,	Dec 21	13:12
2833	Wed,	Dec 21	19:09
2834	Fri,	Dec 22	0:57
2835	Sat,	Dec 22	6:45
2836	Sun,	Dec 21	12:44
2837	Mon,	Dec 21	18:29
2838	Wed,	Dec 22	0:27
2839	Thu,	Dec 22	6:23
2840	Fri,	Dec 21	12:02
2841	Sat,	Dec 21	17:54
2842	Sun,	Dec 21	23:40
2843	Tue,	Dec 22	5:24
2844	Wed,	Dec 21	11:17
2845	Thu,	Dec 21	16:56
2846	Fri,	Dec 21	22:45
2847	Sun,	Dec 22	4:39
2848	Mon,	Dec 21	10:21
2849	Tue,	Dec 21	16:18
2850	Wed,	Dec 21	22:13
2851	Fri,	Dec 22	4:01
2852	Sat,	Dec 21	9:58
2853	Sun,	Dec 21	15:43
2854	Mon,	Dec 21	21:35
2855	Wed,	Dec 22	3:34
2856	Thu,	Dec 21	9:16
2857	Fri,	Dec 21	15:07
2858	Sat,	Dec 21	20:56
2859	Mon,	Dec 22	2:38
2860	Tue,	Dec 21	8:33
2861	Wed,	Dec 21	14:18
2862	Thu,	Dec 21	20:08
2863	Sat,	Dec 22	2:05
2864	Sun,	Dec 21	7:44
2865	Mon,	Dec 21	13:32
2866	Tue,	Dec 21	19:25
2867	Thu,	Dec 22	1:10
2868	Fri,	Dec 21	7:04
2869	Sat,	Dec 21	12:50
2870	Sun,	Dec 21	18:39
2871	Tue,	Dec 22	0:38
2872	Wed,	Dec 21	6:25
2873	Thu,	Dec 21	12:19
2874	Fri,	Dec 21	18:17
2875	Sun,	Dec 22	0:03
2876	Mon,	Dec 21	5:53

2877	Tue,	Dec 21	11:40
2878	Wed,	Dec 21	17:26
2879	Thu,	Dec 21	23:21
2880	Sat,	Dec 21	5:04
2881	Sun,	Dec 21	10:48
2882	Mon,	Dec 21	16:39
2883	Tue,	Dec 21	22:23
2884	Thu,	Dec 21	4:14
2885	Fri,	Dec 21	10:06
2886	Sat,	Dec 21	15:56
2887	Sun,	Dec 21	21:53
2888	Tue,	Dec 21	3:39
2889	Wed,	Dec 21	9:27
2890	Thu,	Dec 21	15:24
2891	Fri,	Dec 21	21:13
2892	Sun,	Dec 21	3:03
2893	Mon,	Dec 21	8:52
2894	Tue,	Dec 21	14:40
2895	Wed,	Dec 21	20:33
2896	Fri,	Dec 21	2:22
2897	Sat,	Dec 21	8:11
2898	Sun,	Dec 21	14:06
2899	Mon,	Dec 21	19:52
2900	Wed,	Dec 22	1:36
2901	Thu,	Dec 22	7:23
2902	Fri,	Dec 22	13:11
2903	Sat,	Dec 22	19:02
2904	Mon,	Dec 22	0:49
2905	Tue,	Dec 22	6:36
2906	Wed,	Dec 22	12:28
2907	Thu,	Dec 22	18:20
2908	Sat,	Dec 22	0:11
2909	Sun,	Dec 22	6:06
2910	Mon,	Dec 22	12:00
2911	Tue,	Dec 22	17:52
2912	Wed,	Dec 21	23:41
2913	Fri,	Dec 22	5:29
2914	Sat,	Dec 22	11:21
2915	Sun,	Dec 22	17:11
2916	Mon,	Dec 21	22:54
2917	Wed,	Dec 22	4:40
2918	Thu,	Dec 22	10:28
2919	Fri,	Dec 22	16:15
2920	Sat,	Dec 21	22:05
2921	Mon,	Dec 22	3:55
2922	Tue,	Dec 22	9:47
2923	Wed,	Dec 22	15:38
2924	Thu,	Dec 21	21:24
2925	Sat,	Dec 22	3:13
2926	Sun,	Dec 22	9:09
2927	Mon,	Dec 22	15:00
2928	Tue,	Dec 21	20:50
2929	Thu,	Dec 22	2:41
2930	Fri,	Dec 22	8:30
2931	Sat,	Dec 22	14:24
2932	Sun,	Dec 21	20:14
2933	Tue,	Dec 22	2:03
2934	Wed,	Dec 22	7:57
2935	Thu,	Dec 22	13:42
2936	Fri,	Dec 21	19:26
2937	Sun,	Dec 22	1:16
2938	Mon,	Dec 22	7:01
2939	Tue,	Dec 22	12:52
2940	Wed,	Dec 21	18:37
2941	Fri,	Dec 22	0:21
2942	Sat,	Dec 22	6:16
2943	Sun,	Dec 22	12:06
2944	Mon,	Dec 21	17:58
2945	Tue,	Dec 21	23:57
2946	Thu,	Dec 22	5:48
2947	Fri,	Dec 22	11:41
2948	Sat,	Dec 21	17:30
2949	Sun,	Dec 21	23:16
2950	Tue,	Dec 22	5:12
2951	Wed,	Dec 22	11:00
2952	Thu,	Dec 21	16:42
2953	Fri,	Dec 21	22:34
2954	Sun,	Dec 22	4:18
2955	Mon,	Dec 22	10:07
2956	Tue,	Dec 21	15:59
2957	Wed,	Dec 21	21:43
2958	Fri,	Dec 22	3:38
2959	Sat,	Dec 22	9:26
2960	Sun,	Dec 21	15:09
2961	Mon,	Dec 21	21:07
2962	Wed,	Dec 22	2:56
2963	Thu,	Dec 22	8:47
2964	Fri,	Dec 21	14:40
2965	Sat,	Dec 21	20:22
2966	Mon,	Dec 22	2:19
2967	Tue,	Dec 22	8:13
2968	Wed,	Dec 21	13:59
2969	Thu,	Dec 21	19:59
2970	Sat,	Dec 22	1:46
2971	Sun,	Dec 22	7:31
2972	Mon,	Dec 21	13:22
2973	Tue,	Dec 21	19:02
2974	Thu,	Dec 22	0:54
2975	Fri,	Dec 22	6:44
2976	Sat,	Dec 21	12:22
2977	Sun,	Dec 21	18:17
2978	Tue,	Dec 22	0:06
2979	Wed,	Dec 22	5:55
2980	Thu,	Dec 21	11:53
2981	Fri,	Dec 21	17:40
2982	Sat,	Dec 21	23:34
2983	Mon,	Dec 22	5:28
2984	Tue,	Dec 21	11:09
2985	Wed,	Dec 21	17:08
2986	Thu,	Dec 21	23:00
2987	Sat,	Dec 22	4:44
2988	Sun,	Dec 21	10:38
2989	Mon,	Dec 21	16:19
2990	Tue,	Dec 21	22:09
2991	Thu,	Dec 22	4:04
2992	Fri,	Dec 21	9:46
2993	Sat,	Dec 21	15:41
2994	Sun,	Dec 21	21:32
2995	Tue,	Dec 22	3:12
2996	Wed,	Dec 21	9:07
2997	Thu,	Dec 21	14:50
2998	Fri,	Dec 21	20:40
2999	Sun,	Dec 22	2:36
3000	Mon,	Dec 22	8:16
3001	Tue,	Dec 22	14:12
3002	Wed,	Dec 22	20:08
3003	Fri,	Dec 23	1:55
3004	Sat,	Dec 22	7:55
3005	Sun,	Dec 22	13:44
3006	Mon,	Dec 22	19:32
3007	Wed,	Dec 23	1:26
3008	Thu,	Dec 22	7:06
3009	Fri,	Dec 22	12:58
3010	Sat,	Dec 22	18:51
3011	Mon,	Dec 23	0:30
3012	Tue,	Dec 22	6:20
3013	Wed,	Dec 22	12:05
3014	Thu,	Dec 22	17:50
3015	Fri,	Dec 22	23:49
3016	Sun,	Dec 22	5:34
3017	Mon,	Dec 22	11:27
3018	Tue,	Dec 22	17:24
3019	Wed,	Dec 22	23:07
3020	Fri,	Dec 22	5:02
3021	Sat,	Dec 22	10:54
3022	Sun,	Dec 22	16:41
3023	Mon,	Dec 22	22:38
3024	Wed,	Dec 22	4:21
3025	Thu,	Dec 22	10:10
3026	Fri,	Dec 22	16:08
3027	Sat,	Dec 22	21:52
3028	Mon,	Dec 22	3:45
3029	Tue,	Dec 22	9:33
3030	Wed,	Dec 22	15:15
3031	Thu,	Dec 22	21:06
3032	Sat,	Dec 22	2:49
3033	Sun,	Dec 22	8:38
3034	Mon,	Dec 22	14:34
3035	Tue,	Dec 22	20:17
3036	Thu,	Dec 22	2:06
3037	Fri,	Dec 22	7:59
3038	Sat,	Dec 22	13:48
3039	Sun,	Dec 22	19:47
3040	Tue,	Dec 22	1:39
3041	Wed,	Dec 22	7:31
3042	Thu,	Dec 22	13:27
3043	Fri,	Dec 22	19:12
3044	Sun,	Dec 22	1:00
3045	Mon,	Dec 22	6:51
3046	Tue,	Dec 22	12:34
3047	Wed,	Dec 22	18:23
3048	Fri,	Dec 22	0:07
3049	Sat,	Dec 22	5:52
3050	Sun,	Dec 22	11:48
3051	Mon,	Dec 22	17:36
3052	Tue,	Dec 21	23:25
3053	Thu,	Dec 22	5:18
3054	Fri,	Dec 22	11:04
3055	Sat,	Dec 22	16:55
3056	Sun,	Dec 21	22:47
3057	Tue,	Dec 22	4:38
3058	Wed,	Dec 22	10:35
3059	Thu,	Dec 22	16:23
3060	Fri,	Dec 21	22:10
3061	Sun,	Dec 22	4:02
3062	Mon,	Dec 22	9:52
3063	Tue,	Dec 22	15:43
3064	Wed,	Dec 21	21:33
3065	Fri,	Dec 22	3:20
3066	Sat,	Dec 22	9:10
3067	Sun,	Dec 22	14:56
3068	Mon,	Dec 21	20:41
3069	Wed,	Dec 22	2:31
3070	Thu,	Dec 22	8:19
3071	Fri,	Dec 22	14:04
3072	Sat,	Dec 21	19:53
3073	Mon,	Dec 22	1:45
3074	Tue,	Dec 22	7:40
3075	Wed,	Dec 22	13:36
3076	Thu,	Dec 21	19:27
3077	Sat,	Dec 22	1:19
3078	Sun,	Dec 22	7:10
3079	Mon,	Dec 22	12:57
3080	Tue,	Dec 21	18:47
3081	Thu,	Dec 22	0:38
3082	Fri,	Dec 22	6:27
3083	Sat,	Dec 22	12:14
3084	Sun,	Dec 21	17:59
3085	Mon,	Dec 21	23:46
3086	Wed,	Dec 22	5:38
3087	Thu,	Dec 22	11:27
3088	Fri,	Dec 21	17:15
3089	Sat,	Dec 21	23:06
3090	Mon,	Dec 22	4:54
3091	Tue,	Dec 22	10:44
3092	Wed,	Dec 21	16:35
3093	Thu,	Dec 21	22:24
3094	Sat,	Dec 22	4:18
3095	Sun,	Dec 22	10:05
3096	Mon,	Dec 21	15:52
3097	Tue,	Dec 21	21:49
3098	Thu,	Dec 22	3:41

3099	Fri,	Dec 22	9:35
3100	Sat,	Dec 22	15:26
3101	Sun,	Dec 22	21:11
3102	Tue,	Dec 23	3:01
3103	Wed,	Dec 23	8:47
3104	Thu,	Dec 22	14:31
3105	Fri,	Dec 22	20:25
3106	Sun,	Dec 23	2:09
3107	Mon,	Dec 23	7:55
3108	Tue,	Dec 22	13:45
3109	Wed,	Dec 22	19:32
3110	Fri,	Dec 23	1:28
3111	Sat,	Dec 23	7:21
3112	Sun,	Dec 22	13:08
3113	Mon,	Dec 22	19:05
3114	Wed,	Dec 23	0:55
3115	Thu,	Dec 23	6:44
3116	Fri,	Dec 22	12:39
3117	Sat,	Dec 22	18:25
3118	Mon,	Dec 23	0:17
3119	Tue,	Dec 23	6:05
3120	Wed,	Dec 22	11:46
3121	Thu,	Dec 22	17:42
3122	Fri,	Dec 22	23:33
3123	Sun,	Dec 23	5:18
3124	Mon,	Dec 22	11:12
3125	Tue,	Dec 22	16:53
3126	Wed,	Dec 22	22:42
3127	Fri,	Dec 23	4:33
3128	Sat,	Dec 22	10:15
3129	Sun,	Dec 22	16:13
3130	Mon,	Dec 22	22:04
3131	Wed,	Dec 23	3:48
3132	Thu,	Dec 22	9:46
3133	Fri,	Dec 22	15:36
3134	Sat,	Dec 22	21:31
3135	Mon,	Dec 23	3:28
3136	Tue,	Dec 22	9:10
3137	Wed,	Dec 22	15:05
3138	Thu,	Dec 22	20:55
3139	Sat,	Dec 23	2:36
3140	Sun,	Dec 22	8:30
3141	Mon,	Dec 22	14:13
3142	Tue,	Dec 22	19:57
3143	Thu,	Dec 23	1:48
3144	Fri,	Dec 22	7:28
3145	Sat,	Dec 22	13:23
3146	Sun,	Dec 22	19:20
3147	Tue,	Dec 23	1:05
3148	Wed,	Dec 22	7:03
3149	Thu,	Dec 22	12:51
3150	Fri,	Dec 22	18:39
3151	Sun,	Dec 23	0:37
3152	Mon,	Dec 22	6:21
3153	Tue,	Dec 22	12:15
3154	Wed,	Dec 22	18:10
3155	Thu,	Dec 22	23:49
3156	Sat,	Dec 22	5:45
3157	Sun,	Dec 22	11:35
3158	Mon,	Dec 22	17:21
3159	Tue,	Dec 22	23:16
3160	Thu,	Dec 22	4:55
3161	Fri,	Dec 22	10:44
3162	Sat,	Dec 22	16:38
3163	Sun,	Dec 22	22:18
3164	Tue,	Dec 22	4:12
3165	Wed,	Dec 22	10:03
3166	Thu,	Dec 22	15:47
3167	Fri,	Dec 22	21:43
3168	Sun,	Dec 22	3:29
3169	Mon,	Dec 22	9:24
3170	Tue,	Dec 22	15:26
3171	Wed,	Dec 22	21:11
3172	Fri,	Dec 22	3:04
3173	Sat,	Dec 22	8:56
3174	Sun,	Dec 22	14:39
3175	Mon,	Dec 22	20:33
3176	Wed,	Dec 22	2:17
3177	Thu,	Dec 22	8:02
3178	Fri,	Dec 22	13:56
3179	Sat,	Dec 22	19:34
3180	Mon,	Dec 22	1:25
3181	Tue,	Dec 22	7:21
3182	Wed,	Dec 22	13:07
3183	Thu,	Dec 22	19:01
3184	Sat,	Dec 22	0:48
3185	Sun,	Dec 22	6:35
3186	Mon,	Dec 22	12:34
3187	Tue,	Dec 22	18:19
3188	Thu,	Dec 22	0:11
3189	Fri,	Dec 22	6:07
3190	Sat,	Dec 22	11:50
3191	Sun,	Dec 22	17:43
3192	Mon,	Dec 21	23:33
3193	Wed,	Dec 22	5:22
3194	Thu,	Dec 22	11:21
3195	Fri,	Dec 22	17:04
3196	Sat,	Dec 21	22:51
3197	Mon,	Dec 22	4:43
3198	Tue,	Dec 22	10:26
3199	Wed,	Dec 22	16:15
3200	Thu,	Dec 21	22:03
3201	Sat,	Dec 22	3:48
3202	Sun,	Dec 22	9:41
3203	Mon,	Dec 22	15:27
3204	Tue,	Dec 21	21:17
3205	Thu,	Dec 22	3:18
3206	Fri,	Dec 22	9:08
3207	Sat,	Dec 22	15:00
3208	Sun,	Dec 21	20:52
3209	Tue,	Dec 22	2:39
3210	Wed,	Dec 22	8:34
3211	Thu,	Dec 22	14:22
3212	Fri,	Dec 21	20:08
3213	Sun,	Dec 22	2:01
3214	Mon,	Dec 22	7:45
3215	Tue,	Dec 22	13:30
3216	Wed,	Dec 21	19:21
3217	Fri,	Dec 22	1:10
3218	Sat,	Dec 22	7:03
3219	Sun,	Dec 22	12:50
3220	Mon,	Dec 21	18:35
3221	Wed,	Dec 22	0:29
3222	Thu,	Dec 22	6:18
3223	Fri,	Dec 22	12:07
3224	Sat,	Dec 21	17:59
3225	Sun,	Dec 21	23:49
3226	Tue,	Dec 22	5:41
3227	Wed,	Dec 22	11:32
3228	Thu,	Dec 21	17:23
3229	Fri,	Dec 21	23:20
3230	Sun,	Dec 22	5:12
3231	Mon,	Dec 22	10:58
3232	Tue,	Dec 21	16:45
3233	Wed,	Dec 21	22:33
3234	Fri,	Dec 22	4:20
3235	Sat,	Dec 22	10:07
3236	Sun,	Dec 21	15:53
3237	Mon,	Dec 21	21:41
3238	Wed,	Dec 22	3:29
3239	Thu,	Dec 22	9:15
3240	Fri,	Dec 21	15:08
3241	Sat,	Dec 21	21:04
3242	Mon,	Dec 22	2:56
3243	Tue,	Dec 22	8:47
3244	Wed,	Dec 21	14:39
3245	Thu,	Dec 21	20:31
3246	Sat,	Dec 22	2:25
3247	Sun,	Dec 22	8:12
3248	Mon,	Dec 21	14:00
3249	Tue,	Dec 21	19:51
3250	Thu,	Dec 22	1:36
3251	Fri,	Dec 22	7:23
3252	Sat,	Dec 21	13:14
3253	Sun,	Dec 21	19:04
3254	Tue,	Dec 22	0:55
3255	Wed,	Dec 22	6:41
3256	Thu,	Dec 21	12:24
3257	Fri,	Dec 21	18:17
3258	Sun,	Dec 22	0:06
3259	Mon,	Dec 22	5:54
3260	Tue,	Dec 21	11:48
3261	Wed,	Dec 21	17:37
3262	Thu,	Dec 21	23:30
3263	Sat,	Dec 22	5:23
3264	Sun,	Dec 21	11:12
3265	Mon,	Dec 21	17:11
3266	Tue,	Dec 21	23:00
3267	Thu,	Dec 22	4:45
3268	Fri,	Dec 21	10:38
3269	Sat,	Dec 21	16:23
3270	Sun,	Dec 21	22:13
3271	Tue,	Dec 22	4:01
3272	Wed,	Dec 21	9:41
3273	Thu,	Dec 21	15:32
3274	Fri,	Dec 21	21:19
3275	Sun,	Dec 22	3:03
3276	Mon,	Dec 21	9:02
3277	Tue,	Dec 21	14:54
3278	Wed,	Dec 21	20:46
3279	Fri,	Dec 22	2:39
3280	Sat,	Dec 21	8:23
3281	Sun,	Dec 21	14:19
3282	Mon,	Dec 21	20:12
3283	Wed,	Dec 22	1:55
3284	Thu,	Dec 21	7:51
3285	Fri,	Dec 21	13:39
3286	Sat,	Dec 21	19:25
3287	Mon,	Dec 22	1:20
3288	Tue,	Dec 21	7:04
3289	Wed,	Dec 21	12:58
3290	Thu,	Dec 21	18:48
3291	Sat,	Dec 22	0:26
3292	Sun,	Dec 21	6:20
3293	Mon,	Dec 21	12:09
3294	Tue,	Dec 21	17:55
3295	Wed,	Dec 21	23:50
3296	Fri,	Dec 21	5:32
3297	Sat,	Dec 21	11:24
3298	Sun,	Dec 21	17:18
3299	Mon,	Dec 21	23:02
3300	Wed,	Dec 22	5:03
3301	Thu,	Dec 22	10:59
3302	Fri,	Dec 22	16:45
3303	Sat,	Dec 22	22:40
3304	Mon,	Dec 22	4:24
3305	Tue,	Dec 22	10:14
3306	Wed,	Dec 22	16:08
3307	Thu,	Dec 22	21:45
3308	Sat,	Dec 22	3:38
3309	Sun,	Dec 22	9:27
3310	Mon,	Dec 22	15:08
3311	Tue,	Dec 22	21:04
3312	Thu,	Dec 22	2:51
3313	Fri,	Dec 22	8:42
3314	Sat,	Dec 22	14:37
3315	Sun,	Dec 22	20:16
3316	Tue,	Dec 22	2:11
3317	Wed,	Dec 22	8:08
3318	Thu,	Dec 22	13:52
3319	Fri,	Dec 22	19:49
3320	Sun,	Dec 22	1:36

3321	Mon,	Dec 22	7:24
3322	Tue,	Dec 22	13:21
3323	Wed,	Dec 22	19:04
3324	Fri,	Dec 22	1:00
3325	Sat,	Dec 22	6:57
3326	Sun,	Dec 22	12:35
3327	Mon,	Dec 22	18:27
3328	Wed,	Dec 22	0:12
3329	Thu,	Dec 22	5:56
3330	Fri,	Dec 22	11:50
3331	Sat,	Dec 22	17:30
3332	Sun,	Dec 21	23:20
3333	Tue,	Dec 22	5:16
3334	Wed,	Dec 22	10:59
3335	Thu,	Dec 22	16:57
3336	Fri,	Dec 21	22:52
3337	Sun,	Dec 22	4:41
3338	Mon,	Dec 22	10:38
3339	Tue,	Dec 22	16:22
3340	Wed,	Dec 21	22:14
3341	Fri,	Dec 22	4:12
3342	Sat,	Dec 22	9:54
3343	Sun,	Dec 22	15:44
3344	Mon,	Dec 21	21:33
3345	Wed,	Dec 22	3:13
3346	Thu,	Dec 22	9:06
3347	Fri,	Dec 22	14:51
3348	Sat,	Dec 21	20:40
3349	Mon,	Dec 22	2:38
3350	Tue,	Dec 22	8:20
3351	Wed,	Dec 22	14:09
3352	Thu,	Dec 21	20:03
3353	Sat,	Dec 22	1:49
3354	Sun,	Dec 22	7:45
3355	Mon,	Dec 22	13:32
3356	Tue,	Dec 21	19:21
3357	Thu,	Dec 22	1:21
3358	Fri,	Dec 22	7:07
3359	Sat,	Dec 22	13:00
3360	Sun,	Dec 21	18:57
3361	Tue,	Dec 22	0:42
3362	Wed,	Dec 22	6:30
3363	Thu,	Dec 22	12:14
3364	Fri,	Dec 21	18:00
3365	Sat,	Dec 21	23:54
3366	Mon,	Dec 22	5:38
3367	Tue,	Dec 22	11:23
3368	Wed,	Dec 21	17:15
3369	Thu,	Dec 21	23:00
3370	Sat,	Dec 22	4:52
3371	Sun,	Dec 22	10:45
3372	Mon,	Dec 21	16:38
3373	Tue,	Dec 21	22:36
3374	Thu,	Dec 22	4:25
3375	Fri,	Dec 22	10:12
3376	Sat,	Dec 21	16:09
3377	Sun,	Dec 21	21:57
3378	Tue,	Dec 22	3:45
3379	Wed,	Dec 22	9:33
3380	Thu,	Dec 21	15:18
3381	Fri,	Dec 21	21:10
3382	Sun,	Dec 22	2:58
3383	Mon,	Dec 22	8:46
3384	Tue,	Dec 21	14:40
3385	Wed,	Dec 21	20:27
3386	Fri,	Dec 22	2:12
3387	Sat,	Dec 22	8:00
3388	Sun,	Dec 21	13:50
3389	Mon,	Dec 21	19:43
3390	Wed,	Dec 22	1:33
3391	Thu,	Dec 22	7:21
3392	Fri,	Dec 21	13:13
3393	Sat,	Dec 21	19:05
3394	Mon,	Dec 22	0:56
3395	Tue,	Dec 22	6:49
3396	Wed,	Dec 21	12:43
3397	Thu,	Dec 21	18:34
3398	Sat,	Dec 22	0:22
3399	Sun,	Dec 22	6:08
3400	Mon,	Dec 22	11:58
3401	Tue,	Dec 22	17:47
3402	Wed,	Dec 22	23:31
3403	Fri,	Dec 23	5:16
3404	Sat,	Dec 22	11:06
3405	Sun,	Dec 22	16:54
3406	Mon,	Dec 22	22:46
3407	Wed,	Dec 23	4:38
3408	Thu,	Dec 22	10:30
3409	Fri,	Dec 22	16:23
3410	Sat,	Dec 22	22:09
3411	Mon,	Dec 23	3:59
3412	Tue,	Dec 22	9:54
3413	Wed,	Dec 22	15:45
3414	Thu,	Dec 22	21:35
3415	Sat,	Dec 23	3:25
3416	Sun,	Dec 22	9:12
3417	Mon,	Dec 22	15:04
3418	Tue,	Dec 22	20:52
3419	Thu,	Dec 23	2:40
3420	Fri,	Dec 22	8:35
3421	Sat,	Dec 22	14:21
3422	Sun,	Dec 22	20:05
3423	Tue,	Dec 23	1:56
3424	Wed,	Dec 22	7:42
3425	Thu,	Dec 22	13:33
3426	Fri,	Dec 22	19:21
3427	Sun,	Dec 23	1:04
3428	Mon,	Dec 22	7:01
3429	Tue,	Dec 22	12:53
3430	Wed,	Dec 22	18:45
3431	Fri,	Dec 23	0:44
3432	Sat,	Dec 22	6:34
3433	Sun,	Dec 22	12:26
3434	Mon,	Dec 22	18:15
3435	Tue,	Dec 22	23:58
3436	Thu,	Dec 22	5:54
3437	Fri,	Dec 22	11:41
3438	Sat,	Dec 22	17:24
3439	Sun,	Dec 22	23:14
3440	Tue,	Dec 22	4:58
3441	Wed,	Dec 22	10:47
3442	Thu,	Dec 22	16:39
3443	Fri,	Dec 22	22:23
3444	Sun,	Dec 22	4:20
3445	Mon,	Dec 22	10:11
3446	Tue,	Dec 22	15:55
3447	Wed,	Dec 22	21:53
3448	Fri,	Dec 22	3:43
3449	Sat,	Dec 22	9:34
3450	Sun,	Dec 22	15:28
3451	Mon,	Dec 22	21:10
3452	Wed,	Dec 22	3:05
3453	Thu,	Dec 22	8:59
3454	Fri,	Dec 22	14:43
3455	Sat,	Dec 22	20:42
3456	Mon,	Dec 22	2:28
3457	Tue,	Dec 22	8:12
3458	Wed,	Dec 22	14:02
3459	Thu,	Dec 22	19:41
3460	Sat,	Dec 22	1:34
3461	Sun,	Dec 22	7:26
3462	Mon,	Dec 22	13:05
3463	Tue,	Dec 22	19:01
3464	Thu,	Dec 22	0:51
3465	Fri,	Dec 22	6:41
3466	Sat,	Dec 22	12:41
3467	Sun,	Dec 22	18:28
3468	Tue,	Dec 22	0:24
3469	Wed,	Dec 22	6:18
3470	Thu,	Dec 22	11:59
3471	Fri,	Dec 22	17:56
3472	Sat,	Dec 21	23:46
3473	Mon,	Dec 22	5:29
3474	Tue,	Dec 22	11:21
3475	Wed,	Dec 22	17:01
3476	Thu,	Dec 21	22:49
3477	Sat,	Dec 22	4:45
3478	Sun,	Dec 22	10:26
3479	Mon,	Dec 22	16:22
3480	Tue,	Dec 21	22:14
3481	Thu,	Dec 22	3:56
3482	Fri,	Dec 22	9:52
3483	Sat,	Dec 22	15:38
3484	Sun,	Dec 21	21:30
3485	Tue,	Dec 22	3:28
3486	Wed,	Dec 22	9:08
3487	Thu,	Dec 22	15:03
3488	Fri,	Dec 21	20:59
3489	Sun,	Dec 22	2:44
3490	Mon,	Dec 22	8:42
3491	Tue,	Dec 22	14:29
3492	Wed,	Dec 21	20:16
3493	Fri,	Dec 22	2:10
3494	Sat,	Dec 22	7:48
3495	Sun,	Dec 22	13:39
3496	Mon,	Dec 21	19:32
3497	Wed,	Dec 22	1:12
3498	Thu,	Dec 22	7:04
3499	Fri,	Dec 22	12:50
3500	Sat,	Dec 22	18:38
3501	Mon,	Dec 23	0:37
3502	Tue,	Dec 23	6:24
3503	Wed,	Dec 23	12:18
3504	Thu,	Dec 22	18:16
3505	Fri,	Dec 22	23:59
3506	Sun,	Dec 23	5:52
3507	Mon,	Dec 23	11:44
3508	Tue,	Dec 22	17:30
3509	Wed,	Dec 22	23:26
3510	Fri,	Dec 23	5:07
3511	Sat,	Dec 23	10:54
3512	Sun,	Dec 22	16:51
3513	Mon,	Dec 22	22:34
3514	Wed,	Dec 23	4:26
3515	Thu,	Dec 23	10:17
3516	Fri,	Dec 22	16:00
3517	Sat,	Dec 22	21:53
3518	Mon,	Dec 23	3:37
3519	Tue,	Dec 23	9:26
3520	Wed,	Dec 22	15:24
3521	Thu,	Dec 22	21:08
3522	Sat,	Dec 23	2:58
3523	Sun,	Dec 23	8:51
3524	Mon,	Dec 22	14:40
3525	Tue,	Dec 22	20:39
3526	Thu,	Dec 23	2:30
3527	Fri,	Dec 23	8:19
3528	Sat,	Dec 22	14:15
3529	Sun,	Dec 22	19:58
3530	Tue,	Dec 23	1:45
3531	Wed,	Dec 23	7:36
3532	Thu,	Dec 22	13:20
3533	Fri,	Dec 22	19:08
3534	Sun,	Dec 23	0:52
3535	Mon,	Dec 23	6:38
3536	Tue,	Dec 22	12:33
3537	Wed,	Dec 22	18:23
3538	Fri,	Dec 23	0:14
3539	Sat,	Dec 23	6:08
3540	Sun,	Dec 22	11:57
3541	Mon,	Dec 22	17:48
3542	Tue,	Dec 22	23:39

3543	Thu,	Dec 23	5:30
3544	Fri,	Dec 22	11:26
3545	Sat,	Dec 22	17:14
3546	Sun,	Dec 22	23:00
3547	Tue,	Dec 23	4:52
3548	Wed,	Dec 22	10:40
3549	Thu,	Dec 22	16:30
3550	Fri,	Dec 22	22:19
3551	Sun,	Dec 23	4:06
3552	Mon,	Dec 22	9:55
3553	Tue,	Dec 22	15:42
3554	Wed,	Dec 22	21:27
3555	Fri,	Dec 23	3:18
3556	Sat,	Dec 22	9:08
3557	Sun,	Dec 22	14:56
3558	Mon,	Dec 22	20:45
3559	Wed,	Dec 23	2:37
3560	Thu,	Dec 22	8:33
3561	Fri,	Dec 22	14:29
3562	Sat,	Dec 22	20:21
3563	Mon,	Dec 23	2:12
3564	Tue,	Dec 22	8:04
3565	Wed,	Dec 22	13:49
3566	Thu,	Dec 22	19:36
3567	Sat,	Dec 23	1:26
3568	Sun,	Dec 22	7:13
3569	Mon,	Dec 22	13:00
3570	Tue,	Dec 22	18:44
3571	Thu,	Dec 23	0:31
3572	Fri,	Dec 22	6:25
3573	Sat,	Dec 22	12:14
3574	Sun,	Dec 22	18:03
3575	Mon,	Dec 22	23:57
3576	Wed,	Dec 22	5:46
3577	Thu,	Dec 22	11:38
3578	Fri,	Dec 22	17:30
3579	Sat,	Dec 22	23:20
3580	Mon,	Dec 22	5:15
3581	Tue,	Dec 22	11:02
3582	Wed,	Dec 22	16:47
3583	Thu,	Dec 22	22:42
3584	Sat,	Dec 22	4:32
3585	Sun,	Dec 22	10:23
3586	Mon,	Dec 22	16:15
3587	Tue,	Dec 22	21:58
3588	Thu,	Dec 22	3:48
3589	Fri,	Dec 22	9:34
3590	Sat,	Dec 22	15:17
3591	Sun,	Dec 22	21:11
3592	Tue,	Dec 22	2:58
3593	Wed,	Dec 22	8:46
3594	Thu,	Dec 22	14:39
3595	Fri,	Dec 22	20:26
3596	Sun,	Dec 22	2:24
3597	Mon,	Dec 22	8:18
3598	Tue,	Dec 22	14:05
3599	Wed,	Dec 22	20:02
3600	Fri,	Dec 22	1:50
3601	Sat,	Dec 22	7:38
3602	Sun,	Dec 22	13:32
3603	Mon,	Dec 22	19:16
3604	Wed,	Dec 22	1:07
3605	Thu,	Dec 22	6:54
3606	Fri,	Dec 22	12:33
3607	Sat,	Dec 22	18:29
3608	Mon,	Dec 22	0:20
3609	Tue,	Dec 22	6:07
3610	Wed,	Dec 22	12:02
3611	Thu,	Dec 22	17:46
3612	Fri,	Dec 21	23:36
3613	Sun,	Dec 22	5:29
3614	Mon,	Dec 22	11:12
3615	Tue,	Dec 22	17:09
3616	Wed,	Dec 21	23:02
3617	Fri,	Dec 22	4:46
3618	Sat,	Dec 22	10:43
3619	Sun,	Dec 22	16:31
3620	Mon,	Dec 21	22:24
3621	Wed,	Dec 22	4:21
3622	Thu,	Dec 22	10:01
3623	Fri,	Dec 22	15:54
3624	Sat,	Dec 21	21:44
3625	Mon,	Dec 22	3:25
3626	Tue,	Dec 22	9:20
3627	Wed,	Dec 22	15:04
3628	Thu,	Dec 21	20:49
3629	Sat,	Dec 22	2:41
3630	Sun,	Dec 22	8:20
3631	Mon,	Dec 22	14:17
3632	Tue,	Dec 21	20:15
3633	Thu,	Dec 22	2:02
3634	Fri,	Dec 22	8:00
3635	Sat,	Dec 22	13:50
3636	Sun,	Dec 21	19:37
3637	Tue,	Dec 22	1:34
3638	Wed,	Dec 22	7:17
3639	Thu,	Dec 22	13:10
3640	Fri,	Dec 21	19:04
3641	Sun,	Dec 22	0:43
3642	Mon,	Dec 22	6:36
3643	Tue,	Dec 22	12:26
3644	Wed,	Dec 21	18:11
3645	Fri,	Dec 22	0:07
3646	Sat,	Dec 22	5:46
3647	Sun,	Dec 22	11:35
3648	Mon,	Dec 21	17:30
3649	Tue,	Dec 21	23:11
3650	Thu,	Dec 22	5:08
3651	Fri,	Dec 22	11:00
3652	Sat,	Dec 21	16:45
3653	Sun,	Dec 21	22:41
3654	Tue,	Dec 22	4:27
3655	Wed,	Dec 22	10:21
3656	Thu,	Dec 21	16:24
3657	Fri,	Dec 21	22:08
3658	Sun,	Dec 22	4:01
3659	Mon,	Dec 22	9:52
3660	Tue,	Dec 21	15:33
3661	Wed,	Dec 21	21:25
3662	Fri,	Dec 22	3:08
3663	Sat,	Dec 22	8:53
3664	Sun,	Dec 21	14:46
3665	Mon,	Dec 21	20:26
3666	Wed,	Dec 22	2:17
3667	Thu,	Dec 22	8:14
3668	Fri,	Dec 21	14:01
3669	Sat,	Dec 21	19:58
3670	Mon,	Dec 22	1:46
3671	Tue,	Dec 22	7:34
3672	Wed,	Dec 21	13:34
3673	Thu,	Dec 21	19:20
3674	Sat,	Dec 22	1:12
3675	Sun,	Dec 22	7:08
3676	Mon,	Dec 21	12:50
3677	Tue,	Dec 21	18:40
3678	Thu,	Dec 22	0:27
3679	Fri,	Dec 22	6:14
3680	Sat,	Dec 21	12:12
3681	Sun,	Dec 21	17:55
3682	Mon,	Dec 21	23:41
3683	Wed,	Dec 22	5:34
3684	Thu,	Dec 21	11:17
3685	Fri,	Dec 21	17:08
3686	Sat,	Dec 21	22:58
3687	Mon,	Dec 22	4:44
3688	Tue,	Dec 21	10:40
3689	Wed,	Dec 21	16:28
3690	Thu,	Dec 21	22:19
3691	Sat,	Dec 22	4:19
3692	Sun,	Dec 21	10:10
3693	Mon,	Dec 21	16:01
3694	Tue,	Dec 21	21:50
3695	Thu,	Dec 22	3:36
3696	Fri,	Dec 21	9:29
3697	Sat,	Dec 21	15:16
3698	Sun,	Dec 21	21:02
3699	Tue,	Dec 22	2:53
3700	Wed,	Dec 22	8:37
3701	Thu,	Dec 22	14:22
3702	Fri,	Dec 22	20:12
3703	Sun,	Dec 23	2:03
3704	Mon,	Dec 22	7:58
3705	Tue,	Dec 22	13:48
3706	Wed,	Dec 22	19:35
3707	Fri,	Dec 23	1:30
3708	Sat,	Dec 22	7:20
3709	Sun,	Dec 22	13:09
3710	Mon,	Dec 22	19:00
3711	Wed,	Dec 23	0:50
3712	Thu,	Dec 22	6:41
3713	Fri,	Dec 22	12:30
3714	Sat,	Dec 22	18:20
3715	Mon,	Dec 23	0:15
3716	Tue,	Dec 22	6:06
3717	Wed,	Dec 22	11:51
3718	Thu,	Dec 22	17:37
3719	Fri,	Dec 22	23:25
3720	Sun,	Dec 22	5:13
3721	Mon,	Dec 22	11:01
3722	Tue,	Dec 22	16:50
3723	Wed,	Dec 22	22:39
3724	Fri,	Dec 22	4:29
3725	Sat,	Dec 22	10:16
3726	Sun,	Dec 22	16:07
3727	Mon,	Dec 22	22:05
3728	Wed,	Dec 22	3:58
3729	Thu,	Dec 22	9:49
3730	Fri,	Dec 22	15:40
3731	Sat,	Dec 22	21:30
3732	Mon,	Dec 22	3:23
3733	Tue,	Dec 22	9:10
3734	Wed,	Dec 22	14:55
3735	Thu,	Dec 22	20:46
3736	Sat,	Dec 22	2:30
3737	Sun,	Dec 22	8:17
3738	Mon,	Dec 22	14:08
3739	Tue,	Dec 22	19:59
3740	Thu,	Dec 22	1:51
3741	Fri,	Dec 22	7:37
3742	Sat,	Dec 22	13:22
3743	Sun,	Dec 22	19:16
3744	Tue,	Dec 22	1:06
3745	Wed,	Dec 22	6:55
3746	Thu,	Dec 22	12:50
3747	Fri,	Dec 22	18:39
3748	Sun,	Dec 22	0:32
3749	Mon,	Dec 22	6:23
3750	Tue,	Dec 22	12:11
3751	Wed,	Dec 22	18:09
3752	Thu,	Dec 21	23:59
3753	Sat,	Dec 22	5:42
3754	Sun,	Dec 22	11:34
3755	Mon,	Dec 22	17:19
3756	Tue,	Dec 21	23:07
3757	Thu,	Dec 22	4:56
3758	Fri,	Dec 22	10:36
3759	Sat,	Dec 22	16:29
3760	Sun,	Dec 21	22:17
3761	Tue,	Dec 22	4:02
3762	Wed,	Dec 22	10:01
3763	Thu,	Dec 22	15:54
3764	Fri,	Dec 21	21:47

3765	Sun,	Dec 22	3:41
3766	Mon,	Dec 22	9:25
3767	Tue,	Dec 22	15:22
3768	Wed,	Dec 21	21:14
3769	Fri,	Dec 22	2:57
3770	Sat,	Dec 22	8:52
3771	Sun,	Dec 22	14:38
3772	Mon,	Dec 21	20:22
3773	Wed,	Dec 22	2:14
3774	Thu,	Dec 22	7:58
3775	Fri,	Dec 22	13:52
3776	Sat,	Dec 21	19:43
3777	Mon,	Dec 22	1:22
3778	Tue,	Dec 22	7:17
3779	Wed,	Dec 22	13:07
3780	Thu,	Dec 21	18:54
3781	Sat,	Dec 22	0:50
3782	Sun,	Dec 22	6:35
3783	Mon,	Dec 22	12:28
3784	Tue,	Dec 21	18:24
3785	Thu,	Dec 22	0:07
3786	Fri,	Dec 22	6:08
3787	Sat,	Dec 22	12:02
3788	Sun,	Dec 21	17:46
3789	Mon,	Dec 21	23:40
3790	Wed,	Dec 22	5:21
3791	Thu,	Dec 22	11:10
3792	Fri,	Dec 21	17:03
3793	Sat,	Dec 21	22:40
3794	Mon,	Dec 22	4:33
3795	Tue,	Dec 22	10:23
3796	Wed,	Dec 21	16:04
3797	Thu,	Dec 21	22:01
3798	Sat,	Dec 22	3:50
3799	Sun,	Dec 22	9:43
3800	Mon,	Dec 22	15:41
3801	Tue,	Dec 22	21:22
3802	Thu,	Dec 23	3:17
3803	Fri,	Dec 23	9:14
3804	Sat,	Dec 22	14:57
3805	Sun,	Dec 22	20:53
3806	Tue,	Dec 23	2:39
3807	Wed,	Dec 23	8:24
3808	Thu,	Dec 22	14:20
3809	Fri,	Dec 22	20:01
3810	Sun,	Dec 23	1:55
3811	Mon,	Dec 23	7:52
3812	Tue,	Dec 22	13:31
3813	Wed,	Dec 22	19:22
3814	Fri,	Dec 23	1:09
3815	Sat,	Dec 23	6:54
3816	Sun,	Dec 22	12:51
3817	Mon,	Dec 22	18:32
3818	Wed,	Dec 23	0:24
3819	Thu,	Dec 23	6:21
3820	Fri,	Dec 22	12:04
3821	Sat,	Dec 22	18:02
3822	Sun,	Dec 22	23:57
3823	Tue,	Dec 23	5:46
3824	Wed,	Dec 22	11:42
3825	Thu,	Dec 22	17:24
3826	Fri,	Dec 22	23:13
3827	Sun,	Dec 23	5:10
3828	Mon,	Dec 22	10:51
3829	Tue,	Dec 22	16:41
3830	Wed,	Dec 22	22:29
3831	Fri,	Dec 23	4:11
3832	Sat,	Dec 22	10:04
3833	Sun,	Dec 22	15:50
3834	Mon,	Dec 22	21:40
3835	Wed,	Dec 23	3:39
3836	Thu,	Dec 22	9:23
3837	Fri,	Dec 22	15:13
3838	Sat,	Dec 22	21:08
3839	Mon,	Dec 23	2:55
3840	Tue,	Dec 22	8:51
3841	Wed,	Dec 22	14:38
3842	Thu,	Dec 22	20:26
3843	Sat,	Dec 23	2:23
3844	Sun,	Dec 22	8:09
3845	Mon,	Dec 22	14:00
3846	Tue,	Dec 22	19:56
3847	Thu,	Dec 23	1:41
3848	Fri,	Dec 22	7:30
3849	Sat,	Dec 22	13:13
3850	Sun,	Dec 22	18:58
3851	Tue,	Dec 23	0:53
3852	Wed,	Dec 22	6:37
3853	Thu,	Dec 22	12:23
3854	Fri,	Dec 22	18:16
3855	Sun,	Dec 23	0:04
3856	Mon,	Dec 22	5:56
3857	Tue,	Dec 22	11:50
3858	Wed,	Dec 22	17:43
3859	Thu,	Dec 22	23:41
3860	Sat,	Dec 22	5:30
3861	Sun,	Dec 22	11:17
3862	Mon,	Dec 22	17:12
3863	Tue,	Dec 22	23:01
3864	Thu,	Dec 22	4:47
3865	Fri,	Dec 22	10:34
3866	Sat,	Dec 22	16:18
3867	Sun,	Dec 22	22:08
3868	Tue,	Dec 22	3:56
3869	Wed,	Dec 22	9:43
3870	Thu,	Dec 22	15:38
3871	Fri,	Dec 22	21:27
3872	Sun,	Dec 22	3:13
3873	Mon,	Dec 22	9:03
3874	Tue,	Dec 22	14:53
3875	Wed,	Dec 22	20:48
3876	Fri,	Dec 22	2:40
3877	Sat,	Dec 22	8:28
3878	Sun,	Dec 22	14:21
3879	Mon,	Dec 22	20:13
3880	Wed,	Dec 22	2:03
3881	Thu,	Dec 22	7:54
3882	Fri,	Dec 22	13:46
3883	Sat,	Dec 22	19:35
3884	Mon,	Dec 22	1:22
3885	Tue,	Dec 22	7:07
3886	Wed,	Dec 22	12:55
3887	Thu,	Dec 22	18:45
3888	Sat,	Dec 22	0:30
3889	Sun,	Dec 22	6:15
3890	Mon,	Dec 22	12:06
3891	Tue,	Dec 22	17:56
3892	Wed,	Dec 21	23:49
3893	Fri,	Dec 22	5:43
3894	Sat,	Dec 22	11:37
3895	Sun,	Dec 22	17:32
3896	Mon,	Dec 21	23:19
3897	Wed,	Dec 22	5:07
3898	Thu,	Dec 22	11:02
3899	Fri,	Dec 22	16:51
3900	Sat,	Dec 22	22:39
3901	Mon,	Dec 23	4:27
3902	Tue,	Dec 23	10:13
3903	Wed,	Dec 23	16:04
3904	Thu,	Dec 22	21:51
3905	Sat,	Dec 23	3:37
3906	Sun,	Dec 23	9:33
3907	Mon,	Dec 23	15:20
3908	Tue,	Dec 22	21:06
3909	Thu,	Dec 23	2:58
3910	Fri,	Dec 23	8:46
3911	Sat,	Dec 23	14:40
3912	Sun,	Dec 22	20:30
3913	Tue,	Dec 23	2:13
3914	Wed,	Dec 23	8:10
3915	Thu,	Dec 23	14:01
3916	Fri,	Dec 22	19:51
3917	Sun,	Dec 23	1:50
3918	Mon,	Dec 23	7:38
3919	Tue,	Dec 23	13:30
3920	Wed,	Dec 22	19:17
3921	Fri,	Dec 23	0:57
3922	Sat,	Dec 23	6:52
3923	Sun,	Dec 23	12:40
3924	Mon,	Dec 22	18:22
3925	Wed,	Dec 23	0:15
3926	Thu,	Dec 23	5:59
3927	Fri,	Dec 23	11:51
3928	Sat,	Dec 22	17:44
3929	Sun,	Dec 22	23:29
3930	Tue,	Dec 23	5:27
3931	Wed,	Dec 23	11:18
3932	Thu,	Dec 22	17:03
3933	Fri,	Dec 22	23:01
3934	Sun,	Dec 23	4:51
3935	Mon,	Dec 23	10:42
3936	Tue,	Dec 22	16:35
3937	Wed,	Dec 22	22:14
3938	Fri,	Dec 23	4:08
3939	Sat,	Dec 23	10:00
3940	Sun,	Dec 22	15:43
3941	Mon,	Dec 22	21:41
3942	Wed,	Dec 23	3:29
3943	Thu,	Dec 23	9:13
3944	Fri,	Dec 22	15:04
3945	Sat,	Dec 22	20:43
3946	Mon,	Dec 23	2:37
3947	Tue,	Dec 23	8:30
3948	Wed,	Dec 22	14:10
3949	Thu,	Dec 22	20:08
3950	Sat,	Dec 23	1:59
3951	Sun,	Dec 23	7:49
3952	Mon,	Dec 22	13:49
3953	Tue,	Dec 22	19:35
3954	Thu,	Dec 23	1:30
3955	Fri,	Dec 23	7:25
3956	Sat,	Dec 22	13:04
3957	Sun,	Dec 22	19:00
3958	Tue,	Dec 23	0:49
3959	Wed,	Dec 23	6:32
3960	Thu,	Dec 22	12:23
3961	Fri,	Dec 22	18:02
3962	Sat,	Dec 22	23:50
3963	Mon,	Dec 23	5:46
3964	Tue,	Dec 22	11:28
3965	Wed,	Dec 22	17:25
3966	Thu,	Dec 22	23:19
3967	Sat,	Dec 23	5:03
3968	Sun,	Dec 22	10:59
3969	Mon,	Dec 22	16:46
3970	Tue,	Dec 22	22:38
3971	Thu,	Dec 23	4:37
3972	Fri,	Dec 22	10:18
3973	Sat,	Dec 22	16:11
3974	Sun,	Dec 22	22:06
3975	Tue,	Dec 23	3:50
3976	Wed,	Dec 22	9:46
3977	Thu,	Dec 22	15:31
3978	Fri,	Dec 22	21:17
3979	Sun,	Dec 23	3:10
3980	Mon,	Dec 22	8:48
3981	Tue,	Dec 22	14:39
3982	Wed,	Dec 22	20:34
3983	Fri,	Dec 23	2:15
3984	Sat,	Dec 22	8:08
3985	Sun,	Dec 22	13:55
3986	Mon,	Dec 22	19:44

```
3987  Wed, Dec 23   1:45      3992  Tue, Dec 22   7:01      3997  Mon, Dec 22  11:55
3988  Thu, Dec 22   7:33      3993  Wed, Dec 22  12:50      3998  Tue, Dec 22  17:51
3989  Fri, Dec 22  13:29      3994  Thu, Dec 22  18:35      3999  Wed, Dec 22  23:35
3990  Sat, Dec 22  19:27      3995  Sat, Dec 23   0:29      4000  Fri, Dec 22   5:26
3991  Mon, Dec 23   1:10      3996  Sun, Dec 22   6:09
```

PERIHELION OF THE EARTH

PERIELIO DELLA TERRA

The motion of the Earth around the Sun, and that of the others planets, isn't constant. Indeed if you see the table below, the perihelion's day is not the same. What is the reason for this difference? We think the perturbations of the others planets, but the influence of Venus on the heliocentic longitude of the Earth is 12", Mars 5", Jupiter 13" and Saturn 1", together 31", distance that the Earth travels in less than 15 minutes. If we consider the perturbing force of the Moon, calculating the perihelion of the barycenter Earth-Moon, the large differences vanish. The increasing date of the perihelion is due to the regression of the equinox and to the motion of the perihelion too.

The minima difference between two perihelia is on year 2912-2913, 362d19h18m, the maxima on year 3846-3847, 368d4h9m.

The minima difference between two perihelia of the barycenter is only 365d1h2m on year 3553, the maxima 365d11h17m on year 3990.

Il moto della Terra intorno al Sole, così come quello di tutti i corpi celesti, non è costante. Come si vede infatti dalla tabella sottostante il giorno del perielio non è lo stesso. Ma cosa causa un così grande scostamento? Potremmo pensare alle perturbazioni gravitazionali degli altri pianeti; eppure Venere influisce sulla longitudine eliocentrica della Terra per 12" circa, Marte 5", Giove 13" e Saturno 1", in totale 31", distanza che la Terra copre in meno di 15 minuti. Consideriamo invece l'influenza della Luna, calcolando il perielio del baricentro Terra-Luna: le grandi differenze di tempo svaniscono. Si consideri poi che a causa dell'avanzamento del perielio dell'orbita terrestre (+12"/anno) e della retrocessione della linea degli equinozi (-50"/anno) la longitudine del perielio cresce di 62"/anno, cosicchè la data dello stesso avanza secolo dopo secolo.

Il minimo divario tra due perielii si ha tra il 2912 ed il 2913, 362g19h18m, mentre il massimo tra il 3846 ed il 3847, 368g4h9m.

Considerando invece il baricentro tra i due corpi il minimo è solo 365g1h2m nel 3553 ed il massimo 365g11h17m nel 3990.

REAL DATE OF THE PERIHELION				DATE OF THE PERIHELION OF BARYCENTER EARTH-M		
Date	TT	Dist (km)	Diff (gg)	Date TT	Dist (km)	Diff (gg)
0/12/01	13:33:49	146975512		/01 23:24:48	146979584	
1/12/01	13:43:49	146985390	365,0069	/02 04:30:40	146981112	365,2124
2/12/03	14:01:07	146976078	367,0120	/02 14:27:06	146978217	365,4141
3/12/02	00:51:59	146973309	363,4519	/02 22:41:17	146976244	365,3431
4/12/02	16:37:22	146982387	366,6565	/02 03:51:40	146978337	365,2155
5/12/02	20:31:19	146979171	365,1624	/02 09:03:03	146983504	365,2162
6/12/01	11:53:35	146986891	363,6404	/02 15:35:05	146986530	365,2722
7/12/03	22:42:01	146983812	367,4503	/02 20:16:54	146981046	365,1957
8/12/01	23:33:45	146975473	364,0359	/02 02:18:27	146979772	365,2510
9/12/01	10:32:52	146987394	364,4577	/02 08:33:32	146983794	365,2604
10/12/03	20:15:52	146982704	367,4048	/02 17:09:40	146983285	365,3584
11/12/02	05:40:47	146976897	363,3923	/02 22:11:44	146980689	365,2097
12/12/01	22:11:00	146983390	365,6876	/02 00:55:05	146979048	365,1134
13/12/03	01:05:33	146974794	366,1212	/02 07:13:07	146978434	365,2625
14/12/01	15:27:14	146977228	363,5983	/02 17:14:29	146978539	365,4176
15/12/03	22:50:31	146979257	367,3078	/03 01:07:36	146975680	365,3285
16/12/02	11:29:21	146974057	364,5269	/02 07:34:33	146978396	365,2687
17/12/01	09:36:36	146988344	363,9217	/02 12:06:53	146985825	365,1891
18/12/03	23:15:02	146986207	367,5683	/02 19:05:27	146985125	365,2906
19/12/02	13:53:16	146977642	363,6098	/03 00:22:30	146981875	365,2201
20/12/01	14:45:02	146985452	365,0359	/02 05:05:30	146981352	365,1965
21/12/03	10:13:29	146981289	366,8114	/02 11:45:15	146983961	365,2776
22/12/01	21:34:02	146983791	363,4726	/02 19:42:49	146986515	365,3316
23/12/03	11:57:48	146986395	366,5998	/02 23:54:53	146982164	365,1750
24/12/02	15:52:58	146976172	365,1633	/02 03:54:57	146980243	365,1667
25/12/01	05:25:09	146982546	363,5640	/02 09:41:18	146981654	365,2405
26/12/03	21:59:29	146980369	367,6905	/02 20:06:53	146977756	365,4344
27/12/03	00:15:43	146971971	364,0946	/03 04:14:23	146976343	365,3385
28/12/01	11:02:47	146982575	364,4493	/02 09:22:36	146979056	365,2140
29/12/03	16:31:48	146982713	367,2284	/02 14:22:04	146983989	365,2079
30/12/02	04:28:10	146982776	363,4974	/02 21:30:53	146986559	365,2977
31/12/03	02:15:06	146985741	365,9075	/03 02:38:21	146981373	365,2135
32/12/03	01:58:00	146978039	365,9881	/02 08:44:16	146981696	365,2541
33/12/01	11:59:32	146986016	363,4177	/02 15:02:13	146986614	365,2624
34/12/03	19:58:58	146989218	367,3329	/02 22:56:55	146985501	365,3296
35/12/03	07:30:19	146978889	364,4801	/03 03:24:59	146983161	365,1861
36/12/01	02:13:02	146983997	363,7796	/02 06:10:32	146981607	365,1149
37/12/03	16:11:52	146981707	367,5825	/02 12:29:21	146981162	365,2630
38/12/02	11:57:43	146976454	363,8235	/02 22:53:09	146980871	365,4331
39/12/02	17:04:08	146981769	365,2127	/03 06:09:35	146977731	365,3030
40/12/03	10:02:16	146977889	366,7070	/02 12:05:53	146980819	365,2474
41/12/01	17:09:23	146984859	363,2966	/02 16:35:08	146987038	365,1869
42/12/03	12:07:02	146989167	366,7900	/02 23:34:52	146984741	365,2914
43/12/03	16:49:45	146976944	365,1963	/03 05:34:13	146980888	365,2495
44/12/01	05:21:03	146982565	363,5217	/02 10:39:23	146981261	365,2119
45/12/03	20:00:55	146986431	367,6110	/02 17:45:03	146984330	365,2956
46/12/02	21:16:35	146981564	364,0525	/03 01:43:10	146986180	365,3320
47/12/02	06:00:50	146985923	364,3640	/03 05:35:43	146982713	365,1614
48/12/03	12:08:09	146979483	367,2550	/02 09:58:34	146981148	365,1825
49/12/01	22:27:13	146979638	363,4299	/02 16:14:33	146983174	365,2611
50/12/03	04:23:41	146984380	366,2475	/03 02:42:57	146979798	365,4363
51/12/04	03:25:09	146975712	365,9593	/03 10:23:19	146979214	365,3197
52/12/01	09:54:34	146983286	363,2704	/02 14:33:51	146983289	365,1739
53/12/03	16:34:36	146991040	367,2778	/02 19:12:10	146987503	365,1932
54/12/03	05:15:09	146983464	364,5281	/03 02:07:25	146987923	365,2883
55/12/02	02:49:10	146984969	363,8986	/03 07:24:49	146982743	365,2204
56/12/03	17:35:49	146982488	367,6157	/02 13:39:16	146982756	365,2600
57/12/02	08:04:31	146983284	363,6032	/02 20:00:16	146987666	365,2645
58/12/02	16:20:42	146989251	365,3445	/03 03:46:54	146985071	365,3240
59/12/04	07:12:24	146979655	366,6192	/03 08:17:08	146982357	365,1876
60/12/01	10:47:14	146979253	363,1491	/02 11:53:26	146980897	365,1502
61/12/03	07:48:34	146985191	366,8759	/02 19:00:44	146980675	365,2967
62/12/03	16:01:51	146977421	365,3425	/03 05:53:19	146981446	365,4531
63/12/02	06:32:21	146980991	363,6045	/03 12:48:07	146979680	365,2880
64/12/03	21:24:08	146985289	367,6193	/02 17:55:34	146984003	365,2135
65/12/02	16:58:16	146985328	363,8153	/02 22:17:43	146990127	365,1820
66/12/02	07:03:28	146989924	364,5869	/03 05:09:17	146986664	365,2858
67/12/04	13:40:38	146981780	367,2758	/03 11:11:04	146983599	365,2512
68/12/01	19:56:45	146981764	363,2612	/02 16:05:37	146984702	365,2045
69/12/03	01:22:10	146992375	366,2259	/02 22:28:26	146987550	365,2658
70/12/03	23:39:47	146984869	365,9288	/03 06:11:39	146988193	365,3216

REAL DATE OF THE PERIHELION				DATE OF THE PERIHELION OF BARYCENTER EARTH-M		
Date	TT	Dist (km)	Diff (gg)	Date TT	Dist (km)	Diff (gg)
71/12/02	03:54:39	146983369	363,1769	/03 09:47:07	146983407	365,1496
72/12/03	13:19:36	146984643	367,3923	/02 14:31:33	146981588	365,1975
73/12/02	23:57:29	146978231	364,4429	/02 21:46:01	146982978	365,3017
74/12/02	04:22:45	146981596	364,1842	/03 08:18:55	146979454	365,4395
75/12/04	20:30:08	146978478	367,6717	/03 15:59:32	146979239	365,3198
76/12/02	05:42:49	146979947	363,3838	/02 19:49:37	146983945	365,1597
77/12/02	16:20:31	146992527	365,4428	/03 00:59:32	146988005	365,2152
78/12/04	07:38:02	146984986	366,6371	/03 08:30:12	146987501	365,3129
79/12/02	10:37:07	146982731	363,1243	/03 13:52:51	146983902	365,2240
80/12/03	11:52:26	146989230	367,0523	/02 20:04:26	146985056	365,2580
81/12/03	11:04:39	146986007	364,9668	/03 02:05:33	146990302	365,2507
82/12/02	02:39:55	146988415	363,6495	/03 09:10:59	146987503	365,2954
83/12/04	18:19:13	146985287	367,6522	/03 13:26:34	146984462	365,1775
84/12/02	10:32:59	146978842	363,6762	/02 16:55:11	146983589	365,1448
85/12/02	04:59:13	146986750	364,7682	/03 00:41:46	146983200	365,3240
86/12/04	14:29:52	146981247	367,3962	/03 11:21:27	146982875	365,4442
87/12/02	18:50:40	146979465	363,1811	/03 17:42:01	146981819	365,2642
88/12/03	04:22:53	146990299	366,3973	/02 22:24:32	146985460	365,1961
89/12/03	19:21:17	146987192	365,6238	/03 03:02:25	146990676	365,1929
90/12/02	04:17:06	146985593	363,3720	/03 10:27:48	146985810	365,3093
91/12/04	18:45:50	146985520	367,6032	/03 16:55:51	146983247	365,2694
92/12/02	22:14:44	146980396	364,1450	/02 22:14:21	146985321	365,2211
93/12/02	02:19:34	146990449	364,1700	/03 04:43:43	146988167	365,2704
94/12/04	17:58:58	146988448	367,6523	/03 12:08:23	146989005	365,3087
95/12/02	23:38:03	146980958	363,2354	/03 15:36:53	146984537	365,1448
96/12/02	14:14:29	146988162	365,6086	/02 20:27:02	146983351	365,2014
97/12/04	02:59:25	146983034	366,5312	/03 04:20:23	146985471	365,3287
98/12/02	10:17:43	146980923	363,3043	/03 14:27:35	146982098	365,4216
99/12/04	16:48:57	146986640	367,2716	/03 21:15:08	146983068	365,2830
100/12/03	07:26:15	146983128	364,6092	/03 00:29:08	146987783	365,1347
101/12/01	23:54:29	146991070	363,6862	/03 05:22:13	146990277	365,2035
102/12/04	19:29:55	146989171	367,8162	/03 13:13:18	146988531	365,3271
103/12/03	09:43:21	146980149	363,5926	/03 18:47:29	146984531	365,2320
104/12/02	08:58:19	146990160	364,9687	/03 00:52:37	146986034	365,2535
105/12/04	10:34:04	146989079	367,0664	/03 07:11:50	146990418	365,2633
106/12/02	14:01:50	146984436	363,1442	/03 14:01:16	146986717	365,2843
107/12/04	03:15:57	146987791	366,5514	/03 18:47:33	146983197	365,1988
108/12/03	13:21:07	146978984	365,4202	/02 22:55:00	146982855	365,1718
109/12/02	02:31:50	146983149	363,5491	/03 07:48:10	146983645	365,3702
110/12/04	22:42:14	146985552	367,8405	/03 18:24:14	146983766	365,4417
111/12/03	21:22:57	146979666	363,9449	/03 23:49:45	146984484	365,2260
112/12/02	04:20:35	146991449	364,2900	/03 03:58:14	146988556	365,1725
113/12/04	14:55:20	146992831	367,4408	/03 08:39:17	146993007	365,1951
114/12/02	21:49:08	146984815	363,2873	/03 16:00:40	146988042	365,3065
115/12/03	20:12:14	146990767	365,9327	/03 22:28:59	146985880	365,2696
116/12/03	23:38:12	146985883	366,1430	/03 03:06:37	146988713	365,1928
117/12/02	06:23:00	146989312	363,2811	/03 09:45:07	146990904	365,2767
118/12/04	14:59:30	146992828	367,3586	/03 16:43:47	146989648	365,2907
119/12/04	01:49:09	146980266	364,4511	/03 20:14:52	146985071	365,1465
120/12/01	21:53:20	146984527	363,8362	/03 01:42:08	146983366	365,2272
121/12/04	17:06:35	146986663	367,8008	/03 10:19:48	146985709	365,3594
122/12/03	08:45:30	146978329	363,6520	/03 20:24:40	146982304	365,4200
123/12/03	14:31:09	146988577	365,2400	/04 02:43:45	146984012	365,2632
124/12/04	07:44:04	146987608	366,7173	/03 05:58:49	146989153	365,1354
125/12/02	11:44:20	146988231	363,1668	/03 11:31:52	146990736	365,2313
126/12/04	08:03:15	146993516	366,8464	/03 19:31:27	146989353	365,3330
127/12/04	12:43:05	146982170	365,1943	/04 01:01:24	146986523	365,2291
128/12/02	02:12:08	146988464	363,5618	/03 06:30:40	146988773	365,2286
129/12/04	17:56:52	146995289	367,6560	/03 12:47:28	146993273	365,2616
130/12/03	15:32:37	146984174	363,8998	/03 19:05:16	146988715	365,2623
131/12/03	01:55:18	146988878	364,4324	/03 23:34:05	146985437	365,1866
132/12/04	09:22:38	146985220	367,3106	/03 04:11:39	146985225	365,1927
133/12/02	18:51:41	146981941	363,3951	/03 13:29:32	146985208	365,3874
134/12/04	00:51:39	146989967	366,2499	/03 23:40:37	146985294	365,4243
135/12/04	22:16:26	146982388	365,8922	/04 04:30:37	146985856	365,2013
136/12/02	05:53:22	146987823	363,3173	/03 08:20:23	146989494	365,1595
137/12/04	13:54:35	146995569	367,3341	/03 13:56:28	146992489	365,2333
138/12/04	01:12:35	146982542	364,4708	/03 21:39:47	146987259	365,3217
139/12/03	02:23:34	146987742	364,0493	/04 04:34:05	146985683	365,2877
140/12/04	15:10:02	146990438	367,5322	/03 09:04:25	146989254	365,1877
141/12/03	03:45:10	146988118	363,5244	/03 16:02:41	146991989	365,2904

REAL DATE OF THE PERIHELION				DATE OF THE PERIHELION OF BARYCENTER EARTH-M			
Date	TT	Dist (km)	Diff (gg)	Date	TT	Dist (km)	Diff (gg)
142/12/03	11:32:31	146994748	365,3245	/03	22:40:27	146990174	365,2762
143/12/05	01:46:44	146984336	366,5932	/04	01:58:55	146986366	365,1378
144/12/02	09:17:44	146982574	363,3131	/03	07:52:03	146985372	365,2452
145/12/04	07:49:25	146991933	366,9386	/03	16:57:08	146988014	365,3785
146/12/04	11:57:33	146981052	365,1723	/04	02:15:01	146985589	365,3874
147/12/03	04:00:16	146987983	363,6685	/04	07:49:02	146987564	365,2319
148/12/04	14:45:27	146994622	367,4480	/03	10:18:39	146992272	365,1039
149/12/03	12:09:13	146988339	363,8915	/03	16:44:15	146992641	365,2677
150/12/03	05:04:37	146993766	364,7051	/04	00:50:04	146989878	365,3373
151/12/05	09:31:35	146987248	367,1854	/04	06:09:00	146987810	365,2214
152/12/02	17:21:36	146986217	363,3263	/03	11:31:07	146989718	365,2236
153/12/03	19:36:14	146998037	366,0935	/03	17:55:54	146993626	365,2672
154/12/04	16:40:52	146984239	365,8782	/04	00:11:06	146988060	365,2605
155/12/03	02:54:11	146983425	363,4259	/04	04:58:01	146984807	365,1992
156/12/04	09:51:27	146989127	367,2897	/03	10:33:49	146985790	365,2331
157/12/03	23:08:55	146981594	364,5537	/03	20:41:19	146986068	365,4218
158/12/03	05:01:14	146990078	364,2446	/04	06:00:15	146987278	365,3881
159/12/05	14:59:34	146989641	367,4155	/04	10:05:24	146988715	365,1702
160/12/03	01:11:25	146988019	363,4249	/03	13:23:50	146992025	365,1378
161/12/03	08:32:40	146999050	365,3064	/03	19:34:57	146994689	365,2577
162/12/05	00:58:41	146986530	366,6847	/04	03:20:19	146989291	365,3231
163/12/03	10:46:39	146985958	363,4083	/04	09:38:03	146988583	365,2623
164/12/04	05:13:15	146996281	366,7684	/03	13:58:33	146992304	365,1809
165/12/04	06:45:24	146988803	365,0639	/03	21:01:23	146993155	365,2936
166/12/02	23:27:54	146991461	363,6961	/04	03:18:40	146990388	365,2620
167/12/05	09:54:14	146988589	367,4349	/04	06:56:31	146986073	365,1512
168/12/03	08:40:02	146981162	363,9484	/03	13:22:04	146985452	365,2677
169/12/03	03:29:53	146991877	364,7846	/03	23:16:32	146988004	365,4128
170/12/05	09:34:29	146984721	367,2532	/04	07:58:50	146986117	365,3627
171/12/03	18:47:17	146984896	363,3838	/04	13:17:44	146988451	365,2214
172/12/03	18:23:23	146997204	365,9834	/03	15:49:24	146992893	365,1053
173/12/04	14:51:34	146989399	365,8529	/03	23:07:48	146993318	365,3044
174/12/03	04:15:46	146990241	363,5584	/04	07:15:46	146990780	365,3388
175/12/05	10:57:53	146993486	367,2792	/04	12:03:02	146990016	365,1994
176/12/03	19:32:35	146988261	364,3574	/03	17:09:17	146992576	365,2126
177/12/02	21:38:34	146998701	364,0874	/03	23:39:36	146995819	365,2710
178/12/05	09:15:54	146990756	367,4842	/04	05:19:56	146990307	365,2363
179/12/03	22:24:30	146982745	363,5476	/04	10:18:28	146986995	365,2073
180/12/03	04:13:44	146992178	365,2425	/03	15:57:33	146988045	365,2354
181/12/04	23:16:00	146985131	366,7932	/04	02:36:56	146988289	365,4440
182/12/03	11:07:09	146986821	363,4938	/04	11:09:48	146988872	365,3561
183/12/05	05:57:07	146994699	366,7847	/04	14:28:11	146990545	365,1377
184/12/04	03:48:30	146988482	364,9106	/03	17:54:32	146992593	365,1432
185/12/02	20:27:32	146995976	363,6937	/04	01:01:38	146994403	365,2966
186/12/05	12:03:04	146990951	367,6496	/04	09:06:51	146988926	365,3369
187/12/04	09:19:07	146984369	363,8861	/04	15:10:40	146988819	365,2526
188/12/02	22:22:11	146997242	364,5438	/03	19:40:38	146993663	365,1874
189/12/05	04:16:01	146991832	367,2457	/04	03:08:55	146993748	365,3113
190/12/03	14:10:07	146987620	363,4125	/04	08:56:55	146991062	365,2416
191/12/04	15:39:40	146991928	366,0621	/04	12:50:55	146987481	365,1624
192/12/04	11:45:27	146983695	365,8373	/03	19:33:56	146987384	365,2798
193/12/03	01:27:41	146990968	363,5709	/04	05:41:35	146990806	365,4219
194/12/05	12:45:31	146992609	367,4707	/04	13:31:50	146989298	365,3265
195/12/04	19:01:25	146987296	364,2610	/04	17:41:33	146991691	365,1734
196/12/02	17:01:12	146998122	363,9165	/03	20:27:35	146995455	365,1153
197/12/05	08:12:37	146993585	367,6329	/04	04:35:25	146993937	365,3387
198/12/03	23:17:59	146987221	363,6287	/04	12:34:42	146991469	365,3328
199/12/04	07:26:12	146994984	365,3390	/04	17:04:35	146990796	365,1874
200/12/04	19:15:18	146990248	366,4924	/03	21:56:31	146993299	365,2027
201/12/03	03:37:01	146993818	363,3484	/04	04:58:02	146995338	365,2927
202/12/05	01:25:33	146993788	366,9087	/04	10:32:27	146989438	365,2322
203/12/05	01:50:54	146982624	365,0176	/04	16:17:32	146986666	365,2396
204/12/02	16:57:55	146990104	363,6298	/03	22:42:30	146988499	365,2673
205/12/05	13:08:36	146991058	367,8407	/04	09:37:22	146989821	365,4547
206/12/04	09:58:07	146986441	363,8677	/04	17:22:18	146991071	365,3228
207/12/03	23:06:38	146996730	364,5475	/04	19:48:01	146993240	365,1012
208/12/05	00:48:50	146993183	367,0709	/03	23:23:58	146995280	365,1499
209/12/03	10:47:48	146993619	363,4159	/04	07:17:55	146996550	365,3291
210/12/04	20:07:23	146996650	366,3886	/04	14:43:17	146991979	365,3092
211/12/05	12:17:43	146988639	365,6738	/04	20:18:39	146992182	365,2329
212/12/02	18:32:13	146996558	363,2600	/04	00:17:34	146996218	365,1659

REAL DATE OF THE PERIHELION				DATE OF THE PERIHELION OF BARYCENTER EARTH-M		
Date	TT	Dist (km)	Diff (gg)	Date TT	Dist (km)	Diff (gg)
213/12/05	07:40:06	146998034	367,5471	/04 07:52:04	146995063	365,3156
214/12/04	14:22:39	146986327	364,2795	/04 13:34:11	146990973	365,2375
215/12/03	13:50:11	146990059	363,9774	/04 17:47:13	146987704	365,1757
216/12/05	05:06:48	146986749	367,6365	/04 01:11:42	146987573	365,3086
217/12/03	20:45:15	146987171	363,6517	/04 11:39:10	146991153	365,4357
218/12/04	13:05:32	146994311	365,6807	/04 19:01:33	146989832	365,3072
219/12/05	20:19:53	146989128	366,3016	/04 22:45:06	146992006	365,1552
220/12/02	22:53:31	146995295	363,1066	/04 02:07:00	146996325	365,1402
221/12/05	04:07:10	146998496	367,2178	/04 11:10:26	146994354	365,3773
222/12/05	02:17:56	146988493	364,9241	/04 18:44:41	146992771	365,3154
223/12/03	16:21:59	146994638	363,5861	/04 22:51:28	146993242	365,1713
224/12/05	07:56:26	146996367	367,6489	/04 03:27:41	146995671	365,1918
225/12/04	02:40:34	146992738	363,7806	/04 10:30:28	146997443	365,2936
226/12/03	20:52:45	146994817	364,7584	/04 15:51:32	146991205	365,2229
227/12/05	23:36:34	146986606	367,1137	/04 21:24:08	146988537	365,2309
228/12/03	05:47:18	146988612	363,2574	/04 04:21:34	146990995	365,2898
229/12/04	23:13:26	146996082	366,7264	/04 15:13:36	146991318	365,4528
230/12/05	12:37:25	146988940	365,5583	/04 22:02:16	146992590	365,2837
231/12/03	17:24:27	146994245	363,1993	/05 00:06:25	146993977	365,0862
232/12/05	05:44:30	146997633	367,5139	/04 04:09:32	146995279	365,1688
233/12/04	12:14:01	146990819	364,2705	/04 13:15:06	146995701	365,3788
234/12/03	18:22:10	146994190	364,2556	/04 20:29:37	146991671	365,3017
235/12/06	06:49:28	146991959	367,5189	/05 02:08:44	146992970	365,2354
236/12/03	13:50:17	146993602	363,2922	/04 06:23:19	146997179	365,1768
237/12/04	09:54:14	147000686	365,8360	/04 13:59:11	146995910	365,3165
238/12/05	17:26:34	146989306	366,3141	/04 19:42:34	146991996	365,2384
239/12/03	19:33:00	146988700	363,0878	/04 23:59:03	146989637	365,1781
240/12/05	02:44:16	146994523	367,2994	/04 07:36:04	146990813	365,3173
241/12/04	23:36:40	146989936	364,8697	/04 17:59:14	146994558	365,4327
242/12/03	17:58:03	146995097	363,7648	/04 23:48:48	146993803	365,2427
243/12/06	08:46:38	146995610	367,6170	/05 03:00:51	146995327	365,1333
244/12/03	21:21:40	146993588	363,5243	/04 06:45:29	146998058	365,1559
245/12/04	01:17:46	146999438	365,1639	/04 16:19:50	146995328	365,3988
246/12/06	01:52:54	146991464	367,0243	/04 23:37:43	146993261	365,3040
247/12/04	02:43:41	146992047	363,0352	/05 03:21:14	146994076	365,1552
248/12/04	17:31:32	147000337	366,6165	/04 08:15:58	146995684	365,2046
249/12/05	05:23:45	146992573	365,4946	/04 15:46:44	146996459	365,3130
250/12/03	15:18:36	146990137	363,4130	/04 21:35:00	146990218	365,2418
251/12/06	07:28:03	146989795	367,6732	/05 03:39:49	146988036	365,2533
252/12/04	08:25:15	146987452	364,0397	/04 11:10:42	146992340	365,3131
253/12/03	22:51:39	146996073	364,6016	/04 21:56:09	146993050	365,4482
254/12/06	08:58:12	146994007	367,4212	/05 03:40:35	146994883	365,2391
255/12/04	10:30:51	146993501	363,0643	/05 05:25:22	146996621	365,0727
256/12/04	08:12:12	147002429	365,9037	/04 09:59:48	146997511	365,1905
257/12/05	15:23:18	146995324	366,2993	/04 19:22:13	146998246	365,3905
258/12/03	21:08:17	146993582	363,2395	/05 01:56:25	146994629	365,2737
259/12/06	05:06:55	146998655	367,3323	/05 06:35:48	146995536	365,1940
260/12/04	15:37:52	146994519	364,4381	/04 10:54:44	146999358	365,1798
261/12/03	14:12:24	146997367	363,9406	/04 18:37:27	146996008	365,3213
262/12/06	07:12:56	146992119	367,7087	/05 00:27:06	146991693	365,2428
263/12/04	17:50:06	146985320	363,4424	/05 05:22:33	146989386	365,2051
264/12/04	01:30:54	146995671	365,3200	/04 13:31:03	146991149	365,3392
265/12/06	01:23:56	146992873	366,9951	/05 00:13:00	146994727	365,4458
266/12/04	03:29:38	146992225	363,0873	/05 05:13:35	146994194	365,2087
267/12/05	21:44:12	147000480	366,7601	/05 08:33:44	146996259	365,1390
268/12/05	00:51:11	146994760	365,1298	/04 13:19:13	146999067	365,1982
269/12/03	17:37:02	146996833	363,6985	/04 22:58:19	146996840	365,4021
270/12/06	11:32:42	146997123	367,7470	/05 05:47:35	146995663	365,2842
271/12/05	04:20:27	146992400	363,6998	/05 08:52:16	146997042	365,1282
272/12/03	16:12:27	147002350	364,4944	/04 13:32:27	146998920	365,1945
273/12/06	02:34:39	146998148	367,4320	/04 21:10:43	146998602	365,3182
274/12/04	06:28:54	146989346	363,1626	/05 02:23:16	146992359	365,2170
275/12/05	09:54:31	146995237	366,1427	/05 08:46:32	146990451	365,2661
276/12/05	10:27:09	146990952	366,0226	/04 16:35:27	146994330	365,3256
277/12/03	22:39:08	146993498	363,5083	/05 02:49:28	146994689	365,4264
278/12/06	09:34:32	146998189	367,4551	/05 07:54:40	146995515	365,2119
279/12/05	12:34:40	146991932	364,1250	/05 09:40:45	146996771	365,0736
280/12/03	12:48:51	146998800	364,0098	/04 15:27:02	146996877	365,2404
281/12/06	08:15:18	146998015	367,8100	/05 01:28:38	146997390	365,4177
282/12/04	17:53:14	146991064	363,4013	/05 07:58:01	146994770	365,2704
283/12/05	03:06:12	147000700	365,3840	/05 12:28:41	146995994	365,1879

REAL DATE OF THE PERIHELION				DATE OF THE PERIHELION OF BARYCENTER EARTH-M		
Date TT		Dist (km)	Diff (gg)	Date TT	Dist (km)	Diff (gg)
284/12/05	16:51:58	146998530	366,5734	/04 16:59:16	147000586	365,1879
285/12/04	00:05:37	146994397	363,3011	/05 00:47:46	146996738	365,3253
286/12/05	22:50:57	146996681	366,9481	/05 06:31:40	146992840	365,2388
287/12/05	21:21:07	146987493	364,9376	/05 11:41:41	146992067	365,2152
288/12/03	15:38:55	146994881	363,7623	/04 19:56:21	146994522	365,3435
289/12/06	12:02:09	147000031	367,8494	/05 05:44:10	146998400	365,4082
290/12/05	03:01:16	146993221	363,6243	/05 09:42:23	146997528	365,1654
291/12/04	17:41:15	147001975	364,6111	/05 12:38:23	146998030	365,1222
292/12/05	22:14:09	146999856	367,1895	/04 18:18:14	147000439	365,2360
293/12/04	07:43:25	146994025	363,3953	/05 04:10:30	146997106	365,4113
294/12/05	15:35:04	147000577	366,3275	/05 10:36:40	146996106	365,2681
295/12/06	05:44:24	146993403	365,5898	/05 13:45:29	146997252	365,1311
296/12/03	15:52:13	146997425	363,4221	/04 18:50:55	146998723	365,2121
297/12/06	05:24:26	147000331	367,5640	/05 03:15:09	146997494	365,3501
298/12/05	10:02:23	146987074	364,1930	/05 08:35:55	146991690	365,2227
299/12/04	14:29:36	146994336	364,1855	/05 15:23:11	146991644	365,2828
300/12/06	05:18:36	146997376	367,6173	/04 23:37:51	146996662	365,3435
301/12/04	17:38:01	146993856	363,5134	/05 08:52:11	146997505	365,3849
302/12/05	06:03:37	147003095	365,5177	/05 13:08:09	146998488	365,1777
303/12/06	12:36:14	146996756	366,2726	/05 14:51:04	146999425	365,0714
304/12/03	21:24:36	146997378	363,3669	/04 21:09:00	146999896	365,2624
305/12/06	02:07:13	147003668	367,1962	/05 07:09:51	147000011	365,4172
306/12/05	20:25:25	146992840	364,7626	/05 12:23:17	146997411	365,2176
307/12/04	12:51:17	146999377	363,6846	/05 16:37:36	146998342	365,1766
308/12/06	02:19:39	147003531	367,5613	/04 21:32:03	147001380	365,2044
309/12/04	22:22:57	146992261	363,8356	/05 05:24:51	146996442	365,3283
310/12/04	17:49:06	146996047	364,8098	/05 11:37:21	146991944	365,2586
311/12/06	19:16:17	146990789	367,0605	/05 17:17:10	146991988	365,2359
312/12/04	06:25:12	146991442	363,4645	/05 02:13:40	146994761	365,3725
313/12/05	19:46:12	147002711	366,5562	/05 11:39:02	146998488	365,3926
314/12/06	05:25:03	146994093	365,4019	/05 15:15:18	146998238	365,1501
315/12/04	15:29:06	146997892	363,4194	/05 18:37:36	146998560	365,1404
316/12/06	02:16:50	147005102	367,4498	/05 01:03:45	147001973	365,2681
317/12/05	10:26:34	146994679	364,3401	/05 10:40:42	146999066	365,4006
318/12/04	16:15:21	147001765	364,2422	/05 16:14:17	146998548	365,2316
319/12/06	23:21:02	147000936	367,2956	/05 18:56:54	147000498	365,1129
320/12/04	10:37:02	146997339	363,4694	/05 00:16:15	147001333	365,2217
321/12/05	00:45:27	147003697	365,5891	/05 08:19:40	146999355	365,3357
322/12/06	09:53:50	146990466	366,3808	/05 13:45:06	146993658	365,2259
323/12/04	20:38:56	146991044	363,4479	/05 20:40:15	146993229	365,2883
324/12/05	23:54:51	147002582	367,1360	/05 05:09:56	146998750	365,3539
325/12/05	20:32:44	146994179	364,8596	/05 13:42:34	146998562	365,3559
326/12/04	13:50:59	147000779	363,7210	/05 17:31:39	146998963	365,1591
327/12/06	23:47:30	147001324	367,4142	/05 20:03:06	146999304	365,1051
328/12/04	20:07:40	146995595	363,8473	/05 03:23:59	146999875	365,3061
329/12/04	20:31:19	147004113	365,0164	/05 13:41:36	147000087	365,4289
330/12/06	18:42:14	146996071	366,9242	/05 18:19:00	146998063	365,1926
331/12/05	02:43:16	146996682	363,3340	/05 22:15:13	147000049	365,1640
332/12/05	09:55:47	147007304	366,3003	/05 03:37:10	147002997	365,2235
333/12/06	01:25:26	146993759	365,6455	/05 11:12:40	146997770	365,3163
334/12/04	13:42:12	146994159	363,5116	/05 17:33:59	146994046	365,2648
335/12/06	23:31:41	146998279	367,4093	/05 23:22:20	146995036	365,2419
336/12/05	07:33:00	146994392	364,3342	/05 08:03:42	146998735	365,3620
337/12/04	16:20:32	147004937	364,3663	/05 16:35:25	147001632	365,3553
338/12/06	22:33:05	146999841	367,2587	/05 19:07:26	147000202	365,1055
339/12/05	09:10:36	146995783	363,4427	/05 23:00:04	146999936	365,1615
340/12/04	23:19:33	147006707	365,5895	/05 06:28:12	147002472	365,3112
341/12/06	10:55:32	146995924	366,4833	/05 15:45:15	146999366	365,3868
342/12/04	19:38:55	146996942	363,3634	/05 21:06:54	146998415	365,2233
343/12/06	16:59:49	147004597	366,8895	/05 23:55:29	147000454	365,1170
344/12/05	14:08:42	146996409	364,8811	/05 06:14:19	147000567	365,2630
345/12/04	09:58:35	147000080	363,8263	/05 14:30:58	146998021	365,3448
346/12/06	23:49:10	146995429	367,5767	/05 20:16:34	146994050	365,2400
347/12/05	19:29:24	146990343	363,8196	/06 03:29:12	146994831	365,3004
348/12/04	17:55:19	147005423	364,9346	/05 11:45:56	147001625	365,3449
349/12/06	18:48:18	146998907	367,0368	/05 19:17:35	147001426	365,3136
350/12/05	01:32:35	146998334	363,2807	/05 22:30:02	147001257	365,1336
351/12/06	07:59:54	147006629	366,2689	/06 01:21:59	147002105	365,1194
352/12/05	23:59:07	146998787	365,6661	/05 09:32:06	147002574	365,3403
353/12/04	13:40:36	147003269	363,5704	/05 18:51:56	147002491	365,3887
354/12/06	23:30:46	147003489	367,4098	/05 22:53:50	147000580	365,1679

REAL DATE OF THE PERIHELION   DATE OF THE PERIHELION OF BARYCENTER EARTH-M

Date	TT	Dist (km)	Diff (gg)	Date TT	Dist (km)	Diff (gg)
355/12/06	02:22:25	146996807	364,1192	/06 02:43:28	147001331	365,1594
356/12/04	06:03:45	147006487	364,1537	/05 08:39:29	147003661	365,2472
357/12/06	19:30:44	146996290	367,5603	/05 16:23:50	146997293	365,3224
358/12/05	07:58:05	146989971	363,5190	/05 23:01:27	146993983	365,2761
359/12/06	00:06:37	147000080	365,6725	/06 05:25:58	146995700	365,2670
360/12/06	09:58:28	146996531	366,4110	/05 14:21:34	146999813	365,3719
361/12/04	18:51:52	147001882	363,3704	/05 22:19:43	147002571	365,3320
362/12/06	18:43:38	147004957	366,9942	/06 00:34:26	147000879	365,0935
363/12/06	12:02:13	146997180	364,7212	/06 04:53:38	147001403	365,1800
364/12/04	07:21:10	147006420	363,8048	/05 13:05:38	147004502	365,3416
365/12/07	01:31:19	147002121	367,7570	/05 21:27:59	147001620	365,3488
366/12/05	17:11:38	146996614	363,6530	/06 02:14:15	147001220	365,1987
367/12/05	10:43:14	147006813	364,7302	/06 05:00:16	147003135	365,1152
368/12/06	12:22:01	147000541	367,0686	/05 11:33:22	147002880	365,2729
369/12/04	21:00:10	146997105	363,3598	/05 19:47:55	146999440	365,3434
370/12/06	09:47:32	146999857	366,5329	/06 01:22:13	146995157	365,2321
371/12/06	22:47:08	146992943	365,5413	/06 08:45:56	146996654	365,3081
372/12/04	10:38:35	147003871	363,4940	/05 17:12:12	147003004	365,3515
373/12/07	02:02:12	147004327	367,6414	/05 23:51:20	147002161	365,2771
374/12/06	01:14:38	146996111	363,9669	/06 03:15:39	147000890	365,1418
375/12/05	04:47:14	147004623	364,1476	/06 07:01:30	147001967	365,1568
376/12/06	19:54:09	147001204	367,6298	/05 16:23:44	147002576	365,3904
377/12/05	07:29:11	146998930	363,4826	/06 01:01:07	147002435	365,3592
378/12/06	01:54:03	147006592	365,7672	/06 04:30:07	147001911	365,1451
379/12/07	05:14:11	146999845	366,1389	/06 08:25:34	147002782	365,1635
380/12/04	09:50:49	147004498	363,1921	/05 14:41:57	147005075	365,2613
381/12/06	18:15:47	147002549	367,3506	/05 22:24:50	146998832	365,3214
382/12/06	10:27:03	146991563	364,6745	/06 05:09:21	146996082	365,2809
383/12/05	05:29:59	147001103	363,7936	/06 11:27:30	146999481	365,2626
384/12/07	01:18:35	147003440	367,8254	/05 20:20:09	147003538	365,3699
385/12/05	15:41:29	147000632	363,5992	/06 02:46:15	147005046	365,2681
386/12/05	14:08:04	147006880	364,9351	/06 04:56:59	147002843	365,0907
387/12/07	11:31:53	147000384	366,8915	/06 09:58:41	147002464	365,2095
388/12/04	17:36:29	147003847	363,2532	/05 18:42:17	147005652	365,3636
389/12/06	13:54:48	147006712	366,8460	/06 02:30:17	147002109	365,3249
390/12/06	19:39:54	146997714	365,2396	/06 06:53:05	147001611	365,1825
391/12/05	03:07:43	147003535	363,3109	/06 10:10:07	147003176	365,1368
392/12/06	21:18:51	147003872	367,7577	/05 17:35:20	147002230	365,3091
393/12/05	22:20:38	146994300	364,0429	/06 02:04:19	146999181	365,3534
394/12/05	08:15:39	146998912	364,4132	/06 07:52:30	146995965	365,2417
395/12/07	19:26:10	146997898	367,4656	/06 15:05:13	146999149	365,3005
396/12/05	03:26:30	147002953	363,3335	/05 23:21:31	147005921	365,3446
397/12/06	05:41:31	147009336	366,0937	/06 04:52:44	147004434	365,2300
398/12/07	04:00:12	147000176	365,9296	/06 08:15:37	147003175	365,1408
399/12/05	07:13:18	147003783	363,1341	/06 12:46:47	147004479	365,1883
400/12/06	21:15:01	147008255	367,5845	/05 22:15:24	147005194	365,3948
401/12/06	09:01:38	146999780	364,4907	/06 06:02:59	147004612	365,3247
402/12/05	04:04:26	147004746	363,7936	/06 08:56:10	147003182	365,1202
403/12/07	19:15:27	147003731	367,6326	/06 12:59:23	147003711	365,1689
404/12/05	07:44:12	147000675	363,5199	/05 20:03:12	147004771	365,2943
405/12/05	16:39:07	147002896	365,3714	/06 03:48:04	146998410	365,3228
406/12/07	12:05:03	146993984	366,8096	/06 11:01:01	146995980	365,3006
407/12/05	14:57:33	146998824	363,1197	/06 17:28:09	147000484	365,2688
408/12/06	17:39:41	147008713	367,1125	/06 02:40:18	147004516	365,3834
409/12/06	18:25:24	147000826	365,0317	/06 08:16:28	147005161	365,2334
410/12/05	04:16:36	147003996	363,4105	/06 10:31:46	147003775	365,0939
411/12/07	21:47:16	147005279	367,7296	/06 16:20:23	147004027	365,2420
412/12/05	19:26:57	147003056	363,9025	/06 01:14:40	147007757	365,3710
413/12/05	12:01:28	147008256	364,6906	/06 08:13:58	147004729	365,2911
414/12/07	17:12:02	147003250	367,2156	/06 12:11:47	147004154	365,1651
415/12/05	18:31:42	147003379	363,0553	/06 15:22:50	147006204	365,1326
416/12/06	02:01:35	147009228	366,3124	/05 23:25:36	147004362	365,3352
417/12/07	00:51:27	146997055	365,9513	/06 07:16:59	147000428	365,3273
418/12/05	07:59:18	146997162	363,2971	/06 13:07:13	146998080	365,2432
419/12/07	22:01:54	147003747	367,5851	/06 20:19:03	147001201	365,2998
420/12/06	05:26:09	147002706	364,3085	/06 04:19:00	147007629	365,3332
421/12/05	06:36:38	147006773	364,0489	/06 09:16:11	147004703	365,2063
422/12/07	19:53:39	147003140	367,5534	/06 13:03:17	147002924	365,1577
423/12/06	04:17:56	147000821	363,3501	/06 18:44:48	147004518	365,2371
424/12/05	21:07:59	147009923	365,7014	/06 04:37:19	147005132	365,4114
425/12/07	11:05:20	147003028	366,5814	/06 11:45:52	147005295	365,2976

REAL DATE OF THE PERIHELION				DATE OF THE PERIHELION OF BARYCENTER EARTH-M			
Date	TT	Dist (km)	Diff (gg)	Date	TT	Dist (km)	Diff (gg)
426/12/05	12:10:07	147002271	363,0449	/06	14:28:39	147004205	365,1130
427/12/07	11:24:59	147008983	366,9686	/06	18:34:19	147005123	365,1706
428/12/06	11:10:42	147001431	364,9900	/06	02:20:03	147006051	365,3234
429/12/05	04:57:29	147000286	363,7408	/06	09:52:39	146999832	365,3143
430/12/07	23:31:07	147000064	367,7733	/06	16:59:25	146998825	365,2963
431/12/06	15:42:14	146999874	363,6743	/06	23:23:38	147004232	365,2668
432/12/05	14:47:27	147011707	364,9619	/06	07:48:10	147007609	365,3503
433/12/07	16:38:26	147006173	367,0770	/06	12:40:47	147007114	365,2032
434/12/05	17:35:54	147001811	363,0399	/06	15:14:29	147004632	365,1067
435/12/07	03:10:26	147009800	366,3989	/06	21:36:37	147005215	365,2653
436/12/06	21:52:11	147004381	365,7789	/06	06:45:21	147008282	365,3810
437/12/05	08:34:45	147004121	363,4462	/06	12:56:44	147005056	365,2579
438/12/07	20:28:30	147006370	367,4956	/06	17:02:49	147003917	365,1709
439/12/06	21:22:45	147001131	364,0376	/06	20:47:16	147005878	365,1558
440/12/05	05:17:05	147006509	364,3294	/06	05:56:26	147003812	365,3813
441/12/07	20:08:29	147000451	367,6190	/06	13:56:05	147000091	365,3330
442/12/06	03:33:46	146996376	363,3092	/06	19:43:08	146999868	365,2410
443/12/06	21:35:12	147009000	365,7509	/07	02:46:41	147004240	365,2941
444/12/07	07:18:20	147007687	366,4049	/06	10:14:14	147010481	365,3108
445/12/05	12:50:36	147005266	363,2307	/06	14:31:32	147007378	365,1786
446/12/07	14:47:10	147008959	367,0809	/06	18:40:18	147005438	365,1727
447/12/07	07:43:47	147003350	364,7059	/07	00:28:29	147008052	365,2417
448/12/05	06:21:34	147009311	363,9429	/06	10:14:00	147008160	365,4066
449/12/07	22:37:03	147008532	367,6774	/06	16:11:35	147007021	365,2483
450/12/06	10:09:18	147001696	363,4807	/06	18:37:18	147005824	365,1012
451/12/06	06:27:56	147009847	364,8462	/06	23:08:53	147005625	365,1886
452/12/07	09:55:37	147004601	367,1442	/06	07:36:32	147005813	365,3525
453/12/05	18:03:13	146996293	363,3386	/06	15:23:38	146999308	365,3243
454/12/07	07:57:03	147003379	366,5790	/06	22:40:02	146999133	365,3030
455/12/07	18:39:09	147001050	365,4458	/07	05:24:33	147005309	365,2809
456/12/05	09:31:00	147007344	363,6193	/06	13:31:36	147007809	365,3382
457/12/07	22:01:02	147010025	367,5208	/06	18:05:21	147007462	365,1901
458/12/06	20:14:16	147001046	363,9258	/06	21:19:58	147005519	365,1351
459/12/06	04:49:44	147010416	364,3579	/07	03:58:30	147007145	365,2767
460/12/07	18:03:19	147010742	367,5511	/06	13:08:04	147010571	365,3816
461/12/06	02:08:08	147003649	363,3366	/06	18:26:47	147007270	365,2213
462/12/06	17:20:41	147011105	365,6337	/06	22:04:54	147006591	365,1514
463/12/07	22:07:52	147005178	366,1994	/07	02:12:19	147008370	365,1718
464/12/05	10:14:59	147003096	363,5049	/06	11:18:28	147005168	365,3792
465/12/07	16:48:35	147005073	367,2733	/06	19:14:04	147001578	365,3302
466/12/07	06:45:03	146996972	364,5808	/07	00:56:41	147001521	365,2379
467/12/06	04:32:01	147008136	363,9076	/07	07:39:52	147006267	365,2799
468/12/07	20:19:51	147012526	367,6582	/06	15:00:52	147010934	365,3062
469/12/06	09:33:45	147002874	363,5513	/06	19:03:36	147006956	365,1685
470/12/06	08:47:03	147009005	364,9675	/07	00:13:33	147004776	365,2152
471/12/08	07:08:07	147006221	366,9313	/07	06:45:46	147008139	365,2723
472/12/05	19:15:10	147005688	363,5048	/06	16:40:15	147008751	365,4128
473/12/07	09:36:33	147011750	366,5981	/06	22:09:33	147007634	365,2286
474/12/07	13:15:00	147003180	365,1517	/07	00:20:08	147007416	365,0906
475/12/06	01:24:58	147007540	363,5069	/07	05:16:18	147007533	365,2056
476/12/07	16:24:05	147010355	367,6243	/06	14:03:46	147007457	365,3663
477/12/06	19:17:13	146997804	364,1202	/06	21:30:04	147002117	365,3099
478/12/06	06:08:05	147006355	364,4519	/07	04:33:44	147002804	365,2942
479/12/08	14:00:56	147009284	367,3283	/07	10:29:37	147009668	365,2471
480/12/06	01:46:30	147006939	363,4899	/06	18:01:29	147010759	365,3138
481/12/06	19:05:04	147012703	365,7212	/06	22:14:25	147008372	365,1756
482/12/07	20:37:39	147003063	366,0642	/07	02:01:03	147006612	365,1573
483/12/06	07:33:34	147006389	363,4555	/07	09:06:27	147007961	365,2954
484/12/07	15:15:47	147014565	367,3209	/06	18:11:44	147010847	365,3786
485/12/07	04:33:51	147002522	364,5542	/06	23:12:35	147006846	365,2089
486/12/05	23:32:40	147008211	363,7908	/07	03:02:03	147005951	365,1593
487/12/08	12:20:48	147009364	367,5334	/07	08:17:11	147007937	365,2188
488/12/06	08:14:09	146999998	363,8287	/06	17:56:09	147004264	365,4020
489/12/06	11:00:21	147006291	365,1154	/07	01:49:19	147002222	365,3285
490/12/08	06:25:12	147001254	366,8089	/07	07:32:43	147003832	365,2384
491/12/06	16:00:30	147006550	363,3995	/07	13:42:48	147009423	365,2570
492/12/07	08:29:31	147017848	366,6868	/06	20:42:56	147013597	365,2917
493/12/07	12:54:11	147004985	365,1838	/07	00:30:15	147009059	365,1578
494/12/06	01:08:02	147008512	363,5096	/07	05:45:26	147007718	365,2188
495/12/08	14:06:52	147014335	367,5408	/07	12:27:11	147011527	365,2790
496/12/06	18:22:11	147006348	364,1773	/06	21:23:25	147010732	365,3723

REAL DATE OF THE PERIHELION				DATE OF THE PERIHELION OF BARYCENTER EARTH-M		
Date TT		Dist (km)	Diff (gg)	Date TT	Dist (km)	Diff (gg)
497/12/06	02:42:39	147012452	364,3475	/07 02:19:51	147009079	365,2058
498/12/08	07:30:59	147006978	367,2002	/07 04:40:54	147007950	365,0979
499/12/06	18:42:37	147003675	363,4664	/07 10:12:15	147007665	365,2301
500/12/06	17:19:16	147010867	365,9421	/06 19:53:23	147006522	365,4035
501/12/07	21:24:31	146998267	366,1703	/07 03:23:06	147001850	365,3123
502/12/06	07:39:07	147002710	363,4268	/07 10:44:17	147003435	365,3063
503/12/08	13:01:49	147014661	367,2241	/07 16:32:30	147010815	365,2418
504/12/07	04:14:54	147007459	364,6340	/06 23:48:22	147011735	365,3026
505/12/06	00:06:08	147011528	363,8272	/07 04:17:05	147009108	365,1866
506/12/08	12:13:28	147009385	367,5050	/07 08:19:50	147008744	365,1685
507/12/07	05:29:38	147006593	363,7195	/07 15:29:42	147011065	365,2985
508/12/06	09:12:44	147017399	365,1549	/07 00:03:04	147013459	365,3565
509/12/08	03:08:04	147007144	366,7467	/07 04:07:15	147009881	365,1695
510/12/06	09:10:43	147006217	363,2518	/07 07:53:17	147008649	365,1569
511/12/07	23:10:11	147014817	366,5829	/07 13:12:46	147010255	365,2218
512/12/07	11:26:56	147001922	365,5116	/06 23:05:34	147005818	365,4116
513/12/06	01:11:45	147004444	363,5727	/07 06:55:13	147003207	365,3261
514/12/08	14:38:58	147007961	367,5605	/07 12:24:57	147005728	365,2289
515/12/07	14:56:37	147005965	364,0122	/07 18:23:43	147010590	365,2491
516/12/06	01:04:59	147016404	364,4224	/07 01:21:34	147013264	365,2901
517/12/08	08:12:57	147006421	367,2972	/07 05:43:47	147007997	365,1820
518/12/06	18:19:22	147003608	363,4211	/07 11:40:56	147007224	365,2480
519/12/07	18:28:23	147016801	366,0062	/07 19:03:43	147012228	365,3074
520/12/07	21:51:20	147007648	366,1409	/07 03:38:13	147011050	365,3572
521/12/06	03:12:30	147009909	363,2230	/07 08:02:33	147010120	365,1835
522/12/08	06:58:41	147013360	367,1570	/07 10:34:14	147009615	365,1053
523/12/07	21:11:32	147005101	364,5922	/07 16:25:07	147009517	365,2436
524/12/05	21:10:11	147010788	363,9990	/07 02:22:22	147008654	365,4147
525/12/08	13:38:21	147004595	367,6862	/07 09:28:36	147004775	365,2960
526/12/07	04:22:46	147003086	363,6141	/07 15:56:05	147007494	365,2690
527/12/07	08:11:35	147018631	365,1589	/07 21:22:23	147014554	365,2266
528/12/08	03:29:00	147010323	366,8037	/07 03:57:28	147012956	365,2743
529/12/06	07:40:05	147008028	363,1743	/07 08:47:53	147009748	365,2016
530/12/08	01:29:54	147013976	366,7429	/07 13:32:15	147009383	365,1974
531/12/08	08:40:10	147008017	365,2988	/07 20:53:53	147011949	365,3066
532/12/05	22:28:46	147014290	363,5754	/07 05:28:19	147013181	365,3572
533/12/08	12:41:45	147011077	367,5923	/07 09:14:23	147009528	365,1569
534/12/07	09:32:16	147003529	363,8684	/07 13:39:36	147008356	365,1841
535/12/06	19:56:43	147013139	364,4336	/07 19:45:45	147010131	365,2542
536/12/08	08:44:03	147004915	367,5328	/07 05:44:38	147006611	365,4158
537/12/06	17:30:05	147002145	363,3652	/07 13:32:42	147005124	365,3250
538/12/07	20:28:06	147014032	366,1236	/07 18:25:27	147009203	365,2032
539/12/08	18:31:18	147011075	365,9188	/07 23:58:56	147014307	365,2315
540/12/06	00:20:16	147015379	363,2423	/07 06:38:41	147015469	365,2776
541/12/08	09:42:26	147013724	367,3904	/07 10:50:25	147010595	365,1748
542/12/07	19:43:38	147005485	364,4174	/07 17:01:11	147010216	365,2574
543/12/06	19:00:32	147016807	363,9700	/07 23:57:17	147014907	365,2889
544/12/08	13:03:51	147012198	367,7523	/07 07:56:42	147012734	365,3329
545/12/06	23:04:19	147006275	363,4169	/07 12:12:27	147010386	365,1776
546/12/07	03:52:20	147014176	365,2000	/07 15:06:45	147009794	365,1210
547/12/08	22:38:34	147006680	366,7821	/07 21:56:22	147008915	365,2844
548/12/06	05:11:02	147006396	363,2725	/07 08:19:52	147007725	365,4329
549/12/08	07:00:43	147008873	367,0761	/07 15:38:46	147004618	365,3047
550/12/08	07:24:42	147004016	365,0166	/07 21:53:18	147008284	365,2601
551/12/06	20:23:58	147016849	363,5411	/08 03:25:03	147016070	365,2303
552/12/08	15:00:35	147014341	367,7754	/07 09:52:25	147013465	365,2690
553/12/07	08:30:21	147006277	363,7290	/07 14:54:21	147011019	365,2096
554/12/06	23:20:20	147015493	364,6180	/07 19:52:44	147012055	365,2072
555/12/09	07:04:36	147013512	367,3224	/08 02:55:47	147014904	365,2937
556/12/06	12:31:13	147013345	363,2268	/07 10:49:55	147015874	365,3292
557/12/07	18:09:17	147016832	366,2347	/07 14:09:45	147011937	365,1387
558/12/08	12:03:39	147007339	365,7460	/07 18:19:11	147010663	365,1732
559/12/06	18:58:32	147011630	363,2881	/08 01:11:54	147012138	365,2866
560/12/08	12:52:27	147009813	367,7457	/07 11:08:20	147007392	365,4141
561/12/07	19:02:06	147001707	364,2567	/07 18:48:18	147006631	365,3194
562/12/06	20:31:35	147013105	364,0621	/07 23:27:37	147010958	365,1939
563/12/09	11:16:15	147015063	367,6143	/08 04:55:58	147015432	365,2280
564/12/06	20:16:24	147011179	363,3751	/07 11:58:43	147014801	365,2935
565/12/07	09:34:35	147015048	365,5542	/07 16:36:19	147010274	365,1927
566/12/08	22:45:24	147008689	366,5491	/07 23:21:57	147011024	365,2816
567/12/07	02:24:34	147014599	363,1522	/08 06:21:37	147016020	365,2914

REAL DATE OF THE PERIHELION				DATE OF THE PERIHELION OF BARYCENTER EARTH-M		
Date	TT	Dist (km)	Diff (gg)	Date TT	Dist (km)	Diff (gg)
568/12/08	08:13:11	147017932	367,2420	/07 13:34:08	147014180	365,3003
569/12/08	01:38:19	147007317	364,7258	/07 17:42:56	147011925	365,1727
570/12/06	15:00:33	147012330	363,5571	/07 20:43:56	147011801	365,1256
571/12/09	10:42:11	147012181	367,8205	/08 04:13:45	147011282	365,3123
572/12/07	05:55:29	147005401	363,8008	/07 14:35:42	147009811	365,4319
573/12/07	04:32:23	147012169	364,9422	/07 21:04:50	147008118	365,2702
574/12/09	06:32:53	147010798	367,0836	/08 02:42:33	147012035	365,2345
575/12/07	08:13:36	147015774	363,0699	/08 07:44:56	147018204	365,2099
576/12/07	21:53:25	147018864	366,5693	/07 14:13:29	147014214	365,2698
577/12/08	10:47:36	147007197	365,5376	/07 19:55:11	147011043	365,2372
578/12/06	19:46:23	147012185	363,3741	/08 01:10:24	147012859	365,2189
579/12/09	12:42:57	147017196	367,7059	/08 08:35:47	147015123	365,3092
580/12/07	14:43:22	147010412	364,0836	/07 16:08:14	147015251	365,3142
581/12/06	19:00:08	147013917	364,1783	/07 19:40:33	147011264	365,1474
582/12/09	06:50:50	147010265	367,4935	/08 00:16:05	147010187	365,1913
583/12/07	14:54:40	147009478	363,3360	/08 08:01:18	147012849	365,3230
584/12/07	14:35:33	147013433	365,9867	/07 17:55:16	147008556	365,4124
585/12/08	21:51:30	147006448	366,3027	/08 00:59:42	147009257	365,2947
586/12/07	01:44:43	147012945	363,1619	/08 05:08:00	147014637	365,1724
587/12/09	08:12:27	147021520	367,2692	/08 10:26:56	147018194	365,2214
588/12/07	23:04:41	147012076	364,6196	/07 17:17:23	147016886	365,2850
589/12/06	17:59:28	147013814	363,7880	/07 22:11:07	147012728	365,2039
590/12/09	11:23:42	147014965	367,7251	/08 04:28:04	147013889	365,2617
591/12/08	01:09:24	147014580	363,5734	/08 11:27:57	147018655	365,2915
592/12/07	03:54:12	147019485	365,1144	/07 18:06:00	147015067	365,2764
593/12/09	00:49:19	147011149	366,8716	/07 22:13:21	147012461	365,1717
594/12/07	03:12:22	147009210	363,0993	/08 01:51:24	147011964	365,1514
595/12/08	20:30:28	147015632	366,7209	/08 10:14:15	147011324	365,3492
596/12/08	09:06:54	147005211	365,5253	/07 20:50:01	147009532	365,4415
597/12/06	22:20:56	147008583	363,5514	/08 02:56:48	147008961	365,2547
598/12/09	13:37:25	147015967	367,6364	/08 08:22:38	147013892	365,2262
599/12/08	10:40:50	147014781	363,8773	/08 13:33:29	147019343	365,2158
600/12/06	21:43:57	147018634	364,4605	/07 19:52:43	147015272	365,2633
601/12/09	07:24:12	147012885	367,4029	/08 01:58:33	147012875	365,2540
602/12/07	13:11:31	147012329	363,2411	/08 07:01:31	147015699	365,2103
603/12/08	12:51:30	147022839	365,9861	/08 14:24:53	147018155	365,3079
604/12/08	16:14:14	147013896	366,1407	/07 21:19:09	147017217	365,2876
605/12/06	22:08:27	147011520	363,2459	/08 00:17:20	147013424	365,1237
606/12/09	04:05:14	147015438	367,2477	/08 05:17:19	147012147	365,2083
607/12/08	18:17:52	147009074	364,5921	/08 13:33:27	147013775	365,3445
608/12/06	20:35:40	147011570	364,0957	/07 23:17:34	147009655	365,4056
609/12/09	12:26:51	147011671	367,6605	/08 06:11:42	147010474	365,2875
610/12/07	22:31:38	147012282	363,4199	/08 09:57:45	147016203	365,1569
611/12/08	03:00:50	147022683	365,1869	/08 15:51:37	147018200	365,2457
612/12/08	23:10:34	147014015	366,8400	/07 22:53:42	147015976	365,2931
613/12/07	05:49:54	147009890	363,2773	/08 04:24:27	147012744	365,2296
614/12/09	00:07:53	147018665	366,7624	/08 10:34:53	147014641	365,2572
615/12/09	04:38:13	147015768	365,1877	/08 17:31:42	147020229	365,2894
616/12/06	19:36:52	147016453	363,6240	/07 23:45:14	147016294	365,2594
617/12/09	07:56:03	147016413	367,5133	/08 03:43:49	147013925	365,1656
618/12/08	04:48:42	147009866	363,8698	/08 07:53:51	147014198	365,1736
619/12/07	19:54:57	147017137	364,6293	/08 17:03:45	147013429	365,3818
620/12/09	06:41:03	147011922	367,4486	/08 02:57:46	147012409	365,4125
621/12/07	14:22:48	147009264	363,3206	/08 08:24:39	147012786	365,2270
622/12/08	13:01:16	147021607	365,9433	/08 12:47:07	147017177	365,1822
623/12/09	11:41:12	147017691	365,9444	/08 18:13:27	147021419	365,2266
624/12/06	22:31:15	147014310	363,4514	/08 00:46:39	147015799	365,2730
625/12/09	06:35:27	147017210	367,3362	/08 07:06:30	147013849	365,2637
626/12/08	16:03:42	147012296	364,3946	/08 12:14:45	147016757	365,2140
627/12/07	17:28:45	147021063	364,0590	/08 19:48:26	147018568	365,3150
628/12/09	07:33:54	147017694	367,5869	/08 02:31:49	147016542	365,2801
629/12/07	18:37:46	147008798	363,4610	/08 05:37:47	147012872	365,1291
630/12/07	21:57:07	147016883	365,1384	/08 11:20:47	147012630	365,2381
631/12/09	19:03:02	147011938	366,8791	/08 20:27:53	147014523	365,3799
632/12/07	06:49:21	147008844	363,4905	/08 05:38:47	147011559	365,3825
633/12/09	03:33:58	147017477	366,8643	/08 12:00:47	147013495	365,2652
634/12/09	01:43:25	147014999	364,9232	/08 15:11:13	147019327	365,1322
635/12/07	17:04:33	147021507	363,6396	/08 21:26:39	147020607	365,2607
636/12/09	07:52:45	147020156	367,6168	/08 04:33:52	147017650	365,2966
637/12/08	05:15:15	147011004	363,8906	/08 09:38:31	147015282	365,2115
638/12/07	18:17:33	147021162	364,5432	/08 15:36:43	147017455	365,2487

REAL DATE OF THE PERIHELION				DATE OF THE PERIHELION OF BARYCENTER EARTH-M		
Date	TT	Dist (km)	Diff (gg)	Date TT	Dist (km)	Diff (gg)
639/12/10	01:01:35	147020411	367,2805	/08 22:28:51	147021502	365,2862
640/12/07	10:48:43	147013146	363,4077	/08 04:13:25	147016885	365,2392
641/12/08	08:36:25	147018091	365,9081	/08 08:29:57	147013760	365,1781
642/12/09	06:34:42	147010564	365,9154	/08 13:18:41	147014324	365,2005
643/12/07	20:30:38	147012249	363,5805	/08 23:35:01	147013036	365,4280
644/12/09	08:15:36	147015863	367,4895	/08 09:03:37	147012385	365,3948
645/12/08	16:46:57	147009742	364,3551	/08 14:16:26	147014054	365,2172
646/12/07	15:44:54	147021067	363,9569	/08 18:19:09	147018300	365,1685
647/12/10	04:23:01	147023055	367,5264	/09 00:09:27	147022459	365,2432
648/12/07	19:21:54	147012754	363,6242	/08 07:02:39	147017007	365,2869
649/12/08	01:03:08	147020209	365,2369	/08 13:18:07	147016091	365,2607
650/12/09	16:07:17	147017215	366,6278	/08 18:14:47	147020178	365,2060
651/12/08	02:13:43	147018876	363,4211	/09 01:49:08	147021211	365,3155
652/12/08	21:50:09	147023175	366,8169	/08 07:33:07	147018922	365,2388
653/12/08	21:40:14	147011211	364,9931	/08 10:37:24	147015272	365,1279
654/12/07	11:17:41	147015671	363,5676	/08 16:22:52	147014361	365,2399
655/12/10	04:53:41	147018427	367,7333	/09 02:05:33	147016213	365,4046
656/12/08	05:27:42	147008490	364,0236	/08 10:53:06	147012927	365,3663
657/12/07	18:58:07	147018791	364,5627	/08 16:39:05	147015247	365,2402
658/12/09	21:39:39	147018557	367,1121	/08 19:48:14	147020258	365,1313
659/12/08	08:29:50	147016527	363,4515	/09 02:45:52	147020105	365,2900
660/12/08	13:03:10	147021212	366,1898	/08 10:26:50	147016759	365,3201
661/12/09	08:18:56	147011711	365,8026	/08 15:35:42	147015388	365,2144
662/12/07	17:00:42	147018823	363,3623	/08 21:27:08	147018930	365,2440
663/12/10	03:01:00	147026101	367,4168	/09 04:32:40	147022580	365,2955
664/12/08	12:21:45	147013638	364,3894	/08 09:44:06	147018000	365,2162
665/12/07	10:13:53	147017839	363,9112	/08 14:16:03	147015317	365,1888
666/12/09	23:30:54	147016283	367,5534	/08 19:33:13	147016337	365,2202
667/12/08	17:39:47	147011257	363,7561	/09 06:09:12	147015585	365,4416
668/12/08	04:59:35	147019513	365,4720	/08 14:59:21	147015336	365,3681
669/12/09	16:40:00	147014430	366,4864	/08 18:57:19	147017465	365,1652
670/12/07	21:28:06	147019380	363,2000	/08 22:38:43	147021093	365,1537
671/12/09	19:26:26	147027553	366,9155	/09 05:06:20	147023133	365,2691
672/12/08	22:09:44	147013568	365,1134	/08 12:06:19	147017591	365,2916
673/12/07	12:17:30	147018224	363,5887	/08 18:23:50	147016691	365,2621
674/12/10	02:37:57	147022597	367,5975	/08 23:15:01	147021026	365,2022
675/12/09	01:28:35	147016045	363,9518	/09 07:19:23	147020725	365,3363
676/12/07	14:38:32	147021183	364,5485	/08 12:53:03	147017856	365,2317
677/12/09	18:43:54	147013311	367,1703	/08 16:35:39	147015228	365,1545
678/12/08	03:24:07	147011692	363,3612	/08 23:04:13	147014837	365,2698
679/12/09	13:21:56	147022482	366,4151	/09 09:10:35	147017784	365,4210
680/12/09	09:40:34	147012162	365,8462	/08 17:23:17	147015713	365,3421
681/12/07	16:11:50	147019033	363,2717	/08 22:14:34	147018690	365,2022
682/12/10	00:31:07	147027029	367,3467	/09 01:08:16	147023897	365,1206
683/12/09	10:01:45	147017829	364,3962	/09 08:38:20	147022446	365,3125
684/12/07	11:39:56	147021745	364,0681	/08 15:49:47	147019387	365,2996
685/12/10	00:53:53	147017970	367,5513	/08 20:37:52	147018681	365,2000
686/12/08	12:19:03	147017059	363,4758	/09 01:54:44	147021214	365,2200
687/12/09	00:00:52	147028248	365,4873	/09 09:04:11	147023864	365,2982
688/12/09	13:05:22	147015341	366,5447	/08 14:08:02	147018040	365,2110
689/12/07	16:02:05	147013952	363,1227	/08 19:00:58	147015198	365,2034
690/12/09	16:37:34	147020425	367,0246	/09 01:17:53	147016094	365,2617
691/12/09	20:55:34	147010999	365,1791	/09 12:26:02	147015223	365,4639
692/12/07	14:24:38	147017089	363,7285	/08 21:04:36	147015655	365,3601
693/12/10	05:02:11	147019092	367,6094	/09 00:27:51	147018347	365,1411
694/12/08	21:09:30	147017664	363,6717	/09 04:07:43	147022405	365,1526
695/12/08	15:34:14	147027408	364,7671	/09 11:34:14	147023890	365,3100
696/12/09	21:01:35	147017247	367,2273	/08 18:25:28	147019151	365,2855
697/12/08	02:00:54	147016974	363,2078	/09 00:27:49	147019455	365,2516
698/12/09	10:43:04	147028874	366,3626	/09 05:04:34	147024018	365,1921
699/12/10	04:55:47	147019766	365,7588	/09 12:41:39	147023273	365,3174
700/12/07	10:57:37	147019936	363,2512	/08 17:54:10	147019819	365,2170
701/12/09	22:33:09	147019419	367,4830	/08 21:21:50	147016886	365,1442
702/12/09	04:37:56	147011815	364,2533	/09 04:19:11	147016679	365,2898
703/12/08	11:55:42	147021145	364,3040	/09 14:51:41	147018783	365,4392
704/12/10	03:17:29	147016212	367,6401	/08 22:19:25	147017152	365,3109
705/12/08	10:31:56	147015888	363,3017	/09 02:45:38	147019531	365,1848
706/12/08	23:42:06	147028785	365,5487	/09 05:58:03	147024060	365,1336
707/12/10	13:12:01	147018774	366,5624	/09 14:38:06	147021389	365,3611
708/12/07	17:15:29	147017836	363,1690	/08 22:04:42	147018770	365,3101
709/12/09	21:42:23	147023800	367,1853	/09 02:51:53	147019999	365,1994

REAL DATE OF THE PERIHELION				DATE OF THE PERIHELION OF BARYCENTER EARTH-M		
Date	TT	Dist (km)	Diff (gg)	Date TT	Dist (km)	Diff (gg)
710/12/09	15:16:36	147018330	364,7320	/09 08:05:23	147022868	365,2177
711/12/08	08:44:50	147026436	363,7279	/09 15:09:07	147025412	365,2942
712/12/10	01:51:48	147020326	367,7131	/08 19:56:44	147019843	365,1997
713/12/08	16:18:09	147012796	363,6016	/09 00:52:35	147017320	365,2054
714/12/08	14:23:31	147023300	364,9204	/09 07:30:35	147019377	365,2764
715/12/10	21:36:00	147016657	367,3003	/09 18:36:33	147018355	365,4624
716/12/08	01:00:35	147017115	363,1420	/09 01:54:11	147019149	365,3039
717/12/09	13:26:37	147026474	366,5180	/09 04:34:21	147021774	365,1112
718/12/09	23:03:54	147020095	365,4008	/09 08:15:45	147023870	365,1537
719/12/08	09:54:50	147024125	363,4520	/09 16:30:17	147024309	365,3434
720/12/10	03:19:56	147021151	367,7257	/08 23:27:57	147019315	365,2900
721/12/09	03:17:59	147015088	363,9986	/09 05:17:45	147019979	365,2429
722/12/08	09:23:17	147026716	364,2536	/09 10:17:22	147024055	365,2080
723/12/11	00:13:26	147021648	367,6181	/09 18:03:24	147022221	365,3236
724/12/08	05:27:33	147015680	363,2181	/08 23:43:13	147018920	365,2359
725/12/09	00:21:44	147021577	365,7876	/09 03:41:48	147016665	365,1656
726/12/10	08:22:27	147015247	366,3338	/09 11:04:47	147017992	365,3076
727/12/08	16:52:01	147019638	363,3538	/09 21:57:02	147020749	365,4529
728/12/10	03:02:51	147023265	367,4241	/09 04:20:37	147020127	365,2663
729/12/09	12:55:23	147018193	364,4114	/09 08:02:07	147023016	365,1538
730/12/08	06:33:17	147028007	363,7346	/09 11:28:01	147026874	365,1429
731/12/11	03:08:36	147024289	367,8578	/09 20:08:38	147023788	365,3615
732/12/08	15:51:29	147017310	363,5297	/09 03:20:14	147021388	365,2997
733/12/08	17:49:14	147026730	365,0817	/09 07:20:34	147022306	365,1668
734/12/10	15:15:02	147023250	366,8929	/09 12:29:12	147024755	365,2143
735/12/08	18:51:57	147023176	363,1506	/09 19:54:56	147025409	365,3095
736/12/09	12:19:38	147023873	366,7275	/09 00:42:29	147019522	365,1996
737/12/09	18:51:46	147012495	365,2723	/09 06:22:08	147016715	365,2358
738/12/08	08:26:48	147019089	363,5660	/09 13:48:37	147019382	365,3100
739/12/11	07:03:20	147020068	367,9420	/10 01:15:28	147018533	365,4769
740/12/09	03:12:52	147015340	363,8399	/09 07:53:17	147019975	365,2762
741/12/08	12:13:25	147027122	364,3753	/09 10:06:46	147023779	365,0927
742/12/10	20:21:38	147025264	367,3390	/09 14:19:41	147025517	365,1756
743/12/09	03:14:04	147022896	363,2864	/09 23:02:28	147025961	365,3630
744/12/09	06:12:53	147026910	366,1241	/09 05:36:09	147022096	365,2733
745/12/10	05:32:28	147019862	365,9719	/09 10:45:56	147023136	365,2151
746/12/08	11:40:28	147026049	363,2555	/09 15:25:17	147027592	365,1939
747/12/10	23:50:10	147027403	367,5067	/09 22:59:03	147024501	365,3151
748/12/09	07:42:37	147015627	364,3280	/09 04:07:53	147020449	365,2144
749/12/08	05:20:52	147020133	363,9015	/09 08:30:09	147018434	365,1821
750/12/10	23:23:42	147020025	367,7519	/09 16:27:34	147019115	365,3315
751/12/09	13:49:11	147018009	363,6010	/10 03:21:54	147021771	365,4543
752/12/08	22:53:27	147025597	365,3779	/09 09:02:30	147020914	365,2365
753/12/10	12:59:48	147021348	366,5877	/09 12:26:46	147023302	365,1418
754/12/08	16:49:09	147023722	363,1592	/09 17:03:55	147026256	365,1924
755/12/10	18:19:06	147026682	367,0624	/10 02:22:14	147022776	365,3877
756/12/09	19:27:05	147017198	365,0472	/09 09:44:20	147021777	365,3070
757/12/08	09:00:12	147023750	363,5646	/09 13:31:56	147023587	365,1580
758/12/11	00:19:02	147028662	367,6380	/09 18:27:34	147026685	365,2052
759/12/09	20:35:19	147022515	363,8446	/10 02:00:25	147026866	365,3144
760/12/08	10:22:49	147025008	364,5746	/09 06:28:14	147021208	365,1859
761/12/10	16:45:07	147018968	367,2654	/09 12:17:05	147019369	365,2422
762/12/09	00:36:49	147019269	363,3275	/09 20:08:59	147022525	365,3277
763/12/10	10:52:16	147026386	366,4274	/10 06:37:54	147021871	365,4367
764/12/10	04:30:17	147019348	365,7347	/09 12:23:18	147023210	365,2398
765/12/08	11:01:59	147024208	363,2720	/09 14:06:44	147025616	365,0718
766/12/10	20:29:28	147029577	367,3940	/09 19:05:29	147026559	365,2074
767/12/10	06:29:57	147021257	364,4170	/10 04:39:08	147025869	365,3983
768/12/08	09:27:55	147025182	364,1235	/09 10:54:27	147022616	365,2606
769/12/10	21:56:18	147024465	367,5197	/09 16:01:54	147023511	365,2135
770/12/09	07:46:38	147023919	363,4099	/09 20:58:05	147027760	365,2056
771/12/09	19:18:47	147028579	365,4806	/10 04:50:32	147024029	365,3280
772/12/10	08:35:57	147017526	366,5535	/09 10:10:48	147020093	365,2224
773/12/08	15:26:13	147017238	363,2849	/09 14:53:23	147019903	365,1962
774/12/10	16:54:34	147025306	367,0613	/09 23:22:40	147021508	365,3536
775/12/10	17:54:03	147019991	365,0413	/10 09:44:20	147024568	365,4317
776/12/08	10:19:53	147025459	363,6846	/09 14:20:43	147024467	365,1919
777/12/10	22:04:35	147028435	367,4893	/09 17:17:40	147026215	365,1228
778/12/09	16:26:23	147024867	363,7651	/09 22:17:04	147029080	365,2079
779/12/09	13:06:36	147029107	364,8612	/10 07:44:12	147025067	365,3938
780/12/10	16:50:27	147022595	367,1554	/09 14:20:05	147023725	365,2749

REAL DATE OF THE PERIHELION				DATE OF THE PERIHELION OF BARYCENTER EARTH-M			
Date	TT	Dist (km)	Diff (gg)	Date	TT	Dist (km)	Diff (gg)
781/12/08	22:54:05	147022192	363,2525	/09	17:50:48	147025693	365,1463
782/12/10	02:55:18	147031658	366,1675	/09	23:06:16	147027326	365,2190
783/12/10	22:18:07	147022290	365,8075	/10	06:53:12	147026323	365,3242
784/12/08	08:36:18	147019348	363,4293	/09	11:40:53	147020227	365,1997
785/12/10	18:29:54	147022160	367,4122	/09	18:01:32	147018896	365,2643
786/12/10	03:58:29	147018248	364,3948	/10	02:53:23	147022623	365,3693
787/12/09	12:35:09	147025430	364,3588	/10	12:56:18	147022280	365,4187
788/12/10	22:47:18	147025214	367,4251	/09	18:05:37	147024787	365,2148
789/12/09	06:37:10	147023171	363,3263	/09	19:47:59	147027209	365,0710
790/12/09	15:32:54	147032659	365,3720	/10	01:22:11	147028356	365,2320
791/12/11	07:44:19	147024688	366,6745	/10	11:08:46	147027860	365,4073
792/12/08	16:25:51	147023022	363,3621	/09	16:34:37	147025302	365,2262
793/12/10	14:25:33	147030827	366,9164	/09	21:05:50	147026866	365,1883
794/12/10	11:07:37	147026232	364,8625	/10	02:14:41	147030524	365,2144
795/12/09	05:16:22	147027326	363,7560	/10	09:29:31	147025765	365,3019
796/12/10	18:41:34	147023766	367,5591	/09	15:04:13	147021621	365,2324
797/12/09	14:08:54	147016794	363,8106	/09	20:12:55	147021103	365,2143
798/12/09	09:44:46	147027044	364,8165	/10	05:11:30	147023184	365,3740
799/12/11	16:06:58	147023702	367,2654	/10	15:13:29	147025628	365,4180
800/12/08	23:25:41	147022153	363,3046	/09	18:58:39	147025579	365,1563
801/12/10	03:17:46	147030694	366,1611	/09	22:15:39	147026353	365,1368
802/12/10	19:32:53	147025029	365,6771	/10	04:19:44	147028970	365,2528
803/12/09	10:01:12	147025520	363,6029	/10	14:07:58	147025489	365,4084
804/12/10	20:36:56	147027991	367,4414	/09	20:19:06	147024734	365,2577
805/12/10	00:26:45	147023631	364,1596	/09	23:23:04	147027950	365,1277
806/12/09	02:44:00	147032371	364,0953	/10	05:00:54	147029409	365,2346
807/12/11	16:29:14	147027520	367,5730	/10	12:35:33	147027666	365,3157
808/12/09	04:10:07	147018083	363,4867	/09	17:20:00	147022315	365,1975
809/12/09	14:42:45	147025591	365,4393	/09	23:57:13	147021393	365,2758
810/12/11	04:58:17	147022695	366,5941	/10	08:44:39	147026023	365,3662
811/12/09	16:17:11	147023926	363,4714	/10	17:55:41	147025475	365,3826
812/12/10	15:35:59	147030801	366,9713	/09	22:04:25	147026685	365,1727
813/12/10	08:55:13	147024438	364,7217	/10	00:05:20	147028547	365,0839
814/12/09	01:43:59	147030382	363,7005	/10	06:56:09	147028549	365,2853
815/12/11	20:31:58	147029281	367,7833	/10	16:47:47	147027815	365,4108
816/12/09	14:41:58	147020860	363,7569	/09	21:55:41	147025371	365,2138
817/12/09	05:43:03	147030624	364,6257	/10	02:15:59	147027024	365,1807
818/12/11	09:11:18	147028121	367,1446	/10	08:10:51	147030328	365,2464
819/12/09	18:57:40	147021945	363,4072	/10	15:23:52	147025052	365,3007
820/12/10	03:15:57	147026746	366,3460	/09	21:14:54	147022206	365,2437
821/12/10	18:18:13	147019155	365,6265	/10	02:54:44	147022871	365,2359
822/12/09	06:34:10	147026503	363,5110	/10	12:02:19	147025926	365,3802
823/12/11	22:05:01	147031523	367,6464	/10	21:13:06	147028619	365,3824
824/12/09	23:51:23	147023900	364,0738	/10	00:00:23	147028395	365,1161
825/12/08	23:49:44	147031884	363,9988	/10	03:13:55	147029191	365,1343
826/12/11	14:00:33	147030728	367,5908	/10	10:16:31	147031544	365,2934
827/12/10	04:29:29	147023625	363,6034	/10	19:20:29	147027702	365,3777
828/12/09	18:32:01	147031498	365,5850	/10	01:02:19	147027133	365,2373
829/12/11	01:15:18	147026447	366,2800	/10	03:59:32	147029530	365,1230
830/12/09	06:59:27	147029112	363,2389	/10	10:05:05	147030211	365,2538
831/12/11	11:02:23	147031236	367,1687	/10	17:45:56	147027050	365,3200
832/12/10	06:46:48	147017938	364,8225	/09	22:41:21	147022097	365,2051
833/12/08	23:50:55	147023306	363,7111	/10	06:01:45	147021587	365,3058
834/12/11	19:25:26	147027525	367,8156	/10	15:11:04	147026823	365,3814
835/12/10	14:51:33	147022431	363,8098	/10	23:43:46	147027046	365,3560
836/12/09	08:44:14	147031689	364,7449	/10	03:23:25	147028011	365,1525
837/12/11	07:12:01	147028117	366,9359	/10	05:35:47	147030336	365,0919
838/12/09	15:01:14	147027984	363,3258	/10	13:32:41	147030494	365,3311
839/12/11	07:23:21	147034483	366,6820	/10	22:52:12	147029779	365,3885
840/12/10	18:03:50	147024709	365,4447	/10	03:12:53	147028357	365,1810
841/12/09	00:29:48	147030300	363,2680	/10	07:18:25	147029748	365,1705
842/12/11	14:38:55	147035045	367,5896	/10	13:09:50	147032549	365,2440
843/12/10	19:22:01	147021739	364,1966	/10	20:18:05	147026502	365,2974
844/12/08	23:17:13	147025411	364,1633	/10	02:16:42	147022874	365,2490
845/12/11	12:38:45	147023275	367,5566	/10	08:24:03	147024406	365,2551
846/12/10	01:13:44	147023508	363,5242	/10	18:05:04	147027172	365,4034
847/12/10	23:27:34	147034200	365,9262	/11	02:18:08	147029518	365,3424
848/12/11	02:01:35	147025681	366,1069	/10	04:45:18	147028602	365,1022
849/12/09	03:41:36	147028254	363,0694	/10	08:30:17	147028993	365,1562
850/12/11	12:12:48	147035464	367,3550	/10	16:51:46	147031645	365,3482
851/12/11	07:13:41	147023616	364,7922	/11	01:31:53	147028092	365,3611

REAL DATE OF THE PERIHELION				DATE OF THE PERIHELION OF BARYCENTER EARTH-M			
Date	TT	Dist (km)	Diff (gg)	Date	TT	Dist (km)	Diff (gg)
852/12/09	00:15:24	147030291	363,7095	/10	06:40:43	147028789	365,2144
853/12/11	15:06:56	147031871	367,6191	/10	09:45:25	147031604	365,1282
854/12/10	06:47:23	147027334	363,6531	/10	16:17:15	147031890	365,2721
855/12/10	07:37:26	147032559	365,0347	/10	23:47:56	147028606	365,3129
856/12/11	07:02:26	147022214	366,9756	/10	04:46:26	147024211	365,2072
857/12/09	11:14:48	147023040	363,1752	/10	11:57:47	147025032	365,2995
858/12/11	07:52:34	147035318	366,8595	/10	21:09:40	147030657	365,3832
859/12/11	17:13:55	147026077	365,3898	/11	04:12:42	147029949	365,2937
860/12/09	00:10:57	147030520	363,2896	/10	07:26:22	147030167	365,1344
861/12/11	13:49:24	147033250	367,5683	/10	10:24:13	147031396	365,1235
862/12/10	16:37:25	147026360	364,1166	/10	19:20:44	147031252	365,3725
863/12/10	03:44:08	147032741	364,4630	/11	04:12:18	147029885	365,3691
864/12/11	13:13:53	147027700	367,3956	/10	08:00:18	147028763	365,1583
865/12/09	17:51:56	147026575	363,1930	/10	12:28:03	147029819	365,1859
866/12/10	17:16:14	147036958	365,9752	/10	18:58:08	147032052	365,2708
867/12/11	22:50:15	147023722	366,2319	/11	02:13:19	147026620	365,3022
868/12/09	02:58:57	147022854	363,1727	/10	08:38:08	147023609	365,2672
869/12/11	13:03:31	147029978	367,4198	/10	14:55:50	147026739	365,2622
870/12/11	04:29:03	147025353	364,6427	/11	00:47:52	147030144	365,4111
871/12/10	02:31:07	147033625	363,9181	/11	07:42:24	147032058	365,2878
872/12/11	16:08:31	147031429	367,5676	/10	09:35:33	147031350	365,0785
873/12/10	02:27:50	147027207	363,4300	/10	13:57:45	147031402	365,1820
874/12/10	10:01:56	147038392	365,3153	/10	22:33:22	147033972	365,3580
875/12/12	08:22:55	147028491	366,9312	/11	06:34:48	147030427	365,3343
876/12/09	08:50:33	147028374	363,0192	/10	11:11:40	147030189	365,1922
877/12/11	02:44:16	147037309	366,7456	/10	14:18:58	147032902	365,1300
878/12/11	09:29:58	147027529	365,2817	/10	21:38:54	147031710	365,3055
879/12/09	22:41:16	147027937	363,5495	/11	05:03:39	147027856	365,3088
880/12/11	15:55:30	147025167	367,7182	/10	10:34:47	147023764	365,2299
881/12/10	13:26:03	147020697	363,8962	/10	18:06:24	147025443	365,3136
882/12/10	06:28:03	147035365	364,7097	/11	03:41:46	147031950	365,3995
883/12/12	15:18:30	147030126	367,3683	/11	09:51:10	147031035	365,2565
884/12/09	15:54:19	147028755	363,0248	/10	12:49:59	147031620	365,1241
885/12/10	17:54:25	147038287	366,0834	/10	16:44:42	147033388	365,1630
886/12/11	20:36:44	147030142	366,1127	/11	02:16:34	147033432	365,3971
887/12/10	04:43:30	147031763	363,3380	/11	10:12:47	147032692	365,3307
888/12/11	14:33:03	147034559	367,4094	/10	13:20:44	147031843	365,1305
889/12/10	20:11:35	147028142	364,2351	/10	17:15:14	147033026	365,1628
890/12/09	20:33:19	147036167	364,0150	/11	00:09:37	147034411	365,2877
891/12/12	14:14:39	147028136	367,7370	/11	07:00:45	147027756	365,2855
892/12/09	23:50:37	147021331	363,3999	/10	13:40:30	147025118	365,2776
893/12/10	10:47:44	147033120	365,4563	/10	20:22:27	147028396	365,2791
894/12/12	06:24:38	147029372	366,8173	/11	06:13:42	147031527	365,4105
895/12/10	09:37:08	147030300	363,1336	/11	12:20:22	147032218	365,2546
896/12/11	06:34:29	147034988	366,8731	/10	14:12:18	147031066	365,0777
897/12/11	05:29:38	147026581	364,9549	/10	19:46:25	147031124	365,2320
898/12/09	23:54:04	147034177	363,7669	/11	05:07:17	147033861	365,3894
899/12/12	19:12:28	147032882	367,8044	/11	12:29:57	147031556	365,3074
900/12/10	10:12:48	147027220	363,6252	/10	16:52:59	147031638	365,1826
901/12/10	00:28:42	147038570	364,5943	/10	20:02:45	147034747	365,1317
902/12/12	08:55:16	147032497	367,3517	/11	03:58:38	147033179	365,3304
903/12/10	13:35:06	147026231	363,1943	/11	11:07:52	147029119	365,2980
904/12/10	21:04:45	147031172	366,3122	/10	16:28:58	147026540	365,2229
905/12/11	16:03:56	147025230	365,7911	/11	00:03:02	147029016	365,3153
906/12/10	04:22:43	147034074	363,5130	/11	08:55:10	147035085	365,3695
907/12/12	17:33:45	147035959	367,5493	/11	14:02:41	147033494	365,2135
908/12/10	18:08:45	147027732	364,0243	/10	17:06:19	147032474	365,1275
909/12/09	20:09:57	147036711	364,0841	/10	21:51:06	147034276	365,1977
910/12/12	14:48:11	147034023	367,7765	/11	08:00:52	147033501	365,4234
911/12/10	23:27:19	147029061	363,3605	/11	15:14:59	147032626	365,3014
912/12/10	11:02:17	147036426	365,4826	/10	18:28:12	147031697	365,1341
913/12/11	21:20:27	147030218	366,4292	/10	22:44:14	147032715	365,1777
914/12/10	05:19:06	147032081	363,3324	/11	06:35:25	147034384	365,3272
915/12/12	09:03:22	147031614	367,1557	/11	13:34:20	147028020	365,2909
916/12/11	03:58:18	147022272	364,7881	/10	20:15:54	147026943	365,2788
917/12/09	22:59:32	147032718	363,7925	/11	03:10:03	147031808	365,2876
918/12/12	19:09:32	147036451	367,8402	/11	12:28:52	147034881	365,3880
919/12/11	08:47:51	147031328	363,5682	/11	17:23:57	147035459	365,2049
920/12/10	01:40:58	147038079	364,7035	/10	19:15:55	147033910	365,0777
921/12/12	04:04:14	147033164	367,0994	/11	00:57:29	147034189	365,2372
922/12/10	13:14:47	147033591	363,3823	/11	10:31:03	147036687	365,3983

REAL DATE OF THE PERIHELION DATE OF THE PERIHELION OF BARYCENTER EARTH-M

Date	TT	Dist (km)	Diff (gg)	Date TT		Dist (km)	Diff (gg)
923/12/12	00:58:13	147037590	366,4884	/11	16:52:20	147033284	365,2647
924/12/11	11:23:28	147028943	365,4342	/10	20:56:49	147033075	365,1697
925/12/09	21:05:05	147034346	363,4039	/11	00:38:58	147035251	365,1542
926/12/12	12:12:21	147035373	367,6300	/11	09:09:21	147032581	365,3544
927/12/11	16:15:32	147023425	364,1688	/11	16:40:05	147027900	365,3130
928/12/09	22:22:20	147029380	364,2547	/10	22:22:51	147026264	365,2380
929/12/12	11:48:52	147030341	367,5601	/11	06:26:38	147029960	365,3359
930/12/10	22:54:40	147032310	363,4623	/11	15:09:33	147035968	365,3631
931/12/11	14:24:09	147039345	365,6454	/11	19:27:33	147034804	365,1791
932/12/11	19:20:35	147030642	366,2058	/10	23:01:10	147033793	365,1483
933/12/10	03:39:11	147034196	363,3462	/11	04:25:10	147036439	365,2249
934/12/12	11:52:35	147039594	367,3426	/11	14:35:09	147036056	365,4236
935/12/12	03:10:03	147030595	364,6371	/11	20:51:58	147035125	365,2616
936/12/09	19:27:47	147036456	363,6789	/10	23:15:05	147034876	365,0993
937/12/12	08:31:41	147037454	367,5443	/11	03:36:56	147035474	365,1818
938/12/11	03:20:19	147031414	363,7837	/11	11:35:25	147035567	365,3322
939/12/11	01:38:27	147033303	364,9292	/11	18:31:50	147029142	365,2891
940/12/12	02:34:40	147026101	367,0390	/11	01:32:30	147027888	365,2921
941/12/10	11:48:49	147030231	363,3848	/11	08:34:57	147033473	365,2933
942/12/12	04:25:47	147039498	366,6923	/11	17:39:09	147035350	365,3779
943/12/12	11:03:58	147030835	365,2765	/11	22:04:32	147035075	365,1843
944/12/09	20:57:39	147033307	363,4122	/11	00:53:17	147033428	365,1171
945/12/12	09:12:15	147037316	367,5101	/11	07:27:01	147034269	365,2734
946/12/11	15:40:20	147033549	364,2695	/11	17:17:58	147037861	365,4103
947/12/10	23:22:01	147038309	364,3206	/11	22:57:59	147034890	365,2361
948/12/12	06:41:57	147035131	367,3055	/11	02:32:16	147035252	365,1488
949/12/10	15:55:51	147033760	363,3846	/11	06:33:38	147037789	365,1676
950/12/11	09:48:05	147038674	365,7446	/11	15:10:56	147034350	365,3592
951/12/12	17:24:47	147026873	366,3171	/11	22:24:35	147030392	365,3011
952/12/10	02:40:02	147027968	363,3856	/11	04:06:17	147029670	365,2373
953/12/12	07:29:43	147037562	367,2011	/11	11:26:32	147033745	365,3057
954/12/12	01:28:32	147034568	364,7491	/11	19:43:04	147038872	365,3448
955/12/10	19:27:35	147037986	363,7493	/11	23:21:22	147035821	365,1516
956/12/12	07:36:34	147035914	367,5062	/11	03:24:56	147034340	365,1691
957/12/11	01:25:40	147032429	363,7424	/11	09:49:58	147036772	365,2673
958/12/11	03:25:19	147039962	365,0830	/11	19:57:44	147035954	365,4220
959/12/13	01:42:12	147032040	366,9283	/12	02:00:54	147034501	365,2521
960/12/10	07:30:30	147031313	363,2418	/11	04:27:04	147034417	365,1015
961/12/11	18:09:48	147039825	366,4439	/11	09:38:08	147035468	365,2160
962/12/12	07:35:15	147031169	365,5593	/11	18:18:50	147035177	365,3615
963/12/10	20:18:48	147030836	363,5302	/12	01:04:24	147030178	365,2816
964/12/12	09:41:25	147033261	367,5573	/11	08:14:54	147030361	365,2989
965/12/11	13:04:28	147032649	364,1410	/11	15:00:00	147037035	365,2813
966/12/10	22:51:28	147042049	364,4076	/11	23:10:59	147038713	365,3409
967/12/13	06:15:10	147036559	367,3081	/12	03:00:25	147037512	365,1593
968/12/10	14:31:11	147032157	363,3444	/11	05:45:27	147036218	365,1146
969/12/11	08:00:20	147041565	365,7285	/11	12:46:07	147037240	365,2921
970/12/12	16:58:57	147035933	366,3740	/11	22:16:11	147039464	365,3958
971/12/11	00:16:29	147035316	363,3038	/12	03:16:28	147036274	365,2085
972/12/12	01:49:38	147039697	367,0646	/11	06:59:54	147035665	365,1551
973/12/11	18:33:24	147033728	364,6970	/11	11:40:57	147037906	365,1951
974/12/10	15:55:13	147035460	363,8901	/11	20:55:51	147033263	365,3853
975/12/13	08:31:34	147030459	367,6919	/12	04:22:33	147029696	365,3102
976/12/11	01:11:16	147025897	363,6942	/11	10:37:01	147030418	365,2600
977/12/11	01:15:08	147039219	365,0026	/11	17:52:12	147035353	365,3022
978/12/13	01:01:04	147038055	366,9902	/12	01:39:21	147040799	365,3244
979/12/11	06:09:50	147034949	363,2144	/12	04:58:20	147037441	365,1381
980/12/11	18:53:44	147040991	366,5304	/11	09:20:41	147036428	365,1821
981/12/12	05:41:40	147036101	365,4499	/11	16:13:08	147039907	365,2864
982/12/10	19:32:50	147039717	363,5772	/12	01:38:39	147038628	365,3927
983/12/13	08:48:46	147039879	367,5527	/12	06:41:55	147037478	365,2106
984/12/11	07:15:05	147032609	363,9349	/11	09:01:45	147037249	365,0971
985/12/10	11:36:09	147040114	364,1813	/11	14:10:26	147037292	365,2143
986/12/13	02:38:44	147034653	367,6267	/11	23:21:55	147036058	365,3829
987/12/11	13:15:20	147026781	363,4420	/12	06:13:34	147030512	365,2858
988/12/11	11:35:00	147036011	365,9303	/11	13:28:57	147031451	365,3023
989/12/12	15:38:02	147034808	366,1687	/11	20:21:44	147038098	365,2866
990/12/10	23:02:46	147038383	363,3088	/12	03:59:28	147038686	365,3178
991/12/13	04:39:36	147040281	367,2339	/12	08:15:02	147036520	365,1774
992/12/11	17:18:35	147031432	364,5270	/11	11:50:55	147035801	365,1499
993/12/10	13:31:01	147040288	363,8419	/11	19:33:51	147038356	365,3214

REAL DATE OF THE PERIHELION				DATE OF THE PERIHELION OF BARYCENTER EARTH-M		
Date	TT	Dist (km)	Diff (gg)	Date TT	Dist (km)	Diff (gg)
994/12/13	09:35:29	147040463	367,8364	/12 04:53:32	147040509	365,3886
995/12/11	22:13:38	147033630	363,5265	/12 08:56:13	147038141	365,1685
996/12/10	20:54:31	147041847	364,9450	/11 12:35:22	147037904	365,1521
997/12/12	18:35:03	147037677	366,9031	/11 17:36:44	147040070	365,2092
998/12/11	01:53:48	147033494	363,3046	/12 02:47:05	147035374	365,3821
999/12/12	21:55:50	147036711	366,8347	/12 10:13:12	147032110	365,3098
1000/12/12	04:22:52	147030124	365,2687	/11 15:53:21	147033981	365,2362
1001/12/10	15:34:03	147039912	363,4661	/11 22:50:44	147038997	365,2898
1002/12/13	09:44:22	147043780	367,7571	/12 06:05:35	147042148	365,3019
1003/12/12	05:50:45	147033313	363,8377	/12 09:23:40	147038153	365,1375
1004/12/10	13:44:56	147039657	364,3293	/11 14:38:50	147036765	365,2188
1005/12/13	02:02:43	147039225	367,5123	/11 22:02:26	147040729	365,3080
1006/12/11	11:34:33	147035487	363,3971	/12 07:12:18	147038622	365,3818
1007/12/12	12:31:01	147042184	366,0392	/12 11:53:02	147037356	365,1949
1008/12/12	10:39:11	147034672	365,9223	/11 14:40:40	147037715	365,1164
1009/12/10	14:25:36	147037264	363,1572	/11 20:27:13	147037677	365,2406
1010/12/13	04:21:06	147040185	367,5802	/12 05:54:28	147036940	365,3939
1011/12/12	16:04:43	147027817	364,4886	/12 12:44:31	147032513	365,2847
1012/12/10	14:06:11	147036453	363,9176	/11 19:35:45	147034664	365,2855
1013/12/13	07:49:31	147041672	367,7384	/12 02:06:58	147042045	365,2716
1014/12/11	19:55:02	147037107	363,5038	/12 08:53:18	147041281	365,2821
1015/12/12	01:06:04	147043226	365,2160	/12 12:47:20	147038856	365,1625
1016/12/12	18:17:19	147036305	366,7161	/11 16:59:16	147038472	365,1749
1017/12/10	21:50:19	147038891	363,1479	/12 00:41:26	147040427	365,3209
1018/12/13	00:11:54	147046129	367,0983	/12 09:40:12	147041789	365,3741
1019/12/13	00:20:27	147034311	365,0059	/12 13:22:17	147038453	365,1542
1020/12/10	10:05:30	147038352	363,4062	/11 17:14:15	147037926	365,1610
1021/12/13	04:19:34	147040637	367,7597	/11 23:13:50	147039389	365,2497
1022/12/12	03:09:27	147029565	363,9513	/12 08:38:29	147034363	365,3921
1023/12/11	19:18:13	147035199	364,6727	/12 16:37:20	147031819	365,3325
1024/12/13	02:57:39	147033762	367,3190	/11 22:17:27	147035086	365,2361
1025/12/11	07:05:48	147038656	363,1723	/12 05:03:14	147041321	365,2818
1026/12/12	15:55:35	147048357	366,3679	/12 11:55:28	147043460	365,2862
1027/12/13	09:09:30	147036439	365,7180	/12 15:00:32	147039710	365,1285
1028/12/10	14:30:43	147038636	363,2230	/11 20:43:38	147039225	365,2382
1029/12/13	05:28:44	147046212	367,6236	/12 04:11:34	147043597	365,3110
1030/12/12	13:40:20	147036615	364,3413	/12 12:24:47	147041525	365,3425
1031/12/11	12:48:25	147041797	363,9639	/12 16:43:38	147039866	365,1797
1032/12/13	02:16:14	147039936	367,5609	/11 19:13:47	147039995	365,1042
1033/12/11	11:26:01	147035657	363,3817	/12 01:42:46	147039487	365,2701
1034/12/12	03:15:20	147042010	365,6592	/12 11:25:29	147037270	365,4046
1035/12/13	18:13:33	147031430	366,6237	/12 18:09:36	147033668	365,2806
1036/12/10	21:13:47	147034667	363,1251	/12 00:59:28	147036189	365,2846
1037/12/13	01:00:37	147047400	367,1575	/12 07:18:15	147043532	365,2630
1038/12/12	22:17:48	147036609	364,8869	/12 13:50:35	147041163	365,2724
1039/12/11	12:10:26	147038879	363,5782	/12 18:12:08	147038403	365,1816
1040/12/13	05:54:43	147040568	367,7390	/11 23:17:34	147039539	365,2121
1041/12/11	23:39:01	147037404	363,7391	/12 07:14:24	147041909	365,3311
1042/12/11	21:27:18	147047377	364,9085	/12 15:26:37	147043433	365,3418
1043/12/13	23:34:52	147039404	367,0886	/12 18:46:10	147040438	365,1385
1044/12/11	00:02:06	147037266	363,0189	/11 22:36:23	147039917	365,1598
1045/12/12	10:41:18	147046386	366,4438	/12 05:08:58	147041663	365,2726
1046/12/13	06:08:18	147032471	365,8104	/12 14:30:54	147036213	365,3902
1047/12/11	16:30:20	147033885	363,4319	/12 22:00:00	147034605	365,3118
1048/12/13	07:13:19	147040960	367,6131	/12 03:25:45	147038758	365,2262
1049/12/12	09:24:12	147038759	364,0909	/12 09:47:29	147043613	365,2650
1050/12/11	14:56:28	147046739	364,2307	/12 16:23:37	147044178	365,2751
1051/12/14	03:09:09	147039807	367,5088	/12 20:00:47	147039656	365,1508
1052/12/11	09:43:47	147036251	363,2740	/12 02:14:05	147039733	365,2592
1053/12/12	04:53:30	147048777	365,7984	/12 10:06:06	147043920	365,3277
1054/12/13	15:35:08	147038742	366,4455	/12 17:39:07	147041378	365,3145
1055/12/11	19:06:16	147037904	363,1466	/12 22:08:26	147039756	365,1870
1056/12/12	20:59:46	147043700	367,0788	/12 01:02:45	147040162	365,1210
1057/12/12	15:34:22	147035690	364,7740	/12 08:17:43	147040419	365,3020
1058/12/11	13:34:07	147039158	363,9165	/12 18:12:00	147038204	365,4127
1059/12/14	07:46:14	147037178	367,7584	/13 00:32:41	147036027	365,2643
1060/12/11	21:12:36	147035701	363,5599	/12 06:57:39	147039844	365,2673
1061/12/11	21:25:35	147051135	365,0090	/12 12:53:13	147046785	365,2469
1062/12/13	21:51:50	147042513	367,0182	/12 18:41:12	147043770	365,2416
1063/12/12	00:35:12	147038071	363,1134	/12 23:30:08	147040813	365,2006
1064/12/12	13:36:26	147046547	366,5425	/12 04:32:51	147042186	365,2102

REAL DATE OF THE PERIHELION				DATE OF THE PERIHELION OF BARYCENTER EARTH-M		
Date TT	Dist (km)	Diff (gg)	Date TT	Dist (km)	Diff (gg)	
1065/12/13 02:11:05	147040247	365,5240	/12 12:38:23	147044431	365,3371	
1066/12/11 15:31:56	147043661	363,5561	/12 20:13:27	147044260	365,3160	
1067/12/14 03:48:28	147043460	367,5114	/12 23:11:07	147041110	365,1233	
1068/12/12 02:27:02	147035300	363,9434	/12 03:28:02	147039902	365,1784	
1069/12/11 11:02:09	147044500	364,3577	/12 10:49:54	147041399	365,3068	
1070/12/14 02:35:54	147035860	367,6484	/12 20:35:00	147035716	365,4063	
1071/12/12 10:13:40	147031625	363,3178	/13 04:04:58	147035021	365,3124	
1072/12/12 06:50:47	147045710	365,8591	/12 09:25:36	147041014	365,2226	
1073/12/13 11:30:17	147042169	366,1941	/12 15:49:04	147045375	365,2663	
1074/12/11 19:30:44	147043344	363,3336	/12 21:52:42	147045261	365,2525	
1075/12/14 00:28:31	147044711	367,2068	/13 01:53:31	147041395	365,1672	
1076/12/12 13:48:47	147037515	364,5557	/12 08:14:23	147042191	365,2644	
1077/12/11 12:22:05	147048642	363,9397	/12 15:57:20	147046988	365,3215	
1078/12/14 05:22:56	147045170	367,7089	/12 22:45:45	147043749	365,2836	
1079/12/12 16:18:37	147037826	363,4553	/13 02:36:15	147041847	365,1600	
1080/12/11 14:33:41	147046552	364,9271	/12 05:54:47	147042203	365,1378	
1081/12/13 15:19:50	147039385	367,0320	/12 13:57:39	147041093	365,3353	
1082/12/12 01:18:27	147035813	363,4157	/12 23:47:18	147038728	365,4094	
1083/12/13 18:47:37	147041101	366,7285	/13 06:03:06	147037043	365,2609	
1084/12/12 23:52:23	147037010	365,2116	/12 12:02:21	147041402	365,2494	
1085/12/11 13:46:00	147047193	363,5789	/12 18:06:26	147047230	365,2528	
1086/12/14 04:03:35	147045712	367,5955	/12 23:46:20	147043155	365,2360	
1087/12/13 02:35:54	147036480	363,9391	/13 05:29:53	147040831	365,2385	
1088/12/11 12:34:32	147046810	364,4157	/12 10:58:08	147043236	365,2279	
1089/12/13 23:45:39	147046019	367,4660	/12 19:09:12	147046269	365,3410	
1090/12/12 08:35:40	147042142	363,3680	/13 02:09:22	147045759	365,2917	
1091/12/13 02:32:25	147047397	365,7477	/13 04:45:01	147042962	365,1080	
1092/12/13 03:54:07	147038773	366,0567	/12 09:16:59	147042316	365,1888	
1093/12/11 15:19:30	147041909	363,4759	/12 17:14:07	147043624	365,3313	
1094/12/14 01:20:23	147042031	367,4172	/13 02:20:32	147038606	365,3794	
1095/12/13 13:40:27	147034252	364,5139	/13 09:33:47	147038714	365,3008	
1096/12/11 11:06:18	147046813	363,8929	/12 14:08:02	147044497	365,1904	
1097/12/14 02:01:16	147048983	367,6215	/12 20:30:34	147047652	365,2656	
1098/12/12 15:36:07	147041346	363,5658	/13 02:29:46	147045445	365,2494	
1099/12/12 16:32:38	147046128	365,0392	/13 06:54:44	147041892	365,1840	
1100/12/13 12:58:35	147040331	366,8513	/12 13:32:52	147042746	365,2765	
1101/12/11 23:03:01	147044382	363,4197	/12 21:18:29	147047296	365,3233	
1102/12/13 17:32:22	147047531	366,7703	/13 03:58:07	147043458	365,2775	
1103/12/13 19:38:02	147037190	365,0872	/13 07:57:19	147041435	365,1661	
1104/12/11 07:22:33	147043555	363,4892	/12 11:53:11	147043001	365,1638	
1105/12/13 23:57:17	147044501	367,6907	/12 20:58:48	147041774	365,3789	
1106/12/13 02:18:59	147035730	364,0984	/13 06:21:33	147040025	365,3907	
1107/12/12 14:16:10	147043681	364,4980	/13 12:15:47	147040000	365,2460	
1108/12/13 20:41:34	147043846	367,2676	/12 17:35:19	147044805	365,2219	
1109/12/12 06:08:49	147046465	363,3939	/12 23:21:51	147050268	365,2406	
1110/12/13 04:31:45	147049587	365,9325	/13 04:59:06	147045263	365,2342	
1111/12/14 04:03:38	147039259	365,9804	/13 10:38:05	147043004	365,2354	
1112/12/11 13:20:57	147045030	363,3870	/12 16:11:06	147046060	365,2312	
1113/12/13 22:25:53	147051261	367,3784	/13 00:23:48	147047589	365,3421	
1114/12/13 10:37:19	147041969	364,5079	/13 06:38:16	147046256	365,2600	
1115/12/12 05:28:50	147045369	363,7857	/13 09:20:30	147042882	365,1126	
1116/12/13 18:50:19	147043037	367,5565	/12 14:22:16	147042100	365,2095	
1117/12/12 12:46:23	147038534	363,7472	/12 23:29:09	147042876	365,3797	
1118/12/12 19:11:33	147042393	365,2674	/13 08:34:43	147038302	365,3788	
1119/12/14 13:53:25	147037179	366,7790	/13 15:52:24	147040135	365,3039	
1120/12/11 20:57:28	147044105	363,2944	/12 20:11:22	147046578	365,1798	
1121/12/13 16:06:03	147053650	366,7976	/13 02:35:44	147049374	365,2669	
1122/12/13 19:49:14	147042790	365,1549	/13 08:39:11	147046847	365,2524	
1123/12/12 07:49:34	147045519	363,5002	/13 13:09:56	147044296	365,1880	
1124/12/13 22:12:46	147048786	367,5994	/12 19:31:26	147046368	365,2649	
1125/12/12 22:56:41	147045988	364,0305	/13 03:04:24	147050467	365,3145	
1126/12/12 08:48:25	147049703	364,4109	/13 08:30:35	147046325	365,2265	
1127/12/14 15:03:29	147042433	367,2604	/13 12:25:29	147043930	365,1631	
1128/12/11 23:33:55	147040756	363,3544	/12 16:41:04	147044541	365,1774	
1129/12/13 02:50:37	147047195	366,1365	/13 02:34:15	147042753	365,4119	
1130/12/14 04:53:29	147036861	366,0853	/13 11:46:25	147040501	365,3834	
1131/12/12 12:50:30	147041125	363,3312	/13 17:15:08	147041353	365,2282	
1132/12/13 20:05:29	147049308	367,3020	/12 22:22:10	147045645	365,2132	
1133/12/13 07:58:42	147045555	364,4952	/13 04:25:20	147049895	365,2522	
1134/12/12 05:58:09	147047051	363,9162	/13 10:40:16	147044589	365,2603	
1135/12/14 21:12:55	147043032	367,6352	/13 16:52:30	147043025	365,2584	

REAL DATE OF THE PERIHELION				DATE OF THE PERIHELION OF BARYCENTER EARTH-M		
Date	TT	Dist (km)	Diff (gg)	Date TT	Dist (km)	Diff (gg)
1136/12/12	10:53:19	147043414	363,5697	/12 22:29:42	147047848	365,2341
1137/12/12	18:18:13	147053136	365,3089	/13 06:51:59	147049053	365,3488
1138/12/14	10:52:23	147044607	366,6903	/13 12:19:10	147047524	365,2272
1139/12/12	14:21:34	147042915	363,1452	/13 14:59:30	147044847	365,1113
1140/12/13	08:38:36	147048694	366,7618	/12 20:19:06	147044168	365,2219
1141/12/13	16:55:00	147041504	365,3447	/13 05:41:23	147045447	365,3904
1142/12/12	07:53:43	147042796	363,6241	/13 14:22:16	147041363	365,3617
1143/12/15	00:17:13	147044919	367,6829	/13 20:41:27	147043277	365,2633
1144/12/12	19:43:04	147044871	363,8096	/13 00:34:51	147049593	365,1620
1145/12/12	07:37:40	147053156	364,4962	/13 07:16:52	147049929	365,2791
1146/12/14	15:59:11	147044762	367,3482	/13 13:27:38	147046657	365,2574
1147/12/12	23:02:37	147041112	363,2940	/13 18:26:43	147044351	365,2076
1148/12/13	02:50:48	147051511	366,1584	/13 00:49:36	147046814	365,2658
1149/12/14	02:39:36	147046789	365,9922	/13 08:52:58	147050184	365,3356
1150/12/12	08:00:28	147045836	363,2228	/13 14:02:53	147045764	365,2152
1151/12/14	16:59:32	147047717	367,3743	/13 18:22:53	147044395	365,1805
1152/12/13	02:29:02	147041006	364,3954	/12 23:23:05	147045591	365,2084
1153/12/12	04:20:53	147046470	364,0776	/13 09:36:13	147044273	365,4257
1154/12/14	23:02:07	147042400	367,7786	/13 18:23:45	147043091	365,3663
1155/12/13	09:31:50	147040911	363,4373	/13 23:05:03	147045107	365,1953
1156/12/12	16:56:45	147054130	365,3089	/13 03:24:01	147049811	365,1798
1157/12/14	09:08:25	147049977	366,6747	/13 09:37:56	147052620	365,2596
1158/12/12	12:31:10	147045596	363,1407	/13 15:28:02	147046912	365,2431
1159/12/14	12:37:44	147050106	367,0045	/13 21:45:14	147045737	365,2619
1160/12/13	13:26:46	147045765	365,0340	/13 03:11:36	147049870	365,2266
1161/12/12	03:57:21	147051074	363,6045	/13 11:29:03	147049972	365,3454
1162/12/14	21:35:52	147048143	367,7350	/13 16:45:28	147047137	365,2197
1163/12/13	13:57:25	147039643	363,6816	/13 19:41:31	147044461	365,1222
1164/12/12	03:50:56	147046696	364,5788	/13 01:57:15	147043403	365,2609
1165/12/14	15:28:04	147042822	367,4841	/13 12:07:49	147044608	365,4240
1166/12/12	22:34:07	147039299	363,2958	/13 20:52:47	147041848	365,3645
1167/12/14	08:21:43	147049548	366,4080	/14 02:50:06	147044709	365,2481
1168/12/13	23:39:23	147048502	365,6372	/13 06:23:13	147051887	365,1479
1169/12/12	06:23:12	147051258	363,2804	/13 13:31:26	147051245	365,2973
1170/12/14	21:05:17	147050727	367,6125	/13 19:43:14	147048162	365,2581
1171/12/14	01:24:42	147042577	364,1801	/14 00:34:18	147047440	365,2021
1172/12/12	02:12:47	147052260	364,0333	/13 06:30:16	147050150	365,2472
1173/12/14	19:53:21	147052457	367,7365	/13 13:56:24	147053167	365,3098
1174/12/13	03:18:05	147044380	363,3088	/13 18:35:43	147048186	365,1939
1175/12/13	14:52:46	147050366	365,4824	/13 22:48:34	147045709	365,1756
1176/12/14	04:30:40	147044545	366,5679	/13 04:31:16	147046902	365,2379
1177/12/12	10:48:15	147043342	363,2622	/13 15:21:47	147044453	365,4517
1178/12/14	18:21:26	147047607	367,3147	/13 23:49:45	147043754	365,3527
1179/12/14	11:59:42	147041588	364,7349	/14 04:11:30	147046081	365,1817
1180/12/12	01:24:28	147051161	363,5588	/13 08:20:53	147050355	365,1731
1181/12/14	22:02:06	147052655	367,8594	/13 15:39:26	147052069	365,3045
1182/12/13	13:26:47	147042151	363,6421	/13 21:50:42	147046723	365,2578
1183/12/13	10:21:02	147051322	364,8710	/14 04:10:54	147047448	365,2640
1184/12/14	13:42:52	147050806	367,1401	/13 09:36:34	147052275	365,2261
1185/12/12	17:08:34	147049716	363,1428	/13 17:22:13	147051968	365,3233
1186/12/14	05:43:45	147053938	366,5244	/13 22:13:05	147049190	365,2019
1187/12/14	17:04:59	147043120	365,4730	/14 01:08:42	147046748	365,1219
1188/12/12	01:10:14	147045896	363,3369	/13 07:36:04	147046375	365,2690
1189/12/14	22:00:27	147049333	367,8682	/13 18:09:58	147047342	365,4402
1190/12/14	00:13:56	147039897	364,0926	/14 01:47:56	147044811	365,3180
1191/12/13	05:31:08	147050376	364,2202	/14 07:06:02	147047782	365,2209
1192/12/14	17:31:43	147052941	367,5004	/13 10:35:35	147053330	365,1455
1193/12/13	00:21:23	147047806	363,2844	/13 18:09:24	147051152	365,3151
1194/12/13	21:17:21	147052415	365,8722	/14 00:55:04	147047516	365,2817
1195/12/15	03:53:19	147045006	366,2749	/14 05:52:33	147047630	365,2065
1196/12/12	07:36:35	147048763	363,1550	/13 12:06:11	147050167	365,2594
1197/12/14	17:15:42	147055799	367,4021	/13 19:44:33	147052437	365,3183
1198/12/14	06:38:39	147043363	364,5576	/14 00:27:39	147048133	365,1966
1199/12/12	23:40:47	147046955	363,7098	/14 05:04:50	147046033	365,1924
1200/12/14	18:43:50	147049281	367,7937	/13 11:17:02	147048506	365,2584
1201/12/13	11:21:38	147042341	363,6929	/13 22:19:01	147046501	365,4597
1202/12/13	16:22:12	147051107	365,2087	/14 05:59:08	147046682	365,3195
1203/12/15	12:32:26	147048686	366,8404	/14 09:25:33	147050157	365,1433
1204/12/12	12:43:21	147051219	363,0075	/13 13:17:31	147053583	365,1610
1205/12/14	07:32:14	147058610	366,7839	/13 20:37:08	147054220	365,3052
1206/12/14	15:54:46	147044833	365,3489	/14 02:53:43	147048991	365,2615

REAL DATE OF THE PERIHELION				DATE OF THE PERIHELION OF BARYCENTER EARTH-M			
Date	TT	Dist (km)	Diff (gg)	Date	TT	Dist (km)	Diff (gg)
1207/12/13	03:24:57	147048783	363,4792	/14	08:58:40	147049222	365,2534
1208/12/14	20:02:36	147055908	367,6928	/13	14:26:42	147054011	365,2278
1209/12/13	19:09:17	147047269	363,9629	/13	22:13:24	147051979	365,3241
1210/12/13	03:50:38	147051931	364,3620	/14	03:03:17	147048773	365,2013
1211/12/15	13:12:36	147046214	367,3902	/14	06:37:42	147046257	365,1489
1212/12/12	19:09:00	147042981	363,2475	/13	13:45:39	147046229	365,2971
1213/12/14	00:52:12	147052452	366,2383	/14	01:06:38	147047636	365,4729
1214/12/15	03:16:22	147042963	366,1001	/14	08:11:47	147046181	365,2952
1215/12/13	08:54:58	147048928	363,2351	/14	12:44:20	147050498	365,1892
1216/12/14	16:27:34	147058802	367,3143	/13	16:22:02	147055736	365,1511
1217/12/14	04:15:31	147047944	364,4916	/14	00:02:49	147052764	365,3199
1218/12/13	03:09:59	147051615	363,9545	/14	06:50:24	147049954	365,2830
1219/12/15	18:48:26	147051830	367,6517	/14	11:21:49	147050815	365,1884
1220/12/13	05:03:28	147049762	363,4271	/13	16:59:35	147053689	365,2345
1221/12/13	12:24:24	147059321	365,3061	/14	00:36:02	147054731	365,3169
1222/12/15	06:07:59	147047626	366,7386	/14	04:42:29	147049359	365,1711
1223/12/13	10:10:18	147044402	363,1682	/14	09:43:00	147047084	365,2086
1224/12/14	06:17:09	147052960	366,8380	/13	16:48:23	147048900	365,2954
1225/12/14	14:33:25	147042250	365,3446	/14	03:54:25	147046756	365,4625
1226/12/13	06:27:31	147047187	363,6625	/14	11:18:17	147047087	365,3082
1227/12/15	20:21:50	147052987	367,5793	/14	14:18:24	147050931	365,1250
1228/12/13	14:34:10	147049054	363,7585	/13	18:49:53	147053472	365,1885
1229/12/13	06:09:06	147057112	364,6492	/14	03:00:14	147053364	365,3405
1230/12/15	14:20:45	147049530	367,3414	/14	09:26:09	147049897	365,2680
1231/12/13	20:01:08	147047719	363,2363	/14	15:16:30	147051025	365,2432
1232/12/13	21:30:26	147061002	366,0620	/13	20:23:43	147056456	365,2133
1233/12/14	21:13:45	147050245	365,9884	/14	03:50:01	147053922	365,3099
1234/12/13	05:33:12	147048888	363,3468	/14	08:25:35	147050465	365,1913
1235/12/15	12:33:50	147052044	367,2921	/14	12:07:23	147048859	365,1540
1236/12/13	23:17:50	147044318	364,4472	/13	19:50:24	147048929	365,3215
1237/12/13	04:35:27	147052646	364,2205	/14	06:48:30	147050198	365,4570
1238/12/15	19:30:13	147050310	367,6213	/14	13:06:08	147049327	365,2622
1239/12/14	04:04:11	147048630	363,3569	/14	17:01:02	147052504	365,1631
1240/12/13	09:33:23	147061373	365,2286	/13	21:05:37	147056892	365,1698
1241/12/15	04:25:51	147050084	366,7864	/14	05:24:55	147052532	365,3467
1242/12/13	12:48:39	147047516	363,3491	/14	12:19:53	147050196	365,2881
1243/12/15	08:59:02	147055333	366,8405	/14	16:55:10	147051445	365,1911
1244/12/14	08:46:49	147049707	364,9915	/13	22:34:29	147054169	365,2356
1245/12/13	01:57:35	147055565	363,7158	/14	06:29:34	147054864	365,3299
1246/12/15	15:16:02	147052030	367,5544	/14	10:33:28	147049625	365,1693
1247/12/14	10:58:23	147044214	363,8210	/14	15:47:12	147048481	365,2178
1248/12/13	03:11:56	147054977	364,6760	/13	23:37:11	147051085	365,3263
1249/12/15	13:12:55	147048237	367,4173	/14	10:13:24	147049266	365,4418
1250/12/13	21:27:04	147047145	363,3431	/14	16:45:47	147050599	365,2724
1251/12/14	22:02:14	147058625	366,0244	/14	19:06:21	147054295	365,0976
1252/12/14	16:05:23	147052339	365,7521	/13	23:33:42	147056237	365,1856
1253/12/13	05:06:29	147054177	363,5424	/14	08:20:17	147055164	365,3656
1254/12/15	14:52:57	147054650	367,4072	/14	14:24:00	147051334	365,2525
1255/12/14	22:19:18	147048321	364,3099	/14	19:59:25	147052708	365,2329
1256/12/12	23:01:22	147059913	364,0292	/14	01:24:14	147057111	365,2255
1257/12/15	13:48:38	147054297	367,6161	/14	08:39:14	147053561	365,3020
1258/12/14	01:06:44	147045386	363,4709	/14	13:36:18	147049481	365,2062
1259/12/14	05:56:33	147052707	365,2012	/14	17:52:08	147048476	365,1776
1260/12/15	00:21:02	147046142	366,7669	/14	02:42:04	147049106	365,3680
1261/12/13	13:30:06	147048322	363,5479	/14	13:37:28	147050663	365,4551
1262/12/15	12:25:25	147055506	366,9550	/14	19:01:55	147051561	365,2253
1263/12/15	07:57:37	147050446	364,8140	/14	22:31:13	147054725	365,1453
1264/12/12	22:00:13	147060130	363,5851	/14	02:54:08	147058801	365,1825
1265/12/15	15:28:57	147056637	367,7283	/14	11:28:24	147054413	365,3571
1266/12/14	12:02:10	147048317	363,8564	/14	18:10:40	147052632	365,2793
1267/12/14	01:07:41	147058790	364,5454	/14	22:11:03	147055042	365,1669
1268/12/15	06:02:40	147055663	367,2048	/14	03:54:56	147057244	365,2388
1269/12/13	16:28:53	147052853	363,4348	/14	11:16:21	147056426	365,3065
1270/12/14	18:07:20	147055422	366,0683	/14	15:17:55	147051081	365,1677
1271/12/15	13:18:35	147045444	365,7994	/14	20:56:44	147049263	365,2352
1272/12/13	01:17:35	147051950	363,4992	/14	05:24:38	147052239	365,3527
1273/12/15	15:57:11	147053455	367,6108	/14	15:47:51	147050098	365,4327
1274/12/14	22:44:22	147047451	364,2827	/14	21:39:25	147051783	365,2441
1275/12/13	20:53:30	147057883	363,9230	/15	00:01:27	147055016	365,0986
1276/12/15	09:46:47	147056232	367,5370	/14	05:18:27	147056148	365,2201
1277/12/14	01:30:53	147051219	363,6556	/14	14:46:08	147055449	365,3942

REAL DATE OF THE PERIHELION Date	TT	Dist (km)	Diff (gg)	DATE OF THE PERIHELION OF BARYCENTER EARTH-M Date TT	Dist (km)	Diff (gg)
1278/12/14	10:40:58	147056753	365,3820	/14 20:34:47	147052583	365,2421
1279/12/15	22:44:57	147051816	366,5027	/15 01:34:59	147054992	365,2084
1280/12/13	06:15:21	147057513	363,3127	/14 07:12:30	147059411	365,2343
1281/12/15	05:49:25	147059342	366,9820	/14 14:01:22	147055094	365,2839
1282/12/15	04:40:55	147047368	364,9524	/14 18:57:03	147051443	365,2053
1283/12/13	17:46:50	147052427	363,5457	/14 23:38:58	147050828	365,1957
1284/12/15	12:27:30	147053607	367,7782	/14 08:36:31	147051870	365,3733
1285/12/14	11:58:31	147048849	363,9798	/14 19:08:32	147053365	365,4388
1286/12/14	02:36:44	147057285	364,6098	/14 23:33:21	147053688	365,1839
1287/12/16	04:19:30	147054164	367,0713	/15 02:47:08	147056252	365,1345
1288/12/13	12:25:33	147055702	363,3375	/14 08:11:57	147058973	365,2255
1289/12/14	22:06:51	147058875	366,4036	/14 17:00:15	147054348	365,3668
1290/12/15	15:32:28	147049029	365,7261	/14 23:42:48	147052718	365,2795
1291/12/13	21:50:39	147055894	363,2626	/15 03:29:10	147055625	365,1572
1292/12/15	09:45:24	147060929	367,4963	/14 09:54:07	147057680	365,2673
1293/12/14	18:14:30	147051554	364,3535	/14 17:14:23	147056048	365,3057
1294/12/13	16:53:05	147054447	363,9434	/14 21:15:26	147051879	365,1673
1295/12/16	07:43:05	147050182	367,6180	/15 03:28:33	147050799	365,2591
1296/12/13	22:13:33	147050433	363,6044	/14 12:20:19	147054613	365,3692
1297/12/14	14:57:30	147057672	365,6972	/14 21:59:51	147053345	365,4024
1298/12/16	00:06:21	147052081	366,3811	/15 02:55:54	147055193	365,2055
1299/12/14	01:55:38	147057338	363,0759	/15 04:45:51	147058600	365,0763
1300/12/15	03:07:45	147063205	367,0500	/14 10:59:15	147058894	365,2593
1301/12/15	04:36:13	147052971	365,0614	/14 20:08:47	147057121	365,3816
1302/12/13	18:33:52	147056431	363,5817	/15 01:27:49	147054817	365,2215
1303/12/16	10:44:59	147057461	367,6743	/15 06:11:40	147056453	365,1971
1304/12/14	04:52:32	147055501	363,7552	/14 12:00:09	147060225	365,2419
1305/12/13	22:02:27	147058095	364,7152	/14 18:47:34	147054601	365,2829
1306/12/16	02:08:19	147048775	367,1707	/15 00:03:03	147050885	365,2190
1307/12/14	08:04:33	147048075	363,2473	/15 05:45:20	147050787	365,2377
1308/12/14	22:09:42	147056993	366,5869	/14 15:29:24	147052252	365,4055
1309/12/15	16:30:20	147051194	365,7643	/15 01:27:29	147054836	365,4153
1310/12/13	21:59:42	147056116	363,2287	/15 05:05:29	147055592	365,1513
1311/12/16	09:22:52	147060791	367,4744	/15 08:01:04	147058137	365,1219
1312/12/14	14:20:42	147056025	364,2068	/14 14:24:34	147060793	365,2663
1313/12/13	19:25:37	147058743	364,2117	/14 23:05:14	147056239	365,3615
1314/12/16	09:48:44	147054593	367,5993	/15 05:12:35	147055693	365,2551
1315/12/14	17:02:49	147054939	363,3014	/15 08:44:49	147058784	365,1473
1316/12/14	08:49:42	147064518	365,6575	/14 15:01:08	147059929	365,2613
1317/12/15	20:22:17	147054508	366,4809	/14 22:05:04	147057285	365,2944
1318/12/13	21:38:59	147051452	363,0532	/15 02:11:04	147052381	365,1708
1319/12/16	02:51:00	147055759	367,2166	/15 08:50:22	147051746	365,2773
1320/12/15	01:21:20	147051019	364,9377	/14 18:20:06	147055441	365,3956
1321/12/13	20:11:20	147055781	363,7847	/15 03:12:20	147054332	365,3696
1322/12/16	13:26:39	147055939	367,7189	/15 07:46:02	147055660	365,1900
1323/12/15	01:08:19	147054031	363,4872	/15 09:52:17	147058658	365,0876
1324/12/13	23:57:52	147062842	364,9510	/14 17:37:29	147059014	365,3230
1325/12/16	05:13:12	147055364	367,2189	/15 02:49:01	147057381	365,3830
1326/12/14	07:03:06	147054634	363,0763	/15 07:31:55	147056726	365,1964
1327/12/15	20:37:42	147063636	366,5656	/15 12:06:33	147058878	365,1907
1328/12/15	09:00:39	147058652	365,5159	/14 18:02:08	147062345	365,2469
1329/12/13	16:57:12	147056909	363,3309	/15 00:27:44	147056774	365,2677
1330/12/16	09:13:26	147055158	367,6779	/15 05:47:42	147053163	365,2222
1331/12/15	09:53:53	147049238	364,0280	/15 11:26:08	147054162	365,2350
1332/12/13	19:55:06	147058450	364,4175	/14 21:38:26	147055766	365,4252
1333/12/16	11:44:29	147056219	367,6592	/15 06:21:05	147057333	365,3629
1334/12/14	14:43:26	147054618	363,1242	/15 09:08:12	147057912	365,1160
1335/12/15	09:01:46	147063812	365,7627	/15 12:21:09	147058948	365,1340
1336/12/15	17:27:18	147058262	366,3510	/14 19:45:32	147061006	365,3085
1337/12/13	22:45:37	147055241	363,2210	/15 04:28:31	147056092	365,3631
1338/12/16	08:00:34	147059263	367,3853	/15 10:16:03	147055898	365,2413
1339/12/15	19:47:44	147054501	364,4910	/15 14:13:57	147059235	365,1652
1340/12/13	14:58:30	147060847	363,7991	/14 21:11:45	147059636	365,2901
1341/12/16	11:03:30	147057560	367,8368	/15 04:04:24	147057357	365,2865
1342/12/14	21:37:50	147048902	363,4405	/15 08:30:35	147053172	365,1848
1343/12/15	01:14:31	147057903	365,1504	/15 15:21:15	147053609	365,2851
1344/12/16	03:38:37	147056513	367,1000	/15 01:09:39	147058325	365,4086
1345/12/14	06:33:01	147055677	363,1211	/15 08:57:50	147057499	365,3251
1346/12/16	00:49:09	147063568	366,7612	/15 12:32:30	147059141	365,1490
1347/12/16	04:01:22	147057555	365,1334	/15 14:59:17	147061629	365,1019
1348/12/13	16:30:06	147060838	363,5199	/14 23:19:20	147060930	365,3472

REAL DATE OF THE PERIHELION DATE OF THE PERIHELION OF BARYCENTER EARTH-M

Date	TT	Dist (km)	Diff (gg)	Date	TT	Dist (km)	Diff (gg)
1349/12/16	13:47:34	147060634	367,8871	/15	08:00:48	147059198	365,3621
1350/12/15	08:13:30	147053304	363,7680	/15	12:07:57	147058102	365,1716
1351/12/14	17:12:01	147063115	364,3739	/15	16:29:55	147060009	365,1819
1352/12/16	05:29:23	147061570	367,5120	/14	23:03:13	147062152	365,2731
1353/12/14	09:25:51	147053009	363,1642	/15	05:28:05	147056021	365,2672
1354/12/15	11:33:49	147057257	366,0888	/15	11:36:49	147052364	365,2560
1355/12/16	13:37:55	147051212	366,0861	/15	18:00:10	147054297	365,2662
1356/12/13	23:21:52	147056062	363,4055	/15	04:53:13	147057136	365,4535
1357/12/16	14:12:01	147061703	367,6181	/15	12:37:25	147058996	365,3223
1358/12/15	17:49:17	147055357	364,1508	/15	14:34:18	147060253	365,0811
1359/12/14	13:53:50	147062890	363,8364	/15	18:14:52	147061316	365,1531
1360/12/16	10:05:35	147063800	367,8414	/15	02:21:06	147063351	365,3376
1361/12/14	20:41:18	147055529	363,4414	/15	10:21:12	147059353	365,3333
1362/12/15	04:54:43	147063977	365,3426	/15	15:29:59	147059313	365,2144
1363/12/16	20:25:52	147060886	366,6466	/15	18:47:15	147062689	365,1369
1364/12/14	00:21:38	147059702	363,1637	/15	02:07:51	147061904	365,3059
1365/12/15	23:54:20	147061910	366,9810	/15	08:39:57	147057885	365,2722
1366/12/16	00:11:16	147049534	365,0117	/15	13:21:56	147054000	365,1958
1367/12/14	15:17:47	147054382	363,6295	/15	20:47:08	147054356	365,3091
1368/12/16	13:51:41	147060703	367,9402	/15	06:49:20	147059245	365,4181
1369/12/15	07:25:11	147053461	363,7316	/15	13:55:07	147057918	365,2956
1370/12/14	21:10:34	147062813	364,5731	/15	17:12:43	147059037	365,1372
1371/12/17	02:22:18	147061207	367,2164	/15	20:51:26	147061685	365,1518
1372/12/14	09:06:45	147057837	363,2808	/15	06:20:14	147060786	365,3950
1373/12/15	18:47:26	147064913	366,4032	/15	14:26:12	147060276	365,3374
1374/12/16	11:10:39	147056438	365,6827	/15	18:09:49	147060097	365,1552
1375/12/14	18:07:52	147060860	363,2897	/15	22:13:42	147062237	365,1693
1376/12/16	07:52:02	147066987	367,5723	/15	05:03:43	147064254	365,2847
1377/12/15	13:07:07	147053097	364,2188	/15	11:10:37	147057863	365,2547
1378/12/14	14:45:54	147057395	364,0686	/15	17:08:51	147055094	365,2487
1379/12/17	07:01:16	147058542	367,6773	/15	23:53:38	147057791	365,2811
1380/12/14	19:01:56	147056147	363,5004	/15	10:23:23	147059763	365,4373
1381/12/15	09:34:32	147065884	365,6059	/15	16:59:11	147061156	365,2748
1382/12/16	17:49:45	147058734	366,3439	/15	18:38:54	147061118	365,0692
1383/12/14	22:22:02	147059127	363,1890	/15	22:59:13	147061625	365,1807
1384/12/16	02:49:13	147066680	367,1855	/15	08:13:15	147062983	365,3847
1385/12/16	00:17:20	147054675	364,8945	/15	15:51:20	147059329	365,3181
1386/12/14	16:23:24	147060172	363,6708	/15	21:06:36	147059472	365,2189
1387/12/17	07:10:24	147064944	367,6159	/16	00:42:00	147062998	365,1495
1388/12/15	01:26:26	147058187	363,7611	/15	08:35:57	147062406	365,3291
1389/12/14	20:48:45	147062527	364,8071	/15	15:05:02	147058417	365,2702
1390/12/16	23:19:00	147055029	367,1043	/15	19:43:33	147055901	365,1934
1391/12/15	06:54:55	147054362	363,3166	/16	03:22:09	147057581	365,3184
1392/12/15	20:25:40	147067070	366,5630	/15	13:09:50	147062741	365,4081
1393/12/16	09:36:40	147057756	365,5493	/15	18:49:32	147061862	365,2359
1394/12/14	17:55:33	147061180	363,3464	/15	21:44:12	147062174	365,1213
1395/12/17	04:07:01	147067240	367,4246	/16	01:36:19	147064253	365,1611
1396/12/15	11:56:51	147058250	364,3262	/15	11:39:02	147062758	365,4185
1397/12/14	18:22:59	147064318	364,2681	/15	19:05:00	147061267	365,3096
1398/12/17	04:13:11	147061848	367,4098	/15	22:23:50	147061220	365,1380
1399/12/15	12:32:45	147058554	363,3469	/16	02:46:45	147062399	365,1825
1400/12/15	02:16:06	147067946	365,5717	/15	10:14:08	147063473	365,3106
1401/12/16	13:54:12	147053588	366,4847	/15	16:45:20	147056575	365,2716
1402/12/14	22:47:37	147051995	363,3704	/15	23:14:20	147054379	365,2701
1403/12/17	02:32:07	147062538	367,1559	/16	06:49:22	147058835	365,3160
1404/12/16	00:06:06	147056521	364,8986	/15	17:17:14	147061064	365,4360
1405/12/14	18:31:24	147064718	363,7675	/15	22:43:15	147063131	365,2264
1406/12/17	05:35:56	147065284	367,4614	/16	00:16:30	147063261	365,0647
1407/12/15	21:46:53	147059680	363,6742	/16	05:06:54	147063875	365,2016
1408/12/14	21:06:25	147069901	364,9718	/15	14:41:01	147065776	365,3986
1409/12/16	22:56:11	147060664	367,0762	/15	21:22:01	147062333	365,2784
1410/12/15	05:33:12	147059381	363,2757	/16	01:36:50	147062760	365,1769
1411/12/16	11:39:57	147070161	366,2546	/16	05:22:54	147065899	365,1570
1412/12/16	03:55:04	147059031	365,6771	/15	13:23:45	147063145	365,3339
1413/12/14	15:50:24	147058437	363,4967	/15	19:57:57	147058736	365,2737
1414/12/17	02:36:13	147059425	367,4484	/16	01:09:46	147056231	365,2165
1415/12/16	08:57:37	147054311	364,2648	/16	09:08:07	147058650	365,3321
1416/12/14	18:45:25	147066786	364,4082	/15	19:01:41	147063422	365,4121
1417/12/17	04:19:08	147062274	367,3984	/15	23:49:03	147062337	365,1995
1418/12/15	12:48:01	147058325	363,3534	/16	03:17:13	147062353	365,1445
1419/12/16	00:30:51	147069012	365,4880	/16	08:13:12	147064744	365,2055

REAL DATE OF THE PERIHELION			DATE OF THE PERIHELION OF BARYCENTER EARTH-M		
Date TT	Dist (km)	Diff (gg)	Date TT	Dist (km)	Diff (gg)
1420/12/16 14:03:55	147060729	366,5646	/15 18:29:02	147064174	365,4276
1421/12/14 23:41:43	147061400	363,4012	/16 01:16:13	147063191	365,2827
1422/12/16 22:34:44	147067826	366,9534	/16 03:51:24	147063862	365,1077
1423/12/16 16:17:12	147061017	364,7378	/16 08:13:31	147065261	365,1820
1424/12/14 11:06:37	147067366	363,7843	/15 15:56:52	147065431	365,3217
1425/12/17 02:25:06	147060743	367,6378	/15 22:02:38	147059021	365,2540
1426/12/15 20:54:50	147052856	363,7706	/16 04:45:54	147057212	365,2800
1427/12/15 17:37:21	147065708	364,8628	/16 12:09:23	147061833	365,3079
1428/12/16 22:13:27	147061125	367,1917	/15 22:05:08	147063491	365,4137
1429/12/15 05:43:42	147060803	363,3126	/16 02:45:07	147063928	365,1944
1430/12/16 11:42:30	147067958	366,2491	/16 04:32:50	147063582	365,0748
1431/12/17 01:13:44	147059736	365,5633	/16 10:32:33	147063650	365,2498
1432/12/14 15:25:43	147065926	363,5916	/15 20:38:14	147065420	365,4206
1433/12/17 04:35:29	147065104	367,5484	/16 03:04:59	147062080	365,2685
1434/12/16 06:35:52	147058279	364,0836	/16 07:12:20	147062675	365,1717
1435/12/15 09:01:18	147069741	364,1009	/16 11:32:31	147066713	365,1806
1436/12/16 23:39:11	147062645	367,6096	/15 19:51:43	147063374	365,3466
1437/12/15 11:16:06	147055709	363,4839	/16 02:15:49	147059794	365,2667
1438/12/16 01:23:40	147063057	365,5885	/16 07:41:49	147058781	365,2263
1439/12/17 11:14:47	147058698	366,4104	/16 15:29:58	147062101	365,3251
1440/12/14 21:31:50	147066090	363,4285	/16 00:42:14	147067134	365,3835
1441/12/16 23:29:14	147069420	367,0815	/16 04:29:53	147065362	365,1580
1442/12/16 15:07:03	147060613	364,6512	/16 07:39:09	147064787	365,1314
1443/12/15 07:32:54	147069173	363,6846	/16 13:32:03	147067180	365,2450
1444/12/17 04:17:43	147066176	367,8644	/15 23:45:27	147065282	365,4259
1445/12/15 20:57:04	147059743	363,6939	/16 05:58:50	147064278	365,2592
1446/12/15 13:18:42	147068187	364,6816	/16 08:33:13	147064513	365,1072
1447/12/17 14:12:04	147063141	367,0370	/16 13:16:58	147065535	365,1970
1448/12/14 23:37:24	147061826	363,3926	/15 21:46:05	147064523	365,3535
1449/12/16 12:11:18	147063070	366,5235	/16 03:56:38	147058471	365,2573
1450/12/17 01:37:49	147054244	365,5600	/16 11:19:53	147058008	365,3078
1451/12/15 12:25:51	147064582	363,4500	/16 19:00:52	147063707	365,3201
1452/12/17 06:31:00	147068395	367,7535	/16 04:03:33	147065937	365,3768
1453/12/16 06:03:04	147061443	363,9806	/16 08:04:48	147066069	365,1675
1454/12/15 06:46:08	147068537	364,0299	/16 09:57:47	147065781	365,0784
1455/12/17 20:25:59	147065311	367,5693	/16 16:34:23	147066527	365,2754
1456/12/15 09:50:11	147064206	363,5584	/16 02:33:58	147067994	365,4163
1457/12/16 04:10:29	147069697	365,7640	/16 07:46:47	147065183	365,2172
1458/12/17 08:27:20	147062312	366,1783	/16 11:40:39	147065424	365,1624
1459/12/15 11:32:27	147067427	363,1285	/16 16:09:03	147068161	365,1863
1460/12/16 20:10:32	147067678	367,3597	/16 00:42:31	147063732	365,3565
1461/12/16 13:35:02	147055074	364,7253	/16 07:27:45	147059425	365,2814
1462/12/15 06:29:40	147061162	363,7046	/16 13:13:37	147059380	365,2401
1463/12/18 02:27:12	147063165	367,8316	/16 21:23:14	147062975	365,3400
1464/12/15 19:35:59	147063062	363,7144	/16 06:13:23	147067581	365,3681
1465/12/15 17:34:09	147069226	364,9153	/16 09:49:34	147065337	365,1501
1466/12/17 14:57:05	147062328	366,8909	/16 13:34:37	147064653	365,1562
1467/12/15 19:56:00	147066507	363,2075	/16 20:21:29	147068581	365,2825
1468/12/16 17:20:26	147071432	366,8919	/16 06:14:45	147066785	365,4120
1469/12/17 00:49:37	147062537	365,3119	/16 11:31:29	147066355	365,2199
1470/12/15 06:07:04	147067837	363,2204	/16 13:54:48	147067213	365,0995
1471/12/17 22:11:19	147069845	367,6696	/16 18:52:42	147067834	365,2068
1472/12/16 00:40:25	147061686	364,1035	/16 03:28:47	147066536	365,3583
1473/12/15 07:57:06	147063491	364,3032	/16 09:41:03	147060714	365,2585
1474/12/17 21:07:40	147059364	367,5490	/16 16:45:29	147060752	365,2947
1475/12/16 05:37:10	147063769	363,3538	/17 00:28:14	147067058	365,3213
1476/12/16 08:34:07	147072441	366,1228	/16 08:39:36	147067635	365,3412
1477/12/17 08:42:15	147063900	366,0056	/16 12:19:20	147066929	365,1525
1478/12/15 08:57:56	147065550	363,0108	/16 15:01:55	147066122	365,1129
1479/12/17 20:07:53	147070602	367,4652	/16 22:24:23	147067146	365,3072
1480/12/16 12:27:37	147063324	364,6803	/16 08:33:06	147068006	365,4227
1481/12/15 06:46:49	147067021	363,7633	/16 13:06:28	147065405	365,1898
1482/12/17 23:23:13	147066241	367,6919	/16 17:11:06	147066344	365,1698
1483/12/16 10:52:42	147064645	363,4788	/16 22:16:46	147068974	365,2122
1484/12/15 17:32:29	147068895	365,2776	/16 06:45:06	147064639	365,3530
1485/12/17 15:26:37	147058921	366,9125	/16 13:44:27	147061041	365,2912
1486/12/15 16:58:32	147060592	363,0638	/16 19:28:21	147062272	365,2388
1487/12/17 16:41:57	147071369	366,9884	/17 03:21:05	147066911	365,3282
1488/12/16 22:41:38	147066342	365,2497	/16 11:23:53	147070475	365,3352
1489/12/15 06:23:54	147068185	363,3210	/16 14:05:10	147067796	365,1120
1490/12/17 23:45:15	147068201	367,7231	/16 18:29:50	147066832	365,1838

REAL DATE OF THE PERIHELION				DATE OF THE PERIHELION OF BARYCENTER EARTH-M		
Date	TT	Dist (km)	Diff (gg)	Date TT	Dist (km)	Diff (gg)
1491/12/16	21:15:12	147065230	363,8958	/17 01:51:17	147070068	365,3065
1492/12/15	12:49:43	147071115	364,6489	/16 11:16:47	147067876	365,3927
1493/12/17	21:33:07	147065505	367,3634	/16 16:15:15	147066688	365,2072
1494/12/15	22:06:34	147064682	363,0232	/16 18:40:42	147067608	365,1010
1495/12/17	01:11:07	147072348	366,1281	/17 00:26:16	147067421	365,2399
1496/12/17	04:37:05	147062342	366,1430	/16 09:26:43	147065503	365,3753
1497/12/15	09:44:53	147059914	363,2137	/16 16:09:18	147060612	365,2795
1498/12/18	00:27:01	147064527	367,6126	/16 23:23:55	147061775	365,3018
1499/12/17	08:56:55	147064761	364,3540	/17 06:57:00	147069668	365,3146
1500/12/15	09:52:09	147071566	364,0383	/16 14:18:45	147069673	365,3067
1501/12/18	00:48:13	147068516	367,6222	/16 17:34:58	147068625	365,1362
1502/12/16	07:15:12	147064744	363,2687	/16 20:56:43	147068640	365,1401
1503/12/16	18:58:46	147074633	365,4885	/17 04:50:24	147069983	365,3289
1504/12/17	15:01:02	147068854	366,8349	/16 14:12:13	147071005	365,3901
1505/12/15	14:39:24	147066674	362,9849	/16 18:04:46	147068393	365,1614
1506/12/17	13:25:16	147072579	366,9485	/16 21:40:22	147068492	365,1497
1507/12/17	13:37:59	147066184	365,0088	/17 03:19:08	147070624	365,2352
1508/12/15	05:25:05	147065129	363,6577	/16 11:53:01	147064839	365,3568
1509/12/18	01:53:20	147062757	367,8529	/16 19:02:03	147061657	365,2979
1510/12/16	18:20:31	147058958	363,6855	/17 01:05:31	147063517	365,2524
1511/12/16	13:36:15	147072188	364,8026	/17 08:55:25	147068404	365,3263
1512/12/17	21:48:01	147069653	367,3415	/16 16:39:39	147070680	365,3223
1513/12/15	20:53:50	147064852	362,9623	/16 19:17:46	147067545	365,1098
1514/12/17	04:56:57	147072465	366,3355	/17 00:33:14	147067704	365,2190
1515/12/18	01:16:48	147067929	365,8471	/17 08:32:16	147071556	365,3326
1516/12/15	11:11:28	147068876	363,4129	/16 17:02:57	147069728	365,3546
1517/12/18	01:22:37	147071203	367,5910	/16 21:37:29	147068847	365,1906
1518/12/17	01:11:13	147065002	363,9920	/17 00:00:47	147069871	365,0995
1519/12/16	03:29:46	147071999	364,0962	/17 06:14:08	147069768	365,2592
1520/12/17	22:50:39	147067324	367,8061	/16 15:22:05	147067090	365,3805
1521/12/16	05:35:16	147059349	363,2809	/16 21:32:51	147062888	365,2574
1522/12/16	22:13:56	147069695	365,6935	/17 04:46:58	147064879	365,3014
1523/12/18	11:00:24	147069527	366,5322	/17 12:07:41	147072014	365,3060
1524/12/15	15:27:43	147069031	363,1856	/16 18:38:39	147070949	365,2715
1525/12/17	18:03:54	147072253	367,1084	/16 22:13:15	147068657	365,1490
1526/12/17	10:33:33	147064404	364,6872	/17 02:21:47	147069102	365,1726
1527/12/16	05:45:31	147071000	363,7999	/17 11:00:55	147070287	365,3605
1528/12/18	03:26:55	147072074	367,9037	/16 19:47:32	147070852	365,3657
1529/12/16	14:56:56	147064649	363,4791	/16 23:34:53	147068866	365,1578
1530/12/16	09:57:57	147073129	364,7923	/17 03:26:34	147068977	365,1608
1531/12/18	13:46:59	147070748	367,1590	/17 09:40:06	147071707	365,2594
1532/12/15	19:54:41	147063141	363,2553	/16 18:24:00	147065975	365,3638
1533/12/17	09:58:57	147068174	366,5862	/17 01:31:15	147063771	365,2967
1534/12/17	21:50:55	147063366	365,4944	/17 07:26:12	147067472	365,2464
1535/12/16	09:57:08	147071608	363,5043	/17 14:57:36	147072369	365,3134
1536/12/18	02:41:54	147076137	367,6977	/16 21:26:49	147073820	365,2702
1537/12/16	23:23:47	147065597	363,8624	/17 00:07:42	147070223	365,1117
1538/12/16	05:06:03	147072749	364,2376	/17 05:38:24	147069789	365,2296
1539/12/18	20:25:32	147074072	367,6385	/17 13:53:44	147073735	365,3439
1540/12/16	04:37:30	147067201	363,3416	/16 21:42:35	147070683	365,3255
1541/12/16	21:02:07	147074165	365,6837	/17 01:55:12	147069495	365,1754
1542/12/18	02:06:17	147067102	366,2112	/17 04:47:36	147070011	365,1197
1543/12/16	10:13:52	147067101	363,3386	/17 11:56:28	147069326	365,2978
1544/12/17	19:55:36	147069568	367,4039	/16 21:37:11	147066170	365,4032
1545/12/17	10:05:39	147058298	364,5903	/17 03:57:44	147062983	365,2642
1546/12/16	07:03:26	147068484	363,8734	/17 11:07:04	147066980	365,2981
1547/12/19	01:14:27	147075791	367,7576	/17 18:17:39	147074298	365,2990
1548/12/16	13:40:33	147068626	363,5181	/16 23:52:29	147072645	365,2325
1549/12/16	12:16:49	147074813	364,9418	/17 03:50:23	147070480	365,1652
1550/12/18	10:32:39	147070109	366,9276	/17 08:33:11	147071643	365,1963
1551/12/16	19:18:53	147070440	363,3654	/17 17:17:35	147073500	365,3641
1552/12/17	12:55:16	147077542	366,7336	/17 01:13:39	147073416	365,3306
1553/12/17	17:15:26	147066784	365,1806	/17 04:01:36	147071082	365,1166
1554/12/16	03:36:51	147070490	363,4315	/17 07:59:14	147070891	365,1650
1555/12/18	18:43:07	147075030	367,6293	/17 14:54:26	147072243	365,2883
1556/12/16	21:35:41	147061901	364,1198	/16 23:38:07	147066274	365,3636
1557/12/16	08:07:55	147067754	364,4390	/17 07:02:08	147064255	365,3083
1558/12/18	17:49:38	147068887	367,4039	/17 12:53:36	147068931	365,2440
1559/12/17	03:42:54	147069361	363,4119	/17 20:41:59	147073040	365,3252
1560/12/17	00:06:31	147077666	365,8497	/17 02:40:07	147073227	365,2487
1561/12/18	01:12:50	147066973	366,0460	/17 06:02:30	147070456	365,1405

REAL DATE OF THE PERIHELION				DATE OF THE PERIHELION OF BARYCENTER EARTH-M			
Date	TT	Dist (km)	Diff (gg)	Date	TT	Dist (km)	Diff (gg)
1562/12/16	10:25:03	147068970	363,3834	/17	12:16:38	147070842	365,2598
1563/12/18	19:12:12	147079374	367,3660	/17	20:34:42	147075840	365,3458
1564/12/17	08:41:51	147068502	364,5622	/17	03:40:04	147072969	365,2953
1565/12/16	03:35:38	147073962	363,7873	/17	07:24:49	147071850	365,1560
1566/12/18	15:39:09	147074708	367,5024	/17	10:22:26	147073045	365,1233
1567/12/17	08:37:44	147067593	363,7073	/17	18:11:23	147071750	365,3256
1568/12/16	11:56:34	147072745	365,1380	/17	03:08:17	147068552	365,3728
1569/12/18	09:19:14	147063938	366,8907	/17	09:19:45	147066230	365,2579
1570/12/16	18:08:15	147066841	363,3673	/17	15:58:56	147069887	365,2772
1571/12/18	11:20:31	147080706	366,7168	/17	22:51:34	147076570	365,2865
1572/12/17	16:19:51	147068766	365,2078	/17	04:03:41	147073009	365,2167
1573/12/16	03:41:50	147070918	363,4736	/17	08:32:56	147070468	365,1869
1574/12/18	16:48:48	147074760	367,5465	/17	14:08:50	147071868	365,2332
1575/12/17	20:23:02	147069264	364,1487	/17	23:17:50	147073571	365,3812
1576/12/16	07:55:08	147076777	364,4806	/17	06:55:06	147073198	365,3175
1577/12/18	13:21:34	147070355	367,2266	/17	09:37:55	147071040	365,1130
1578/12/16	22:03:34	147067801	363,3625	/17	13:52:54	147071770	365,1770
1579/12/17	18:28:17	147077432	365,8505	/17	21:40:14	147073124	365,3245
1580/12/18	00:16:41	147063998	366,2419	/17	06:06:35	147067683	365,3516
1581/12/16	10:26:33	147066065	363,4235	/17	13:26:27	147067187	365,3054
1582/12/28	16:33:36	147076639	367,2549	/27	18:57:50	147072871	365,2301
1583/12/28	06:47:16	147072495	364,5928	/28	02:11:52	147076784	365,3014
1584/12/26	03:22:42	147078119	363,8579	/27	07:32:17	147075624	365,2225
1585/12/28	15:31:54	147073293	367,5063	/27	10:50:41	147072261	365,1377
1586/12/27	07:27:58	147068673	363,6639	/27	17:20:50	147073044	365,2709
1587/12/27	10:04:15	147080994	365,1085	/28	01:42:37	147077012	365,3484
1588/12/28	07:15:39	147070848	366,8829	/27	08:04:21	147073598	365,2650
1589/12/26	13:28:21	147068979	363,2588	/27	12:00:14	147071702	365,1638
1590/12/28	01:51:39	147077296	366,5161	/27	15:35:29	147072871	365,1494
1591/12/28	13:24:41	147066856	365,4812	/28	00:48:17	147070850	365,3838
1592/12/26	04:03:22	147068962	363,6101	/27	09:48:13	147067819	365,3749
1593/12/28	18:51:27	147070328	367,6167	/27	16:03:21	147067838	365,2605
1594/12/27	18:50:22	147068101	363,9992	/27	22:24:11	147072567	365,2644
1595/12/27	04:24:52	147082579	364,3989	/28	04:47:09	147079258	365,2659
1596/12/28	12:36:55	147073851	367,3417	/27	09:39:52	147075280	365,2032
1597/12/26	21:27:10	147069156	363,3682	/27	14:28:05	147072973	365,2001
1598/12/27	18:10:54	147080174	365,8637	/27	20:06:53	147075748	365,2352
1599/12/28	23:31:08	147073343	366,2223	/28	05:09:19	147076894	365,3766
1600/12/26	06:38:45	147075324	363,2969	/27	11:17:57	147075763	365,2559
1601/12/28	10:27:57	147077266	367,1591	/27	13:46:20	147073402	365,1030
1602/12/27	23:47:09	147068515	364,5550	/27	18:19:53	147072801	365,1899
1603/12/26	21:12:24	147075791	363,8925	/28	02:53:18	147073537	365,3565
1604/12/28	16:05:21	147067833	367,7867	/27	11:29:10	147067654	365,3582
1605/12/27	07:36:03	147063505	363,6463	/27	18:48:46	147067956	365,3052
1606/12/27	09:47:54	147077858	365,0915	/28	00:23:36	147073884	365,2325
1607/12/29	06:58:16	147073836	366,8822	/28	07:40:01	147076669	365,3030
1608/12/26	12:29:10	147073151	363,2297	/27	13:17:30	147075139	365,2343
1609/12/28	05:24:13	147077068	366,7049	/27	17:17:43	147072512	365,1668
1610/12/28	12:06:51	147071031	365,2796	/27	23:53:17	147074930	365,2747
1611/12/27	01:06:00	147080399	363,5410	/28	08:18:24	147079128	365,3507
1612/12/28	17:19:15	147077564	367,6758	/27	13:43:08	147075704	365,2255
1613/12/27	13:35:35	147069567	363,8446	/27	17:23:05	147074293	365,1527
1614/12/26	19:40:53	147078429	364,2536	/27	21:17:58	147075488	365,1631
1615/12/29	09:58:53	147071549	367,5958	/28	06:41:43	147073253	365,3914
1616/12/26	20:13:17	147066964	363,4266	/27	15:25:23	147070279	365,3636
1617/12/27	22:09:02	147075100	366,0803	/27	21:04:31	147070406	365,2355
1618/12/28	21:45:31	147071941	365,9836	/28	02:56:14	147075259	365,2442
1619/12/27	02:57:02	147079918	363,2163	/28	09:22:09	147079981	365,2680
1620/12/28	12:49:07	147078543	367,4111	/27	14:16:16	147075126	365,2042
1621/12/27	23:25:40	147068143	364,4420	/27	19:58:49	147072702	365,2378
1622/12/26	19:58:50	147078269	363,8563	/28	02:05:28	147076282	365,2546
1623/12/29	16:46:22	147076544	367,8663	/28	11:34:07	147077029	365,3948
1624/12/27	04:23:46	147071349	363,4843	/27	17:11:01	147075631	365,2339
1625/12/27	06:47:04	147078747	365,0995	/27	19:37:03	147074557	365,1014
1626/12/29	01:31:15	147071838	366,7806	/28	00:37:43	147074261	365,2088
1627/12/27	06:47:04	147073735	363,2193	/28	09:33:20	147075244	365,3719
1628/12/28	08:23:40	147074860	367,0670	/27	17:52:41	147070424	365,3467
1629/12/28	11:15:11	147067547	365,1191	/28	00:44:00	147071641	365,2856
1630/12/26	21:34:23	147079437	363,4300	/28	05:33:21	147078476	365,2009
1631/12/29	17:40:08	147080755	367,8373	/28	12:34:36	147079640	365,2925
1632/12/27	11:57:48	147071889	363,7622	/27	17:37:42	147076697	365,2104

REAL DATE OF THE PERIHELION				DATE OF THE PERIHELION OF BARYCENTER EARTH-M		
Date	TT	Dist (km)	Diff (gg)	Date TT	Dist (km)	Diff (gg)
1633/12/26	23:05:02	147077647	364,4633	/27 22:02:01	147074459	365,1835
1634/12/29	08:58:25	147074733	367,4120	/28 04:44:29	147076317	365,2794
1635/12/27	15:33:21	147077079	363,2742	/28 13:08:40	147079850	365,3501
1636/12/27	21:29:23	147080319	366,2472	/27 18:15:44	147075431	365,2132
1637/12/28	16:55:17	147070536	365,8096	/27 22:10:44	147073773	365,1632
1638/12/26	20:07:31	147074433	363,1334	/28 03:12:36	147074759	365,2096
1639/12/29	14:23:59	147074913	367,7614	/28 13:20:49	147072164	365,4223
1640/12/27	23:11:08	147065833	364,3660	/27 22:13:48	147070678	365,3701
1641/12/26	23:02:20	147074403	363,9938	/28 03:41:32	147072345	365,2275
1642/12/29	15:06:35	147077666	367,6696	/28 08:50:50	147078256	365,2148
1643/12/28	00:17:25	147078386	363,3825	/28 15:16:09	147082250	365,2675
1644/12/27	11:17:16	147081707	365,4582	/27 19:59:20	147077091	365,1966
1645/12/29	02:17:33	147073440	366,6252	/28 01:48:58	147075774	365,2428
1646/12/27	03:28:43	147078467	363,0494	/28 07:49:37	147079814	365,2504
1647/12/29	10:01:22	147083880	367,2726	/28 16:26:42	147079854	365,3590
1648/12/28	06:27:37	147073316	364,8515	/27 21:33:40	147077743	365,2131
1649/12/26	16:42:20	147076156	363,4268	/27 23:58:46	147075607	365,1007
1650/12/29	12:01:21	147075978	367,8048	/28 05:35:27	147075065	365,2338
1651/12/28	07:58:07	147070428	363,8311	/28 15:26:20	147075054	365,4103
1652/12/27	04:44:08	147074656	364,8652	/27 23:36:49	147070903	365,3406
1653/12/29	10:53:44	147071253	367,2566	/28 06:24:47	147072674	365,2833
1654/12/27	11:21:58	147077313	363,0196	/28 11:00:31	147079739	365,1914
1655/12/29	01:15:34	147084636	366,5788	/28 18:26:04	147079839	365,3094
1656/12/28	16:01:26	147073040	365,6151	/27 23:50:15	147076669	365,2251
1657/12/26	21:35:43	147075869	363,2321	/28 04:25:28	147076382	365,1911
1658/12/29	14:41:54	147081201	367,7126	/28 11:02:47	147079005	365,2759
1659/12/28	18:23:19	147077301	364,1537	/28 18:59:02	147082219	365,3307
1660/12/26	20:44:47	147080368	364,0982	/27 23:26:10	147078027	365,1855
1661/12/29	10:40:38	147075963	367,5804	/28 03:20:11	147076143	365,1625
1662/12/27	16:17:40	147074029	363,2340	/28 08:35:47	147077572	365,2191
1663/12/28	13:50:29	147079174	365,8977	/28 19:06:04	147074305	365,4377
1664/12/29	01:55:21	147069929	366,5033	/28 03:22:50	147072519	365,3449
1665/12/27	03:42:03	147073515	363,0741	/28 08:22:11	147074987	365,2078
1666/12/29	09:57:06	147083245	367,2604	/28 13:13:00	147079716	365,2019
1667/12/29	02:45:40	147077445	364,7004	/28 19:58:02	147082188	365,2812
1668/12/26	19:28:53	147077197	363,6966	/28 01:17:06	147076373	365,2215
1669/12/29	15:07:51	147076557	367,8187	/28 07:33:42	147075738	365,2615
1670/12/28	04:28:55	147075938	363,5562	/28 14:06:54	147080196	365,2730
1671/12/28	06:58:02	147083876	365,1035	/28 22:30:49	147079604	365,3499
1672/12/29	07:21:56	147076989	367,0166	/28 03:22:02	147078287	365,2022
1673/12/27	06:10:02	147074140	362,9500	/28 05:59:56	147076690	365,1096
1674/12/28	20:34:46	147081347	366,6005	/28 11:53:35	147076826	365,2455
1675/12/29	12:03:04	147073007	365,6446	/28 22:14:08	147077103	365,4309
1676/12/26	23:54:00	147073329	363,4937	/28 05:49:22	147073820	365,3161
1677/12/29	17:34:08	147078725	367,7362	/28 11:48:02	147076823	365,2490
1678/12/28	13:52:35	147078687	363,8461	/28 16:02:29	147083418	365,1767
1679/12/27	22:58:33	147084808	364,3791	/28 22:56:58	147081777	365,2878
1680/12/29	11:40:33	147078249	367,5291	/28 04:45:14	147078293	365,2418
1681/12/27	15:23:30	147074570	363,1548	/28 09:34:38	147077882	365,2009
1682/12/28	13:11:23	147085494	365,9082	/28 16:07:56	147080676	365,2731
1683/12/29	20:41:10	147079486	366,3123	/29 00:09:15	147082515	365,3342
1684/12/27	00:45:05	147076237	363,1693	/28 04:15:59	147078055	365,1713
1685/12/29	07:44:57	147079041	367,2915	/28 08:42:31	147075783	365,1851
1686/12/28	20:27:33	147072677	364,5295	/28 14:46:02	147077458	365,2524
1687/12/27	21:39:58	147076194	364,0502	/29 01:51:48	147074697	365,4623
1688/12/29	17:37:02	147074817	367,8312	/28 09:56:44	147073852	365,3367
1689/12/28	02:30:43	147074159	363,3706	/28 14:11:12	147078100	365,1767
1690/12/28	05:00:41	147087210	365,1041	/28 18:44:30	147082711	365,1897
1691/12/30	03:39:24	147082313	366,9435	/29 01:32:36	147083964	365,2834
1692/12/27	07:12:59	147076067	363,1483	/28 06:54:35	147078785	365,2236
1693/12/29	02:07:08	147082803	366,7876	/28 13:09:53	147078678	365,2606
1694/12/29	07:19:27	147079214	365,2168	/28 19:12:37	147083621	365,2519
1695/12/27	22:02:41	147081695	363,6133	/29 03:11:55	147081873	365,3328
1696/12/29	13:33:05	147081280	367,6461	/28 07:38:04	147079076	365,1848
1697/12/28	07:48:27	147073036	363,7606	/28 10:37:53	147077486	365,1248
1698/12/27	18:46:52	147080371	364,4572	/28 17:22:16	147076892	365,2808
1699/12/30	09:40:55	147076799	367,6208	/29 04:11:48	147077001	365,4510
1700/12/28	16:39:17	147070906	363,2905	/29 11:39:36	147074254	365,3109
1701/12/29	17:33:01	147082484	366,0373	/29 17:11:44	147077908	365,2306
1702/12/30	16:13:59	147080654	365,9451	/29 21:46:38	147084214	365,1909
1703/12/29	01:44:46	147079766	363,3963	/30 04:54:10	147081427	365,2969

REAL DATE OF THE PERIHELION				DATE OF THE PERIHELION OF BARYCENTER EARTH-M			
Date	TT	Dist (km)	Diff (gg)	Date	TT	Dist (km)	Diff (gg)
1704/12/30	12:08:44	147082347	367,4333	/29	11:01:38	147079212	365,2551
1705/12/29	19:47:01	147075435	364,3182	/29	15:53:04	147080051	365,2023
1706/12/28	18:44:32	147085512	363,9566	/29	22:01:16	147083359	365,2557
1707/12/31	12:32:49	147085985	367,7418	/30	05:51:27	147084782	365,3265
1708/12/28	21:51:28	147076168	363,3879	/29	09:33:56	147080119	365,1545
1709/12/29	00:25:16	147082753	365,1068	/29	13:59:14	147078361	365,1842
1710/12/30	21:03:10	147077854	366,8596	/29	20:47:20	147080042	365,2834
1711/12/29	08:02:50	147073868	363,4581	/30	07:26:46	147076664	365,4440
1712/12/30	07:28:43	147080412	366,9763	/29	15:07:13	147076514	365,3197
1713/12/30	05:27:51	147076043	364,9160	/29	18:48:47	147080502	365,1538
1714/12/28	18:21:43	147084720	363,5374	/29	23:16:24	147084272	365,1858
1715/12/31	11:41:35	147086150	367,7221	/30	06:45:16	147083704	365,3117
1716/12/29	07:55:53	147074654	363,8432	/29	12:23:42	147078916	365,2350
1717/12/28	21:38:45	147082981	364,5714	/29	18:56:03	147079188	365,2724
1718/12/31	04:58:42	147083538	367,3055	/30	01:00:39	147084243	365,2531
1719/12/29	14:25:45	147078929	363,3937	/30	08:48:19	147082543	365,3247
1720/12/29	14:16:37	147084030	365,9936	/29	13:15:41	147079667	365,1856
1721/12/30	10:03:45	147075266	365,8244	/29	16:24:35	147079049	365,1311
1722/12/28	20:49:15	147077653	363,4482	/29	23:53:30	147078927	365,3117
1723/12/31	11:25:57	147082383	367,6088	/30	10:45:29	147079044	365,4527
1724/12/29	19:52:36	147073390	364,3518	/29	17:24:16	147077780	365,2769
1725/12/28	19:30:30	147084263	363,9846	/29	22:11:28	147081531	365,1994
1726/12/31	07:48:36	147088026	367,5125	/30	02:20:43	147087079	365,1730
1727/12/29	21:40:19	147078933	363,5775	/30	09:46:44	147083043	365,3097
1728/12/29	03:55:27	147084358	365,2605	/29	16:08:41	147080118	365,2652
1729/12/30	19:32:02	147078882	366,6504	/29	20:57:27	147081704	365,2005
1730/12/29	03:49:30	147081583	363,3454	/30	03:14:47	147084241	365,2620
1731/12/31	02:35:42	147088743	366,9487	/30	10:53:10	147084667	365,3183
1732/12/30	01:25:02	147075312	364,9509	/29	14:40:32	147079539	365,1578
1733/12/28	14:19:33	147079005	363,5378	/29	19:33:18	147077918	365,2033
1734/12/31	07:13:32	147082716	367,7041	/30	03:34:26	147080262	365,3341
1735/12/30	08:33:31	147072855	364,0555	/30	14:13:40	147077157	365,4439
1736/12/29	00:19:33	147082537	364,6569	/29	21:17:43	147078766	365,2944
1737/12/31	03:04:42	147081978	367,1146	/30	00:30:00	147083452	365,1335
1738/12/29	10:44:03	147082913	363,3190	/30	04:55:23	147086626	365,1843
1739/12/30	15:18:19	147089981	366,1904	/30	12:48:28	147085628	365,3285
1740/12/30	11:06:55	147077648	365,8254	/29	18:27:35	147081485	365,2355
1741/12/28	20:03:35	147082367	363,3726	/30	00:21:25	147082824	365,2457
1742/12/31	05:33:52	147091208	367,3960	/30	06:22:35	147087632	365,2508
1743/12/30	15:55:48	147079904	364,4319	/30	13:18:31	147084204	365,2888
1744/12/28	13:47:50	147083623	363,9111	/29	17:41:42	147080920	365,1827
1745/12/31	02:04:20	147080143	367,5114	/29	21:21:35	147079769	365,1527
1746/12/29	17:46:25	147075335	363,6542	/30	05:36:05	147079685	365,3434
1747/12/30	05:31:18	147083436	365,4895	/30	16:40:32	147079293	365,4614
1748/12/30	20:19:28	147075692	366,6167	/29	22:42:46	147078844	365,2515
1749/12/29	02:25:52	147080448	363,2544	/30	03:21:50	147082468	365,1938
1750/12/30	22:53:02	147091516	366,8522	/30	07:56:51	147087193	365,1909
1751/12/31	01:48:13	147079364	365,1216	/30	15:44:56	147083435	365,3250
1752/12/28	16:23:15	147082916	363,6076	/29	22:24:40	147081290	365,2775
1753/12/31	06:37:40	147086113	367,5933	/30	02:50:48	147084196	365,1848
1754/12/30	03:47:21	147082319	363,8817	/30	09:13:40	147086873	365,2658
1755/12/29	17:36:34	147089752	364,5758	/30	16:28:08	147086318	365,3017
1756/12/30	22:18:23	147079849	367,1957	/29	19:55:17	147081734	365,1438
1757/12/29	06:07:40	147076683	363,3259	/30	01:08:59	147080139	365,2178
1758/12/30	12:09:35	147087065	366,2513	/30	09:20:25	147082507	365,3412
1759/12/31	12:04:49	147075875	365,9966	/30	19:41:50	147079554	365,4315
1760/12/28	20:15:38	147081088	363,3408	/30	02:10:11	147080817	365,2696
1761/12/31	04:23:32	147088884	367,3388	/30	04:52:27	147085524	365,1126
1762/12/30	12:12:36	147082610	364,3257	/30	09:57:30	147087061	365,2118
1763/12/29	13:27:50	147087715	364,0522	/30	18:15:09	147085188	365,3455
1764/12/31	04:43:26	147080913	367,6358	/30	00:10:18	147081430	365,2466
1765/12/29	16:38:09	147078967	363,4963	/30	05:53:10	147083256	365,2381
1766/12/30	01:53:14	147092723	365,3854	/30	12:24:49	147088498	365,2719
1767/12/31	17:38:05	147081531	366,6561	/30	19:09:25	147084500	365,2809
1768/12/28	20:49:17	147080549	363,1327	/29	23:31:42	147081980	365,1821
1769/12/30	18:44:28	147086135	366,9133	/30	03:49:00	147081710	365,1786
1770/12/30	22:26:22	147077991	365,1540	/30	12:38:56	147082062	365,3680
1771/12/29	16:04:46	147084108	363,7350	/30	23:12:37	147082488	365,4400
1772/12/31	08:58:42	147083887	367,7041	/30	04:17:20	147082836	365,2116
1773/12/30	01:16:27	147081761	363,6789	/30	07:50:23	147086493	365,1479
1774/12/29	14:29:10	147093444	364,5504	/30	12:53:55	147090096	365,2107

REAL DATE OF THE PERIHELION				DATE OF THE PERIHELION OF BARYCENTER EARTH-M		
Date	TT	Dist (km)	Diff (gg)	Date TT	Dist (km)	Diff (gg)
1775/12/31	23:17:24	147082757	367,3668	/30 20:40:22	147084817	365,3239
1776/12/29	05:34:08	147080267	363,2616	/30 03:16:22	147083056	365,2750
1777/12/30	12:15:37	147090489	366,2788	/30 07:34:39	147085697	365,1793
1778/12/31	07:24:14	147084232	365,7976	/30 14:10:26	147087688	365,2748
1779/12/29	14:00:24	147085945	363,2751	/30 21:23:09	147085651	365,3005
1780/12/31	01:45:43	147083942	367,4898	/30 00:59:52	147081084	365,1505
1781/12/30	08:18:29	147075104	364,2727	/30 07:12:16	147079835	365,2586
1782/12/29	11:34:01	147084886	364,1357	/30 16:16:53	147082590	365,3782
1784/01/01	07:05:07	147080070	367,8132	/31 02:11:17	147081108	365,4127
1784/12/29	16:14:54	147079332	363,3817	/30 08:03:28	147083197	365,2445
1785/12/30	02:35:43	147092732	365,4311	/30 10:13:17	147088183	365,0901
1786/12/31	15:29:22	147086570	366,5372	/30 16:08:08	147089254	365,2464
1787/12/29	19:36:53	147086023	363,1718	/31 00:31:42	147086963	365,3497
1788/12/30	23:49:50	147088665	367,1756	/30 05:51:14	147084603	365,2218
1789/12/30	19:23:21	147082284	364,8149	/30 11:09:57	147086624	365,2213
1790/12/29	09:29:10	147091914	363,5873	/30 17:15:04	147090796	365,2535
1792/01/01	05:26:48	147086505	367,8316	/30 23:32:42	147085949	365,2622
1792/12/29	20:17:21	147077685	363,6184	/30 04:07:45	147082366	365,1910
1793/12/29	13:08:59	147086045	364,7025	/30 09:00:28	147082430	365,2032
1794/12/31	22:30:19	147080516	367,3898	/30 18:53:03	147082335	365,4115
1795/12/30	04:24:57	147080720	363,2462	/31 04:57:59	147082881	365,4200
1796/12/30	18:03:28	147088326	366,5684	/30 09:39:55	147083541	365,1957
1797/12/31	04:49:56	147083184	365,4489	/30 13:03:21	147086805	365,1412
1798/12/29	11:23:03	147090649	363,2730	/30 19:12:24	147090627	365,2562
1800/01/01	06:50:16	147087636	367,8105	/31 03:19:30	147085597	365,3382
1800/12/31	08:09:03	147080369	364,0547	/31 09:33:58	147085275	365,2600
1801/12/30	10:37:30	147091337	364,1030	/31 13:40:27	147088918	365,1711
1803/01/02	02:52:01	147089579	367,6767	/31 20:20:11	147090375	365,2775
1803/12/31	09:10:41	147084644	363,2629	/01 02:49:08	147088095	365,2701
1804/12/31	01:20:28	147088434	365,6734	/31 06:19:38	147083594	365,1461
1806/01/01	11:16:33	147080071	366,4139	/31 12:21:59	147082658	365,2516
1806/12/30	16:12:39	147084492	363,2056	/31 21:58:32	147085514	365,4003
1808/01/02	04:43:52	147086698	367,5216	/01 07:06:01	147083267	365,3802
1808/12/31	17:55:18	147080656	364,5496	/31 12:14:14	147085362	365,2140
1809/12/30	07:50:39	147090191	363,5801	/31 14:28:37	147089199	365,0933
1811/01/02	04:46:23	147089493	367,8720	/31 21:25:45	147089097	365,2896
1811/12/31	19:32:49	147081830	363,6155	/01 06:12:15	147086134	365,3656
1812/12/30	20:07:22	147088801	365,0239	/31 11:23:43	147084587	365,2163
1814/01/01	20:41:00	147085667	367,0233	/31 16:56:23	147087261	365,2310
1814/12/30	21:42:42	147088898	363,0428	/31 23:25:58	147091006	365,2705
1816/01/01	16:12:44	147091144	366,7708	/01 05:22:58	147086600	365,2479
1817/01/01	00:02:35	147079473	365,3262	/31 10:19:10	147083475	365,2057
1817/12/30	08:46:36	147084206	363,3639	/31 15:33:11	147084527	365,2180
1819/01/02	07:44:42	147086841	367,9570	/01 01:59:30	147085245	365,4349
1820/01/01	07:11:35	147081280	363,9770	/01 11:06:53	147086075	365,3801
1820/12/30	14:36:09	147090612	364,3087	/31 14:26:45	147087576	365,1388
1822/01/02	00:39:42	147089615	367,4191	/31 17:35:02	147090058	365,1307
1822/12/31	04:39:45	147089007	363,1667	/01 00:11:55	147092143	365,2756
1824/01/01	07:29:51	147091920	366,1181	/01 08:15:28	147087004	365,3357
1825/01/01	10:38:06	147083283	366,1307	/31 14:18:52	147086305	365,2523
1825/12/30	13:15:23	147088672	363,1092	/31 18:21:55	147090064	365,1687
1827/01/02	02:07:08	147093127	367,5359	/01 01:45:13	147090110	365,3078
1828/01/01	12:19:00	147082256	364,4249	/01 08:05:18	147087116	365,2639
1828/12/30	07:31:14	147084293	363,8001	/31 12:19:55	147082930	365,1768
1830/01/02	02:57:24	147083301	367,8098	/31 19:01:17	147082632	365,2787
1830/12/31	16:17:05	147083152	363,5553	/01 05:12:34	147087061	365,4245
1832/01/01	02:30:15	147090370	365,4258	/01 13:36:40	147085720	365,3500
1833/01/01	19:45:39	147086690	366,7190	/31 17:43:41	147088509	365,1715
1833/12/30	18:31:10	147090058	362,9482	/31 20:01:21	147092400	365,0956
1835/01/01	18:19:28	147095568	366,9918	/01 03:47:23	147091453	365,3236
1836/01/01	22:53:41	147084629	365,1904	/01 11:59:47	147089087	365,3419
1836/12/30	10:45:59	147087957	363,4946	/31 16:33:22	147088052	365,1899
1838/01/02	04:00:29	147092054	367,7184	/31 21:12:59	147090304	365,1941
1838/12/31	23:15:59	147088532	363,8024	/01 03:56:36	147093060	365,2803
1839/12/31	12:04:33	147090591	364,5337	/01 09:42:00	147087028	365,2398
1841/01/01	21:08:49	147083466	367,3779	/31 14:59:29	147083768	365,2204
1841/12/31	01:09:18	147081596	363,1669	/31 21:08:00	147084760	365,2559
1843/01/01	10:56:18	147090161	366,4076	/01 08:11:45	147085465	365,4609
1844/01/02	10:02:42	147082570	365,9627	/01 16:47:55	147086220	365,3584
1844/12/30	15:09:08	147086527	363,2128	/31 19:32:40	147087934	365,1144
1846/01/02	01:39:22	147093466	367,4376	/31 23:18:04	147090618	365,1565

REAL DATE OF THE PERIHELION				DATE OF THE PERIHELION OF BARYCENTER EARTH-M		
Date TT	Dist (km)	Diff (gg)	Date TT		Dist (km)	Diff (gg)
1847/01/01 09:34:37	147087692	364,3300	/01 07:05:11		147092451	365,3243
1847/12/31 11:58:51	147090821	364,1001	/01 14:47:34		147088605	365,3211
1849/01/02 04:01:39	147089698	367,6686	/31 20:29:28		147088882	365,2374
1849/12/31 10:36:11	147089255	363,2739	/01 00:10:29		147093046	365,1534
1850/12/31 21:16:34	147097395	365,4447	/01 07:34:28		147092744	365,3083
1852/01/02 13:31:28	147086848	366,6770	/01 13:27:25		147089096	365,2451
1852/12/30 16:55:50	147082861	363,1419	/31 17:21:39		147085479	365,1626
1854/01/01 17:25:58	147089307	367,0209	/01 00:28:03		147085463	365,2961
1855/01/01 19:55:10	147084419	365,1036	/01 10:47:16		147089036	365,4300
1855/12/31 13:17:02	147088444	363,7235	/01 18:17:08		147087837	365,3124
1857/01/02 04:38:07	147091541	367,6396	/31 21:58:53		147089586	365,1539
1857/12/31 19:07:21	147088642	363,6036	/01 00:49:19		147092915	365,1183
1858/12/31 14:20:37	147094868	364,8008	/01 09:54:56		147090871	365,3789
1860/01/02 22:08:58	147088005	367,3252	/01 18:00:03		147088843	365,3368
1860/12/31 02:22:30	147085490	363,1760	/31 22:35:16		147088794	365,1911
1862/01/01 07:13:07	147095625	366,2018	/01 03:11:39		147091203	365,1919
1863/01/02 02:18:43	147090338	365,7955	/01 10:07:04		147094299	365,2884
1863/12/31 11:56:53	147087143	363,4015	/01 15:41:46		147088324	365,2324
1865/01/01 23:14:15	147088787	367,4703	/31 21:00:23		147085744	365,2212
1866/01/01 05:23:07	147083506	364,2561	/01 03:37:19		147088006	365,2756
1866/12/31 13:13:33	147091597	364,3267	/01 14:39:19		147088686	365,4597
1868/01/03 04:06:43	147090622	367,6202	/01 21:49:34		147090013	365,2987
1868/12/31 09:47:36	147087495	363,2367	/31 23:51:40		147091362	365,0847
1869/12/31 17:21:02	147097049	365,3148	/01 03:29:16		147092608	365,1511
1871/01/02 10:09:42	147090846	366,7004	/01 12:10:40		147093732	365,3620
1871/12/31 19:04:39	147086829	363,3715	/01 19:41:50		147089286	365,3133
1873/01/01 20:00:10	147093517	367,0385	/01 01:05:10		147089737	365,2245
1874/01/01 14:09:12	147088868	364,7562	/01 05:08:03		147093311	365,1686
1874/12/31 08:07:43	147093138	363,7489	/01 12:57:25		147091910	365,3259
1876/01/03 00:29:22	147089863	367,6817	/01 19:14:02		147087709	365,2615
1876/12/31 17:12:02	147080620	363,6963	/31 23:35:36		147084838	365,1816
1877/12/31 11:51:54	147090614	364,7776	/01 07:21:39		147086627	365,3236
1879/01/02 20:11:02	147089259	367,3466	/01 17:56:59		147090827	365,4412
1880/01/01 03:45:25	147087297	363,3155	/02 00:09:20		147090680	365,2585
1881/01/01 09:38:35	147096813	366,2452	/01 03:18:13		147092538	365,1311
1882/01/01 22:04:33	147091487	365,5180	/01 06:30:54		147095519	365,1338
1882/12/31 11:38:43	147093024	363,5653	/01 15:58:46		147093454	365,3943
1884/01/03 01:24:20	147094705	367,5733	/01 23:30:51		147091549	365,3139
1885/01/01 03:58:33	147087567	364,1070	/01 03:04:18		147091891	365,1482
1885/12/31 05:22:12	147096889	364,0581	/01 07:40:08		147093875	365,1915
1887/01/02 20:04:23	147095226	367,6126	/01 14:56:30		147094962	365,3030
1888/01/01 06:56:41	147084542	363,4529	/01 20:30:11		147088667	365,2317
1888/12/31 16:47:55	147090050	365,4105	/01 02:25:15		147085804	365,2465
1890/01/02 06:35:35	147085584	366,5747	/01 09:39:46		147088843	365,3017
1890/12/31 19:19:26	147087340	363,5304	/01 20:55:04		147089259	365,4689
1892/01/02 22:45:48	147094677	367,1433	/02 03:13:00		147090778	365,2624
1893/01/01 13:34:56	147088253	364,6174	/01 05:14:28		147092486	365,0843
1893/12/31 04:16:21	147095173	363,6121	/01 09:35:27		147093446	365,1812
1895/01/02 23:30:07	147097073	367,8012	/01 18:51:41		147095260	365,3862
1896/01/01 18:15:41	147087285	363,7816	/02 01:49:28		147091639	365,2901
1896/12/31 10:15:07	147096327	364,6662	/01 06:28:12		147092542	365,1935
1898/01/02 12:13:45	147094496	367,0823	/01 10:29:50		147096509	365,1678
1898/12/31 22:03:05	147090561	363,4092	/01 18:20:41		147093904	365,3269
1900/01/02 06:25:29	147094105	366,3488	/02 00:08:23		147089713	365,2414
1901/01/02 20:18:59	147083345	365,5788	/02 04:49:52		147087206	365,1954
1902/01/01 07:24:05	147088838	363,4618	/02 12:42:10		147088607	365,3279
1903/01/04 00:42:36	147095826	367,7212	/02 23:15:37		147092730	365,4398
1904/01/03 04:15:42	147087445	364,1479	/03 04:36:14		147091815	365,2226
1905/01/01 04:26:53	147095963	364,0077	/02 07:37:42		147093016	365,1260
1906/01/03 16:35:19	147094817	367,5058	/02 12:05:05		147095267	365,1856
1907/01/02 07:28:18	147088762	363,6201	/02 22:09:09		147092916	365,4194
1908/01/02 23:02:53	147095727	365,6490	/03 05:40:59		147091444	365,3137
1909/01/03 05:40:53	147089124	366,2763	/02 08:54:44		147092429	365,1345
1910/01/01 10:53:23	147093917	363,2170	/02 13:32:44		147095343	365,1930
1911/01/03 15:02:46	147100039	367,1731	/02 21:11:36		147095866	365,3186
1912/01/03 10:44:29	147085950	364,8206	/03 02:25:22		147090070	365,2178
1913/01/01 02:20:46	147090022	363,6501	/02 08:39:26		147088157	365,2597
1914/01/03 20:51:41	147093158	367,7714	/02 16:13:21		147091986	365,3152
1915/01/02 18:04:05	147088310	363,8836	/03 02:44:16		147092859	365,4381
1916/01/02 12:39:47	147097727	364,7747	/03 08:02:06		147094017	365,2207
1917/01/03 10:55:43	147092635	366,9277	/02 09:23:45		147094965	365,0567

114

REAL DATE OF THE PERIHELION				DATE OF THE PERIHELION OF BARYCENTER EARTH-M			
Date	TT	Dist (km)	Diff (gg)	Date	TT	Dist (km)	Diff (gg)
1918/01/01	16:58:58	147092589	363,2522	/02	14:35:30	147095494	365,2165
1919/01/03	08:24:21	147100715	366,6426	/03	00:29:02	147096115	365,4121
1920/01/03	21:47:36	147089151	365,5578	/03	06:50:29	147092875	365,2649
1921/01/01	04:29:50	147093974	363,2793	/02	11:19:41	147093346	365,1869
1922/01/03	16:56:59	147099918	367,5188	/02	15:38:01	147097057	365,1794
1923/01/02	23:22:39	147088552	364,2678	/02	23:53:32	147093159	365,3441
1924/01/02	01:54:18	147091634	364,1053	/03	05:52:37	147088967	365,2493
1925/01/03	15:41:40	147087087	367,5745	/02	11:15:14	147088140	365,2240
1926/01/02	03:36:36	147086520	363,4964	/02	19:31:49	147090468	365,3448
1927/01/03	01:35:52	147099816	365,9161	/03	05:34:16	147095309	365,4183
1928/01/04	06:49:36	147091488	366,2178	/03	09:56:17	147094641	365,1819
1929/01/01	07:59:43	147094541	363,0486	/02	12:40:43	147095359	365,1141
1930/01/03	12:21:31	147102080	367,1818	/02	17:52:21	147098001	365,2164
1931/01/03	10:38:08	147090937	364,9282	/03	04:01:06	147095239	365,4227
1932/01/02	03:21:31	147095903	363,6967	/03	10:30:36	147094159	365,2704
1933/01/03	18:51:57	147095715	367,6461	/02	13:25:50	147095235	365,1216
1934/01/02	09:30:59	147091973	363,6104	/02	18:08:09	147096645	365,1960
1935/01/02	07:33:34	147099816	364,9184	/03	02:10:37	147096078	365,3350
1936/01/04	09:51:02	147087512	367,0954	/03	07:37:28	147089729	365,2269
1937/01/01	14:15:44	147086176	363,1838	/02	14:16:24	147088432	365,2770
1938/01/03	08:02:28	147097436	366,7407	/02	22:32:48	147092712	365,3447
1939/01/03	22:11:04	147089745	365,5893	/03	08:30:28	147093526	365,4150
1940/01/02	05:26:34	147095386	363,3024	/03	13:25:53	147094685	365,2051
1941/01/03	18:10:19	147097619	367,5303	/02	14:59:13	147095488	365,0648
1942/01/02	19:15:31	147092088	364,0452	/02	20:56:54	147096936	365,2483
1943/01/02	04:35:23	147100414	364,3888	/03	07:09:06	147097691	365,4251
1944/01/04	17:36:52	147093928	367,5427	/03	12:34:27	147095233	365,2259
1945/01/01	22:45:03	147092778	363,2140	/02	16:44:23	147096268	365,1735
1946/01/02	17:52:45	147104425	365,7970	/02	21:18:34	147099647	365,1904
1947/01/04	02:45:11	147092454	366,3697	/03	05:13:35	147095352	365,3298
1948/01/02	05:10:31	147090441	363,1009	/03	11:20:09	147091073	365,2545
1949/01/03	13:30:52	147094021	367,3474	/02	16:35:18	147090424	365,2188
1950/01/03	06:17:45	147088732	364,6992	/03	01:04:30	147093340	365,3536
1951/01/02	03:51:40	147098651	363,8985	/03	10:41:49	147097079	365,4009
1952/01/04	20:41:35	147095987	367,7013	/03	14:09:52	147096020	365,1444
1953/01/02	06:37:52	147091212	363,4140	/02	17:21:30	147095628	365,1330
1954/01/02	08:19:12	147102379	365,0703	/02	23:38:03	147098247	365,2614
1955/01/04	12:21:03	147093049	367,1679	/03	10:01:38	147095141	365,4330
1956/01/02	13:24:00	147092577	363,0437	/03	16:00:46	147094330	365,2493
1957/01/03	06:30:25	147101250	366,7127	/02	18:53:51	147096667	365,1201
1958/01/03	13:25:00	147093941	365,2879	/03	00:04:40	147097882	365,2158
1959/01/02	00:17:54	147097242	363,4534	/03	08:10:01	147097016	365,3370
1960/01/04	18:52:19	147092875	367,7739	/03	13:42:04	147091361	365,2305
1961/01/02	16:47:53	147085922	363,9135	/02	20:30:57	147090789	365,2839
1962/01/02	04:48:56	147099426	364,5007	/03	04:48:08	147096377	365,3452
1963/01/04	19:36:32	147095599	367,6163	/03	13:49:49	147096788	365,3761
1964/01/02	20:44:42	147094329	363,0473	/03	17:34:18	147097277	365,1558
1965/01/02	19:17:23	147102640	365,9393	/02	19:34:42	147097702	365,0836
1966/01/03	22:47:56	147095131	366,1462	/03	02:27:20	147098142	365,2865
1967/01/02	05:55:14	147097866	363,2967	/03	12:37:16	147098604	365,4235
1968/01/04	18:02:40	147098784	367,5051	/03	17:29:45	147095874	365,2031
1969/01/03	01:06:58	147091964	364,2946	/02	21:26:24	147096818	365,1643
1970/01/01	21:09:36	147100917	363,8351	/03	02:45:09	147099453	365,2213
1971/01/04	18:31:53	147094518	367,8904	/03	10:47:57	147094425	365,3352
1972/01/03	04:14:39	147086974	363,4047	/03	17:34:32	147090945	365,2823
1973/01/02	12:00:07	147096077	365,3232	/02	23:20:06	147091490	365,2399
1974/01/04	09:41:10	147093955	366,9035	/03	07:52:40	147095966	365,3559
1975/01/02	12:56:21	147097946	363,1355	/03	16:51:12	147099624	365,3739
1976/01/04	11:05:16	147102559	366,9228	/03	19:24:54	147098442	365,1067
1977/01/03	09:54:28	147093968	364,9508	/02	22:57:34	147098334	365,1476
1978/01/01	23:18:55	147101234	363,5586	/03	06:03:14	147101133	365,2956
1979/01/04	22:35:55	147099488	367,9701	/03	15:31:08	147098320	365,3943
1980/01/03	14:45:03	147092883	363,6730	/03	20:51:50	147097491	365,2227
1981/01/02	01:41:54	147102484	364,4561	/02	23:15:35	147098960	365,0998
1982/01/04	11:19:39	147098821	367,4012	/03	04:49:26	147099471	365,2318
1983/01/02	15:17:13	147094087	363,1649	/03	13:11:57	147096920	365,3489
1984/01/03	21:59:30	147096395	366,2793	/03	18:51:52	147091590	365,2360
1985/01/03	19:53:51	147087806	365,9127	/03	02:11:56	147091297	365,3056
1986/01/02	04:55:23	147096409	363,3760	/03	10:42:44	147097427	365,3547
1987/01/04	23:03:00	147099737	367,7552	/03	19:16:02	147097362	365,3564
1988/01/03	23:59:15	147092421	364,0390	/03	22:42:38	147097290	365,1434

REAL DATE OF THE PERIHELION				DATE OF THE PERIHELION OF BARYCENTER EARTH-M		
Date	TT	Dist (km)	Diff (gg)	Date TT	Dist (km)	Diff (gg)
1989/01/01	21:53:25	147100810	363,9126	/03 01:21:24	147098758	365,1102
1990/01/04	17:23:29	147100007	367,8125	/03 09:16:04	147099608	365,3296
1991/01/03	03:00:06	147096724	363,4004	/03 18:54:14	147100314	365,4015
1992/01/03	15:03:20	147103172	365,5022	/03 23:06:59	147098380	365,1755
1993/01/04	03:04:41	147096988	366,5009	/03 02:49:38	147099221	365,1546
1994/01/02	05:55:11	147099780	363,1184	/03 08:20:19	147101973	365,2296
1995/01/04	11:06:19	147099937	367,2160	/03 16:17:50	147096228	365,3316
1996/01/04	07:25:52	147088038	364,8469	/03 22:45:25	147092694	365,2691
1997/01/01	23:17:03	147094711	363,6605	/03 04:46:07	147094230	365,2504
1998/01/04	21:16:03	147099553	367,9159	/03 13:26:11	147098156	365,3611
1999/01/03	13:01:13	147096730	363,6563	/03 21:30:03	147100980	365,3360
2000/01/03	05:18:43	147102790	364,6788	/03 23:48:11	147098706	365,0959
2001/01/04	08:53:17	147097496	367,1490	/03 04:00:22	147098298	365,1751
2002/01/02	14:09:52	147098058	363,2198	/03 12:17:27	147101009	365,3452
2003/01/04	05:02:47	147102635	366,6200	/03 21:19:58	147098184	365,3767
2004/01/04	17:43:01	147094326	365,5279	/04 02:34:59	147098346	365,2187
2005/01/02	00:36:20	147099111	363,2870	/03 05:12:37	147100200	365,1094
2006/01/04	15:30:44	147103622	367,6211	/03 11:15:11	147101008	365,2517
2007/01/03	19:44:03	147093630	364,1759	/03 19:43:58	147098269	365,3533
2008/01/02	23:52:11	147096603	364,1723	/04 01:14:22	147093792	365,2294
2009/01/04	15:30:45	147095552	367,6517	/03 08:27:55	147095057	365,3010
2010/01/03	00:10:21	147098040	363,3608	/03 16:48:55	147101605	365,3479
2011/01/03	18:33:04	147105761	365,7657	/03 23:43:09	147101062	365,2876
2012/01/05	00:32:57	147097207	366,2499	/04 02:52:29	147100085	365,1314
2013/01/02	04:38:42	147098161	363,1706	/03 06:05:21	147100516	365,1339
2014/01/04	11:59:41	147104780	367,3062	/03 14:45:27	147101257	365,3611
2015/01/04	06:37:18	147096204	364,7761	/03 23:52:18	147100866	365,3797
2016/01/02	22:49:53	147100176	363,6754	/04 03:31:54	147098966	365,1525
2017/01/04	14:18:58	147100998	367,6451	/03 07:36:20	147099140	365,1697
2018/01/03	05:35:52	147097233	363,6367	/03 13:52:57	147101370	365,2615
2019/01/03	05:21:08	147099761	364,9897	/03 22:21:21	147095499	365,3530
2020/01/05	07:49:04	147091144	367,1027	/04 05:15:18	147092593	365,2874
2021/01/02	13:51:43	147093163	363,2518	/03 11:26:44	147096327	365,2579
2022/01/04	06:55:48	147105053	366,7111	/03 20:16:06	147100877	365,3676
2023/01/04	16:18:36	147098925	365,3908	/04 03:06:58	147103230	365,2853
2024/01/03	00:39:45	147100633	363,3480	/04 05:12:02	147101127	365,0868
2025/01/04	13:29:13	147103686	367,5343	/03 09:58:43	147100807	365,1990
2026/01/03	17:16:44	147099894	364,1580	/03 18:23:16	147104283	365,3503
2027/01/03	02:33:52	147104592	364,3868	/04 02:33:44	147101213	365,3406
2028/01/05	12:29:30	147100687	367,4136	/04 06:50:29	147100529	365,1783
2029/01/02	18:14:40	147098350	363,2396	/03 09:31:23	147102230	365,1117
2030/01/03	10:13:45	147105838	365,6660	/03 16:25:34	147101418	365,2876
2031/01/04	20:49:01	147094562	366,4411	/04 00:54:52	147097947	365,3536
2032/01/03	05:12:30	147091641	363,3496	/04 06:50:53	147093663	365,2472
2033/01/04	11:52:25	147099429	367,2777	/03 14:18:27	147095801	365,3108
2034/01/04	04:48:05	147097989	364,7053	/03 23:00:43	147102436	365,3626
2035/01/03	00:55:25	147103318	363,8384	/04 05:07:07	147101285	365,2544
2036/01/05	14:18:18	147102609	367,5575	/04 08:34:50	147100916	365,1442
2037/01/03	04:01:38	147097926	363,5717	/03 12:45:53	147102132	365,1743
2038/01/03	05:02:41	147107797	365,0423	/03 21:49:26	147103651	365,3774
2039/01/05	06:42:47	147101271	367,0695	/04 06:02:59	147103490	365,3427
2040/01/03	11:33:58	147098636	363,2022	/04 08:56:09	147101843	365,1202
2041/01/03	21:53:02	147106633	366,4299	/03 12:40:55	147102397	365,1560
2042/01/04	09:07:56	147099803	365,4686	/03 19:25:02	147103931	365,2806
2043/01/02	22:16:42	147097821	363,5477	/04 03:15:25	147097568	365,3266
2044/01/05	12:53:27	147098034	367,6088	/04 10:19:22	147095063	365,2944
2045/01/03	14:57:38	147094401	364,0862	/03 16:34:20	147098721	365,2604
2046/01/03	00:58:58	147106326	364,4175	/04 01:21:40	147102868	365,3662
2047/01/05	11:45:40	147102817	367,4490	/04 07:27:14	147103442	365,2538
2048/01/03	18:06:44	147096859	363,2646	/04 09:42:45	147100884	365,0941
2049/01/03	10:28:25	147104705	365,6817	/03 15:36:29	147100410	365,2456
2050/01/04	19:36:18	147100491	366,3804	/04 00:39:22	147104097	365,3769
2051/01/03	05:33:02	147100330	363,4144	/04 08:31:51	147101614	365,3281
2052/01/05	09:19:43	147104972	367,1574	/04 12:40:18	147101105	365,1725
2053/01/03	22:19:29	147099584	364,5415	/03 15:29:38	147103796	365,1175
2054/01/02	18:00:33	147104974	363,8201	/03 23:15:11	147102759	365,3233
2055/01/05	12:25:30	147100474	367,7673	/04 07:21:21	147099320	365,3376
2056/01/04	03:45:25	147092260	363,6388	/04 13:10:00	147096665	365,2421
2057/01/03	03:12:07	147103595	364,9768	/03 20:22:24	147099664	365,3002
2058/01/05	04:01:48	147103799	367,0345	/04 04:13:58	147106487	365,3274
2059/01/03	10:45:31	147101460	363,2803	/04 09:23:56	147104242	365,2152

REAL DATE OF THE PERIHELION				DATE OF THE PERIHELION OF BARYCENTER EARTH-M			
Date	TT	Dist (km)	Diff (gg)	Date	TT	Dist (km)	Diff (gg)
2060/01/04	22:57:55	147106698	366,5086	/04	12:49:32	147102294	365,1427
2061/01/04	07:34:34	147099885	365,3587	/03	17:46:39	147103788	365,2063
2062/01/02	21:17:38	147105286	363,5715	/04	03:28:18	147104367	365,4039
2063/01/05	13:42:50	147106413	367,6841	/04	10:56:12	147103765	365,3110
2064/01/04	11:55:44	147097292	363,9256	/04	13:49:46	147101773	365,1205
2065/01/02	15:11:45	147105218	364,1361	/03	17:57:56	147102188	365,1723
2066/01/05	05:47:07	147102212	367,6078	/04	01:54:16	147103392	365,3307
2067/01/03	17:06:59	147093334	363,4721	/04	09:48:53	147097241	365,3295
2068/01/04	14:30:42	147101151	365,8914	/04	16:59:58	147096742	365,2993
2069/01/04	18:26:42	147098416	366,1638	/03	23:19:21	147101888	365,2634
2070/01/03	02:52:12	147105562	363,3510	/04	07:37:14	147106116	365,3457
2071/01/05	09:45:55	147109987	367,2873	/04	12:44:40	147106141	365,2135
2072/01/04	21:03:49	147099152	364,4707	/04	15:05:30	147103403	365,0978
2073/01/02	14:43:00	147105902	363,7355	/03	21:09:40	147103810	365,2529
2074/01/05	11:26:39	147107651	367,8636	/04	06:14:53	147107284	365,3786
2075/01/04	02:15:24	147099444	363,6172	/04	12:44:08	147103974	365,2703
2076/01/03	23:34:52	147106914	364,8885	/04	16:39:14	147103061	365,1632
2077/01/04	20:54:18	147102073	366,8884	/03	19:58:16	147104618	365,1382
2078/01/03	04:24:55	147100349	363,3129	/04	04:33:46	147102606	365,3579
2079/01/05	00:16:20	147102988	366,8273	/04	12:52:31	147098416	365,3463
2080/01/05	07:56:42	147092910	365,3197	/04	18:53:22	147096737	365,2505
2081/01/02	18:58:14	147101441	363,4593	/04	02:23:19	147100351	365,3124
2082/01/05	13:53:15	147108912	367,7882	/04	10:07:44	147106926	365,3225
2083/01/04	11:29:21	147100113	363,9000	/04	15:01:06	147104837	365,2037
2084/01/03	16:51:13	147105963	364,2235	/04	19:05:53	147103031	365,1699
2085/01/05	04:34:43	147104514	367,4885	/04	00:30:09	147106062	365,2251
2086/01/03	15:23:38	147103453	363,4506	/04	10:17:45	147106898	365,4080
2087/01/04	16:40:08	147110805	366,0531	/04	16:34:27	147106133	365,2616
2088/01/05	15:01:12	147101669	365,9313	/04	18:51:51	147104834	365,0954
2089/01/02	17:03:17	147104474	363,0847	/03	23:07:44	147104887	365,1777
2090/01/05	04:46:39	147109125	367,4884	/04	07:10:29	147105518	365,3352
2091/01/04	19:24:08	147094776	364,6093	/04	15:03:01	147099289	365,3281
2092/01/03	15:31:27	147100401	363,8384	/04	22:14:48	147098500	365,2998
2093/01/05	10:18:24	147104143	367,7826	/04	04:30:42	147104388	365,2610
2094/01/04	00:18:49	147102738	363,5836	/04	12:41:32	147107104	365,3408
2095/01/04	03:58:16	147110240	365,1523	/04	17:23:40	147106073	365,1959
2096/01/05	21:58:16	147100760	366,7500	/04	20:37:00	147103147	365,1342
2097/01/03	00:53:56	147102522	363,1219	/04	03:17:36	147104209	365,2781
2098/01/05	02:35:46	147112547	367,0707	/04	12:52:23	147108050	365,3991
2099/01/05	06:20:10	147100804	365,1558	/04	18:39:37	147104798	365,2411
2100/01/03	13:56:08	147105539	363,3166	/04	22:13:58	147104814	365,1488
2101/01/06	06:54:34	147108213	367,7072	/05	02:00:27	147106704	365,1572
2102/01/05	06:21:12	147099408	363,9768	/05	10:56:11	147104266	365,3720
2103/01/04	19:10:55	147103865	364,5345	/05	19:02:50	147100734	365,3379
2104/01/07	05:33:42	147098542	367,4324	/06	00:50:15	147100085	365,2412
2105/01/04	10:26:12	147101750	363,2031	/05	07:32:05	147104668	365,2790
2106/01/05	17:36:50	147115038	366,2990	/05	14:53:34	147110159	365,3065
2107/01/06	14:12:23	147103082	365,8580	/05	18:58:16	147106265	365,1699
2108/01/04	16:31:39	147103852	363,0967	/05	23:39:25	147104236	365,1952
2109/01/06	06:05:18	147109999	367,5650	/05	05:50:13	147107015	365,2575
2110/01/05	17:48:50	147102478	364,4885	/05	15:38:55	147107296	365,4088
2111/01/04	15:46:19	147107555	363,9149	/05	21:32:49	147105695	365,2457
2112/01/07	06:56:44	147104197	367,6322	/05	23:52:35	147104501	365,0970
2113/01/04	15:33:08	147100284	363,3586	/05	05:00:36	147104356	365,2139
2114/01/05	03:29:26	147109255	365,4974	/05	13:50:40	147104712	365,3681
2115/01/06	22:46:24	147097856	366,8034	/05	21:45:13	147100132	365,3295
2116/01/05	00:37:32	147099302	363,0771	/06	04:58:43	147100675	365,3010
2117/01/06	03:12:56	147112028	367,1079	/05	10:43:10	147107890	365,2392
2118/01/06	03:51:39	147105597	365,0268	/05	18:23:51	147109965	365,3199
2119/01/04	14:51:41	147108565	363,4583	/05	22:36:51	147108019	365,1757
2120/01/07	08:41:20	147106986	367,7428	/06	02:01:31	147105976	365,1421
2121/01/05	02:28:59	147102682	363,7414	/05	08:56:52	147107390	365,2884
2122/01/04	21:24:04	147114231	364,7882	/05	17:56:06	147110613	365,3744
2123/01/07	04:34:34	147105742	367,2989	/05	23:04:16	147106993	365,2140
2124/01/05	03:54:45	147103158	362,9723	/06	02:40:08	147105797	365,1499
2125/01/05	10:51:16	147112405	366,2892	/05	07:04:23	147107537	365,1835
2126/01/06	10:06:36	147100392	365,9689	/05	16:41:35	147103859	365,4008
2127/01/04	17:51:44	147100095	363,3230	/06	00:48:18	147100674	365,3379
2128/01/07	10:12:10	147103273	367,6808	/06	06:49:57	147100953	365,2511
2129/01/05	13:40:13	147101199	364,1444	/05	13:15:22	147106125	365,2676
2130/01/04	17:07:14	147113577	364,1437	/05	20:40:58	147111323	365,3094

REAL DATE OF THE PERIHELION			DATE OF THE PERIHELION OF BARYCENTER EARTH-M		
Date TT	Dist (km)	Diff (gg)	Date TT	Dist (km)	Diff (gg)
2131/01/07 08:33:31	147106759	367,6432	/06 00:41:13	147106939	365,1668
2132/01/05 13:34:35	147102424	363,2090	/06 05:44:26	147106027	365,2105
2133/01/05 05:16:37	147114654	365,6541	/05 12:16:17	147109829	365,2721
2134/01/06 21:00:37	147107250	366,6555	/05 21:27:20	147109696	365,3826
2135/01/04 22:04:18	147106675	363,0442	/06 02:35:53	147108271	365,2142
2136/01/06 23:51:52	147110722	367,0747	/06 04:49:22	147106994	365,0926
2137/01/05 18:32:04	147102209	364,7779	/05 09:55:02	147106837	365,2122
2138/01/04 13:01:57	147107047	363,7707	/05 19:23:02	147106442	365,3944
2139/01/07 10:54:34	147102240	367,9115	/06 02:59:02	147101310	365,3166
2140/01/06 00:59:55	147098319	363,5870	/06 10:06:28	147102650	365,2968
2141/01/04 22:30:45	147113727	364,8964	/05 15:48:01	147109584	365,2372
2142/01/07 03:51:01	147109076	367,2224	/05 23:08:58	147110297	365,3062
2143/01/05 03:43:02	147104689	362,9944	/06 03:46:58	147107231	365,1930
2144/01/06 15:43:33	147110473	366,5003	/06 07:52:39	147105914	365,1706
2145/01/06 06:22:00	147104122	365,6100	/05 15:24:27	147108074	365,3137
2146/01/04 18:07:16	147110314	363,4897	/06 00:14:40	147110985	365,3682
2147/01/07 10:09:59	147110457	367,6685	/06 04:39:42	147108338	365,1840
2148/01/06 07:36:48	147102567	363,8936	/06 08:22:15	147107338	365,1545
2149/01/04 11:27:51	147112141	364,1604	/05 13:10:14	147109431	365,1999
2150/01/07 06:43:47	147105767	367,8027	/05 23:06:29	147105677	365,4140
2151/01/05 12:50:35	147099644	363,2547	/06 07:04:50	147102982	365,3321
2152/01/06 08:53:13	147109797	365,8351	/06 12:30:39	147104973	365,2262
2153/01/06 15:50:02	147107288	366,2894	/05 18:25:28	147110165	365,2464
2154/01/04 21:29:22	147111605	363,2356	/06 01:11:22	147113458	365,2818
2155/01/07 03:59:53	147111832	367,2711	/06 05:18:02	147108521	365,1712
2156/01/06 17:17:50	147102394	364,5541	/06 10:57:22	147107153	365,2356
2157/01/04 12:40:27	147112588	363,8073	/05 17:43:07	147111410	365,2817
2158/01/07 10:51:47	147111234	367,9245	/06 02:37:55	147110056	365,3713
2159/01/05 20:44:04	147104210	363,4113	/06 07:21:01	147108259	365,1965
2160/01/05 18:06:34	147111222	364,8906	/06 10:02:22	147106856	365,1120
2161/01/06 19:02:26	147105279	367,0388	/05 15:47:58	147106622	365,2400
2162/01/05 02:32:44	147104009	363,3127	/06 02:04:32	147106792	365,4281
2163/01/06 21:52:25	147106813	366,8053	/06 09:36:24	147102655	365,3138
2164/01/07 04:42:52	147101213	365,2850	/06 16:11:20	147105569	365,2742
2165/01/04 16:16:43	147112581	363,4818	/05 21:35:30	147112970	365,2251
2166/01/07 10:33:27	147114549	367,7616	/06 04:21:07	147112298	365,2816
2167/01/06 06:17:33	147104842	363,8223	/06 09:01:47	147109325	365,1949
2168/01/05 14:02:06	147112017	364,3226	/06 13:32:52	147108634	365,1882
2169/01/07 02:56:07	147111171	367,5375	/05 20:37:43	147111138	365,2950
2170/01/05 10:46:26	147109751	363,3266	/06 05:14:19	147113200	365,3587
2171/01/06 06:57:21	147113867	365,8409	/06 09:05:36	147109282	365,1606
2172/01/07 08:41:18	147104696	366,0721	/06 12:58:37	147108038	365,1618
2173/01/04 16:16:46	147107488	363,3162	/05 18:40:31	147109475	365,2374
2174/01/07 05:08:56	147108614	367,5362	/06 04:53:09	147105352	365,4254
2175/01/06 17:25:23	147098382	364,5114	/06 13:05:42	147103006	365,3420
2176/01/05 14:24:27	147108179	363,8743	/06 18:15:50	147106167	365,2153
2177/01/07 07:22:27	147113046	367,7069	/06 00:13:17	147111683	365,2482
2178/01/05 19:20:29	147109729	363,4986	/06 07:02:37	147113702	365,2842
2179/01/05 21:09:42	147113993	365,0758	/06 11:13:10	147109593	365,1740
2180/01/07 18:06:22	147107104	366,8726	/06 17:20:35	147109200	365,2551
2181/01/05 01:11:08	147111227	363,2949	/06 00:02:25	147114187	365,2790
2182/01/06 23:01:45	147116692	366,9101	/06 08:20:10	147112708	365,3456
2183/01/07 00:20:56	147106201	365,0549	/06 12:38:29	147110587	365,1793
2184/01/05 10:03:56	147109900	363,4048	/06 15:04:43	147109777	365,1015
2185/01/07 01:41:55	147112022	367,6513	/05 21:23:26	147109287	365,2630
2186/01/06 03:55:47	147103940	364,0929	/06 07:37:48	147108241	365,4266
2187/01/05 16:37:00	147108598	364,5286	/06 14:51:21	147104868	365,3010
2188/01/08 01:38:27	147107148	367,3760	/06 21:08:50	147107738	365,2621
2189/01/05 08:28:57	147111099	363,2850	/06 02:16:54	147114808	365,2139
2190/01/06 08:58:16	147116515	366,0203	/06 09:01:35	147112150	365,2810
2191/01/07 08:05:05	147105146	365,9630	/06 14:13:33	147108902	365,2166
2192/01/05 16:34:26	147107586	363,3537	/06 19:30:53	147109011	365,2203
2193/01/07 02:10:35	147115330	367,4001	/06 02:40:44	147111807	365,2985
2194/01/06 14:47:49	147109760	364,5258	/06 11:04:36	147114146	365,3499
2195/01/05 10:47:53	147112836	363,8333	/06 14:41:40	147110352	365,1507
2196/01/08 00:19:23	147110767	367,5635	/06 18:36:07	147109548	365,1628
2197/01/05 14:18:04	147107203	363,5824	/06 01:04:36	147111413	365,2697
2198/01/05 21:44:09	147111288	365,3097	/06 11:14:28	147107075	365,4235
2199/01/07 17:47:22	147103299	366,8355	/06 18:59:38	147106092	365,3230
2200/01/06 00:25:51	147107400	363,2767	/06 23:40:55	147110137	365,1953
2201/01/07 19:07:35	147119027	366,7789	/07 04:49:49	147114898	365,2145

REAL DATE OF THE PERIHELION				DATE OF THE PERIHELION OF BARYCENTER EARTH-M			
Date	TT	Dist (km)	Diff (gg)	Date	TT	Dist (km)	Diff (gg)
2202/01/07	22:55:05	147111122	365,1579	/07	11:43:31	147115335	365,2872
2203/01/06	10:40:59	147111306	363,4902	/07	16:14:14	147110347	365,1880
2204/01/09	02:14:05	147113125	367,6479	/07	22:32:54	147110522	365,2629
2205/01/07	01:23:35	147110748	363,9649	/07	05:24:43	147115102	365,2859
2206/01/06	14:00:06	147116412	364,5253	/07	13:07:25	147112800	365,3213
2207/01/08	20:59:17	147108790	367,2911	/07	17:36:44	147110045	365,1870
2208/01/07	03:21:38	147105580	363,2655	/07	20:32:28	147109446	365,1220
2209/01/07	03:19:37	147113967	365,9986	/07	04:01:32	147109628	365,3118
2210/01/08	07:51:19	147104796	366,1886	/07	14:43:11	147108589	365,4455
2211/01/06	17:08:36	147106570	363,3870	/07	21:27:04	147107136	365,2804
2212/01/09	02:17:33	147114748	367,3812	/08	03:15:13	147111122	365,2417
2213/01/07	11:38:25	147113629	364,3894	/07	07:59:57	147117919	365,1977
2214/01/06	09:51:39	147117305	363,9258	/07	14:29:47	147114659	365,2707
2215/01/09	01:12:00	147111903	367,6391	/07	20:01:27	147111496	365,2303
2216/01/07	13:28:58	147108365	363,5117	/08	00:53:00	147112759	365,2024
2217/01/06	17:45:03	147119405	365,1778	/07	07:56:55	147115373	365,2943
2218/01/08	14:16:04	147112700	366,8548	/07	15:37:50	147115702	365,3200
2219/01/06	18:39:58	147109315	363,1832	/07	18:52:48	147111602	365,1354
2220/01/08	11:50:31	147114354	366,7156	/07	23:14:27	147109929	365,1817
2221/01/07	18:31:20	147107670	365,2783	/07	06:34:24	147111631	365,3055
2222/01/06	10:29:51	147108212	363,6656	/07	17:02:02	147106767	365,4358
2223/01/09	04:44:01	147108568	367,7598	/08	00:39:02	147106578	365,3173
2224/01/08	00:23:12	147106928	363,8188	/08	05:20:49	147111496	365,1956
2225/01/06	10:12:32	147118901	364,4092	/07	10:35:09	147115569	365,2182
2226/01/08	20:23:14	147113929	367,4241	/07	17:37:12	147115791	365,2931
2227/01/07	03:36:08	147108072	363,3006	/07	22:35:15	147111574	365,2069
2228/01/08	06:25:59	147117372	366,1179	/08	04:45:42	147112842	365,2572
2229/01/08	05:29:02	147114465	365,9604	/07	11:36:42	147118002	365,2854
2230/01/06	12:37:45	147114969	363,2977	/07	18:36:57	147114978	365,2918
2231/01/08	21:24:30	147116055	367,3658	/07	22:35:36	147112516	365,1657
2232/01/08	05:42:42	147107611	364,3459	/08	01:49:16	147112028	365,1344
2233/01/06	03:19:23	147113772	363,9004	/07	09:36:29	147111498	365,3244
2234/01/09	01:23:04	147109858	367,9192	/07	20:16:56	147110260	365,4447
2235/01/07	13:30:10	147104542	363,5049	/08	02:34:58	147108872	365,2625
2236/01/07	19:59:54	147117207	365,2706	/08	07:47:26	147113044	365,2170
2237/01/08	12:10:15	147115553	366,6738	/07	12:47:43	147118403	365,2085
2238/01/06	16:54:56	147112454	363,1977	/07	19:27:08	147114010	365,2773
2239/01/08	16:40:03	147115402	366,9896	/08	01:52:28	147110973	365,2675
2240/01/08	17:54:58	147109236	365,0520	/08	07:00:10	147113236	365,2136
2241/01/06	06:21:42	147118074	363,5185	/07	14:27:46	147116755	365,3108
2242/01/09	02:50:58	147117815	367,8536	/07	21:49:59	147116527	365,3070
2243/01/07	19:12:37	147108404	363,6817	/08	00:41:51	147113187	365,1193
2244/01/07	05:16:13	147115258	364,4191	/08	05:24:20	147112085	365,1961
2245/01/08	16:45:17	147112106	367,4785	/07	13:13:46	147113991	365,3259
2246/01/07	01:46:56	147107059	363,3761	/07	23:11:20	147109951	365,4149
2247/01/08	11:01:01	147115253	366,3847	/08	06:16:49	147110494	365,2954
2248/01/09	03:46:18	147112427	365,6981	/08	09:49:24	147115809	365,1476
2249/01/06	07:35:32	147118688	363,1591	/07	15:10:14	147118599	365,2228
2250/01/08	23:07:01	147119449	367,6468	/07	22:15:56	147116500	365,2956
2251/01/08	05:10:19	147107943	364,2522	/08	03:26:41	147112663	365,2158
2252/01/07	03:46:40	147115885	363,9419	/08	09:40:30	147113770	365,2595
2253/01/08	22:35:42	147117832	367,7840	/07	16:36:52	147118573	365,2891
2254/01/07	08:46:07	147110341	363,4239	/07	23:30:07	147114377	365,2869
2255/01/07	18:17:16	147116173	365,3966	/08	03:42:25	147111712	365,1752
2256/01/09	08:26:28	147109540	366,5897	/08	07:58:03	147112029	365,1775
2257/01/06	12:21:03	147110426	363,1629	/07	16:50:52	147111608	365,3700
2258/01/08	20:52:20	147115598	367,3550	/08	03:11:46	147111483	365,4311
2259/01/08	17:38:08	147107298	364,8651	/08	09:01:31	147111606	365,2428
2260/01/07	05:07:11	147117334	363,4785	/08	13:25:33	147116302	365,1833
2261/01/09	00:54:02	147122035	367,8241	/07	18:30:46	147121318	365,2119
2262/01/07	17:33:44	147111466	363,6942	/08	01:11:23	147116187	365,2782
2263/01/07	11:00:16	147117677	364,7267	/08	07:20:43	147114086	365,2564
2264/01/09	16:38:12	147115240	367,2346	/08	12:14:16	147116917	365,2038
2265/01/06	19:44:12	147116548	363,1291	/07	19:23:38	147118981	365,2981
2266/01/08	08:40:51	147122489	366,5393	/08	02:10:55	147117655	365,2828
2267/01/08	22:26:11	147109973	365,5731	/08	05:10:19	147113422	365,1245
2268/01/07	02:44:10	147111952	363,1791	/08	10:25:22	147112226	365,2187
2269/01/08	22:31:38	147115985	367,8246	/07	19:23:16	147113666	365,3735
2270/01/08	04:30:20	147105098	364,2491	/08	05:15:15	147110018	365,4111
2271/01/07	08:46:36	147113834	364,1779	/08	12:20:12	147111419	365,2951
2272/01/09	22:32:56	147116425	367,5738	/08	15:33:18	147117140	365,1340

REAL DATE OF THE PERIHELION				DATE OF THE PERIHELION OF BARYCENTER EARTH-M			
Date	TT	Dist (km)	Diff (gg)	Date	TT	Dist (km)	Diff (gg)
2273/01/07	04:22:15	147116397	363,2425	/07	21:29:43	147119961	365,2475
2274/01/07	23:44:51	147122341	365,8073	/08	04:50:46	147117526	365,3062
2275/01/09	09:07:14	147112554	366,3905	/08	09:48:21	147115096	365,2066
2276/01/07	10:12:01	147116018	363,0449	/08	15:42:33	147117209	365,2459
2277/01/08	18:40:54	147125297	367,3533	/07	22:24:37	147121628	365,2792
2278/01/08	11:33:26	147112678	364,7031	/08	04:20:53	147117312	365,2474
2279/01/07	01:16:50	147115080	363,5718	/08	08:30:19	147114283	365,1732
2280/01/09	20:29:11	147115092	367,8002	/08	12:46:24	147114416	365,1778
2281/01/07	12:58:33	147109218	363,6870	/07	22:32:20	147113642	365,4069
2282/01/07	16:30:08	147116785	365,1469	/08	08:29:11	147112626	365,4144
2283/01/09	17:47:34	147111848	367,0537	/08	13:39:37	147113401	365,2155
2284/01/07	16:32:03	147114971	362,9475	/08	17:46:52	147117198	365,1717
2285/01/08	08:50:32	147125644	366,6794	/07	23:27:27	147121030	365,2365
2286/01/08	21:14:48	147111283	365,5168	/08	06:50:20	147115206	365,3075
2287/01/07	06:11:56	147113471	363,3730	/08	13:21:32	147113826	365,2716
2288/01/10	00:12:33	147120037	367,7504	/08	18:33:48	147118190	365,2168
2289/01/07	23:42:27	147115051	363,9791	/08	02:06:18	147119910	365,3142
2290/01/07	06:56:01	147121562	364,3010	/08	08:08:26	147118716	365,2514
2291/01/09	18:48:35	147114823	367,4948	/08	11:09:11	147115117	365,1255
2292/01/07	22:05:30	147111068	363,1367	/08	16:36:00	147114357	365,2269
2293/01/07	23:39:04	147121466	366,0649	/08	02:01:11	147116567	365,3924
2294/01/09	08:06:50	147110401	366,3526	/08	11:15:07	147113339	365,3846
2295/01/07	11:42:26	147114087	363,1497	/08	17:04:55	147115452	365,2429
2296/01/09	19:27:16	147123956	367,3228	/08	19:54:03	147120773	365,1174
2297/01/08	07:37:35	147116282	364,5071	/08	02:19:22	147121121	365,2675
2298/01/07	04:18:20	147119337	363,8616	/08	09:49:12	147118056	365,3123
2299/01/09	23:28:02	147116469	367,7984	/08	14:59:39	147115744	365,2156
2300/01/08	09:09:25	147114095	363,4037	/08	20:47:12	147118144	365,2413
2301/01/08	14:18:27	147126116	365,2146	/09	03:57:07	147121613	365,2985
2302/01/10	12:43:08	147115269	366,9338	/09	09:38:31	147116841	365,2370
2303/01/08	13:27:04	147111679	363,0305	/09	14:28:29	147114119	365,2013
2304/01/10	07:36:59	147119164	366,7568	/09	19:26:18	147114910	365,2068
2305/01/09	17:54:22	147110873	365,4287	/09	05:50:26	147115231	365,4334
2306/01/08	08:57:06	147114884	363,6269	/09	15:13:49	147115011	365,3912
2307/01/11	02:33:58	147118698	367,7339	/09	19:20:54	147116953	365,1715
2308/01/09	18:59:17	147116262	363,6842	/09	22:54:55	147120851	365,1486
2309/01/08	06:14:54	147126926	364,4691	/09	05:01:49	147123485	365,2547
2310/01/10	18:45:39	147117691	367,5213	/09	12:06:44	147117962	365,2950
2311/01/08	22:26:18	147113805	363,1532	/09	18:27:44	147116970	365,2645
2312/01/09	22:58:17	147125636	366,0222	/09	23:02:37	147120921	365,1909
2313/01/10	01:47:01	147118111	366,1171	/09	06:48:07	147121511	365,3232
2314/01/08	08:26:46	147116978	363,2776	/09	12:34:26	147118605	365,2405
2315/01/10	17:09:42	147118066	367,3631	/09	15:50:47	147115011	365,1363
2316/01/10	02:18:31	147109166	364,3811	/09	22:08:34	147113921	365,2623
2317/01/08	04:29:13	147118235	364,0907	/09	08:20:13	147116251	365,4247
2318/01/11	01:31:52	147114395	367,8768	/09	17:29:32	147113559	365,3814
2319/01/09	09:02:00	147112549	363,3126	/09	22:49:24	147116337	365,2221
2320/01/09	13:59:35	147127094	365,2066	/10	01:42:39	147122498	365,1203
2321/01/10	09:48:38	147119859	366,8257	/09	09:01:06	147121971	365,3044
2322/01/08	15:33:03	147116984	363,2391	/09	16:18:27	147119565	365,3037
2323/01/10	13:33:27	147122512	366,9169	/09	21:09:48	147118626	365,2023
2324/01/10	13:05:04	147116753	364,9803	/10	02:21:39	147121276	365,2165
2325/01/08	03:45:50	147124827	363,6116	/09	09:18:40	147124577	365,2895
2326/01/10	21:16:19	147121314	367,7295	/09	14:34:36	147119151	365,2194
2327/01/09	14:19:56	147111888	363,7108	/09	19:07:23	147116219	365,1894
2328/01/09	03:16:33	147121018	364,5393	/10	00:48:45	147117227	365,2370
2329/01/10	16:40:57	147115733	367,5586	/09	11:48:27	147116376	365,4581
2330/01/09	00:08:50	147113259	363,3110	/09	20:32:31	147116537	365,3639
2331/01/10	03:23:21	147122846	366,1350	/10	00:05:01	147118417	365,1475
2332/01/10	20:50:53	147117873	365,7274	/10	03:34:19	147121691	365,1453
2333/01/08	07:05:36	147121704	363,4268	/09	10:53:59	147123059	365,3053
2334/01/10	20:35:08	147120957	367,5621	/09	18:10:02	147117883	365,3028
2335/01/10	02:51:09	147113628	364,2611	/10	00:42:02	147118160	365,2722
2336/01/09	02:11:57	147125199	363,9727	/10	05:14:21	147122595	365,1891
2337/01/10	19:42:03	147124073	367,7292	/09	12:50:33	147123170	365,3168
2338/01/09	04:50:38	147116170	363,3809	/09	18:17:22	147120086	365,2269
2339/01/09	09:47:39	147121378	365,2062	/09	21:31:33	147116987	365,1348
2340/01/11	03:14:47	147114085	366,7271	/10	04:12:26	147116735	365,2783
2341/01/08	14:24:33	147116494	363,4651	/09	14:45:43	147119079	365,4397
2342/01/10	17:25:39	147121053	367,1257	/09	22:39:12	147117264	365,3288
2343/01/10	12:29:51	147115433	364,7945	/10	03:12:28	147119890	365,1897

REAL DATE OF THE PERIHELION				DATE OF THE PERIHELION OF BARYCENTER EARTH-M		
Date	TT	Dist (km)	Diff (gg)	Date TT	Dist (km)	Diff (gg)
2344/01/09	00:26:59	147125378	363,4980	/10 05:53:47	147124430	365,1120
2345/01/10	19:40:21	147124903	367,8009	/09 14:03:08	147122619	365,3398
2346/01/09	15:10:39	147115329	363,8127	/09 21:37:12	147119557	365,3153
2347/01/09	05:41:20	147123264	364,6046	/10 02:17:39	147119345	365,1947
2348/01/11	10:57:32	147120380	367,2195	/10 07:37:22	147121599	365,2220
2349/01/08	19:34:49	147120573	363,3592	/09 14:52:49	147124139	365,3024
2350/01/10	00:10:38	147122811	366,1915	/09 20:20:28	147118515	365,2275
2351/01/10	17:40:49	147111984	365,7292	/10 01:17:29	147115930	365,2062
2352/01/09	03:29:30	147117947	363,4088	/10 07:40:50	147118702	365,2662
2353/01/10	20:52:27	147121457	367,7242	/09 19:00:26	147118207	365,4719
2354/01/10	03:17:27	147114985	364,2673	/10 02:38:40	147119336	365,3182
2355/01/09	02:33:53	147124924	363,9697	/10 05:22:12	147121930	365,1135
2356/01/11	14:21:48	147124904	367,4916	/10 08:44:49	147124430	365,1407
2357/01/09	03:14:29	147121352	363,5365	/09 16:35:06	147125490	365,3265
2358/01/09	13:38:22	147124802	365,4332	/09 23:44:59	147120570	365,2985
2359/01/11	03:00:12	147117748	366,5568	/10 05:29:52	147120913	365,2395
2360/01/09	09:18:45	147123026	363,2628	/10 10:01:35	147125309	365,1887
2361/01/10	11:00:38	147127917	367,0707	/09 17:44:07	147123841	365,3212
2362/01/10	08:36:09	147116028	364,8996	/09 23:03:01	147120230	365,2214
2363/01/08	20:47:10	147118468	363,5076	/10 02:46:23	147116984	365,1551
2364/01/11	14:32:05	147119272	367,7395	/10 10:01:04	147117158	365,3018
2365/01/09	14:13:16	147115054	363,9869	/09 21:16:48	147119423	365,4692
2366/01/09	08:02:14	147122109	364,7423	/10 04:25:19	147118308	365,2975
2367/01/11	10:32:16	147119783	367,1042	/10 08:36:07	147121758	365,1741
2368/01/09	16:08:44	147122402	363,2336	/10 11:43:41	147125892	365,1302
2369/01/10	01:37:24	147128306	366,3949	/09 20:19:04	147123927	365,3579
2370/01/10	19:21:22	147117715	365,7388	/10 03:46:47	147121597	365,3109
2371/01/09	02:16:32	147122237	363,2883	/10 07:49:14	147122202	365,1683
2372/01/11	13:12:55	147128269	367,4558	/10 12:48:49	147124861	365,2080
2373/01/09	21:30:40	147121912	364,3456	/09 20:12:15	147126284	365,3079
2374/01/08	20:37:49	147123273	363,9633	/10 00:58:55	147120476	365,1990
2375/01/11	11:15:23	147117602	367,6094	/10 06:19:18	147117856	365,2224
2376/01/09	23:47:57	147115803	363,5226	/10 13:15:57	147120082	365,2893
2377/01/09	16:23:37	147123729	365,6914	/10 00:39:18	147119504	365,4745
2378/01/11	04:31:39	147117097	366,5055	/10 07:42:56	147120414	365,2941
2379/01/09	07:23:22	147121487	363,1192	/10 09:54:17	147123048	365,0912
2380/01/11	06:19:57	147128751	366,9559	/10 13:57:32	147124448	365,1689
2381/01/10	07:45:06	147120850	365,0591	/09 22:45:29	147124959	365,3666
2382/01/08	23:12:58	147122810	363,6443	/10 06:05:08	147120981	365,3053
2383/01/11	16:26:52	147123253	367,7179	/10 11:28:40	147121917	365,2246
2384/01/10	08:59:43	147122701	363,6894	/10 15:55:07	147127331	365,1850
2385/01/09	01:59:21	147128680	364,7080	/09 23:41:26	147125149	365,3238
2386/01/11	06:45:42	147119331	367,1988	/10 04:45:52	147121559	365,2114
2387/01/09	11:52:12	147116272	363,2128	/10 08:48:59	147119335	365,1688
2388/01/10	21:57:54	147124601	366,4206	/10 16:30:51	147119971	365,3207
2389/01/10	19:01:56	147119199	365,8778	/10 03:27:45	147122895	365,4561
2390/01/09	02:23:55	147122753	363,3069	/10 09:32:12	147122165	365,2530
2391/01/11	14:11:39	147127467	367,4914	/10 12:43:13	147124514	365,1326
2392/01/10	17:17:03	147123327	364,1287	/10 16:28:57	147127927	365,1567
2393/01/08	20:53:38	147127070	364,1504	/10 01:43:10	147124467	365,3848
2394/01/11	13:42:55	147121438	367,7008	/10 08:56:57	147122458	365,3012
2395/01/09	21:42:09	147119027	363,3328	/10 12:47:48	147123096	365,1603
2396/01/10	09:39:43	147129847	365,4983	/10 17:47:09	147125462	365,2078
2397/01/11	00:04:03	147122779	366,6002	/10 01:46:50	147125754	365,3331
2398/01/09	02:13:08	147118886	363,0896	/10 06:35:44	147119919	365,2006
2399/01/11	06:06:15	147122851	367,1618	/10 12:31:09	147118648	365,2468
2400/01/11	04:27:12	147117518	364,9312	/10 20:14:41	147121755	365,3219
2401/01/08	23:20:04	147123530	363,7867	/10 07:07:43	147121831	365,4534
2402/01/11	19:03:49	147123839	367,8220	/10 13:17:21	147123385	365,2567
2403/01/10	06:29:23	147121138	363,4761	/10 14:51:16	147125831	365,0652
2404/01/09	22:49:50	147130725	364,6808	/10 19:17:26	147127152	365,1848
2405/01/11	07:18:49	147124870	367,3534	/10 04:46:34	147127067	365,3952
2406/01/09	11:20:08	147121154	363,1675	/10 11:10:03	147123499	365,2663
2407/01/11	00:01:35	147129347	366,5287	/10 16:11:33	147124573	365,2093
2408/01/11	12:55:49	147125160	365,5376	/10 20:45:51	147128734	365,1904
2409/01/08	20:03:00	147125825	363,2966	/10 04:26:09	147125438	365,3196
2410/01/11	12:51:29	147123391	367,7003	/10 09:45:38	147121075	365,2218
2411/01/10	13:39:21	147114598	364,0332	/10 14:17:17	147119452	365,1886
2412/01/09	18:49:25	147122801	364,2153	/10 22:50:25	147120320	365,3563
2413/01/11	15:03:38	147122087	367,8432	/10 09:45:03	147123374	365,4546
2414/01/09	21:15:37	147120054	363,2583	/10 15:13:26	147123570	365,2280

REAL DATE OF THE PERIHELION				DATE OF THE PERIHELION OF BARYCENTER EARTH-M		
Date	TT	Dist (km)	Diff (gg)	Date TT	Dist (km)	Diff (gg)
2415/01/10	14:00:13	147130312	365,6976	/10 18:13:07	147125580	365,1247
2416/01/11	21:23:49	147126704	366,3080	/10 22:39:44	147129452	365,1851
2417/01/09	02:01:29	147125351	363,1928	/10 08:19:48	147126056	365,4028
2418/01/11	12:08:29	147128453	367,4215	/10 15:03:08	147124803	365,2800
2419/01/11	00:54:36	147122009	364,5320	/10 18:24:41	147126568	365,1399
2420/01/09	15:26:16	147129739	363,6053	/10 23:22:36	147128556	365,2068
2421/01/11	14:03:19	147128371	367,9424	/10 06:59:25	147128187	365,3172
2422/01/10	01:41:43	147117744	363,4849	/10 11:39:58	147122237	365,1948
2423/01/10	00:47:17	147124373	364,9622	/10 17:37:03	147120380	365,2479
2424/01/12	05:19:01	147122122	367,1887	/11 01:51:57	147123995	365,3436
2425/01/09	09:58:13	147121475	363,1938	/10 12:22:57	147123318	365,4381
2426/01/11	05:13:02	147129380	366,8019	/10 17:41:52	147124778	365,2214
2427/01/11	09:39:41	147122498	365,1851	/10 19:20:12	147126356	365,0682
2428/01/09	16:29:29	147127061	363,2845	/11 00:43:22	147127074	365,2244
2429/01/11	16:40:44	147128291	368,0078	/10 11:08:44	147126713	365,4342
2430/01/10	13:45:14	147118966	363,8781	/10 17:07:10	147123858	365,2489
2431/01/09	20:25:52	147129037	364,2782	/10 21:50:05	147126198	365,1964
2432/01/12	09:43:30	147129476	367,5539	/11 02:48:41	147130333	365,2073
2433/01/09	14:21:31	147123440	363,1930	/10 10:11:34	147126560	365,3075
2434/01/10	14:20:43	147127566	365,9994	/10 15:40:51	147122648	365,2286
2435/01/11	17:56:23	147118904	366,1497	/10 20:30:22	147121762	365,2010
2436/01/09	22:37:28	147122816	363,1952	/11 05:09:30	147123790	365,3605
2437/01/11	16:20:11	147129726	367,7379	/10 15:37:31	147126756	365,4361
2438/01/10	23:29:45	147121736	364,2983	/10 19:34:37	147126593	365,1646
2439/01/09	16:08:32	147129210	363,6936	/10 22:25:36	147127873	365,1187
2440/01/12	12:10:54	147130671	367,8349	/11 03:53:55	147130405	365,2280
2441/01/10	00:42:58	147122669	363,5222	/10 13:37:27	147126702	365,4052
2442/01/10	07:54:08	147129766	365,2994	/10 20:02:35	147125245	365,2674
2443/01/12	02:14:42	147125523	366,7642	/10 23:09:49	147127269	365,1300
2444/01/10	02:10:38	147126463	362,9971	/11 04:51:07	147128509	365,2370
2445/01/11	02:54:20	147131489	367,0303	/10 12:47:09	147127230	365,3305
2446/01/11	05:50:06	147118122	365,1220	/10 17:53:22	147122412	365,2126
2447/01/09	17:22:23	147121310	363,4807	/11 00:27:12	147121384	365,2735
2448/01/12	16:19:48	147127883	367,9565	/11 08:59:39	147126528	365,3558
2449/01/10	12:43:55	147121815	363,8500	/10 18:45:17	147126458	365,4066
2450/01/10	01:15:54	147131479	364,5222	/10 22:59:53	147127961	365,1768
2451/01/12	07:25:52	147129260	367,2569	/11 00:29:06	147129820	365,0619
2452/01/10	09:35:43	147127158	363,0901	/11 06:44:34	147130119	365,2607
2453/01/10	19:16:42	147134411	366,4034	/10 16:39:32	147129596	365,4131
2454/01/11	16:31:24	147123665	365,8852	/10 21:53:29	147127046	365,2180
2455/01/09	20:29:49	147126940	363,1655	/11 02:04:37	147128244	365,1744
2456/01/12	09:58:40	147134502	367,5617	/11 07:20:13	147131733	365,2191
2457/01/10	17:26:50	147121487	364,3112	/10 14:48:37	147126365	365,3113
2458/01/09	16:25:41	147124233	363,9575	/10 20:37:26	147122343	365,2422
2459/01/12	10:43:42	147122368	367,7625	/11 02:17:28	147121790	365,2361
2460/01/10	20:45:22	147120652	363,4178	/11 11:32:39	147124361	365,3855
2461/01/10	13:35:52	147132305	365,7017	/10 21:48:47	147127527	365,4278
2462/01/12	01:42:19	147125200	366,5044	/11 01:00:57	147127377	365,1334
2463/01/10	01:46:07	147126869	363,0026	/11 04:00:07	147129148	365,1244
2464/01/12	04:21:34	147135782	367,1079	/11 10:40:29	147131941	365,2780
2465/01/11	05:13:49	147123960	365,0362	/10 20:02:00	147128603	365,3899
2466/01/09	19:46:35	147128472	363,6060	/11 01:52:36	147128090	365,2434
2467/01/12	12:37:09	147132017	367,7017	/11 04:39:42	147130367	365,1160
2468/01/11	03:48:15	147127158	363,6327	/11 10:14:18	147131526	365,2323
2469/01/09	22:18:52	147133159	364,7712	/10 18:03:06	147129209	365,3255
2470/01/12	04:15:09	147123231	367,2474	/10 22:47:49	147123870	365,1977
2471/01/10	08:22:51	147120259	363,1720	/11 05:41:57	147123326	365,2875
2472/01/11	20:17:10	147132678	366,4960	/11 14:40:47	147128163	365,3742
2473/01/11	15:19:21	147123877	365,7931	/10 23:32:20	147127833	365,3691
2474/01/09	22:22:40	147127184	363,2939	/11 03:24:11	147128321	365,1610
2475/01/12	09:23:28	147132583	367,4588	/11 05:25:05	147129824	365,0839
2476/01/11	14:22:32	147125203	364,2076	/11 13:18:18	147129876	365,3286
2477/01/09	21:16:34	147132148	364,2875	/10 23:14:26	147129394	365,4139
2478/01/12	11:33:47	147129129	367,5952	/11 04:01:07	147128536	365,1990
2479/01/10	16:50:50	147126404	363,2201	/11 08:06:39	147130092	365,1705
2480/01/11	05:02:54	147138375	365,5083	/11 13:31:31	147133754	365,2256
2481/01/11	19:27:54	147125584	366,6007	/10 20:48:30	147128273	365,3034
2482/01/10	01:12:16	147122128	363,2391	/11 02:35:35	147124564	365,2410
2483/01/12	04:10:33	147129209	367,1238	/11 08:18:06	147125541	365,2378
2484/01/12	01:38:41	147123758	364,8945	/11 17:47:10	147128404	365,3951
2485/01/09	21:13:33	147132102	363,8158	/11 02:28:56	147130933	365,3623

REAL DATE OF THE PERIHELION				DATE OF THE PERIHELION OF BARYCENTER EARTH-M		
Date	TT	Dist (km)	Diff (gg)	Date TT	Dist (km)	Diff (gg)
2486/01/12	12:09:17	147132086	367,6220	/11 04:53:33	147130224	365,1004
2487/01/11	00:48:02	147126122	363,5269	/11 08:15:02	147130299	365,1399
2488/01/10	21:24:06	147136941	364,8583	/11 15:54:56	147132798	365,3193
2489/01/12	04:18:08	147127519	367,2875	/11 01:05:45	147128824	365,3825
2490/01/10	09:21:31	147125170	363,2106	/11 06:33:15	147128413	365,2274
2491/01/11	16:28:11	147134711	366,2962	/11 09:44:00	147130422	365,1324
2492/01/12	07:22:05	147126818	365,6207	/11 16:07:13	147130941	365,2661
2493/01/09	19:35:54	147127903	363,5095	/11 00:20:52	147128589	365,3428
2494/01/12	08:59:44	147126952	367,5582	/11 05:25:14	147123991	365,2113
2495/01/11	12:20:31	147120775	364,1394	/11 12:28:15	147125195	365,2937
2496/01/10	20:48:48	147134359	364,3529	/11 21:43:31	147131097	365,3856
2497/01/12	11:21:42	147131108	367,6061	/11 05:18:59	147130927	365,3163
2498/01/10	16:54:38	147127696	363,2312	/11 08:28:06	147131528	365,1313
2499/01/11	02:53:39	147137170	365,4159	/11 10:55:10	147132787	365,1021
2500/01/12	16:10:31	147129733	366,5533	/11 19:15:51	147132970	365,3477
2501/01/11	02:37:35	147130039	363,4354	/12 04:30:32	147132142	365,3851
2502/01/13	05:03:44	147134270	367,1015	/12 08:19:22	147130526	365,1589
2503/01/12	20:14:32	147127327	364,6324	/12 12:19:22	147131731	365,1666
2504/01/11	13:07:49	147135620	363,7036	/12 18:29:25	147133973	365,2569
2505/01/13	07:38:02	147129757	367,7709	/12 01:50:09	147127863	365,3060
2506/01/12	00:06:22	147119822	363,6863	/12 08:19:06	147124034	365,2701
2507/01/11	20:04:41	147130126	364,8321	/12 14:37:21	147126101	365,2626
2508/01/14	02:15:25	147127519	367,2574	/13 00:51:54	147129566	365,4267
2509/01/11	10:51:30	147128708	363,3583	/12 08:31:35	147131899	365,3192
2510/01/12	19:19:58	147136246	366,3531	/12 10:25:53	147132007	365,0793
2511/01/13	05:04:53	147128118	365,4061	/12 14:28:35	147132206	365,1685
2512/01/11	17:17:02	147135334	363,5084	/12 22:40:37	147135268	365,3416
2513/01/13	10:07:14	147134918	367,7015	/12 07:05:41	147131902	365,3507
2514/01/12	10:52:41	147127226	364,0315	/12 11:47:42	147131554	365,1958
2515/01/11	12:07:13	147137249	364,0517	/12 14:31:50	147134080	365,1139
2516/01/14	02:33:10	147133322	367,6013	/12 21:29:05	147133582	365,2897
2517/01/11	13:57:44	147125822	363,4753	/12 05:03:30	147129888	365,3155
2518/01/12	03:16:40	147129877	365,5548	/12 10:20:01	147125625	365,2198
2519/01/13	13:50:22	147123123	366,4400	/12 17:45:47	147126584	365,3095
2520/01/12	00:11:28	147131154	363,4313	/13 03:05:45	147132651	365,3888
2521/01/13	06:39:58	147135362	367,2698	/12 09:51:06	147131467	365,2814
2522/01/12	20:02:52	147127130	364,5575	/12 12:56:33	147131362	365,1288
2523/01/11	10:45:03	147134487	363,6126	/12 16:45:16	147132461	365,1588
2524/01/14	07:38:31	147134036	367,8704	/13 02:13:50	147132714	365,3948
2525/01/12	01:34:50	147128497	363,7474	/12 11:01:54	147132874	365,3667
2526/01/11	19:30:34	147135747	364,7470	/12 14:25:16	147131922	365,1412
2527/01/13	19:14:26	147131404	366,9888	/12 18:07:08	147133787	365,1540
2528/01/12	03:02:42	147132890	363,3251	/13 00:45:41	147135929	365,2767
2529/01/12	16:30:51	147134108	366,5612	/12 07:45:30	147129671	365,2915
2530/01/13	04:37:25	147123033	365,5045	/12 14:14:21	147126931	365,2700
2531/01/11	14:10:18	147130577	363,3978	/12 20:42:49	147129905	365,2697
2532/01/14	09:21:43	147136130	367,7996	/13 06:24:41	147133358	365,4040
2533/01/12	10:45:06	147130291	364,0579	/12 12:52:46	147134751	365,2695
2534/01/11	11:10:55	147136239	364,0179	/12 14:29:46	147133248	365,0673
2535/01/13	23:46:05	147132260	367,5244	/12 19:20:21	147133218	365,2017
2536/01/12	12:24:28	147131722	363,5266	/13 04:29:51	147135721	365,3815
2537/01/12	08:11:01	147136808	365,8239	/12 12:19:18	147132439	365,3260
2538/01/13	13:14:35	147128437	366,2108	/12 16:58:28	147131801	365,1938
2539/01/11	15:45:13	147133432	363,1046	/12 20:01:13	147134428	365,1269
2540/01/13	23:49:50	147137668	367,3365	/13 04:05:28	147133615	365,3362
2541/01/12	18:04:02	147125536	364,7598	/12 11:34:10	147129778	365,3116
2542/01/11	09:49:56	147129407	363,6568	/12 16:50:01	147127391	365,2193
2543/01/14	05:51:10	147130193	367,8341	/13 00:26:01	147129621	365,3166
2544/01/12	23:09:17	147131584	363,7209	/13 09:20:36	147136119	365,3712
2545/01/11	21:21:56	147138736	364,9254	/12 14:52:58	147134914	365,2308
2546/01/13	18:58:54	147131514	366,9006	/12 17:47:58	147134040	365,1215
2547/01/11	22:28:04	147133162	363,1452	/12 21:58:27	147135639	365,1739
2548/01/13	18:23:23	147140114	366,8300	/13 08:00:35	147135492	365,4181
2549/01/13	05:17:11	147130747	365,4540	/12 15:35:37	147134564	365,3160
2550/01/11	10:30:23	147134412	363,2175	/12 18:34:16	147133581	365,1240
2551/01/14	01:44:02	147136668	367,6344	/12 22:35:41	147134279	365,1676
2552/01/13	03:58:05	147130879	364,0930	/13 05:58:15	147135606	365,3073
2553/01/11	09:58:07	147131510	364,2500	/12 13:16:17	147128725	365,3041
2554/01/14	00:33:42	147125224	367,6080	/12 20:09:46	147126663	365,2871
2555/01/12	09:27:48	147127155	363,3709	/13 03:23:15	147130767	365,3010
2556/01/13	12:08:03	147138937	366,1112	/13 13:05:35	147134293	365,4044

REAL DATE OF THE PERIHELION				DATE OF THE PERIHELION OF BARYCENTER EARTH-M		
Date	TT	Dist (km)	Diff (gg)	Date TT	Dist (km)	Diff (gg)
2557/01/13	14:47:27	147132955	366,1106	/12 18:35:43	147136173	365,2292
2558/01/11	14:02:10	147134214	362,9685	/12 20:19:55	147134709	365,0723
2559/01/13	22:40:23	147139173	367,3598	/13 01:37:02	147135411	365,2202
2560/01/13	16:03:45	147133953	364,7245	/13 11:04:45	147138439	365,3942
2561/01/11	10:20:16	147137027	363,7614	/12 17:48:54	147135211	365,2806
2562/01/14	04:01:07	147135022	367,7367	/12 21:47:26	147135051	365,1656
2563/01/12	14:37:07	147132889	363,4416	/13 01:05:55	147137413	365,1378
2564/01/12	17:17:22	147139320	365,1112	/13 09:15:59	147135329	365,3403
2565/01/13	18:40:09	147128775	367,0574	/12 16:44:09	147131098	365,3112
2566/01/11	20:13:42	147126725	363,0649	/12 22:15:35	147128582	365,2301
2567/01/13	18:04:44	147136247	366,9104	/13 05:55:00	147131630	365,3190
2568/01/14	03:12:33	147133535	365,3804	/13 14:44:38	147137489	365,3678
2569/01/11	10:35:16	147136318	363,3074	/12 19:26:20	147135613	365,1956
2570/01/14	04:05:34	147135558	367,7293	/12 23:01:57	147133963	365,1497
2571/01/13	00:38:21	147131211	363,8561	/13 04:12:45	147136087	365,2158
2572/01/12	13:54:52	147139540	364,5531	/13 14:50:40	147136531	365,4430
2573/01/14	02:45:34	147134186	367,5352	/12 21:38:06	147135689	365,2829
2574/01/12	03:52:13	147132607	363,0462	/12 23:58:30	147135730	365,0975
2575/01/13	03:33:05	147141450	365,9867	/13 04:12:01	147136569	365,1760
2576/01/14	08:36:48	147134296	366,2109	/13 11:57:12	147137334	365,3230
2577/01/11	11:41:55	147130501	363,1285	/12 19:02:59	147131007	365,2956
2578/01/14	02:09:20	147132616	367,6023	/13 02:04:42	147129512	365,2928
2579/01/13	12:10:00	147129975	364,4171	/13 08:53:08	147134763	365,2836
2580/01/12	11:39:21	147139315	363,9787	/13 18:06:49	147137531	365,3845
2581/01/14	05:52:02	147137042	367,7588	/12 22:37:05	147137386	365,1876
2582/01/12	11:55:57	147131460	363,2527	/13 00:48:14	147135601	365,0910
2583/01/12	18:42:29	147140319	365,2823	/13 07:04:28	147135903	365,2612
2584/01/14	18:50:20	147136659	367,0054	/13 16:51:26	147138826	365,4076
2585/01/11	18:58:36	147133678	363,0057	/12 23:07:19	147135232	365,2610
2586/01/13	17:51:21	147139401	366,9532	/13 02:57:28	147135084	365,1598
2587/01/13	18:44:13	147133425	365,0367	/13 07:05:38	147137643	365,1723
2588/01/12	07:35:46	147135260	363,5358	/13 15:49:38	147134913	365,3638
2589/01/14	06:08:17	147132913	367,9392	/12 23:14:32	147131861	365,3089
2590/01/12	23:00:46	147126019	363,7031	/13 04:57:43	147130757	365,2383
2591/01/12	14:25:28	147138444	364,6421	/13 12:14:13	147134998	365,3031
2592/01/15	02:30:40	147139624	367,5036	/13 20:35:54	147140858	365,3483
2593/01/12	01:45:01	147135479	362,9683	/13 00:25:56	147138160	365,1597
2594/01/13	07:06:48	147141626	366,2234	/13 04:07:00	147136734	365,1535
2595/01/14	04:51:28	147135941	365,9060	/13 10:05:31	147139264	365,2489
2596/01/12	12:49:09	147138084	363,3317	/13 20:13:47	147138774	365,4224
2597/01/14	05:42:19	147140125	367,7035	/13 02:16:24	147137672	365,2518
2598/01/13	06:20:56	147131990	364,0268	/13 04:28:15	147136911	365,0915
2599/01/12	04:07:49	147139212	363,9075	/13 08:59:49	147137376	365,1885
2600/01/15	01:52:41	147136948	367,9061	/13 17:31:50	147136935	365,3555
2601/01/13	09:14:54	147127185	363,3071	/14 00:38:56	147130878	365,2965
2602/01/14	00:04:45	147134835	365,6179	/14 08:14:15	147130060	365,3161
2603/01/15	15:51:13	147133998	366,6572	/14 15:09:07	147136265	365,2881
2604/01/13	19:10:29	147137628	363,1383	/14 23:59:47	147139262	365,3685
2605/01/14	23:26:35	147142201	367,1778	/14 04:04:18	147138445	365,1698
2606/01/14	15:40:59	147132750	364,6766	/14 06:29:24	147137351	365,1007
2607/01/13	06:30:49	147138894	363,6179	/14 13:20:32	147138488	365,2855
2608/01/16	07:17:47	147142242	368,0326	/14 22:56:00	147141259	365,3996
2609/01/13	19:59:50	147133780	363,5292	/14 04:11:43	147138177	365,2192
2610/01/13	12:40:53	147141646	364,6951	/14 07:50:42	147137710	365,1520
2611/01/15	17:55:27	147139186	367,2184	/14 11:58:15	147140021	365,1719
2612/01/13	21:46:50	147133595	363,1606	/14 21:06:48	147136296	365,3809
2613/01/14	11:32:27	147136996	366,5733	/14 04:31:50	147132380	365,3090
2614/01/15	02:19:03	147128490	365,6156	/14 10:21:30	147132345	365,2428
2615/01/13	11:24:15	147135799	363,3786	/14 17:40:11	147136675	365,3046
2616/01/16	07:30:36	147143926	367,8377	/15 01:39:06	147141770	365,3325
2617/01/14	04:53:52	147133204	363,8911	/14 05:20:09	147137996	365,1535
2618/01/13	07:26:13	147139158	364,1058	/14 09:43:10	147136568	365,1826
2619/01/16	00:51:26	147140485	367,7258	/14 16:45:07	147140216	365,2930
2620/01/14	08:52:45	147136103	363,3342	/15 02:37:14	147139506	365,4111
2621/01/14	02:47:47	147144024	365,7465	/14 07:52:44	147139215	365,2191
2622/01/15	08:58:53	147136310	366,2577	/14 10:06:18	147138944	365,0927
2623/01/13	11:57:00	147137258	363,1236	/14 14:51:50	147139430	365,1982
2624/01/15	21:54:50	147142360	367,4151	/14 23:53:09	147138911	365,3759
2625/01/14	13:50:16	147128518	364,6634	/14 06:53:08	147133274	365,2916
2626/01/13	08:32:24	147134890	363,7792	/14 14:00:41	147133844	365,2969
2627/01/16	05:09:36	147141965	367,8591	/14 20:41:51	147140656	365,2785

REAL DATE OF THE PERIHELION				DATE OF THE PERIHELION OF BARYCENTER EARTH-M		
Date	TT	Dist (km)	Diff (gg)	Date TT	Dist (km)	Diff (gg)
2628/01/14	18:05:27	147137654	363,5387	/15 04:25:53	147141721	365,3222
2629/01/13	15:57:17	147144233	364,9109	/14 08:16:50	147139901	365,1603
2630/01/15	15:24:28	147137083	366,9772	/14 11:28:07	147138274	365,1328
2631/01/13	19:58:59	147136794	363,1906	/14 18:45:32	147139748	365,3037
2632/01/15	15:19:15	147145832	366,8057	/15 04:22:35	147141581	365,4007
2633/01/14	22:52:31	147134134	365,3147	/14 08:59:09	147138389	365,1920
2634/01/13	07:43:38	147137048	363,3688	/14 13:03:54	147137747	365,1699
2635/01/15	23:27:23	147142532	367,6553	/14 17:56:37	147139982	365,2032
2636/01/15	01:36:45	147132133	364,0898	/15 03:27:55	147136645	365,3967
2637/01/13	11:11:56	147136703	364,3994	/14 11:07:30	147133388	365,3191
2638/01/15	23:24:07	147135222	367,5084	/14 16:43:33	147135068	365,2333
2639/01/14	05:57:01	147136797	363,2728	/14 23:41:19	147140320	365,2901
2640/01/15	04:21:49	147148909	365,9338	/15 07:02:49	147144308	365,3066
2641/01/15	06:38:31	147137211	366,0949	/14 10:16:39	147140483	365,1346
2642/01/13	12:45:27	147137064	363,2548	/14 15:17:44	147139148	365,2090
2643/01/15	21:49:53	147146399	367,3780	/14 22:16:52	147142990	365,2910
2644/01/15	12:50:20	147137032	364,6253	/15 07:37:33	147141664	365,3893
2645/01/13	07:42:43	147141947	363,7863	/14 12:21:54	147140151	365,1974
2646/01/15	21:35:16	147141555	367,5781	/14 14:33:29	147139878	365,0913
2647/01/14	10:27:55	147135434	363,5365	/14 20:00:40	147139516	365,2272
2648/01/14	13:57:13	147142666	365,1453	/15 05:35:52	147138351	365,3994
2649/01/15	14:26:51	147131109	367,0205	/14 12:57:06	147133047	365,3064
2650/01/13	21:29:52	147131594	363,2937	/14 20:08:21	147134639	365,2994
2651/01/15	16:20:24	147146738	366,7850	/15 02:59:00	147142668	365,2851
2652/01/15	22:16:42	147138327	365,2474	/15 10:10:47	147142724	365,2998
2653/01/13	08:29:48	147141193	363,4257	/14 13:56:25	147141115	365,1566
2654/01/15	22:24:23	147143330	367,5795	/14 17:51:50	147140563	365,1634
2655/01/14	22:40:03	147138406	364,0108	/15 01:16:40	147142722	365,3089
2656/01/14	11:08:51	147148311	364,5200	/15 10:21:44	147144685	365,3785
2657/01/15	19:24:56	147141048	367,3445	/14 14:12:46	147141376	365,1604
2658/01/14	01:14:28	147136914	363,2427	/14 17:43:17	147140767	365,1461
2659/01/14	18:57:08	147146992	365,7379	/14 23:08:12	147142637	365,2256
2660/01/16	03:29:04	147134030	366,3555	/15 08:33:57	147137679	365,3928
2661/01/13	13:08:58	147133273	363,4027	/14 16:16:02	147134821	365,3208
2662/01/15	21:08:26	147140488	367,3329	/14 21:55:01	147136894	365,2354
2663/01/15	09:26:56	147137754	364,5128	/15 04:35:49	147142137	365,2783
2664/01/14	07:28:05	147146693	363,9174	/15 11:52:02	147144280	365,3029
2665/01/15	21:15:09	147141291	367,5743	/14 15:15:59	147139972	365,1416
2666/01/14	11:01:48	147135054	363,5740	/14 21:22:13	147139260	365,2543
2667/01/14	13:10:52	147147831	365,0896	/15 04:51:05	147143710	365,3117
2668/01/16	13:20:59	147140301	367,0070	/15 13:33:24	147142931	365,3627
2669/01/13	19:08:02	147138620	363,2410	/14 18:02:29	147141529	365,1868
2670/01/15	07:51:28	147146000	366,5301	/14 20:11:47	147141752	365,0897
2671/01/15	15:14:15	147137553	365,3075	/15 02:15:15	147141680	365,2524
2672/01/14	06:03:23	147140842	363,6174	/15 12:03:30	147140033	365,4085
2673/01/15	22:40:49	147138789	367,6926	/14 18:51:55	147136112	365,2836
2674/01/14	22:11:38	147134221	363,9797	/15 01:46:32	147138556	365,2879
2675/01/14	07:36:32	147149508	364,3922	/15 07:51:08	147146007	365,2532
2676/01/16	18:16:41	147143480	367,4445	/15 14:22:44	147144614	365,2719
2677/01/14	01:23:10	147137670	363,2961	/14 18:30:42	147141562	365,1722
2678/01/14	20:25:39	147145897	365,7934	/14 23:00:19	147141566	365,1872
2679/01/16	01:26:47	147139762	366,2091	/15 06:48:55	147143432	365,3254
2680/01/14	11:02:02	147143858	363,3994	/15 15:33:01	147144659	365,3639
2681/01/15	17:36:03	147144906	367,2736	/14 19:27:15	147141110	365,1626
2682/01/15	04:40:45	147136250	364,4616	/14 23:20:55	147140499	365,1622
2683/01/14	00:02:03	147145686	363,8064	/15 05:46:52	147143301	365,2680
2684/01/16	20:55:09	147138931	367,8702	/15 15:28:32	147138352	365,4039
2685/01/14	11:39:15	147132613	363,6139	/14 22:57:05	147136989	365,3114
2686/01/14	12:58:15	147144793	365,0548	/15 04:19:41	147140812	365,2240
2687/01/16	09:59:54	147143189	366,8761	/15 10:26:31	147146073	365,2547
2688/01/14	16:37:37	147145005	363,2761	/15 17:02:41	147147374	365,2751
2689/01/15	09:02:59	147147209	366,6842	/14 20:33:18	147142770	365,1462
2690/01/15	15:03:29	147138514	365,2503	/15 02:28:09	147142464	365,2464
2691/01/14	02:44:12	147148168	363,4866	/15 10:00:12	147146953	365,3139
2692/01/16	21:55:22	147146597	367,7994	/15 17:52:12	147144383	365,3277
2693/01/14	18:20:45	147137952	363,8509	/14 22:03:20	147142514	365,1743
2694/01/13	22:11:50	147145165	364,1604	/15 00:42:53	147142111	365,1108
2695/01/16	11:32:36	147140070	367,5560	/15 07:38:44	147141593	365,2887
2696/01/14	23:34:43	147135477	363,5014	/15 18:05:48	147139100	365,4354
2697/01/15	01:26:49	147140670	366,0778	/15 00:57:07	147136146	365,2856
2698/01/16	02:25:28	147136503	366,0407	/15 07:59:09	147140029	365,2930

REAL DATE OF THE PERIHELION			DATE OF THE PERIHELION OF BARYCENTER EARTH-M		
Date TT	Dist (km)	Diff (gg)	Date TT	Dist (km)	Diff (gg)
2699/01/14 07:39:55	147147254	363,2183	/15 13:56:28	147147430	365,2481
2700/01/16 18:58:58	147149338	367,4715	/15 19:57:16	147145752	365,2505
2701/01/16 04:31:20	147138602	364,3974	/16 00:42:19	147142996	365,1979
2702/01/14 22:42:48	147146405	363,7579	/16 05:26:28	147144208	365,1973
2703/01/17 18:55:26	147146680	367,8421	/16 13:14:50	147146827	365,3252
2704/01/16 08:52:39	147142873	363,5813	/16 21:13:31	147147275	365,3324
2705/01/15 09:31:25	147148086	365,0269	/16 00:07:54	147144059	365,1211
2706/01/17 04:53:51	147140522	366,8072	/16 04:07:02	147143168	365,1660
2707/01/15 08:57:00	147142897	363,1688	/16 10:57:04	147144760	365,2847
2708/01/17 10:39:01	147143982	367,0708	/16 20:39:18	147139472	365,4043
2709/01/16 15:32:03	147134066	365,2035	/16 04:14:35	147138052	365,3161
2710/01/15 00:55:31	147143898	363,3913	/16 09:21:55	147142692	365,2134
2711/01/17 20:43:20	147148366	367,8248	/16 15:37:52	147146859	365,2610
2712/01/16 16:55:58	147141981	363,8421	/16 22:10:14	147146745	365,2724
2713/01/15 01:44:08	147145524	364,3667	/16 02:36:59	147142423	365,1852
2714/01/17 13:04:26	147141228	367,4724	/16 09:01:56	147143014	365,2673
2715/01/15 19:56:48	147145777	363,2863	/16 16:42:28	147148873	365,3198
2716/01/17 02:50:17	147150908	366,2871	/16 23:57:01	147146127	365,3017
2717/01/16 22:46:43	147141305	365,8308	/16 03:38:24	147144599	365,1537
2718/01/14 22:57:35	147144673	363,0075	/16 06:31:01	147144870	365,1198
2719/01/17 14:07:03	147147297	367,6315	/16 14:02:35	147144095	365,3135
2720/01/17 02:15:17	147137256	364,5057	/17 00:05:21	147141938	365,4186
2721/01/15 00:11:26	147141881	363,9139	/16 06:33:25	147139828	365,2694
2722/01/17 18:46:03	147143176	367,7740	/16 12:32:00	147143802	365,2490
2723/01/16 04:16:27	147146174	363,3961	/16 18:15:53	147150317	365,2388
2724/01/16 13:19:50	147150709	365,3773	/17 00:04:23	147146312	365,2420
2725/01/17 06:20:14	147140906	366,7086	/16 05:22:00	147143389	365,2205
2726/01/15 06:26:18	147143440	363,0042	/16 10:41:56	147144828	365,2221
2727/01/17 11:07:25	147151553	367,1952	/16 18:49:31	147147252	365,3386
2728/01/17 12:26:47	147142379	365,0551	/17 02:37:45	147146609	365,3251
2729/01/14 20:46:32	147144254	363,3470	/16 05:30:55	147143458	365,1202
2730/01/17 16:33:22	147144446	367,8241	/16 10:14:10	147143439	365,1967
2731/01/16 11:35:07	147140426	363,7928	/16 18:00:24	147145200	365,3237
2732/01/16 05:53:03	147144408	364,7624	/17 03:23:39	147140939	365,3911
2733/01/17 15:26:39	147139271	367,3983	/16 10:49:30	147140971	365,3096
2734/01/15 16:01:38	147144090	363,0243	/16 15:17:28	147146654	365,1860
2735/01/17 02:35:03	147155457	366,4398	/16 21:15:44	147150576	365,2488
2736/01/17 21:07:28	147145612	365,7725	/17 03:26:51	147149054	365,2577
2737/01/14 23:31:09	147144895	363,0997	/16 07:38:16	147145186	365,1745
2738/01/17 16:57:23	147148648	367,7265	/16 14:04:03	147146164	365,2679
2739/01/16 22:06:19	147145844	364,2145	/16 21:33:58	147150745	365,3124
2740/01/15 23:20:30	147149341	364,0515	/17 04:13:25	147147215	365,2773
2741/01/17 15:42:21	147144244	367,6818	/16 08:08:38	147144734	365,1633
2742/01/15 20:13:10	147141316	363,1880	/16 11:38:40	147145099	365,1458
2743/01/16 12:42:55	147148363	365,6873	/16 20:30:26	147143624	365,3692
2744/01/18 06:34:33	147139071	366,7441	/17 06:32:07	147141566	365,4178
2745/01/15 07:20:34	147139816	363,0319	/16 13:06:57	147141042	365,2741
2746/01/17 14:30:20	147149550	367,2984	/16 18:38:10	147145777	365,2300
2747/01/17 08:04:20	147147970	364,7319	/17 00:10:43	147152555	365,2309
2748/01/15 22:17:53	147148736	363,5927	/17 05:59:09	147147985	365,2419
2749/01/17 19:17:07	147146410	367,8744	/16 11:27:36	147145764	365,2281
2750/01/16 08:10:56	147144047	363,5373	/16 16:45:07	147148541	365,2205
2751/01/16 06:27:54	147154436	364,9284	/17 00:45:55	147150476	365,3338
2752/01/18 12:35:32	147148071	367,2553	/17 07:20:47	147149456	365,2742
2753/01/15 09:35:18	147143613	362,8748	/16 10:01:56	147146065	365,1119
2754/01/16 21:43:13	147149837	366,5055	/16 14:42:58	147145103	365,1951
2755/01/17 15:10:15	147142647	365,7271	/16 23:18:39	147146430	365,3581
2756/01/16 01:15:28	147140998	363,4202	/17 08:43:57	147141456	365,3925
2757/01/17 21:38:07	147144113	367,8490	/16 15:56:51	147142228	365,3006
2758/01/16 18:48:52	147143010	363,8824	/16 20:15:00	147147881	365,1792
2759/01/16 00:12:34	147153234	364,2247	/17 02:35:04	147150595	365,2639
2760/01/18 17:21:29	147147716	367,7145	/17 09:19:06	147148019	365,2805
2761/01/15 19:45:32	147141686	363,1000	/16 14:02:14	147145026	365,1966
2762/01/16 16:34:22	147152683	365,8672	/16 20:36:58	147147789	365,2741
2763/01/18 02:31:25	147149685	366,4146	/17 04:11:21	147152447	365,3155
2764/01/16 04:34:33	147147537	363,0855	/17 09:53:08	147149101	365,2373
2765/01/17 12:25:28	147150327	367,3270	/16 13:42:51	147146978	365,1595
2766/01/17 00:18:03	147142840	364,4948	/16 17:30:21	147147614	365,1579
2767/01/15 20:48:09	147147382	363,8542	/17 02:57:28	147146360	365,3938
2768/01/18 21:17:43	147145039	368,0205	/17 12:34:28	147144317	365,4006
2769/01/16 06:50:42	147140545	363,3979	/16 18:06:04	147144629	365,2302

REAL DATE OF THE PERIHELION				DATE OF THE PERIHELION OF BARYCENTER EARTH-M		
Date	TT	Dist (km)	Diff (gg)	Date TT	Dist (km)	Diff (gg)
2770/01/16	07:56:53	147153667	365,0459	/16 23:02:33	147149264	365,2058
2771/01/18	08:49:33	147152365	367,0365	/17 04:43:12	147153794	365,2365
2772/01/16	09:41:37	147145967	363,0361	/17 10:43:50	147148478	365,2504
2773/01/17	04:43:24	147150526	366,7929	/16 16:52:27	147146212	365,2559
2774/01/17	11:42:51	147145488	365,2912	/16 22:18:39	147149731	365,2265
2775/01/16	00:14:21	147150358	363,5218	/17 06:47:49	147150780	365,3535
2776/01/18	19:59:34	147151083	367,8230	/17 12:49:02	147149179	365,2508
2777/01/16	13:11:32	147141937	363,7166	/16 15:49:51	147146560	365,1255
2778/01/15	20:46:43	147149052	364,3161	/16 21:01:02	147145876	365,2161
2779/01/18	13:31:36	147147995	367,6978	/17 06:08:12	147148075	365,3799
2780/01/16	19:28:10	147140772	363,2476	/17 15:17:08	147143985	365,3812
2781/01/16	21:30:39	147150517	366,0850	/16 21:46:33	147145766	365,2704
2782/01/17	21:29:48	147148834	365,9994	/17 01:28:31	147152107	365,1541
2783/01/16	03:34:10	147151508	363,2530	/17 07:57:49	147153250	365,2703
2784/01/18	15:57:28	147153247	367,5161	/17 14:12:49	147150206	365,2604
2785/01/16	23:38:28	147142990	364,3201	/16 19:07:07	147147748	365,2043
2786/01/15	20:40:00	147151602	363,8760	/17 01:19:01	147149891	365,2582
2787/01/18	17:24:35	147154950	367,8642	/17 08:57:12	147153842	365,3181
2788/01/17	02:08:39	147145262	363,3639	/17 14:22:41	147149169	365,2260
2789/01/16	04:33:43	147151311	365,1007	/16 18:28:06	147146816	365,1704
2790/01/18	01:26:22	147145479	366,8699	/16 23:13:55	147147266	365,1984
2791/01/16	09:11:58	147143078	363,3233	/17 09:34:48	147145827	365,4311
2792/01/18	11:46:48	147148333	367,1075	/17 19:17:24	147144416	365,4045
2793/01/17	11:17:42	147141469	364,9797	/17 00:21:56	147145995	365,2114
2794/01/15	22:56:40	147151812	363,4854	/17 04:45:22	147151733	365,1829
2795/01/18	17:46:34	147157595	367,7846	/17 10:47:44	147155395	365,2516
2796/01/17	12:08:51	147145867	363,7654	/17 16:40:37	147150203	365,2450
2797/01/16	00:56:55	147152776	364,5333	/16 22:54:38	147149036	365,2597
2798/01/18	09:53:35	147152734	367,3726	/17 04:05:54	147153092	365,2161
2799/01/16	16:51:53	147150395	363,2904	/17 12:15:23	147153847	365,3399
2800/01/17	18:53:11	147155944	366,0842	/17 17:44:59	147151463	365,2288
2801/01/17	14:54:10	147144765	365,8340	/16 20:22:30	147148438	365,1093
2802/01/15	22:40:06	147146033	363,3235	/17 02:06:38	147147685	365,2389
2803/01/18	14:00:19	147152021	367,6390	/17 12:00:01	147148836	365,4120
2804/01/17	23:28:04	147140803	364,3942	/17 20:45:31	147145339	365,3649
2805/01/15	23:33:45	147149884	364,0039	/17 02:54:05	147147361	365,2559
2806/01/18	13:27:39	147154744	367,5791	/17 06:19:51	147153614	365,1428
2807/01/17	00:48:41	147149095	363,4729	/17 13:37:34	147153051	365,3039
2808/01/17	08:09:09	147154198	365,3058	/17 20:11:40	147149786	365,2736
2809/01/18	01:06:48	147146587	366,7067	/17 01:24:19	147149155	365,2171
2810/01/16	07:29:03	147149033	363,2654	/17 07:25:02	147151828	365,2504
2811/01/18	07:52:43	147159773	367,0164	/17 14:46:43	147155846	365,3067
2812/01/18	06:20:31	147146760	364,9359	/17 19:46:50	147151167	365,2084
2813/01/15	18:10:22	147149535	363,4929	/16 23:51:46	147148818	365,1701
2814/01/18	10:06:43	147152596	367,6641	/17 05:06:00	147150044	365,2182
2815/01/17	10:31:16	147143906	364,0170	/17 15:57:50	147148146	365,4526
2816/01/17	03:44:57	147151209	364,7178	/18 00:40:43	147147301	365,3631
2817/01/18	08:56:42	147148414	367,2164	/17 05:03:16	147149529	365,1823
2818/01/16	14:13:57	147150035	363,2203	/17 08:56:15	147153723	365,1618
2819/01/17	17:59:02	147160346	366,1563	/17 15:37:53	147156017	365,2789
2820/01/18	14:54:59	147146265	365,8721	/17 22:00:16	147150195	365,2655
2821/01/15	23:59:48	147148809	363,3783	/17 04:21:30	147149690	365,2647
2822/01/18	10:33:58	147157246	367,4404	/17 09:47:39	147153786	365,2264
2823/01/17	20:19:36	147149377	364,4066	/17 17:55:28	147153707	365,3387
2824/01/16	19:46:09	147154078	363,9767	/17 23:26:50	147151262	365,2301
2825/01/18	08:14:05	147149376	367,5194	/17 02:20:29	147148648	365,1205
2826/01/16	20:33:02	147144872	363,5131	/17 08:31:26	147149106	365,2576
2827/01/17	07:15:34	147154787	365,4462	/17 19:05:27	147150581	365,4402
2828/01/19	01:05:43	147145022	366,7431	/18 03:05:15	147148151	365,3332
2829/01/16	07:31:52	147148860	363,2681	/17 08:29:00	147151198	365,2248
2830/01/18	03:50:48	147161152	366,8464	/17 11:37:06	147157003	365,1306
2831/01/18	05:06:26	147151363	365,0525	/17 18:57:29	147155554	365,3058
2832/01/16	19:32:47	147153673	363,6016	/18 01:44:45	147152199	365,2828
2833/01/18	11:05:02	147153890	367,6473	/17 06:27:10	147151670	365,1961
2834/01/17	06:54:51	147149987	363,8262	/17 12:13:04	147154385	365,2402
2835/01/16	20:40:17	147160312	364,5732	/17 19:42:25	147156711	365,3120
2836/01/19	03:23:34	147149887	367,2800	/18 00:19:35	147151578	365,1924
2837/01/16	10:04:18	147145037	363,2782	/17 04:52:30	147148701	365,1895
2838/01/17	12:43:39	147154664	366,1106	/17 10:55:04	147150248	365,2517
2839/01/18	14:59:25	147144254	366,0942	/17 22:34:49	147148100	365,4859
2840/01/17	01:05:08	147147971	363,4206	/18 06:52:35	147147961	365,3456

REAL DATE OF THE PERIHELION				DATE OF THE PERIHELION OF BARYCENTER EARTH-M		
Date	TT	Dist (km)	Diff (gg)	Date TT	Dist (km)	Diff (gg)
2841/01/18	11:16:49	147155282	367,4247	/17 10:41:23	147151863	365,1588
2842/01/17	16:49:57	147151329	364,2313	/17 14:29:00	147155662	365,1580
2843/01/16	16:37:29	147160089	363,9913	/17 21:34:06	147157360	365,2952
2844/01/19	09:22:50	147152098	367,6981	/18 04:04:05	147152256	365,2708
2845/01/16	21:00:29	147148101	363,4844	/17 10:09:41	147152419	365,2538
2846/01/17	03:10:28	147161409	365,2569	/17 15:17:00	147157285	365,2134
2847/01/18	21:33:12	147152891	366,7657	/17 23:12:44	147156041	365,3303
2848/01/17	01:41:34	147151128	363,1724	/18 03:59:40	147152905	365,1992
2849/01/17	22:16:53	147154804	366,8578	/17 07:10:31	147150410	365,1325
2850/01/18	00:39:37	147146069	365,0991	/17 13:55:57	147150082	365,2815
2851/01/16	17:35:30	147153217	363,7054	/18 00:56:35	147151528	365,4587
2852/01/19	13:35:07	147150782	367,8330	/18 08:29:30	147149330	365,3145
2853/01/17	06:40:32	147148009	363,7121	/17 13:14:59	147152625	365,1982
2854/01/16	16:59:12	147160875	364,4296	/17 16:47:15	147157510	365,1474
2855/01/19	03:26:25	147152775	367,4355	/18 00:43:18	147154908	365,3306
2856/01/17	10:52:38	147149390	363,3098	/18 08:03:58	147152496	365,3060
2857/01/17	17:19:55	147157664	366,2689	/17 12:40:41	147153027	365,1921
2858/01/18	11:29:32	147153115	365,7566	/17 18:07:40	147156676	365,2270
2859/01/16	18:19:40	147158847	363,2848	/18 01:47:31	147158523	365,3193
2860/01/19	06:46:51	147156584	367,5188	/18 05:58:47	147153428	365,1745
2861/01/17	12:33:25	147146711	364,2406	/17 10:42:44	147151262	365,1971
2862/01/16	11:10:48	147155484	363,9426	/17 17:21:48	147153145	365,2771
2863/01/19	09:50:23	147150411	367,9441	/18 04:32:20	147151278	365,4656
2864/01/17	20:55:34	147147582	363,4619	/18 12:07:31	147151677	365,3161
2865/01/17	05:46:57	147159297	365,3690	/17 14:55:09	147154941	365,1164
2866/01/18	18:14:30	147154911	366,5191	/17 18:42:55	147157767	365,1581
2867/01/16	22:12:21	147156474	363,1651	/18 02:42:47	147157636	365,3332
2868/01/19	02:38:15	147157127	367,1846	/18 09:14:56	147152877	365,2723
2869/01/18	00:23:27	147148887	364,9064	/17 15:18:43	147153055	365,2526
2870/01/16	11:49:21	147159230	363,4763	/17 20:30:18	147157894	365,2163
2871/01/19	10:45:21	147156526	367,9555	/18 04:44:23	147155745	365,3431
2872/01/18	02:08:38	147147656	363,6411	/18 09:37:10	147152390	365,2033
2873/01/16	14:55:07	147154754	364,5322	/17 13:11:28	147151341	365,1488
2874/01/19	00:28:46	147149599	367,3983	/17 20:43:25	147151592	365,3138
2875/01/17	08:02:19	147151049	363,3149	/18 07:47:03	147153516	365,4608
2876/01/18	22:21:04	147157403	366,5963	/18 14:29:06	147152625	365,2792
2877/01/18	10:54:35	147152381	365,5232	/17 18:25:13	147155939	365,1639
2878/01/16	13:18:12	147160869	363,0997	/17 21:56:55	147160662	365,1470
2879/01/19	09:23:29	147159479	367,8369	/18 06:21:11	147157052	365,3501
2880/01/18	12:40:29	147149705	364,1368	/18 13:14:23	147154527	365,2869
2881/01/16	12:22:00	147157972	363,9871	/17 17:30:31	147155667	365,1778
2882/01/19	05:27:04	147157259	367,7118	/17 22:52:41	147158181	365,2237
2883/01/17	13:45:21	147155176	363,3460	/18 06:30:52	147158918	365,3181
2884/01/18	04:05:54	147157791	365,5976	/18 10:44:46	147153114	365,1763
2885/01/18	15:49:41	147148413	366,4887	/17 15:58:21	147151033	365,2177
2886/01/16	17:46:46	147152109	363,0813	/17 23:50:44	147153084	365,3280
2887/01/19	07:45:54	147155121	367,5827	/18 11:05:26	147151372	365,4685
2888/01/19	00:38:50	147148797	364,7034	/18 18:17:30	147153325	365,3000
2889/01/16	12:19:28	147158115	363,4865	/17 20:37:42	147156984	365,0973
2890/01/19	07:57:41	147160209	367,8182	/18 00:35:03	147159808	365,1648
2891/01/17	23:40:59	147154936	363,6550	/18 09:20:51	147159472	365,3651
2892/01/17	21:45:35	147159506	364,9198	/18 15:30:57	147155571	365,2570
2893/01/19	01:17:01	147155059	367,1468	/17 20:57:14	147156847	365,2265
2894/01/17	00:29:11	147159279	362,9667	/18 02:02:39	147161456	365,2121
2895/01/18	18:56:50	147163038	366,7692	/18 09:21:08	147158317	365,3045
2896/01/19	05:23:48	147150739	365,4353	/18 14:07:34	147154497	365,1989
2897/01/16	09:42:03	147152542	363,1793	/17 17:57:40	147152739	365,1597
2898/01/19	07:14:29	147155047	367,8975	/18 02:07:58	147153156	365,3404
2899/01/18	10:39:19	147149495	364,1422	/18 13:23:26	147154391	365,4690
2900/01/17	17:03:23	147156698	364,2667	/18 19:16:01	147153958	365,2448
2901/01/20	06:27:43	147155716	367,5585	/18 23:01:03	147156505	365,1562
2902/01/18	08:19:47	147157159	363,0778	/19 03:15:52	147160469	365,1769
2903/01/19	10:25:21	147161593	366,0872	/19 12:33:36	147156670	365,3873
2904/01/20	17:17:58	147151973	366,2865	/19 19:34:29	147154843	365,2922
2905/01/17	16:52:36	147156573	362,9823	/18 23:29:04	147157676	365,1629
2906/01/20	04:15:59	147163576	367,4745	/19 05:01:42	147160293	365,2310
2907/01/19	17:39:11	147155563	364,5577	/19 12:27:55	147160356	365,3098
2908/01/18	09:41:44	147156247	363,6684	/19 16:31:15	147155133	365,1689
2909/01/20	06:30:17	147153776	367,8670	/18 21:59:10	147153337	365,2277
2910/01/18	18:26:48	147152196	363,4975	/19 06:02:01	147156371	365,3353
2911/01/19	03:32:46	147159173	365,3791	/19 16:49:36	147154709	365,4497

REAL DATE OF THE PERIHELION				DATE OF THE PERIHELION OF BARYCENTER EARTH-M		
Date	TT	Dist (km)	Diff (gg)	Date TT	Dist (km)	Diff (gg)
2912/01/21	02:13:08	147154371	366,9447	/19 22:47:46	147156170	365,2487
2913/01/17	21:59:14	147157379	362,8236	/19 00:38:11	147159512	365,0766
2914/01/19	17:47:58	147164977	366,8255	/19 05:21:08	147160581	365,1964
2915/01/20	03:11:14	147155252	365,3911	/19 14:41:07	147159480	365,3888
2916/01/18	13:25:55	147155556	363,4268	/19 20:49:43	147155723	365,2559
2917/01/20	09:18:01	147158863	367,8278	/19 02:04:58	147157301	365,2189
2918/01/19	03:58:30	147156883	363,7781	/19 07:54:58	147161605	365,2430
2919/01/18	15:37:41	147161017	364,4855	/19 15:12:30	147157756	365,3038
2920/01/21	03:52:07	147154554	367,5100	/19 20:16:14	147155019	365,2109
2921/01/18	04:17:57	147151101	363,0179	/19 00:41:47	147154209	365,1844
2922/01/19	09:40:56	147160551	366,2243	/19 09:12:25	147155690	365,3546
2923/01/20	15:11:03	147154254	366,2292	/19 20:06:43	147157599	365,4543
2924/01/18	18:43:11	147156512	363,1473	/20 00:46:57	147157780	365,1946
2925/01/20	06:07:15	147163274	367,4750	/19 03:43:41	147160435	365,1227
2926/01/19	12:22:49	147158667	364,2608	/19 08:38:37	147163518	365,2048
2927/01/18	12:44:12	147160748	364,0148	/19 17:34:14	147158996	365,3719
2928/01/21	09:10:13	147157998	367,8514	/20 00:14:50	147157420	365,2781
2929/01/18	14:21:46	147155702	363,2163	/19 03:48:07	147159559	365,1481
2930/01/18	21:30:17	147166132	365,2975	/19 09:34:15	147161493	365,2403
2931/01/20	19:16:59	147157920	366,9074	/19 17:13:50	147159868	365,3191
2932/01/18	19:33:52	147152176	363,0117	/19 21:26:37	147154602	365,1755
2933/01/19	19:53:29	147156754	367,0136	/19 03:49:09	147152774	365,2656
2934/01/19	23:10:18	147151800	365,1366	/19 12:43:53	147156349	365,3713
2935/01/18	16:58:21	147156024	363,7416	/19 23:23:01	147155735	365,4438
2936/01/21	12:59:50	147159263	367,8343	/20 04:41:21	147157711	365,2210
2937/01/19	00:28:44	147157311	363,4783	/19 06:10:41	147161720	365,0620
2938/01/18	14:30:28	147166376	364,5845	/19 11:55:52	147162598	365,2397
2939/01/21	03:28:02	147160824	367,5399	/19 21:19:01	147161448	365,3910
2940/01/19	05:21:00	147155926	363,0784	/20 02:45:38	147159031	365,2268
2941/01/19	10:51:33	147165308	366,2295	/19 07:26:46	147160719	365,1952
2942/01/20	06:31:06	147161093	365,8191	/19 12:50:18	147164824	365,2246
2943/01/18	14:57:31	147158573	363,3516	/19 19:47:09	147159956	365,2894
2944/01/21	04:25:29	147158861	367,5610	/20 00:48:09	147156026	365,2090
2945/01/19	08:18:21	147150961	364,1617	/19 05:47:38	147155627	365,2079
2946/01/18	11:57:44	147159146	364,1523	/19 15:12:35	147156698	365,3923
2947/01/21	09:46:32	147159181	367,9088	/20 01:39:03	147158546	365,4350
2948/01/19	14:33:27	147154821	363,1992	/20 05:42:24	147158537	365,1690
2949/01/18	22:41:57	147165288	365,3392	/19 08:40:35	147160676	365,1237
2950/01/20	14:52:36	147161025	366,6740	/19 15:07:53	147163552	365,2689
2951/01/18	22:32:09	147156780	363,3191	/20 00:15:56	147159236	365,3805
2952/01/21	02:39:59	147163029	367,1721	/20 06:31:26	147159368	365,2607
2953/01/19	19:07:48	147157701	364,6859	/19 09:52:58	147162278	365,1399
2954/01/18	09:48:28	147164794	363,6115	/19 15:39:44	147164063	365,2408
2955/01/21	06:15:31	147164047	367,8521	/19 22:58:03	147162023	365,3043
2956/01/19	20:33:19	147152700	363,5956	/20 03:01:26	147156918	365,1690
2957/01/18	13:06:59	147160027	364,6900	/19 09:23:38	147156022	365,2654
2958/01/20	22:59:13	147158786	367,4112	/19 18:44:16	147159868	365,3893
2959/01/19	06:40:47	147155419	363,3205	/20 04:04:52	147158682	365,3893
2960/01/20	15:37:59	147164608	366,3730	/20 08:35:44	147160300	365,1881
2961/01/20	02:25:47	147158801	365,4498	/19 10:15:38	147162834	365,0693
2962/01/18	12:28:43	147161965	363,4187	/19 17:11:18	147162919	365,2886
2963/01/21	06:43:54	147163948	367,7605	/20 02:52:44	147160997	365,4037
2964/01/20	08:40:55	147154769	364,0812	/20 07:59:41	147159191	365,2131
2965/01/18	10:23:57	147163746	364,0715	/19 12:55:30	147160779	365,2054
2966/01/21	01:38:03	147165080	367,6347	/19 18:51:18	147164498	365,2470
2967/01/19	11:16:24	147156126	363,4016	/20 01:53:21	147160056	365,2930
2968/01/19	22:10:04	147160983	365,4539	/20 07:15:40	147156586	365,2238
2969/01/20	10:29:11	147154720	366,5132	/19 12:30:15	147157790	365,2184
2970/01/18	20:47:28	147157505	363,4293	/19 22:29:04	147159790	365,4158
2971/01/21	05:19:50	147165455	367,3558	/20 07:46:04	147161781	365,3868
2972/01/20	18:37:47	147157982	364,5541	/20 10:36:16	147162392	365,1182
2973/01/18	07:44:45	147165174	363,5465	/19 13:30:50	147163725	365,1212
2974/01/21	02:19:44	147168132	367,7742	/19 20:21:58	147166059	365,2855
2975/01/19	21:27:24	147157370	363,7970	/20 05:17:54	147161590	365,3721
2976/01/19	15:25:09	147164963	364,7484	/20 11:04:43	147160970	365,2408
2977/01/20	17:15:41	147162263	367,0767	/19 14:24:07	147163958	365,1384
2978/01/19	00:35:25	147160882	363,3053	/19 20:59:20	147164365	365,2744
2979/01/20	11:13:18	147165781	366,4429	/20 04:12:15	147161501	365,3006
2980/01/21	00:14:38	147152384	365,5426	/20 08:47:28	147156410	365,1911
2981/01/18	10:22:18	147156010	363,4220	/19 15:41:02	147156216	365,2872
2982/01/21	04:34:10	147164302	367,7582	/20 01:51:27	147161171	365,4239

REAL DATE OF THE PERIHELION				DATE OF THE PERIHELION OF BARYCENTER EARTH-M		
Date	TT	Dist (km)	Diff (gg)	Date TT	Dist (km)	Diff (gg)
2983/01/20	09:30:39	147156149	364,2058	/20 10:21:16	147160464	365,3540
2984/01/19	11:23:23	147166078	364,0782	/20 13:57:38	147162889	365,1502
2985/01/20	21:39:04	147165368	367,4275	/19 15:58:48	147165405	365,0841
2986/01/19	09:15:17	147161112	363,4834	/19 23:48:44	147165258	365,3263
2987/01/20	01:46:08	147168073	365,6880	/20 08:56:31	147163797	365,3804
2988/01/21	10:04:13	147158994	366,3459	/20 13:14:14	147162391	365,1789
2989/01/18	15:05:30	147162390	363,2092	/19 17:25:36	147164226	365,1745
2990/01/20	18:26:06	147171118	367,1393	/19 23:43:54	147167042	365,2627
2991/01/20	14:40:37	147156845	364,8434	/20 06:16:30	147161020	365,2726
2992/01/19	05:36:40	147159350	363,6222	/20 12:00:23	147157481	365,2388
2993/01/20	23:21:27	147160231	367,7394	/19 18:01:40	147158586	365,2508
2994/01/19	20:14:20	147156316	363,8700	/20 04:35:40	147160742	365,4402
2995/01/19	17:48:48	147166075	364,8989	/20 13:06:26	147162221	365,3547
2996/01/21	17:03:55	147160410	366,9688	/20 15:23:05	147162737	365,0948
2997/01/18	21:55:51	147160404	363,2027	/19 19:13:57	147163601	365,1603
2998/01/20	11:07:10	147170395	366,5495	/20 03:16:01	147165953	365,3347
2999/01/21	02:28:06	147159038	365,6395	/20 11:51:37	147162939	365,3580
3000/01/19	10:26:19	147163541	363,3320	/20 17:11:10	147162990	365,2219
3001/01/21	21:55:14	147169781	367,4784	/20 20:05:45	147166676	365,1212
3002/01/21	03:04:05	147162282	364,2144	/21 03:07:26	147166726	365,2928
3003/01/20	05:32:20	147166088	364,1029	/21 09:53:28	147163202	365,2819
3004/01/22	19:26:05	147158301	367,5789	/21 14:21:23	147159072	365,1860
3005/01/20	06:23:22	147155207	363,4564	/20 21:36:34	147159349	365,3022
3006/01/21	01:44:08	147168639	365,8060	/21 07:30:26	147164294	365,4124
3007/01/22	11:23:28	147160058	366,4023	/21 14:56:11	147163448	365,3095
3008/01/20	13:41:12	147163302	363,0956	/21 18:03:53	147164363	365,1303
3009/01/21	15:09:54	147170710	367,0615	/20 20:47:13	147166524	365,1134
3010/01/21	13:35:35	147161326	364,9345	/21 05:58:20	147165501	365,3827
3011/01/20	07:12:11	147166110	363,7337	/21 14:36:24	147164124	365,3597
3012/01/23	00:30:02	147163737	367,7207	/21 18:42:24	147162929	365,1708
3013/01/20	14:31:25	147160090	363,5842	/20 22:51:41	147164742	365,1731
3014/01/20	09:16:19	147171332	364,7811	/21 05:53:02	147167694	365,2926
3015/01/22	14:21:24	147159105	367,2118	/21 12:21:11	147161528	365,2695
3016/01/20	18:52:57	147156555	363,1885	/21 18:10:36	147159158	365,2426
3017/01/21	09:15:43	147166246	366,5991	/21 00:42:48	147161577	365,2723
3018/01/22	01:41:35	147160221	365,6846	/21 11:15:22	147163983	365,4392
3019/01/20	10:08:30	147166608	363,3520	/21 18:22:39	147165722	365,2967
3020/01/22	23:10:33	147168203	367,5430	/21 20:00:48	147165715	365,0681
3021/01/20	23:02:53	147161561	363,9946	/20 23:52:09	147166272	365,1606
3022/01/20	04:13:38	147170924	364,2158	/21 08:47:55	147168252	365,3720
3023/01/22	21:46:34	147163016	367,7312	/21 16:43:03	147164372	365,3299
3024/01/21	04:19:44	147160695	363,2730	/21 21:40:02	147164462	365,2062
3025/01/20	19:45:16	147172020	365,6427	/21 00:55:30	147167436	365,1357
3026/01/22	06:34:18	147163459	366,4507	/21 08:35:28	147166478	365,3194
3027/01/20	09:16:47	147161482	363,1128	/21 15:30:19	147162118	365,2880
3028/01/22	16:30:59	147162634	367,3015	/21 20:19:26	147158743	365,2007
3029/01/21	10:41:40	147155760	364,7574	/21 04:22:21	147160164	365,3353
3030/01/20	06:19:25	147167352	363,8178	/21 14:24:52	147165614	365,4184
3031/01/23	03:10:21	147165789	367,8687	/21 20:37:18	147165783	365,2586
3032/01/21	13:06:45	147161897	363,4141	/21 23:29:11	147166460	365,1193
3033/01/20	08:34:55	147172685	364,8112	/21 02:43:30	147168828	365,1349
3034/01/22	15:14:51	147165700	367,2777	/21 12:36:51	147167988	365,4120
3035/01/20	18:11:23	147164773	363,1226	/21 20:26:01	147166679	365,3258
3036/01/22	10:29:46	147171042	366,6794	/21 23:38:48	147166354	365,1338
3037/01/21	18:27:36	147164072	365,3318	/21 03:47:21	147167825	365,1726
3038/01/20	01:46:00	147169729	363,3044	/21 10:51:33	147169308	365,2945
3039/01/22	22:06:52	147164614	367,8478	/21 17:14:35	147162798	365,2660
3040/01/21	20:46:13	147155079	363,9440	/21 23:28:04	147159967	365,2593
3041/01/20	03:34:02	147166009	364,2832	/21 06:25:50	147163266	365,2901
3042/01/22	23:00:25	147163760	367,8100	/21 17:08:51	147165183	365,4465
3043/01/21	02:52:51	147163425	363,1614	/21 23:12:28	147166586	365,2525
3044/01/21	23:39:21	147170885	365,8656	/22 01:00:11	147166016	365,0747
3045/01/22	03:27:43	147163510	366,1585	/21 05:43:46	147166417	365,1969
3046/01/20	07:58:00	147168776	363,1876	/21 15:31:45	147169338	365,4083
3047/01/22	22:36:09	147169155	367,6098	/21 22:47:03	147165950	365,3022
3048/01/22	07:27:54	147162036	364,3692	/22 03:02:20	147166765	365,1772
3049/01/19	22:52:24	147171436	363,6420	/21 06:32:00	147170091	365,1456
3050/01/22	22:26:13	147168105	367,9818	/21 14:28:11	147168173	365,3306
3051/01/21	08:41:33	147159815	363,4273	/21 21:04:43	147164048	365,2753
3052/01/21	12:11:06	147165550	365,1455	/22 02:07:35	147161219	365,2103
3053/01/22	12:55:32	147161285	367,0308	/21 09:52:27	147163298	365,3228

REAL DATE OF THE PERIHELION				DATE OF THE PERIHELION OF BARYCENTER EARTH-M		
Date	TT	Dist (km)	Diff (gg)	Date TT	Dist (km)	Diff (gg)
3054/01/20	15:31:56	147167082	363,1086	/21 19:47:08	147168698	365,4129
3055/01/22	15:35:55	147171874	367,0027	/22 00:52:54	147167523	365,2123
3056/01/22	16:01:45	147163354	365,0179	/22 03:46:20	147167492	365,1204
3057/01/19	23:48:44	147169416	363,3243	/21 08:13:24	147169327	365,1854
3058/01/23	01:42:28	147169432	368,0789	/21 18:38:12	147168230	365,4338
3059/01/21	20:33:17	147161901	363,7852	/22 02:02:00	147166681	365,3081
3060/01/21	05:03:14	147169933	364,3541	/22 04:51:27	147166715	365,1176
3061/01/22	16:48:00	147167634	367,4894	/21 09:29:47	147168534	365,1932
3062/01/20	19:17:48	147166529	363,1040	/21 17:12:03	147169405	365,3210
3063/01/22	01:17:42	147168729	366,2499	/21 23:24:42	147163815	365,2587
3064/01/23	01:33:04	147158726	366,0106	/22 06:04:49	147161950	365,2778
3065/01/20	05:59:13	147165617	363,1848	/21 13:12:45	147166498	365,2971
3066/01/23	02:43:06	147171344	367,8638	/21 23:24:56	147168812	365,4251
3067/01/22	06:13:02	147164737	364,1457	/22 04:19:56	147169649	365,2048
3068/01/21	00:00:35	147170846	363,7413	/22 05:40:03	147169148	365,0556
3069/01/22	20:10:27	147169636	367,8401	/21 11:10:50	147169448	365,2297
3070/01/21	06:00:08	147167548	363,4095	/21 21:03:16	147171334	365,4114
3071/01/21	17:54:11	147172758	365,4958	/22 03:29:12	147168025	365,2680
3072/01/23	09:29:53	147165940	366,6497	/22 07:30:33	147167999	365,1676
3073/01/20	07:37:15	147169033	362,9217	/21 11:16:42	147171040	365,1570
3074/01/22	13:16:34	147171563	367,2356	/21 19:46:28	147167619	365,3540
3075/01/22	12:26:49	147158829	364,9654	/22 02:32:44	147163359	365,2821
3076/01/21	01:15:51	147161652	363,5340	/22 08:22:33	147161434	365,2429
3077/01/23	00:51:27	147165607	367,9830	/21 16:23:59	147164422	365,3343
3078/01/21	18:07:21	147166275	363,7193	/22 02:02:54	147170724	365,4020
3079/01/21	10:22:45	147173222	364,6773	/22 06:17:35	147169330	365,1768
3080/01/23	15:42:51	147168455	367,2222	/22 09:07:59	147169256	365,1183
3081/01/20	15:47:02	147168967	363,0029	/21 14:32:41	147171810	365,2254
3082/01/22	07:16:16	147175132	366,6453	/22 00:58:18	147170473	365,4344
3083/01/22	23:54:55	147165780	365,6935	/22 07:21:47	147169556	365,2663
3084/01/21	03:45:31	147168549	363,1601	/22 09:49:41	147169679	365,1027
3085/01/22	18:47:34	147173285	367,6264	/21 14:09:06	147170754	365,1801
3086/01/21	23:16:19	147165855	364,1866	/21 22:19:10	147170661	365,3403
3087/01/21	01:11:46	147166619	364,0801	/22 04:32:24	147164238	365,2591
3088/01/23	20:12:04	147163435	367,7918	/22 11:29:15	147163029	365,2894
3089/01/21	02:26:30	147164385	363,2600	/21 19:03:19	147167946	365,3153
3090/01/21	22:49:05	147174609	365,8490	/22 04:40:41	147169787	365,4009
3091/01/23	08:26:34	147167022	366,4010	/22 09:13:21	147169635	365,1893
3092/01/21	08:04:08	147166734	362,9844	/22 11:00:20	147168957	365,0742
3093/01/22	14:26:49	147173878	367,2657	/21 17:40:21	147170299	365,2777
3094/01/22	11:23:48	147167570	364,8729	/22 03:54:07	147172298	365,4262
3095/01/21	03:19:06	147170898	363,6634	/22 09:23:44	147170059	365,2289
3096/01/23	21:55:32	147172030	367,7753	/22 13:15:39	147170492	365,1610
3097/01/21	09:10:20	147169353	363,4686	/21 17:15:40	147173572	365,1666
3098/01/21	07:34:30	147174110	364,9334	/22 01:46:19	147169898	365,3546
3099/01/23	13:05:34	147164545	367,2299	/22 08:28:34	147165657	365,2793
3100/01/21	15:20:33	147161882	363,0937	/22 13:53:10	147164906	365,2254
3101/01/23	06:54:20	147172832	366,6484	/22 21:51:33	147168500	365,3322
3102/01/23	21:03:29	147169056	365,5896	/23 06:48:20	147173267	365,3727
3103/01/22	04:39:35	147170294	363,3167	/23 10:12:52	147171100	365,1420
3104/01/24	19:00:58	147172454	367,5981	/23 13:40:07	147169826	365,1439
3105/01/22	19:43:24	147168018	364,0294	/22 20:03:14	147172563	365,2660
3106/01/22	05:23:17	147173614	364,4027	/23 06:33:03	147170457	365,4373
3107/01/24	19:53:11	147169794	367,6040	/23 12:23:42	147169514	365,2435
3108/01/22	22:41:27	147166408	363,1168	/23 15:12:44	147170082	365,1173
3109/01/22	13:35:04	147175542	365,6205	/22 20:05:06	147170963	365,2030
3110/01/24	01:59:38	147168010	366,5170	/23 04:41:33	147171133	365,3586
3111/01/22	08:38:11	147163179	363,2767	/23 11:04:26	147165367	365,2658
3112/01/24	16:56:41	147168809	367,3461	/23 18:01:50	147165347	365,2898
3113/01/23	08:00:06	147167081	364,6273	/23 01:37:53	147171685	365,3167
3114/01/22	05:06:53	147174653	363,8797	/23 10:17:51	147172966	365,3610
3115/01/24	21:38:10	147174235	367,6884	/23 13:52:37	147172588	365,1491
3116/01/23	07:07:07	147167644	363,3951	/23 16:08:32	147171768	365,0943
3117/01/22	05:28:52	147176898	364,9317	/22 23:03:36	147172665	365,2882
3118/01/24	11:28:58	147172419	367,2500	/23 09:07:27	147174237	365,4193
3119/01/22	15:36:21	147167999	363,1717	/23 13:52:47	147171169	365,1981
3120/01/24	03:43:55	147175520	366,5052	/23 17:34:11	147171341	365,1537
3121/01/23	12:36:04	147169380	365,3695	/22 22:21:52	147173595	365,1997
3122/01/22	01:43:41	147168854	363,5469	/23 07:12:43	147169059	365,3686
3123/01/24	19:16:10	147167734	367,7308	/23 14:38:22	147164916	365,3094
3124/01/23	18:47:57	147161082	363,9804	/23 20:29:05	147165422	365,2435

REAL DATE OF THE PERIHELION				DATE OF THE PERIHELION OF BARYCENTER EARTH-M		
Date	TT	Dist (km)	Diff (gg)	Date TT	Dist (km)	Diff (gg)
3125/01/22	04:00:06	147174293	364,3834	/23 04:37:01	147170812	365,3388
3126/01/24	18:55:33	147174906	367,6218	/23 13:03:12	147175201	365,3515
3127/01/22	22:59:49	147169315	363,1696	/23 15:41:12	147173168	365,1097
3128/01/23	14:44:39	147176703	365,6561	/23 19:44:58	147172338	365,1692
3129/01/23	22:31:57	147172137	366,3245	/23 02:40:30	147175662	365,2885
3130/01/22	09:12:12	147172178	363,4446	/23 12:20:42	147173867	365,4029
3131/01/24	16:14:25	147176361	367,2931	/23 17:25:52	147172717	365,2119
3132/01/24	02:16:43	147168845	364,4182	/23 19:27:58	147173178	365,0847
3133/01/21	18:56:40	147175421	363,6944	/23 00:41:37	147173430	365,2178
3134/01/24	16:02:36	147173181	367,8791	/23 09:38:31	147171655	365,3728
3135/01/23	06:31:11	147161915	363,6031	/23 16:05:57	147166167	365,2690
3136/01/23	06:10:57	147170419	364,9859	/23 23:25:26	147166342	365,3052
3137/01/24	07:53:00	147170703	367,0708	/23 07:05:08	147173150	365,3192
3138/01/22	16:17:38	147170155	363,3504	/23 15:15:16	147173125	365,3403
3139/01/24	06:44:32	147176207	366,6020	/23 18:46:00	147171999	365,1463
3140/01/24	11:48:40	147167966	365,2112	/23 22:12:27	147172056	365,1433
3141/01/21	23:42:08	147174092	363,4954	/23 05:58:28	147173538	365,3236
3142/01/24	19:45:54	147178506	367,8359	/23 15:37:49	147175743	365,4023
3143/01/23	17:23:39	147168891	363,9012	/23 19:48:12	147173242	365,1738
3144/01/22	20:53:45	147176885	364,1459	/23 23:13:11	147173595	365,1423
3145/01/24	09:25:36	147175417	367,5221	/23 04:25:01	147176185	365,2165
3146/01/22	20:30:54	147167019	363,4620	/23 13:10:31	147171001	365,3649
3147/01/23	17:01:16	147171984	365,8544	/23 20:11:33	147167666	365,2923
3148/01/24	21:18:21	147165594	366,1785	/24 02:02:47	147169197	365,2439
3149/01/22	05:19:59	147172905	363,3344	/23 09:39:34	147173936	365,3172
3150/01/24	15:42:30	147180860	367,4323	/23 17:23:04	147177062	365,3218
3151/01/24	01:55:33	147169343	364,4257	/23 19:56:52	147173571	365,1068
3152/01/22	18:16:12	147174889	363,6810	/24 00:44:59	147172655	365,2000
3153/01/24	14:37:34	147176769	367,8481	/23 08:38:24	147175916	365,3287
3154/01/23	07:11:06	147169417	363,6899	/23 17:53:24	147173846	365,3854
3155/01/23	05:56:53	147176689	364,9484	/23 23:04:09	147172766	365,2157
3156/01/25	02:10:30	147170916	366,8428	/24 01:21:04	147173571	365,0950
3157/01/22	07:48:07	147171985	363,2344	/23 07:13:32	147174661	365,2447
3158/01/24	04:14:41	147177072	366,8517	/23 16:30:03	147172633	365,3864
3159/01/24	11:52:17	147164470	365,3177	/23 22:37:16	147168378	365,2550
3160/01/22	22:23:43	147171141	363,4385	/24 05:50:17	147170072	365,3007
3161/01/24	17:14:22	147179700	367,7851	/23 13:07:45	147177305	365,3038
3162/01/23	16:28:19	147172240	363,9680	/23 19:56:19	147176797	365,2837
3163/01/22	20:18:50	147177832	364,1600	/23 23:20:44	147174746	365,1419
3164/01/25	07:30:36	147173204	367,4665	/24 02:57:24	147174589	365,1504
3165/01/22	17:21:05	147172300	363,4100	/23 11:09:47	147176086	365,3419
3166/01/23	19:29:08	147181176	366,0889	/23 20:19:13	147176684	365,3815
3167/01/24	19:49:01	147170627	366,0138	/23 23:58:26	147174011	365,1522
3168/01/22	21:55:45	147173011	363,0880	/24 03:46:35	147173567	365,1584
3169/01/24	07:04:36	147179605	367,3811	/23 09:49:40	147175741	365,2521
3170/01/24	00:09:10	147165471	364,7115	/23 19:09:40	147169819	365,3888
3171/01/22	19:15:06	147169313	363,7958	/24 02:33:15	147167159	365,3080
3172/01/25	14:53:40	147170929	367,8184	/24 08:47:37	147170901	365,2599
3173/01/23	04:34:54	147171699	363,5703	/23 16:23:25	147176177	365,3165
3174/01/23	08:17:34	147183019	365,1546	/23 23:10:52	147178992	365,2829
3175/01/25	02:48:00	147172971	366,7711	/24 01:47:06	147175629	365,1085
3176/01/23	05:16:46	147173252	363,1033	/24 06:59:49	147175245	365,2171
3177/01/24	03:46:08	147184034	366,9370	/23 14:58:49	147179466	365,3326
3178/01/24	11:36:30	147172977	365,3266	/23 23:14:41	147176884	365,3443
3179/01/22	18:25:39	147176698	363,2841	/24 03:21:01	147175688	365,1710
3180/01/25	10:31:30	147178224	367,6707	/24 05:45:29	147176325	365,1003
3181/01/23	08:53:33	147170958	363,9319	/23 12:16:52	147175771	365,2718
3182/01/22	19:29:58	147175989	364,4419	/23 21:47:32	147172998	365,3962
3183/01/25	08:54:08	147167172	367,5584	/24 04:13:28	147168863	365,2680
3184/01/23	15:16:53	147168217	363,2658	/24 11:27:37	147171461	365,3014
3185/01/23	20:22:33	147183180	366,2122	/23 18:50:30	147178423	365,3075
3186/01/24	20:33:19	147173657	366,0074	/24 01:00:07	147176919	365,2566
3187/01/22	21:32:52	147174692	363,0413	/24 05:13:42	147174886	365,1761
3188/01/25	09:10:37	147179016	367,4845	/24 09:40:16	147175665	365,1851
3189/01/23	21:31:52	147173828	364,5147	/23 18:07:09	147178469	365,3520
3190/01/22	19:06:36	147180838	363,8991	/24 02:34:17	147178887	365,3521
3191/01/25	12:25:13	147176189	367,7212	/24 05:22:54	147176578	365,1170
3192/01/23	20:30:48	147172170	363,3372	/24 09:06:32	147176491	365,1553
3193/01/23	02:14:04	147182456	365,2383	/23 15:40:46	147178199	365,2737
3194/01/25	02:12:43	147169976	366,9990	/24 00:33:40	147172383	365,3700
3195/01/23	03:49:28	147168749	363,0671	/24 08:00:29	147170194	365,3103

REAL DATE OF THE PERIHELION				DATE OF THE PERIHELION OF BARYCENTER EARTH-M			
Date	TT	Dist (km)	Diff (gg)	Date	TT	Dist (km)	Diff (gg)
3196/01/25	04:49:48	147178521	367,0419	/24	13:43:03	147174124	365,2378
3197/01/24	08:10:09	147174739	365,1391	/23	21:08:55	147178872	365,3096
3198/01/22	18:06:21	147180113	363,4140	/24	03:25:31	147179343	365,2615
3199/01/25	12:56:59	147176799	367,7851	/24	06:22:59	147175646	365,1232
3200/01/24	07:00:45	147170393	363,7526	/24	12:32:04	147175227	365,2563
3201/01/22	21:31:21	147182965	364,6045	/23	20:58:38	147179673	365,3517
3202/01/25	10:29:15	147175084	367,5402	/24	05:00:18	147176678	365,3344
3203/01/23	10:24:30	147172786	362,9967	/24	09:00:35	147175525	365,1668
3204/01/24	14:25:24	147182349	366,1672	/24	11:51:05	147177440	365,1184
3205/01/24	14:34:51	147173548	366,0065	/23	19:17:39	147176793	365,3101
3206/01/22	20:09:27	147174046	363,2323	/24	04:28:14	147174392	365,3823
3207/01/25	13:26:14	147174404	367,7199	/24	10:46:07	147171793	365,2624
3208/01/24	18:49:00	147170414	364,2241	/24	17:28:28	147175308	365,2794
3209/01/22	18:12:58	147184492	363,9749	/24	00:12:50	147182498	365,2808
3210/01/25	13:45:39	147179143	367,8143	/24	05:39:39	147179630	365,2269
3211/01/23	18:22:24	147173182	363,1921	/24	09:44:56	147177022	365,1703
3212/01/24	05:24:45	147183007	365,4599	/24	14:48:49	147178342	365,2110
3213/01/25	00:56:58	147177723	366,8140	/23	23:38:44	147180044	365,3679
3214/01/23	01:43:58	147178397	363,0326	/24	07:21:59	147179767	365,3217
3215/01/25	04:05:23	147180905	367,0982	/24	10:06:19	147176917	365,1141
3216/01/25	00:05:31	147172245	364,8334	/24	14:11:14	147176688	365,1700
3217/01/22	13:37:36	147178212	363,5639	/23	21:52:35	147177765	365,3203
3218/01/25	14:58:26	147172835	368,0561	/24	06:47:17	147172050	365,3713
3219/01/24	06:16:40	147166930	363,6376	/24	14:37:35	147171481	365,3266
3220/01/24	00:38:13	147180556	364,7649	/24	20:14:15	147176710	365,2338
3221/01/25	09:15:39	147180484	367,3593	/24	03:17:55	147181812	365,2942
3222/01/23	08:12:58	147178919	362,9564	/24	08:59:10	147181351	365,2369
3223/01/24	18:29:50	147182625	366,4283	/24	12:04:21	147177869	365,1286
3224/01/25	11:14:47	147174869	365,6978	/24	18:24:45	147178521	365,2641
3225/01/22	19:04:11	147182170	363,3259	/24	02:46:18	147182818	365,3483
3226/01/25	14:59:37	147181716	367,8301	/24	09:28:31	147179608	365,2793
3227/01/24	13:13:03	147173103	363,9259	/24	13:19:04	147178005	365,1601
3228/01/23	12:18:30	147181132	363,9621	/24	16:21:45	147178861	365,1268
3229/01/25	09:46:31	147177414	367,8944	/24	00:48:13	147177475	365,3517
3230/01/23	16:10:11	147170706	363,2664	/24	10:05:57	147174129	365,3873
3231/01/24	11:15:31	147177426	365,7953	/24	16:22:16	147172551	365,2613
3232/01/25	22:15:25	147173823	366,4582	/24	23:02:56	147176432	365,2782
3233/01/23	00:21:04	147181505	363,0872	/24	05:41:25	147183144	365,2767
3234/01/25	09:40:04	147182876	367,3882	/24	11:15:43	147179466	365,2321
3235/01/24	23:10:17	147172359	364,5626	/24	16:02:29	147177116	365,1991
3236/01/23	14:42:32	147181251	363,6473	/24	21:30:04	147180454	365,2274
3237/01/25	15:56:42	147183125	368,0515	/24	06:30:16	147182244	365,3751
3238/01/24	02:29:02	147177635	363,4391	/24	13:00:27	147181818	365,2709
3239/01/23	22:13:22	147183752	364,8224	/24	15:24:56	147179498	365,1003
3240/01/26	00:53:35	147177949	367,1112	/24	19:40:55	147179087	365,1777
3241/01/23	03:21:34	147177629	363,1027	/24	03:47:38	147180279	365,3380
3242/01/24	23:20:15	147178938	366,8324	/24	12:38:03	147174563	365,3683
3243/01/25	09:48:31	147170162	365,4363	/24	19:55:33	147174339	365,3038
3244/01/23	18:34:10	147179640	363,3650	/25	01:12:01	147180271	365,2197
3245/01/25	15:36:30	147185455	367,8766	/24	08:13:24	147183435	365,2926
3246/01/24	11:17:47	147177079	363,8203	/24	13:37:06	147181748	365,2247
3247/01/23	16:11:21	147181190	364,2038	/24	17:26:35	147178138	365,1593
3248/01/26	08:11:25	147179494	367,6667	/25	00:04:56	147179409	365,2766
3249/01/23	13:40:59	147179974	363,2288	/24	08:50:09	147183302	365,3647
3250/01/24	12:30:28	147184541	365,9510	/24	14:52:32	147179784	365,2516
3251/01/25	15:58:43	147175907	366,1446	/24	18:50:29	147178982	365,1652
3252/01/23	18:54:28	147178118	363,1220	/24	22:28:08	147180153	365,1511
3253/01/25	08:14:00	147182144	367,5552	/24	07:32:21	147178930	365,3779
3254/01/24	21:40:44	147171337	364,5602	/24	16:40:01	147176103	365,3803
3255/01/23	17:11:36	147177325	363,8131	/24	22:29:12	147175750	365,2424
3256/01/26	13:24:00	147181826	367,8419	/25	04:25:06	147180618	365,2471
3257/01/23	22:53:06	147182188	363,3952	/24	10:47:08	147186150	365,2653
3258/01/24	01:03:39	147186059	365,0906	/24	15:39:00	147181577	365,2026
3259/01/25	23:43:49	147177583	366,9445	/24	21:02:04	147179296	365,2243
3260/01/24	02:58:47	147179416	363,1354	/25	02:46:03	147182300	365,2388
3261/01/25	02:17:40	147187531	366,9714	/24	11:52:59	147183493	365,3798
3262/01/25	06:05:24	147177452	365,1581	/24	17:52:51	147181882	365,2499
3263/01/23	14:20:37	147179318	363,3439	/24	20:14:50	147179596	365,0986
3264/01/26	07:34:47	147181252	367,7181	/25	01:13:11	147178750	365,2071
3265/01/24	06:53:41	147175342	363,9714	/24	10:10:52	147179742	365,3734
3266/01/23	20:24:03	147178619	364,5627	/24	19:19:38	147174959	365,3810

REAL DATE OF THE PERIHELION				DATE OF THE PERIHELION OF BARYCENTER EARTH-M		
Date	TT	Dist (km)	Diff (gg)	Date TT	Dist (km)	Diff (gg)
3267/01/26	08:45:16	147175573	367,5147	/25 02:29:29	147175899	365,2985
3268/01/24	12:15:21	147179903	363,1458	/25 07:14:11	147183409	365,1977
3269/01/24	14:28:00	147190106	366,0921	/24 14:15:32	147185612	365,2926
3270/01/25	14:03:29	147179665	365,9829	/24 19:17:58	147183305	365,2100
3271/01/23	19:57:46	147179094	363,2460	/24 23:27:44	147180842	365,1734
3272/01/26	07:20:31	147185965	367,4741	/25 06:05:21	147182652	365,2761
3273/01/24	18:24:14	147182090	364,4609	/24 14:21:18	147186635	365,3444
3274/01/23	15:04:26	147184871	363,8612	/24 19:42:09	147182625	365,2228
3275/01/26	06:48:06	147182170	367,6553	/24 23:17:23	147180805	365,1494
3276/01/24	16:29:44	147177853	363,4039	/25 03:28:38	147181934	365,1744
3277/01/23	23:12:55	147183695	365,2799	/24 13:20:13	147179346	365,4108
3278/01/25	22:29:26	147174307	366,9698	/24 22:14:01	147176771	365,3707
3279/01/24	04:11:37	147174220	363,2376	/25 03:57:53	147177082	365,2388
3280/01/26	01:07:38	147186169	366,8722	/25 09:27:12	147182184	365,2286
3281/01/25	03:30:03	147182054	365,0989	/24 16:14:31	147186438	365,2828
3282/01/23	15:12:06	147181891	363,4875	/24 21:16:39	147181310	365,2098
3283/01/26	08:47:37	147183128	367,7330	/25 03:14:22	147180558	365,2484
3284/01/25	05:02:00	147180219	363,8433	/25 09:11:56	147184509	365,2483
3285/01/23	19:06:08	147189343	364,5862	/24 17:54:53	147185564	365,3631
3286/01/26	04:03:45	147182981	367,3733	/24 23:19:31	147183891	365,2254
3287/01/24	07:44:57	147177890	363,1536	/25 01:33:59	147181693	365,0933
3288/01/25	05:27:57	147185642	365,9048	/25 06:44:52	147181320	365,2159
3289/01/25	10:15:49	147178021	366,1999	/24 16:23:02	147181845	365,4015
3290/01/23	20:23:24	147176300	363,4219	/25 00:44:27	147177344	365,3482
3291/01/26	08:29:19	147182550	367,5041	/25 07:34:05	147179076	365,2844
3292/01/25	15:36:50	147181521	364,2968	/25 11:58:09	147185857	365,1833
3293/01/23	14:13:49	147189199	363,9423	/24 18:58:35	147186515	365,2919
3294/01/26	06:53:52	147183824	367,6944	/25 00:24:14	147183030	365,2261
3295/01/24	17:14:34	147177077	363,4310	/25 04:58:45	147181324	365,1906
3296/01/24	21:33:11	147187389	365,1796	/25 11:51:35	147183262	365,2867
3297/01/25	19:13:57	147183778	366,9033	/24 20:05:46	147186723	365,3431
3298/01/24	00:57:26	147180578	363,2385	/25 01:16:13	147183149	365,2155
3299/01/25	19:34:10	147185643	366,7755	/25 05:09:10	147181427	365,1617
3300/01/25	21:57:00	147179468	365,0991	/25 09:52:37	147183564	365,1968
3301/01/24	13:36:56	147182222	363,6527	/25 20:24:25	147180967	365,4387
3302/01/27	10:04:28	147181446	367,8524	/26 04:54:15	147179182	365,3540
3303/01/26	04:48:03	147176855	363,7802	/26 09:57:37	147181254	365,2106
3304/01/25	14:30:13	147189798	364,4042	/26 14:45:01	147186263	365,1995
3305/01/27	00:48:17	147187849	367,4292	/25 21:07:28	147189444	365,2655
3306/01/25	07:34:00	147180187	363,2817	/26 02:18:41	147183889	365,2161
3307/01/26	09:32:52	147187067	366,0825	/26 08:18:18	147182686	365,2497
3308/01/27	08:14:26	147183283	365,9455	/26 14:15:22	147186984	365,2479
3309/01/24	16:57:45	147186075	363,3634	/25 22:49:37	147186402	365,3571
3310/01/27	03:35:53	147187740	367,4431	/26 03:46:13	147184127	365,2059
3311/01/26	10:30:59	147177240	364,2882	/26 06:24:29	147181549	365,1099
3312/01/25	05:48:05	147183573	363,8035	/26 12:17:44	147181118	365,2453
3313/01/27	05:02:20	147181587	367,9682	/25 23:06:41	147181555	365,4506
3314/01/25	18:17:02	147173606	363,5518	/26 07:18:51	147177941	365,3417
3315/01/26	01:19:27	147185655	365,2933	/26 13:38:19	147181545	365,2635
3316/01/27	16:55:16	147185472	366,6498	/26 17:48:50	147188515	365,1739
3317/01/24	22:28:45	147186157	363,2315	/26 00:38:57	147188066	365,2848
3318/01/26	21:44:53	147189232	366,9695	/26 06:22:48	147184864	365,2387
3319/01/26	22:21:44	147180065	365,0255	/26 11:03:57	147184059	365,1952
3320/01/25	09:13:20	147188285	363,4525	/26 17:26:26	147186862	365,2656
3321/01/27	06:57:12	147191196	367,9054	/26 01:31:16	147189473	365,3366
3322/01/26	00:23:04	147180339	363,7263	/26 05:41:42	147184994	365,1739
3323/01/25	08:09:30	147186253	364,3239	/26 09:41:37	147183045	365,1666
3324/01/27	19:04:22	147182534	367,4547	/26 15:11:56	147184385	365,2293
3325/01/25	05:34:06	147178105	363,4373	/26 02:05:53	147181376	365,4541
3326/01/26	14:48:48	147184316	366,3852	/26 10:32:17	147179717	365,3516
3327/01/27	08:58:01	147179129	365,7564	/26 15:06:27	147182657	365,1904
3328/01/25	12:25:07	147187122	363,1438	/26 19:57:57	147187020	365,2024
3329/01/27	03:43:27	147192157	367,6377	/26 02:51:24	147188890	365,2871
3330/01/26	10:46:01	147179867	364,2934	/26 08:35:04	147184405	365,2386
3331/01/25	08:05:24	147186542	363,8884	/26 14:54:52	147184209	365,2637
3332/01/28	02:52:58	147189086	367,7830	/26 20:41:04	147189686	365,2404
3333/01/25	14:38:11	147184538	363,4897	/26 04:55:50	147188765	365,3435
3334/01/25	22:20:26	147190538	365,3210	/26 09:21:16	147186276	365,1843
3335/01/27	12:24:42	147181803	366,5862	/26 11:54:08	147184513	365,1061
3336/01/25	14:23:25	147182561	363,0824	/26 18:12:08	147184027	365,2625
3337/01/26	21:25:36	147188603	367,2931	/26 04:50:07	147184264	365,4430

REAL DATE OF THE PERIHELION Date	TT	Dist (km)	Diff (gg)	DATE OF THE PERIHELION OF BARYCENTER EARTH-M Date	TT	Dist (km)	Diff (gg)
3338/01/26	22:12:57	147177182	365,0328	/26	12:31:21	147181316	365,3203
3339/01/25	08:56:50	147185686	363,4471	/26	18:07:54	147184370	365,2337
3340/01/28	04:29:50	147191775	367,8145	/26	22:05:24	147190736	365,1649
3341/01/25	22:20:44	147183316	363,7436	/26	05:17:15	147188087	365,2999
3342/01/25	12:35:51	147188106	364,5938	/26	11:28:16	147184720	365,2576
3343/01/27	20:46:03	147182435	367,3404	/26	16:33:31	147184368	365,2119
3344/01/26	00:13:20	147184586	363,1439	/26	22:56:11	147187321	365,2657
3345/01/26	13:15:40	147194353	366,5432	/26	07:26:24	147189547	365,3543
3346/01/27	05:26:13	147181620	365,6740	/26	11:28:33	147185036	365,1681
3347/01/25	07:01:21	147184098	363,0660	/26	15:41:03	147184095	365,1753
3348/01/28	00:30:37	147188765	367,7286	/26	22:05:44	147186029	365,2671
3349/01/26	09:07:30	147178369	364,3589	/26	08:55:46	147183188	365,4514
3350/01/25	11:13:05	147185267	364,0872	/26	16:52:23	147182927	365,3309
3351/01/28	03:31:59	147185749	367,6797	/26	20:40:39	147186667	365,1585
3352/01/26	08:45:53	147186987	363,2179	/27	00:46:43	147190857	365,1708
3353/01/26	00:37:17	147195889	365,6606	/26	08:02:59	147191270	365,3029
3354/01/27	13:51:11	147183558	366,5513	/26	13:35:18	147186148	365,2307
3355/01/25	13:51:22	147185322	363,0001	/26	19:47:54	147186409	365,2587
3356/01/27	20:30:51	147195132	367,2774	/27	01:37:08	147191123	365,2425
3357/01/26	17:45:50	147184682	364,8854	/26	09:30:08	147189116	365,3284
3358/01/25	05:03:55	147186682	363,4708	/26	14:07:04	147185756	365,1923
3359/01/28	00:53:51	147184872	367,8263	/26	17:11:56	147184214	365,1283
3360/01/26	16:29:44	147179179	363,6499	/27	00:46:33	147183831	365,3157
3361/01/25	17:07:29	147188012	365,0262	/26	11:59:03	147184172	365,4670
3362/01/27	23:41:10	147181596	367,2733	/26	19:12:26	147183408	365,3009
3363/01/25	22:43:57	147185070	362,9602	/27	00:12:22	147187275	365,2082
3364/01/27	11:56:46	147198406	366,5505	/27	03:52:37	147193628	365,1529
3365/01/27	03:18:09	147186662	365,6398	/26	11:17:40	147190349	365,3090
3366/01/25	08:43:38	147187196	363,2260	/26	17:33:37	147187345	365,2610
3367/01/28	03:18:07	147190453	367,7739	/26	22:07:13	147188412	365,1900
3368/01/27	03:08:36	147186178	363,9933	/27	04:13:12	147191112	365,2541
3369/01/25	07:59:51	147194417	364,2022	/26	11:53:18	147191923	365,3195
3370/01/27	23:46:40	147186397	367,6575	/26	15:35:47	147186998	365,1545
3371/01/26	02:20:14	147181457	363,1066	/26	20:11:11	147184926	365,1912
3372/01/26	22:32:01	147191701	365,8415	/27	03:27:58	147186840	365,3033
3373/01/27	13:18:17	147180600	366,6154	/26	14:34:55	147183331	365,4631
3374/01/25	15:19:03	147182632	363,0838	/26	22:10:15	147183717	365,3162
3375/01/28	00:31:58	147190946	367,3839	/27	01:45:37	147187547	365,1495
3376/01/27	12:36:39	147186184	364,5032	/27	06:06:39	147190929	365,1812
3377/01/25	06:45:08	147192150	363,7558	/26	14:23:22	147191097	365,3449
3378/01/28	05:13:34	147187241	367,9364	/26	20:16:05	147186830	365,2449
3379/01/26	15:02:29	147184377	363,4089	/27	02:08:26	147188627	365,2446
3380/01/26	16:12:48	147198115	365,0488	/27	08:02:19	147193832	365,2457
3381/01/27	19:50:17	147189601	367,1510	/26	15:15:10	147191179	365,3006
3382/01/25	17:19:15	147185943	362,8951	/26	19:31:25	147188182	365,1779
3383/01/27	09:15:45	147191396	366,6642	/26	22:48:19	147186890	365,1367
3384/01/27	20:43:09	147182786	365,4773	/27	06:30:10	147186852	365,3207
3385/01/25	09:47:50	147186734	363,5449	/26	17:45:05	147186991	365,4686
3386/01/28	07:35:17	147187553	367,9079	/27	00:01:31	147185960	365,2614
3387/01/27	00:56:50	147184884	363,7233	/27	04:22:24	147189658	365,1811
3388/01/26	07:20:56	147197394	364,2667	/27	08:32:38	147194353	365,1737
3389/01/28	00:32:25	147189654	367,7163	/26	16:23:15	147190061	365,3268
3390/01/26	02:44:43	147184016	363,0918	/26	23:15:42	147187115	365,2864
3391/01/27	02:41:34	147193939	365,9978	/27	03:51:39	147189079	365,1916
3392/01/28	07:27:00	147188854	366,1982	/27	10:30:45	147191928	365,2771
3393/01/25	12:11:22	147190538	363,1974	/26	18:07:23	147192011	365,3171
3394/01/27	23:10:20	147191253	367,4576	/26	21:36:03	147188220	365,1449
3395/01/27	07:29:43	147181841	364,3467	/27	02:35:12	147186686	365,2077
3396/01/26	04:23:37	147190781	363,8707	/27	10:17:28	147189317	365,3210
3397/01/28	06:30:18	147187112	368,0879	/26	21:02:37	147186518	365,4480
3398/01/26	14:00:25	147183691	363,3125	/27	03:49:14	147187540	365,2823
3399/01/26	17:29:18	147196598	365,1450	/27	06:20:05	147192007	365,1047
3400/01/28	14:04:26	147192413	366,8577	/27	10:56:21	147194148	365,1918
3401/01/26	17:08:23	147190137	363,1277	/27	19:11:55	147192565	365,3441
3402/01/28	16:28:30	147192750	366,9723	/28	01:01:50	147188710	365,2429
3403/01/28	18:26:49	147185490	365,0821	/28	06:44:38	147189954	365,2380
3404/01/27	05:56:05	147194608	363,4786	/28	12:48:23	147194746	365,2526
3405/01/29	04:24:33	147192468	367,9364	/27	19:58:51	147190650	365,2989
3406/01/27	19:47:09	147182929	363,6406	/28	00:31:05	147187408	365,1890
3407/01/27	05:54:26	147189945	364,4217	/28	04:50:37	147186364	365,1802
3408/01/29	20:30:17	147186311	367,6082	/28	13:31:05	147186675	365,3614

REAL DATE OF THE PERIHELION				DATE OF THE PERIHELION OF BARYCENTER EARTH-M		
Date	TT	Dist (km)	Diff (gg)	Date TT	Dist (km)	Diff (gg)
3409/01/27	03:17:29	147184970	363,2827	/28 00:51:08	147188053	365,4722
3410/01/28	09:44:34	147192860	366,2688	/28 06:27:28	147188260	365,2335
3411/01/29	04:16:10	147188973	365,7719	/28 09:56:38	147192612	365,1452
3412/01/27	09:40:41	147195382	363,2253	/28 14:34:13	147196950	365,1927
3413/01/29	02:20:34	147195054	367,6943	/27 22:27:10	147192190	365,3284
3414/01/28	07:31:35	147185657	364,2159	/28 04:59:50	147190367	365,2726
3415/01/27	04:45:44	147195003	363,8848	/28 09:08:39	147192787	365,1727
3416/01/30	00:04:37	147196028	367,8047	/28 15:17:20	147195053	365,2560
3417/01/27	08:32:53	147190099	363,3529	/27 22:38:44	147193906	365,3065
3418/01/27	14:11:48	147193510	365,2353	/28 02:05:50	147188966	365,1438
3419/01/29	08:29:19	147185194	366,7621	/28 07:38:25	147187461	365,2309
3420/01/27	15:24:33	147187086	363,2883	/28 16:25:38	147189756	365,3661
3421/01/28	22:20:36	147190997	367,2889	/28 02:54:13	147187271	365,4365
3422/01/28	18:40:18	147183980	364,8470	/28 09:18:18	147188581	365,2667
3423/01/27	05:09:27	147193659	363,4369	/28 11:29:18	147193121	365,0909
3424/01/30	00:58:57	147197073	367,8260	/28 17:16:48	147194915	365,2413
3425/01/27	19:19:37	147188787	363,7643	/28 01:59:10	147193020	365,3627
3426/01/27	10:42:01	147194958	364,6405	/28 07:23:42	147190968	365,2253
3427/01/29	17:48:25	147192071	367,2961	/28 12:45:32	147192932	365,2235
3428/01/27	22:25:05	147194118	363,1921	/28 18:36:18	147197566	365,2435
3429/01/28	05:20:02	147197565	366,2881	/28 01:10:57	147193211	365,2740
3430/01/28	22:44:39	147185755	365,7254	/28 05:41:58	147189694	365,1882
3431/01/27	05:35:21	147188128	363,2852	/28 10:04:32	147189372	365,1823
3432/01/29	22:53:46	147192749	367,7211	/28 19:33:44	147189610	365,3952
3433/01/28	06:58:16	147185622	364,3364	/28 06:07:36	147190083	365,4401
3434/01/27	07:44:24	147193589	364,0320	/28 10:50:48	147190672	365,1966
3435/01/29	21:21:05	147194419	367,5671	/28 14:05:46	147193679	365,1353
3436/01/28	05:48:49	147193059	363,3526	/28 19:37:33	147197041	365,2304
3437/01/27	18:12:31	147195979	365,5164	/28 04:07:31	147191596	365,3541
3438/01/29	09:05:27	147187429	366,6200	/28 10:44:08	147190435	365,2754
3439/01/27	14:07:35	147190969	363,2098	/28 15:12:04	147193496	365,1860
3440/01/29	16:49:26	147199299	367,1124	/28 21:46:47	147195415	365,2741
3441/01/28	13:59:30	147190188	364,8819	/28 04:46:15	147194584	365,2913
3442/01/27	01:55:03	147191388	363,4969	/28 08:16:48	147190158	365,1462
3443/01/29	19:59:35	147191790	367,7531	/28 13:58:35	147189521	365,2373
3444/01/28	16:26:57	147188423	363,8523	/28 23:21:54	147192673	365,3911
3445/01/27	13:06:06	147194568	364,8605	/28 09:01:06	147190568	365,4022
3446/01/29	17:18:17	147191003	367,1751	/28 14:15:17	147192679	365,2181
3447/01/27	20:16:24	147193107	363,1237	/28 16:08:57	147196679	365,0789
3448/01/29	03:13:16	147201320	366,2895	/28 22:23:07	147197023	365,2598
3449/01/28	23:01:12	147190621	365,8249	/28 07:14:29	147194653	365,3690
3450/01/27	06:50:33	147192011	363,3259	/28 12:26:46	147192383	365,2168
3451/01/29	19:34:42	147197857	367,5306	/28 17:33:27	147194496	365,2129
3452/01/29	01:17:00	147193750	364,2377	/28 23:51:50	147198078	365,2627
3453/01/27	02:09:15	147196044	364,0362	/28 06:12:12	147193059	365,2641
3454/01/29	17:21:40	147189420	367,6336	/28 11:17:53	147189275	365,2122
3455/01/28	02:54:15	147185436	363,3976	/28 16:20:09	147189659	365,2099
3456/01/28	17:22:19	147195223	365,6028	/29 02:53:56	147191010	365,4401
3457/01/29	09:43:09	147188537	366,6811	/28 12:48:37	147191941	365,4129
3458/01/27	13:53:48	147191864	363,1740	/28 16:21:20	147193772	365,1477
3459/01/29	13:23:28	147200716	366,9789	/28 19:22:28	147196580	365,1257
3460/01/29	10:56:19	147195069	364,8978	/29 01:34:06	147199237	365,2580
3461/01/27	02:55:09	147196107	363,6658	/28 09:52:47	147194291	365,3463
3462/01/29	21:55:45	147195209	367,7920	/28 16:05:03	147193500	365,2585
3463/01/28	12:58:22	147192514	363,6268	/28 19:48:56	147196983	365,1554
3464/01/28	04:17:55	147201512	364,6385	/29 02:48:53	147197881	365,2916
3465/01/29	11:49:07	147192944	367,3133	/28 09:20:12	147195081	365,2717
3466/01/27	16:34:05	147187342	363,1978	/28 13:04:47	147190709	365,1559
3467/01/29	00:29:26	147194227	366,3301	/28 19:31:16	147189760	365,2683
3468/01/29	21:29:11	147189410	365,8748	/29 05:34:20	147193239	365,4187
3469/01/27	07:45:20	147191686	363,4278	/28 14:48:46	147191240	365,3850
3470/01/29	21:49:14	147196729	367,5860	/28 19:24:38	147193613	365,1915
3471/01/28	22:42:30	147193162	364,0370	/28 21:48:36	147197596	365,0999
3472/01/27	23:56:39	147200096	364,0514	/29 05:16:24	147197288	365,3109
3473/01/29	19:14:30	147195208	367,8040	/28 13:52:10	147195969	365,3581
3474/01/28	03:37:47	147190595	363,3495	/28 18:36:27	147194770	365,1974
3475/01/28	13:56:27	147201543	365,4296	/28 23:07:25	147197303	365,1881
3476/01/30	03:49:20	147197556	366,5783	/29 05:38:01	147200740	365,2712
3477/01/27	07:35:06	147193791	363,1568	/28 11:36:35	147195117	365,2490
3478/01/29	10:19:13	147196125	367,1139	/28 16:35:35	147191855	365,2076
3479/01/29	07:33:57	147188614	364,8852	/28 22:15:55	147192729	365,2363

```
      REAL DATE OF THE PERIHELION      DATE OF THE PERIHELION OF BARYCENTER EARTH-M
        Date      TT     Dist (km)   Diff (gg)  Date TT    Dist (km)   Diff (gg)

     3480/01/28 00:42:52  147195338   363,7145   /29 09:01:53  147193499   365,4485
     3481/01/30 00:09:59  147195424   367,9771   /28 17:56:47  147194584   365,3714
     3482/01/28 12:26:47  147191090   363,5116   /28 20:41:50  147195731   365,1146
     3483/01/28 01:25:32  147201270   364,5408   /28 23:48:11  147197778   365,1294
     3484/01/30 09:59:39  147197030   367,3570   /29 07:17:00  147199334   365,3116
     3485/01/27 16:27:27  147191908   363,2693   /28 15:31:57  147194615   365,3437
     3486/01/29 05:34:47  147198799   366,5467   /28 21:45:40  147194130   365,2595
     3487/01/29 18:03:54  147194298   365,5202   /29 01:27:24  147197904   365,1539
     3488/01/28 00:10:55  147199486   363,2548   /29 08:59:19  147198952   365,3138
     3489/01/29 18:24:34  147198412   367,7594   /28 15:17:03  147195746   365,2623
     3490/01/28 18:58:43  147187611   364,0237   /28 18:59:40  147192305   365,1546
     3491/01/27 20:10:18  147194751   364,0497   /29 01:56:59  147192262   365,2898
     3492/01/30 17:49:59  147194862   367,9025   /29 12:16:13  147196099   365,4300
     3493/01/28 03:01:09  147191201   363,3827   /28 20:16:29  147195003   365,3335
     3494/01/28 18:38:12  147201535   365,6507   /29 00:02:41  147196997   365,1570
     3495/01/30 01:25:18  147197420   366,2827   /29 02:14:26  147200308   365,0915
     3496/01/28 04:36:36  147198310   363,1328   /29 10:51:58  147199122   365,3593
     3497/01/29 15:39:54  147200806   367,4606   /28 19:11:25  147196869   365,3468
     3498/01/29 06:50:10  147191861   364,6321   /28 23:28:55  147196221   365,1788
     3499/01/27 18:47:00  147199532   363,4978   /29 04:02:06  147198134   365,1897
     3500/01/30 18:02:53  147201160   367,9693   /29 10:53:55  147200798   365,2859
     3501/01/29 07:36:12  147189814   363,5648   /29 16:58:01  147194450   365,2528
     3502/01/29 02:56:46  147195200   364,8059   /29 22:22:45  147191467   365,2255
     3503/01/31 08:45:54  147191653   367,2424   /30 05:07:00  147193747   365,2807
     3504/01/29 14:27:47  147192796   363,2374   /30 16:22:17  147194846   365,4689
     3505/01/30 11:15:29  147201721   366,8664   /30 00:03:02  147197041   365,3199
     3506/01/30 17:16:32  147194749   365,2507   /30 02:08:46  147198484   365,0873
     3507/01/28 19:49:33  147200406   363,1062   /30 05:21:40  147200139   365,1339
     3508/01/31 18:50:15  147203811   367,9588   /30 13:42:35  147201860   365,3478
     3509/01/29 18:59:46  147192597   364,0066   /29 21:33:00  147197483   365,3266
     3510/01/28 23:00:32  147200394   364,1672   /30 02:49:52  147197756   365,2200
     3511/01/31 13:28:21  147200395   367,6026   /30 06:27:34  147201490   365,1511
     3512/01/29 19:02:18  147197125   363,2319   /30 13:58:56  147200527   365,3134
     3513/01/29 16:58:27  147201488   365,9140   /29 20:00:36  147196663   365,2511
     3514/01/30 22:59:35  147190108   366,2507   /30 00:05:24  147192881   365,1700
     3515/01/29 00:12:30  147192500   363,0506   /30 07:30:15  147193334   365,3089
     3516/01/31 17:48:43  147200323   367,7334   /30 18:21:04  147196957   365,4519
     3517/01/30 06:06:46  147191390   364,5125   /30 01:24:50  147196105   365,2942
     3518/01/28 20:51:30  147199112   363,6144   /30 05:06:11  147197763   365,1537
     3519/01/31 16:26:43  147200847   367,8161   /30 08:02:22  147200733   365,1223
     3520/01/30 05:38:35  147195749   363,5499   /30 17:34:30  147200044   365,3973
     3521/01/29 11:19:19  147202615   365,2366   /30 01:34:23  147198330   365,3332
     3522/01/31 09:02:14  147196794   366,9048   /30 05:07:16  147198694   365,1478
     3523/01/29 06:22:08  147198995   362,8888   /30 09:34:22  147200944   365,1854
     3524/01/31 05:17:37  147207265   366,9552   /30 16:41:27  147202745   365,2965
     3525/01/30 11:47:13  147192617   365,2705   /29 22:17:39  147196659   365,2334
     3526/01/28 19:08:50  147193822   363,3066   /30 04:01:05  147193836   365,2384
     3527/01/31 17:54:04  147197918   367,9480   /30 10:47:21  147196443   365,2821
     3528/01/30 17:09:00  147192682   363,9687   /30 22:05:10  147197499   365,4707
     3529/01/29 04:36:24  147202012   364,4773   /30 04:46:18  147198815   365,2785
     3530/01/31 14:00:36  147199083   367,3918   /30 06:19:12  147199949   365,0645
     3531/01/29 13:26:54  147197464   362,9766   /30 10:19:24  147200508   365,1668
     3532/01/30 20:15:13  147206770   366,2835   /30 19:36:56  147201851   365,3871
     3533/01/30 23:35:08  147194451   366,1388   /30 03:18:33  147197599   365,3205
     3534/01/29 00:49:12  147197170   363,0514   /30 08:15:16  147198188   365,2060
     3535/01/31 14:27:42  147205731   367,5684   /30 12:21:51  147202817   365,1712
     3536/01/30 23:42:46  147196179   364,3854   /30 20:20:46  147201079   365,3325
     3537/01/28 19:45:54  147199279   363,8355   /30 02:08:06  147197707   365,2412
     3538/01/31 15:56:15  147195275   367,8405   /30 06:37:29  147195009   365,1870
     3539/01/30 00:22:54  147192438   363,3518   /30 14:15:50  147196347   365,3182
     3540/01/30 14:26:50  147205519   365,5860   /31 00:52:16  147200843   365,4419
     3541/01/31 09:03:04  147198039   366,7751   /30 06:37:33  147200080   365,2397
     3542/01/29 05:28:10  147199285   362,8507   /30 09:18:26  147201304   365,1117
     3543/01/31 04:52:32  147207910   366,9752   /30 13:01:53  147203794   365,1551
     3544/01/31 09:42:48  147197072   365,2015   /30 22:59:24  147201556   365,4149
     3545/01/28 22:33:27  147200076   363,5351   /30 06:24:32  147199909   365,3091
     3546/01/31 18:24:31  147201274   367,8271   /30 09:37:33  147199906   365,1340
     3547/01/30 08:25:59  147197193   363,5843   /30 14:06:27  147201764   365,1867
     3548/01/30 00:00:25  147205834   364,6489   /30 21:56:49  147202189   365,3266
     3549/01/31 10:52:42  147195318   367,4529   /30 03:38:43  147195953   365,2374
     3550/01/29 12:01:58  147190958   363,0481   /30 10:17:55  147193871   365,2772
```

REAL DATE OF THE PERIHELION				DATE OF THE PERIHELION OF BARYCENTER EARTH-M		
Date	TT	Dist (km)	Diff (gg)	Date TT	Dist (km)	Diff (gg)
3551/01/30	21:40:48	147202201	366,4019	/30 17:49:13	147197475	365,3134
3552/01/31	22:04:42	147195876	366,0165	/31 04:46:52	147199579	365,4567
3553/01/29	03:38:38	147200050	363,2318	/30 10:30:10	147201116	365,2384
3554/01/31	16:26:25	147204831	367,5331	/30 11:34:03	147202250	365,0443
3555/01/30	18:19:25	147198241	364,0784	/30 16:19:30	147203071	365,1982
3556/01/29	22:03:26	147206488	364,1555	/31 02:10:34	147204211	365,4104
3557/01/31	17:58:51	147201297	367,8301	/30 08:45:36	147200881	365,2743
3558/01/29	21:30:09	147197846	363,1467	/30 13:13:28	147201493	365,1860
3559/01/30	07:19:17	147209877	365,4091	/30 17:02:46	147205169	365,1592
3560/02/01	01:48:17	147199902	366,7701	/31 01:05:22	147202244	365,3351
3561/01/29	04:07:26	147195457	363,0966	/30 07:00:43	147197771	365,2467
3562/01/31	07:23:56	147199391	367,1364	/30 11:53:58	147195660	365,2036
3563/01/31	05:10:00	147192508	364,9070	/30 20:10:12	147197182	365,3446
3564/01/29	23:59:26	147202381	363,7843	/31 06:42:52	147201658	365,4393
3565/01/31	21:08:33	147202131	367,8813	/30 11:54:01	147200657	365,2160
3566/01/30	06:50:34	147197158	363,4041	/30 14:40:27	147201402	365,1155
3567/01/29	23:52:14	147209024	364,7094	/30 19:36:17	147204962	365,2054
3568/02/01	11:16:41	147201809	367,4753	/31 06:01:46	147202832	365,4343
3569/01/29	13:48:10	147199181	363,1052	/30 12:38:05	147202180	365,2752
3570/01/30	22:10:48	147207513	366,3490	/30 15:25:35	147203097	365,1163
3571/01/31	12:13:11	147200759	365,5849	/30 19:47:45	147204756	365,1820
3572/01/29	21:54:12	147203774	363,4034	/31 03:36:29	147204837	365,3255
3573/01/31	14:30:36	147201209	367,6919	/30 09:04:48	147198496	365,2280
3574/01/30	15:50:25	147192137	364,0554	/30 15:25:11	147196717	365,2641
3575/01/29	20:49:00	147203858	364,2073	/30 23:19:26	147200945	365,3293
3576/02/01	17:40:57	147202084	367,8694	/31 09:41:07	147201741	365,4317
3577/01/29	21:39:45	147199090	363,1658	/30 14:29:26	147202717	365,2002
3578/01/30	07:50:09	147207324	365,4238	/30 15:48:44	147202763	365,0550
3579/01/31	20:10:39	147200361	366,5142	/30 21:32:53	147203258	365,2390
3580/01/30	05:32:35	147201521	363,3902	/31 08:12:12	147203797	365,4439
3581/01/31	12:57:07	147204429	367,3087	/30 14:15:37	147200897	365,2523
3582/01/31	02:33:19	147197665	364,5668	/30 18:53:52	147202261	365,1932
3583/01/29	17:03:37	147207183	363,6043	/30 23:16:19	147205935	365,1822
3584/02/01	15:14:31	147204843	367,9242	/31 07:18:12	147203016	365,3346
3585/01/30	04:38:42	147194865	363,5584	/30 13:27:11	147198986	365,2562
3586/01/29	23:45:54	147202197	364,7966	/30 18:26:25	147198043	365,2078
3587/02/01	06:04:21	147199390	367,2628	/31 02:46:35	147200962	365,3473
3588/01/30	14:12:50	147202108	363,3392	/31 12:45:21	147205273	365,4158
3589/01/31	02:30:24	147208532	366,5121	/30 16:20:21	147204341	365,1493
3590/01/31	10:03:26	147200139	365,3146	/30 19:09:17	147204332	365,1173
3591/01/29	19:03:07	147206343	363,3747	/31 00:48:12	147206825	365,2353
3592/02/01	16:17:05	147207114	367,8847	/31 11:08:53	147204260	365,4310
3593/01/30	15:59:20	147198590	363,9876	/30 17:17:21	147202948	365,2558
3594/01/29	17:34:50	147207199	364,0663	/30 19:54:10	147203969	365,1089
3595/02/01	07:35:01	147204953	367,5834	/31 00:57:35	147204775	365,2107
3596/01/30	17:33:25	147200060	363,4155	/31 09:20:01	147203982	365,3489
3597/01/30	08:45:48	147202388	365,6335	/30 15:25:38	147198040	365,2539
3598/01/31	18:59:13	147193759	366,4259	/30 22:18:04	147197175	365,2864
3599/01/30	03:33:21	147201572	363,3570	/31 06:31:17	147203492	365,3425
3600/02/01	15:37:04	147208128	367,5025	/31 16:06:45	147204506	365,3996
3601/01/31	02:16:07	147201118	364,4437	/30 19:48:58	147205506	365,1543
3602/01/29	15:02:56	147207709	363,5325	/30 21:20:43	147205830	365,0637
3603/02/01	10:24:03	147208074	367,8063	/31 03:47:16	147206352	365,2684
3604/01/31	04:27:16	147202937	363,7522	/31 14:02:06	147207158	365,4269
3605/01/30	00:38:58	147208336	364,8414	/30 19:09:51	147204320	365,2137
3606/02/01	00:56:50	147202802	367,0124	/30 22:55:57	147204966	365,1570
3607/01/30	06:10:56	147204756	363,2181	/31 03:42:25	147208059	365,1989
3608/01/31	21:32:39	147207465	366,6400	/31 11:54:48	147203185	365,3419
3609/01/31	08:40:06	147194959	365,4635	/30 18:21:06	147199044	365,2682
3610/01/29	17:28:06	147198741	363,3666	/31 00:01:39	147198437	365,2364
3611/02/01	12:34:44	147204923	367,7962	/31 08:42:57	147201967	365,3620
3612/01/31	15:59:03	147201288	364,1418	/31 18:30:06	147205623	365,4077
3613/01/29	18:57:03	147207655	364,1236	/30 21:27:59	147204357	365,1235
3614/02/01	06:30:05	147204348	367,4812	/31 01:06:00	147204973	365,1514
3615/01/30	15:57:58	147203976	363,3943	/31 07:56:35	147208035	365,2851
3616/01/31	13:42:08	147210476	365,9056	/31 17:44:27	147206175	365,4082
3617/01/31	19:09:18	147201949	366,2271	/30 23:17:17	147205528	365,2311
3618/01/29	21:25:22	147205551	363,0945	/31 01:26:42	147206920	365,0898
3619/02/01	02:50:57	147211940	367,2261	/31 06:32:37	147207891	365,2124
3620/01/31	21:52:49	147201881	364,7929	/31 14:59:01	147206097	365,3516
3621/01/29	13:27:46	147202645	363,6492	/30 20:31:23	147200508	365,2308

REAL DATE OF THE PERIHELION   DATE OF THE PERIHELION OF BARYCENTER EARTH-M

Date	TT	Dist (km)	Diff (gg)	Date TT	Dist (km)	Diff (gg)
3622/02/01	09:48:50	147201243	367,8479	/31 03:38:54	147200190	365,2968
3623/01/31	02:08:52	147201584	363,6805	/31 11:56:52	147206036	365,3458
3624/01/31	02:43:17	147210271	365,0239	/31 20:37:10	147206382	365,3613
3625/02/01	01:09:46	147203348	366,9350	/31 00:03:11	147205981	365,1430
3626/01/30	03:21:51	147203305	363,0917	/31 02:17:30	147206163	365,0932
3627/01/31	19:57:43	147211013	366,6915	/31 10:03:21	147206512	365,3235
3628/02/01	09:55:57	147203274	365,5821	/31 20:15:50	147207204	365,4253
3629/01/29	17:08:42	147206087	363,3005	/31 01:09:55	147205179	365,2042
3630/02/01	08:33:35	147208693	367,6422	/31 04:53:25	147206014	365,1552
3631/01/31	08:27:46	147205282	363,9959	/31 10:00:00	147209830	365,2129
3632/01/30	14:09:26	147207625	364,2372	/31 18:11:42	147204655	365,3414
3633/02/01	05:21:41	147199840	367,6335	/31 00:31:16	147201141	365,2635
3634/01/30	13:13:24	147198245	363,3275	/31 06:18:57	147202146	365,2414
3635/01/31	11:54:09	147210549	365,9449	/31 14:54:19	147206094	365,3578
3636/02/01	19:19:33	147205978	366,3093	/31 23:20:12	147209413	365,3513
3637/01/29	19:32:57	147206697	363,0093	/31 01:39:39	147207350	365,0968
3638/02/01	02:21:18	147210674	367,2835	/31 05:27:31	147206703	365,1582
3639/01/31	19:20:48	147205458	364,7079	/31 13:10:35	147209761	365,3215
3640/01/30	14:38:03	147208904	363,8036	/31 22:38:16	147206813	365,3942
3641/02/01	10:17:09	147206284	367,8188	/31 03:46:20	147206064	365,2139
3642/01/30	20:14:25	147202459	363,4147	/31 06:16:18	147207052	365,1041
3643/01/30	17:19:32	147211296	364,8785	/31 12:09:52	147207518	365,2455
3644/02/01	23:04:40	147202377	367,2396	/31 21:19:33	147204947	365,3817
3645/01/30	01:41:15	147197974	363,1087	/31 03:06:23	147200130	365,2408
3646/01/31	22:21:23	147206569	366,8612	/31 10:32:31	147201941	365,3098
3647/02/01	08:14:28	147204896	365,4118	/31 18:58:59	147208768	365,3517
3648/01/30	16:53:12	147210245	363,3602	/01 02:17:58	147209195	365,3048
3649/02/01	10:28:32	147210550	367,7328	/31 05:20:44	147208631	365,1269
3650/01/31	05:18:38	147204148	363,7847	/31 08:03:39	147208942	365,1131
3651/01/30	12:33:14	147212791	364,3018	/31 16:14:26	147209967	365,3408
3652/02/02	06:51:57	147208470	367,7629	/01 01:46:05	147210121	365,3969
3653/01/30	10:03:24	147204502	363,1329	/31 05:25:31	147207928	365,1523
3654/01/31	07:11:02	147213140	365,8803	/31 09:10:07	147208407	365,1559
3655/02/01	12:38:08	147207639	366,2271	/31 14:58:45	147210697	365,2421
3656/01/30	15:28:55	147204472	363,1185	/31 23:16:38	147204869	365,3457
3657/02/01	05:27:36	147204692	367,5824	/31 06:08:49	147201220	365,2862
3658/01/31	16:45:03	147198801	364,4704	/31 12:16:08	147203390	365,2550
3659/01/30	12:58:43	147209285	363,8428	/31 21:14:47	147207474	365,3740
3660/02/02	12:00:25	147209667	367,9595	/01 04:47:31	147210076	365,3144
3661/01/30	18:52:10	147203959	363,2859	/31 07:12:53	147208315	365,1009
3662/01/30	20:56:37	147212078	365,0864	/31 11:49:30	147207924	365,1920
3663/02/01	22:32:39	147209839	367,0666	/31 19:57:26	147212162	365,3388
3664/01/31	00:26:18	147207847	363,0789	/01 04:39:17	147209417	365,3624
3665/01/31	23:15:02	147213282	366,9505	/31 08:59:24	147208779	365,1806
3666/02/01	00:26:47	147206366	365,0498	/31 11:21:02	147210351	365,0983
3667/01/30	08:00:07	147210518	363,3148	/31 17:51:03	147210059	365,2708
3668/02/02	09:13:59	147208261	368,0513	/01 02:30:28	147206979	365,3607
3669/01/31	03:31:55	147197727	363,7624	/31 08:24:29	147202575	365,2458
3670/01/30	14:59:11	147207271	364,4772	/31 15:45:48	147204159	365,3064
3671/02/02	06:17:54	147209632	367,6380	/01 00:07:02	147211116	365,3480
3672/01/31	08:13:27	147207131	363,0802	/01 06:37:27	147209956	365,2711
3673/01/31	11:47:22	147213580	366,1485	/31 09:50:45	147208664	365,1342
3674/02/01	10:17:55	147205822	365,9378	/31 13:48:42	147208953	365,1652
3675/01/30	14:10:03	147209726	363,1612	/31 22:51:13	147210227	365,3767
3676/02/02	10:58:54	147213004	367,8672	/01 08:07:30	147210298	365,3863
3677/01/31	13:44:13	147203635	364,1148	/31 11:18:54	147208498	365,1329
3678/01/30	07:54:19	147211671	363,7570	/31 14:58:51	147210014	365,1527
3679/02/02	06:09:29	147211969	367,9271	/31 21:27:10	147212204	365,2696
3680/01/31	14:47:49	147202523	363,3599	/01 05:26:06	147206459	365,3325
3681/01/31	02:06:31	147208505	365,4713	/31 12:27:05	147203898	365,2923
3682/02/01	20:51:30	147204980	366,7812	/31 18:33:03	147207173	365,2541
3683/01/30	21:22:39	147210252	363,0216	/01 03:05:00	147211742	365,3555
3684/02/02	03:52:37	147217092	367,2708	/01 09:33:45	147213062	365,2699
3685/01/31	21:59:09	147205860	364,7545	/31 11:30:57	147210262	365,0813
3686/01/30	08:11:31	147210285	363,4252	/31 16:53:26	147209980	365,2239
3687/02/02	10:09:59	147214442	368,0822	/01 01:38:52	147213523	365,3648
3688/02/01	02:04:45	147205935	363,6630	/01 09:34:45	147210544	365,3304
3689/01/30	16:21:05	147212973	364,5946	/31 13:46:29	147209337	365,1748
3690/02/01	23:42:27	147209978	367,3065	/31 16:24:50	147210943	365,1099
3691/01/31	00:32:05	147207126	363,0344	/01 00:06:58	147209814	365,3209
3692/02/01	14:13:53	147211228	366,5707	/01 08:46:02	147206417	365,3604

REAL DATE OF THE PERIHELION Date	TT	Dist (km)	Diff (gg)	DATE OF THE PERIHELION OF BARYCENTER EARTH-M Date TT	Dist (km)	Diff (gg)
3693/02/01	08:40:18	147200340	365,7683	/31 14:58:24	147203914	365,2585
3694/01/30	14:22:48	147205916	363,2378	/31 22:22:46	147206663	365,3085
3695/02/02	11:55:01	147216501	367,8973	/01 06:13:53	147214309	365,3271
3696/02/01	11:50:24	147207724	363,9968	/01 11:49:14	147212633	365,2328
3697/01/30	10:28:59	147213054	363,9434	/31 15:03:21	147210855	365,1348
3698/02/02	04:54:17	147212231	367,7675	/31 19:32:59	147212164	365,1872
3699/01/31	11:52:00	147209715	363,2900	/01 05:02:44	147213246	365,3956
3700/02/01	06:26:19	147217707	365,7738	/01 12:52:04	147212857	365,3259
3701/02/02	16:24:54	147208555	366,4156	/01 15:38:49	147210941	365,1157
3702/01/31	14:53:14	147209168	362,9363	/01 19:27:32	147211123	365,1588
3703/02/02	23:30:14	147216328	367,3590	/02 02:43:08	147212672	365,3025
3704/02/02	18:58:37	147201459	364,8113	/02 10:54:39	147206174	365,3413
3705/01/31	10:55:40	147205031	363,6646	/01 18:10:11	147204358	365,3024
3706/02/03	10:10:51	147209471	367,9688	/02 00:39:00	147208452	365,2700
3707/02/01	23:16:45	147208605	363,5457	/02 09:10:29	147212841	365,3552
3708/02/01	21:39:38	147217817	364,9325	/02 15:09:32	147213596	365,2493
3709/02/02	23:19:38	147209723	367,0694	/01 17:27:17	147210797	365,0956
3710/01/31	23:11:50	147209165	362,9945	/01 23:17:27	147211908	365,2431
3711/02/02	17:54:02	147220359	366,7793	/02 08:20:28	147215892	365,3770
3712/02/03	06:08:58	147208897	365,5103	/02 15:10:42	147212986	365,2848
3713/01/31	12:09:37	147211376	363,2504	/01 19:01:41	147212216	365,1604
3714/02/03	04:35:52	147216130	367,6848	/01 21:55:58	147213794	365,1210
3715/02/02	05:07:18	147207679	364,0218	/02 06:01:16	147212381	365,3370
3716/02/01	12:32:16	147211539	364,3090	/02 14:31:11	147208616	365,3541
3717/02/03	04:57:46	147206394	367,6843	/01 20:22:11	147206209	365,2437
3718/02/01	09:12:38	147206326	363,1769	/02 03:33:19	147209742	365,2994
3719/02/02	07:28:59	147221057	365,9280	/02 11:12:00	147216286	365,3185
3720/02/03	14:03:21	147210561	366,2738	/02 16:04:17	147213545	365,2029
3721/01/31	16:08:27	147208879	363,0868	/01 20:02:59	147210959	365,1657
3722/02/03	01:09:19	147216287	367,3756	/02 01:22:04	147212917	365,2215
3723/02/02	17:29:16	147208986	364,6805	/02 11:35:03	147213748	365,4256
3724/02/01	12:31:48	147214442	363,7934	/02 18:33:22	147213044	365,2905
3725/02/03	06:15:18	147213735	367,7385	/01 21:04:59	147212318	365,1052
3726/02/01	15:20:13	147208519	363,3784	/02 01:16:38	147212590	365,1747
3727/02/01	16:22:26	147218475	365,0432	/02 09:01:06	147214120	365,3225
3728/02/03	20:44:17	147206561	367,1818	/02 17:10:32	147208120	365,3398
3729/02/01	00:30:56	147204211	363,1574	/02 00:25:00	147207123	365,3017
3730/02/02	19:17:57	147216912	366,7826	/02 06:28:22	147212765	365,2523
3731/02/03	03:31:54	147211898	365,3430	/02 14:38:36	147216303	365,3404
3732/02/01	12:56:37	147215247	363,3921	/02 19:24:54	147215570	365,1988
3733/02/03	04:58:12	147215197	367,6677	/01 22:14:12	147212692	365,1175
3734/02/02	02:22:48	147208903	363,8920	/02 04:38:59	147213327	365,2672
3735/02/01	13:32:37	147220638	364,4651	/02 13:49:03	147217153	365,3820
3736/02/04	03:09:10	147213396	367,5670	/02 20:02:37	147213471	365,2594
3737/02/01	05:54:40	147208905	363,1149	/01 23:43:25	147212538	365,1533
3738/02/01	23:05:24	147218330	365,7158	/02 03:24:47	147213829	365,1537
3739/02/03	08:33:38	147208301	366,3946	/02 12:23:22	147211770	365,3740
3740/02/01	17:20:38	147207000	363,3659	/02 21:10:58	147208829	365,3663
3741/02/03	04:36:35	147211098	367,4694	/02 03:10:11	147207767	365,2494
3742/02/02	14:38:36	147208345	364,4180	/02 09:52:10	147212901	365,2791
3743/02/01	12:02:24	147221331	363,8915	/02 17:14:48	147219190	365,3073
3744/02/04	05:24:21	147217148	367,7235	/02 21:25:34	147215752	365,1741
3745/02/01	14:52:37	147209733	363,3946	/02 01:48:53	147213791	365,1828
3746/02/01	15:33:17	147220729	365,0282	/02 07:36:59	147216458	365,2417
3747/02/03	18:39:36	147214888	367,1293	/02 17:15:48	147217170	365,4019
3748/02/01	23:40:01	147212947	363,2086	/02 23:19:42	147215940	365,2527
3749/02/02	14:31:11	147218295	366,6188	/02 01:22:21	147214178	365,0851
3750/02/02	19:04:36	147209796	365,1898	/02 05:49:44	147214074	365,1856
3751/02/01	07:57:02	147214603	363,5364	/02 14:25:10	147214312	365,3579
3752/02/04	04:09:00	147211149	367,8416	/02 22:32:49	147208485	365,3386
3753/02/02	02:20:59	147203640	363,9250	/02 06:05:42	147207921	365,3145
3754/02/01	11:59:20	147217960	364,4016	/02 12:04:20	147214326	365,2490
3755/02/04	01:49:46	147216243	367,5766	/02 20:24:56	147217014	365,3476
3756/02/02	06:52:30	147211602	363,2102	/03 00:58:15	147215388	365,1898
3757/02/02	02:10:58	147218228	365,8044	/02 04:16:23	147213889	365,1376
3758/02/03	06:04:27	147211667	366,1621	/02 11:09:38	147215409	365,2869
3759/02/01	15:29:50	147218128	363,3926	/02 20:06:09	147219375	365,3725
3760/02/04	02:05:00	147219589	367,4411	/03 01:32:28	147216008	365,2266
3761/02/02	10:02:18	147210590	364,3314	/02 05:02:25	147214907	365,1458
3762/02/01	02:53:04	147219036	363,7019	/02 08:53:19	147216699	365,1603
3763/02/04	01:14:00	147214872	367,9312	/02 18:24:51	147213834	365,3968

REAL DATE OF THE PERIHELION				DATE OF THE PERIHELION OF BARYCENTER EARTH-M			
Date	TT	Dist (km)	Diff (gg)	Date	TT	Dist (km)	Diff (gg)
3764/02/02	15:04:07	147206261	363,5764	/03	02:35:49	147210492	365,3409
3765/02/01	16:53:07	147214597	365,0756	/02	08:25:20	147210501	365,2427
3766/02/03	14:56:31	147212461	366,9190	/02	14:48:14	147215251	365,2658
3767/02/01	21:31:52	147217743	363,2745	/02	21:53:05	147220447	365,2950
3768/02/03	16:15:39	147219906	366,7804	/03	02:03:58	147215673	365,1742
3769/02/02	19:33:51	147209711	365,1376	/02	07:09:32	147213828	365,2121
3770/02/01	06:31:58	147217991	363,4570	/02	13:49:39	147216988	365,2778
3771/02/04	04:40:58	147219705	367,9229	/02	23:25:38	147217268	365,3999
3772/02/03	00:47:18	147212377	363,8377	/03	05:08:01	147216758	365,2377
3773/02/01	05:15:50	147218770	364,1864	/02	07:18:45	147215423	365,0907
3774/02/03	16:43:39	147214689	367,4776	/02	12:00:13	147215932	365,1954
3775/02/02	03:07:18	147212396	363,4330	/02	21:18:01	147216223	365,3873
3776/02/03	05:12:49	147215420	366,0871	/03	05:04:30	147211038	365,3239
3777/02/03	06:26:20	147208368	366,0510	/02	12:08:48	147212093	365,2946
3778/02/01	11:40:13	147218466	363,2179	/02	17:39:20	147219013	365,2295
3779/02/04	01:01:07	147223978	367,5561	/03	00:54:48	147220330	365,3024
3780/02/03	09:25:12	147213363	364,3500	/03	05:21:27	147217653	365,1851
3781/02/01	02:14:49	147217926	363,7011	/02	09:07:13	147215526	365,1567
3782/02/03	22:31:55	147217662	367,8452	/02	16:08:49	147217336	365,2927
3783/02/02	13:02:22	147215677	363,6044	/03	01:06:23	147220084	365,3733
3784/02/02	14:21:29	147220332	365,0549	/03	05:56:17	147216346	365,2013
3785/02/03	10:20:54	147211812	366,8329	/02	09:52:32	147214665	365,1640
3786/02/01	13:17:35	147214170	363,1226	/02	14:33:42	147216451	365,1952
3787/02/03	15:32:10	147217932	367,0934	/03	01:05:17	147213500	365,4385
3788/02/03	20:51:22	147206763	365,2216	/03	09:26:04	147210771	365,3477
3789/02/01	06:28:36	147214379	363,4008	/02	14:55:34	147212994	365,2288
3790/02/04	02:18:49	147220368	367,8265	/02	20:53:59	147218461	365,2489
3791/02/02	22:29:32	147218097	363,8407	/03	03:34:14	147222717	365,2779
3792/02/02	05:28:43	147221205	364,2911	/03	07:41:33	147218030	365,1717
3793/02/03	17:27:14	147214827	367,4989	/02	13:12:49	147216625	365,2300
3794/02/01	23:49:12	147217339	363,2652	/02	19:35:07	147220816	365,2655
3795/02/03	06:58:42	147224882	366,2982	/03	04:41:07	147220275	365,3791
3796/02/04	04:24:35	147214951	365,8929	/03	09:24:37	147218422	365,1968
3797/02/01	03:58:53	147216788	362,9821	/02	11:32:36	147216997	365,0888
3798/02/03	16:22:02	147220040	367,5160	/02	16:54:35	147216475	365,2236
3799/02/03	06:10:47	147211683	364,5755	/03	02:54:58	147216163	365,4169
3800/02/02	03:28:21	147213377	363,8872	/03	10:52:53	147211134	365,3319
3801/02/05	00:17:23	147212631	367,8673	/03	17:52:33	147213117	365,2914
3802/02/03	10:10:55	147215987	363,4121	/03	23:36:39	147220317	365,2389
3803/02/03	18:25:49	147224585	365,3436	/04	06:41:55	147220374	365,2953
3804/02/05	12:07:57	147215629	366,7375	/04	11:28:55	147218410	365,1993
3805/02/02	11:57:58	147215915	362,9930	/03	15:51:11	147217482	365,1821
3806/02/04	14:09:36	147224796	367,0914	/03	22:38:35	147220342	365,2829
3807/02/04	18:04:56	147218968	365,1634	/04	07:18:02	147223034	365,3607
3808/02/03	01:32:44	147220259	363,3109	/04	11:18:02	147219139	365,1666
3809/02/04	21:09:13	147219180	367,8170	/03	14:52:09	147217853	365,1486
3810/02/03	14:53:57	147214621	363,7394	/03	20:05:03	147219437	365,2172
3811/02/03	05:44:21	147218755	364,6183	/04	06:18:49	147215531	365,4262
3812/02/05	19:08:20	147211245	367,5583	/04	14:32:25	147213168	365,3427
3813/02/02	21:18:50	147212501	363,0906	/03	19:42:51	147215369	365,2155
3814/02/04	05:15:27	147225378	366,3309	/04	01:16:18	147220540	365,2315
3815/02/05	02:52:13	147219311	365,9005	/04	08:10:16	147222697	365,2874
3816/02/03	03:35:23	147217577	363,0299	/04	12:35:39	147217620	365,1842
3817/02/04	21:14:25	147219312	367,7354	/03	19:00:30	147216463	365,2672
3818/02/04	03:19:21	147216448	364,2534	/04	01:45:56	147221219	365,2815
3819/02/03	03:55:15	147222979	364,0249	/04	10:48:42	147220848	365,3769
3820/02/05	22:46:12	147218207	367,7853	/04	15:21:17	147218960	365,1892
3821/02/03	02:45:11	147214522	363,1659	/03	17:28:37	147218568	365,0884
3822/02/03	12:55:21	147222955	365,4237	/03	23:29:19	147218451	365,2504
3823/02/05	10:51:00	147215497	366,9136	/04	09:43:39	147218042	365,4266
3824/02/03	11:01:30	147213361	363,0072	/04	17:09:44	147214514	365,3097
3825/02/04	18:21:59	147221342	367,3059	/03	23:34:37	147217270	365,2672
3826/02/04	13:38:35	147220177	364,8031	/04	04:21:28	147224529	365,1991
3827/02/03	01:30:41	147223767	363,4945	/04	11:06:36	147222893	365,2813
3828/02/05	23:54:55	147220116	367,9335	/04	16:04:12	147219447	365,2066
3829/02/03	13:14:59	147214441	363,5556	/03	20:46:48	147219139	365,1962
3830/02/03	06:16:28	147225090	364,7093	/04	03:46:20	147221496	365,2913
3831/02/05	18:05:29	147221681	367,4923	/04	12:18:53	147223321	365,3559
3832/02/03	15:41:52	147216399	362,9002	/04	16:18:09	147218865	365,1661
3833/02/04	02:10:42	147222458	366,4366	/03	20:17:35	147217594	365,1662
3834/02/04	20:35:41	147216077	365,7673	/04	02:49:53	147219589	365,2724

REAL DATE OF THE PERIHELION				DATE OF THE PERIHELION OF BARYCENTER EARTH-M		
Date TT	Dist (km)	Diff (gg)		Date TT	Dist (km)	Diff (gg)
3835/02/03 04:11:01	147215412	363,3162	/04 13:22:12	147215636	365,4391
3836/02/06 02:36:45	147217274	367,9345	/04 21:18:55	147215218	365,3310
3837/02/04 01:19:51	147213995	363,9466	/04 02:03:30	147218915	365,1976
3838/02/03 01:52:47	147226460	364,0228	/04 06:54:37	147224170	365,2021
3839/02/05 22:21:46	147224772	367,8534	/04 13:43:52	147225380	365,2842
3840/02/04 00:36:47	147216711	363,0937	/04 18:14:48	147220249	365,1881
3841/02/03 18:18:32	147224977	365,7373	/04 00:23:01	147220135	365,2557
3842/02/05 07:24:43	147222351	366,5459	/04 07:02:09	147224894	365,2771
3843/02/03 08:08:23	147221556	363,0303	/04 15:00:18	147222846	365,3320
3844/02/05 17:04:37	147223976	367,3723	/04 19:19:13	147220385	365,1798
3845/02/04 05:56:52	147214488	364,5363	/03 21:54:29	147219136	365,1078
3846/02/02 20:33:51	147219412	363,6090	/04 04:44:01	147218731	365,2843
3847/02/06 00:55:54	147217983	368,1819	/04 15:42:23	147217461	365,4572
3848/02/04 12:29:56	147210535	363,4819	/04 22:59:55	147214849	365,3038
3849/02/03 12:30:16	147222407	365,0002	/04 05:23:26	147218208	365,2663
3850/02/05 15:49:38	147223791	367,1384	/04 10:08:46	147225238	365,1981
3851/02/03 14:42:13	147221129	362,9531	/04 17:05:55	147223414	365,2896
3852/02/05 09:28:06	147224948	366,7818	/04 22:41:00	147220408	365,2327
3853/02/04 18:12:07	147217786	365,3639	/04 03:17:18	147221780	365,1918
3854/02/03 01:57:44	147224254	363,3233	/04 10:10:07	147224759	365,2866
3855/02/06 01:39:35	147227565	367,9873	/04 18:03:38	147225803	365,3288
3856/02/04 19:15:01	147216982	363,7329	/04 21:17:09	147221787	365,1343
3857/02/02 22:47:17	147223043	364,1474	/04 01:24:11	147220283	365,1715
3858/02/05 17:15:34	147221933	367,7696	/04 08:09:33	147222071	365,2815
3859/02/03 22:48:54	147214547	363,2314	/04 18:46:28	147217757	365,4423
3860/02/05 00:55:38	147221900	366,0880	/05 02:29:57	147217010	365,3218
3861/02/05 04:36:36	147218386	366,1534	/04 06:46:18	147221358	365,1780
3862/02/03 05:44:53	147223658	363,0474	/04 11:42:33	147225297	365,2057
3863/02/05 20:26:29	147228224	367,6122	/04 18:52:41	147225135	365,2987
3864/02/05 05:24:48	147215251	364,3738	/05 00:07:55	147220082	365,2189
3865/02/03 00:01:54	147222081	363,7757	/04 06:28:40	147220793	365,2644
3866/02/05 23:33:28	147227175	367,9802	/04 13:34:32	147226359	365,2957
3867/02/04 08:31:07	147219821	363,3733	/04 21:03:22	147223790	365,3116
3868/02/04 10:15:59	147226547	365,0728	/05 00:57:37	147222048	365,1626
3869/02/05 08:13:51	147219914	366,9151	/04 03:52:20	147221408	365,1213
3870/02/03 09:46:04	147218542	363,0640	/04 11:11:19	147221174	365,3048
3871/02/05 13:08:38	147224394	367,1406	/04 22:07:57	147220281	365,4560
3872/02/05 16:50:01	147214074	365,1537	/05 04:46:58	147218509	365,2770
3873/02/03 02:50:25	147222277	363,4169	/04 10:00:20	147222518	365,2176
3874/02/05 23:13:23	147230458	367,8492	/04 14:41:11	147228532	365,1950
3875/02/04 17:12:55	147219928	363,7496	/04 21:22:58	147224434	365,2790
3876/02/04 03:54:16	147224964	364,4453	/05 03:26:07	147221458	365,2521
3877/02/05 16:11:35	147222673	367,5120	/04 08:21:46	147222857	365,2053
3878/02/03 19:10:54	147222322	363,1245	/04 15:25:07	147225622	365,2939
3879/02/05 00:03:48	147229961	366,2034	/04 23:17:13	147225296	365,3278
3880/02/05 22:15:36	147217812	365,9248	/05 02:29:13	147221267	365,1333
3881/02/03 02:53:35	147218141	363,1930	/04 07:29:52	147219928	365,2087
3882/02/05 18:16:08	147225074	367,6406	/04 15:11:36	147222039	365,3206
3883/02/05 04:45:51	147214366	364,4373	/05 01:41:46	147219082	365,4376
3884/02/04 04:27:44	147221753	363,9874	/05 09:05:54	147219580	365,3084
3885/02/05 21:39:51	147226062	367,7167	/04 12:28:21	147225025	365,1406
3886/02/04 04:09:38	147224659	363,2706	/04 17:23:24	147228537	365,2048
3887/02/04 12:03:17	147231691	365,3289	/05 00:34:44	147227135	365,2995
3888/02/06 07:13:44	147220899	366,7989	/05 05:38:43	147223087	365,2111
3889/02/03 10:49:53	147221419	363,1501	/04 11:49:00	147224192	365,2571
3890/02/05 11:48:37	147233015	367,0407	/04 18:25:48	147229116	365,2755
3891/02/05 12:16:01	147221094	365,0190	/05 01:26:25	147225622	365,2920
3892/02/03 22:53:50	147222939	363,4429	/05 05:27:54	147222663	365,1676
3893/02/05 16:02:50	147224618	367,7145	/04 08:55:14	147222218	365,1439
3894/02/04 12:34:15	147217138	363,8551	/04 17:22:20	147221425	365,3521
3895/02/04 06:38:21	147224460	364,7528	/05 04:17:07	147220548	365,4547
3896/02/06 16:27:20	147218846	367,4090	/05 10:44:34	147219613	365,2690
3897/02/03 19:19:56	147220505	363,1198	/04 15:25:28	147223994	365,1950
3898/02/04 23:08:58	147234435	366,1590	/04 20:33:11	147230029	365,2136
3899/02/05 21:01:56	147221381	365,9117	/05 03:31:28	147225297	365,2904
3900/02/04 04:43:29	147222281	363,3205	/05 09:37:15	147223551	365,2540
3901/02/06 17:26:25	147229329	367,5298	/05 14:24:41	147226116	365,1996
3902/02/06 00:00:42	147224157	364,2738	/05 21:17:37	147228609	365,2867
3903/02/05 00:09:37	147230541	364,0062	/06 04:26:26	147227866	365,2977
3904/02/07 15:06:52	147224641	367,6230	/06 07:26:56	147223635	365,1253
3905/02/04 23:50:32	147218301	363,3636	/05 12:19:22	147222369	365,2030

REAL DATE OF THE PERIHELION				DATE OF THE PERIHELION OF BARYCENTER EARTH-M		
Date TT	Dist (km)	Diff (gg)	Date TT	Dist (km)	Diff (gg)	
3906/02/05 08:05:33	147228622	365,3437	/05 20:52:10	147224291	365,3561
3907/02/07 06:16:02	147217526	366,9239	/06 07:03:36	147220425	365,4246
3908/02/05 12:35:01	147219018	363,2631	/06 14:00:25	147221576	365,2894
3909/02/06 11:22:51	147230577	366,9498	/05 17:05:02	147226643	365,1282
3910/02/06 08:55:21	147224641	364,8975	/05 22:33:07	147229001	365,2278
3911/02/04 23:40:58	147227515	363,6150	/06 06:22:41	147226382	365,3261
3912/02/07 18:00:01	147225523	367,7632	/06 11:41:09	147223207	365,2211
3913/02/05 12:11:32	147220995	363,7580	/05 18:05:48	147225257	365,2671
3914/02/05 02:16:06	147233911	364,5865	/06 00:48:52	147230091	365,2799
3915/02/07 11:20:57	147225609	367,3783	/06 07:06:42	147227008	365,2623
3916/02/05 15:47:08	147220568	363,1848	/06 11:13:46	147224248	365,1715
3917/02/05 16:50:32	147228782	366,0440	/05 14:58:54	147224450	365,1563
3918/02/06 17:20:21	147220174	366,0207	/06 00:17:50	147224119	365,3881
3919/02/05 04:54:16	147222866	363,4818	/06 10:46:03	147223328	365,4362
3920/02/07 18:31:00	147227097	367,5671	/06 16:04:46	147223765	365,2213
3921/02/05 22:11:18	147223566	364,1529	/05 20:05:36	147227874	365,1672
3922/02/04 20:09:49	147234898	363,9156	/06 01:12:53	147232065	365,2133
3923/02/07 15:04:53	147227011	367,7882	/06 08:27:21	147226722	365,3017
3924/02/06 01:24:27	147220491	363,4302	/06 14:51:19	147224715	365,2666
3925/02/05 06:50:25	147232020	365,2263	/05 19:31:16	147227868	365,1944
3926/02/07 01:38:59	147226145	366,7837	/06 02:51:32	147229318	365,3057
3927/02/05 07:23:31	147225530	363,2392	/06 09:30:51	147227693	365,2773
3928/02/07 05:36:38	147227616	366,9257	/06 12:54:31	147223404	365,1414
3929/02/06 05:07:48	147218286	364,9799	/05 18:21:22	147222389	365,2269
3930/02/04 20:19:13	147227123	363,6329	/06 03:50:44	147225526	365,3953
3931/02/07 19:48:49	147224160	367,9788	/06 13:43:47	147222348	365,4118
3932/02/06 12:43:10	147220281	363,7044	/06 19:45:58	147224710	365,2515
3933/02/04 22:30:25	147233708	364,4078	/05 22:25:00	147230152	365,1104
3934/02/07 07:52:23	147229309	367,3902	/06 04:22:06	147231283	365,2479
3935/02/05 15:15:56	147225205	363,3080	/06 12:01:39	147228622	365,3191
3936/02/06 21:57:22	147230544	366,2787	/06 17:15:14	147226087	365,2177
3937/02/06 15:59:48	147224524	365,7516	/05 22:51:54	147228280	365,2338
3938/02/04 22:24:07	147232543	363,2668	/06 05:43:02	147232457	365,2855
3939/02/07 13:08:17	147231019	367,6139	/06 11:36:32	147227673	365,2454
3940/02/06 18:03:08	147220319	364,2047	/06 15:55:55	147224705	365,1801
3941/02/04 13:45:26	147227286	363,8210	/05 20:31:02	147224751	365,1910
3942/02/07 12:58:18	147223952	367,9672	/06 06:46:03	147224418	365,4271
3943/02/06 02:04:49	147219442	363,5461	/06 17:01:15	147223653	365,4272
3944/02/06 11:55:16	147229203	365,4100	/06 21:38:22	147224967	365,1924
3945/02/07 00:26:31	147226272	366,5217	/06 01:35:10	147229423	365,1644
3946/02/05 03:26:01	147231262	363,1246	/06 07:28:11	147232759	365,2451
3947/02/07 08:36:02	147232382	367,2152	/06 14:41:54	147228115	365,3012
3948/02/07 06:29:42	147223037	364,9122	/06 21:08:03	147227133	365,2681
3949/02/04 16:26:39	147232641	363,4145	/06 01:26:48	147231050	365,1796
3950/02/07 15:25:25	147233575	367,9574	/06 08:55:52	147232359	365,3118
3951/02/06 07:47:40	147225267	363,6821	/06 14:59:26	147229941	365,2524
3952/02/05 17:35:31	147229484	364,4082	/06 17:56:03	147226137	365,1226
3953/02/07 03:40:57	147223101	367,4204	/05 23:49:01	147225202	365,2451
3954/02/05 11:03:53	147224538	363,3075	/06 09:38:44	147227456	365,4095
3955/02/07 02:19:08	147229367	366,6355	/06 18:54:58	147224702	365,3862
3956/02/07 17:00:35	147223159	365,6121	/07 00:22:56	147226788	365,2277
3957/02/04 17:52:15	147232191	363,0358	/06 02:47:28	147231855	365,1003
3958/02/07 12:39:39	147234104	367,7829	/06 09:53:00	147231241	365,2955
3959/02/06 17:55:02	147223662	364,2190	/06 17:44:48	147228312	365,3276
3960/02/05 16:38:47	147229115	363,9470	/06 23:13:55	147226686	365,2285
3961/02/07 11:10:13	147228238	367,7718	/06 04:38:27	147229201	365,2253
3962/02/05 19:37:57	147229816	363,3525	/06 11:39:19	147233837	365,2922
3963/02/06 09:19:26	147233309	365,5704	/06 17:19:12	147228836	365,2360
3964/02/07 21:33:46	147223437	366,5099	/06 21:38:55	147226276	365,1803
3965/02/04 21:03:04	147226168	362,9786	/06 02:53:31	147227260	365,2184
3966/02/07 09:24:21	147230906	367,5147	/06 13:45:30	147226842	365,4527
3967/02/07 06:18:11	147222707	364,8707	/06 22:55:06	147227026	365,3816
3968/02/05 17:02:05	147230232	363,4471	/07 02:37:14	147228822	365,1542
3969/02/07 13:10:35	147232758	367,8392	/06 05:46:03	147232184	365,1311
3970/02/06 03:56:07	147229714	363,6149	/06 12:31:19	147234411	365,2814
3971/02/05 23:17:20	147232592	364,8064	/06 19:56:59	147228927	365,3094
3972/02/08 06:24:26	147226370	367,2966	/07 02:11:01	147228457	365,2597
3973/02/05 05:36:49	147229771	362,9669	/06 06:32:57	147232159	365,1819
3974/02/06 22:52:32	147237299	366,7192	/06 14:15:47	147232509	365,3214
3975/02/07 12:39:21	147225589	365,5741	/06 20:20:00	147229212	365,2529
3976/02/05 14:01:54	147225837	363,0573	/06 23:38:21	147225718	365,1377

REAL DATE OF THE PERIHELION				DATE OF THE PERIHELION OF BARYCENTER EARTH-M		
Date TT	Dist (km)	Diff (gg)	Date TT	Dist (km)	Diff (gg)	
3977/02/07 10:57:57	147228288	367,8722	/06 06:25:35	147226054	365,2828
3978/02/06 15:24:02	147223883	364,1847	/06 17:02:53	147228757	365,4425
3979/02/05 20:47:45	147230009	364,2248	/07 01:24:06	147227422	365,3480
3980/02/08 13:21:16	147229094	367,6899	/07 06:06:52	147230244	365,1963
3981/02/05 14:08:59	147231470	363,0331	/06 08:18:00	147235048	365,0910
3982/02/06 11:41:24	147238797	365,8975	/06 16:03:13	147233996	365,3230
3983/02/07 22:50:57	147228270	366,4649	/06 23:47:04	147231089	365,3221
3984/02/05 20:43:52	147229442	362,9117	/07 04:16:29	147230329	365,1871
3985/02/07 07:15:43	147236376	367,4387	/06 09:19:58	147232741	365,2107
3986/02/06 22:54:58	147230822	364,6522	/06 16:19:50	147235430	365,2915
3987/02/05 12:38:53	147230872	363,5721	/06 21:36:27	147229802	365,2198
3988/02/08 11:05:01	147226851	367,9348	/07 02:24:20	147226543	365,1999
3989/02/05 22:14:28	147223466	363,4648	/06 08:26:34	147227926	365,2515
3990/02/06 03:49:20	147231197	365,2325	/06 20:08:30	147227037	365,4874
3991/02/08 08:48:48	147225671	367,2079	/07 04:37:47	147227642	365,3536
3992/02/06 04:36:02	147228140	362,8244	/07 08:02:29	147230111	365,1421
3993/02/06 22:40:57	147237536	366,7534	/06 11:20:40	147232925	365,1376
3994/02/07 09:09:57	147231407	365,4368	/06 18:55:27	147235363	365,3158
3995/02/05 17:07:57	147230581	363,3319	/07 02:26:02	147230587	365,3129
3996/02/08 15:20:16	147232564	367,9252	/07 08:10:57	147231009	365,2395
3997/02/06 09:26:10	147230626	363,7541	/06 12:24:49	147235499	365,1763
3998/02/05 17:41:39	147237707	364,3440	/06 20:08:13	147234823	365,3218
3999/02/08 09:57:06	147230716	367,6774	/07 01:27:33	147231478	365,2217

BARICENTER OF THE SOLAR SISTEM

BARICENTRO DEL SISTEMA SOLARE

The graph shows how much moves the baricenter of the solar System

If we express the motion of the baricenter of the solar system in solar rays we would notice that in July 2003 the distance is equal to 1, or rather the baricenter is on the surface of the Sun. In October 2004 is had a minimum 0.924, still 1 in September 2006, in September a maximum to 1.078, in April 2010 again 1, in November 2013 a new minimum 0.531, in July 2016 still 1, a big maximum in February 2022 to 1.982, and a big minimum in January 2030 to 0.133.

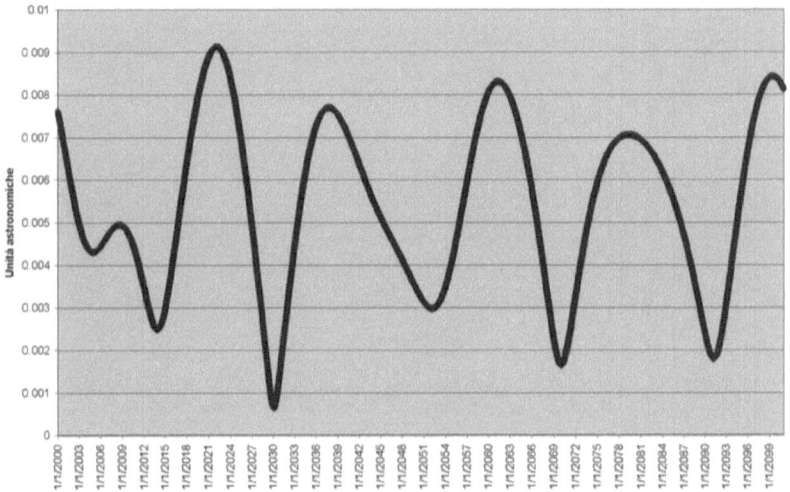

The theoretical maximum is 2.26, that real 2.17, but it is impossible that all the planets are contemporarily lined up and to the aphelium.

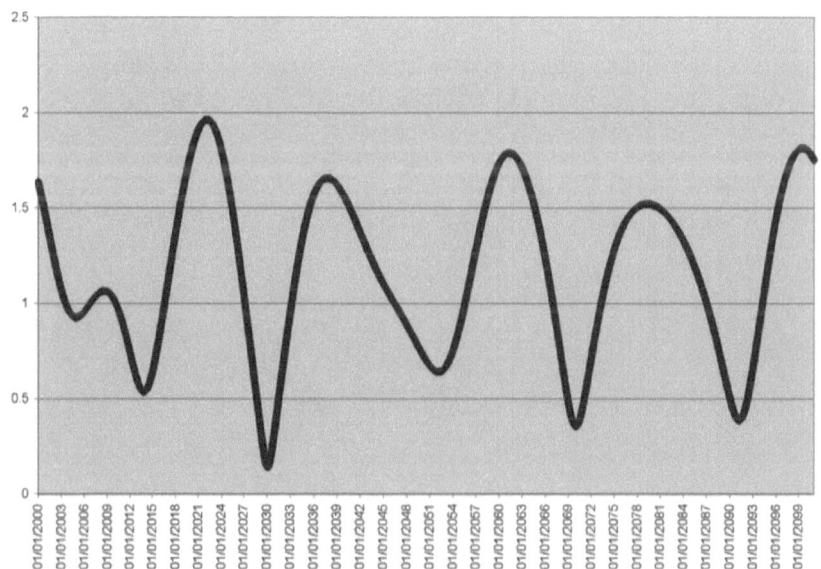

In solar rays - In unità di raggi solari

Il grafico mostra quanto si sposta il baricentro del Sistema solare

Se esprimessimo lo scostamento del baricentro del sistema solare in raggi solari noteremmo che nel luglio 2003 la distanza è uguale ad 1, ossia il baricentro è sulla superficie del Sole.
Nell'ottobre 2004 si ha un minimo 0.924, ancora 1 nel settembre 2006, nel settembre un massimo a 1.078, nell'aprile 2010 di nuovo 1, nel novembre 2013 un nuovo minimo 0.531, nel luglio 2016 ancora 1, un grosso massimo nel febbraio 2022 a 1.982, ed un grosso minimo nel gennaio 2030 a 0.133.

Il massimo teorico è 2.26, quello reale 2.17 in quanto è impossibile che tutti i pianeti siano contemporaneamente allineati ed all'afelio.

DURATION OF THE TWILIGHTS
DURATA DEI CREPUSCOLI

The three charts show the duration in minutes of the civil, nautical and astronomic twilights. In green to the left the latitude of the observer, in yellow on the top the declination of the Sun.

Le tre tabelle indicano la durata in minuti del crepuscolo civile, nautico ed astronomico In verde a sinistra è riportata la latitudine dell'osservatore. in alto in giallo la declinazione del Sole.

	0	1	2	3	4	5	6	7	8	9	10	11	12	13	14	15	16	17	18	19	20	21	22	23
0	22,00	22,00	22,01	22,03	22,05	22,08	22,12	22,17	22,22	22,28	22,34	22,41	22,49	22,58	22,68	22,78	22,89	23,01	23,14	23,27	23,42	23,57	23,73	23,91
2	22,01	22,02	22,03	22,05	22,07	22,10	22,14	22,18	22,24	22,30	22,36	22,43	22,52	22,60	22,70	22,80	22,92	23,04	23,16	23,30	23,45	23,60	23,77	23,94
4	22,05	22,06	22,07	22,09	22,11	22,15	22,18	22,23	22,28	22,34	22,41	22,49	22,57	22,66	22,75	22,86	22,97	23,10	23,23	23,36	23,51	23,67	23,84	24,01
6	22,12	22,13	22,14	22,16	22,18	22,22	22,26	22,30	22,36	22,42	22,49	22,56	22,65	22,74	22,84	22,95	23,06	23,19	23,32	23,46	23,61	23,77	23,94	24,12
8	22,22	22,22	22,24	22,26	22,28	22,32	22,36	22,41	22,46	22,53	22,60	22,67	22,76	22,85	22,95	23,06	23,18	23,31	23,44	23,59	23,74	23,91	24,08	24,26
10	22,34	22,35	22,36	22,38	22,41	22,45	22,49	22,54	22,60	22,66	22,73	22,81	22,90	23,00	23,10	23,21	23,33	23,46	23,60	23,75	23,91	24,08	24,25	24,44
12	22,49	22,50	22,52	22,54	22,57	22,60	22,65	22,70	22,76	22,83	22,90	22,98	23,07	23,17	23,28	23,40	23,52	23,65	23,80	23,95	24,11	24,29	24,47	24,66
14	22,68	22,68	22,70	22,72	22,75	22,79	22,84	22,89	22,95	23,02	23,10	23,19	23,28	23,38	23,49	23,61	23,74	23,88	24,03	24,19	24,36	24,53	24,72	24,93
16	22,89	22,90	22,92	22,94	22,97	23,01	23,06	23,12	23,18	23,25	23,33	23,42	23,52	23,63	23,74	23,87	24,00	24,14	24,30	24,46	24,64	24,82	25,02	25,23
18	23,14	23,15	23,16	23,19	23,23	23,27	23,32	23,38	23,44	23,52	23,60	23,70	23,80	23,91	24,03	24,16	24,30	24,45	24,61	24,78	24,96	25,16	25,37	25,59
20	23,42	23,43	23,45	23,48	23,51	23,56	23,61	23,67	23,74	23,82	23,91	24,01	24,11	24,23	24,36	24,49	24,64	24,80	24,96	25,14	25,34	25,54	25,76	25,99
22	23,73	23,75	23,77	23,80	23,84	23,88	23,94	24,00	24,08	24,16	24,25	24,36	24,47	24,59	24,72	24,87	25,02	25,19	25,37	25,56	25,76	25,97	26,20	26,45
24	24,09	24,10	24,13	24,16	24,20	24,25	24,31	24,38	24,46	24,55	24,64	24,75	24,87	25,00	25,14	25,29	25,45	25,63	25,82	26,02	26,23	26,46	26,71	26,97
26	24,49	24,50	24,53	24,56	24,61	24,66	24,72	24,80	24,88	24,97	25,08	25,19	25,32	25,46	25,60	25,77	25,94	26,13	26,33	26,54	26,77	27,02	27,28	27,55
28	24,93	24,94	24,97	25,01	25,06	25,11	25,18	25,26	25,35	25,45	25,56	25,68	25,82	25,96	26,12	26,30	26,48	26,68	26,90	27,13	27,37	27,64	27,92	28,22
30	25,42	25,44	25,47	25,51	25,56	25,62	25,69	25,78	25,87	25,98	26,10	26,23	26,37	26,53	26,70	26,89	27,09	27,30	27,53	27,78	28,05	28,33	28,64	28,96
32	25,96	25,98	26,01	26,06	26,11	26,18	26,26	26,35	26,45	26,57	26,70	26,84	26,99	27,16	27,35	27,55	27,76	28,00	28,25	28,52	28,80	29,11	29,45	29,80
34	26,56	26,58	26,62	26,66	26,72	26,80	26,88	26,98	27,09	27,22	27,36	27,51	27,68	27,86	28,06	28,28	28,52	28,77	29,04	29,34	29,65	29,99	30,36	30,75
36	27,22	27,24	27,28	27,34	27,40	27,48	27,57	27,68	27,80	27,94	28,09	28,26	28,44	28,65	28,86	29,10	29,36	29,64	29,94	30,26	30,61	30,99	31,39	31,83
38	27,94	27,98	28,02	28,08	28,15	28,24	28,34	28,46	28,59	28,74	28,91	29,09	29,29	29,52	29,76	30,02	30,30	30,61	30,94	31,30	31,69	32,11	32,56	33,05
40	28,75	28,78	28,83	28,90	28,98	29,08	29,19	29,32	29,47	29,63	29,82	30,02	30,24	30,49	30,75	31,05	31,36	31,71	32,08	32,48	32,92	33,39	33,90	34,45
42	29,64	29,68	29,74	29,81	29,90	30,00	30,13	30,27	30,44	30,62	30,83	31,05	31,30	31,57	31,87	32,20	32,56	32,94	33,36	33,82	34,31	34,85	35,43	36,07
44	30,63	30,67	30,73	30,82	30,92	31,04	31,18	31,34	31,52	31,73	31,96	32,21	32,49	32,80	33,13	33,50	33,90	34,34	34,82	35,34	35,91	36,53	37,21	37,95
46	31,72	31,77	31,84	31,94	32,05	32,18	32,34	32,52	32,73	32,96	33,22	33,51	33,83	34,18	34,56	34,98	35,44	35,95	36,50	37,10	37,76	38,49	39,29	40,17
48	32,94	33,00	33,08	33,18	33,31	33,47	33,65	33,85	34,09	34,35	34,65	34,97	35,34	35,74	36,18	36,67	37,20	37,79	38,44	39,15	39,93	40,79	41,75	42,82
50	34,30	34,37	34,46	34,58	34,73	34,90	35,11	35,35	35,62	35,92	36,26	36,64	37,06	37,52	38,04	38,61	39,24	39,93	40,70	41,55	42,50	43,55	44,73	46,05
52	35,82	35,90	36,01	36,15	36,32	36,52	36,76	37,04	37,35	37,70	38,10	38,54	39,03	39,58	40,19	40,87	41,62	42,45	43,38	44,42	45,59	46,90	48,39	50,10
54	37,54	37,63	37,76	37,92	38,12	38,36	38,63	38,95	39,32	39,74	40,20	40,73	41,31	41,97	42,70	43,52	44,43	45,46	46,62	47,92	49,40	51,10	53,06	55,35
56	39,48	39,59	39,74	39,93	40,16	40,44	40,77	41,15	41,59	42,08	42,64	43,27	43,98	44,78	45,68	46,69	47,83	49,12	50,60	52,29	54,25	56,55	59,27	62,56
58	41,68	41,81	41,99	42,22	42,50	42,84	43,23	43,69	44,22	44,82	45,50	46,27	47,15	48,14	49,26	50,55	52,02	53,71	55,67	57,97	60,70	64,01	68,12	73,40
60	44,21	44,37	44,58	44,86	45,20	45,61	46,09	46,65	47,30	48,04	48,88	49,85	50,96	52,23	53,69	55,37	57,34	59,64	62,40	65,74	69,89	75,24	82,48	93,26
62	47,12	47,32	47,58	47,93	48,35	48,85	49,45	50,15	50,96	51,89	52,97	54,22	55,67	57,34	59,31	61,63	64,40	67,78	71,99	77,41	84,78	95,77	116,34	
64	50,52	50,76	51,10	51,53	52,05	52,69	53,45	54,34	55,38	56,60	58,02	59,69	61,65	63,98	66,77	70,19	74,46	79,98	87,50	98,72	119,80			
66	54,52	54,83	55,26	55,81	56,49	57,31	58,30	59,47	60,86	62,50	64,45	66,78	69,60	73,05	77,39	83,02	90,71	102,22	123,88					
68	59,30	59,71	60,27	60,99	61,89	62,99	64,32	65,92	67,84	70,17	73,00	76,49	80,90	86,65	94,53	106,37	128,72							
70	65,10	65,65	66,41	67,39	68,62	70,15	72,02	74,31	77,14	80,67	85,15	91,03	99,13	111,35	134,51									
72	72,28	73,05	74,11	75,50	77,27	79,49	82,29	85,83	90,38	96,39	104,74	117,40	141,50											
74	81,39	82,52	84,08	86,16	88,86	92,37	96,95	103,09	111,70	124,86	150,09													
76	93,36	95,11	97,57	100,93	105,48	111,71	120,58	134,30	160,87															
78	109,80	112,76	117,07	123,25	132,33	146,65	174,81																	
80	134,00	139,75	148,79	163,65	193,67																			
82	174,10	189,02	221,04																					
84	265,93																							
86																								
88																								
90																								

Civil twilight - Crepuscolo civile

	0	1	2	3	4	5	6	7	8	9	10	11	12	13	14	15	16	17	18	19	20	21	22	23
0	46,00	46,01	46,03	46,06	46,11	46,18	46,26	46,35	46,46	46,58	46,72	46,87	47,04	47,23	47,43	47,65	47,88	48,13	48,40	48,69	49,00	49,32	49,67	50,03
2	46,03	46,04	46,06	46,10	46,15	46,22	46,30	46,40	46,51	46,64	46,78	46,94	47,11	47,30	47,50	47,73	47,96	48,22	48,49	48,79	49,10	49,43	49,78	50,15
4	46,11	46,13	46,15	46,20	46,25	46,32	46,41	46,51	46,62	46,75	46,90	47,06	47,24	47,43	47,64	47,87	48,11	48,37	48,65	48,95	49,27	49,61	49,97	50,35
6	46,26	46,27	46,30	46,35	46,41	46,48	46,57	46,68	46,79	46,93	47,08	47,25	47,43	47,63	47,84	48,08	48,33	48,60	48,88	49,19	49,52	49,86	50,23	50,62
8	46,46	46,48	46,51	46,56	46,62	46,70	46,79	46,90	47,03	47,17	47,32	47,50	47,68	47,89	48,11	48,35	48,61	48,89	49,18	49,50	49,83	50,19	50,57	50,97
10	46,72	46,74	46,78	46,83	46,90	46,98	47,08	47,19	47,32	47,47	47,63	47,81	48,00	48,22	48,45	48,70	48,96	49,25	49,56	49,88	50,23	50,60	50,99	51,41
12	47,04	47,07	47,11	47,17	47,24	47,33	47,43	47,55	47,68	47,84	48,00	48,19	48,39	48,62	48,85	49,11	49,39	49,69	50,01	50,35	50,71	51,09	51,50	51,93
14	47,43	47,46	47,50	47,56	47,64	47,73	47,84	47,97	48,11	48,27	48,45	48,64	48,85	49,09	49,34	49,61	49,89	50,21	50,54	50,89	51,27	51,67	52,09	52,54
16	47,88	47,91	47,96	48,03	48,11	48,21	48,33	48,46	48,61	48,78	48,96	49,17	49,39	49,63	49,89	50,18	50,48	50,81	51,15	51,52	51,92	52,34	52,78	53,26
18	48,40	48,44	48,49	48,57	48,65	48,76	48,88	49,02	49,18	49,36	49,56	49,77	50,01	50,26	50,54	50,83	51,15	51,50	51,86	52,25	52,67	53,11	53,58	54,08
20	49,00	49,04	49,10	49,18	49,27	49,38	49,52	49,67	49,83	50,02	50,23	50,46	50,71	50,98	51,27	51,58	51,92	52,28	52,67	53,08	53,52	53,99	54,49	55,02
22	49,67	49,72	49,78	49,87	49,97	50,09	50,23	50,39	50,57	50,77	50,99	51,23	51,50	51,78	52,09	52,43	52,78	53,17	53,58	54,02	54,49	54,99	55,52	56,09
24	50,42	50,48	50,55	50,64	50,75	50,88	51,03	51,20	51,40	51,61	51,85	52,10	52,39	52,69	53,02	53,38	53,76	54,17	54,61	55,08	55,58	56,12	56,69	57,30
26	51,26	51,32	51,40	51,50	51,62	51,77	51,93	52,11	52,32	52,55	52,80	53,08	53,38	53,71	54,06	54,44	54,86	55,30	55,77	56,28	56,82	57,39	58,01	58,67
28	52,20	52,27	52,35	52,46	52,60	52,75	52,93	53,12	53,35	53,60	53,87	54,17	54,49	54,84	55,23	55,64	56,08	56,56	57,07	57,62	58,21	58,83	59,50	60,22
30	53,24	53,31	53,41	53,53	53,67	53,84	54,03	54,25	54,49	54,76	55,06	55,38	55,73	56,11	56,53	56,98	57,46	57,98	58,53	59,13	59,77	60,46	61,19	61,98
32	54,39	54,47	54,58	54,71	54,87	55,05	55,26	55,50	55,76	56,06	56,38	56,73	57,11	57,53	57,98	58,47	59,00	59,56	60,17	60,83	61,53	62,29	63,10	63,97
34	55,66	55,75	55,87	56,02	56,20	56,40	56,63	56,89	57,17	57,49	57,85	58,23	58,65	59,11	59,61	60,14	60,72	61,35	62,02	62,75	63,53	64,37	65,28	66,25
36	57,07	57,17	57,31	57,47	57,66	57,89	58,14	58,42	58,74	59,09	59,48	59,91	60,37	60,88	61,43	62,02	62,66	63,36	64,11	64,92	65,79	66,74	67,76	68,86
38	58,62	58,74	58,89	59,07	59,29	59,54	59,82	60,13	60,49	60,88	61,31	61,78	62,30	62,86	63,47	64,13	64,85	65,63	66,47	67,39	68,37	69,45	70,61	71,87
40	60,34	60,48	60,65	60,85	61,09	61,37	61,68	62,03	62,43	62,86	63,35	63,87	64,45	65,08	65,77	66,51	67,33	68,21	69,17	70,21	71,34	72,57	73,91	75,38
42	62,25	62,40	62,59	62,83	63,10	63,41	63,76	64,16	64,60	65,09	65,63	66,22	66,88	67,59	68,37	69,22	70,14	71,15	72,25	73,45	74,77	76,20	77,78	79,52
44	64,36	64,54	64,76	65,02	65,33	65,68	66,08	66,53	67,03	67,58	68,20	68,87	69,62	70,43	71,32	72,30	73,37	74,54	75,82	77,23	78,78	80,48	82,37	84,47
46	66,71	66,92	67,17	67,47	67,82	68,22	68,67	69,19	69,76	70,40	71,10	71,88	72,73	73,68	74,71	75,85	77,10	78,48	80,00	81,67	83,53	85,60	87,92	90,53
48	69,34	69,58	69,87	70,21	70,61	71,07	71,60	72,19	72,85	73,58	74,40	75,30	76,30	77,40	78,62	79,97	81,45	83,10	84,94	86,98	89,28	91,86	94,79	98,15
50	72,28	72,55	72,89	73,29	73,76	74,29	74,90	75,59	76,36	77,22	78,17	79,24	80,42	81,73	83,19	84,81	86,61	88,63	90,90	93,47	96,39	99,73	103,62	108,20
52	75,58	75,90	76,30	76,77	77,32	77,94	78,66	79,47	80,38	81,40	82,53	83,81	85,23	86,82	88,59	90,59	92,83	95,38	98,28	101,62	105,50	110,09	115,61	122,45
54	79,31	79,70	80,17	80,72	81,37	82,12	82,97	83,93	85,02	86,25	87,63	89,18	90,92	92,89	95,11	97,63	100,52	103,86	107,74	112,33	117,87	124,76	133,69	146,24
56	83,55	84,01	84,58	85,24	86,02	86,92	87,95	89,12	90,45	91,95	93,66	95,59	97,78	100,29	103,16	106,49	110,37	114,98	120,55	127,49	136,50	149,20	171,15	
58	88,40	88,96	89,65	90,46	91,41	92,51	93,78	95,22	96,88	98,77	100,92	103,40	106,26	109,58	113,47	118,09	123,70	130,70	139,82	152,69	174,99			
60	94,00	94,69	95,54	96,54	97,72	99,10	100,69	102,52	104,63	107,07	109,90	113,21	117,10	121,75	127,40	134,48	143,72	156,79	179,50					
62	100,52	101,39	102,46	103,73	105,23	106,98	109,03	111,42	114,22	117,50	121,39	126,06	131,76	138,91	148,29	161,61	184,79							
64	108,21	109,33	110,70	112,34	114,30	116,62	119,35	122,60	126,48	131,16	136,90	144,15	153,69	167,27	191,01									
66	117,41	118,88	120,70	122,90	125,55	128,73	132,57	137,25	143,03	150,37	160,08	173,97	198,35											
68	128,62	130,63	133,13	136,20	139,96	144,61	150,41	157,84	167,72	181,95	207,08													
70	142,62	145,49	149,11	153,66	159,44	166,93	176,99	191,59	217,56															
72	160,71	165,07	170,74	178,22	188,44	203,42	230,34																	
74	185,31	192,66	202,93	218,28	246,26																			
76	221,99	237,58	266,69																					
78	294,07																							
80																								
82																								
84																								
86																								
88																								
90																								

Nautical twilight - Crepuscolo nautico

	0	1	2	3	4	5	6	7	8	9	10	11	12	13	14	15	16	17	18	19	20	21	22	23
0	70,00	70,01	70,04	70,10	70,18	70,28	70,40	70,54	70,71	70,90	71,12	71,35	71,62	71,90	72,22	72,55	72,92	73,31	73,73	74,18	74,65	75,16	75,70	76,27
2	70,04	70,06	70,10	70,16	70,25	70,35	70,48	70,64	70,81	71,01	71,23	71,48	71,75	72,05	72,37	72,72	73,09	73,49	73,92	74,38	74,87	75,39	75,94	76,52
4	70,18	70,20	70,25	70,32	70,41	70,52	70,66	70,82	71,01	71,21	71,44	71,70	71,98	72,29	72,62	72,98	73,36	73,78	74,22	74,69	75,20	75,73	76,30	76,90
6	70,40	70,43	70,48	70,56	70,66	70,78	70,93	71,10	71,29	71,51	71,75	72,02	72,31	72,63	72,97	73,34	73,74	74,17	74,63	75,12	75,64	76,19	76,78	77,40
8	70,71	70,75	70,81	70,90	71,01	71,14	71,29	71,47	71,67	71,90	72,15	72,43	72,74	73,07	73,43	73,81	74,23	74,67	75,15	75,66	76,20	76,77	77,38	78,02
10	71,12	71,16	71,23	71,33	71,44	71,58	71,75	71,94	72,15	72,39	72,66	72,95	73,27	73,62	73,99	74,40	74,83	75,29	75,79	76,32	76,88	77,48	78,11	78,79
12	71,62	71,67	71,75	71,85	71,98	72,13	72,31	72,51	72,74	72,99	73,27	73,58	73,91	74,28	74,67	75,09	75,55	76,03	76,55	77,11	77,70	78,32	78,99	79,69
14	72,22	72,28	72,37	72,48	72,62	72,78	72,97	73,19	73,43	73,70	73,99	74,32	74,67	75,05	75,47	75,91	76,39	76,90	77,45	78,03	78,65	79,31	80,01	80,76
16	72,92	72,99	73,09	73,21	73,36	73,54	73,74	73,97	74,23	74,51	74,83	75,17	75,55	75,95	76,39	76,86	77,36	77,91	78,48	79,10	79,76	80,45	81,20	81,99
18	73,73	73,81	73,92	74,06	74,22	74,41	74,63	74,87	75,15	75,45	75,79	76,15	76,55	76,98	77,45	77,95	78,48	79,06	79,67	80,33	81,02	81,77	82,56	83,40
20	74,65	74,75	74,87	75,02	75,20	75,40	75,64	75,90	76,20	76,52	76,88	77,27	77,70	78,15	78,65	79,18	79,76	80,37	81,02	81,72	82,47	83,27	84,11	85,02
22	75,70	75,80	75,94	76,10	76,30	76,52	76,78	77,06	77,38	77,73	78,11	78,53	78,99	79,48	80,01	80,58	81,20	81,85	82,56	83,31	84,11	84,97	85,88	86,86
24	76,87	76,99	77,14	77,32	77,53	77,78	78,05	78,36	78,71	79,08	79,50	79,95	80,44	80,97	81,54	82,16	82,82	83,53	84,29	85,11	85,98	86,90	87,90	88,96
26	78,18	78,32	78,49	78,69	78,92	79,18	79,49	79,82	80,19	80,60	81,05	81,54	82,07	82,65	83,27	83,94	84,65	85,42	86,25	87,14	88,08	89,10	90,18	91,34
28	79,65	79,80	79,98	80,20	80,46	80,75	81,08	81,45	81,85	82,30	82,79	83,32	83,90	84,53	85,20	85,93	86,71	87,56	88,46	89,43	90,47	91,59	92,78	94,07
30	81,27	81,44	81,65	81,89	82,18	82,50	82,86	83,26	83,71	84,19	84,73	85,31	85,95	86,63	87,37	88,17	89,03	89,96	90,96	92,03	93,18	94,42	95,75	97,19
32	83,07	83,27	83,50	83,77	84,08	84,44	84,84	85,28	85,77	86,31	86,90	87,54	88,24	88,99	89,81	90,69	91,65	92,68	93,78	94,98	96,27	97,66	99,16	100,78
34	85,07	85,29	85,55	85,85	86,20	86,59	87,03	87,53	88,07	88,66	89,32	90,03	90,80	91,64	92,55	93,54	94,60	95,75	97,00	98,34	99,80	101,37	103,08	104,94
36	87,28	87,53	87,82	88,16	88,55	88,99	89,48	90,03	90,63	91,30	92,03	92,82	93,69	94,63	95,65	96,75	97,95	99,25	100,67	102,20	103,86	105,67	107,65	109,80
38	89,73	90,01	90,34	90,73	91,17	91,66	92,21	92,83	93,50	94,25	95,07	95,96	96,93	98,00	99,15	100,41	101,78	103,26	104,88	106,65	108,58	110,70	113,02	115,57
40	92,45	92,77	93,15	93,58	94,08	94,64	95,26	95,95	96,72	97,56	98,49	99,50	100,61	101,82	103,15	104,59	106,17	107,89	109,78	111,85	114,13	116,64	119,43	122,54
42	95,47	95,84	96,27	96,77	97,33	97,97	98,68	99,47	100,34	101,30	102,36	103,52	104,80	106,20	107,73	109,41	111,25	113,28	115,52	118,00	120,75	123,82	127,27	131,18
44	98,84	99,27	99,76	100,33	100,98	101,70	102,52	103,43	104,43	105,54	106,77	108,11	109,60	111,23	113,03	115,02	117,22	119,65	122,37	125,40	128,82	132,69	137,13	142,30
46	102,60	103,09	103,67	104,33	105,07	105,92	106,86	107,91	109,08	110,38	111,81	113,40	115,15	117,09	119,25	121,65	124,32	127,32	130,70	134,55	138,97	144,11	150,20	157,62
48	106,82	107,40	108,07	108,83	109,71	110,69	111,80	113,03	114,41	115,94	117,65	119,54	121,65	124,01	126,64	129,61	132,96	136,78	141,18	146,31	152,40	159,82	169,24	182,15
50	111,57	112,25	113,04	113,95	114,98	116,14	117,45	118,92	120,57	122,41	124,47	126,78	129,38	132,31	135,63	139,43	143,81	148,93	155,02	162,45	171,92	184,90	206,55	
52	116,95	117,76	118,70	119,78	121,02	122,41	123,99	125,77	127,78	130,04	132,59	135,48	138,77	142,54	146,91	152,02	158,11	165,58	175,09	188,18	210,04			
54	123,08	124,06	125,19	126,50	128,00	129,71	131,65	133,85	136,34	139,19	142,44	146,19	150,53	155,64	161,75	169,25	178,83	192,04	214,17					
56	130,12	131,32	132,71	134,33	136,18	138,31	140,74	143,53	146,74	150,45	154,78	159,88	166,01	173,55	183,21	196,57	219,01							
58	138,29	139,78	141,53	143,56	145,91	148,63	151,78	155,45	159,75	164,84	170,98	178,57	188,33	201,86	224,67									
60	147,88	149,78	152,02	154,64	157,72	161,32	165,58	170,66	176,82	184,45	194,32	208,04	231,28											
62	159,32	161,81	164,77	168,29	172,48	177,53	183,69	191,37	201,34	215,29	239,01													
64	173,25	176,63	180,72	185,70	191,84	199,56	209,64	223,83	248,09															
66	190,69	195,55	201,62	209,35	219,53	233,97	258,84																	
68	213,56	221,23	231,48	246,16	271,71																			
70	246,19	261,07	287,33																					
72	306,73																							
74																								
76																								
78																								
80																								
82																								
84																								
86																								
88																								
90																								

Astronomical twilight - Crepuscolo astronomico

THE SHORTEST AND THE LONGEST TWILIGHTS

DURATA MINIMA E MASSIMA DEI CREPUSCOLI

The table lists when happen the shortest twilights, in the restricted problem and in the general problem

Le seguenti tabelle elencano i momenti in cui durata dei crepuscoli è minima, sia analizzando il problema ristretto che quello generale

The restricted problem : the effect of atmosferic refraction and the size of the solar disk are neglected; sunrise and sunset are the instants when the geometric center of the Sun is on the horizon.

The general problem : it is considered the diameter of the Sun and the refraction.

CIVIL TWILIGHT : THE SUN IS AT -6°

Lat.	Dec.	Min.	Decl.	Minl.
-90	3.00		3.42	
-88	3.00		3.42	
-86	3.00		3.41	322.0
-84	2.99	360.0	3.40	204.3
-82	2.97	194.7	3.39	151.2
-80	2.96	148.0	3.37	120.4
-78	2.94	120.7	3.35	100.2
-76	2.91	102.4	3.32	85.9
-74	2.89	89.1	3.29	75.3
-72	2.86	79.1	3.25	67.1
-70	2.82	71.2	3.21	60.6
-68	2.79	64.8	3.17	55.3
-66	2.74	59.6	3.12	50.9
-64	2.70	55.2	3.07	47.2
-62	2.65	51.5	3.02	44.1
-60	2.60	48.3	2.96	41.4
-58	2.55	45.5	2.90	39.0
-56	2.49	43.1	2.83	37.0
-54	2.43	41.0	2.77	35.2
-52	2.37	39.1	2.69	33.6
-50	2.30	37.4	2.62	32.2
-48	2.23	35.9	2.54	30.9
-46	2.16	34.6	2.46	29.8
-44	2.09	33.4	2.38	28.7
-42	2.01	32.3	2.29	27.8
-40	1.93	31.4	2.20	27.0
-38	1.85	30.5	2.10	26.2
-36	1.77	29.7	2.01	25.5
-34	1.68	29.0	1.91	24.9
-32	1.59	28.3	1.81	24.4
-30	1.50	27.7	1.71	23.9
-28	1.41	27.2	1.60	23.4
-26	1.32	26.7	1.50	23.0
-24	1.22	26.3	1.39	22.6
-22	1.12	25.9	1.28	22.3
-20	1.03	25.5	1.17	22.0
-18	0.93	25.2	1.06	21.7
-16	0.83	25.0	0.94	21.5
-14	0.73	24.7	0.83	21.3
-12	0.62	24.5	0.71	21.1
-10	0.52	24.4	0.59	21.0
-8	0.42	24.2	0.48	20.9
-6	0.31	24.1	0.36	20.8
-4	0.21	24.1	0.24	20.7
-2	0.10	24.0	0.12	20.7
0	0.00	24.0	0.00	20.7
2	-0.10	24.0	-0.12	20.7
4	-0.21	24.1	-0.24	20.7
6	-0.31	24.1	-0.36	20.8
8	-0.42	24.2	-0.48	20.9
10	-0.52	24.4	-0.59	21.0
12	-0.62	24.5	-0.71	21.1
14	-0.73	24.7	-0.83	21.3
16	-0.83	25.0	-0.94	21.5
18	-0.93	25.2	-1.06	21.7
20	-1.03	25.5	-1.17	22.0
22	-1.12	25.9	-1.28	22.3
24	-1.22	26.3	-1.39	22.6
26	-1.32	26.7	-1.50	23.0
28	-1.41	27.2	-1.60	23.4
30	-1.50	27.7	-1.71	23.9
32	-1.59	28.3	-1.81	24.4
34	-1.68	29.0	-1.91	24.9
36	-1.77	29.7	-2.01	25.5
38	-1.85	30.5	-2.10	26.2
40	-1.93	31.4	-2.20	27.0
42	-2.01	32.3	-2.29	27.8
44	-2.09	33.4	-2.38	28.7
46	-2.16	34.6	-2.46	29.8
48	-2.23	35.9	-2.54	30.9
50	-2.30	37.4	-2.62	32.2
52	-2.37	39.1	-2.69	33.6
54	-2.43	41.0	-2.77	35.2
56	-2.49	43.1	-2.83	37.0
58	-2.55	45.5	-2.90	39.0
60	-2.60	48.3	-2.96	41.4
62	-2.65	51.5	-3.02	44.1
64	-2.70	55.2	-3.07	47.2
66	-2.74	59.6	-3.12	50.9
68	-2.79	64.8	-3.17	55.3
70	-2.82	71.2	-3.21	60.6
72	-2.86	79.1	-3.25	67.1
74	-2.89	89.1	-3.29	75.3
76	-2.91	102.4	-3.32	85.9
78	-2.94	120.7	-3.35	100.2
80	-2.96	148.0	-3.37	120.4
82	-2.97	194.7	-3.39	151.2
84	-2.99	360.0	-3.40	204.3
86	-3.00		-3.41	322.0
88	-3.00		-3.42	
90	-3.00		-3.42	

NAUTICAL TWILIGHT : THE SUN IS AT -12°

Lat.	Dec.	Min.	Decl.	Min1.
-90	6.03		6.45	
-88	6.03		6.44	
-86	6.02		6.43	
-84	6.00		6.41	548.5
-82	5.97		6.38	354.8
-80	5.94		6.35	272.6
-78	5.90	360.0	6.31	223.2
-76	5.85	237.0	6.26	189.7
-74	5.80	195.9	6.20	165.4
-72	5.74	169.1	6.13	146.8
-70	5.67	149.7	6.06	132.2
-68	5.59	134.8	5.98	120.4
-66	5.51	123.0	5.89	110.7
-64	5.42	113.3	5.79	102.6
-62	5.32	105.1	5.69	95.7
-60	5.22	98.3	5.58	89.8
-58	5.11	92.4	5.46	84.6
-56	5.00	87.3	5.34	80.2
-54	4.88	82.9	5.21	76.2
-52	4.75	78.9	5.08	72.7
-50	4.62	75.5	4.93	69.6
-48	4.48	72.4	4.79	66.9
-46	4.34	69.7	4.63	64.4
-44	4.19	67.2	4.47	62.2
-42	4.03	65.0	4.31	60.2
-40	3.87	63.0	4.14	58.4
-38	3.71	61.2	3.96	56.7
-36	3.54	59.6	3.78	55.3
-34	3.37	58.1	3.60	53.9
-32	3.19	56.8	3.41	52.7
-30	3.01	55.6	3.22	51.6
-28	2.83	54.5	3.02	50.6
-26	2.64	53.5	2.82	49.7
-24	2.45	52.6	2.62	48.9
-22	2.26	51.8	2.41	48.2
-20	2.06	51.1	2.20	47.5
-18	1.86	50.5	1.99	47.0
-16	1.66	50.0	1.77	46.5
-14	1.46	49.5	1.56	46.0
-12	1.25	49.1	1.34	45.7
-10	1.05	48.8	1.12	45.4
-8	0.84	48.5	0.90	45.1
-6	0.63	48.3	0.67	44.9
-4	0.42	48.1	0.45	44.8
-2	0.21	48.0	0.22	44.7
0	0.00	48.0	0.00	44.7
2	-0.21	48.0	-0.22	44.7
4	-0.42	48.1	-0.45	44.8
6	-0.63	48.3	-0.67	44.9
8	-0.84	48.5	-0.90	45.1
10	-1.05	48.8	-1.12	45.4
12	-1.25	49.1	-1.34	45.7
14	-1.46	49.5	-1.56	46.0
16	-1.66	50.0	-1.77	46.5
18	-1.86	50.5	-1.99	47.0
20	-2.06	51.1	-2.20	47.5
22	-2.26	51.8	-2.41	48.2
24	-2.45	52.6	-2.62	48.9
26	-2.64	53.5	-2.82	49.7
28	-2.83	54.5	-3.02	50.6
30	-3.01	55.6	-3.22	51.6
32	-3.19	56.8	-3.41	52.7
34	-3.37	58.1	-3.60	53.9
36	-3.54	59.6	-3.78	55.3
38	-3.71	61.2	-3.96	56.7
40	-3.87	63.0	-4.14	58.4
42	-4.03	65.0	-4.31	60.2
44	-4.19	67.2	-4.47	62.2
46	-4.34	69.7	-4.63	64.4
48	-4.48	72.4	-4.79	66.9
50	-4.62	75.5	-4.93	69.6
52	-4.75	78.9	-5.08	72.7
54	-4.88	82.9	-5.21	76.2
56	-5.00	87.3	-5.34	80.2
58	-5.11	92.4	-5.46	84.6
60	-5.22	98.3	-5.58	89.8
62	-5.32	105.1	-5.69	95.7
64	-5.42	113.3	-5.79	102.6
66	-5.51	123.0	-5.89	110.7
68	-5.59	134.8	-5.98	120.4
70	-5.67	149.7	-6.06	132.2
72	-5.74	169.1	-6.13	146.8
74	-5.80	195.9	-6.20	165.4
76	-5.85	237.0	-6.26	189.7
78	-5.90	360.0	-6.31	223.2
80	-5.94		-6.35	272.6
82	-5.97		-6.38	354.8
84	-6.00		-6.41	548.5
86	-6.02		-6.43	
88	-6.03		-6.44	
90	-6.03		-6.45	

ASTRONOMICAL TWILIGHT : THE SUN IS AT -18°

Lat.	Dec.	Min.	Dec1.	Min1.
-90	9.11		9.52	
-88	9.11		9.52	
-86	9.09		9.50	
-84	9.06		9.47	
-82	9.02		9.43	
-80	8.97		9.38	474.1
-78	8.91		9.31	367.0
-76	8.84		9.24	304.7
-74	8.76		9.15	262.3
-72	8.66	360.0	9.05	231.0
-70	8.56	258.5	8.95	207.0
-68	8.44	222.3	8.83	187.8
-66	8.32	197.8	8.69	172.2
-64	8.18	179.3	8.55	159.2
-62	8.04	164.7	8.40	148.3
-60	7.88	152.7	8.24	138.9
-58	7.72	142.7	8.07	130.9
-56	7.55	134.2	7.88	123.8
-54	7.36	126.9	7.69	117.7
-52	7.17	120.5	7.49	112.2
-50	6.97	114.9	7.28	107.4
-48	6.76	110.0	7.06	103.1
-46	6.54	105.7	6.84	99.3
-44	6.32	101.8	6.60	95.8
-42	6.08	98.3	6.36	92.7
-40	5.84	95.2	6.11	89.9
-38	5.60	92.4	5.85	87.3
-36	5.34	89.8	5.58	85.0
-34	5.08	87.5	5.31	83.0
-32	4.81	85.5	5.03	81.1
-30	4.54	83.6	4.75	79.4
-28	4.26	81.9	4.46	77.9
-26	3.98	80.4	4.16	76.5
-24	3.69	79.1	3.86	75.2
-22	3.40	77.9	3.55	74.1
-20	3.11	76.8	3.24	73.1
-18	2.81	75.8	2.93	72.2
-16	2.50	75.0	2.61	71.5
-14	2.20	74.3	2.29	70.8
-12	1.89	73.7	1.97	70.2
-10	1.58	73.1	1.65	69.7
-8	1.26	72.7	1.32	69.3
-6	0.95	72.4	0.99	69.0
-4	0.63	72.2	0.66	68.8
-2	0.32	72.0	0.33	68.7
0	0.00	72.0	0.00	68.7
2	-0.32	72.0	-0.33	68.7
4	-0.63	72.2	-0.66	68.8
6	-0.95	72.4	-0.99	69.0
8	-1.26	72.7	-1.32	69.3
10	-1.58	73.1	-1.65	69.7
12	-1.89	73.7	-1.97	70.2
14	-2.20	74.3	-2.29	70.8
16	-2.50	75.0	-2.61	71.5
18	-2.81	75.8	-2.93	72.2
20	-3.11	76.8	-3.24	73.1
22	-3.40	77.9	-3.55	74.1
24	-3.69	79.1	-3.86	75.2
26	-3.98	80.4	-4.16	76.5
28	-4.26	81.9	-4.46	77.9
30	-4.54	83.6	-4.75	79.4
32	-4.81	85.5	-5.03	81.1
34	-5.08	87.5	-5.31	83.0
36	-5.34	89.8	-5.58	85.0
38	-5.60	92.4	-5.85	87.3
40	-5.84	95.2	-6.11	89.9
42	-6.08	98.3	-6.36	92.7
44	-6.32	101.8	-6.60	95.8
46	-6.54	105.7	-6.84	99.3
48	-6.76	110.0	-7.06	103.1
50	-6.97	114.9	-7.28	107.4
52	-7.17	120.5	-7.49	112.2
54	-7.36	126.9	-7.69	117.7
56	-7.55	134.2	-7.88	123.8
58	-7.72	142.7	-8.07	130.9
60	-7.88	152.7	-8.24	138.9
62	-8.04	164.7	-8.40	148.3
64	-8.18	179.3	-8.55	159.2
66	-8.32	197.8	-8.69	172.2
68	-8.44	222.3	-8.83	187.8
70	-8.56	258.5	-8.95	207.0
72	-8.66	360.0	-9.05	231.0
74	-8.76		-9.15	262.3
76	-8.84		-9.24	304.7
78	-8.91		-9.31	367.0
80	-8.97		-9.38	474.1
82	-9.02		-9.43	
84	-9.06		-9.47	
86	-9.09		-9.50	
88	-9.11		-9.52	
90	-9.11		-9.52	

Lat = geographical latitude of the observer
Dec = declination of the Sun when happen the shortest twilight. From the declination we can resume the day of the year
Min = duration of the twilight
Dec1 e Min 1 = same values but in the general problem

MAXIMA DURATION OF THE TWILIGHTS

Civil twilight :
for latitudes between 0° and 60°34' longest civil twilight occurs on the day of summer solstice
for latitudes between 60°34' and 87° the day of the longest civil twilight is when the solar declination is 84°-latitude
for latitudes between 87° and 90° there is no proper civil twilight.

Astronomical twilight :
for latitudes between 0° and 48°34' longest astronomical twilight occurs on the day of summer solstice
for latitudes between 48°34' and 81° the day of the longest astronomical twilight is when the solar declination is 72°-latitude
for latitudes between 81° and 90° there is no proper astronomical twilight.

Problema ristretto: si suppone che l'ora del sorgere e del tramonto del Sole si riferiscono all'istante in cui la sua altitudine vera è esattamente zero.
Gli effetti della rifrazione atmosferica e della dimensione del disco solare sono trascurati.

Problema generale : si considera il diametro solare e la rifrazione.

CREPUSCOLO CIVILE : ALTEZZA DEL SOLE -6°

Lat.	Dec.	Min.	Decl.	Minl.	Lat.	Dec.	Min.	Decl.	Minl.
-90	3.00		3.42		-2	0.10	24.0	0.12	20.7
-88	3.00		3.42		0	0.00	24.0	0.00	20.7
-86	3.00		3.41	322.0	2	-0.10	24.0	-0.12	20.7
-84	2.99	360.0	3.40	204.3	4	-0.21	24.1	-0.24	20.7
-82	2.97	194.7	3.39	151.2	6	-0.31	24.1	-0.36	20.8
-80	2.96	148.0	3.37	120.4	8	-0.42	24.2	-0.48	20.9
-78	2.94	120.7	3.35	100.2	10	-0.52	24.4	-0.59	21.0
-76	2.91	102.4	3.32	85.9	12	-0.62	24.5	-0.71	21.1
-74	2.89	89.1	3.29	75.3	14	-0.73	24.7	-0.83	21.3
-72	2.86	79.1	3.25	67.1	16	-0.83	25.0	-0.94	21.5
-70	2.82	71.2	3.21	60.6	18	-0.93	25.2	-1.06	21.7
-68	2.79	64.8	3.17	55.3	20	-1.03	25.5	-1.17	22.0
-66	2.74	59.6	3.12	50.9	22	-1.12	25.9	-1.28	22.3
-64	2.70	55.2	3.07	47.2	24	-1.22	26.3	-1.39	22.6
-62	2.65	51.5	3.02	44.1	26	-1.32	26.7	-1.50	23.0
-60	2.60	48.3	2.96	41.4	28	-1.41	27.2	-1.60	23.4
-58	2.55	45.5	2.90	39.0	30	-1.50	27.7	-1.71	23.9
-56	2.49	43.1	2.83	37.0	32	-1.59	28.3	-1.81	24.4
-54	2.43	41.0	2.77	35.2	34	-1.68	29.0	-1.91	24.9
-52	2.37	39.1	2.69	33.6	36	-1.77	29.7	-2.01	25.5
-50	2.30	37.4	2.62	32.2	38	-1.85	30.5	-2.10	26.2
-48	2.23	35.9	2.54	30.9	40	-1.93	31.4	-2.20	27.0
-46	2.16	34.6	2.46	29.8	42	-2.01	32.3	-2.29	27.8
-44	2.09	33.4	2.38	28.7	44	-2.09	33.4	-2.38	28.7
-42	2.01	32.3	2.29	27.8	46	-2.16	34.6	-2.46	29.8
-40	1.93	31.4	2.20	27.0	48	-2.23	35.9	-2.54	30.9
-38	1.85	30.5	2.10	26.2	50	-2.30	37.4	-2.62	32.2
-36	1.77	29.7	2.01	25.5	52	-2.37	39.1	-2.69	33.6
-34	1.68	29.0	1.91	24.9	54	-2.43	41.0	-2.77	35.2
-32	1.59	28.3	1.81	24.4	56	-2.49	43.1	-2.83	37.0
-30	1.50	27.7	1.71	23.9	58	-2.55	45.5	-2.90	39.0
-28	1.41	27.2	1.60	23.4	60	-2.60	48.3	-2.96	41.4
-26	1.32	26.7	1.50	23.0	62	-2.65	51.5	-3.02	44.1
-24	1.22	26.3	1.39	22.6	64	-2.70	55.2	-3.07	47.2
-22	1.12	25.9	1.28	22.3	66	-2.74	59.6	-3.12	50.9
-20	1.03	25.5	1.17	22.0	68	-2.79	64.8	-3.17	55.3
-18	0.93	25.2	1.06	21.7	70	-2.82	71.2	-3.21	60.6
-16	0.83	25.0	0.94	21.5	72	-2.86	79.1	-3.25	67.1
-14	0.73	24.7	0.83	21.3	74	-2.89	89.1	-3.29	75.3
-12	0.62	24.5	0.71	21.1	76	-2.91	102.4	-3.32	85.9
-10	0.52	24.4	0.59	21.0	78	-2.94	120.7	-3.35	100.2
-8	0.42	24.2	0.48	20.9	80	-2.96	148.0	-3.37	120.4
-6	0.31	24.1	0.36	20.8	82	-2.97	194.7	-3.39	151.2
-4	0.21	24.1	0.24	20.7	84	-2.99	360.0	-3.40	204.3
					86	-3.00		-3.41	322.0
					88	-3.00		-3.42	
					90	-3.00		-3.42	

CREPUSCOLO NAUTICO : ALTEZZA DEL SOLE -12°

Lat.	Dec.	Min.	Decl.	Minl.
-90	6.03		6.45	
-88	6.03		6.44	
-86	6.02		6.43	
-84	6.00		6.41	548.5
-82	5.97		6.38	354.8
-80	5.94		6.35	272.6
-78	5.90	360.0	6.31	223.2
-76	5.85	237.0	6.26	189.7
-74	5.80	195.9	6.20	165.4
-72	5.74	169.1	6.13	146.8
-70	5.67	149.7	6.06	132.2
-68	5.59	134.8	5.98	120.4
-66	5.51	123.0	5.89	110.7
-64	5.42	113.3	5.79	102.6
-62	5.32	105.1	5.69	95.7
-60	5.22	98.3	5.58	89.8
-58	5.11	92.4	5.46	84.6
-56	5.00	87.3	5.34	80.2
-54	4.88	82.9	5.21	76.2
-52	4.75	78.9	5.08	72.7
-50	4.62	75.5	4.93	69.6
-48	4.48	72.4	4.79	66.9
-46	4.34	69.7	4.63	64.4
-44	4.19	67.2	4.47	62.2
-42	4.03	65.0	4.31	60.2
-40	3.87	63.0	4.14	58.4
-38	3.71	61.2	3.96	56.7
-36	3.54	59.6	3.78	55.3
-34	3.37	58.1	3.60	53.9
-32	3.19	56.8	3.41	52.7
-30	3.01	55.6	3.22	51.6
-28	2.83	54.5	3.02	50.6
-26	2.64	53.5	2.82	49.7
-24	2.45	52.6	2.62	48.9
-22	2.26	51.8	2.41	48.2
-20	2.06	51.1	2.20	47.5
-18	1.86	50.5	1.99	47.0
-16	1.66	50.0	1.77	46.5
-14	1.46	49.5	1.56	46.0
-12	1.25	49.1	1.34	45.7
-10	1.05	48.8	1.12	45.4
-8	0.84	48.5	0.90	45.1
-6	0.63	48.3	0.67	44.9
-4	0.42	48.1	0.45	44.8
-2	0.21	48.0	0.22	44.7
0	0.00	48.0	0.00	44.7
2	-0.21	48.0	-0.22	44.7
4	-0.42	48.1	-0.45	44.8
6	-0.63	48.3	-0.67	44.9
8	-0.84	48.5	-0.90	45.1
10	-1.05	48.8	-1.12	45.4
12	-1.25	49.1	-1.34	45.7
14	-1.46	49.5	-1.56	46.0
16	-1.66	50.0	-1.77	46.5
18	-1.86	50.5	-1.99	47.0
20	-2.06	51.1	-2.20	47.5
22	-2.26	51.8	-2.41	48.2
24	-2.45	52.6	-2.62	48.9
26	-2.64	53.5	-2.82	49.7
28	-2.83	54.5	-3.02	50.6
30	-3.01	55.6	-3.22	51.6
32	-3.19	56.8	-3.41	52.7
34	-3.37	58.1	-3.60	53.9
36	-3.54	59.6	-3.78	55.3
38	-3.71	61.2	-3.96	56.7
40	-3.87	63.0	-4.14	58.4
42	-4.03	65.0	-4.31	60.2
44	-4.19	67.2	-4.47	62.2
46	-4.34	69.7	-4.63	64.4
48	-4.48	72.4	-4.79	66.9
50	-4.62	75.5	-4.93	69.6
52	-4.75	78.9	-5.08	72.7
54	-4.88	82.9	-5.21	76.2
56	-5.00	87.3	-5.34	80.2
58	-5.11	92.4	-5.46	84.6
60	-5.22	98.3	-5.58	89.8
62	-5.32	105.1	-5.69	95.7
64	-5.42	113.3	-5.79	102.6
66	-5.51	123.0	-5.89	110.7
68	-5.59	134.8	-5.98	120.4
70	-5.67	149.7	-6.06	132.2
72	-5.74	169.1	-6.13	146.8
74	-5.80	195.9	-6.20	165.4
76	-5.85	237.0	-6.26	189.7
78	-5.90	360.0	-6.31	223.2
80	-5.94		-6.35	272.6
82	-5.97		-6.38	354.8
84	-6.00		-6.41	548.5
86	-6.02		-6.43	
88	-6.03		-6.44	
90	-6.03		-6.45	

CREPUSCOLO ASTRONOMICO : ALTEZZA DEL SOLE -18°

Lat.	Dec.	Min.	Dec1.	Min1.
-90	9.11		9.52	
-88	9.11		9.52	
-86	9.09		9.50	
-84	9.06		9.47	
-82	9.02		9.43	
-80	8.97		9.38	474.1
-78	8.91		9.31	367.0
-76	8.84		9.24	304.7
-74	8.76		9.15	262.3
-72	8.66	360.0	9.05	231.0
-70	8.56	258.5	8.95	207.0
-68	8.44	222.3	8.83	187.8
-66	8.32	197.8	8.69	172.2
-64	8.18	179.3	8.55	159.2
-62	8.04	164.7	8.40	148.3
-60	7.88	152.7	8.24	138.9
-58	7.72	142.7	8.07	130.9
-56	7.55	134.2	7.88	123.8
-54	7.36	126.9	7.69	117.7
-52	7.17	120.5	7.49	112.2
-50	6.97	114.9	7.28	107.4
-48	6.76	110.0	7.06	103.1
-46	6.54	105.7	6.84	99.3
-44	6.32	101.8	6.60	95.8
-42	6.08	98.3	6.36	92.7
-40	5.84	95.2	6.11	89.9
-38	5.60	92.4	5.85	87.3
-36	5.34	89.8	5.58	85.0
-34	5.08	87.5	5.31	83.0
-32	4.81	85.5	5.03	81.1
-30	4.54	83.6	4.75	79.4
-28	4.26	81.9	4.46	77.9
-26	3.98	80.4	4.16	76.5
-24	3.69	79.1	3.86	75.2
-22	3.40	77.9	3.55	74.1
-20	3.11	76.8	3.24	73.1
-18	2.81	75.8	2.93	72.2
-16	2.50	75.0	2.61	71.5
-14	2.20	74.3	2.29	70.8
-12	1.89	73.7	1.97	70.2
-10	1.58	73.1	1.65	69.7
-8	1.26	72.7	1.32	69.3
-6	0.95	72.4	0.99	69.0
-4	0.63	72.2	0.66	68.8
-2	0.32	72.0	0.33	68.7
0	0.00	72.0	0.00	68.7
2	-0.32	72.0	-0.33	68.7
4	-0.63	72.2	-0.66	68.8
6	-0.95	72.4	-0.99	69.0
8	-1.26	72.7	-1.32	69.3
10	-1.58	73.1	-1.65	69.7
12	-1.89	73.7	-1.97	70.2
14	-2.20	74.3	-2.29	70.8
16	-2.50	75.0	-2.61	71.5
18	-2.81	75.8	-2.93	72.2
20	-3.11	76.8	-3.24	73.1
22	-3.40	77.9	-3.55	74.1
24	-3.69	79.1	-3.86	75.2
26	-3.98	80.4	-4.16	76.5
28	-4.26	81.9	-4.46	77.9
30	-4.54	83.6	-4.75	79.4
32	-4.81	85.5	-5.03	81.1
34	-5.08	87.5	-5.31	83.0
36	-5.34	89.8	-5.58	85.0
38	-5.60	92.4	-5.85	87.3
40	-5.84	95.2	-6.11	89.9
42	-6.08	98.3	-6.36	92.7
44	-6.32	101.8	-6.60	95.8
46	-6.54	105.7	-6.84	99.3
48	-6.76	110.0	-7.06	103.1
50	-6.97	114.9	-7.28	107.4
52	-7.17	120.5	-7.49	112.2
54	-7.36	126.9	-7.69	117.7
56	-7.55	134.2	-7.88	123.8
58	-7.72	142.7	-8.07	130.9
60	-7.88	152.7	-8.24	138.9
62	-8.04	164.7	-8.40	148.3
64	-8.18	179.3	-8.55	159.2
66	-8.32	197.8	-8.69	172.2
68	-8.44	222.3	-8.83	187.8
70	-8.56	258.5	-8.95	207.0
72	-8.66	360.0	-9.05	231.0
74	-8.76		-9.15	262.3
76	-8.84		-9.24	304.7
78	-8.91		-9.31	367.0
80	-8.97		-9.38	474.1
82	-9.02		-9.43	
84	-9.06		-9.47	
86	-9.09		-9.50	
88	-9.11		-9.52	
90	-9.11		-9.52	

Lat = latitudine geografica dell'osservatore
Dec = declinazione del Sole in cui avviene la durata minima del crepuscolo. Dalla declinazione si può risalire ai giorni dell'anno
Min = durata del crepuscolo
Dec1 e Min 1 = stessi valori nel problema generale

DURATA MASSIMA DEI CREPUSCOLI

Crepuscolo civile :
per latitudini tra 0° e 60°34' il più lungo
crepuscolo civile avviene il giorno del solstizio
d'estate.
per latitudini tra 60°34' e 87° il giorno con il
più lungo crepuscolo civile corrisponde a
declinazione=84-latitudine
per latitudini oltre 87° non vi è un vero e proprio
crepuscolo civile

Crepuscolo astronomico :
per latitudini tra 0° e 48°34' il più lungo
crepuscolo civile avviene il giorno del solstizio
d'estate.
per latitudini tra 48°34' e 81° il giorno con il
più lungo crepuscolo civile corrisponde a
declinazione=72-latitudine
per latitudini oltre 81° non vi è un vero e proprio
crepuscolo civile

THE DURATION OF THE TRUE SOLAR DAY

LA DURATA DEL GIORNO SOLARE VERO

The interval of the time between two consecutive transits of the center of the Sun trough the meridian of a given place is called a true solar day. This interval is not constant but varies between 23h59m39s and 24h0m30s, with the present values of the obliquity of the ecliptic, the eccentricity of the terrestrial orbit and the perigee's longitude. The cause of the variation is the inconstant speed of the Sun along the ecliptic. The lenght of the true solar day is 24 hour only when the variation of the equation of time is zero, and not when the same equation is zero.

Il giorno solare vero è definito come il tempo intercorrente tra due passaggi consecutivi del centro del Sole al meridiano di un dato posto. Questo intervallo non è costante ma varia tra 23h59m39s e 24h0m30s, per lo meno con gli attuali valori di obliquità dell'eclittica, eccentricità orbitale della Terra e longitudine del perigeo del Sole. La causa di questa variabilità è la velocità non costante del Sole lungo l'eclittica. La durata del giorno solare vero è 24 ore non quando l'equazione del tempo è nulla, ma quando lo è la sua variazione.

Day Giorno	Transit Passaggio	Duration Durata
01-jan-09	12:13:39	
02-jan-09	12:14:07	1.000324
03-jan-09	12:14:35	1.000324
04-jan-09	12:15:02	1.000313
05-jan-09	12:15:29	1.000313
06-jan-09	12:15:55	1.000301
07-jan-09	12:16:21	1.000301
08-jan-09	12:16:47	1.000301
09-jan-09	12:17:12	1.000289
10-jan-09	12:17:36	1.000278
11-jan-09	12:18:00	1.000278
12-jan-09	12:18:23	1.000266
13-jan-09	12:18:45	1.000255
14-jan-09	12:19:07	1.000255
15-jan-09	12:19:28	1.000243
16-jan-09	12:19:49	1.000243
17-jan-09	12:20:09	1.000231
18-jan-09	12:20:28	1.000220
19-jan-09	12:20:46	1.000208
20-jan-09	12:21:04	1.000208
21-jan-09	12:21:21	1.000197
22-jan-09	12:21:38	1.000197
23-jan-09	12:21:53	1.000174
24-jan-09	12:22:08	1.000174
25-jan-09	12:22:22	1.000162
26-jan-09	12:22:35	1.000150
27-jan-09	12:22:47	1.000139
28-jan-09	12:22:59	1.000139
29-jan-09	12:23:10	1.000127
30-jan-09	12:23:19	1.000104
31-jan-09	12:23:28	1.000104
01-feb-09	12:23:37	1.000104
02-feb-09	12:23:44	1.000081
03-feb-09	12:23:51	1.000081
04-feb-09	12:23:56	1.000058
05-feb-09	12:24:01	1.000058
06-feb-09	12:24:05	1.000046
07-feb-09	12:24:09	1.000046
08-feb-09	12:24:11	1.000023
09-feb-09	12:24:13	1.000023
10-feb-09	12:24:14	1.000012
11-feb-09	12:24:14	1.000000
12-feb-09	12:24:13	0.999988
13-feb-09	12:24:12	0.999988
14-feb-09	12:24:10	0.999977
15-feb-09	12:24:07	0.999965

Day Giorno	Transit Passaggio	Duration Durata
16-feb-09	12:24:03	0.999954
17-feb-09	12:23:59	0.999954
18-feb-09	12:23:54	0.999942
19-feb-09	12:23:49	0.999942
20-feb-09	12:23:42	0.999919
21-feb-09	12:23:35	0.999919
22-feb-09	12:23:28	0.999919
23-feb-09	12:23:20	0.999907
24-feb-09	12:23:11	0.999896
25-feb-09	12:23:02	0.999896
26-feb-09	12:22:52	0.999884
27-feb-09	12:22:42	0.999884
28-feb-09	12:22:31	0.999873
01-mar-09	12:22:19	0.999861
02-mar-09	12:22:07	0.999861
03-mar-09	12:21:55	0.999861
04-mar-09	12:21:42	0.999850
05-mar-09	12:21:28	0.999838
06-mar-09	12:21:14	0.999838
07-mar-09	12:21:00	0.999838
08-mar-09	12:20:45	0.999826
09-mar-09	12:20:30	0.999826
10-mar-09	12:20:15	0.999826
11-mar-09	12:19:59	0.999815
12-mar-09	12:19:43	0.999815
13-mar-09	12:19:27	0.999815
14-mar-09	12:19:10	0.999803
15-mar-09	12:18:53	0.999803
16-mar-09	12:18:36	0.999803
17-mar-09	12:18:19	0.999803
18-mar-09	12:18:02	0.999803
19-mar-09	12:17:44	0.999792
20-mar-09	12:17:26	0.999792
21-mar-09	12:17:08	0.999792
22-mar-09	12:16:51	0.999803
23-mar-09	12:16:33	0.999792
24-mar-09	12:16:15	0.999792
25-mar-09	12:15:57	0.999792
26-mar-09	12:15:38	0.999780
27-mar-09	12:15:20	0.999792
28-mar-09	12:15:02	0.999792
29-mar-09	12:14:44	0.999792
30-mar-09	12:14:26	0.999792
31-mar-09	12:14:08	0.999792
01-apr-09	12:13:51	0.999803
02-apr-09	12:13:33	0.999792

Day Giorno	Transit Passaggio	Duration Durata
03-apr-09	12:13:15	0.999792
04-apr-09	12:12:58	0.999803
05-apr-09	12:12:40	0.999792
06-apr-09	12:12:23	0.999803
07-apr-09	12:12:06	0.999803
08-apr-09	12:11:50	0.999815
09-apr-09	12:11:33	0.999803
10-apr-09	12:11:17	0.999815
11-apr-09	12:11:01	0.999815
12-apr-09	12:10:45	0.999815
13-apr-09	12:10:30	0.999826
14-apr-09	12:10:15	0.999826
15-apr-09	12:10:00	0.999826
16-apr-09	12:09:46	0.999838
17-apr-09	12:09:32	0.999838
18-apr-09	12:09:19	0.999850
19-apr-09	12:09:05	0.999838
20-apr-09	12:08:53	0.999861
21-apr-09	12:08:41	0.999861
22-apr-09	12:08:29	0.999861
23-apr-09	12:08:18	0.999873
24-apr-09	12:08:07	0.999873
25-apr-09	12:07:57	0.999884
26-apr-09	12:07:47	0.999884
27-apr-09	12:07:37	0.999884
28-apr-09	12:07:29	0.999907
29-apr-09	12:07:20	0.999896
30-apr-09	12:07:12	0.999907
01-may-09	12:07:05	0.999919
02-may-09	12:06:58	0.999919
03-may-09	12:06:52	0.999931
04-may-09	12:06:46	0.999931
05-may-09	12:06:41	0.999942
06-may-09	12:06:36	0.999942
07-may-09	12:06:32	0.999954
08-may-09	12:06:29	0.999965
09-may-09	12:06:26	0.999965
10-may-09	12:06:23	0.999965
11-may-09	12:06:21	0.999977
12-may-09	12:06:20	0.999988
13-may-09	12:06:20	1.000000
14-may-09	12:06:19	0.999988
15-may-09	12:06:20	1.000012
16-may-09	12:06:21	1.000012
17-may-09	12:06:23	1.000023
18-may-09	12:06:25	1.000023

Day Giorno	Transit Passaggio	Duration Durata
19-may-09	12:06:28	1.000035
20-may-09	12:06:31	1.000035
21-may-09	12:06:35	1.000046
22-may-09	12:06:40	1.000058
23-may-09	12:06:45	1.000058
24-may-09	12:06:50	1.000058
25-may-09	12:06:56	1.000069
26-may-09	12:07:03	1.000081
27-may-09	12:07:10	1.000081
28-may-09	12:07:17	1.000081
29-may-09	12:07:25	1.000093
30-may-09	12:07:33	1.000093
31-may-09	12:07:42	1.000104
01-jun-09	12:07:51	1.000104
02-jun-09	12:08:00	1.000104
03-jun-09	12:08:10	1.000116
04-jun-09	12:08:20	1.000116
05-jun-09	12:08:31	1.000127
06-jun-09	12:08:41	1.000116
07-jun-09	12:08:53	1.000139
08-jun-09	12:09:04	1.000127
09-jun-09	12:09:16	1.000139
10-jun-09	12:09:27	1.000127
11-jun-09	12:09:39	1.000139
12-jun-09	12:09:52	1.000150
13-jun-09	12:10:04	1.000139
14-jun-09	12:10:17	1.000150
15-jun-09	12:10:30	1.000150
16-jun-09	12:10:43	1.000150
17-jun-09	12:10:56	1.000150
18-jun-09	12:11:09	1.000150
19-jun-09	12:11:22	1.000150
20-jun-09	12:11:35	1.000150
21-jun-09	12:11:48	1.000150
22-jun-09	12:12:01	1.000150
23-jun-09	12:12:14	1.000150
24-jun-09	12:12:27	1.000150
25-jun-09	12:12:40	1.000150
26-jun-09	12:12:53	1.000150
27-jun-09	12:13:05	1.000139
28-jun-09	12:13:18	1.000150
29-jun-09	12:13:30	1.000139
30-jun-09	12:13:42	1.000139
01-jul-09	12:13:53	1.000127
02-jul-09	12:14:05	1.000139
03-jul-09	12:14:16	1.000127

Day Giorno	Transit Passaggio	Duration Durata
04-jul-09	12:14:27	1.000127
05-jul-09	12:14:37	1.000116
06-jul-09	12:14:47	1.000116
07-jul-09	12:14:57	1.000116
08-jul-09	12:15:06	1.000104
09-jul-09	12:15:15	1.000104
10-jul-09	12:15:23	1.000093
11-jul-09	12:15:31	1.000093
12-jul-09	12:15:39	1.000093
13-jul-09	12:15:46	1.000081
14-jul-09	12:15:53	1.000081
15-jul-09	12:15:59	1.000069
16-jul-09	12:16:05	1.000069
17-jul-09	12:16:10	1.000058
18-jul-09	12:16:15	1.000058
19-jul-09	12:16:19	1.000046
20-jul-09	12:16:22	1.000035
21-jul-09	12:16:25	1.000035
22-jul-09	12:16:28	1.000035
23-jul-09	12:16:30	1.000023
24-jul-09	12:16:31	1.000012
25-jul-09	12:16:32	1.000012
26-jul-09	12:16:32	1.000000
27-jul-09	12:16:32	1.000000
28-jul-09	12:16:31	0.999988
29-jul-09	12:16:29	0.999977
30-jul-09	12:16:26	0.999965
31-jul-09	12:16:24	0.999977
01-aug-09	12:16:20	0.999954
02-aug-09	12:16:16	0.999954
03-aug-09	12:16:11	0.999942
04-aug-09	12:16:05	0.999931
05-aug-09	12:15:59	0.999931
06-aug-09	12:15:53	0.999931
07-aug-09	12:15:45	0.999907
08-aug-09	12:15:38	0.999919
09-aug-09	12:15:29	0.999896
10-aug-09	12:15:20	0.999896
11-aug-09	12:15:11	0.999896
12-aug-09	12:15:01	0.999884
13-aug-09	12:14:50	0.999873
14-aug-09	12:14:39	0.999873
15-aug-09	12:14:27	0.999861
16-aug-09	12:14:15	0.999861
17-aug-09	12:14:02	0.999850
18-aug-09	12:13:49	0.999850

Day Giorno	Transit Passaggio	Duration Durata
19-aug-09	12:13:36	0.999850
20-aug-09	12:13:21	0.999826
21-aug-09	12:13:07	0.999838
22-aug-09	12:12:52	0.999826
23-aug-09	12:12:36	0.999815
24-aug-09	12:12:20	0.999815
25-aug-09	12:12:04	0.999815
26-aug-09	12:11:47	0.999803
27-aug-09	12:11:30	0.999803
28-aug-09	12:11:12	0.999792
29-aug-09	12:10:54	0.999792
30-aug-09	12:10:36	0.999792
31-aug-09	12:10:17	0.999780
01-sep-09	12:09:58	0.999780
02-sep-09	12:09:39	0.999780
03-sep-09	12:09:19	0.999769
04-sep-09	12:08:59	0.999769
05-sep-09	12:08:39	0.999769
06-sep-09	12:08:19	0.999769
07-sep-09	12:07:59	0.999769
08-sep-09	12:07:38	0.999757
09-sep-09	12:07:17	0.999757
10-sep-09	12:06:56	0.999757
11-sep-09	12:06:35	0.999757
12-sep-09	12:06:14	0.999757
13-sep-09	12:05:53	0.999757
14-sep-09	12:05:31	0.999745
15-sep-09	12:05:10	0.999757
16-sep-09	12:04:49	0.999757
17-sep-09	12:04:27	0.999745
18-sep-09	12:04:06	0.999757
19-sep-09	12:03:45	0.999757
20-sep-09	12:03:23	0.999745
21-sep-09	12:03:02	0.999757
22-sep-09	12:02:41	0.999757
23-sep-09	12:02:20	0.999757
24-sep-09	12:01:59	0.999757
25-sep-09	12:01:38	0.999757
26-sep-09	12:01:18	0.999769
27-sep-09	12:00:57	0.999757
28-sep-09	12:00:37	0.999769
29-sep-09	12:00:17	0.999769
30-sep-09	11:59:58	0.999780
01-oct-09	11:59:38	0.999769
02-oct-09	11:59:19	0.999780
03-oct-09	11:59:00	0.999780

Day Giorno	Transit Passaggio	Duration Durata
04-oct-09	11:58:41	0.999780
05-oct-09	11:58:23	0.999792
06-oct-09	11:58:05	0.999792
07-oct-09	11:57:48	0.999803
08-oct-09	11:57:31	0.999803
09-oct-09	11:57:14	0.999803
10-oct-09	11:56:58	0.999815
11-oct-09	11:56:43	0.999826
12-oct-09	11:56:28	0.999826
13-oct-09	11:56:13	0.999826
14-oct-09	11:55:59	0.999838
15-oct-09	11:55:46	0.999850
16-oct-09	11:55:33	0.999850
17-oct-09	11:55:20	0.999850
18-oct-09	11:55:09	0.999873
19-oct-09	11:54:58	0.999873
20-oct-09	11:54:47	0.999873
21-oct-09	11:54:37	0.999884
22-oct-09	11:54:28	0.999896
23-oct-09	11:54:20	0.999907
24-oct-09	11:54:12	0.999907
25-oct-09	11:54:05	0.999919
26-oct-09	11:53:59	0.999931
27-oct-09	11:53:53	0.999931
28-oct-09	11:53:48	0.999942
29-oct-09	11:53:44	0.999954
30-oct-09	11:53:40	0.999954
31-oct-09	11:53:38	0.999977
01-nov-09	11:53:36	0.999977
02-nov-09	11:53:35	0.999988
03-nov-09	11:53:34	0.999988
04-nov-09	11:53:35	1.000012
05-nov-09	11:53:36	1.000012
06-nov-09	11:53:38	1.000023
07-nov-09	11:53:41	1.000035
08-nov-09	11:53:45	1.000046
09-nov-09	11:53:50	1.000058
10-nov-09	11:53:56	1.000069
11-nov-09	11:54:02	1.000069
12-nov-09	11:54:10	1.000093
13-nov-09	11:54:18	1.000093
14-nov-09	11:54:27	1.000104
15-nov-09	11:54:37	1.000116
16-nov-09	11:54:48	1.000127
17-nov-09	11:55:00	1.000139
18-nov-09	11:55:12	1.000139

Day Giorno	Transit Passaggio	Duration Durata
19-nov-09	11:55:25	1.000150
20-nov-09	11:55:39	1.000162
21-nov-09	11:55:54	1.000174
22-nov-09	11:56:10	1.000185
23-nov-09	11:56:27	1.000197
24-nov-09	11:56:44	1.000197
25-nov-09	11:57:02	1.000208
26-nov-09	11:57:20	1.000208
27-nov-09	11:57:40	1.000231
28-nov-09	11:58:00	1.000231
29-nov-09	11:58:21	1.000243
30-nov-09	11:58:42	1.000243
01-dec-09	11:59:04	1.000255
02-dec-09	11:59:27	1.000266
03-dec-09	11:59:51	1.000278
04-dec-09	12:00:15	1.000278
05-dec-09	12:00:39	1.000278
06-dec-09	12:01:04	1.000289
07-dec-09	12:01:30	1.000301
08-dec-09	12:01:56	1.000301
09-dec-09	12:02:23	1.000313
10-dec-09	12:02:50	1.000313
11-dec-09	12:03:17	1.000313
12-dec-09	12:03:45	1.000324
13-dec-09	12:04:14	1.000336
14-dec-09	12:04:42	1.000324
15-dec-09	12:05:11	1.000336
16-dec-09	12:05:40	1.000336
17-dec-09	12:06:10	1.000347
18-dec-09	12:06:39	1.000336
19-dec-09	12:07:09	1.000347
20-dec-09	12:07:39	1.000347
21-dec-09	12:08:09	1.000347
22-dec-09	12:08:39	1.000347
23-dec-09	12:09:08	1.000336
24-dec-09	12:09:38	1.000347
25-dec-09	12:10:08	1.000347
26-dec-09	12:10:38	1.000347
27-dec-09	12:11:07	1.000336
28-dec-09	12:11:36	1.000336
29-dec-09	12:12:06	1.000347
30-dec-09	12:12:34	1.000324
31-dec-09	12:13:03	1.000336

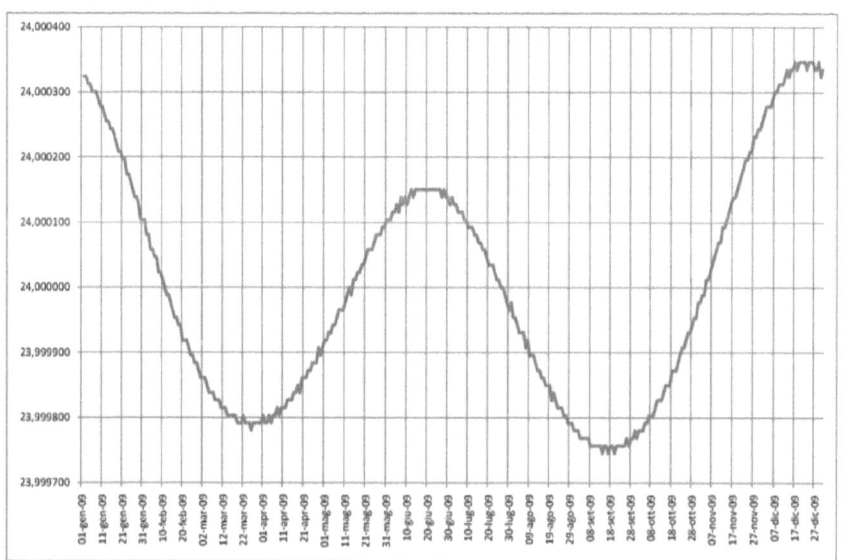

The graph shows the duration of the true solar day during year 2009

Il grafico mostra la durata del giorno solare vero nel corso del 2009

SUNSHINE
ILLUMINAZIONE SOLARE

The table shows the duration of sunshine for several geographical latitudes in a year

Sono calcolati i minuti di illuminazione solare in un anno alle varie latitudini

Lat	RSP	NRP	NRNP
00	265331	262792	262800
05	265450	262895	262904
10	265585	263006	263013
15	265752	263116	263122
20	265951	263232	263241
25	266187	263355	263361
30	266469	263490	263501
35	266816	263643	263653
40	267247	263817	263828
45	267798	264025	264034
50	268529	264274	264287
55	269564	264602	264615
60	271217	265056	265072
65	275133	265818	265843
70	275489	267134	267157
75	274749	267763	267782
80	274578	268110	268128
85	274517	268367	268384
90	274529	268408	268426

Lat : latitude north
RSP : taking into account the atmospheric refraction, the semidiameter of the Sun and the solar parallax. (blue curve in the image)
NRP : geometric for Sun's center, without refraction, with parallax (red curve in the image, pratically the same of green curve)
NRNP : same but without parallax (green curve in the image)

Lat : latitudine nord
RSP : è stata presa in considerazione la rifrazione atmosferica, il semidiametro del Sole e la parallasse solare. (In blu nel grafico)
NRP : è stato considerato il solgere geometrico del centro del Sole e la parallasse (praticamente coincidente con la curva verde del grafico)
NRNP : idem ma senza parallasse (in verde nel grafico)

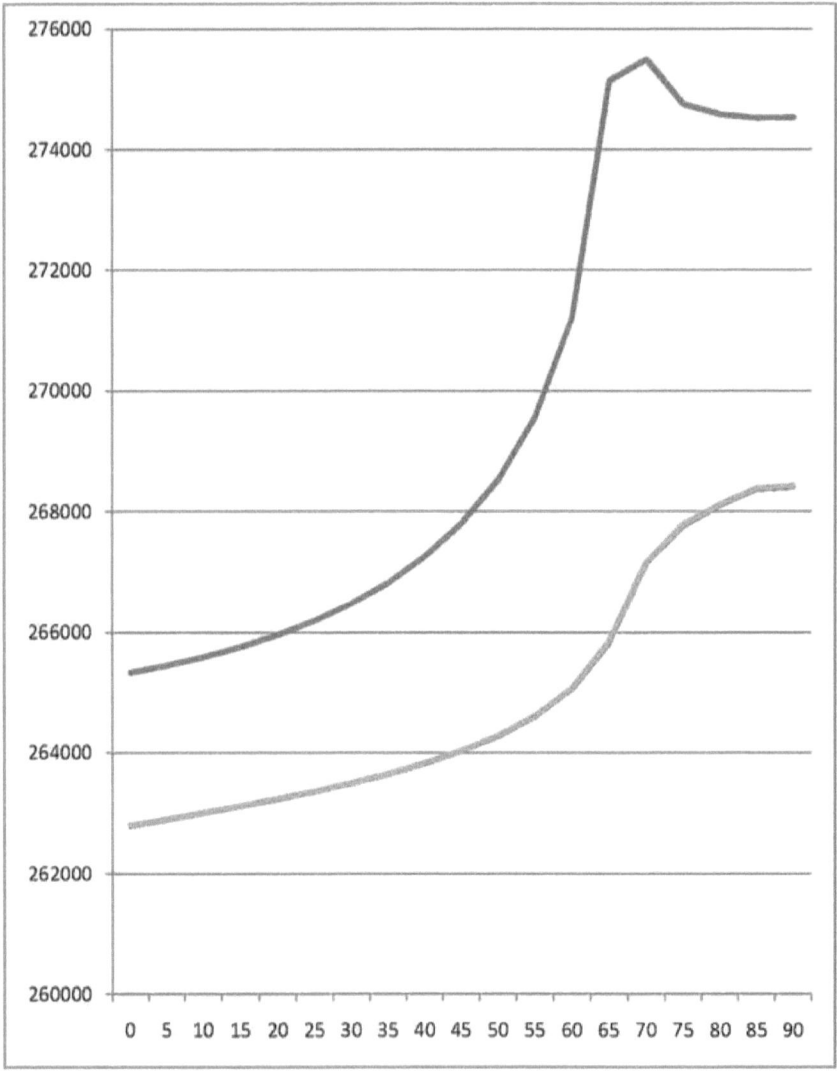

EXTREME DECLINATIONS OF SUN, MOON AND PLANETS 1900-2100

ESTREME DECLINAZIONI DI SOLE, LUNA E PIANETI 1900-2100

SUN (over +/-23°)
SOLE (oltre +/-23°)

Date	TDT	Dec. °
1900/06/21	21:33:57	23.45137
1900/12/22	06:35:34	-23.45068
1901/06/22	03:29:27	23.45028
1901/12/22	12:43:33	-23.45009
1902/06/22	09:17:27	23.44982
1902/12/22	18:29:16	-23.44949
1903/06/22	14:59:38	23.44917
1903/12/23	00:25:07	-23.44885
1904/06/21	20:58:38	23.44903
1904/12/22	06:12:28	-23.44910
1905/06/22	02:44:04	23.44903
1905/12/22	12:02:04	-23.44905
1906/06/22	08:47:35	23.44935
1906/12/22	17:57:00	-23.44992
1907/06/22	14:19:31	23.45028
1907/12/22	23:45:11	-23.45043
1908/06/21	20:18:57	23.45078
1908/12/22	05:40:39	-23.45121
1909/06/22	02:09:22	23.45180
1909/12/22	11:14:00	-23.45208
1910/06/22	07:42:41	23.45206
1910/12/22	17:15:29	-23.45231
1911/06/22	13:43:45	23.45268
1911/12/22	22:53:59	-23.45285
1912/06/21	19:10:04	23.45293
1912/12/22	04:41:12	-23.45277
1913/06/22	01:13:51	23.45273
1913/12/22	10:40:36	-23.45288
1914/06/22	06:54:14	23.45279
1914/12/22	16:15:57	-23.45236
1915/06/22	12:26:42	23.45198
1915/12/22	22:22:03	-23.45162
1916/06/21	18:29:49	23.45148
1916/12/22	03:54:23	-23.45096
1917/06/21	23:58:58	23.45033
1917/12/22	09:47:16	-23.44980
1918/06/22	06:07:22	23.44931
1918/12/22	15:43:41	-23.44910
1919/06/22	11:48:14	23.44866
1919/12/22	21:22:36	-23.44784
1920/06/21	17:43:11	23.44749
1920/12/22	03:24:25	-23.44731
1921/06/21	23:37:16	23.44707
1921/12/22	09:00:57	-23.44677
1922/06/22	05:22:33	23.44648
1922/12/22	15:02:25	-23.44640
1923/06/22	11:09:51	23.44662
1923/12/22	20:50:56	-23.44679
1924/06/21	16:51:36	23.44685
1924/12/22	02:44:41	-23.44692

SUN (over +/-23°)
SOLE (oltre +/-23°)

1925/06/21	22:56:37	23.44729
1925/12/22	08:40:18	-23.44793
1926/06/22	04:26:42	23.44816
1926/12/22	14:27:59	-23.44826
1927/06/22	10:23:07	23.44864
1927/12/22	20:26:00	-23.44892
1928/06/21	16:09:55	23.44947
1928/12/22	01:58:02	-23.44974
1929/06/21	21:55:12	23.44971
1929/12/22	07:56:56	-23.45001
1930/06/22	04:00:26	23.45035
1930/12/22	13:38:59	-23.45057
1931/06/22	09:20:46	23.45061
1931/12/22	19:26:59	-23.45038
1932/06/21	15:28:04	23.45039
1932/12/22	01:20:02	-23.45043
1933/06/21	21:10:14	23.45023
1933/12/22	06:51:03	-23.44980
1934/06/22	02:46:31	23.44924
1934/12/22	12:56:31	-23.44892
1935/06/22	08:43:28	23.44873
1935/12/22	18:32:51	-23.44811
1936/06/21	14:14:46	23.44748
1936/12/22	00:28:57	-23.44697
1937/06/21	20:19:44	23.44653
1937/12/22	06:22:58	-23.44631
1938/06/22	01:58:06	23.44586
1938/12/22	12:09:34	-23.44510
1939/06/22	07:43:12	23.44482
1939/12/22	18:12:38	-23.44464
1940/06/21	13:36:34	23.44453
1940/12/21	23:48:05	-23.44425
1941/06/21	19:30:04	23.44403
1941/12/22	05:50:12	-23.44415
1942/06/22	01:23:10	23.44429
1942/12/22	11:36:37	-23.44452
1943/06/22	07:04:46	23.44464
1943/12/22	17:29:35	-23.44464
1944/06/21	13:09:51	23.44505
1944/12/21	23:18:43	-23.44565
1945/06/21	18:48:03	23.44588
1945/12/22	04:58:10	-23.44602
1946/06/22	00:45:34	23.44635
1946/12/22	11:00:18	-23.44680
1947/06/22	06:21:20	23.44730
1947/12/22	16:36:42	-23.44758
1948/06/21	12:05:09	23.44762
1948/12/21	22:37:53	-23.44789
1949/06/21	18:09:56	23.44821
1949/12/22	04:21:19	-23.44841
1950/06/21	23:29:27	23.44824
1950/12/22	10:12:26	-23.44791

SUN (over +/-23°)
SOLE (oltre +/-23°)

1951/06/22	05:31:44	23.44788
1951/12/22	16:05:46	-23.44770
1952/06/21	11:10:04	23.44742
1952/12/21	21:37:00	-23.44695
1953/06/21	16:59:32	23.44638
1953/12/22	03:38:40	-23.44611
1954/06/21	22:59:08	23.44587
1954/12/22	09:19:18	-23.44531
1955/06/22	04:24:21	23.44467
1955/12/22	15:13:29	-23.44417
1956/06/21	10:31:21	23.44382
1956/12/21	21:00:27	-23.44356
1957/06/21	16:14:48	23.44309
1957/12/22	02:45:21	-23.44248
1958/06/21	22:01:22	23.44211
1958/12/22	08:45:59	-23.44210
1959/06/22	03:49:23	23.44202
1959/12/22	14:28:15	-23.44172
1960/06/21	09:40:13	23.44155
1960/12/21	20:32:59	-23.44178
1961/06/21	15:36:25	23.44199
1961/12/22	02:15:31	-23.44221
1962/06/21	21:16:54	23.44235
1962/12/22	08:16:44	-23.44243
1963/06/22	03:12:15	23.44288
1963/12/22	14:05:10	-23.44343
1964/06/21	08:51:38	23.44376
1964/12/21	19:44:18	-23.44390
1965/06/21	14:57:35	23.44425
1965/12/22	01:47:08	-23.44481
1966/06/21	20:35:55	23.44516
1966/12/22	07:22:26	-23.44541
1967/06/22	02:18:29	23.44542
1967/12/22	13:21:48	-23.44549
1968/06/21	08:20:33	23.44575
1968/12/21	18:58:06	-23.44585
1969/06/21	13:48:51	23.44558
1969/12/22	00:43:36	-23.44522
1970/06/21	19:50:01	23.44513
1970/12/22	06:40:13	-23.44506
1971/06/22	01:15:53	23.44472
1971/12/22	12:17:49	-23.44423
1972/06/21	07:06:39	23.44373
1972/12/21	18:20:43	-23.44347
1973/06/21	13:05:05	23.44321
1973/12/22	00:02:25	-23.44267
1974/06/21	18:31:30	23.44194
1974/12/22	05:59:55	-23.44141
1975/06/22	00:35:03	23.44111
1975/12/22	11:46:45	-23.44069
1976/06/21	06:18:30	23.44024
1976/12/21	17:32:54	-23.43972

SUN (over +/-23°)
SOLE (oltre +/-23°)

1977/06/21	12:18:42	23.43940
1977/12/21	23:28:58	-23.43951
1978/06/21	18:08:46	23.43945
1978/12/22	05:15:07	-23.43926
1979/06/21	23:55:01	23.43917
1979/12/22	11:17:04	-23.43941
1980/06/21	05:52:34	23.43978
1980/12/21	16:51:37	-23.43997
1981/06/21	11:38:09	23.44011
1981/12/21	22:53:20	-23.44036
1982/06/21	17:32:13	23.44072
1982/12/22	04:41:06	-23.44134
1983/06/21	23:03:16	23.44167
1983/12/22	10:25:45	-23.44171
1984/06/21	05:05:42	23.44210
1984/12/21	16:30:23	-23.44262
1985/06/21	10:46:28	23.44288
1985/12/21	22:02:11	-23.44304
1986/06/21	16:26:23	23.44303
1986/12/22	04:07:59	-23.44305
1987/06/21	22:17:43	23.44328
1987/12/22	09:43:36	-23.44324
1988/06/21	03:50:05	23.44307
1988/12/21	15:28:31	-23.44267
1989/06/21	10:00:20	23.44255
1989/12/21	21:25:39	-23.44259
1990/06/21	15:28:55	23.44211
1990/12/22	03:01:57	-23.44158
1991/06/21	21:21:04	23.44108
1991/12/22	09:02:27	-23.44065
1992/06/21	03:18:22	23.44036
1992/12/21	14:37:53	-23.43974
1993/06/21	08:54:40	23.43898
1993/12/21	20:30:56	-23.43853
1994/06/21	14:56:38	23.43824
1994/12/22	02:23:11	-23.43794
1995/06/21	20:28:03	23.43753
1995/12/22	08:14:58	-23.43709
1996/06/21	02:29:06	23.43699
1996/12/21	14:11:15	-23.43711
1997/06/21	08:18:44	23.43711
1997/12/21	20:01:46	-23.43700
1998/06/21	14:02:35	23.43691
1998/12/22	02:04:13	-23.43713
1999/06/21	19:54:25	23.43760
1999/12/22	07:39:19	-23.43764
2000/06/21	01:41:57	23.43786
2000/12/21	13:41:23	-23.43814
2001/06/21	07:46:57	23.43850
2001/12/21	19:23:28	-23.43915
2002/06/21	13:18:33	23.43947
2002/12/22	01:10:47	-23.43951

SUN (over +/-23°)
SOLE (oltre +/-23°)

2003/06/21	19:14:59	23.43990
2003/12/22	07:11:28	-23.44033
2004/06/21	00:58:04	23.44069
2004/12/21	12:35:52	-23.44070
2005/06/21	06:43:09	23.44066
2005/12/21	18:41:18	-23.44079
2006/06/21	12:33:02	23.44090
2006/12/22	00:19:45	-23.44083
2007/06/21	18:00:19	23.44061
2007/12/22	06:09:38	-23.44012
2008/06/21	00:07:23	23.43996
2008/12/21	12:07:06	-23.43992
2009/06/21	05:41:40	23.43935
2009/12/21	17:42:47	-23.43871
2010/06/21	11:31:50	23.43822
2010/12/21	23:46:56	-23.43772
2011/06/21	17:19:30	23.43745
2011/12/22	05:23:59	-23.43679
2012/06/20	23:04:16	23.43618
2012/12/21	11:17:12	-23.43578
2013/06/21	05:12:37	23.43557
2013/12/21	17:10:29	-23.43541
2014/06/21	10:44:48	23.43498
2014/12/21	23:02:14	-23.43459
2015/06/21	16:44:37	23.43458
2015/12/22	04:53:46	-23.43460
2016/06/20	22:32:57	23.43463
2016/12/21	10:39:38	-23.43454
2017/06/21	04:24:50	23.43445
2017/12/21	16:35:46	-23.43478
2018/06/21	10:12:00	23.43529
2018/12/21	22:17:46	-23.43541
2019/06/21	15:48:38	23.43565
2019/12/22	04:23:49	-23.43600
2020/06/20	21:52:18	23.43651
2020/12/21	10:03:03	-23.43714
2021/06/21	03:25:57	23.43741
2021/12/21	15:56:44	-23.43747
2022/06/21	09:19:44	23.43780
2022/12/21	21:55:50	-23.43815
2023/06/21	14:58:20	23.43847
2023/12/22	03:21:51	-23.43830
2024/06/20	20:49:21	23.43824
2024/12/21	09:27:47	-23.43840
2025/06/21	02:49:28	23.43835
2025/12/21	15:00:26	-23.43824
2026/06/21	08:18:37	23.43794
2026/12/21	20:52:36	-23.43742
2027/06/21	14:18:53	23.43723
2027/12/22	02:44:54	-23.43707
2028/06/20	19:57:43	23.43657
2028/12/21	08:16:01	-23.43589

SUN (over +/-23°)
SOLE (oltre +/-23°)

2029/06/21	01:51:52	23.43540
2029/12/21	14:21:52	-23.43506
2030/06/21	07:33:20	23.43472
2030/12/21	20:03:30	-23.43413
2031/06/21	13:13:21	23.43357
2031/12/22	02:02:13	-23.43315
2032/06/20	19:17:15	23.43297
2032/12/21	07:54:44	-23.43284
2033/06/21	00:54:44	23.43235
2033/12/21	13:46:25	-23.43197
2034/06/21	06:52:01	23.43203
2034/12/21	19:39:21	-23.43204
2035/06/21	12:30:35	23.43213
2035/12/22	01:26:10	-23.43205
2036/06/20	18:33:10	23.43219
2036/12/21	07:20:15	-23.43264
2037/06/21	00:26:29	23.43314
2037/12/21	13:02:32	-23.43343
2038/06/21	06:04:28	23.43360
2038/12/21	19:07:24	-23.43398
2039/06/21	12:05:53	23.43448
2039/12/22	00:41:00	-23.43495
2040/06/20	17:40:45	23.43518
2040/12/21	06:31:29	-23.43524
2041/06/20	23:42:33	23.43541
2041/12/21	12:25:20	-23.43579
2042/06/21	05:15:17	23.43602
2042/12/21	17:58:14	-23.43586
2043/06/21	10:57:15	23.43572
2043/12/22	00:08:47	-23.43590
2044/06/20	16:57:33	23.43590
2044/12/21	05:39:52	-23.43571
2045/06/20	22:27:46	23.43533
2045/12/21	11:38:11	-23.43487
2046/06/21	04:23:26	23.43461
2046/12/21	17:31:02	-23.43436
2047/06/21	09:58:43	23.43383
2047/12/21	23:04:30	-23.43306
2048/06/20	15:58:08	23.43261
2048/12/21	05:09:42	-23.43234
2049/06/20	21:48:53	23.43188
2049/12/21	10:46:32	-23.43134
2050/06/21	03:30:31	23.43077
2050/12/21	16:45:56	-23.43037
2051/06/21	09:26:21	23.43020
2051/12/21	22:32:05	-23.43006
2052/06/20	15:09:57	23.42974
2052/12/21	04:18:23	-23.42943
2053/06/20	21:12:32	23.42955
2053/12/21	10:14:36	-23.42981
2054/06/21	02:43:56	23.42988
2054/12/21	16:05:35	-23.42992

SUN (over +/-23°)
SOLE (oltre +/-23°)

2055/06/21	08:42:05	23.43012
2055/12/21	22:03:57	-23.43057
2056/06/20	14:32:44	23.43105
2056/12/21	03:46:54	-23.43133
2057/06/20	20:15:11	23.43139
2057/12/21	09:48:58	-23.43174
2058/06/21	02:13:06	23.43225
2058/12/21	15:25:02	-23.43259
2059/06/21	07:41:39	23.43279
2059/12/21	21:17:35	-23.43284
2060/06/20	13:52:26	23.43312
2060/12/21	03:07:15	-23.43350
2061/06/20	19:30:42	23.43368
2061/12/21	08:43:29	-23.43362
2062/06/21	01:12:01	23.43338
2062/12/21	14:51:13	-23.43349
2063/06/21	07:08:04	23.43343
2063/12/21	20:17:34	-23.43306
2064/06/20	12:40:34	23.43263
2064/12/21	02:13:19	-23.43215
2065/06/20	18:42:30	23.43177
2065/12/21	08:03:36	-23.43154
2066/06/21	00:11:50	23.43096
2066/12/21	13:43:39	-23.43019
2067/06/21	06:01:08	23.42973
2067/12/21	19:50:45	-23.42950
2068/06/20	11:55:23	23.42914
2068/12/21	01:27:37	-23.42856
2069/06/20	17:39:57	23.42805
2069/12/21	07:29:53	-23.42779
2070/06/20	23:30:17	23.42766
2070/12/21	13:17:00	-23.42748
2071/06/21	05:15:25	23.42728
2071/12/21	19:06:53	-23.42698
2072/06/20	11:23:16	23.42718
2072/12/21	01:00:22	-23.42753
2073/06/20	17:03:36	23.42752
2073/12/21	06:47:23	-23.42762
2074/06/20	23:02:43	23.42786
2074/12/21	12:44:23	-23.42827
2075/06/21	04:44:45	23.42876
2075/12/21	18:22:35	-23.42898
2076/06/20	10:33:27	23.42915
2076/12/21	00:11:53	-23.42955
2077/06/20	16:32:39	23.43006
2077/12/21	06:00:48	-23.43053
2078/06/20	21:52:43	23.43068
2078/12/21	11:58:53	-23.43074
2079/06/21	03:56:49	23.43106
2079/12/21	17:50:04	-23.43131
2080/06/20	09:33:00	23.43139
2080/12/20	23:29:13	-23.43125

SUN (over +/-23°)
SOLE (oltre +/-23°)

2081/06/20	15:19:09	23.43084
2081/12/21	05:32:12	-23.43083
2082/06/20	21:09:26	23.43076
2082/12/21	11:00:57	-23.43017
2083/06/21	02:39:40	23.42977
2083/12/21	16:59:20	-23.42925
2084/06/20	08:51:12	23.42898
2084/12/20	22:43:41	-23.42876
2085/06/20	14:28:03	23.42815
2085/12/21	04:27:43	-23.42752
2086/06/20	20:16:25	23.42705
2086/12/21	10:30:58	-23.42681
2087/06/21	02:07:59	23.42649
2087/12/21	16:04:51	-23.42581
2088/06/20	07:57:01	23.42535
2088/12/20	22:05:08	-23.42520
2089/06/20	13:51:02	23.42501
2089/12/21	03:50:11	-23.42490
2090/06/20	19:31:49	23.42477
2090/12/21	09:48:16	-23.42452
2091/06/21	01:28:51	23.42480
2091/12/21	15:42:36	-23.42519
2092/06/20	07:11:23	23.42529
2092/12/20	21:29:52	-23.42540
2093/06/20	13:13:00	23.42569
2093/12/21	03:30:33	-23.42618
2094/06/20	18:46:22	23.42670
2094/12/21	09:09:02	-23.42685
2095/06/21	00:36:30	23.42716
2095/12/21	15:09:03	-23.42747
2096/06/20	06:41:04	23.42798
2096/12/20	20:46:54	-23.42843
2097/06/20	12:09:14	23.42839
2097/12/21	02:40:14	-23.42841
2098/06/20	18:12:12	23.42868
2098/12/21	08:27:16	-23.42877
2099/06/20	23:41:13	23.42874
2099/12/21	14:02:04	-23.42849

MERCURY (over +/-23°)
MERCURIO (oltre +/-23°)

1900/01/15	15:57:03	-23.86085
1900/06/10	23:51:48	25.34433
1900/11/06	15:22:41	-23.88487
1901/01/07	09:52:11	-24.44196
1901/06/02	02:32:06	25.60978
1901/12/30	03:44:06	-24.89978
1902/05/24	09:01:42	25.57995
1902/12/21	22:00:02	-25.27950
1903/05/13	20:00:22	24.62594
1903/07/16	18:53:44	23.36743

MERCURY (over +/-23°)
MERCURIO (oltre +/-23°)

```
1903/12/13 17:48:52  -25.59526
1904/07/06 00:59:16   24.11966
1904/12/04 15:14:50  -25.81793
1905/06/26 09:37:54   24.68245
1905/11/26 01:38:27  -25.78516
1906/01/21 01:43:05  -23.42666
1906/06/16 22:44:15   25.12842
1906/11/15 00:56:36  -24.97717
1907/01/12 19:06:31  -24.12122
1907/06/07 19:37:19   25.47416
1908/01/04 13:05:58  -24.64436
1908/05/29 02:00:06   25.65563
1908/12/26 06:58:00  -25.06742
1909/05/19 23:21:53   25.35482
1909/12/18 01:44:39  -25.42226
1910/05/07 21:13:53   23.69959
1910/07/12 06:51:01   23.71444
1910/12/09 22:28:57  -25.70824
1911/07/02 13:56:08   24.37489
1911/12/01 18:37:20  -25.85983
1912/06/22 00:03:41   24.88371
1912/11/21 11:00:06  -25.59109
1913/01/17 04:11:42  -23.74678
1913/06/12 16:00:52   25.28914
1913/11/09 01:53:44  -24.24835
1914/01/08 22:08:11  -24.35637
1914/06/03 17:05:47   25.58199
1914/12/31 16:05:25  -24.83111
1915/05/26 00:36:01   25.62734
1915/12/23 10:16:17  -25.22282
1916/05/14 23:33:56   24.89166
1916/07/17 13:39:39   23.21516
1916/12/14 05:47:31  -25.55042
1917/07/07 19:16:56   24.01069
1917/12/06 03:16:56  -25.79481
1918/06/28 03:24:59   24.59758
1918/11/27 17:55:55  -25.82772
1919/01/22 14:17:10  -23.28463
1919/06/18 15:35:37   25.06016
1919/11/17 05:51:00  -25.19636
1920/01/14 07:11:44  -24.01713
1920/06/08 11:03:54   25.42381
1920/11/02 18:05:02  -23.23774
1921/01/05 01:14:19  -24.56095
1921/05/30 16:13:51   25.64339
1921/12/27 19:10:37  -24.99694
1922/05/21 18:26:03   25.46411
1922/12/19 13:50:38  -25.36232
1923/05/10 06:46:11   24.09821
1923/07/14 01:21:12   23.57598
1923/12/11 10:23:51  -25.66262
1924/07/03 08:07:31   24.27066
```

MERCURY (over +/-23°)
MERCURIO (oltre +/-23°)

```
1924/12/02 07:33:21  -25.84829
1925/06/23 17:40:38   24.80108
1925/11/23 08:22:11  -25.68693
1926/01/18 16:38:36  -23.62050
1926/06/14 08:27:36   25.22405
1926/11/11 11:16:32  -24.56407
1927/01/10 10:30:08  -24.26159
1927/06/05 07:57:28   25.54191
1928/01/02 04:26:44  -24.75505
1928/05/26 15:36:47   25.65058
1928/12/23 22:32:24  -25.16023
1929/05/17 00:42:45   25.10504
1929/07/19 08:33:35   23.05039
1929/12/15 17:50:05  -25.50051
1930/07/09 13:38:19   23.89500
1930/12/07 15:14:45  -25.76510
1931/06/29 21:23:00   24.51004
1931/11/29 08:58:06  -25.85405
1932/01/24 03:15:04  -23.13544
1932/06/19 08:45:48   24.99163
1932/11/18 08:51:15  -25.38137
1933/01/14 19:30:47  -23.91256
1933/06/10 02:51:34   25.37395
1933/11/05 06:19:34  -23.66753
1934/01/06 13:32:39  -24.48082
1934/06/01 06:33:00   25.62732
1934/12/29 07:28:22  -24.93177
1935/05/23 11:57:03   25.55023
1935/12/21 01:55:38  -25.30772
1936/05/11 14:17:31   24.44743
1936/07/14 19:51:05   23.43668
1936/12/11 22:11:09  -25.62014
1937/07/05 02:16:19   24.16728
1937/12/03 19:50:14  -25.83273
1938/06/25 11:15:33   24.71872
1938/11/25 03:25:36  -25.75988
1939/01/20 04:57:23  -23.48835
1939/06/16 00:58:12   25.15736
1939/11/13 19:01:46  -24.84209
1940/01/11 22:39:49  -24.16199
1940/06/05 22:55:42   25.49565
1941/01/02 16:41:39  -24.67409
1941/05/28 06:05:40   25.65543
1941/12/25 10:48:04  -25.09185
1942/05/18 23:24:00   25.27220
1942/12/17 05:56:41  -25.44348
1943/05/06 11:40:23   23.42492
1943/07/11 08:02:59   23.76752
1943/12/09 03:08:17  -25.72508
1944/06/30 15:28:47   24.41277
1944/11/29 22:52:27  -25.85999
1945/06/21 02:05:44   24.91423
```

MERCURY (over +/-23°)
MERCURIO (oltre +/-23°)

1945/11/20	09:37:42	-25.52581
1946/01/16	07:47:05	-23.79655
1946/06/11	18:51:13	25.31492
1946/11/07	17:34:23	-24.05055
1947/01/08	01:49:52	-24.39219
1947/06/02	20:58:32	25.59850
1947/12/30	19:51:17	-24.86058
1948/05/24	04:09:54	25.60681
1948/12/21	14:14:06	-25.24952
1949/05/13	19:27:59	24.74160
1949/07/16	14:36:53	23.28924
1949/12/13	10:14:46	-25.57539
1950/07/06	20:34:56	24.06140
1950/12/05	08:05:38	-25.81295
1951/06/27	05:03:25	24.63739
1951/11/26	20:44:55	-25.81518
1952/01/21	17:30:46	-23.35440
1952/06/16	17:49:34	25.09385
1952/11/15	01:09:15	-25.08637
1953/01/12	10:46:49	-24.06490
1953/06/07	14:16:13	25.45174
1954/01/04	04:50:54	-24.59742
1954/05/29	20:23:03	25.65456
1954/12/26	22:56:44	-25.02770
1955/05/20	19:46:39	25.40802
1955/12/18	17:54:19	-25.38932
1956/05/07	22:36:03	23.86397
1956/07/12	02:26:36	23.63732
1956/12/09	14:52:01	-25.68476
1957/07/02	09:31:14	24.31365
1957/12/01	11:57:49	-25.85619
1958/06/22	19:26:12	24.83391
1958/11/22	08:15:36	-25.63950
1959/01/17	20:03:32	-23.67381
1959/06/13	11:00:38	25.25076
1959/11/10	03:44:18	-24.39150
1960/01/09	14:02:32	-24.29755
1960/06/03	11:38:37	25.55939
1960/12/31	08:08:14	-24.78278
1961/05/25	19:32:57	25.63753
1961/12/23	02:27:50	-25.18357
1962/05/15	22:17:03	24.98163
1962/07/18	09:22:19	23.12533
1962/12/14	22:11:15	-25.52132
1963/07/08	14:53:23	23.94331
1963/12/06	20:00:51	-25.78035
1964/06/27	22:58:50	24.54627
1964/11/27	12:27:11	-25.84504
1965/01/22	06:19:35	-23.20587
1965/06/18	10:55:20	25.02186
1965/11/17	05:22:54	-25.28712
1966/01/13	23:09:10	-23.95897

MERCURY (over +/-23°)
MERCURIO (oltre +/-23°)

1966/06/09	05:54:46	25.39932
1966/11/03	20:53:14	-23.43130
1967/01/05	17:18:06	-24.51587
1967/05/31	10:42:53	25.64022
1967/12/28	11:20:03	-24.96154
1968/05/21	14:25:32	25.50910
1968/12/19	06:04:29	-25.33528
1969/05/10	07:35:35	24.24567
1969/07/13	20:56:18	23.50397
1969/12/11	02:42:12	-25.64497
1970/07/04	03:38:11	24.21545
1970/12/03	00:29:23	-25.84790
1971/06/24	12:58:04	24.75702
1971/11/24	04:37:24	-25.73105
1972/01/19	08:16:03	-23.55078
1972/06/14	03:26:00	25.19026
1972/11/11	12:28:57	-24.69800
1973/01/10	02:09:28	-24.20554
1973/06/05	02:27:18	25.52103
1974/01/01	20:20:42	-24.70826
1974/05/27	10:07:44	25.65625
1974/12/24	14:38:44	-25.12044
1975/05/17	22:28:35	25.18021
1975/12/16	10:06:33	-25.46818
1976/05/04	01:17:43	23.13257
1976/07/09	09:13:13	23.82143
1976/12/07	07:47:59	-25.74426
1977/06/29	16:56:53	24.45125
1977/11/29	02:51:34	-25.85879
1978/01/23	19:14:39	-23.04591
1978/06/20	04:05:08	24.94462
1978/11/19	07:29:45	-25.45078
1979/01/15	11:19:21	-23.84404
1979/06/10	21:42:20	25.33924
1979/11/06	08:47:39	-23.83771
1980/01/07	05:30:08	-24.42559
1980/06/01	01:00:23	25.61164
1980/12/28	23:35:21	-24.88670
1981/05/23	07:22:35	25.57613
1981/12/20	18:15:10	-25.27236
1982/05/12	14:17:39	24.56928
1982/07/15	15:34:29	23.35551
1982/12/12	14:41:34	-25.59570
1983/07/05	21:57:16	24.10669
1983/12/04	12:51:16	-25.82598
1984/06/25	06:49:32	24.67266
1984/11/24	23:06:03	-25.79349
1985/01/19	20:51:32	-23.41787
1985/06/15	20:14:16	25.12415
1985/11/13	19:44:52	-24.96047
1986/01/11	14:27:51	-24.10872
1986/06/06	17:40:03	25.47675

MERCURY (over +/-23°)
MERCURIO (oltre +/-23°)

1987/01/03 08:38:10 -24.63215
1987/05/29 00:32:59 25.66124
1987/12/26 02:51:07 -25.05811
1988/05/18 20:23:49 25.33916
1988/12/16 22:04:46 -25.41735
1989/05/06 13:32:57 23.60695
1989/07/11 03:35:40 23.69871
1989/12/08 19:33:08 -25.70936
1990/07/01 10:55:33 24.35855
1990/11/30 16:22:27 -25.86540
1991/06/21 21:20:23 24.87078
1991/11/21 07:25:27 -25.58713
1992/01/16 23:31:26 -23.72975
1992/06/11 13:43:24 25.28171
1992/11/07 19:38:45 -24.20853
1993/01/07 17:39:15 -24.33753
1993/06/02 15:27:35 25.58046
1993/12/30 11:47:21 -24.81386
1994/05/24 23:13:22 25.62303
1994/12/22 06:19:58 -25.20995
1995/05/14 18:43:39 24.84378
1995/07/17 10:11:44 23.19862
1995/12/14 02:29:06 -25.54421
1996/07/06 16:10:58 23.99159
1996/12/05 00:42:30 -25.79589
1997/06/27 00:35:47 24.58172
1997/11/26 15:33:09 -25.83146
1998/01/21 09:26:53 -23.27206
1998/06/17 13:02:37 25.05006
1998/11/16 01:04:50 -25.17988
1999/01/13 02:44:29 -24.00137
1999/06/08 09:00:47 25.42178
1999/11/02 11:05:26 -23.17923
2000/01/04 20:57:47 -24.54653
2000/05/29 14:51:18 25.64724
2000/12/26 15:12:15 -24.98712
2001/05/20 16:13:44 25.45409
2001/12/18 10:16:22 -25.35849
2002/05/08 23:53:24 24.01896
2002/07/12 22:06:00 23.56437
2002/12/10 07:24:08 -25.66595
2003/07/03 05:05:48 24.25866
2003/12/02 05:12:32 -25.85795
2004/06/22 14:53:00 24.79259
2004/11/22 05:05:55 -25.69159
2005/01/17 11:46:32 -23.60908
2005/06/13 06:04:31 25.22138
2005/11/10 05:18:35 -24.53738
2006/01/09 05:50:54 -24.24748
2006/06/04 06:07:59 25.54504
2007/01/01 00:04:55 -24.74224
2007/05/26 14:11:58 25.65342

MERCURY (over +/-23°)
MERCURIO (oltre +/-23°)

2007/12/23 18:32:09 -25.15062
2008/05/15 20:35:32 25.07288
2008/07/18 05:00:19 23.03831
2008/12/14 14:25:48 -25.49620
2009/07/08 10:27:10 23.87761
2009/12/06 12:32:30 -25.76669
2010/06/28 18:26:27 24.49355
2010/11/28 06:37:18 -25.85850
2011/01/22 22:11:47 -23.12302
2011/06/19 06:04:21 24.97894
2011/11/18 04:31:43 -25.36935
2012/01/14 14:49:42 -23.89397
2012/06/09 00:39:35 25.36760
2012/11/03 23:36:25 -23.61543
2013/01/05 09:03:19 -24.46147
2013/05/31 05:05:09 25.62674
2013/12/28 03:18:46 -24.91544
2014/05/22 10:03:49 25.54032
2014/12/19 22:15:33 -25.29686
2015/05/11 08:04:28 24.37838
2015/07/14 16:33:53 23.41963
2015/12/11 19:07:16 -25.61628
2016/07/03 23:18:12 24.14995
2016/12/02 17:32:56 -25.83672
2017/06/24 08:32:46 24.70533
2017/11/24 00:42:06 -25.76328
2018/01/19 00:14:01 -23.47547
2018/06/14 22:39:15 25.15114
2018/11/12 13:35:56 -24.81884
2019/01/10 18:06:56 -24.14732
2019/06/05 21:08:37 25.49717
2020/01/02 12:23:37 -24.66205
2020/05/27 04:49:20 25.66049
2020/12/24 06:46:48 -25.08412
2021/05/17 20:07:56 25.25195
2021/12/16 02:24:47 -25.44175
2022/05/05 03:38:52 23.32571
2022/07/10 04:47:22 23.75475
2022/12/08 00:20:12 -25.73022
2023/06/30 12:26:47 24.40060
2023/11/29 20:37:20 -25.86967
2024/06/19 23:21:48 24.90597
2024/11/19 05:49:39 -25.52359
2025/01/15 03:06:19 -23.78377
2025/06/10 16:35:09 25.31241
2025/11/06 11:06:11 -24.01042
2026/01/06 21:20:29 -24.37772
2026/06/01 19:26:29 25.60171
2026/12/29 15:34:41 -24.84740
2027/05/24 02:36:53 25.60430
2027/12/21 10:20:38 -25.23993
2028/05/12 14:06:32 24.68879

MERCURY (over +/-23°)
MERCURIO (oltre +/-23°)

2028/07/15	11:08:06	23.27369
2028/12/12	06:50:43	-25.57088
2029/07/05	17:28:41	24.04302
2029/12/04	05:26:41	-25.81478
2030/06/26	02:10:22	24.62053
2030/11/25	18:09:52	-25.81747
2031/01/20	12:32:55	-23.33851
2031/06/16	15:16:50	25.08213
2031/11/14	20:03:33	-25.06535
2032/01/12	06:09:15	-24.04513
2032/06/06	12:16:02	25.44678
2033/01/03	00:32:47	-24.57915
2033/05/28	19:00:33	25.65388
2033/12/25	18:59:11	-25.01340
2034/05/19	17:11:13	25.38932
2034/12/17	14:24:45	-25.38123
2035/05/07	15:13:37	23.77298
2035/07/11	23:13:19	23.62059
2035/12/09	12:04:40	-25.68479
2036/07/01	06:34:12	24.29822
2036/11/30	09:45:34	-25.86313
2037/06/21	16:48:31	24.82400
2037/11/21	04:52:14	-25.64006
2038/01/16	15:21:39	-23.66160
2038/06/12	08:45:09	25.24788
2038/11/08	21:34:20	-24.35825
2039/01/08	09:35:19	-24.28459
2039/06/03	09:59:07	25.56407
2039/12/31	03:51:36	-24.77189
2040/05/24	18:08:21	25.64107
2040/12/21	22:33:06	-25.17729
2041/05/14	17:39:47	24.94430
2041/07/17	05:53:06	23.11605
2041/12/13	18:48:41	-25.52098
2042/07/07	11:46:35	23.93038
2042/12/05	17:22:59	-25.78684
2043/06/27	20:03:53	24.53432
2043/11/27	10:08:18	-25.85400
2044/01/22	01:16:46	-23.19686
2044/06/17	08:17:43	25.01411
2044/11/16	00:47:18	-25.27705
2045/01/12	18:22:27	-23.94393
2045/06/08	03:48:28	25.39764
2045/11/02	14:00:53	-23.37864
2046/01/04	12:44:42	-24.49997
2046/05/30	09:12:13	25.64278
2046/12/27	07:06:40	-24.94773
2047/05/21	12:13:59	25.49907
2047/12/19	02:17:22	-25.32551
2048/05/09	00:52:57	24.17026
2048/07/12	17:35:36	23.48555
2048/12/09	23:39:34	-25.64148

MERCURY (over +/-23°)
MERCURIO (oltre +/-23°)

2049/07/03	00:36:11	24.19592
2049/12/01	22:11:56	-25.85031
2050/06/23	10:14:37	24.74121
2050/11/23	01:39:15	-25.72970
2051/01/18	03:35:47	-23.53377
2051/06/14	01:05:01	25.18037
2051/11/11	06:45:00	-24.66657
2052/01/09	21:43:31	-24.18667
2052/06/04	00:44:20	25.51858
2052/12/31	16:03:48	-24.69133
2053/05/26	08:57:56	25.65600
2053/12/23	10:40:47	-25.10863
2054/05/16	18:46:58	25.14930
2054/12/15	06:41:38	-25.46357
2055/05/03	16:55:08	23.01819
2055/07/09	06:03:53	23.80617
2055/12/07	05:05:22	-25.74762
2056/06/28	14:02:30	24.43826
2056/11/28	00:39:45	-25.86736
2057/01/22	14:14:05	-23.03936
2057/06/19	01:26:40	24.93677
2057/11/18	03:22:07	-25.44556
2058/01/14	06:43:11	-23.83185
2058/06/09	19:32:26	25.33876
2058/11/05	02:08:32	-23.79336
2059/01/06	01:04:31	-24.41309
2059/05/31	23:28:55	25.61740
2059/12/28	19:27:00	-24.87721
2060/05/22	05:40:27	25.57475
2060/12/19	14:27:22	-25.26738
2061/05/11	08:25:33	24.51083
2061/07/14	12:09:53	23.34414
2061/12/11	11:27:43	-25.59678
2062/07/04	18:48:48	24.09266
2062/12/03	10:21:17	-25.83311
2063/06/25	03:55:30	24.66065
2063/11/24	20:17:35	-25.79920
2064/01/19	15:51:41	-23.40491
2064/06/14	17:42:06	25.11671
2064/11/12	14:19:55	-24.94003
2065/01/10	09:44:33	-24.09146
2065/06/05	15:41:31	25.47506
2066/01/02	04:09:56	-24.61498
2066/05/27	23:13:06	25.66204
2066/12/24	22:44:53	-25.04388
2067/05/18	17:17:45	25.31601
2067/12/16	18:34:05	-25.40853
2068/05/05	05:39:25	23.50675
2068/07/10	00:23:24	23.67928
2068/12/07	16:43:18	-25.70721
2069/06/30	08:00:34	24.34004
2069/11/29	14:09:17	-25.86892

MERCURY (over +/-23°)
MERCURIO (oltre +/-23°)

2070/06/20	18:39:14	24.85649
2070/11/20	03:46:55	-25.58123
2071/01/15	18:52:50	-23.71265
2071/06/11	11:28:18	25.27472
2071/11/07	13:19:23	-24.16659
2072/01/07	13:10:52	-24.31976
2072/06/01	13:53:34	25.58107
2072/12/29	07:36:29	-24.79958
2073/05/23	21:46:00	25.62103
2073/12/21	02:33:00	-25.20107
2074/05/13	13:36:43	24.79502
2074/07/16	06:48:14	23.18679
2074/12/12	23:15:32	-25.54239
2075/07/06	13:07:23	23.97753
2075/12/04	22:15:50	-25.80214
2076/06/25	21:46:56	24.57063
2076/11/25	13:09:53	-25.84049
2077/01/20	04:31:07	-23.26319
2077/06/16	10:36:03	25.04499
2077/11/14	20:15:40	-25.16848
2078/01/11	22:02:22	-23.98871
2078/06/07	07:03:04	25.42364
2078/11/01	04:05:36	-23.12395
2079/01/03	16:29:20	-24.53479
2079/05/29	13:30:59	25.65399
2079/12/26	10:59:10	-24.97819
2080/05/19	13:47:41	25.44465
2080/12/17	06:32:27	-25.35428
2081/05/07	16:45:16	23.93958
2081/07/11	18:43:02	23.54999
2081/12/09	04:20:34	-25.66731
2082/07/02	01:59:29	24.24313
2082/12/01	02:51:53	-25.86438
2083/06/22	12:01:51	24.77955
2083/11/22	01:53:17	-25.69149
2084/01/17	07:01:16	-23.59346
2084/06/12	03:40:00	25.21365
2084/11/08	23:17:32	-24.50433
2085/01/08	01:17:43	-24.22908
2085/06/03	04:27:52	25.54372
2085/12/30	19:46:50	-24.72513
2086/05/25	12:54:21	25.65134
2086/12/22	14:36:24	-25.13743
2087/05/15	16:22:35	25.03380
2087/07/18	01:26:49	23.02293
2087/12/14	10:57:59	-25.48867
2088/07/07	07:19:31	23.85853
2088/12/05	09:50:19	-25.76666
2089/06/27	15:33:37	24.47624
2089/11/27	04:17:39	-25.86248
2090/01/21	17:09:12	-23.11024
2090/06/18	03:31:17	24.96742

MERCURY (over +/-23°)
MERCURIO (oltre +/-23°)

2090/11/17	00:05:34	-25.35720
2091/01/13	10:09:39	-23.87661
2091/06/08	22:34:19	25.36340
2091/11/03	16:46:52	-23.56194
2092/01/05	04:42:10	-24.44554
2092/05/30	03:40:19	25.62913
2092/12/26	23:15:00	-24.90346
2093/05/21	08:11:28	25.53332
2093/12/18	18:37:20	-25.29100
2094/05/10	01:42:20	24.31082
2094/07/13	13:13:01	23.40714
2094/12/10	16:07:24	-25.61822
2095/07/03	20:13:27	24.13708
2095/12/02	15:13:56	-25.84602
2096/06/23	05:44:53	24.69633
2096/11/22	21:52:18	-25.77063
2097/01/17	19:21:35	-23.46598
2097/06/13	20:13:17	25.14792
2097/11/11	07:57:10	-24.79758
2098/01/09	13:29:05	-24.13466
2098/06/04	19:19:10	25.50082
2099/01/01	07:56:51	-24.64965
2099/05/27	03:28:05	25.66553
2099/12/24	02:41:40	-25.07471

VENUS (over +/-23°)
VENERE (oltre +/-23°)

1900/05/06	19:54:52	26.97207
1901/06/13	18:36:09	24.22166
1901/11/09	19:32:31	-26.29392
1902/12/21	06:37:53	-24.01415
1903/05/16	03:14:24	25.54166
1904/06/28	21:55:57	23.74091
1904/11/21	04:05:12	-25.20432
1906/01/05	03:28:30	-23.51702
1906/05/29	12:37:34	24.77989
1906/11/03	07:29:52	-27.85303
1907/07/15	01:06:33	23.23149
1907/12/06	01:43:34	-24.54697
1908/05/06	17:55:28	27.04154
1909/06/13	05:30:23	24.23744
1909/11/09	11:58:01	-26.34585
1910/12/20	17:34:26	-24.03141
1911/05/15	16:20:55	25.57611
1912/06/28	08:24:31	23.75834
1912/11/20	16:14:38	-25.23336
1914/01/04	14:09:38	-23.53523
1914/05/28	23:41:17	24.80171
1914/11/01	23:14:57	-27.70840
1915/07/14	11:26:46	23.24899
1915/12/05	12:44:39	-24.56521

```
         VENUS (over +/-23°)                    VENUS (over +/-23°)
         VENERE (oltre +/-23°)                  VENERE (oltre +/-23°)

1916/05/06 15:31:58   27.11339         1949/11/08 01:39:01  -26.62065
1917/06/12 16:00:10   24.25072         1950/12/17 23:56:46  -24.09907
1917/11/09 04:20:16  -26.39673         1951/05/13 11:30:39   25.73796
1918/12/20 04:23:08  -24.04217         1952/06/25 12:49:03   23.82112
1919/05/15 05:37:24   25.60391         1952/11/18 06:35:31  -25.36044
1920/06/27 18:56:14   23.76677         1954/01/01 20:19:14  -23.60268
1920/11/20 04:37:42  -25.25304         1954/05/26 08:42:43   24.89288
1922/01/04 01:04:22  -23.54412         1954/10/24 17:00:48  -26.33087
1922/05/28 11:06:16   24.81468         1955/07/11 16:27:54   23.32010
1922/10/31 12:27:22  -27.51543         1955/12/02 21:17:10  -24.64513
1923/07/13 22:15:14   23.25955         1956/05/06 12:41:24   27.47860
1923/12/05 00:04:18  -24.57724         1957/01/16 14:23:09  -23.04349
1924/05/06 14:30:56   27.18141         1957/06/09 21:39:16   24.31689
1925/06/12 02:47:38   24.26222         1957/11/07 19:53:23  -26.67614
1925/11/08 21:14:43  -26.44812         1958/12/17 10:52:22  -24.10747
1926/12/19 15:22:37  -24.05617         1959/05/13 01:27:23   25.76756
1927/05/14 18:55:00   25.63655         1960/06/24 23:28:16   23.82913
1928/06/27 05:26:11   23.78240         1960/11/17 19:22:38  -25.38333
1928/11/19 17:06:58  -25.28182         1962/01/01 07:19:50  -23.61342
1930/01/03 11:56:28  -23.56267         1962/05/25 20:14:53   24.90967
1930/05/27 22:33:51   24.83793         1962/10/22 19:51:42  -25.92319
1930/10/29 22:35:36  -27.28801         1963/07/11 03:10:16   23.33376
1931/07/13 08:49:07   23.27938         1963/12/02 08:43:05  -24.66230
1931/12/04 11:24:18  -24.59843         1964/05/06 12:13:35   27.55048
1932/05/06 13:47:46   27.26002         1965/01/16 01:29:43  -23.06279
1933/06/11 13:30:10   24.27950         1965/06/09 08:28:56   24.33364
1933/11/08 14:18:52  -26.50541         1965/11/07 14:31:57  -26.74192
1934/12/19 02:06:36  -24.07081         1966/12/16 21:52:45  -24.12563
1935/05/14 08:15:03   25.66957         1967/05/12 15:37:39   25.80827
1936/06/26 15:49:06   23.79386         1968/06/24 10:01:55   23.84700
1936/11/19 05:23:13  -25.30567         1968/11/17 08:11:08  -25.41594
1938/01/02 22:38:36  -23.57303         1969/12/31 18:05:11  -23.63132
1938/05/27 09:42:26   24.85263         1970/05/25 07:47:32   24.93322
1938/10/28 06:28:30  -27.00812         1970/10/20 22:02:48  -25.48324
1939/07/12 19:16:29   23.28916         1971/07/10 13:39:23   23.35041
1939/12/03 22:36:26  -24.61011         1971/12/01 20:00:09  -24.68132
1940/05/06 12:53:55   27.32852         1972/05/06 11:04:20   27.62100
1941/01/17 16:18:24  -23.00727         1973/01/15 12:23:24  -23.07984
1941/06/11 00:11:10   24.28846         1973/06/08 19:03:05   24.34690
1941/11/08 07:49:19  -26.55771         1973/11/07 09:37:11  -26.80480
1942/12/18 13:09:47  -24.08106         1974/12/16 08:39:22  -24.13621
1943/05/13 22:04:12   25.69996         1975/05/12 05:25:57   25.84111
1944/06/26 02:32:35   23.80555         1976/06/23 20:23:31   23.85495
1944/11/18 18:10:40  -25.33100         1976/11/16 20:53:29  -25.43966
1946/01/02 09:41:14  -23.58816         1977/12/31 04:53:50  -23.63989
1946/05/26 21:23:16   24.87341         1978/05/24 19:24:16   24.94856
1946/10/26 12:51:26  -26.69162         1978/10/18 23:13:57  -24.99462
1947/07/12 06:05:06   23.30730         1979/07/10 00:15:59   23.36053
1947/12/03 10:00:21  -24.63050         1979/12/01 07:32:00  -24.69513
1948/05/06 13:14:49   27.40726         1980/05/06 08:04:42   27.68057
1949/01/17 03:25:43  -23.02965         1981/01/14 23:30:09  -23.09481
1949/06/10 10:54:41   24.30707         1981/06/08 06:06:20   24.35974
```

VENUS (over +/-23°)
VENERE (oltre +/-23°)

```
1981/11/07 05:20:03 -26.87046
1982/12/15 19:47:43 -24.15084
1983/05/11 20:06:12  25.88034
1984/06/23 07:08:28  23.87086
1984/11/16 10:00:56 -25.47219
1985/12/30 15:50:18 -23.65796
1986/05/24 06:57:18  24.97330
1986/10/16 23:35:03 -24.47125
1987/07/09 10:44:49  23.37912
1987/11/30 18:51:00 -24.71743
1988/05/06 03:22:47  27.73993
1989/01/14 10:21:26 -23.11516
1989/06/07 16:40:39  24.37741
1989/11/07 01:10:19 -26.94247
1990/12/15 06:33:46 -24.16597
1991/05/11 10:25:06  25.91987
1992/06/22 17:30:13  23.88242
1992/11/15 22:52:48 -25.49980
1993/12/30 02:31:00 -23.66796
1994/05/23 18:39:10  24.99018
1994/10/14 23:53:13 -23.90805
1995/07/08 21:19:14  23.38840
1995/11/30 06:21:25 -24.73032
1996/05/05 19:56:08  27.77993
1997/01/13 21:26:51 -23.12700
1997/06/07 03:37:00  24.38703
1997/11/06 22:09:27 -27.00920
1998/12/14 17:40:50 -24.17650
1999/05/11 01:07:16  25.95638
2000/06/22 04:09:32  23.89395
2000/11/15 12:04:33 -25.52982
2001/12/29 13:28:35 -23.68299
2002/05/23 06:27:08  25.01351
2002/10/12 23:21:58 -23.30709
2003/07/08 07:53:39  23.40605
2003/11/29 17:55:08 -24.75262
2004/05/05 08:43:06  27.81384
2005/01/13 08:21:42 -23.14833
2005/06/06 14:29:33  24.40678
2005/11/06 19:11:25 -27.08805
2006/12/14 04:34:57 -24.19497
2007/05/10 16:03:41  26.00156
2008/06/21 14:36:36  23.90951
2008/11/15 01:15:20 -25.56297
2009/12/29 00:11:51 -23.69686
2010/05/22 17:59:57  25.03431
2011/07/07 18:17:25  23.41760
2011/11/29 05:15:14 -24.76824
2012/05/04 18:35:19  27.82411
2013/01/12 19:15:14 -23.16039
2013/06/06 01:13:50  24.41717
2013/11/06 16:58:38 -27.15972
```

VENUS (over +/-23°)
VENERE (oltre +/-23°)

```
2014/12/13 15:32:36 -24.20403
2015/05/10 07:07:34  26.03877
2016/06/21 01:13:30  23.91801
2016/11/14 14:36:59 -25.59066
2017/12/28 11:06:24 -23.70768
2018/05/22 06:03:03  25.05412
2019/07/07 05:00:43  23.43125
2019/11/28 17:05:00 -24.78740
2020/05/04 00:08:12  27.81701
2021/01/12 06:26:13 -23.17901
2021/06/05 12:16:32  24.43470
2021/11/06 15:56:47 -27.24195
2022/12/13 02:37:53 -24.22244
2023/05/09 22:24:05  26.08606
2024/06/20 11:42:48  23.93543
2024/11/14 03:55:06 -25.62781
2025/12/27 21:49:33 -23.72508
2026/05/21 17:45:00  25.07994
2027/07/06 15:20:48  23.44707
2027/11/28 04:25:47 -24.80787
2028/05/03 01:45:29  27.78563
2029/01/11 17:06:26 -23.19465
2029/06/04 23:01:42  24.44910
2029/11/06 14:34:08 -27.32194
2030/12/12 13:29:48 -24.23356
2031/05/09 13:59:42  26.12727
2032/06/19 22:16:21  23.94364
2032/11/13 17:34:21 -25.65624
2033/12/27 08:46:36 -23.73354
2034/05/21 05:42:34  25.09715
2035/07/06 02:01:31  23.45644
2035/11/27 16:12:02 -24.82329
2036/05/02 00:33:45  27.72367
2037/01/11 04:18:36 -23.20839
2037/06/04 10:03:24  24.46268
2037/11/06 14:52:33 -27.40433
2038/12/12 00:37:26 -24.24891
2039/05/09 05:47:40  26.17477
2040/06/19 08:53:23  23.95999
2040/11/13 07:08:54 -25.69394
2041/12/26 19:32:00 -23.75157
2042/05/20 17:46:58  25.12524
2043/07/05 12:30:51  23.47490
2043/11/27 03:51:55 -24.84754
2044/04/30 19:28:16  27.64095
2045/01/10 15:08:30 -23.22798
2045/06/03 20:54:39  24.48108
2045/11/06 15:27:53 -27.49342
2046/12/11 11:32:16 -24.26413
2047/05/08 21:44:03  26.22192
2048/06/18 19:18:17  23.97104
2048/11/12 20:48:34 -25.72663
```

VENUS (over +/-23°)
VENERE (oltre +/-23°)

2049/12/26	06:18:12	-23.76110
2050/05/20	05:39:34	25.14439
2051/07/04	22:59:02	23.48339
2051/11/26	15:27:21	-24.86214
2052/04/29	11:28:24	27.51699
2053/01/10	02:02:08	-23.23853
2053/06/03	07:53:25	24.49206
2053/11/06	16:21:21	-27.57603
2054/12/10	22:40:25	-24.27572
2055/05/08	14:14:13	26.26829
2056/06/18	06:04:31	23.98336
2056/11/12	10:59:39	-25.76240
2057/12/25	17:22:45	-23.77641
2058/05/19	17:58:11	25.17028
2059/07/04	09:41:19	23.50060
2059/11/26	03:18:38	-24.88617
2060/04/28	01:32:12	27.36966
2061/01/09	13:04:44	-23.25872
2061/06/02	18:52:53	24.51245
2061/11/06	18:30:07	-27.66960
2062/12/10	09:36:03	-24.29449
2063/05/08	06:39:58	26.32226
2064/06/17	16:27:48	23.99889
2064/11/12	00:41:32	-25.80104
2065/12/25	03:56:27	-23.78990
2066/05/19	05:56:59	25.19436
2067/07/03	19:59:33	23.51174
2067/11/25	14:59:35	-24.90391
2068/04/26	12:57:20	27.18536
2069/01/08	23:53:09	-23.27010
2069/06/02	05:48:04	24.52366
2069/11/06	20:14:35	-27.75380
2070/12/09	20:44:07	-24.30407
2071/05/07	23:45:28	26.36882
2072/06/17	03:12:29	24.00743
2072/11/11	15:04:44	-25.83467
2073/12/24	15:00:44	-23.80072
2074/05/18	18:20:30	25.21699
2075/07/03	06:44:02	23.52503
2075/11/25	02:50:10	-24.92488
2076/04/24	22:31:19	26.96489
2077/01/08	10:49:57	-23.28749
2077/06/01	16:54:06	24.54282
2077/11/06	22:14:20	-27.84459
2078/12/09	07:49:25	-24.32358
2079/05/07	16:59:08	26.42726
2080/06/16	13:45:49	24.02549
2080/11/11	05:29:19	-25.87853
2081/12/24	01:48:17	-23.81822
2082/05/18	06:32:30	25.24544
2083/07/02	17:06:35	23.54011
2083/11/24	14:36:49	-24.94712

VENUS (over +/-23°)
VENERE (oltre +/-23°)

2084/04/23	07:14:24	26.71535
2085/01/07	21:40:38	-23.30202
2085/06/01	03:47:58	24.55759
2085/11/06	23:55:00	-27.92792
2086/12/08	18:46:18	-24.33486
2087/05/07	10:29:54	26.47815
2088/06/16	00:17:16	24.03376
2088/11/10	19:43:59	-25.91295
2089/12/23	12:34:38	-23.82641
2090/05/17	18:57:05	25.26652
2091/07/02	03:41:42	23.54946
2091/11/24	02:37:30	-24.96519
2092/04/21	14:23:59	26.42422
2093/01/07	08:41:13	-23.31547
2093/05/31	15:03:51	24.57273
2093/11/06	23:51:41	-28.00627
2094/07/17	04:34:26	23.01243
2094/12/08	06:07:48	-24.35135
2095/05/07	04:52:51	26.53729
2096/06/15	11:06:54	24.05041
2096/11/10	10:41:33	-25.95784
2097/12/22	23:34:49	-23.84449
2098/05/17	07:24:57	25.29726
2099/07/01	14:11:15	23.56719
2099/11/23	14:22:25	-24.99096

MARS (over +/-23°)
MARTE (oltre +/-23°)

1900/08/14	06:14:04	23.76070
1901/11/25	03:56:25	-24.49254
1902/07/23	20:55:13	23.94697
1903/11/03	06:36:37	-24.83054
1904/07/03	01:04:19	24.11880
1905/10/05	20:12:07	-25.52943
1906/06/13	14:30:29	24.29682
1907/07/29	19:56:56	-28.89854
1908/05/23	15:29:17	24.50712
1909/02/28	23:17:23	-23.65247
1910/05/01	18:42:20	24.79797
1911/02/04	03:06:50	-23.83454
1912/04/02	05:50:23	25.32322
1913/01/13	00:06:11	-24.01121
1913/09/27	16:21:38	23.51415
1914/01/26	17:34:11	27.18455
1914/12/23	23:40:52	-24.19013
1915/08/24	07:00:31	23.67834
1916/12/02	22:40:57	-24.39586
1917/07/31	15:37:40	23.87512
1918/11/11	21:21:23	-24.67679
1919/07/11	09:43:30	24.04990
1920/10/17	14:11:48	-25.17400

MARS (over +/-23°)
MARTE (oltre +/-23°)

1921/06/20	21:35:29	24.22225
1922/06/27	05:17:15	-26.13514
1922/09/03	06:48:47	-26.77124
1923/06/01	06:07:11	24.41514
1924/03/13	06:39:46	-23.58868
1925/05/10	09:26:50	24.66554
1926/02/12	20:14:57	-23.75686
1927/04/15	14:49:11	25.06566
1928/01/21	19:08:20	-23.93783
1929/01/01	01:38:18	26.78765
1929/12/31	12:11:48	-24.11519
1930/09/03	11:47:15	23.58967
1931/02/25	01:00:50	24.47130
1931/12/11	14:34:35	-24.30826
1932/08/08	17:18:36	23.79931
1933/11/20	02:32:27	-24.55259
1934/07/18	20:30:27	23.98188
1935/10/28	12:19:07	-24.93612
1936/06/28	04:47:39	24.15260
1937/09/27	00:09:06	-25.82603
1938/06/08	17:04:42	24.33388
1939/04/01	20:27:51	-23.60147
1939/08/13	02:44:22	-27.38961
1940/05/18	11:34:31	24.55505
1941/02/22	07:30:52	-23.67924
1942/04/25	19:10:26	24.87719
1943/01/29	19:44:27	-23.86219
1943/11/30	17:02:51	24.42755
1944/03/23	00:38:12	25.52839
1945/01/08	02:41:08	-24.03969
1945/09/16	04:31:32	23.50764
1946/02/07	15:08:15	26.58444
1946/12/19	03:58:59	-24.22477
1947/08/18	08:09:42	23.71465
1948/11/28	00:15:27	-24.44486
1949/07/26	12:14:11	23.90957
1950/11/06	12:44:31	-24.75822
1951/07/06	12:24:49	24.08452
1952/10/10	15:47:39	-25.35765
1953/06/16	01:21:58	24.25971
1954/07/19	05:20:50	-28.37094
1955/05/27	05:35:28	24.46091
1956/03/05	05:20:30	-23.60929
1957/05/04	19:21:53	24.73225
1958/02/07	04:48:13	-23.78821
1959/04/08	01:53:41	25.19816
1960/01/16	18:12:54	-23.96598
1961/01/17	00:50:34	27.22467
1961/12/26	16:13:33	-24.14497
1962/08/27	18:03:22	23.62338
1963/12/06	17:21:18	-24.34737
1964/08/03	09:40:30	23.83072

MARS (over +/-23°)
MARTE (oltre +/-23°)

1965/11/14	22:23:19	-24.61470
1966/07/13	22:23:54	24.01275
1967/10/22	11:40:03	-25.05989
1968/06/23	08:38:26	24.18759
1969/06/02	20:12:51	-23.95574
1969/09/15	12:57:43	-26.26288
1970/06/03	18:43:00	24.37683
1971/03/20	03:10:57	-23.56520
1971/08/28	07:15:11	-23.10723
1972/05/13	04:37:29	24.61392
1973/02/16	04:16:25	-23.71477
1974/04/19	09:00:39	24.97742
1975/01/24	15:08:36	-23.89537
1975/12/20	10:21:36	26.06886
1976/03/07	07:47:01	25.84121
1977/01/03	04:46:51	-24.07069
1977/09/07	16:36:37	23.53188
1978/02/18	00:52:16	25.44541
1978/12/14	07:44:22	-24.25917
1979/08/12	15:38:24	23.74742
1980/11/23	00:21:35	-24.49331
1981/07/21	10:46:14	23.93782
1982/10/31	23:00:20	-24.84632
1983/07/01	16:18:02	24.11352
1984/10/02	20:56:30	-25.59119
1985/06/11	05:01:11	24.29577
1986/08/02	03:16:29	-28.71565
1987/05/22	03:36:21	24.51109
1988/02/27	03:04:03	-23.64063
1989/04/29	00:49:43	24.81185
1990/02/01	18:27:38	-23.82423
1991/03/30	07:48:28	25.37359
1992/01/11	19:37:31	-24.00064
1992/09/22	11:31:22	23.46864
1993/01/30	09:09:22	27.02147
1993/12/21	20:11:22	-24.18065
1994/08/21	12:43:29	23.66117
1995/12/01	19:14:41	-24.39073
1996/07/29	04:20:42	23.86144
1997/11/09	16:09:50	-24.68213
1998/07/09	00:24:27	24.04013
1999/10/16	00:11:07	-25.20725
2000/06/18	12:42:52	24.21722
2001/07/05	23:00:24	-26.85838
2001/08/25	08:13:45	-27.02654
2002/05/29	19:45:03	24.41654
2003/03/10	23:29:09	-23.57222
2004/05/07	18:08:41	24.67655
2005/02/10	09:03:05	-23.74954
2006/04/12	09:24:48	25.09827
2007/01/19	12:59:41	-23.93057
2008/01/07	04:14:03	26.98306

```
         MARS (over +/-23°)                    MARS (over +/-23°)
         MARTE (oltre +/-23°)                  MARTE (oltre +/-23°)

    2008/12/29 08:23:53 -24.10776       2052/02/14 15:50:44 -23.70095
    2009/08/31 10:35:41  23.57249       2053/04/16 07:40:05  24.99990
    2010/02/27 14:22:43  23.83392       2054/01/22 08:34:55 -23.88477
    2010/12/09 10:49:59 -24.30212       2054/12/25 23:42:23  26.41343
    2011/08/07 04:48:16  23.78451       2055/02/24 05:32:05  25.99143
    2012/11/17 21:21:23 -24.55192       2056/01/02 00:52:36 -24.06421
    2013/07/16 11:21:07  23.96845       2056/09/04 11:06:56  23.51586
    2014/10/26 03:20:20 -24.95126       2057/02/20 19:11:01  24.91573
    2015/06/26 19:46:10  24.14295       2057/12/12 04:12:59 -24.25771
    2016/09/23 13:03:53 -25.91032       2058/08/10 02:18:28  23.73883
    2017/06/06 07:09:40  24.32987       2059/11/21 19:20:07 -24.49836
    2018/03/27 14:49:56 -23.55284       2060/07/19 01:10:44  23.93103
    2018/08/16 11:26:46 -26.49781       2061/10/29 14:32:31 -24.86380
    2019/05/16 22:53:45  24.55973       2062/06/29 07:00:25  24.10825
    2020/02/20 16:30:46 -23.66984       2063/09/30 18:59:54 -25.65570
    2021/04/22 22:01:16  24.89858       2064/06/08 18:49:11  24.29209
    2022/01/27 12:26:42 -23.85646       2065/04/08 12:05:40 -23.59853
    2022/12/06 19:25:45  24.99683       2065/08/05 10:02:30 -28.35111
    2023/03/19 00:53:32  25.60998       2066/05/19 15:15:09  24.51105
    2024/01/06 21:36:22 -24.03509       2067/02/24 09:01:42 -23.62522
    2024/09/12 10:53:55  23.48494       2068/04/26 05:35:17  24.82325
    2025/02/10 16:08:37  26.23276       2069/01/30 10:32:35 -23.81125
    2025/12/17 00:12:34 -24.22102       2069/11/22 02:51:53  23.50812
    2026/08/15 15:56:40  23.70310       2070/03/26 04:29:09  25.42894
    2027/11/26 20:26:06 -24.44376       2071/01/09 14:40:34 -23.98977
    2028/07/24 01:01:58  23.89785       2071/09/19 02:26:20  23.43263
    2029/11/04 05:37:11 -24.76615       2072/02/03 19:11:28  26.79354
    2030/07/04 03:14:58  24.07285       2072/12/19 16:42:42 -24.17391
    2031/10/08 21:09:10 -25.39929       2073/08/18 19:49:02  23.64822
    2032/06/13 16:08:42  24.25101       2074/11/29 16:03:41 -24.39044
    2033/07/22 16:41:36 -28.63041       2075/07/27 17:13:03  23.85314
    2034/05/24 18:36:47  24.45869       2076/11/07 10:16:53 -24.69293
    2035/03/03 05:40:42 -23.59252       2077/07/06 15:29:01  24.03467
    2036/05/02 03:29:05  24.74218       2078/10/13 09:09:11 -25.24604
    2037/02/04 19:24:37 -23.77841       2079/06/17 03:39:41  24.21466
    2038/04/04 13:42:59  25.24044       2080/07/11 11:09:24 -27.46356
    2039/01/14 13:45:31 -23.96001       2081/05/27 08:51:42  24.41758
    2039/10/02 22:18:37  23.45849       2082/03/07 17:49:47 -23.55567
    2040/01/22 07:15:07  27.20800       2083/05/06 03:02:26  24.68445
    2040/12/24 12:54:38 -24.14203       2084/02/08 21:43:41 -23.73778
    2041/08/24 21:39:05  23.61260       2085/04/09 02:58:51  25.12853
    2042/12/04 13:47:39 -24.34749       2086/01/17 07:28:47 -23.91868
    2043/08/01 21:49:32  23.82202       2087/01/12 00:23:16  27.10711
    2044/11/12 17:27:09 -24.62083       2087/12/28 04:46:42 -24.09727
    2045/07/11 12:43:57  24.00413       2088/08/28 11:14:19  23.55404
    2046/10/19 23:54:46 -25.08471       2089/03/02 04:32:38  23.14153
    2047/06/21 23:28:58  24.17904       2089/12/07 07:20:50 -24.29592
    2048/06/11 15:34:42 -24.79420       2090/08/04 16:41:11  23.77122
    2048/09/10 15:56:01 -26.40741       2091/11/16 17:04:15 -24.55447
    2049/06/01 08:34:12  24.37088       2092/07/14 01:49:01  23.95939
    2050/03/16 09:30:37 -23.53581       2093/10/23 17:42:38 -24.97319
    2051/05/11 14:29:24  24.61606       2094/06/24 10:52:07  24.13817
```

```
2095/09/20 18:06:00 -26.01363
2096/06/03 21:25:27  24.32997
2097/03/23 01:15:28 -23.51829
2097/08/19 21:37:21 -25.42712
2098/05/14 09:33:47  24.56697
2099/02/18 01:59:22 -23.66140
```

JUPITER (over +/-23°)
GIOVE (oltre +/-23°)

```
1901/01/22 19:33:17 -23.16873
1901/09/18 00:07:52 -23.52532
1906/08/03 13:07:20  23.13231
1907/03/27 11:05:48  23.51984
1913/01/06 11:01:42 -23.23022
1913/09/11 15:03:20 -23.43151
1918/07/16 23:02:45  23.19409
1919/03/12 18:34:04  23.48588
1924/12/22 04:20:21 -23.27829
1925/09/12 17:08:39 -23.17198
1930/06/30 20:13:42  23.25148
1931/03/11 21:33:34  23.30809
1936/12/06 17:22:55 -23.33211
1942/06/14 16:41:10  23.30061
1948/11/20 14:15:03 -23.38473
1954/05/29 00:45:05  23.35680
1960/03/05 02:39:04 -23.01019
1960/07/01 02:50:57 -23.12305
1960/11/02 04:04:33 -23.43121
1965/12/05 07:47:47  23.01365
1966/05/11 14:24:10  23.40759
1972/02/10 00:48:40 -23.08412
1972/10/10 19:36:55 -23.48073
1977/08/24 01:08:51  23.03557
1978/04/21 08:14:08  23.45167
1984/01/22 23:59:59 -23.14378
1984/09/18 00:48:03 -23.49591
1989/08/03 10:20:01  23.10546
1990/03/27 23:21:34  23.49082
1996/01/06 21:26:17 -23.19714
1996/09/11 04:01:01 -23.39958
2001/07/16 15:13:09  23.16447
2002/03/12 11:38:59  23.45659
2007/12/22 17:34:20 -23.25403
2008/09/11 21:25:03 -23.15263
2013/06/29 22:19:37  23.22075
2014/03/11 05:21:43  23.27097
2019/12/07 03:01:14 -23.30416
2025/06/14 02:51:53  23.27824
2031/11/20 15:36:14 -23.35401
2037/05/28 21:50:30  23.32584
2043/06/30 18:45:18 -23.09261
2043/11/02 14:58:40 -23.40610
2049/05/11 17:18:42  23.37414
2055/02/09 09:18:18 -23.05288
```

JUPITER (over +/-23°)
GIOVE (oltre +/-23°)

```
2055/10/12 00:26:07 -23.44615
2060/08/23 23:25:54  23.00867
2061/04/21 11:13:52  23.42470
2067/01/22 15:55:19 -23.11458
2067/09/19 06:25:03 -23.46304
2072/08/02 11:05:17  23.07481
2073/03/27 13:28:58  23.45614
2079/01/06 08:21:22 -23.17429
2079/09/11 13:45:45 -23.37594
2084/07/15 20:57:45  23.13922
2085/03/12 01:08:27  23.42645
2090/12/21 17:50:44 -23.22390
2091/09/12 05:40:55 -23.11696
2096/06/29 15:51:52  23.19600
2097/03/10 13:39:57  23.25298
```

SATURN (over +/-22°)
SATURNO (oltre +/-22°)

```
1900/01/24 05:13:46 -22.45493
1900/11/15 03:27:12 -22.75972
1901/09/29 15:47:15 -22.76203
1914/08/19 22:04:40  22.31890
1915/05/29 14:41:49  22.72988
1916/03/27 19:05:56  22.79060
1929/02/22 22:18:24 -22.26914
1929/12/13 09:06:24 -22.64545
1930/10/08 20:27:18 -22.82689
1931/09/28 16:58:57 -22.37386
1943/09/17 13:34:08  22.01996
1944/06/29 17:09:11  22.57631
1945/04/11 08:07:35  22.84473
1946/03/26 18:13:51  22.28070
1959/01/11 15:35:57 -22.49392
1959/11/02 17:14:48 -22.76939
1960/09/27 20:04:48 -22.65491
1973/08/03 16:11:11  22.38075
1974/05/14 23:18:54  22.75143
1975/03/26 14:51:39  22.66775
1988/02/09 12:31:38 -22.33078
1988/11/30 07:02:18 -22.67047
1989/10/02 22:05:32 -22.78087
1990/09/28 20:06:35 -22.16574
2002/09/07 04:44:57  22.13950
2003/06/16 06:01:18  22.61728
2004/04/02 05:52:57  22.81285
2005/03/27 05:04:24  22.01642
2017/03/07 17:02:55 -22.09043
2017/12/29 03:36:43 -22.53152
2018/10/20 23:18:15 -22.77133
2019/09/27 22:17:17 -22.51793
2032/07/19 08:39:17  22.43254
```

SATURN (over +/-22°)
SATURNO (oltre +/-22°)

2033/04/30	03:30:52	22.76462
2034/03/25	15:20:22	22.50496
2047/01/26	02:22:52	-22.38015
2047/11/17	19:16:46	-22.68774
2048/09/29	08:20:04	-22.70513
2061/08/22	09:38:11	22.22988
2062/06/01	16:17:58	22.65149
2063/03/28	23:16:51	22.74248
2076/02/25	04:41:45	-22.17810
2076/12/15	19:41:06	-22.56555
2077/10/10	15:12:46	-22.75698
2078/09/27	14:04:08	-22.34982
2091/07/05	20:49:44	22.47781
2092/04/16	13:13:42	22.76577
2093/03/25	10:34:43	22.30571

URANUS (over +/-23°)
URANO (oltre +/-23°)

1902/03/30	22:54:27	-23.22960
1903/04/09	23:50:25	-23.50379
1904/05/22	09:25:12	-23.64272
1904/12/26	01:36:37	-23.65864
1905/08/21	06:58:39	-23.71259
1906/09/10	01:09:00	-23.68972
1907/09/15	20:17:15	-23.53038
1908/09/19	20:14:37	-23.23790
1946/10/01	23:10:15	23.26317
1947/10/13	04:43:46	23.52257
1948/12/03	05:09:22	23.65018
1949/06/14	19:20:09	23.66071
1950/02/27	00:05:38	23.71430
1951/03/10	20:30:31	23.66323
1952/03/15	09:12:09	23.45766
1953/03/20	10:28:07	23.09613
1986/04/01	03:36:47	-23.29926
1987/04/13	22:06:54	-23.53891
1988/06/12	00:21:37	-23.65235
1988/12/06	06:27:13	-23.65854
1989/09/01	14:07:57	-23.70754
1990/09/11	03:28:14	-23.64818
1991/09/16	10:46:10	-23.45192
1992/09/20	10:51:34	-23.12291
2030/10/03	06:31:37	23.32361
2031/10/18	01:40:37	23.54556
2032/12/23	10:03:37	23.64917
2033/05/25	06:30:03	23.65175
2034/03/04	02:02:40	23.69476
2035/03/11	14:58:44	23.60719
2036/03/16	00:15:45	23.36585
2069/03/26	00:46:31	-23.01071
2070/04/02	14:40:36	-23.35594
2071/04/20	19:06:28	-23.55783
2072/02/06	08:42:08	-23.60942
2072/07/04	18:23:01	-23.65137
2072/11/13	15:16:29	-23.65132
2073/09/04	22:34:48	-23.68601
2074/09/11	23:45:25	-23.59128
2075/09/17	03:56:57	-23.36031

NEPTUNE (over +/-23°)
NETTUNO (oltre +/-23°)

1900/08/06	12:36:04	22.24108
1901/07/12	04:59:58	22.30472
1902/06/14	10:18:52	22.34994
1903/05/18	20:44:20	22.37809
1904/04/27	08:59:11	22.38506
1905/04/15	08:38:28	22.36419
1906/04/09	10:42:24	22.31109
1907/04/06	18:54:17	22.22383
1908/04/04	21:55:45	22.10192
1981/02/28	03:55:59	-22.01227
1982/02/19	18:08:35	-22.12859
1983/02/03	05:57:43	-22.21595
1984/01/10	08:15:42	-22.27958
1984/12/14	00:04:49	-22.32486
1985/11/18	15:58:30	-22.35301
1986/10/29	18:21:57	-22.36020
1987/10/17	17:35:58	-22.34027
1988/10/10	14:53:32	-22.28913
1989/10/07	17:32:06	-22.20499
1990/10/06	17:55:18	-22.08736
2062/08/29	15:34:21	22.02153
2063/08/19	01:26:17	22.13166
2064/07/29	14:09:55	22.21202
2065/07/03	09:33:13	22.26916
2066/06/05	23:46:19	22.30819
2067/05/11	20:10:50	22.32906
2068/04/22	19:13:15	22.32670
2069/04/12	16:30:34	22.29520
2070/04/07	17:05:24	22.23108
2071/04/05	12:45:54	22.13288
2072/04/03	22:39:12	22.00037

MOON (over +/-23°)
LUNA (oltre +/-23°)

1900/01/12	19:02:45	23.09862
1900/01/27	10:09:35	-23.02571
1908/03/26	01:00:10	-23.07108
1908/04/08	03:01:37	23.19114
1908/04/22	06:26:48	-23.32398
1908/05/05	11:39:49	23.41914

MOON (over +/-23°)
LUNA (oltre +/-23°)

1908/05/19	12:54:38	-23.48990
1908/06/01	20:14:13	23.52953
1908/06/15	21:24:11	-23.54010
1908/06/29	03:38:33	23.53880
1908/07/13	07:26:16	-23.53629
1908/07/26	09:34:29	23.53995
1908/08/09	17:37:12	-23.58325
1908/08/22	14:44:42	23.63169
1908/09/06	02:28:20	-23.74766
1908/09/18	20:31:14	23.84393
1908/10/03	09:18:06	-24.00032
1908/10/16	04:01:03	24.10842
1908/10/30	14:53:00	-24.23518
1908/11/12	13:09:34	24.30643
1908/11/26	21:07:38	-24.35667
1908/12/09	22:33:32	24.37146
1908/12/24	05:28:13	-24.36638
1909/01/06	06:30:03	24.35874
1909/01/20	15:34:18	-24.37219
1909/02/02	12:21:42	24.39912
1909/02/17	01:41:13	-24.49001
1909/03/01	17:18:20	24.57200
1909/03/16	10:09:29	-24.72637
1909/03/28	23:21:30	24.83149
1909/04/12	16:40:17	-24.97749
1909/04/25	07:32:02	25.05689
1909/05/09	22:19:33	-25.13443
1909/05/22	17:03:55	25.16285
1909/06/06	04:35:37	-25.17118
1909/06/19	02:16:28	25.16443
1909/07/03	12:16:35	-25.15450
1909/07/16	09:49:02	25.15607
1909/07/30	21:11:31	-25.19033
1909/08/12	15:28:35	25.23608
1909/08/27	06:24:39	-25.34430
1909/09/08	20:21:45	25.43318
1909/09/23	14:45:22	-25.58641
1909/10/06	02:19:56	25.68159
1909/10/20	21:32:23	-25.80871
1909/11/02	10:39:02	25.86634
1909/11/17	03:14:19	-25.91379
1909/11/29	20:51:05	25.91941
1909/12/14	09:15:51	-25.90399
1909/12/27	06:57:14	25.89173
1910/01/10	16:42:43	-25.88834
1910/01/23	14:58:30	25.91377
1910/02/07	01:26:31	-25.98524
1910/02/19	20:36:07	26.06695
1910/03/06	10:20:19	-26.20493
1910/03/19	01:35:04	26.30648
1910/04/02	18:15:13	-26.44173
1910/04/15	08:09:13	26.51229

MOON (over +/-23°)
LUNA (oltre +/-23°)

1910/04/30	00:48:16	-26.58064
1910/05/12	17:01:27	26.59862
1910/05/27	06:30:32	-26.59478
1910/06/09	03:06:46	26.58062
1910/06/23	12:18:39	-26.55497
1910/07/06	12:39:10	26.55414
1910/07/20	18:58:54	-26.56866
1910/08/02	20:20:45	26.61619
1910/08/17	02:43:17	-26.69940
1910/08/30	02:05:18	26.79038
1910/09/13	11:02:03	-26.91670
1910/09/26	07:10:51	27.00926
1910/10/10	18:57:53	-27.11442
1910/10/23	13:38:10	27.16359
1910/11/07	01:44:45	-27.19493
1910/11/19	22:37:58	27.19025
1910/12/04	07:28:03	-27.15839
1910/12/17	09:24:27	27.13836
1910/12/31	13:02:17	-27.11305
1911/01/13	19:46:07	27.13654
1911/01/27	19:24:53	-27.17911
1911/02/10	03:49:15	27.26546
1911/02/24	02:53:45	-27.37044
1911/03/09	09:33:09	27.47668
1911/03/23	10:58:20	-27.58210
1911/04/05	14:51:31	27.64931
1911/04/19	18:43:04	-27.69559
1911/05/02	21:46:19	27.70255
1911/05/17	01:26:11	-27.68211
1911/05/30	06:48:06	27.65618
1911/06/13	07:06:51	-27.61470
1911/06/26	16:55:48	27.60730
1911/07/10	12:24:25	-27.60213
1911/07/24	02:33:39	27.65000
1911/08/06	18:13:12	-27.70547
1911/08/20	10:27:08	27.80066
1911/09/03	01:08:04	-27.89242
1911/09/16	16:26:20	27.98596
1911/09/30	08:59:26	-28.05905
1911/10/13	21:46:23	28.10024
1911/10/27	16:56:04	-28.11004
1911/11/10	04:27:08	28.09017
1911/11/23	23:59:39	-28.04411
1911/12/07	13:35:05	28.00850
1911/12/21	05:48:48	-27.96714
1912/01/04	00:20:34	27.98101
1912/01/17	10:58:07	-28.00020
1912/01/31	10:35:46	28.08580
1912/02/13	16:35:43	-28.16013
1912/02/27	18:36:54	28.26890
1912/03/11	23:31:39	-28.34271
1912/03/26	00:28:36	28.40437

MOON (over +/-23°) LUNA (oltre +/-23°)			MOON (over +/-23°) LUNA (oltre +/-23°)		
1912/04/08	07:34:58	-28.42662	1914/03/18	19:48:57	-28.58659
1912/04/22	05:54:54	28.41659	1914/04/02	14:06:05	28.52691
1912/05/05	15:42:13	-28.38186	1914/04/15	03:25:25	-28.46902
1912/05/19	12:42:39	28.33511	1914/04/29	19:36:04	28.36385
1912/06/01	22:49:14	-28.28412	1914/05/12	12:39:09	-28.30135
1912/06/15	21:23:23	28.26035	1914/05/27	00:37:11	28.22164
1912/06/29	04:36:55	-28.24379	1914/06/08	22:10:23	-28.19774
1912/07/13	07:11:40	28.28232	1914/06/23	06:32:39	28.18624
1912/07/26	09:41:00	-28.31933	1914/07/06	06:37:28	-28.21120
1912/08/09	16:43:28	28.40988	1914/07/20	14:01:00	28.25437
1912/08/22	15:08:01	-28.47541	1914/08/02	13:22:32	-28.29706
1912/09/06	00:41:38	28.56292	1914/08/16	22:37:55	28.33922
1912/09/18	21:52:29	-28.60883	1914/08/29	18:52:52	-28.35290
1912/10/03	06:46:05	28.63569	1914/09/13	07:10:50	28.33605
1912/10/16	05:58:29	-28.62691	1914/09/26	00:33:10	-28.29616
1912/10/30	12:05:31	28.58332	1914/10/10	14:24:10	28.20527
1912/11/12	14:31:55	-28.52840	1914/10/23	07:54:25	-28.12974
1912/11/26	18:37:11	28.46593	1914/11/06	19:59:27	28.01256
1912/12/09	22:14:45	-28.41738	1914/11/19	17:21:13	-27.95177
1912/12/24	03:25:22	28.40803	1914/12/04	00:59:24	27.88246
1913/01/06	04:22:50	-28.41497	1914/12/17	03:43:06	-27.87844
1913/01/20	13:43:03	28.48440	1914/12/31	06:56:21	27.88698
1913/02/02	09:27:17	-28.54014	1915/01/13	13:01:49	-27.92807
1913/02/16	23:31:32	28.63779	1915/01/27	14:32:12	27.97022
1913/03/01	14:58:25	-28.68963	1915/02/09	20:04:21	-27.99768
1913/03/16	07:16:47	28.73646	1915/02/23	23:07:55	27.99908
1913/03/28	22:08:30	-28.74001	1915/03/09	01:31:29	-27.96842
1913/04/12	13:02:49	28.70527	1915/03/23	07:20:48	27.89361
1913/04/25	06:46:27	-28.65974	1915/04/05	07:24:32	-27.81493
1913/05/09	18:19:11	28.58298	1915/04/19	14:10:22	27.69635
1913/05/22	15:35:31	-28.52718	1915/05/02	15:12:11	-27.61821
1913/06/06	00:41:03	28.47603	1915/05/16	19:38:59	27.52281
1913/06/18	23:19:27	-28.45529	1915/05/30	00:46:40	-27.49008
1913/07/03	08:45:55	28.47135	1915/06/13	00:42:00	27.45930
1913/07/16	05:31:05	-28.50003	1915/06/26	10:51:19	-27.47873
1913/07/30	18:02:30	28.57103	1915/07/10	06:25:22	27.49899
1913/08/12	10:44:49	-28.62192	1915/07/23	19:56:11	-27.53357
1913/08/27	03:12:58	28.69055	1915/08/06	13:23:48	27.55318
1913/09/08	16:16:59	-28.71832	1915/08/20	03:06:36	-27.55111
1913/09/23	10:56:21	28.72351	1915/09/02	21:21:01	27.51951
1913/10/05	23:19:23	-28.70006	1915/09/16	08:41:22	-27.45629
1913/10/20	16:47:41	28.62872	1915/09/30	05:20:14	27.36047
1913/11/02	08:06:08	-28.56642	1915/10/13	14:17:19	-27.26041
1913/11/16	21:53:33	28.47158	1915/10/27	12:23:19	27.14007
1913/11/29	17:35:21	-28.41925	1915/11/09	21:46:43	-27.05992
1913/12/14	04:05:04	28.37714	1915/11/23	18:15:33	26.98029
1913/12/27	02:08:34	-28.37888	1915/12/07	07:41:36	-26.96338
1914/01/10	12:18:59	28.41788	1915/12/20	23:37:31	26.95361
1914/01/23	08:45:54	-28.46485	1916/01/03	18:38:49	-26.98529
1914/02/06	21:49:58	28.53633	1916/01/17	05:31:23	27.00689
1914/02/19	14:03:03	-28.57481	1916/01/31	04:21:09	-27.02117
1914/03/06	06:52:17	28.59860	1916/02/13	12:33:28	27.00815

MOON (over +/-23°)
LUNA (oltre +/-23°)

1916/02/27	11:28:29	-26.95350
1916/03/11	20:29:04	26.87513
1916/03/25	16:49:37	-26.76509
1916/04/08	04:25:30	26.64917
1916/04/21	22:34:57	-26.54319
1916/05/05	11:32:37	26.44811
1916/05/19	06:19:03	-26.39688
1916/06/01	17:37:24	26.35981
1916/06/15	16:00:40	-26.36749
1916/06/28	23:08:15	26.37544
1916/07/13	02:23:13	-26.39862
1916/07/26	04:53:14	26.40462
1916/08/09	11:45:14	-26.38487
1916/08/22	11:30:32	26.34625
1916/09/05	18:57:28	-26.25585
1916/09/18	19:06:20	26.16413
1916/10/03	00:18:14	-26.03154
1916/10/16	03:11:14	25.92048
1916/10/30	05:41:58	-25.81109
1916/11/12	10:58:27	25.73483
1916/11/26	13:15:10	-25.69660
1916/12/09	17:53:11	25.68064
1916/12/23	23:23:37	-25.69758
1917/01/05	23:56:33	25.70843
1917/01/20	10:25:54	-25.70881
1917/02/02	05:50:38	25.68778
1917/02/16	19:55:19	-25.61138
1917/03/01	12:32:16	25.53332
1917/03/16	02:40:40	-25.39153
1917/03/28	20:24:04	25.28313
1917/04/12	07:44:54	-25.14466
1917/04/25	04:53:16	25.05697
1917/05/09	13:21:00	-24.98151
1917/05/22	13:02:15	24.94598
1917/06/05	20:59:21	-24.93770
1917/06/18	20:11:27	24.94094
1917/07/03	06:36:07	-24.95183
1917/07/16	02:20:48	24.95009
1917/07/30	16:50:55	-24.91729
1917/08/12	08:08:53	24.87347
1917/08/27	01:56:10	-24.76510
1917/09/08	14:33:22	24.67569
1917/09/23	08:42:59	-24.51873
1917/10/05	22:16:54	24.41601
1917/10/20	13:43:58	-24.28051
1917/11/02	07:14:32	24.21072
1917/11/16	19:06:50	-24.15104
1917/11/29	16:28:43	24.13476
1917/12/14	02:48:17	-24.13746
1917/12/27	00:43:00	24.14315
1918/01/10	12:48:58	-24.13553
1918/01/23	07:21:24	24.10795

MOON (over +/-23°)
LUNA (oltre +/-23°)

1918/02/06	23:15:17	-24.02456
1918/02/19	13:09:57	23.94216
1918/03/06	07:55:42	-23.78725
1918/03/18	19:44:02	23.67945
1918/04/02	14:08:30	-23.52221
1918/04/15	03:59:13	23.43817
1918/04/29	19:08:33	-23.34574
1918/05/12	13:28:22	23.31260
1918/05/27	00:52:51	-23.29307
1918/06/08	22:55:40	23.29500
1918/06/23	08:29:47	-23.29988
1918/07/06	07:11:13	23.29279
1918/07/20	17:45:03	-23.25903
1918/08/02	13:50:28	23.20761
1918/08/17	03:20:09	-23.10175
1918/08/29	19:33:13	23.00652
1926/10/13	22:56:51	-23.01271
1926/10/26	15:13:41	23.11721
1926/11/10	04:36:57	-23.23934
1926/11/23	00:59:55	23.30159
1926/12/07	11:17:21	-23.34375
1926/12/20	10:44:48	23.35317
1927/01/03	20:01:00	-23.34752
1927/01/16	18:38:41	23.34528
1927/01/31	06:06:06	-23.36960
1927/02/13	00:18:36	23.40886
1927/02/27	15:48:27	-23.51420
1927/03/12	05:18:36	23.60510
1927/03/26	23:48:34	-23.76667
1927/04/08	11:48:27	23.87207
1927/04/23	06:08:09	-24.01561
1927/05/05	20:34:11	24.08946
1927/05/20	11:56:13	-24.16123
1927/06/02	06:31:52	24.18500
1927/06/16	18:28:20	-24.19175
1927/06/29	15:53:39	24.18691
1927/07/14	02:18:41	-24.18316
1927/07/26	23:21:36	24.19409
1927/08/10	11:09:46	-24.24083
1927/08/23	04:53:07	24.29899
1927/09/06	20:06:57	-24.42018
1927/09/19	09:50:30	24.51800
1927/10/04	04:07:36	-24.67769
1927/10/16	16:15:10	24.77446
1927/10/31	10:43:38	-24.89931
1927/11/13	01:14:52	24.95308
1927/11/27	16:32:17	-24.99611
1927/12/10	11:59:08	25.00003
1927/12/24	22:49:51	-24.98801
1928/01/06	22:11:59	24.98377
1928/01/21	06:23:27	-24.99416
1928/02/03	05:58:24	25.03541

MOON (over +/-23°)
LUNA (oltre +/-23°)

1928/02/17	14:55:43	-25.12269
1928/03/01	11:23:14	25.21798
1928/03/15	23:27:49	-25.36379
1928/03/28	16:32:12	25.47037
1928/04/12	07:06:15	-25.60418
1928/04/24	23:35:20	25.67340
1928/05/09	13:36:30	-25.73821
1928/05/22	08:56:21	25.75479
1928/06/05	19:25:41	-25.75292
1928/06/18	19:17:09	25.74305
1928/07/03	01:20:46	-25.72704
1928/07/16	04:49:24	25.73791
1928/07/30	08:01:14	-25.76659
1928/08/12	12:20:20	25.82965
1928/08/26	15:38:03	-25.92570
1928/09/08	17:55:30	26.02958
1928/09/22	23:45:10	-26.16226
1928/10/05	23:07:47	26.26049
1928/10/20	07:31:52	-26.36493
1928/11/02	06:02:55	26.41373
1928/11/16	14:18:11	-26.44356
1928/11/29	15:37:09	26.43964
1928/12/13	20:08:25	-26.41442
1928/12/27	02:41:57	26.40432
1929/01/10	01:47:48	-26.39539
1929/01/23	12:55:41	26.43771
1929/02/06	08:07:01	-26.49757
1929/02/19	20:36:45	26.60176
1929/03/05	15:27:14	-26.71552
1929/03/19	02:08:51	26.83069
1929/04/01	23:25:37	-26.93610
1929/04/15	07:37:53	27.00481
1929/04/29	07:10:29	-27.04970
1929/05/12	14:55:27	27.05750
1929/05/26	13:58:03	-27.04171
1929/06/09	00:15:28	27.02194
1929/06/22	19:42:39	-26.99275
1929/07/06	10:28:28	26.99883
1929/07/20	01:00:21	-27.00950
1929/08/02	19:58:31	27.07515
1929/08/16	06:46:28	-27.14400
1929/08/30	03:36:34	27.25489
1929/09/12	13:39:55	-27.35350
1929/09/26	09:24:37	27.45541
1929/10/09	21:34:43	-27.52933
1929/10/23	14:50:59	27.57231
1929/11/06	05:39:32	-27.58282
1929/11/19	21:55:39	27.56537
1929/12/03	12:51:27	-27.52782
1929/12/17	07:27:02	27.50349
1929/12/30	18:43:15	-27.48004
1930/01/13	18:15:41	27.51444

MOON (over +/-23°)
LUNA (oltre +/-23°)

1930/01/26	23:49:13	-27.55238
1930/02/10	04:11:03	27.65821
1930/02/23	05:25:16	-27.74292
1930/03/09	11:46:09	27.86272
1930/03/22	12:28:11	-27.93842
1930/04/05	17:26:37	28.00309
1930/04/18	20:44:30	-28.02581
1930/05/02	23:01:02	28.01825
1930/05/16	05:03:35	-27.98954
1930/05/30	06:03:49	27.95072
1930/06/12	12:16:30	-27.91309
1930/06/26	14:53:21	27.90404
1930/07/09	18:03:37	-27.90423
1930/07/24	00:38:28	27.96107
1930/08/05	23:04:30	-28.01227
1930/08/20	09:55:38	28.11885
1930/09/02	04:32:54	-28.19225
1930/09/16	17:33:54	28.28877
1930/09/29	11:29:14	-28.33700
1930/10/13	23:25:38	28.36666
1930/10/26	19:55:52	-28.35985
1930/11/10	04:50:22	28.32000
1930/11/23	04:48:35	-28.27377
1930/12/07	11:40:03	28.22371
1930/12/20	12:38:40	-28.19296
1931/01/03	20:39:22	28.20453
1931/01/16	18:41:05	-28.23116
1931/01/31	06:46:40	28.32068
1931/02/12	23:39:33	-28.38851
1931/02/27	16:07:27	28.49694
1931/03/12	05:18:30	-28.55231
1931/03/26	23:26:14	28.60229
1931/04/08	12:49:20	-28.60727
1931/04/23	05:02:31	28.57632
1931/05/05	21:48:29	-28.53684
1931/05/20	10:24:25	28.47018
1931/06/02	06:49:43	-28.42739
1931/06/16	16:54:40	28.39231
1931/06/29	14:34:56	-28.38845
1931/07/14	01:00:31	28.42219
1931/07/26	20:40:48	-28.46584
1931/08/10	10:06:50	28.55100
1931/08/23	01:50:00	-28.61086
1931/09/06	18:57:34	28.68710
1931/09/19	07:29:03	-28.71805
1931/10/04	02:19:24	28.72618
1931/10/16	14:53:23	-28.70476
1931/10/31	07:59:45	28.63858
1931/11/13	00:07:56	-28.58392
1931/11/27	13:10:59	28.50300
1931/12/10	09:54:29	-28.46733
1931/12/24	19:33:27	28.44635

MOON (over +/-23°)
LUNA (oltre +/-23°)

1932/01/06	18:25:16	-28.46817
1932/01/21	03:46:30	28.52595
1932/02/03	00:48:27	-28.58654
1932/02/17	12:58:16	28.66712
1932/03/01	05:59:54	-28.71015
1932/03/15	21:32:48	28.73638
1932/03/28	11:59:23	-28.72574
1932/04/12	04:26:28	28.67088
1932/04/24	19:59:05	-28.61821
1932/05/09	09:51:19	28.52552
1932/05/22	05:30:46	-28.47507
1932/06/05	14:56:24	28.41325
1932/06/18	15:07:47	-28.40595
1932/07/02	20:54:34	28.41177
1932/07/15	23:29:03	-28.45230
1932/07/30	04:18:01	28.50748
1932/08/12	06:02:36	-28.55984
1932/08/26	12:41:34	28.60761
1932/09/08	11:26:30	-28.62450
1932/09/22	20:56:28	28.61013
1932/10/05	17:16:16	-28.57135
1932/10/20	03:55:20	28.48652
1932/11/02	01:02:25	-28.41699
1932/11/16	09:27:16	28.31490
1932/11/29	10:54:11	-28.26928
1932/12/13	14:32:38	28.22141
1932/12/26	21:23:00	-28.23739
1933/01/09	20:32:09	28.26365
1933/01/23	06:26:26	-28.31918
1933/02/06	03:59:26	28.36880
1933/02/19	13:07:25	-28.40079
1933/03/05	12:18:22	28.40355
1933/03/18	18:28:30	-28.37316
1933/04/01	20:16:06	28.30315
1933/04/15	00:35:11	-28.22838
1933/04/29	02:59:08	28.12322
1933/05/12	08:41:49	-28.05611
1933/05/26	08:28:33	27.97955
1933/06/08	18:26:59	-27.96283
1933/06/22	13:33:19	27.94912
1933/07/06	04:29:07	-27.98387
1933/07/19	19:14:32	28.01455
1933/08/02	13:19:58	-28.05844
1933/08/16	02:06:41	28.08187
1933/08/29	20:12:11	-28.08194
1933/09/12	09:56:36	28.05176
1933/09/26	01:37:34	-27.98795
1933/10/09	17:51:39	27.89755
1933/10/23	07:23:29	-27.80165
1933/11/06	00:56:02	27.69549
1933/11/19	15:16:23	-27.62889
1933/12/03	06:52:26	27.56956

MOON (over +/-23°)
LUNA (oltre +/-23°)

1933/12/17	01:27:48	-27.57156
1933/12/30	12:15:08	27.57826
1934/01/13	12:17:43	-27.62366
1934/01/26	18:03:56	27.65129
1934/02/09	21:31:46	-27.66871
1934/02/23	01:00:06	27.65553
1934/03/09	04:11:44	-27.59914
1934/03/22	08:54:42	27.52383
1934/04/05	09:26:10	-27.41629
1934/04/18	16:55:11	27.31195
1934/05/02	15:23:09	-27.21629
1934/05/16	00:07:19	27.13860
1934/05/29	23:20:48	-27.10247
1934/06/12	06:13:42	27.08121
1934/06/26	09:05:14	-27.10266
1934/07/09	11:41:07	27.11948
1934/07/23	19:16:01	-27.14999
1934/08/05	17:20:39	27.15796
1934/08/20	04:14:23	-27.13825
1934/09/01	23:56:44	27.09909
1934/09/16	11:01:11	-27.00617
1934/09/29	07:40:04	26.91742
1934/10/13	16:10:41	-26.78749
1934/10/26	15:59:20	26.68738
1934/11/09	21:45:06	-26.59007
1934/11/22	23:58:58	26.53102
1934/12/07	05:37:41	-26.50966
1934/12/20	06:54:53	26.50811
1935/01/03	15:50:14	-26.53626
1935/01/16	12:48:29	26.55142
1935/01/31	02:29:22	-26.55219
1935/02/12	18:34:18	26.52859
1935/02/27	11:19:43	-26.44803
1935/03/12	01:20:55	26.36972
1935/03/26	17:35:34	-26.22939
1935/04/08	09:28:21	26.12872
1935/04/22	22:34:19	-26.00057
1935/05/05	18:12:30	25.92687
1935/05/20	04:20:18	-25.86572
1935/06/02	02:27:18	25.84365
1935/06/16	12:06:18	-25.84663
1935/06/29	09:31:24	25.85680
1935/07/13	21:37:10	-25.87170
1935/07/26	15:29:33	25.86958
1935/08/10	07:29:58	-25.83411
1935/08/22	21:10:24	25.78672
1935/09/06	16:02:32	-25.67427
1935/09/19	03:41:44	25.58410
1935/10/03	22:20:27	-25.42908
1935/10/16	11:47:04	25.33286
1935/10/31	03:12:50	-25.20858
1935/11/12	21:09:13	25.15184

MOON (over +/-23°)
LUNA (oltre +/-23°)

1935/11/27	08:47:36	-25.10694
1935/12/10	06:33:14	25.10227
1935/12/24	16:40:20	-25.11279
1936/01/06	14:35:16	25.12031
1936/01/21	02:29:43	-25.10947
1936/02/02	20:52:05	25.07561
1936/02/17	12:19:57	-24.98530
1936/03/01	02:33:00	24.89790
1936/03/15	20:18:59	-24.74329
1936/03/28	09:21:41	24.63846
1936/04/12	02:08:10	-24.49167
1936/04/24	17:59:54	24.41768
1936/05/09	07:07:00	-24.33894
1936/05/22	03:43:22	24.31640
1936/06/05	12:58:30	-24.30538
1936/06/18	13:08:45	24.31172
1936/07/02	20:35:14	-24.31657
1936/07/15	21:08:13	24.30581
1936/07/30	05:35:12	-24.26598
1936/08/12	03:27:24	24.20656
1936/08/26	14:41:03	-24.09475
1936/09/08	09:01:41	23.99376
1936/09/22	22:27:37	-23.83818
1936/10/05	15:31:58	23.73594
1936/10/20	04:25:01	-23.60465
1936/11/02	00:13:47	23.54522
1936/11/16	09:32:37	-23.48914
1936/11/29	10:50:18	23.48181
1936/12/13	15:32:39	-23.48346
1936/12/26	21:33:23	23.48576
1937/01/09	23:19:47	-23.47410
1937/01/23	06:21:03	23.42895
1937/02/06	08:19:10	-23.34721
1937/02/19	12:41:43	23.24265
1937/03/05	17:03:08	-23.09944
1945/05/02	18:19:15	-23.01516
1945/05/15	09:34:08	23.08136
1945/05/30	00:20:35	-23.14467
1945/06/11	19:55:22	23.16235
1945/06/26	07:08:45	-23.16626
1945/07/09	05:22:00	23.16240
1945/07/23	15:05:32	-23.16406
1945/08/05	12:41:30	23.18359
1945/08/19	23:49:22	-23.24144
1945/09/01	18:04:53	23.31086
1945/09/16	08:29:12	-23.44213
1945/09/28	23:11:50	23.54703
1945/10/13	16:12:42	-23.70881
1945/10/26	06:10:46	23.80474
1945/11/09	22:44:36	-23.92317
1945/11/22	15:54:33	23.97085
1945/12/07	04:45:24	-24.00732

MOON (over +/-23°)
LUNA (oltre +/-23°)

1945/12/20	03:06:57	24.00862
1946/01/03	11:18:09	-23.99972
1946/01/16	13:18:24	24.00344
1946/01/30	18:53:22	-24.02680
1946/02/12	20:45:09	24.08298
1946/02/27	03:11:19	-24.18309
1946/03/12	01:59:49	24.28985
1946/03/26	11:25:06	-24.43927
1946/04/08	07:24:52	24.54862
1946/04/22	18:54:23	-24.67751
1946/05/05	14:59:58	24.74361
1946/05/20	01:27:50	-24.80298
1946/06/02	00:48:28	24.81712
1946/06/16	07:25:48	-24.81635
1946/06/29	11:21:10	24.81032
1946/07/13	13:26:31	-24.80329
1946/07/26	20:49:16	24.82565
1946/08/09	20:05:19	-24.86729
1946/08/23	04:06:54	24.94544
1946/09/06	03:34:52	-25.05210
1946/09/19	09:33:44	25.16765
1946/10/03	11:34:23	-25.30357
1946/10/16	14:57:46	25.40553
1946/10/30	19:18:59	-25.50630
1946/11/12	22:25:22	25.55297
1946/11/27	02:10:59	-25.57987
1946/12/10	08:32:58	25.57623
1946/12/24	08:09:17	-25.55760
1947/01/06	19:49:26	25.55803
1947/01/20	13:50:45	-25.56482
1947/02/03	05:48:08	25.62580
1947/02/16	20:05:15	-25.70045
1947/03/02	13:05:23	25.82073
1947/03/16	03:21:07	-25.94004
1947/03/29	18:29:27	26.06194
1947/04/12	11:21:05	-26.16491
1947/04/26	00:13:08	26.23356
1947/05/09	19:12:33	-26.27586
1947/05/23	07:53:51	26.28383
1947/06/06	02:07:01	-26.27213
1947/06/19	17:29:36	26.25853
1947/07/03	07:54:42	-26.24102
1947/07/17	03:44:16	26.26077
1947/07/30	13:11:09	-26.28618
1947/08/13	13:02:58	26.36939
1947/08/26	18:55:36	-26.44991
1947/09/09	20:24:00	26.57542
1947/09/23	01:52:35	-26.67884
1947/10/07	02:02:54	26.78744
1947/10/20	09:58:23	-26.86046
1947/11/03	07:40:02	26.90393
1947/11/16	18:17:32	-26.91442

MOON (over +/-23°)
LUNA (oltre +/-23°)

1947/11/30	15:10:26	26.89947
1947/12/14	01:38:58	-26.87059
1947/12/28	01:01:21	26.85862
1948/01/10	07:30:31	-26.85264
1948/01/24	11:46:13	26.90776
1948/02/06	12:31:46	-26.96252
1948/02/20	21:17:08	27.08687
1948/03/04	18:10:28	-27.17956
1948/03/19	04:27:15	27.30811
1948/04/01	01:27:38	-27.38415
1948/04/15	10:00:41	27.45048
1948/04/28	10:02:23	-27.47306
1948/05/12	15:45:45	27.46783
1948/05/25	18:34:51	-27.44492
1948/06/08	23:02:46	27.41453
1948/06/22	01:52:22	-27.38982
1948/07/06	07:58:11	27.39585
1948/07/19	07:36:58	-27.41200
1948/08/02	17:36:44	27.48680
1948/08/15	12:34:41	-27.55106
1948/08/30	02:36:43	27.67245
1948/09/11	18:08:16	-27.75252
1948/09/26	09:55:06	27.85648
1948/10/09	01:22:59	-27.90608
1948/10/23	15:37:27	27.93769
1948/11/05	10:15:30	-27.93258
1948/11/19	21:11:09	27.89716
1948/12/02	19:27:56	-27.86014
1948/12/17	04:18:12	27.82398
1948/12/30	03:21:16	-27.81123
1949/01/13	13:23:14	27.84403
1949/01/26	09:14:42	-27.88921
1949/02/09	23:14:36	27.99702
1949/02/22	14:09:12	-28.07529
1949/03/09	08:06:38	28.19218
1949/03/21	20:01:41	-28.25012
1949/04/05	15:02:52	28.30227
1949/04/18	03:57:14	-28.30856
1949/05/02	20:33:55	28.28188
1949/05/15	13:17:43	-28.24867
1949/05/30	02:02:38	28.19301
1949/06/11	22:28:53	-28.16331
1949/06/26	08:39:33	28.14466
1949/07/09	06:12:41	-28.15748
1949/07/23	16:43:32	28.20841
1949/08/05	12:11:17	-28.26660
1949/08/20	01:37:25	28.36475
1949/09/01	17:17:28	-28.43300
1949/09/16	10:08:16	28.51563
1949/09/28	23:07:52	-28.54936
1949/10/13	17:11:33	28.56009
1949/10/26	06:58:33	-28.54085

MOON (over +/-23°)
LUNA (oltre +/-23°)

1949/11/09	22:45:43	28.48103
1949/11/22	16:41:16	-28.43499
1949/12/07	04:04:27	28.36978
1949/12/20	02:40:40	-28.35185
1950/01/03	10:34:59	28.35242
1950/01/16	11:03:32	-28.39421
1950/01/30	18:42:22	28.46919
1950/02/12	17:11:20	-28.54241
1950/02/27	03:33:32	28.63023
1950/03/11	22:20:59	-28.67725
1950/03/26	11:44:22	28.70550
1950/04/08	04:37:50	-28.69653
1950/04/22	18:24:11	28.64747
1950/05/05	13:00:47	-28.60074
1950/05/19	23:47:42	28.52160
1950/06/01	22:47:45	-28.48397
1950/06/16	04:56:40	28.44032
1950/06/29	08:27:10	-28.45015
1950/07/13	10:55:33	28.47277
1950/07/26	16:40:03	-28.52907
1950/08/09	18:12:46	28.59532
1950/08/22	23:01:25	-28.65732
1950/09/06	02:23:56	28.70996
1950/09/19	04:21:11	-28.73005
1950/10/03	10:24:58	28.71832
1950/10/16	10:24:21	-28.68128
1950/10/30	17:15:24	28.60395
1950/11/12	18:36:56	-28.54205
1950/11/26	22:48:07	28.45686
1950/12/10	04:50:05	-28.42832
1950/12/24	03:58:10	28.40231
1951/01/06	15:19:14	-28.43898
1951/01/20	09:56:57	28.48166
1951/02/03	00:03:04	-28.55115
1951/02/16	17:15:14	28.60699
1951/03/02	06:23:51	-28.64332
1951/03/16	01:22:20	28.64766
1951/03/29	11:43:13	-28.61840
1951/04/12	09:12:25	28.55446
1951/04/25	18:05:18	-28.48505
1951/05/09	15:54:20	28.39434
1951/05/23	02:29:04	-28.33966
1951/06/05	21:25:49	28.28208
1951/06/19	12:21:27	-28.28236
1951/07/03	02:31:02	28.28523
1951/07/16	22:17:45	-28.33581
1951/07/30	08:09:18	28.37634
1951/08/13	06:52:27	-28.42977
1951/08/26	14:57:14	28.45685
1951/09/09	13:26:47	-28.45949
1951/09/22	22:45:20	28.43134
1951/10/06	18:46:02	-28.36820

MOON (over +/-23°)
LUNA (oltre +/-23°)

1951/10/20	06:43:11	28.28469
1951/11/03	00:45:08	-28.19529
1951/11/16	13:53:36	28.10500
1951/11/30	09:00:27	-28.05446
1951/12/13	19:54:02	28.01599
1951/12/27	19:22:21	-28.03804
1952/01/10	01:14:37	28.06037
1952/01/24	05:58:15	-28.11921
1952/02/06	06:58:20	28.15224
1952/02/20	14:42:04	-28.17289
1952/03/04	13:53:59	28.16024
1952/03/18	20:58:28	-28.10377
1952/03/31	21:54:55	28.03306
1952/04/15	02:10:39	-27.93049
1952/04/28	06:04:13	27.83892
1952/05/12	08:19:45	-27.75566
1952/05/25	13:22:16	27.69562
1952/06/08	16:27:58	-27.67577
1952/06/21	19:28:47	27.67005
1952/07/06	02:11:25	-27.70573
1952/07/19	00:51:39	27.73129
1952/08/02	12:07:24	-27.76948
1952/08/15	06:27:26	27.77981
1952/08/29	20:41:06	-27.76110
1952/09/11	13:07:33	27.72238
1952/09/26	03:04:43	-27.62907
1952/10/08	21:05:08	27.54484
1952/10/23	08:07:27	-27.42078
1952/11/05	05:42:51	27.33337
1952/11/19	13:54:48	-27.25118
1952/12/02	13:53:52	27.21032
1952/12/16	22:03:09	-27.20718
1952/12/29	20:46:55	27.21986
1953/01/13	08:12:33	-27.25908
1953/01/26	02:29:17	27.27847
1953/02/09	18:23:45	-27.28015
1953/02/22	08:11:23	27.25517
1953/03/09	02:37:06	-27.17310
1953/03/21	15:09:43	27.09651
1953/04/05	08:30:03	-26.96132
1953/04/17	23:36:14	26.87003
1953/05/02	13:27:43	-26.75503
1953/05/15	08:34:32	26.69614
1953/05/29	19:22:47	-26.65062
1953/06/11	16:52:24	26.64228
1953/06/26	03:12:41	-26.65695
1953/07/08	23:49:15	26.67444
1953/07/23	12:34:01	-26.69391
1953/08/05	05:36:34	26.69228
1953/08/19	22:03:10	-26.65565
1953/09/01	11:14:09	26.60603
1953/09/16	06:04:53	-26.49242

MOON (over +/-23°)
LUNA (oltre +/-23°)

1953/09/28	17:58:18	26.40327
1953/10/13	11:59:31	-26.25415
1953/10/26	02:29:11	26.16662
1953/11/09	16:49:04	-26.05710
1953/11/22	12:14:04	26.01520
1953/12/06	22:35:46	-25.98659
1953/12/19	21:41:48	25.99418
1954/01/03	06:33:39	-26.01257
1954/01/16	05:26:55	26.02232
1954/01/30	16:05:40	-26.00936
1954/02/12	11:24:14	25.97081
1954/02/27	01:20:23	-25.87715
1954/03/11	17:04:24	25.78736
1954/03/26	08:46:00	-25.63768
1954/04/08	00:11:46	25.53826
1954/04/22	14:20:18	-25.40524
1954/05/05	09:11:24	25.34291
1954/05/19	19:21:00	-25.27930
1954/06/01	19:04:49	25.26829
1954/06/16	01:17:21	-25.26632
1954/06/29	04:24:23	25.27793
1954/07/13	08:50:05	-25.28372
1954/07/26	12:06:21	25.27052
1954/08/09	17:33:05	-25.22671
1954/08/22	18:07:38	25.16109
1954/09/06	02:12:11	-25.04678
1954/09/18	23:38:52	24.94239
1954/10/03	09:32:39	-24.79204
1954/10/16	06:28:09	24.69426
1954/10/30	15:17:34	-24.57664
1954/11/12	15:39:29	24.52858
1954/11/26	20:28:34	-24.48655
1954/12/10	02:32:35	24.48889
1954/12/24	02:33:59	-24.49497
1955/01/06	13:03:40	24.49640
1955/01/20	10:12:50	-24.47885
1955/02/02	21:18:31	24.42403
1955/02/16	18:48:32	-24.33576
1955/03/02	03:13:14	24.22321
1955/03/16	03:05:48	-24.08255
1955/03/29	08:43:46	23.96276
1955/04/12	10:11:31	-23.83386
1955/04/25	15:56:12	23.75942
1955/05/09	16:09:30	-23.69320
1955/05/23	01:23:10	23.67645
1955/06/05	21:47:51	-23.66848
1955/06/19	12:00:59	23.67492
1955/07/03	03:59:55	-23.67621
1955/07/16	22:05:21	23.65259
1955/07/30	11:11:25	-23.61198
1955/08/13	06:11:48	23.52793
1955/08/26	19:08:14	-23.42767

MOON (over +/-23°)
LUNA (oltre +/-23°)

1955/09/09	12:09:34	23.30035
1955/09/23	03:07:52	-23.16860
1955/10/06	17:27:30	23.05102
1964/02/10	06:02:56	-23.01686
1964/02/23	11:08:38	23.08671
1964/03/08	14:06:40	-23.19606
1964/03/21	16:17:28	23.31191
1964/04/04	22:08:36	-23.46055
1964/04/17	22:04:45	23.57006
1964/05/02	05:37:03	-23.69056
1964/05/15	06:13:55	23.75142
1964/05/29	12:18:47	-23.80334
1964/06/11	16:27:49	23.81365
1964/06/25	18:26:04	-23.81295
1964/07/09	03:08:11	23.81010
1964/07/23	00:30:27	-23.81118
1964/08/05	12:27:33	23.84471
1964/08/19	07:06:27	-23.89775
1964/09/01	19:29:28	23.99019
1964/09/15	14:31:02	-24.10475
1964/09/29	00:50:11	24.23014
1964/10/12	22:29:24	-24.36575
1964/10/26	06:31:53	24.46885
1964/11/09	06:20:05	-24.56285
1964/11/22	14:35:38	24.60524
1964/12/06	13:22:38	-24.62781
1964/12/20	01:13:31	24.62388
1965/01/02	19:27:56	-24.61158
1965/01/16	12:33:40	24.62284
1965/01/30	01:08:17	-24.64412
1965/02/12	22:10:54	24.72297
1965/02/26	07:19:10	-24.80947
1965/03/12	05:04:12	24.94349
1965/03/25	14:37:34	-25.06505
1965/04/08	10:24:57	25.19107
1965/04/21	22:47:28	-25.28928
1965/05/05	16:26:52	25.35611
1965/05/19	06:50:45	-25.39461
1965/06/02	00:30:32	25.40195
1965/06/15	13:53:05	-25.39364
1965/06/29	10:19:14	25.38602
1965/07/12	19:42:17	-25.37934
1965/07/26	20:31:47	25.41271
1965/08/09	00:56:30	-25.45156
1965/08/23	05:35:47	25.55171
1965/09/05	06:41:55	-25.64203
1965/09/19	12:38:50	25.78049
1965/10/02	13:49:19	-25.88650
1965/10/16	18:11:45	25.99947
1965/10/29	22:14:13	-26.06966
1965/11/13	00:04:21	26.11195
1965/11/26	06:52:11	-26.12158

MOON (over +/-23°)
LUNA (oltre +/-23°)

1965/12/10	08:01:12	26.10914
1965/12/23	14:21:49	-26.08890
1966/01/06	18:06:23	26.09009
1966/01/19	20:09:27	-26.10074
1966/02/03	04:40:13	26.17602
1966/02/16	01:06:15	-26.24531
1966/03/02	13:43:23	26.38567
1966/03/15	06:53:34	-26.48392
1966/03/29	20:31:05	26.61848
1966/04/11	14:32:08	-26.69337
1966/04/26	02:02:06	26.75987
1966/05/08	23:29:05	-26.78168
1966/05/23	07:59:44	26.77849
1966/06/05	08:14:59	-26.76099
1966/06/19	15:29:41	26.73922
1966/07/02	15:34:59	-26.72692
1966/07/17	00:28:05	26.74803
1966/07/29	21:15:12	-26.77929
1966/08/13	09:56:57	26.87131
1966/08/26	02:10:42	-26.94749
1966/09/09	18:37:49	27.08199
1966/09/22	07:54:29	-27.16739
1966/10/07	01:37:21	27.27667
1966/10/19	15:34:23	-27.32648
1966/11/03	07:14:30	27.35889
1966/11/16	00:56:28	-27.35511
1966/11/30	13:00:26	27.32470
1966/12/13	10:26:33	-27.29729
1966/12/27	20:22:48	27.27617
1967/01/09	18:18:02	-27.28133
1967/01/24	05:27:34	27.33484
1967/02/06	00:00:08	-27.39715
1967/02/20	14:58:34	27.52076
1967/03/05	04:54:12	-27.60771
1967/03/19	23:22:55	27.73049
1967/04/01	11:05:45	-27.79004
1967/04/16	06:01:39	27.84329
1967/04/28	19:28:29	-27.85064
1967/05/13	11:31:36	27.82847
1967/05/26	05:09:16	-27.80157
1967/06/09	17:07:47	27.75740
1967/06/22	14:27:37	-27.74082
1967/07/06	23:49:24	27.73860
1967/07/19	22:07:13	-27.76793
1967/08/03	07:49:03	27.83521
1967/08/16	03:57:29	-27.90752
1967/08/30	16:29:07	28.01710
1967/09/12	09:02:47	-28.09309
1967/09/27	00:41:10	28.18048
1967/10/09	15:09:20	-28.21636
1967/10/24	07:30:04	28.22909
1967/11/05	23:29:57	-28.21214

MOON (over +/-23°)
LUNA (oltre +/-23°)

1967/11/20	13:02:48	28.15960
1967/12/03	09:39:21	-28.12322
1967/12/17	18:29:56	28.07503
1967/12/30	19:45:50	-28.07574
1968/01/14	01:04:49	28.09750
1968/01/27	03:55:35	-28.15883
1968/02/10	09:02:48	28.24880
1968/02/23	09:48:11	-28.33345
1968/03/08	17:34:20	28.42640
1968/03/21	15:00:18	-28.47678
1968/04/05	01:27:05	28.50654
1968/04/17	21:37:18	-28.49942
1968/05/02	07:59:07	28.45679
1968/05/15	06:22:27	-28.41666
1968/05/29	13:23:59	28.35166
1968/06/11	16:21:32	-28.32750
1968/06/25	18:36:04	28.30187
1968/07/09	02:00:06	-28.32926
1968/07/23	00:33:51	28.36781
1968/08/05	10:02:13	-28.43995
1968/08/19	07:44:27	28.51610
1968/09/01	16:11:18	-28.58749
1968/09/15	15:45:52	28.64408
1968/09/28	21:29:42	-28.66721
1968/10/12	23:38:31	28.65814
1968/10/26	03:49:56	-28.62339
1968/11/09	06:26:31	28.55469
1968/11/22	12:29:24	-28.50205
1968/12/06	12:02:35	28.43501
1968/12/19	22:59:22	-28.42526
1969/01/02	17:15:24	28.42088
1969/01/16	09:22:12	-28.47855
1969/01/29	23:11:04	28.53597
1969/02/12	17:43:04	-28.61855
1969/02/26	06:22:16	28.67926
1969/03/11	23:45:57	-28.71959
1969/03/25	14:23:54	28.72559
1969/04/08	05:07:35	-28.69822
1969/04/21	22:13:11	28.64127
1969/05/05	11:45:51	-28.57858
1969/05/19	04:57:37	28.50287
1969/06/01	20:24:10	-28.46187
1969/06/15	10:31:12	28.42296
1969/06/29	06:20:13	-28.44100
1969/07/12	15:35:30	28.45964
1969/07/26	16:07:38	-28.52631
1969/08/08	21:10:54	28.57597
1969/08/23	00:24:34	-28.63893
1969/09/05	03:58:00	28.66938
1969/09/19	06:41:57	-28.67482
1969/10/02	11:50:38	28.64908
1969/10/16	11:58:27	-28.58781
1969/10/29	19:57:41	28.51236
1969/11/12	18:13:22	-28.43179
1969/11/26	03:16:48	28.35862
1969/12/10	02:48:55	-28.32637
1969/12/23	09:19:22	28.30881
1970/01/06	13:14:51	-28.35148
1970/01/19	14:35:23	28.38831
1970/02/02	23:30:53	-28.45989
1970/02/15	20:16:00	28.49758
1970/03/02	07:44:01	-28.52149
1970/03/15	03:17:24	28.50997
1970/03/29	13:41:13	-28.45498
1970/04/11	11:30:41	28.39006
1970/04/25	18:54:47	-28.29468
1970/05/08	19:51:27	28.21664
1970/05/23	01:15:32	-28.14749
1970/06/05	03:14:49	28.10506
1970/06/19	09:31:12	-28.10227
1970/07/02	09:19:39	28.11169
1970/07/16	19:10:14	-28.16173
1970/07/29	14:37:24	28.19584
1970/08/13	04:48:57	-28.24180
1970/08/25	20:12:06	28.25473
1970/09/09	12:57:43	-28.23777
1970/09/22	03:01:56	28.20023
1970/10/06	19:00:59	-28.10854
1970/10/19	11:19:31	28.03016
1970/11/03	00:01:21	-27.91502
1970/11/15	20:17:35	27.84187
1970/11/30	06:02:41	-27.77740
1970/12/13	04:36:57	27.75549
1970/12/27	14:22:11	-27.77124
1971/01/09	11:22:52	27.79779
1971/01/24	00:21:45	-27.84750
1971/02/05	16:54:11	27.87092
1971/02/20	10:02:16	-27.87401
1971/03/04	22:37:58	27.84861
1971/03/19	17:42:26	-27.76746
1971/04/01	05:53:19	27.69416
1971/04/15	23:18:51	-27.56722
1971/04/28	14:40:05	27.48663
1971/05/13	04:18:27	-27.38696
1971/05/25	23:50:24	27.34356
1971/06/09	10:21:05	-27.31454
1971/06/22	08:08:19	27.32018
1971/07/06	18:11:27	-27.34667
1971/07/19	14:56:04	27.37180
1971/08/03	03:20:22	-27.39615
1971/08/15	20:33:36	27.39568
1971/08/30	12:25:20	-27.35921
1971/09/12	02:12:11	27.30852
1971/09/26	19:59:21	-27.19650

MOON (over +/-23°)
LUNA (oltre +/-23°)

1971/10/09	09:14:13	27.11010
1971/10/24	01:36:52	-26.97049
1971/11/05	18:12:26	26.89376
1971/11/20	06:28:00	-26.80176
1971/12/03	04:16:26	26.77630
1971/12/17	12:24:58	-26.76473
1971/12/30	13:41:37	26.78501
1972/01/13	20:22:16	-26.81098
1972/01/26	21:06:42	26.82329
1972/02/10	05:33:29	-26.80922
1972/02/23	02:48:02	26.76740
1972/03/08	14:16:20	-26.67349
1972/03/21	08:33:27	26.58354
1972/04/04	21:17:06	-26.44249
1972/04/17	16:01:31	26.35063
1972/05/02	02:43:27	-26.23386
1972/05/15	01:19:47	26.18468
1972/05/29	07:47:22	-26.13710
1972/06/11	11:18:42	26.13851
1972/06/25	13:45:58	-26.14589
1972/07/08	20:29:03	26.16354
1972/07/22	21:11:58	-26.17104
1972/08/05	03:52:40	26.15651
1972/08/19	05:38:01	-26.11061
1972/09/01	09:38:46	26.04044
1972/09/15	13:54:50	-25.92673
1972/09/28	15:11:59	25.82130
1972/10/12	20:57:28	-25.67986
1972/10/25	22:23:28	25.58933
1972/11/09	02:37:21	-25.48815
1972/11/22	08:01:49	25.45376
1972/12/06	07:53:03	-25.42671
1972/12/19	19:04:03	25.43972
1973/01/02	13:59:38	-25.45042
1973/01/16	05:16:10	25.45160
1973/01/29	21:27:13	-25.42982
1973/02/12	12:57:46	25.36736
1973/02/26	05:43:18	-25.27618
1973/03/11	18:32:52	25.15902
1973/03/25	13:43:51	-25.02489
1973/04/08	00:10:12	24.90941
1973/04/21	20:42:54	-24.79518
1973/05/05	07:42:23	24.73155
1973/05/19	02:41:41	-24.67964
1973/06/01	17:22:18	24.67310
1973/06/15	08:20:18	-24.67177
1973/06/29	03:56:17	24.68154
1973/07/12	14:26:40	-24.68110
1973/07/26	13:40:06	24.65249
1973/08/08	21:26:56	-24.60655
1973/08/22	21:17:41	24.51356
1973/09/05	05:12:07	-24.41104

MOON (over +/-23°)
LUNA (oltre +/-23°)

1973/09/19	02:54:49	24.27840
1973/10/02	13:05:51	-24.15240
1973/10/16	08:16:07	24.03853
1973/10/29	20:29:48	-23.94544
1973/11/12	15:36:54	23.89570
1973/11/26	03:09:13	-23.86640
1973/12/10	01:46:59	23.87037
1973/12/23	09:19:35	-23.87543
1974/01/06	13:21:02	23.86814
1974/01/19	15:35:27	-23.84580
1974/02/02	23:42:30	23.76657
1974/02/15	22:31:19	-23.68462
1974/03/02	07:10:29	23.53962
1974/03/15	06:17:35	-23.42143
1974/03/29	12:27:43	23.27684
1974/04/11	14:29:11	-23.17620
1974/04/25	17:57:23	23.09285
1974/05/08	22:24:34	-23.04664
1974/05/23	01:32:55	23.03045
1974/06/05	05:35:47	-23.02849
1974/06/19	11:22:50	23.03307
1974/07/02	12:03:54	-23.03069
1982/09/26	00:25:44	-23.11430
1982/10/09	15:34:00	23.24697
1982/10/23	08:31:49	-23.37840
1982/11/05	21:39:59	23.47936
1982/11/19	16:36:49	-23.56343
1982/12/03	06:22:20	23.59904
1982/12/16	23:52:26	-23.61593
1982/12/30	17:25:30	23.61104
1983/01/13	06:01:36	-23.60457
1983/01/27	04:40:37	23.62666
1983/02/09	11:38:34	-23.66073
1983/02/23	13:50:54	23.75601
1983/03/08	17:49:59	-23.85117
1983/03/22	20:21:54	23.99593
1983/04/05	01:19:53	-24.11650
1983/04/19	01:44:42	24.24354
1983/05/02	09:47:40	-24.33469
1983/05/16	08:08:05	24.39750
1983/05/29	18:06:10	-24.43086
1983/06/12	16:33:59	24.43648
1983/06/26	01:15:35	-24.43064
1983/07/10	02:32:20	24.42866
1983/07/23	07:04:05	-24.43184
1983/08/06	12:38:32	24.47849
1983/08/19	12:16:02	-24.52930
1983/09/02	21:24:25	24.64524
1983/09/15	18:07:01	-24.74326
1983/09/30	04:09:33	24.89219
1983/10/13	01:33:17	-24.99836
1983/10/27	09:40:53	25.11268

MOON (over +/-23°)
LUNA (oltre +/-23°)

1983/11/09	10:24:54	-25.17801
1983/11/23	15:53:41	25.21721
1983/12/06	19:23:45	-25.22509
1983/12/21	00:16:13	25.21506
1984/01/03	02:58:02	-25.20325
1984/01/17	10:29:19	25.21795
1984/01/30	08:38:15	-25.24407
1984/02/13	20:45:27	25.33813
1984/02/26	13:33:01	-25.41955
1984/03/12	05:19:15	25.57274
1984/03/24	19:36:24	-25.67420
1984/04/08	11:48:22	25.81158
1984/04/21	03:42:43	-25.88377
1984/05/05	17:21:37	25.94863
1984/05/18	13:03:51	-25.96882
1984/06/01	23:33:19	25.96715
1984/06/14	22:01:39	-25.95456
1984/06/29	07:14:26	25.94138
1984/07/12	05:21:16	-25.94089
1984/07/26	16:12:34	25.97670
1984/08/08	10:55:27	-26.02217
1984/08/23	01:28:35	26.13006
1984/09/04	15:50:51	-26.21686
1984/09/19	09:49:13	26.36205
1984/10/01	21:50:52	-26.45128
1984/10/16	16:32:31	26.56330
1984/10/29	06:02:13	-26.61207
1984/11/12	22:09:29	26.64396
1984/11/25	15:55:36	-26.64110
1984/12/10	04:10:02	26.61613
1984/12/23	01:39:24	-26.59863
1985/01/06	11:44:33	26.59317
1985/01/19	09:23:33	-26.61593
1985/02/02	20:43:19	26.68892
1985/02/15	14:53:22	-26.76678
1985/03/02	05:51:19	26.90315
1985/03/14	19:51:42	-26.99705
1985/03/29	13:50:53	27.12286
1985/04/11	02:27:21	-27.18295
1985/04/25	20:17:45	27.23603
1985/05/08	11:18:22	-27.24402
1985/05/23	01:50:14	27.22631
1985/06/04	21:17:16	-27.20568
1985/06/19	07:33:49	27.17318
1985/07/02	06:39:31	-27.16973
1985/07/16	14:17:56	27.18354
1985/07/29	14:12:06	-27.22919
1985/08/12	22:11:06	27.31155
1985/08/25	19:53:27	-27.39737
1985/09/09	06:36:58	27.51633
1985/09/22	01:00:51	-27.59911
1985/10/06	14:32:54	27.68928

MOON (over +/-23°)
LUNA (oltre +/-23°)

1985/10/19	07:28:28	-27.72651
1985/11/02	21:12:45	27.74054
1985/11/15	16:21:13	-27.72588
1985/11/30	02:48:19	27.68143
1985/12/13	02:54:06	-27.65571
1985/12/27	08:23:16	27.62526
1986/01/09	13:01:10	-27.64527
1986/01/23	14:58:37	27.68706
1986/02/05	20:53:35	-27.76719
1986/02/19	22:45:21	27.86953
1986/03/05	02:32:29	-27.96432
1986/03/19	07:00:35	28.06028
1986/04/01	07:51:25	-28.11330
1986/04/15	14:41:55	28.14393
1986/04/28	14:50:24	-28.13872
1986/05/12	21:11:34	28.10279
1986/05/25	23:56:04	-28.06976
1986/06/09	02:39:22	28.01904
1986/06/22	10:04:04	-28.00895
1986/07/06	07:53:24	28.00086
1986/07/19	19:38:32	-28.04618
1986/08/02	13:48:49	28.09957
1986/08/16	03:27:41	-28.18745
1986/08/29	20:53:46	28.27209
1986/09/12	09:24:46	-28.35232
1986/09/26	04:49:36	28.41171
1986/10/09	14:45:04	-28.43747
1986/10/23	12:40:14	28.43086
1986/11/05	21:25:40	-28.39899
1986/11/19	19:31:02	28.33985
1986/12/03	06:30:59	-28.29808
1986/12/17	01:11:13	28.24994
1986/12/30	17:11:56	-28.26033
1987/01/13	06:24:11	28.27666
1987/01/27	03:22:04	-28.35507
1987/02/09	12:15:52	28.42519
1987/02/23	11:18:09	-28.51977
1987/03/08	19:24:08	28.58398
1987/03/22	17:06:20	-28.62785
1987/04/05	03:27:22	28.63544
1987/04/18	22:33:44	-28.61055
1987/05/02	11:21:29	28.56106
1987/05/16	05:28:13	-28.50620
1987/05/29	18:10:24	28.44562
1987/06/12	14:18:31	-28.41934
1987/06/25	23:45:13	28.39860
1987/07/10	00:14:50	-28.43494
1987/07/23	04:47:25	28.46848
1987/08/06	09:50:21	-28.55117
1987/08/19	10:21:08	28.60912
1987/09/02	17:48:03	-28.68123
1987/09/15	17:12:08	28.71459

MOON (over +/-23°)
LUNA (oltre +/-23°)

1987/09/29	23:49:57	-28.72289
1987/10/13	01:15:58	28.69983
1987/10/27	05:07:23	-28.64167
1987/11/09	09:37:12	28.57529
1987/11/23	11:39:43	-28.50577
1987/12/06	17:05:25	28.45063
1987/12/20	20:32:01	-28.43838
1988/01/02	23:07:06	28.44132
1988/01/17	06:55:15	-28.50448
1988/01/30	04:17:10	28.55443
1988/02/13	16:46:56	-28.63765
1988/02/26	09:58:25	28.67929
1988/03/12	00:30:35	-28.70634
1988/03/24	17:11:58	28.69636
1988/04/08	06:13:14	-28.64423
1988/04/21	01:41:56	28.58592
1988/05/05	11:30:56	-28.49959
1988/05/18	10:14:53	28.43551
1988/06/01	18:02:21	-28.38182
1988/06/14	17:41:58	28.35683
1988/06/29	02:22:24	-28.37157
1988/07/11	23:43:15	28.39570
1988/07/26	11:53:46	-28.45995
1988/08/08	04:56:00	28.50232
1988/08/22	21:13:10	-28.55582
1988/09/04	10:33:03	28.57143
1988/09/19	04:57:22	-28.55677
1988/10/01	17:38:16	28.52102
1988/10/16	10:43:55	-28.43289
1988/10/29	02:20:01	28.36160
1988/11/12	15:45:54	-28.25822
1988/11/25	11:37:58	28.20075
1988/12/09	22:00:51	-28.15600
1988/12/22	20:01:13	28.15350
1989/01/06	06:26:08	-28.18808
1989/01/19	02:36:20	28.22791
1989/02/02	16:10:11	-28.28715
1989/02/15	07:58:19	28.31442
1989/03/02	01:19:26	-28.31928
1989/03/14	13:49:16	28.29434
1989/03/29	08:31:37	-28.21633
1989/04/10	21:25:09	28.14767
1989/04/25	13:57:21	-28.03153
1989/05/08	06:31:32	27.96272
1989/05/22	19:00:45	-27.87991
1989/06/04	15:51:01	27.85250
1989/06/19	01:08:56	-27.84031
1989/07/02	00:06:09	27.86014
1989/07/16	08:56:43	-27.89829
1989/07/29	06:43:37	27.93133
1989/08/12	17:51:25	-27.96068
1989/08/25	12:13:00	27.96190

MOON (over +/-23°)
LUNA (oltre +/-23°)

1989/09/09	02:33:04	-27.92666
1989/09/21	17:56:53	27.87585
1989/10/06	09:43:43	-27.76784
1989/10/19	01:20:56	27.68583
1989/11/02	15:10:13	-27.55887
1989/11/15	10:46:25	27.49506
1989/11/29	20:05:55	-27.42275
1989/12/12	21:04:30	27.41516
1989/12/27	02:10:16	-27.42074
1990/01/09	06:20:50	27.45390
1990/01/23	10:01:57	-27.48692
1990/02/05	13:24:13	27.50202
1990/02/19	18:51:36	-27.48779
1990/03/04	18:53:56	27.44411
1990/03/19	03:08:21	-27.35274
1990/04/01	00:49:20	27.26473
1990/04/15	09:52:46	-27.13520
1990/04/28	08:38:07	27.05280
1990/05/12	15:16:16	-26.95380
1990/05/25	18:11:29	26.91905
1990/06/08	20:23:24	-26.88777
1990/06/22	04:11:51	26.90238
1990/07/06	02:21:50	-26.91914
1990/07/19	13:10:20	26.94351
1990/08/02	09:39:47	-26.95330
1990/08/15	20:15:29	26.93834
1990/08/29	17:50:57	-26.89194
1990/09/12	01:49:20	26.81874
1990/09/26	01:51:31	-26.70824
1990/10/09	07:29:09	26.60411
1990/10/23	08:44:23	-26.47460
1990/11/05	15:04:42	26.39420
1990/11/19	14:24:36	-26.31152
1990/12/03	01:06:03	26.29292
1990/12/16	19:44:14	-26.28115
1990/12/30	12:09:34	26.30549
1991/01/13	01:48:10	-26.32075
1991/01/26	21:57:05	26.32230
1991/02/09	09:04:29	-26.29785
1991/02/23	05:06:59	26.22989
1991/03/08	17:07:37	-26.13893
1991/03/22	10:28:45	26.02042
1991/04/05	01:01:05	-25.89580
1991/04/18	16:16:22	25.78761
1991/05/02	08:00:07	-25.68958
1991/05/16	00:06:06	25.63868
1991/05/29	14:00:59	-25.60145
1991/06/12	09:54:06	25.60619
1991/06/25	19:38:02	-25.61185
1991/07/09	20:19:54	25.62588
1991/07/23	01:37:32	-25.62486
1991/08/06	05:41:00	25.59273

MOON (over +/-23°)
LUNA (oltre +/-23°)

1991/08/19	08:29:13	-25.54354
1991/09/02	12:50:55	25.44404
1991/09/15	16:09:50	-25.34198
1991/09/29	18:12:06	25.20746
1991/10/13	00:06:34	-25.09005
1991/10/26	23:41:30	24.98356
1991/11/09	07:38:38	-24.90546
1991/11/23	07:25:51	24.86883
1991/12/06	14:22:37	-24.85189
1991/12/20	17:49:38	24.86430
1992/01/02	20:26:55	-24.87109
1992/01/17	05:07:58	24.86056
1992/01/30	02:30:34	-24.83208
1992/02/13	14:48:43	24.74305
1992/02/26	09:20:39	-24.65717
1992/03/11	21:37:45	24.50741
1992/03/24	17:13:14	-24.39423
1992/04/08	02:42:01	24.25510
1992/04/21	01:36:50	-24.16661
1992/05/05	08:22:05	24.09429
1992/05/18	09:39:57	-24.05961
1992/06/01	16:10:47	24.05185
1992/06/14	16:48:53	-24.05402
1992/06/29	02:00:12	24.05912
1992/07/11	23:05:41	-24.05280
1992/07/26	12:24:47	24.01009
1992/08/08	05:05:09	-23.95970
1992/08/22	21:34:56	23.84361
1992/09/04	11:37:09	-23.74865
1992/09/19	04:23:39	23.59121
1992/10/01	19:17:57	-23.48620
1992/10/16	09:27:34	23.35626
1992/10/29	04:03:40	-23.28711
1992/11/12	14:58:45	23.23299
1992/11/25	13:04:53	-23.21733
1992/12/09	22:56:38	23.22020
1992/12/22	21:13:44	-23.22401
1993/01/06	09:20:19	23.21001
1993/01/19	03:56:01	-23.17868
1993/02/02	20:09:33	23.08569
1993/02/15	09:51:53	-23.00038
2001/04/01	10:45:37	23.00878
2001/04/14	11:32:04	-23.12516
2001/04/28	16:16:26	23.24960
2001/05/11	20:24:08	-23.33144
2001/05/25	23:03:55	23.38778
2001/06/08	04:59:01	-23.41459
2001/06/22	07:50:32	23.41719
2001/07/05	12:13:14	-23.41285
2001/07/19	17:54:44	23.41590
2001/08/01	17:58:38	-23.42783
2001/08/16	03:50:07	23.48701

MOON (over +/-23°)
LUNA (oltre +/-23°)

2001/08/28	23:09:34	-23.54815
2001/09/12	12:15:00	23.67790
2001/09/25	05:12:56	-23.78131
2001/10/09	18:43:43	23.93731
2001/10/22	13:07:36	-24.04096
2001/11/06	00:19:12	24.15291
2001/11/18	22:32:01	-24.21123
2001/12/03	06:56:22	24.24512
2001/12/16	07:50:37	-24.25040
2001/12/30	15:42:06	24.24257
2002/01/12	15:24:08	-24.23881
2002/01/27	01:55:40	24.26684
2002/02/08	20:54:21	-24.30691
2002/02/23	11:48:19	24.41745
2002/03/08	01:51:45	-24.50844
2002/03/22	19:53:17	24.67053
2002/04/04	08:19:09	-24.77286
2002/04/19	02:09:09	24.90959
2002/05/01	16:58:03	-24.97753
2002/05/16	07:49:14	25.03881
2002/05/29	02:43:37	-25.05644
2002/06/12	14:15:50	25.05560
2002/06/25	11:50:42	-25.04724
2002/07/09	22:06:03	25.04239
2002/07/22	19:06:47	-25.05304
2002/08/06	07:00:43	25.10288
2002/08/19	00:33:49	-25.16162
2002/09/02	16:01:24	25.28353
2002/09/15	05:32:27	-25.37956
2002/09/30	00:01:55	25.53240
2002/10/12	11:55:41	-25.62369
2002/10/27	06:33:06	25.73532
2002/11/08	20:43:58	-25.78151
2002/11/23	12:15:18	25.81135
2002/12/06	07:07:59	-25.80890
2002/12/20	18:31:34	25.78962
2003/01/02	16:59:31	-25.78226
2003/01/17	02:13:44	25.79248
2003/01/30	00:30:54	-25.83226
2003/02/13	11:01:22	25.92260
2003/02/26	05:49:06	-26.01425
2003/03/12	19:45:56	26.15975
2003/03/25	10:57:11	-26.25876
2003/04/09	03:25:37	26.38455
2003/04/21	18:00:58	-26.44400
2003/05/06	09:46:35	26.49544
2003/05/19	03:20:06	-26.50353
2003/06/02	15:24:30	26.48997
2003/06/15	13:34:19	-26.47545
2003/06/29	21:14:50	26.45445
2003/07/12	22:56:54	-26.46409
2003/07/27	03:59:16	26.49319

MOON (over +/-23°)
LUNA (oltre +/-23°)

2003/08/09	06:19:47	-26.55492
2003/08/23	11:44:34	26.65068
2003/09/05	11:52:18	-26.74927
2003/09/19	19:57:24	26.87521
2003/10/02	17:05:35	-26.96360
2003/10/17	03:41:44	27.05434
2003/10/29	23:59:03	-27.09187
2003/11/13	10:18:32	27.10633
2003/11/26	09:24:50	-27.09392
2003/12/10	16:00:04	27.05809
2003/12/23	20:16:29	-27.04392
2004/01/06	21:40:56	27.03135
2004/01/20	06:17:16	-27.07099
2004/02/03	04:13:21	27.13105
2004/02/16	13:49:09	-27.22884
2004/03/01	11:49:15	27.34064
2004/03/14	19:16:59	-27.44401
2004/03/28	19:53:42	27.54079
2004/04/11	00:46:54	-27.59554
2004/04/25	03:30:35	27.62628
2004/05/08	08:08:47	-27.62286
2004/05/22	10:02:08	27.59361
2004/06/04	17:32:46	-27.56805
2004/06/18	15:33:22	27.53139
2004/07/02	03:46:14	-27.53585
2004/07/15	20:47:52	27.54445
2004/07/29	13:13:20	-27.60789
2004/08/12	02:40:25	27.67472
2004/08/25	20:47:41	-27.77793
2004/09/08	09:42:15	27.86946
2004/09/22	02:33:45	-27.95767
2004/10/05	17:38:17	28.01857
2004/10/19	07:59:40	-28.04633
2004/11/02	01:33:37	28.04184
2004/11/15	15:03:17	-28.01332
2004/11/29	08:30:56	27.96433
2004/12/13	00:32:15	-27.93498
2004/12/26	14:14:13	27.90597
2005/01/09	11:17:44	-27.93746
2005/01/22	19:24:47	27.97307
2005/02/05	21:09:20	-28.07140
2005/02/19	01:13:36	28.15200
2005/03/05	04:40:00	-28.25702
2005/03/18	08:24:47	28.32333
2005/04/01	10:17:17	-28.37009
2005/04/14	16:36:24	28.37910
2005/04/28	15:53:18	-28.35719
2005/05/12	00:39:21	28.31542
2005/05/25	23:03:22	-28.26937
2005/06/08	07:33:14	28.22372
2005/06/22	08:02:41	-28.21288
2005/07/05	13:07:51	28.20955

MOON (over +/-23°)
LUNA (oltre +/-23°)

2005/07/19	17:55:59	-28.26437
2005/08/01	18:07:16	28.31178
2005/08/16	03:17:02	-28.41009
2005/08/28	23:41:41	28.47540
2005/09/12	10:54:46	-28.55596
2005/09/25	06:42:18	28.59167
2005/10/09	16:43:23	-28.60266
2005/10/22	15:03:50	28.58237
2005/11/05	22:05:28	-28.52843
2005/11/18	23:42:31	28.47194
2005/12/03	04:56:00	-28.41550
2005/12/16	07:18:06	28.37900
2005/12/30	14:00:34	-28.38795
2006/01/12	13:15:19	28.41064
2006/01/27	00:14:37	-28.49350
2006/02/08	18:19:24	28.55508
2006/02/23	09:38:45	-28.64841
2006/03/08	00:06:18	28.69324
2006/03/22	16:55:26	-28.72313
2006/04/04	07:37:36	28.71496
2006/04/18	22:28:11	-28.66685
2006/05/01	16:26:41	28.61574
2006/05/16	03:51:58	-28.53999
2006/05/29	01:11:03	28.49008
2006/06/12	10:32:29	-28.45277
2006/06/25	08:39:37	28.44498
2006/07/09	18:53:49	-28.47731
2006/07/22	14:35:39	28.51572
2006/08/06	04:14:43	-28.59363
2006/08/18	19:44:14	28.64390
2006/09/02	13:13:27	-28.70443
2006/09/15	01:27:41	28.72267
2006/09/29	20:34:33	-28.71064
2006/10/12	08:53:35	28.67715
2006/10/27	02:08:33	-28.59437
2006/11/08	18:02:05	28.53134
2006/11/23	07:15:30	-28.44221
2006/12/06	03:37:31	28.40171
2006/12/20	13:42:27	-28.37801
2007/01/02	11:59:29	28.39512
2007/01/16	22:08:00	-28.44780
2007/01/29	18:21:10	28.50018
2007/02/13	07:32:35	-28.56770
2007/02/25	23:36:46	28.59855
2007/03/12	16:12:15	-28.60541
2007/03/25	05:39:54	28.58159
2007/04/08	23:02:23	-28.50850
2007/04/21	13:38:13	28.44558
2007/05/06	04:22:23	-28.34219
2007/05/18	23:02:30	28.28609
2007/06/02	09:30:19	-28.22113
2007/06/15	08:27:56	28.21026

MOON (over +/-23°)
LUNA (oltre +/-23°)

2007/06/29	15:41:55	-28.21489
2007/07/12	16:37:29	28.24917
2007/07/26	23:24:36	-28.29851
2007/08/08	23:03:43	28.33966
2007/08/23	08:04:13	-28.37385
2007/09/05	04:27:00	28.37714
2007/09/19	16:24:43	-28.34399
2007/10/02	10:20:27	28.29397
2007/10/16	23:17:23	-28.19213
2007/10/29	18:09:25	28.11621
2007/11/13	04:38:30	-28.00454
2007/11/26	04:00:24	27.95569
2007/12/10	09:39:58	-27.90443
2007/12/23	14:26:38	27.91584
2008/01/06	15:48:06	-27.93807
2008/01/19	23:28:39	27.98403
2008/02/02	23:30:53	-28.02332
2008/02/16	06:10:08	28.04134
2008/03/01	08:01:01	-28.02773
2008/03/14	11:32:52	27.98340
2008/03/28	15:58:56	-27.89678
2008/04/10	17:41:38	27.81258
2008/04/24	22:34:21	-27.69671
2008/05/08	01:50:02	27.62551
2008/05/22	03:58:11	-27.54520
2008/06/04	11:34:43	27.52605
2008/06/18	09:07:36	-27.51102
2008/07/01	21:32:43	27.53950
2008/07/15	15:03:54	-27.56544
2008/07/29	06:17:01	27.59709
2008/08/11	22:13:47	-27.60954
2008/08/25	13:03:58	27.59503
2008/09/08	06:13:42	-27.54943
2008/09/21	18:28:50	27.47472
2008/10/05	14:05:04	-27.36969
2008/10/19	00:19:08	27.26925
2008/11/01	20:55:28	-27.15410
2008/11/15	08:19:08	27.08655
2008/11/29	02:39:00	-27.02364
2008/12/12	18:38:30	27.02259
2008/12/26	08:00:21	-27.02585
2009/01/09	05:35:57	27.06189
2009/01/22	13:59:15	-27.08147
2009/02/05	14:54:58	27.08394
2009/02/18	21:07:10	-27.05813
2009/03/04	21:35:58	26.98678
2009/03/18	05:05:21	-26.89855
2009/04/01	02:50:03	26.78175
2009/04/14	12:59:45	-26.66883
2009/04/28	08:49:51	26.57057
2009/05/11	20:02:35	-26.48968
2009/05/25	16:54:18	26.45313

MOON (over +/-23°)
LUNA (oltre +/-23°)

2009/06/08	02:05:10	-26.43061
2009/06/22	02:45:46	26.44747
2009/07/05	07:38:51	-26.46033
2009/07/19	12:59:41	26.47941
2009/08/01	13:31:41	-26.47873
2009/08/15	21:56:36	26.44448
2009/08/28	20:18:54	-26.39372
2009/09/12	04:40:38	26.29013
2009/09/25	04:02:28	-26.19076
2009/10/09	09:50:40	26.05779
2009/10/22	12:09:37	-25.95131
2009/11/05	15:31:42	25.85568
2009/11/18	19:52:36	-25.79408
2009/12/02	23:37:14	25.77261
2009/12/16	02:38:24	-25.76829
2009/12/30	10:06:54	25.78961
2010/01/12	08:33:24	-25.79847
2010/01/26	21:02:13	25.78565
2010/02/08	14:27:15	-25.75291
2010/02/23	06:01:42	25.65733
2010/03/07	21:19:30	-25.57042
2010/03/22	12:18:20	25.42050
2010/04/04	05:25:40	-25.31479
2010/04/18	17:16:04	25.18491
2010/05/01	14:03:41	-25.10986
2010/05/15	23:07:00	25.05060
2010/05/28	22:12:51	-25.02797
2010/06/12	07:04:43	25.02955
2010/06/25	05:16:45	-25.03650
2010/07/09	16:48:41	25.04314
2010/07/22	11:21:26	-25.03426
2010/08/06	02:50:32	24.98634
2010/08/18	17:11:31	-24.93082
2010/09/02	11:26:26	24.80854
2010/09/14	23:47:20	-24.71206
2010/09/29	17:44:39	24.55479
2010/10/12	07:47:17	-24.45590
2010/10/26	22:39:32	24.33538
2010/11/08	16:56:38	-24.27826
2010/11/23	04:24:00	24.23668
2010/12/06	02:08:28	-24.23044
2010/12/20	12:35:33	24.23844
2011/01/02	10:05:54	-24.24129
2011/01/16	22:49:01	24.22104
2011/01/29	16:25:48	-24.18110
2011/02/13	08:59:52	24.07825
2011/02/25	22:12:04	-23.98660
2011/03/12	17:08:24	23.82288
2011/03/25	05:03:51	-23.71728
2011/04/08	22:57:07	23.56901
2011/04/21	13:42:50	-23.49662
2011/05/06	03:55:22	23.42162

MOON (over +/-23°)
LUNA (oltre +/-23°)

2011/05/18	23:26:24	-23.40014
2011/06/02	09:54:20	23.39144
2011/06/15	08:52:50	-23.39579
2011/06/29	17:46:08	23.39718
2011/07/12	16:55:48	-23.38160
2011/07/27	03:02:43	23.33370
2011/08/08	23:21:01	-23.26943
2011/08/23	12:20:57	23.15038
2011/09/05	05:01:09	-23.04745
2019/11/02	00:34:22	-23.04529
2019/11/16	13:54:47	23.15063
2019/11/29	10:34:56	-23.19962
2019/12/13	20:59:18	23.22598
2019/12/26	20:09:13	-23.22773
2020/01/10	06:03:52	23.22175
2020/01/23	03:35:32	-23.22549
2020/02/06	16:10:19	23.26602
2020/02/19	08:54:57	-23.31836
2020/03/05	01:35:22	23.44232
2020/03/17	14:01:45	-23.54030
2020/04/01	09:14:12	23.70676
2020/04/13	21:01:04	-23.80756
2020/04/28	15:23:07	23.93972
2020/05/11	06:15:40	-24.00162
2020/05/25	21:14:20	24.05706
2020/06/07	16:24:05	-24.07096
2020/06/22	03:56:00	24.06999
2020/07/05	01:36:33	-24.06513
2020/07/19	11:52:34	24.06805
2020/08/01	08:45:31	-24.08916
2020/08/15	20:40:22	24.15181
2020/08/28	14:05:12	-24.22275
2020/09/12	05:23:51	24.35608
2020/09/24	19:11:52	-24.45965
2020/10/09	13:06:21	24.61630
2020/10/22	02:05:36	-24.70754
2020/11/05	19:31:19	24.81524
2020/11/18	11:34:32	-24.85706
2020/12/03	01:23:55	24.88323
2020/12/15	22:26:05	-24.88063
2020/12/30	07:55:22	24.86709
2021/01/12	08:18:11	-24.86995
2021/01/26	15:40:09	24.89525
2021/02/08	15:32:16	-24.95116
2021/02/23	00:13:07	25.05604
2021/03/07	20:41:13	-25.15953
2021/03/22	08:36:24	25.31016
2021/04/04	02:04:57	-25.41231
2021/04/18	16:02:43	25.53495
2021/05/01	09:39:54	-25.59237
2021/05/15	22:23:40	25.64066
2021/05/28	19:25:57	-25.64812

MOON (over +/-23°)
LUNA (oltre +/-23°)

2021/06/12	04:09:01	25.63815
2021/06/25	05:52:01	-25.62948
2021/07/09	10:04:50	25.61949
2021/07/22	15:11:09	-25.64216
2021/08/05	16:47:40	25.68541
2021/08/18	22:21:50	-25.76285
2021/09/02	00:24:51	25.86992
2021/09/15	03:46:25	-25.98023
2021/09/29	08:27:46	26.11034
2021/10/12	09:10:13	-26.20275
2021/10/26	16:06:40	26.29156
2021/11/08	16:33:57	-26.32808
2021/11/22	22:46:26	26.34199
2021/12/06	02:32:00	-26.33174
2021/12/20	04:35:29	26.30479
2022/01/02	13:36:11	-26.30293
2022/01/16	10:19:23	26.30778
2022/01/29	23:23:59	-26.36693
2022/02/12	16:46:47	26.44288
2022/02/26	06:33:35	-26.55680
2022/03/12	00:14:54	26.67495
2022/03/25	11:54:03	-26.78507
2022/04/08	08:15:39	26.88052
2022/04/21	17:38:44	-26.93590
2022/05/05	15:54:46	26.96588
2022/05/19	01:23:45	-26.96394
2022/06/01	22:31:12	26.94105
2022/06/15	11:03:29	-26.92320
2022/06/29	04:05:22	26.90009
2022/07/12	21:18:54	-26.91946
2022/07/26	09:18:59	26.94373
2022/08/09	06:35:17	-27.02524
2022/08/22	15:09:19	27.10393
2022/09/05	13:53:12	-27.22165
2022/09/18	22:12:20	27.31820
2022/10/02	19:30:03	-27.41304
2022/10/16	06:15:33	27.47396
2022/10/30	01:05:42	-27.50283
2022/11/12	14:21:46	27.50005
2022/11/26	08:34:10	-27.47536
2022/12/09	21:27:24	27.43696
2022/12/23	18:22:58	-27.42134
2023/01/06	03:11:22	27.41114
2023/01/20	05:06:00	-27.46401
2023/02/02	08:17:48	27.51701
2023/02/16	14:34:28	-27.63379
2023/03/01	14:07:04	27.72255
2023/03/15	21:40:44	-27.83620
2023/03/28	21:28:05	27.90331
2023/04/12	03:11:17	-27.95214
2023/04/25	05:53:58	27.96225
2023/05/09	08:58:17	-27.94357

MOON (over +/-23°)
LUNA (oltre +/-23°)

2023/05/22	14:08:07	27.90945
2023/06/05	16:22:55	-27.87290
2023/06/18	21:06:14	27.84180
2023/07/03	01:28:26	-27.84694
2023/07/16	02:38:55	27.86020
2023/07/30	11:15:26	-27.93340
2023/08/12	07:35:33	27.99365
2023/08/26	20:19:25	-28.10669
2023/09/08	13:14:15	28.17829
2023/09/23	03:36:55	-28.26612
2023/10/05	20:30:52	28.30344
2023/10/20	09:15:16	-28.31669
2023/11/02	05:15:34	28.29916
2023/11/16	14:45:34	-28.25055
2023/11/29	14:12:37	28.20462
2023/12/13	21:53:43	-28.16305
2023/12/26	21:52:12	28.14544
2024/01/10	07:05:05	-28.17603
2024/01/23	03:41:41	28.21737
2024/02/06	17:04:05	-28.31834
2024/02/19	08:41:28	28.38999
2024/03/05	01:59:20	-28.49158
2024/03/17	14:39:37	28.53885
2024/04/01	08:52:48	-28.57117
2024/04/13	22:33:06	28.56493
2024/04/28	14:20:08	-28.52177
2024/05/11	07:42:02	28.47821
2024/05/25	19:51:12	-28.41420
2024/06/07	16:35:58	28.37856
2024/06/22	02:38:55	-28.35816
2024/07/05	00:03:30	28.36730
2024/07/19	10:58:37	-28.41691
2024/08/01	05:52:58	28.46915
2024/08/15	20:06:38	-28.55981
2024/08/28	10:58:53	28.61756
2024/09/12	04:44:10	-28.68425
2024/09/24	16:53:14	28.70490
2024/10/09	11:44:43	-28.69567
2024/10/22	00:44:24	28.66481
2024/11/05	17:10:51	-28.58903
2024/11/18	10:20:23	28.53542
2024/12/02	22:25:09	-28.46263
2024/12/15	20:09:15	28.44023
2024/12/30	05:01:15	-28.43814
2025/01/12	04:24:31	28.47479
2025/01/26	13:21:53	-28.54418
2025/02/08	10:31:23	28.60824
2025/02/22	22:24:54	-28.68253
2025/03/07	15:44:27	28.71667
2025/03/22	06:38:37	-28.72567
2025/04/03	22:03:54	28.70359
2025/04/18	13:13:03	-28.63691

MOON (over +/-23°)
LUNA (oltre +/-23°)

2025/05/01	06:24:55	28.58067
2025/05/15	18:31:16	-28.49143
2025/05/28	16:04:28	28.44882
2025/06/11	23:43:37	-28.40217
2025/06/25	01:32:35	28.40828
2025/07/09	05:56:23	-28.42934
2025/07/22	09:34:09	28.47824
2025/08/05	13:32:12	-28.53808
2025/08/18	15:48:47	28.58739
2025/09/01	21:57:15	-28.62601
2025/09/14	21:08:24	28.63158
2025/09/29	06:00:14	-28.60112
2025/10/12	03:15:27	28.55269
2025/10/26	12:40:52	-28.45890
2025/11/08	11:31:05	28.39083
2025/11/22	18:01:13	-28.29657
2025/12/05	21:44:16	28.26470
2025/12/19	23:08:07	-28.23512
2026/01/02	08:11:58	28.26637
2026/01/16	05:16:25	-28.30415
2026/01/29	16:54:59	28.36260
2026/02/12	12:49:02	-28.40723
2026/02/25	23:15:53	28.42827
2026/03/11	21:04:00	-28.41603
2026/03/25	04:36:11	28.37227
2026/04/08	04:50:46	-28.29219
2026/04/21	11:00:19	28.21353
2026/05/05	11:23:11	-28.11267
2026/05/18	19:26:17	28.05417
2026/06/01	16:49:00	-27.99282
2026/06/15	05:18:38	27.99022
2026/06/28	21:59:23	-27.99104
2026/07/12	15:11:02	28.03394
2026/07/26	03:52:22	-28.06871
2026/08/08	23:39:22	28.10804
2026/08/22	10:55:45	-28.12333
2026/09/05	06:08:44	28.10993
2026/09/18	18:49:35	-28.06611
2026/10/02	11:27:56	27.99135
2026/10/16	02:39:02	-27.89360
2026/10/29	17:32:11	27.79936
2026/11/12	09:32:35	-27.70050
2026/11/26	01:55:43	27.64845
2026/12/09	15:20:04	-27.60604
2026/12/23	12:27:01	27.62385
2027/01/05	20:40:19	-27.64149
2027/01/19	23:11:17	27.68919
2027/02/02	02:33:37	-27.71277
2027/02/16	07:59:26	27.71665
2027/03/01	09:38:12	-27.69068
2027/03/15	14:15:27	27.61802
2027/03/28	17:39:19	-27.53450

MOON (over +/-23°)
LUNA (oltre +/-23°)

2027/04/11	19:26:41	27.42221
2027/04/25	01:40:20	-27.32243
2027/05/09	01:39:13	27.23639
2027/05/22	08:48:31	-27.17302
2027/06/05	09:55:08	27.15203
2027/06/18	14:51:28	-27.14408
2027/07/02	19:46:02	27.17363
2027/07/15	20:20:30	-27.19375
2027/07/30	05:44:58	27.21849
2027/08/12	02:08:05	-27.21886
2027/08/26	14:16:48	27.18377
2027/09/08	08:56:05	-27.13280
2027/09/22	20:37:26	27.02756
2027/10/05	16:49:52	-26.93276
2027/10/20	01:40:58	26.80472
2027/11/02	01:12:39	-26.71109
2027/11/16	07:36:00	26.62949
2027/11/29	09:06:32	-26.58544
2027/12/13	15:59:05	26.58065
2027/12/26	15:50:23	-26.58888
2028/01/10	02:26:58	26.61924
2028/01/22	21:34:18	-26.63035
2028/02/06	12:53:44	26.61623
2028/02/19	03:22:51	-26.58079
2028/03/04	21:13:34	26.48184
2028/03/17	10:24:49	-26.39625
2028/04/01	03:04:40	26.25037
2028/04/13	18:49:03	-26.15402
2028/04/28	08:00:47	26.03656
2028/05/11	03:41:14	-25.97591
2028/05/25	14:01:49	25.93118
2028/06/07	11:53:45	-25.92095
2028/06/21	22:04:22	25.93245
2028/07/04	18:50:12	-25.94476
2028/07/19	07:38:43	25.95379
2028/08/01	00:43:03	-25.94353
2028/08/15	17:15:51	25.89240
2028/08/28	06:27:54	-25.83348
2028/09/12	01:19:17	25.70840
2028/09/24	13:14:03	-25.61253
2028/10/09	07:12:48	25.45971
2028/10/21	21:37:54	-25.36922
2028/11/05	12:04:39	25.26174
2028/11/18	07:09:57	-25.21840
2028/12/02	18:02:37	25.19106
2028/12/15	16:26:38	-25.19492
2028/12/30	02:21:21	25.20839
2029/01/12	00:07:38	-25.21091
2029/01/26	12:17:21	25.18591
2029/02/08	06:07:02	-25.13933
2029/02/22	21:49:03	25.03077
2029/03/07	11:51:15	-24.93573

MOON (over +/-23°)
LUNA (oltre +/-23°)

2029/03/22	05:18:45	24.77536
2029/04/03	19:01:53	-24.67463
2029/04/18	10:49:04	24.53899
2029/05/01	04:03:36	-24.47740
2029/05/15	15:48:53	24.41597
2029/05/28	13:58:13	-24.40427
2029/06/11	21:53:50	24.40240
2029/06/24	23:18:56	-24.40954
2029/07/09	05:42:07	24.40934
2029/07/22	07:03:22	-24.38883
2029/08/05	14:40:32	24.33465
2029/08/18	13:09:00	-24.26236
2029/09/01	23:29:05	24.13894
2029/09/14	18:44:17	-24.03161
2029/09/29	06:51:36	23.87826
2029/10/12	01:33:59	-23.78132
2029/10/26	12:35:18	23.66655
2029/11/08	10:41:28	-23.61989
2029/11/22	17:50:03	23.58158
2029/12/05	21:29:30	-23.58205
2029/12/20	00:10:31	23.58758
2030/01/02	07:58:03	-23.58348
2030/01/16	08:13:19	23.55944
2030/01/29	16:13:53	-23.49925
2030/02/12	17:11:20	23.40096
2030/02/25	22:11:25	-23.28712
2030/03/12	01:39:01	23.13833
2030/03/25	03:45:48	-23.02165
2038/06/05	09:25:33	23.03468
2038/06/18	05:58:26	-23.04351
2038/07/02	16:21:31	23.04133
2038/07/15	15:11:40	-23.03909
2038/07/30	00:21:24	23.04896
2038/08/11	22:10:02	-23.07979
2038/08/26	08:59:26	23.15359
2038/09/08	03:23:09	-23.23551
2038/09/22	17:25:35	23.37697
2038/10/05	08:44:10	-23.48602
2038/10/20	00:54:24	23.64198
2038/11/01	16:15:47	-23.73060
2038/11/16	07:20:22	23.83048
2038/11/29	02:27:05	-23.86588
2038/12/13	13:27:32	23.88678
2038/12/26	13:40:27	-23.88337
2039/01/09	20:11:47	23.87537
2039/01/22	23:25:02	-23.88831
2039/02/06	03:54:06	23.92741
2039/02/19	06:18:33	-23.99823
2039/03/05	12:11:11	24.11414
2039/03/18	11:22:18	-24.22722
2039/04/01	20:18:12	24.37874
2039/04/14	17:07:34	-24.48183

MOON (over +/-23°) LUNA (oltre +/-23°)		
2039/04/29	03:38:49	24.59814
2039/05/12	01:15:36	-24.65188
2039/05/26	10:04:58	24.69539
2039/06/08	11:26:28	-24.70122
2039/06/22	15:58:40	24.69408
2039/07/05	22:00:33	-24.69087
2039/07/19	21:58:17	24.69114
2039/08/02	07:12:06	-24.72665
2039/08/16	04:38:08	24.78262
2039/08/29	14:08:24	-24.87516
2039/09/12	12:08:45	24.99101
2039/09/25	19:26:59	-25.11154
2039/10/09	20:07:07	25.24265
2039/10/23	01:06:41	-25.33695
2039/11/06	03:48:03	25.42118
2039/11/19	09:04:24	-25.45506
2039/12/03	10:35:54	25.46738
2039/12/16	19:32:16	-25.45911
2039/12/30	16:32:04	25.44102
2040/01/13	06:41:40	-25.45201
2040/01/26	22:15:47	25.47321
2040/02/09	16:10:05	-25.55129
2040/02/23	04:38:11	25.64029
2040/03/07	22:57:05	-25.76825
2040/03/21	12:04:11	25.88957
2040/04/04	04:14:35	-26.00426
2040/04/17	20:09:09	26.09622
2040/05/01	10:17:25	-26.15087
2040/05/15	03:56:04	26.17911
2040/05/28	18:25:03	-26.17822
2040/06/11	10:38:51	26.16114
2040/06/25	04:17:33	-26.15110
2040/07/08	16:14:44	26.14073
2040/07/22	14:31:13	-26.17512
2040/08/04	21:26:30	26.21370
2040/08/18	23:33:44	-26.31285
2040/09/01	03:16:43	26.40160
2040/09/15	06:34:19	-26.53251
2040/09/28	10:27:01	26.63212
2040/10/12	12:04:41	-26.73177
2040/10/25	18:45:10	26.79117
2040/11/08	17:54:29	-26.82004
2040/11/22	03:07:14	26.81843
2040/12/06	01:48:39	-26.79796
2040/12/19	10:20:43	26.77029
2041/01/02	11:52:33	-26.76944
2041/01/15	16:02:03	26.77735
2041/01/29	22:26:09	-26.85127
2041/02/11	21:04:05	26.91952
2041/02/26	07:27:54	-27.05260
2041/03/11	02:59:07	27.14724
2041/03/25	14:11:59	-27.26726

MOON (over +/-23°) LUNA (oltre +/-23°)		
2041/04/07	10:37:03	27.33383
2041/04/21	19:40:09	-27.38369
2041/05/04	19:21:33	27.39447
2041/05/19	01:39:50	-27.37911
2041/06/01	03:47:26	27.35239
2041/06/15	09:17:27	-27.32581
2041/06/28	10:48:05	27.30872
2041/07/12	18:26:05	-27.32998
2041/07/25	16:17:09	27.35892
2041/08/09	04:03:35	-27.44988
2041/08/21	21:11:52	27.52179
2041/09/05	12:48:32	-27.64814
2041/09/18	02:59:34	27.72488
2041/10/02	19:46:36	-27.81838
2041/10/15	10:38:50	27.85647
2041/10/30	01:18:31	-27.87138
2041/11/11	19:50:50	27.85651
2041/11/26	07:00:15	-27.81420
2041/12/09	05:05:02	27.77940
2041/12/23	14:24:15	-27.75407
2042/01/05	12:43:58	27.75537
2042/01/19	23:36:35	-27.80732
2042/02/01	18:23:14	27.86595
2042/02/16	09:15:45	-27.98290
2042/02/28	23:21:51	28.06300
2042/03/15	17:42:38	-28.17071
2042/03/28	05:36:52	28.21965
2042/04/12	00:17:37	-28.25379
2042/04/24	13:55:27	28.24947
2042/05/09	05:43:33	-28.21189
2042/05/21	23:23:32	28.17609
2042/06/05	11:22:23	-28.12458
2042/06/18	08:24:31	28.10324
2042/07/02	18:15:10	-28.09990
2042/07/15	15:48:24	28.12572
2042/07/30	02:30:33	-28.19190
2042/08/11	21:30:20	28.25751
2042/08/26	11:23:58	-28.35961
2042/09/08	02:35:47	28.42430
2042/09/22	19:40:55	-28.49596
2042/10/05	08:45:49	28.51868
2042/10/20	02:24:39	-28.51218
2042/11/01	17:05:57	28.48431
2042/11/16	07:47:37	-28.41690
2042/11/29	03:08:24	28.37388
2042/12/13	13:10:24	-28.31897
2042/12/26	13:05:21	28.31569
2043/01/09	19:52:03	-28.33501
2043/01/22	21:08:51	28.39089
2043/02/06	04:03:34	-28.47508
2043/02/19	03:00:50	28.54984
2043/03/05	12:45:20	-28.62923

MOON (over +/-23°)
LUNA (oltre +/-23°)

2043/03/18	08:15:38	28.66625
2043/04/01	20:38:19	-28.67727
2043/04/14	14:54:28	28.65731
2043/04/29	03:03:06	-28.59802
2043/05/11	23:37:28	28.54927
2043/05/26	08:22:20	-28.47505
2043/06/08	09:29:12	28.44668
2043/06/22	13:38:18	-28.41841
2043/07/05	18:56:42	28.44192
2043/07/19	19:50:11	-28.47873
2043/08/02	02:47:56	28.54233
2043/08/16	03:18:15	-28.61169
2043/08/29	08:50:55	28.66907
2043/09/12	11:30:36	-28.71154
2043/09/25	14:09:45	28.71949
2043/10/09	19:21:05	-28.69219
2043/10/22	20:34:00	28.64619
2043/11/06	01:55:51	-28.56201
2043/11/19	05:16:43	28.50358
2043/12/03	07:18:34	-28.42822
2043/12/16	15:47:41	28.41512
2043/12/30	12:29:12	-28.40710
2044/01/13	02:10:24	28.45861
2044/01/26	18:34:51	-28.51046
2044/02/09	10:31:01	28.58084
2044/02/23	01:58:34	-28.62979
2044/03/07	16:33:32	28.65381
2044/03/21	10:04:34	-28.64338
2044/04/03	21:55:39	28.60123
2044/04/17	17:47:26	-28.52893
2044/05/01	04:36:08	28.45737
2044/05/15	00:20:58	-28.37233
2044/05/28	13:17:12	28.32790
2044/06/11	05:48:58	-28.28543
2044/06/24	23:13:31	28.30021
2044/07/08	10:58:48	-28.31626
2044/07/22	08:57:09	28.37391
2044/08/04	16:48:12	-28.41696
2044/08/18	17:07:54	28.46418
2044/08/31	23:47:59	-28.48230
2044/09/14	23:20:47	28.47058
2044/09/28	07:41:51	-28.42935
2044/10/12	04:37:50	28.35604
2044/10/25	15:36:11	-28.26710
2044/11/08	10:58:29	28.18150
2044/11/21	22:36:28	-28.10038
2044/12/05	19:43:23	28.06618
2044/12/19	04:26:39	-28.04438
2045/01/02	06:20:06	28.08181
2045/01/15	09:43:12	-28.11282
2045/01/29	16:45:08	28.17180
2045/02/11	15:32:25	-28.19897

MOON (over +/-23°)
LUNA (oltre +/-23°)

2045/02/26	01:01:45	28.20466
2045/03/10	22:40:03	-28.17948
2045/03/25	06:57:14	28.10749
2045/04/07	06:50:53	-28.03019
2045/04/21	12:09:31	27.92495
2045/05/04	15:02:00	-27.83929
2045/05/18	18:34:23	27.76731
2045/05/31	22:15:19	-27.72155
2045/06/15	02:58:27	27.71701
2045/06/28	04:16:51	-27.72332
2045/07/12	12:45:06	27.76585
2045/07/25	09:40:32	-27.79321
2045/08/08	22:26:33	27.82396
2045/08/21	15:25:23	-27.82590
2045/09/05	06:33:06	27.79109
2045/09/17	22:19:59	-27.74099
2045/10/02	12:33:17	27.63645
2045/10/15	06:30:20	-27.54783
2045/10/29	17:34:47	27.42800
2045/11/11	15:11:34	-27.34889
2045/11/25	23:44:54	27.28407
2045/12/08	23:14:03	-27.25830
2045/12/23	08:20:46	27.27104
2046/01/05	05:51:46	-27.29152
2046/01/19	18:39:38	27.33067
2046/02/01	11:24:33	-27.34417
2046/02/16	04:34:26	27.32971
2046/02/28	17:13:27	-27.29295
2046/03/15	12:18:12	27.19368
2046/03/28	00:31:14	-27.11128
2046/04/11	17:50:36	26.97304
2046/04/24	09:15:31	-26.88751
2046/05/08	22:48:29	26.78489
2046/05/21	18:20:06	-26.73932
2046/06/05	04:58:02	26.71010
2046/06/18	02:32:56	-26.71259
2046/07/02	13:01:40	26.73434
2046/07/15	09:20:04	-26.75247
2046/07/29	22:23:16	26.76454
2046/08/11	15:02:10	-26.75382
2046/08/26	07:34:52	26.70121
2046/09/07	20:46:19	-26.64032
2046/09/22	15:08:46	26.51560
2046/10/05	03:48:30	-26.42229
2046/10/19	20:43:48	26.27789
2046/11/01	12:38:42	-26.19800
2046/11/16	01:37:21	26.10665
2046/11/28	22:30:22	-26.07865
2046/12/13	07:47:08	26.06650
2046/12/26	07:45:29	-26.08089
2047/01/09	16:06:30	26.09985
2047/01/22	15:06:42	-26.10262

MOON (over +/-23°)
LUNA (oltre +/-23°)

2047/02/06	01:40:18	26.07445
2047/02/18	20:49:17	-26.02305
2047/03/05	10:35:37	25.91268
2047/03/18	02:38:13	-25.81679
2047/04/01	17:35:27	25.66414
2047/04/14	10:10:20	-25.57054
2047/04/28	22:55:15	25.45034
2047/05/11	19:32:09	-25.40105
2047/05/26	03:58:23	25.35426
2047/06/08	05:33:09	-25.35331
2047/06/22	10:06:28	25.35877
2047/07/05	14:44:29	-25.36960
2047/07/19	17:47:55	25.36896
2047/08/01	22:09:32	-25.34479
2047/08/16	02:27:33	25.28676
2047/08/29	03:58:27	-25.20837
2047/09/12	10:50:21	25.08423
2047/09/25	09:34:31	-24.97508
2047/10/09	17:51:12	24.82942
2047/10/22	16:46:14	-24.73906
2047/11/05	23:27:43	24.63909
2047/11/19	02:21:52	-24.60458
2047/12/03	04:47:42	24.57896
2047/12/16	13:20:42	-24.58749
2047/12/30	11:10:50	24.59498
2048/01/12	23:31:01	-24.58769
2048/01/26	19:01:28	24.55685
2048/02/09	07:12:45	-24.48667
2048/02/23	03:34:47	24.38352
2048/03/07	12:49:26	-24.26359
2048/03/21	11:38:42	24.12021
2048/04/03	18:31:08	-24.00676
2048/04/17	18:30:19	23.88975
2048/05/01	02:12:00	-23.82922
2048/05/15	00:21:35	23.77899
2048/05/28	12:03:17	-23.77232
2048/06/11	06:01:19	23.77157
2048/06/24	22:47:37	-23.77608
2048/07/08	12:18:15	23.77173
2048/07/22	08:38:22	-23.73492
2048/08/04	19:32:35	23.68185
2048/08/18	16:19:50	-23.58261
2048/09/01	03:27:23	23.47387
2048/09/14	21:59:29	-23.34054
2048/09/28	11:21:47	23.21266
2048/10/12	03:23:07	-23.10276
2048/10/25	18:39:57	23.01205
2057/02/28	20:40:00	-23.00399
2057/03/14	22:50:06	23.12701
2057/03/28	01:44:04	-23.24710
2057/04/11	06:48:25	23.39512
2057/04/24	07:56:26	-23.49654

MOON (over +/-23°)
LUNA (oltre +/-23°)

2057/05/08	14:11:22	23.60333
2057/05/21	16:38:22	-23.65137
2057/06/04	20:46:47	23.68835
2057/06/18	03:11:05	-23.69132
2057/07/02	02:48:31	23.68606
2057/07/15	13:48:32	-23.68778
2057/07/29	08:49:59	23.69727
2057/08/11	22:48:14	-23.74523
2057/08/25	15:26:36	23.81208
2057/09/08	05:28:28	-23.91867
2057/09/21	22:54:28	24.04039
2057/10/05	10:44:16	-24.16897
2057/10/19	06:55:57	24.29757
2057/11/01	16:45:55	-24.39103
2057/11/15	14:46:49	24.46794
2057/11/29	01:20:06	-24.49727
2057/12/12	21:45:57	24.50699
2057/12/26	12:13:17	-24.50044
2058/01/09	03:46:53	24.49088
2058/01/22	23:19:41	-24.51491
2058/02/05	09:27:48	24.55082
2058/02/19	08:23:28	-24.64657
2058/03/04	15:47:59	24.74545
2058/03/18	14:49:20	-24.88489
2058/03/31	23:19:44	25.00623
2058/04/14	20:08:59	-25.12298
2058/04/28	07:36:54	25.20939
2058/05/12	02:32:48	-25.26168
2058/05/25	15:35:44	25.28710
2058/06/08	11:02:12	-25.28656
2058/06/21	22:24:52	25.27455
2058/07/05	21:04:20	-25.27221
2058/07/19	04:00:39	25.27365
2058/08/02	07:12:19	-25.32295
2058/08/15	09:10:20	25.37444
2058/08/29	15:57:43	-25.49032
2058/09/11	15:04:28	25.58714
2058/09/25	22:40:44	-25.72919
2058/10/08	22:29:49	25.82968
2058/10/23	04:08:29	-25.93171
2058/11/05	07:10:25	25.98788
2058/11/19	10:16:47	-26.01534
2058/12/02	15:51:03	26.01435
2058/12/16	18:36:04	-25.99840
2058/12/29	23:09:43	25.98142
2059/01/13	04:48:50	-25.99590
2059/01/26	04:45:05	26.02079
2059/02/09	15:06:20	-26.11459
2059/02/22	09:44:26	26.19569
2059/03/08	23:39:37	-26.34227
2059/03/21	15:51:57	26.44053
2059/04/05	06:05:08	-26.56427

MOON (over +/-23°)
LUNA (oltre +/-23°)

2059/04/17	23:53:19	26.62899
2059/05/02	11:35:17	-26.67860
2059/05/15	08:59:08	26.68943
2059/05/29	17:48:54	-26.67726
2059/06/11	17:35:58	26.65753
2059/06/26	01:37:42	-26.64114
2059/07/09	00:36:40	26.63746
2059/07/23	10:46:13	-26.67470
2059/08/05	06:00:39	26.71837
2059/08/19	20:11:07	-26.82601
2059/09/01	10:55:24	26.90838
2059/09/16	04:35:32	-27.04602
2059/09/28	16:57:52	27.12659
2059/10/13	11:16:09	-27.22365
2059/10/26	01:06:00	27.26153
2059/11/09	16:46:13	-27.27729
2059/11/22	10:47:24	27.26496
2059/12/06	22:41:46	-27.22976
2059/12/19	20:15:28	27.20657
2060/01/03	06:18:31	-27.19829
2060/01/16	03:48:36	27.21821
2060/01/30	15:25:54	-27.29040
2060/02/12	09:16:31	27.36483
2060/02/27	00:42:05	-27.49497
2060/03/10	14:18:22	27.58192
2060/03/25	08:43:05	-27.69338
2060/04/06	20:55:20	27.74317
2060/04/21	15:04:59	-27.77836
2060/05/04	05:40:29	27.77579
2060/05/18	20:33:01	-27.74414
2060/05/31	15:25:59	27.71617
2060/06/15	02:19:26	-27.67757
2060/06/28	00:31:01	27.67051
2060/07/12	09:15:00	-27.68400
2060/07/25	07:48:41	27.72625
2060/08/08	17:23:41	-27.80792
2060/08/21	13:22:41	27.88638
2060/09/05	02:01:40	-27.99819
2060/09/17	18:30:36	28.06911
2060/10/02	10:00:02	-28.14418
2060/10/15	01:01:04	28.16845
2060/10/29	16:31:45	-28.16440
2060/11/11	09:52:30	28.13976
2060/11/25	21:55:53	-28.08190
2060/12/08	20:18:35	28.05064
2060/12/23	03:26:53	-28.01459
2061/01/05	06:17:19	28.03116
2061/01/19	10:09:58	-28.07093
2061/02/01	14:04:43	28.14536
2061/02/15	18:09:46	-28.24191
2061/02/28	19:43:10	28.32623
2061/03/15	02:32:49	-28.40893

MOON (over +/-23°)
LUNA (oltre +/-23°)

2061/03/28	01:04:04	28.44840
2061/04/11	10:11:32	-28.46129
2061/04/24	08:04:10	28.44382
2061/05/08	16:32:14	-28.39262
2061/05/21	17:07:25	28.35203
2061/06/04	21:54:11	-28.29320
2061/06/18	03:08:08	28.27967
2061/07/02	03:12:31	-28.26938
2061/07/15	12:31:56	28.31061
2061/07/29	09:21:56	-28.36219
2061/08/11	20:11:00	28.44046
2061/08/25	16:42:42	-28.51818
2061/09/08	02:02:51	28.58334
2061/09/22	00:45:54	-28.62884
2061/10/05	07:24:07	28.63905
2061/10/19	08:29:53	-28.61509
2061/11/01	14:08:51	28.57232
2061/11/15	15:04:21	-28.49900
2061/11/28	23:17:50	28.45201
2061/12/12	20:30:50	-28.39654
2061/12/26	10:00:54	28.40375
2062/01/09	01:42:40	-28.41653
2062/01/22	20:12:04	28.48824
2062/02/05	07:44:12	-28.55229
2062/02/19	04:08:10	28.63370
2062/03/04	15:02:28	-28.68590
2062/03/18	09:55:30	28.71282
2062/03/31	23:06:32	-28.70455
2062/04/14	15:22:57	28.66498
2062/04/28	06:51:37	-28.60130
2062/05/11	22:19:49	28.53820
2062/05/25	13:28:46	-28.46928
2062/06/08	07:13:08	28.43999
2062/06/21	18:58:17	-28.41596
2062/07/05	17:10:02	28.44868
2062/07/19	00:06:16	-28.47920
2062/08/02	02:42:08	28.55171
2062/08/15	05:52:54	-28.60240
2062/08/29	10:34:08	28.65742
2062/09/11	12:53:25	-28.67819
2062/09/25	16:32:06	28.66849
2062/10/08	20:54:02	-28.63040
2062/10/22	21:50:35	28.56001
2062/11/05	04:58:55	-28.48114
2062/11/19	04:29:21	28.40663
2062/12/02	12:07:15	-28.34429
2062/12/16	13:32:09	28.32985
2062/12/29	17:57:29	-28.32832
2063/01/13	00:07:25	28.38550
2063/01/25	23:08:40	-28.42865
2063/02/09	10:08:14	28.49812
2063/02/22	04:57:15	-28.52843

MOON (over +/-23°) LUNA (oltre +/-23°)		
2063/03/08	17:54:13	28.53628
2063/03/21	12:14:37	-28.51264
2063/04/04	23:33:57	28.44315
2063/04/17	20:40:12	-28.37315
2063/05/02	04:50:13	28.27713
2063/05/15	05:02:44	-28.20613
2063/05/29	11:26:19	28.14970
2063/06/11	12:19:52	-28.12140
2063/06/25	19:55:17	28.13386
2063/07/08	18:18:09	-28.15408
2063/07/23	05:34:23	28.20962
2063/08/04	23:36:31	-28.24409
2063/08/19	14:56:20	28.28101
2063/09/01	05:22:00	-28.28484
2063/09/15	22:38:05	28.25127
2063/09/28	12:29:04	-28.20290
2063/10/13	04:21:23	28.10132
2063/10/25	21:00:53	-28.02031
2063/11/09	09:24:52	27.91173
2063/11/22	06:01:04	-27.84861
2063/12/06	15:49:49	27.80275
2063/12/19	14:08:14	-27.79570
2064/01/03	00:32:59	27.82620
2064/01/15	20:36:06	-27.85844
2064/01/30	10:36:37	27.90577
2064/02/12	01:59:21	-27.92170
2064/02/26	19:58:07	27.90774
2064/03/10	07:54:33	-27.87081
2064/03/25	03:10:43	27.77398
2064/04/06	15:32:26	-27.69636
2064/04/21	08:30:35	27.56878
2064/05/04	00:36:30	-27.49529
2064/05/18	13:32:20	27.40929
2064/05/31	09:50:36	-27.37939
2064/06/14	19:48:14	27.36615
2064/06/27	18:00:46	-27.38161
2064/07/12	03:49:29	27.41362
2064/07/25	00:37:19	-27.43798
2064/08/08	12:56:09	27.45357
2064/08/21	06:10:26	-27.44316
2064/09/04	21:42:53	27.39065
2064/09/17	11:58:28	-27.32904
2064/10/02	04:51:33	27.20756
2064/10/14	19:21:17	-27.11862
2064/10/29	10:14:20	26.98604
2064/11/11	04:38:27	-26.91886
2064/11/25	15:12:47	26.84598
2064/12/08	14:45:07	-26.83465
2064/12/22	21:31:32	26.83809
2065/01/04	23:52:31	-26.86326
2065/01/19	05:45:52	26.88751
2065/02/01	06:52:04	-26.89098

MOON (over +/-23°) LUNA (oltre +/-23°)		
2065/02/15	14:55:33	26.86106
2065/02/28	12:22:29	-26.80654
2065/03/14	23:19:41	26.69780
2065/03/27	18:21:35	-26.60338
2065/04/11	05:58:34	26.46200
2065/04/24	02:15:37	-26.37760
2065/05/08	11:13:44	26.27477
2065/05/21	11:53:43	-26.23914
2065/06/04	16:20:25	26.20749
2065/06/17	21:56:36	-26.21809
2065/07/01	22:28:50	26.23114
2065/07/15	06:55:38	-26.24650
2065/07/29	06:01:29	26.24637
2065/08/11	14:01:15	-26.21977
2065/08/25	14:23:47	26.15993
2065/09/07	19:36:49	-26.07721
2065/09/21	22:26:42	25.95547
2065/10/05	01:18:39	-25.84700
2065/10/19	05:14:21	25.71243
2065/11/01	08:54:41	-25.63150
2065/11/15	10:49:47	25.54863
2065/11/28	18:54:44	-25.52836
2065/12/12	16:14:38	25.51599
2065/12/26	05:56:26	-25.53332
2066/01/08	22:36:00	25.54306
2066/01/22	15:42:31	-25.53341
2066/02/05	06:13:01	25.49785
2066/02/18	22:51:33	-25.42012
2066/03/04	14:27:38	25.31594
2066/03/18	04:14:15	-25.19341
2066/03/31	22:18:15	25.05912
2066/04/14	10:07:19	-24.95202
2066/04/28	05:06:14	24.85074
2066/05/11	18:07:49	-24.80172
2066/05/25	10:58:51	24.76474
2066/06/08	04:08:36	-24.76739
2066/06/21	16:37:20	24.77138
2066/07/05	14:44:49	-24.77752
2066/07/18	22:47:00	24.77031
2066/08/02	00:11:42	-24.72726
2066/08/15	05:50:34	24.66930
2066/08/29	07:23:42	-24.56140
2066/09/11	13:36:57	24.45216
2066/09/25	12:45:55	-24.31557
2066/10/08	21:30:12	24.19547
2066/10/22	18:17:30	-24.09172
2066/11/05	04:53:59	24.01455
2066/11/19	02:06:33	-23.97978
2066/12/02	11:34:41	23.96366
2066/12/16	12:37:34	-23.97221
2066/12/29	17:47:32	23.97642
2067/01/13	00:03:59	-23.95700

MOON (over +/-23°)
LUNA (oltre +/-23°)

2067/01/26	00:07:46	23.92207
2067/02/09	09:50:49	-23.82494
2067/02/22	07:10:33	23.73120
2067/03/08	16:42:30	-23.57951
2067/03/21	15:03:41	23.46086
2067/04/04	21:49:22	-23.32595
2067/04/17	23:17:55	23.23647
2067/05/02	03:37:56	-23.16973
2067/05/15	07:10:00	23.13661
2067/05/29	11:42:43	-23.13050
2067/06/11	14:13:40	23.13288
2067/06/25	21:51:33	-23.13348
2067/07/08	20:33:32	23.12430
2067/07/23	08:33:02	-23.07322
2067/08/05	02:41:36	23.01872
2075/10/02	08:42:43	23.04911
2075/10/16	01:27:06	-23.18276
2075/10/29	16:56:48	23.30512
2075/11/12	07:57:01	-23.39437
2075/11/26	01:04:36	23.46119
2075/12/09	17:08:41	-23.48381
2075/12/23	08:15:32	23.48989
2076/01/06	04:21:01	-23.48470
2076/01/19	14:17:29	23.48306
2076/02/02	15:15:47	-23.51990
2076/02/15	19:54:35	23.56845
2076/02/29	23:50:49	-23.67993
2076/03/14	02:18:23	23.78537
2076/03/28	05:58:33	-23.93300
2076/04/10	10:05:11	24.05122
2076/04/24	11:25:48	-24.16695
2076/05/07	18:41:23	24.24576
2076/05/21	18:12:59	-24.29373
2076/06/04	02:54:11	24.31516
2076/06/18	03:02:31	-24.31406
2076/07/01	09:48:09	24.30624
2076/07/15	13:10:32	-24.31128
2076/07/28	15:21:50	24.32340
2076/08/11	23:08:37	-24.38706
2076/08/24	20:30:27	24.44980
2076/09/08	07:34:07	-24.58082
2076/09/21	02:34:28	24.68355
2076/10/05	14:00:39	-24.83389
2076/10/18	10:23:44	24.93288
2076/11/01	19:30:50	-25.03422
2076/11/14	19:33:12	25.08536
2076/11/29	02:01:38	-25.10980
2076/12/12	04:32:29	25.10880
2076/12/26	10:43:58	-25.09752
2077/01/08	11:51:48	25.09097
2077/01/22	20:58:45	-25.12084
2077/02/04	17:18:30	25.16127

MOON (over +/-23°)
LUNA (oltre +/-23°)

2077/02/19	06:54:13	-25.27297
2077/03/03	22:19:04	25.36440
2077/03/18	14:58:59	-25.52100
2077/03/31	04:46:43	25.62064
2077/04/14	21:10:43	-25.74514
2077/04/27	13:16:43	25.80667
2077/05/12	02:47:06	-25.85457
2077/05/24	22:44:37	25.86475
2077/06/08	09:15:14	-25.85542
2077/06/21	07:30:16	25.84215
2077/07/05	17:12:56	-25.83591
2077/07/18	14:28:18	25.84491
2077/08/02	02:18:05	-25.89757
2077/08/14	19:46:17	25.95497
2077/08/29	11:27:42	-26.07769
2077/09/11	00:44:12	26.16920
2077/09/25	19:31:22	-26.31549
2077/10/08	07:08:00	26.39842
2077/10/23	01:57:58	-26.49650
2077/11/04	15:50:30	26.53300
2077/11/19	07:31:13	-26.54863
2077/12/02	02:01:20	26.53860
2077/12/16	13:41:54	-26.51114
2077/12/29	11:38:05	26.49991
2078/01/12	21:27:15	-26.50893
2078/01/25	19:00:16	26.54696
2078/02/09	06:24:19	-26.63752
2078/02/22	00:17:10	26.72603
2078/03/08	15:16:25	-26.86610
2078/03/21	05:27:30	26.95823
2078/04/04	22:55:45	-27.07084
2078/04/17	12:30:38	27.12054
2078/05/02	05:10:14	-27.15580
2078/05/14	21:42:30	27.15470
2078/05/29	10:43:09	-27.12898
2078/06/11	07:42:46	27.10884
2078/06/25	16:36:26	-27.08320
2078/07/08	16:48:28	27.09042
2078/07/22	23:32:26	-27.12013
2078/08/04	23:57:25	27.17855
2078/08/19	07:32:38	-27.27418
2078/09/01	05:23:38	27.36480
2078/09/15	15:55:37	-27.48418
2078/09/28	10:37:41	27.56038
2078/10/12	23:39:03	-27.63705
2078/10/25	17:33:13	27.66218
2078/11/09	06:04:26	-27.66019
2078/11/22	02:56:57	27.63906
2078/12/06	11:33:10	-27.59165
2078/12/19	13:42:18	27.57320
2079/01/02	17:10:46	-27.55635
2079/01/15	23:36:21	27.59320

MOON (over +/-23°)
LUNA (oltre +/-23°)

2079/01/29	23:51:37	-27.65178
2079/02/12	07:04:24	27.74380
2079/02/26	07:39:21	-27.85008
2079/03/11	12:31:47	27.94262
2079/03/25	15:48:35	-28.02681
2079/04/07	18:02:55	28.06811
2079/04/21	23:19:52	-28.08246
2079/05/05	01:25:23	28.06760
2079/05/19	05:40:53	-28.02474
2079/06/01	10:46:45	27.99287
2079/06/15	11:06:09	-27.94943
2079/06/28	20:53:03	27.95131
2079/07/12	16:25:21	-27.95835
2079/07/26	06:09:55	28.01754
2079/08/08	22:31:26	-28.08265
2079/08/22	13:35:00	28.17533
2079/09/05	05:46:41	-28.25994
2079/09/18	19:16:46	28.33226
2079/10/02	13:45:44	-28.37979
2079/10/16	00:44:03	28.39200
2079/10/29	21:29:48	-28.37144
2079/11/12	07:51:48	28.33270
2079/11/26	04:08:17	-28.27117
2079/12/09	17:24:52	28.23736
2079/12/23	09:38:08	-28.20211
2080/01/06	04:13:46	28.23074
2080/01/19	14:48:38	-28.26297
2080/02/02	14:07:37	28.35431
2080/02/15	20:46:35	-28.42853
2080/02/29	21:38:24	28.51981
2080/03/14	04:04:54	-28.57418
2080/03/28	03:14:13	28.60370
2080/04/10	12:14:03	-28.59769
2080/04/24	08:50:00	28.56148
2080/05/07	20:05:54	-28.50690
2080/05/21	16:02:35	28.45341
2080/06/04	02:47:29	-28.40060
2080/06/18	01:05:12	28.38735
2080/07/01	08:17:10	-28.38111
2080/07/15	10:59:17	28.43205
2080/07/28	13:22:26	-28.47611
2080/08/11	20:17:11	28.56323
2080/08/24	19:08:17	-28.62078
2080/09/08	03:49:44	28.68323
2080/09/21	02:14:53	-28.70632
2080/10/05	09:34:59	28.69891
2080/10/18	10:28:50	-28.66434
2080/11/01	14:58:30	28.59837
2080/11/14	18:48:18	-28.53061
2080/11/28	21:56:03	28.46942
2080/12/12	02:03:49	-28.42650
2080/12/26	07:12:19	28.43320

MOON (over +/-23°)
LUNA (oltre +/-23°)

2081/01/08	07:50:50	-28.45119
2081/01/22	17:39:35	28.52756
2081/02/04	12:56:25	-28.58154
2081/02/19	03:12:41	28.66039
2081/03/03	18:49:17	-28.69338
2081/03/18	10:30:18	28.70358
2081/03/31	02:22:30	-28.68204
2081/04/14	15:58:58	28.61665
2081/04/27	11:05:56	-28.55473
2081/05/11	21:21:17	28.46974
2081/05/24	19:39:31	-28.41372
2081/06/08	04:07:00	28.37391
2081/06/21	02:58:23	-28.36286
2081/07/05	12:37:40	28.39251
2081/07/18	08:51:43	-28.42625
2081/08/01	22:06:18	28.49447
2081/08/14	14:05:29	-28.53584
2081/08/29	07:07:16	28.57872
2081/09/10	19:55:41	-28.58457
2081/09/25	14:25:30	28.55302
2081/10/08	03:20:48	-28.50710
2081/10/22	19:56:02	28.41067
2081/11/04	12:17:17	-28.33861
2081/11/19	01:04:51	28.24406
2081/12/01	21:34:40	-28.19823
2081/12/16	07:43:00	28.17288
2081/12/29	05:41:36	-28.18470
2082/01/12	16:27:38	28.23247
2082/01/25	11:56:55	-28.27583
2082/02/09	02:11:18	28.33049
2082/02/21	17:13:39	-28.34887
2082/03/08	11:00:33	28.33622
2082/03/20	23:20:33	-28.30012
2082/04/04	17:48:00	28.20813
2082/04/17	07:20:53	-28.13655
2082/05/01	23:00:38	28.02197
2082/05/14	16:43:19	-27.96150
2082/05/29	04:07:09	27.89327
2082/06/11	02:03:46	-27.87956
2082/06/25	10:27:08	27.88242
2082/07/08	10:08:31	-27.91114
2082/07/22	18:23:20	27.95316
2082/08/04	16:33:38	-27.98408
2082/08/19	03:13:55	28.00336
2082/08/31	21:59:54	-27.99384
2082/09/15	11:37:36	27.94271
2082/09/28	03:56:22	-27.88149
2082/10/12	18:26:11	27.76587
2082/10/25	11:43:12	-27.68318
2082/11/08	23:42:31	27.56543
2082/11/21	21:25:58	-27.51304
2082/12/06	04:47:24	27.46026

MOON (over +/-23°)
LUNA (oltre +/-23°)

2082/12/19	07:41:45	-27.46670
2083/01/02	11:11:15	27.48545
2083/01/15	16:35:46	-27.52141
2083/01/29	19:16:14	27.55056
2083/02/11	23:13:35	-27.55516
2083/02/26	04:02:47	27.52492
2083/03/11	04:36:50	-27.46881
2083/03/25	12:02:51	27.36455
2083/04/07	10:49:55	-27.27365
2083/04/21	18:28:58	27.14611
2083/05/04	19:04:49	-27.07269
2083/05/18	23:43:24	26.98839
2083/06/01	04:55:18	-26.96761
2083/06/15	04:52:49	26.95119
2083/06/28	14:56:08	-26.97411
2083/07/12	10:59:18	26.99480
2083/07/25	23:40:32	-27.01538
2083/08/08	18:22:44	27.01651
2083/08/22	06:27:03	-26.98854
2083/09/05	02:30:59	26.92865
2083/09/18	11:52:44	-26.84339
2083/10/02	10:20:58	26.72673
2083/10/15	17:44:42	-26.62155
2083/10/29	17:03:10	26.50085
2083/11/12	01:45:42	-26.43216
2083/11/25	22:41:14	26.36793
2083/12/09	12:05:05	-26.36363
2083/12/23	04:08:50	26.36451
2084/01/05	23:01:54	-26.39109
2084/01/19	10:25:08	26.40325
2084/02/02	08:19:34	-26.39208
2084/02/15	17:50:24	26.35370
2084/02/29	14:58:57	-26.27087
2084/03/14	01:54:14	26.16885
2084/03/27	20:13:53	-26.04701
2084/04/10	09:40:47	25.92448
2084/04/24	02:20:28	-25.82653
2084/05/07	16:30:18	25.74214
2084/05/21	10:37:25	-25.70631
2084/06/03	22:24:25	25.68278
2084/06/17	20:42:41	-25.69570
2084/07/01	03:59:43	25.70489
2084/07/15	07:06:43	-25.71365
2084/07/28	10:01:54	25.70492
2084/08/11	16:08:12	-25.65731
2084/08/24	16:58:39	25.59662
2084/09/07	22:52:45	-25.48284
2084/09/21	00:44:27	25.37575
2084/10/05	04:02:40	-25.23954
2084/10/18	08:44:48	25.12980
2084/11/01	09:46:09	-25.03576
2084/11/14	16:18:07	24.97384

MOON (over +/-23°)
LUNA (oltre +/-23°)

2084/11/28	17:58:07	-24.95238
2084/12/11	23:01:16	24.94673
2084/12/26	04:36:58	-24.96151
2085/01/08	05:05:12	24.96527
2085/01/22	15:40:56	-24.94060
2085/02/04	11:13:20	24.89933
2085/02/19	00:45:03	-24.79314
2085/03/03	18:13:37	24.69728
2085/03/18	07:02:30	-24.54357
2085/03/31	02:16:09	24.43208
2085/04/14	12:02:46	-24.30486
2085/04/27	10:42:53	24.22828
2085/05/11	18:03:56	-24.17289
2085/05/24	18:40:51	24.15022
2085/06/08	02:19:35	-24.15125
2085/06/21	01:39:31	24.15595
2085/07/05	12:23:35	-24.15536
2085/07/18	07:46:42	24.14123
2085/08/01	22:41:17	-24.08203
2085/08/14	13:43:53	24.02078
2085/08/29	07:25:42	-23.88921
2085/09/10	20:24:58	23.78957
2085/09/25	13:45:56	-23.62992
2085/10/08	04:23:30	23.53133
2085/10/22	18:40:59	-23.41458
2085/11/04	13:26:02	23.35922
2085/11/19	00:29:56	-23.32159
2085/12/01	22:32:40	23.31550
2085/12/16	08:53:28	-23.32192
2085/12/29	06:32:56	23.32189
2086/01/12	19:23:59	-23.29425
2086/01/25	13:02:55	23.24956
2086/02/09	05:50:32	-23.13867
2086/02/21	18:58:23	23.04298
2094/04/20	20:24:18	23.05565
2094/05/05	01:52:49	-23.16686
2094/05/18	05:24:32	23.23601
2094/06/01	09:05:03	-23.27736
2094/06/14	13:51:10	23.29352
2094/06/28	18:12:39	-23.29073
2094/07/11	20:47:08	23.28612
2094/07/26	04:22:19	-23.29798
2094/08/08	02:16:50	23.31961
2094/08/22	14:05:56	-23.39664
2094/09/04	07:27:07	23.46886
2094/09/18	22:09:17	-23.61256
2094/10/01	13:49:04	23.71880
2094/10/16	04:22:03	-23.87359
2094/10/28	22:11:24	23.96846
2094/11/12	10:00:45	-24.06550
2094/11/25	07:53:49	24.10969
2094/12/09	16:57:05	-24.12944

MOON (over +/-23°)
LUNA (oltre +/-23°)

2094/12/22	17:08:51	24.12778
2095/01/06	01:58:29	-24.12115
2095/01/19	00:23:10	24.12455
2095/02/02	12:07:46	-24.16915
2095/02/15	05:40:08	24.22336
2095/03/01	21:36:55	-24.35009
2095/03/14	10:47:53	24.44930
2095/03/29	05:15:22	-24.61190
2095/04/10	17:43:16	24.71073
2095/04/25	11:19:07	-24.83277
2095/05/08	02:45:33	24.88964
2095/05/22	17:05:42	-24.93413
2095/06/04	12:34:48	24.94277
2095/06/18	23:48:25	-24.93569
2095/07/01	21:26:07	24.92824
2095/07/16	07:52:29	-24.93181
2095/07/29	04:18:22	24.95285
2095/08/12	16:50:57	-25.01995
2095/08/25	09:30:07	25.09006
2095/09/09	01:43:05	-25.22553
2095/09/21	14:35:43	25.32465
2095/10/06	09:27:06	-25.47621
2095/10/18	21:27:50	25.55972
2095/11/02	15:44:45	-25.65583
2095/11/15	06:48:39	25.68957
2095/11/29	21:26:10	-25.70399
2095/12/12	17:26:28	25.69599
2095/12/27	03:51:44	-25.67664
2096/01/09	03:05:18	25.67760
2096/01/23	11:40:41	-25.70348
2096/02/05	10:12:05	25.75878
2096/02/19	20:23:18	-25.86504
2096/03/03	15:20:00	25.96576
2096/03/18	04:52:36	-26.11208
2096/03/30	20:44:26	26.20763
2096/04/14	12:16:12	-26.31873
2096/04/27	04:16:47	26.36727
2096/05/11	18:28:55	-26.40152
2096/05/24	13:54:18	26.40141
2096/06/08	00:08:39	-26.38142
2096/06/21	00:06:12	26.36899
2096/07/05	06:07:29	-26.35602
2096/07/18	09:09:07	26.37743
2096/08/01	13:01:47	-26.42236
2096/08/14	16:07:12	26.49660
2096/08/28	20:52:46	-26.60427
2096/09/10	21:26:35	26.70621
2096/09/25	05:02:55	-26.83065
2096/10/08	02:51:07	26.91088
2096/10/22	12:36:45	-26.98708
2096/11/04	10:15:57	27.01215
2096/11/18	19:01:40	-27.01168

MOON (over +/-23°)
LUNA (oltre +/-23°)

2096/12/01	20:11:29	26.99427
2096/12/16	00:37:03	-26.95787
2096/12/29	07:10:15	26.95322
2097/01/12	06:18:35	-26.95524
2097/01/25	16:52:56	27.01243
2097/02/08	12:54:31	-27.08756
2097/02/21	23:59:43	27.19577
2097/03/07	20:32:15	-27.30889
2097/03/21	05:19:28	27.40815
2097/04/04	04:34:11	-27.49199
2097/04/17	11:04:33	27.53437
2097/05/01	12:04:41	-27.54968
2097/05/14	18:49:25	27.53749
2097/05/28	18:29:20	-27.50293
2097/06/11	04:26:15	27.48019
2097/06/24	23:57:38	-27.45173
2097/07/08	14:34:46	27.46940
2097/07/22	05:16:11	-27.49278
2097/08/04	23:41:44	27.56995
2097/08/18	11:19:07	-27.64712
2097/09/01	06:51:31	27.75362
2097/09/14	18:32:23	-27.84352
2097/09/28	12:24:56	27.92206
2097/10/12	02:33:43	-27.97045
2097/10/25	18:02:09	27.98417
2097/11/08	10:24:14	-27.96689
2097/11/22	01:34:42	27.93298
2097/12/05	17:09:16	-27.88388
2097/12/19	11:28:18	27.86483
2098/01/01	22:40:36	-27.84963
2098/01/15	22:16:02	27.90021
2098/01/29	03:47:44	-27.95008
2098/02/12	07:47:36	28.05981
2098/02/25	09:44:44	-28.14207
2098/03/11	14:53:47	28.24170
2098/03/24	17:09:46	-28.29719
2098/04/07	20:22:11	28.32894
2098/04/21	01:30:13	-28.32519
2098/05/05	02:08:32	28.29299
2098/05/18	09:31:40	-28.24763
2098/06/01	09:35:39	28.20467
2098/06/14	16:17:21	-28.16764
2098/06/28	18:44:39	28.17100
2098/07/11	21:45:35	-28.18176
2098/07/26	04:32:46	28.25092
2098/08/08	02:47:59	-28.30755
2098/08/22	13:34:11	28.40867
2098/09/04	08:36:15	-28.47222
2098/09/18	20:47:05	28.54134
2098/10/01	15:55:10	-28.56629
2098/10/16	02:22:28	28.56118
2098/10/29	00:28:23	-28.53039

MOON (over +/-23°)
LUNA (oltre +/-23°)

2098/11/12	07:54:28	28.47023
2098/11/25	09:04:16	-28.41442
2098/12/09	15:10:21	28.36861
2098/12/22	16:24:17	-28.34542
2099/01/06	00:34:42	28.37401
2099/01/18	22:04:51	-28.41042
2099/02/02	10:47:39	28.50481
2099/02/15	03:06:10	-28.56814
2099/03/01	19:51:08	28.65490
2099/03/14	09:08:59	-28.69004
2099/03/29	02:43:49	28.70260
2099/04/10	17:02:54	-28.68351
2099/04/25	08:05:57	28.62356
2099/05/08	02:05:22	-28.57026
2099/05/22	13:35:30	28.49773
2099/06/04	10:48:26	-28.45684

MOON (over +/-23°)
LUNA (oltre +/-23°)

2099/06/18	20:28:51	28.43429
2099/07/01	18:06:35	-28.44023
2099/07/16	04:58:07	28.48685
2099/07/28	23:53:39	-28.53372
2099/08/12	14:13:47	28.61395
2099/08/25	05:04:16	-28.66195
2099/09/08	22:53:10	28.71036
2099/09/21	11:03:38	-28.71829
2099/10/06	05:50:17	28.68937
2099/10/18	18:51:42	-28.64653
2099/11/02	11:12:31	28.55722
2099/11/15	04:14:18	-28.49540
2099/11/29	16:29:05	28.41721
2099/12/12	13:45:27	-28.38979
2099/12/26	23:17:44	28.38578

THE DECLINATION OF POLARIS

LA DECLINAZIONE DELLA STELLA POLARE

Polaris, or alpha Ursae minoris, is the closest star to the northern celestial pole. Because of the precession the pole is approaching the star. The declination will reach a maximum of 89°32'45" in March 2102, and the distance will be 27' from the pole. These are mean coordinates; if we take in account the nutation and the annual aberration the greatest declination will be different 89°32'54" on 2100 March 24.

La stella polare, alfa Ursae minoris, è la stella più vicina al polo nord celeste. A causa della precessione attualmente il polo si sta avvicinando a questa stella. La maggiore declinazione raggiunta dalla Polare sarà di 89°32'45" nel marzo 2102, quindi disterà solo 27' dal polo. Queste le sue coordinate medie; se però prendiamo in considerazione la nutazione e l'aberrazione annuale il discorso cambia: la declinazione massima apparente sarà 89°32'54" il 24 marzo 2100.

Date	right asc.	declination	Date	right asc.	declination
1900-01-01	1h 23m 13.2s	88 46 54	1959-12-18	1h 57m 08.1s	89 04 53
1900-10-28	1h 24m 22.8s	88 46 52	1960-10-13	1h 58m 05.5s	89 04 46
1901-08-24	1h 24m 27.7s	88 46 46	1961-08-09	1h 57m 39.4s	89 04 44
1902-06-20	1h 23m 52.0s	88 46 55	1962-06-05	1h 56m 46.7s	89 05 01
1903-04-16	1h 23m 36.2s	88 47 26	1963-04-01	1h 56m 53.8s	89 05 36
1904-02-10	1h 24m 30.9s	88 47 59	1964-01-26	1h 58m 35.3s	89 06 06
1904-12-06	1h 25m 55.1s	88 48 11	1964-11-21	2h 00m 18.3s	89 06 11
1905-10-02	1h 26m 28.3s	88 48 05	1965-09-17	2h 00m 37.4s	89 06 06
1906-07-29	1h 25m 59.8s	88 48 05	1966-07-14	1h 59m 53.0s	89 06 13
1907-05-25	1h 25m 13.4s	88 48 24	1967-05-10	1h 59m 20.9s	89 06 42
1908-03-20	1h 25m 16.5s	88 49 02	1968-03-05	2h 00m 22.1s	89 07 20
1909-01-14	1h 26m 30.4s	88 49 31	1968-12-30	2h 02m 37.0s	89 07 40
1909-11-10	1h 27m 40.1s	88 49 36	1969-10-26	2h 04m 06.0s	89 07 38
1910-09-06	1h 27m 46.9s	88 49 33	1970-08-22	2h 04m 07.0s	89 07 36
1911-07-03	1h 27m 07.3s	88 49 42	1971-06-18	2h 03m 29.9s	89 07 50
1912-04-28	1h 26m 39.6s	88 50 12	1972-04-13	2h 03m 43.3s	89 08 23
1913-02-22	1h 27m 25.3s	88 50 51	1973-02-07	2h 05m 41.1s	89 08 54
1913-12-19	1h 29m 02.1s	88 51 11	1973-12-04	2h 08m 01.7s	89 09 01
1914-10-15	1h 30m 01.0s	88 51 09	1974-09-30	2h 08m 57.4s	89 08 53
1915-08-11	1h 29m 55.0s	88 51 08	1975-07-27	2h 08m 32.7s	89 08 53
1916-06-06	1h 29m 21.4s	88 51 24	1976-05-22	2h 08m 00.8s	89 09 13
1917-04-02	1h 29m 28.5s	88 51 59	1977-03-18	2h 08m 51.6s	89 09 47
1918-01-27	1h 30m 53.5s	88 52 31	1978-01-12	2h 11m 07.9s	89 10 08
1918-11-23	1h 32m 30.0s	88 52 37	1978-11-08	2h 12m 48.9s	89 10 05
1919-09-19	1h 33m 02.2s	88 52 30	1979-09-04	2h 12m 50.3s	89 09 58
1920-07-15	1h 32m 35.3s	88 52 31	1980-06-30	2h 11m 56.0s	89 10 07
1921-05-11	1h 32m 03.8s	88 52 54	1981-04-26	2h 11m 36.0s	89 10 37
1922-03-07	1h 32m 36.5s	88 53 30	1982-02-20	2h 13m 02.7s	89 11 11
1923-01-01	1h 34m 10.4s	88 53 50	1982-12-17	2h 15m 17.0s	89 11 24
1923-10-28	1h 35m 14.6s	88 53 48	1983-10-13	2h 16m 15.8s	89 11 19
1924-08-23	1h 35m 06.4s	88 53 43	1984-08-08	2h 15m 46.0s	89 11 20
1925-06-19	1h 34m 17.2s	88 53 54	1985-06-04	2h 14m 58.4s	89 11 41
1926-04-15	1h 33m 55.5s	88 54 27	1986-03-31	2h 15m 30.0s	89 12 18
1927-02-09	1h 34m 54.9s	88 55 02	1987-01-25	2h 17m 49.3s	89 12 46
1927-12-06	1h 36m 25.9s	88 55 15	1987-11-21	2h 20m 01.9s	89 12 49
1928-10-01	1h 37m 00.5s	88 55 12	1988-09-16	2h 20m 35.7s	89 12 44
1929-07-28	1h 36m 31.2s	88 55 14	1989-07-13	2h 20m 02.5s	89 12 51
1930-05-24	1h 35m 48.9s	88 55 37	1990-05-09	2h 19m 52.3s	89 13 18
1931-03-20	1h 36m 07.7s	88 56 16	1991-03-05	2h 21m 31.2s	89 13 53
1932-01-14	1h 37m 45.4s	88 56 45	1991-12-30	2h 24m 21.6s	89 14 07
1932-11-09	1h 39m 14.5s	88 56 49	1992-10-25	2h 26m 04.5s	89 14 01
1933-09-05	1h 39m 32.3s	88 56 44	1993-08-21	2h 26m 03.3s	89 13 55
1934-07-02	1h 39m 00.6s	88 56 53	1994-06-17	2h 25m 23.8s	89 14 08
1935-04-28	1h 38m 45.7s	88 57 22	1995-04-13	2h 25m 47.5s	89 14 39
1936-02-22	1h 39m 52.5s	88 57 58	1996-02-07	2h 28m 04.4s	89 15 06
1936-12-18	1h 41m 48.9s	88 58 14	1996-12-03	2h 30m 31.0s	89 15 09
1937-10-14	1h 42m 54.8s	88 58 08	1997-09-29	2h 31m 12.1s	89 15 00
1938-08-10	1h 42m 45.7s	88 58 04	1998-07-26	2h 30m 27.0s	89 15 02
1939-06-06	1h 42m 06.8s	88 58 19	1999-05-22	2h 29m 46.1s	89 15 25
1940-04-01	1h 42m 14.4s	88 58 53	2000-03-17	2h 30m 48.2s	89 16 00
1941-01-26	1h 43m 45.3s	88 59 21	2001-01-11	2h 33m 23.8s	89 16 20
1941-11-22	1h 45m 20.8s	88 59 25	2001-11-07	2h 35m 11.0s	89 16 18
1942-09-18	1h 45m 41.1s	88 59 18	2002-09-03	2h 35m 07.7s	89 16 14
1943-07-15	1h 44m 58.4s	88 59 21	2003-06-30	2h 34m 14.6s	89 16 27
1944-05-10	1h 44m 17.1s	88 59 47	2004-04-25	2h 34m 17.0s	89 17 00
1945-03-06	1h 44m 52.4s	89 00 24	2005-02-19	2h 36m 27.4s	89 17 33
1945-12-31	1h 46m 35.5s	89 00 46	2005-12-16	2h 39m 22.2s	89 17 43
1946-10-27	1h 47m 43.4s	89 00 46	2006-10-12	2h 40m 41.7s	89 17 37
1947-08-23	1h 47m 33.6s	89 00 43	2007-08-08	2h 40m 23.3s	89 17 38
1948-06-18	1h 46m 45.3s	89 00 58	2008-06-03	2h 39m 56.4s	89 17 58
1949-04-14	1h 46m 36.3s	89 01 33	2009-03-30	2h 41m 09.3s	89 18 32
1950-02-08	1h 48m 01.3s	89 02 08	2010-01-24	2h 44m 16.6s	89 18 54
1950-12-05	1h 49m 57.6s	89 02 20	2010-11-20	2h 46m 54.9s	89 18 51
1951-10-01	1h 50m 47.4s	89 02 15	2011-09-16	2h 47m 30.2s	89 18 42
1952-07-27	1h 50m 27.0s	89 02 18	2012-07-12	2h 46m 53.6s	89 18 47
1953-05-23	1h 49m 56.6s	89 02 40	2013-05-08	2h 46m 53.0s	89 19 13
1954-03-19	1h 50m 37.7s	89 03 16	2014-03-04	2h 48m 57.4s	89 19 43
1955-01-13	1h 52m 41.9s	89 03 40	2014-12-29	2h 52m 04.9s	89 19 52
1955-11-09	1h 54m 25.6s	89 03 40	2015-10-25	2h 53m 38.4s	89 19 43
1956-09-04	1h 54m 43.8s	89 03 33	2016-08-20	2h 53m 14.4s	89 19 39
1957-07-01	1h 54m 06.8s	89 03 39	2017-06-16	2h 52m 21.2s	89 19 55
1958-04-27	1h 53m 51.5s	89 04 07	2018-04-12	2h 52m 55.0s	89 20 27
1959-02-21	1h 55m 06.6s	89 04 40	2019-02-06	2h 55m 38.0s	89 20 53

Date	right asc.	declination	Date	right asc.	declination
2019-12-03	2h 58m 18.9s	89 20 56	2079-11-18	4h 59m 47.0s	89 31 27
2020-09-28	2h 58m 56.3s	89 20 49	2080-09-13	4h 59m 54.4s	89 31 20
2021-07-25	2h 58m 08.6s	89 20 55	2081-07-10	4h 59m 49.5s	89 31 31
2022-05-21	2h 57m 47.2s	89 21 21	2082-05-06	5h 02m 08.8s	89 31 55
2023-03-17	2h 59m 37.4s	89 21 56	2083-03-02	5h 07m 21.6s	89 32 08
2024-01-11	3h 03m 06.2s	89 22 13	2083-12-27	5h 12m 08.2s	89 31 56
2024-11-06	3h 05m 23.1s	89 22 08	2084-10-22	5h 13m 35.1s	89 31 39
2025-09-02	3h 05m 33.0s	89 22 04	2085-08-18	5h 13m 08.0s	89 31 36
2026-06-29	3h 04m 59.6s	89 22 17	2086-06-14	5h 13m 41.4s	89 31 51
2027-04-25	3h 05m 46.0s	89 22 47	2087-04-10	5h 17m 13.2s	89 32 11
2028-02-19	3h 08m 56.6s	89 23 14	2088-02-04	5h 22m 28.6s	89 32 11
2028-12-15	3h 12m 31.4s	89 23 16	2088-11-30	5h 25m 29.9s	89 31 52
2029-10-11	3h 13m 57.7s	89 23 05	2089-09-26	5h 25m 22.7s	89 31 40
2030-08-07	3h 13m 34.5s	89 23 03	2090-07-23	5h 24m 42.4s	89 31 47
2031-06-03	3h 13m 16.0s	89 23 22	2091-05-19	5h 26m 13.6s	89 32 09
2032-03-29	3h 14m 59.8s	89 23 52	2092-03-14	5h 30m 48.0s	89 32 25
2033-01-23	3h 18m 37.3s	89 24 07	2093-01-08	5h 35m 30.9s	89 32 17
2033-11-19	3h 21m 13.9s	89 24 00	2093-11-04	5h 37m 03.3s	89 32 01
2034-09-15	3h 21m 24.5s	89 23 51	2094-08-31	5h 36m 28.8s	89 32 00
2035-07-12	3h 20m 28.7s	89 23 59	2095-06-27	5h 36m 46.8s	89 32 17
2036-05-07	3h 20m 36.0s	89 24 27	2096-04-22	5h 40m 08.6s	89 32 40
2037-03-03	3h 23m 13.1s	89 24 56	2097-02-16	5h 45m 47.5s	89 32 46
2037-12-28	3h 26m 45.7s	89 25 03	2097-12-13	5h 49m 42.3s	89 32 29
2038-10-24	3h 28m 18.4s	89 24 55	2098-10-09	5h 50m 19.3s	89 32 16
2039-08-20	3h 27m 48.2s	89 24 55	2099-08-05	5h 50m 05.5s	89 32 21
2040-06-15	3h 27m 10.9s	89 25 14	2100-06-01	5h 51m 53.7s	89 32 40
2041-04-11	3h 28m 36.6s	89 25 48	2101-03-28	5h 56m 49.5s	89 32 53
2042-02-05	3h 32m 26.6s	89 26 10	2102-01-22	6h 02m 15.5s	89 32 42
2042-12-02	3h 35m 49.6s	89 26 08	2102-11-18	6h 04m 29.1s	89 32 19
2043-09-28	3h 36m 42.3s	89 25 59	2103-09-14	6h 04m 08.5s	89 32 09
2044-07-24	3h 36m 12.4s	89 26 05	2104-07-10	6h 04m 16.9s	89 32 19
2045-05-20	3h 36m 35.7s	89 26 30	2105-05-06	6h 07m 11.5s	89 32 35
2046-03-16	3h 39m 36.6s	89 26 59	2106-03-02	6h 12m 27.9s	89 32 36
2047-01-10	3h 44m 02.2s	89 27 06	2106-12-27	6h 16m 17.5s	89 32 15
2047-11-06	3h 46m 33.1s	89 26 54	2107-10-23	6h 16m 39.8s	89 31 57
2048-09-01	3h 46m 36.3s	89 26 47	2108-08-18	6h 15m 50.9s	89 31 58
2049-06-28	3h 46m 08.4s	89 26 58	2109-06-14	6h 16m 47.5s	89 32 14
2050-04-24	3h 47m 28.4s	89 27 25	2110-04-10	6h 20m 51.4s	89 32 29
2051-02-18	3h 51m 20.8s	89 27 44	2111-02-04	6h 25m 57.3s	89 32 22
2051-12-15	3h 55m 03.3s	89 27 40	2111-12-01	6h 28m 16.3s	89 32 01
2052-10-10	3h 56m 02.8s	89 27 27	2112-09-26	6h 27m 54.0s	89 31 53
2053-08-06	3h 55m 14.4s	89 27 28	2113-07-23	6h 27m 50.8s	89 32 05
2054-06-02	3h 55m 00.7s	89 27 49	2114-05-19	6h 30m 31.6s	89 32 24
2055-03-29	3h 57m 22.2s	89 28 18	2115-03-15	6h 35m 55.1s	89 32 30
2056-01-23	4h 01m 36.1s	89 28 30	2116-01-09	6h 40m 29.0s	89 32 13
2056-11-18	4h 04m 15.8s	89 28 22	2116-11-04	6h 41m 37.4s	89 31 53
2057-09-14	4h 04m 16.1s	89 28 16	2117-08-31	6h 41m 16.5s	89 31 51
2058-07-11	4h 03m 32.2s	89 28 28	2118-06-27	6h 42m 26.3s	89 32 05
2059-05-07	4h 04m 33.4s	89 28 57	2119-04-23	6h 46m 37.5s	89 32 17
2060-03-02	4h 08m 29.7s	89 29 23	2120-02-17	6h 52m 06.8s	89 32 07
2060-12-27	4h 12m 57.2s	89 29 23	2120-12-13	6h 54m 59.4s	89 31 40
2061-10-23	4h 14m 47.0s	89 29 12	2121-10-09	6h 54m 50.1s	89 31 24
2062-08-19	4h 14m 31.2s	89 29 11	2122-08-05	6h 54m 33.3s	89 31 27
2063-06-15	4h 14m 38.0s	89 29 30	2123-06-01	6h 56m 38.1s	89 31 40
2064-04-10	4h 17m 21.9s	89 29 57	2124-03-27	7h 01m 20.0s	89 31 41
2065-02-04	4h 22m 22.8s	89 30 08	2125-01-21	7h 05m 33.3s	89 31 20
2065-12-01	4h 26m 05.2s	89 29 56	2125-11-17	7h 06m 26.0s	89 30 55
2066-09-27	4h 26m 45.6s	89 29 44	2126-09-13	7h 05m 31.6s	89 30 49
2067-07-24	4h 26m 14.9s	89 29 48	2127-07-10	7h 05m 50.2s	89 31 01
2068-05-19	4h 27m 11.4s	89 30 09	2128-05-05	7h 09m 01.9s	89 31 14
2069-03-15	4h 31m 02.1s	89 30 30	2129-03-01	7h 13m 56.6s	89 31 08
2070-01-09	4h 35m 43.2s	89 30 28	2129-12-26	7h 16m 51.2s	89 30 45
2070-11-05	4h 37m 43.1s	89 30 12	2130-10-22	7h 16m 45.8s	89 30 29
2071-09-01	4h 37m 11.9s	89 30 06	2131-08-18	7h 16m 21.3s	89 30 34
2072-06-27	4h 36m 42.7s	89 30 21	2132-06-13	7h 18m 10.3s	89 30 50
2073-04-23	4h 38m 41.8s	89 30 47	2133-04-09	7h 22m 47.1s	89 30 57
2074-02-17	4h 43m 18.4s	89 31 02	2134-02-03	7h 27m 31.5s	89 30 40
2074-12-14	4h 47m 06.8s	89 30 54	2134-11-30	7h 29m 11.7s	89 30 15
2075-10-10	4h 47m 49.8s	89 30 43	2135-09-26	7h 28m 48.2s	89 30 06
2076-08-05	4h 47m 07.5s	89 30 48	2136-07-22	7h 29m 18.6s	89 30 14
2077-06-01	4h 47m 46.7s	89 31 12	2137-05-18	7h 32m 28.4s	89 30 25
2078-03-28	4h 51m 34.1s	89 31 37	2138-03-14	7h 37m 28.2s	89 30 17
2079-01-22	4h 56m 51.8s	89 31 41	2139-01-08	7h 40m 47.1s	89 29 48

Date	right asc.	declination	Date	right asc.	declination
2139-11-04	7h 40m 55.0s	89 29 25	2199-10-20	9h 21m 23.8s	89 16 44
2140-08-30	7h 40m 17.3s	89 29 21	2200-08-16	9h 21m 07.8s	89 16 48
2141-06-26	7h 41m 27.8s	89 29 31	2201-06-12	9h 22m 38.8s	89 16 54
2142-04-22	7h 45m 13.1s	89 29 34	2202-04-08	9h 25m 20.9s	89 16 42
2143-02-16	7h 49m 24.2s	89 29 14	2203-02-02	9h 27m 02.9s	89 16 10
2143-12-13	7h 50m 48.3s	89 28 44	2203-11-29	9h 26m 42.0s	89 15 45
2144-10-08	7h 49m 56.2s	89 28 31	2204-09-24	9h 26m 01.1s	89 15 42
2145-08-04	7h 49m 39.2s	89 28 37	2205-07-21	9h 26m 42.9s	89 15 51
2146-05-31	7h 51m 49.2s	89 28 49	2206-05-17	9h 29m 07.6s	89 15 51
2147-03-27	7h 56m 03.9s	89 28 45	2207-03-13	9h 31m 52.8s	89 15 28
2148-01-21	7h 59m 18.5s	89 28 21	2208-01-07	9h 32m 50.1s	89 14 54
2148-11-16	7h 59m 35.7s	89 27 58	2208-11-02	9h 32m 13.9s	89 14 36
2149-09-12	7h 58m 55.7s	89 27 56	2209-08-29	9h 32m 05.3s	89 14 37
2150-07-09	7h 59m 53.6s	89 28 09	2210-06-25	9h 33m 31.6s	89 14 42
2151-05-05	8h 03m 27.6s	89 28 17	2211-04-21	9h 36m 12.1s	89 14 30
2152-02-29	8h 07m 57.3s	89 28 02	2212-02-15	9h 38m 10.0s	89 13 56
2152-12-25	8h 10m 06.6s	89 27 33	2212-12-11	9h 38m 02.6s	89 13 23
2153-10-21	8h 09m 48.7s	89 27 16	2213-10-07	9h 37m 10.7s	89 13 12
2154-08-17	8h 09m 44.5s	89 27 20	2214-08-03	9h 37m 21.3s	89 13 16
2155-06-13	8h 11m 50.4s	89 27 29	2215-05-30	9h 39m 06.4s	89 13 15
2156-04-08	8h 16m 00.6s	89 27 25	2216-03-25	9h 41m 25.0s	89 12 53
2157-02-02	8h 19m 31.0s	89 26 57	2217-01-19	9h 42m 14.5s	89 12 16
2157-11-29	8h 20m 04.5s	89 26 27	2217-11-15	9h 41m 22.0s	89 11 53
2158-09-25	8h 19m 15.2s	89 26 16	2218-09-11	9h 40m 40.0s	89 11 52
2159-07-22	8h 19m 37.5s	89 26 22	2219-07-08	9h 41m 25.0s	89 11 59
2160-05-17	8h 22m 19.0s	89 26 27	2220-05-03	9h 43m 33.8s	89 11 53
2161-03-13	8h 26m 07.2s	89 26 10	2221-02-27	9h 45m 30.3s	89 11 25
2162-01-07	8h 27m 59.9s	89 25 38	2221-12-24	9h 45m 37.1s	89 10 53
2162-11-03	8h 27m 20.4s	89 25 16	2222-10-20	9h 44m 48.2s	89 10 42
2163-08-30	8h 26m 35.8s	89 25 17	2223-08-16	9h 44m 52.2s	89 10 49
2164-06-25	8h 27m 46.8s	89 25 27	2224-06-11	9h 46m 30.9s	89 10 53
2165-04-21	8h 31m 08.2s	89 25 27	2225-04-07	9h 49m 01.7s	89 10 38
2166-02-15	8h 34m 27.0s	89 25 04	2226-02-01	9h 50m 27.8s	89 10 03
2166-12-12	8h 35m 13.0s	89 24 36	2226-11-28	9h 50m 07.0s	89 09 37
2167-10-08	8h 34m 27.0s	89 24 26	2227-09-24	9h 49m 37.1s	89 09 33
2168-08-03	8h 34m 40.2s	89 24 35	2228-07-20	9h 50m 21.3s	89 09 38
2169-05-30	8h 37m 08.9s	89 24 44	2229-05-16	9h 52m 26.9s	89 09 33
2170-03-26	8h 41m 04.8s	89 24 34	2230-03-12	9h 54m 35.1s	89 09 04
2171-01-20	8h 43m 38.0s	89 24 03	2231-01-06	9h 55m 00.4s	89 08 27
2171-11-16	8h 43m 37.1s	89 23 39	2231-11-02	9h 54m 10.1s	89 08 08
2172-09-11	8h 43m 09.5s	89 23 37	2232-08-28	9h 53m 51.3s	89 08 08
2173-07-08	8h 44m 19.0s	89 23 45	2233-06-24	9h 54m 55.5s	89 08 10
2174-05-04	8h 47m 31.7s	89 23 44	2234-04-20	9h 56m 57.1s	89 07 55
2175-02-28	8h 50m 58.4s	89 23 19	2235-02-14	9h 58m 13.4s	89 07 20
2175-12-25	8h 52m 02.8s	89 22 45	2235-12-11	9h 57m 43.6s	89 06 48
2176-10-20	8h 51m 14.6s	89 22 27	2236-10-06	9h 56m 47.6s	89 06 41
2177-08-16	8h 50m 59.5s	89 22 28	2237-08-02	9h 56m 55.3s	89 06 47
2178-06-12	8h 52m 41.1s	89 22 34	2238-05-29	9h 58m 27.3s	89 06 47
2179-04-08	8h 55m 53.0s	89 22 23	2239-03-25	10h 00m 24.6s	89 06 25
2180-02-02	8h 58m 07.0s	89 21 50	2240-01-19	10h 01m 01.9s	89 05 50
2180-11-28	8h 57m 51.4s	89 21 21	2240-11-14	10h 00m 18.2s	89 05 30
2181-09-24	8h 56m 51.0s	89 21 15	2241-09-10	9h 59m 54.7s	89 05 32
2182-07-21	8h 57m 12.7s	89 21 23	2242-07-07	10h 00m 51.8s	89 05 39
2183-05-17	8h 59m 37.0s	89 21 26	2243-05-03	10h 02m 57.7s	89 05 31
2184-03-12	9h 02m 43.9s	89 21 08	2244-02-27	10h 04m 42.8s	89 05 00
2185-01-06	9h 04m 00.1s	89 20 36	2244-12-23	10h 04m 47.6s	89 04 27
2185-11-02	9h 03m 20.4s	89 20 18	2245-10-19	10h 04m 08.7s	89 04 16
2186-08-29	9h 03m 00.6s	89 20 22	2246-08-15	10h 04m 19.5s	89 04 20
2187-06-25	9h 04m 31.0s	89 20 32	2247-06-11	10h 05m 49.3s	89 04 20
2188-04-20	9h 07m 43.7s	89 20 27	2248-04-06	10h 07m 53.4s	89 03 59
2189-02-14	9h 10m 29.7s	89 19 59	2249-01-31	10h 08m 50.3s	89 03 20
2189-12-11	9h 10m 55.5s	89 19 28	2249-11-27	10h 08m 14.0s	89 02 53
2190-10-07	9h 10m 16.4s	89 19 18	2250-09-23	10h 07m 35.9s	89 02 48
2191-08-03	9h 10m 40.4s	89 19 24	2251-07-20	10h 08m 05.0s	89 02 51
2192-05-29	9h 12m 56.9s	89 19 26	2252-05-15	10h 09m 41.8s	89 02 43
2193-03-25	9h 16m 05.9s	89 19 08	2253-03-11	10h 11m 13.7s	89 02 12
2194-01-19	9h 17m 41.3s	89 18 31	2254-01-05	10h 11m 13.9s	89 01 36
2194-11-15	9h 17m 07.8s	89 18 06	2254-11-01	10h 10m 16.2s	89 01 19
2195-09-11	9h 16m 28.0s	89 18 02	2255-08-28	10h 09m 55.2s	89 01 22
2196-07-07	9h 17m 18.6s	89 18 07	2256-06-23	10h 10m 51.2s	89 01 26
2197-05-03	9h 19m 47.4s	89 18 01	2257-04-19	10h 12m 36.7s	89 01 12
2198-02-27	9h 22m 10.7s	89 17 33	2258-02-13	10h 13m 39.8s	89 00 38
2198-12-24	9h 22m 27.0s	89 16 58	2258-12-10	10h 13m 13.2s	89 00 10

```
Date          right asc.      declination    Date          right asc.      declination
2259-10-06    10h 12m 32.9s    89 00 05      2290-12-22    10h 31m 19.9s    88 50 21
2260-08-01    10h 12m 54.7s    89 00 13      2291-10-18    10h 30m 29.5s    88 50 11
2261-05-28    10h 14m 30.1s    89 00 12      2292-08-13    10h 30m 26.1s    88 50 16
2262-03-24    10h 16m 21.0s    88 59 47      2293-06-09    10h 31m 25.8s    88 50 15
2263-01-18    10h 16m 55.2s    88 59 11      2294-04-05    10h 32m 47.7s    88 49 53
2263-11-14    10h 16m 19.7s    88 58 51      2295-01-30    10h 33m 13.0s    88 49 17
2264-09-09    10h 16m 05.6s    88 58 51      2295-11-26    10h 32m 33.5s    88 48 54
2265-07-06    10h 17m 01.2s    88 58 55      2296-09-21    10h 32m 06.4s    88 48 55
2266-05-02    10h 18m 50.0s    88 58 42      2297-07-18    10h 32m 40.1s    88 49 01
2267-02-26    10h 20m 10.4s    88 58 07      2298-05-14    10h 34m 07.1s    88 48 54
2267-12-23    10h 19m 58.7s    88 57 31      2299-03-10    10h 35m 24.0s    88 48 23
2268-10-18    10h 19m 12.5s    88 57 19      2300-01-04    10h 35m 26.3s    88 47 48
2269-08-14    10h 19m 12.9s    88 57 21      2300-10-31    10h 34m 50.6s    88 47 35
2270-06-10    10h 20m 21.4s    88 57 19      2301-08-27    10h 34m 51.4s    88 47 38
2271-04-06    10h 21m 55.2s    88 56 56      2302-06-23    10h 35m 52.4s    88 47 38
2272-01-31    10h 22m 25.9s    88 56 17      2303-04-19    10h 37m 22.9s    88 47 18
2272-11-26    10h 21m 38.8s    88 55 52      2304-02-13    10h 38m 07.6s    88 46 39
2273-09-22    10h 20m 58.3s    88 55 49      2304-12-09    10h 37m 38.5s    88 46 09
2274-07-19    10h 21m 22.1s    88 55 55      2305-10-05    10h 37m 03.4s    88 46 02
2275-05-15    10h 22m 47.0s    88 55 48      2306-08-01    10h 37m 18.6s    88 46 05
2276-03-10    10h 24m 05.7s    88 55 19      2307-05-28    10h 38m 26.2s    88 45 57
2277-01-04    10h 24m 04.1s    88 54 45      2308-03-23    10h 39m 34.9s    88 45 27
2277-10-31    10h 23m 18.3s    88 54 32      2309-01-17    10h 39m 35.6s    88 44 49
2278-08-27    10h 23m 11.8s    88 54 37      2309-11-13    10h 38m 46.1s    88 44 29
2279-06-23    10h 24m 15.4s    88 54 41      2310-09-09    10h 38m 21.6s    88 44 31
2280-04-18    10h 25m 59.2s    88 54 25      2311-07-06    10h 38m 55.7s    88 44 34
2281-02-12    10h 26m 59.4s    88 53 49      2312-05-01    10h 40m 10.0s    88 44 20
2281-12-09    10h 26m 38.7s    88 53 21      2313-02-25    10h 40m 57.4s    88 43 46
2282-10-05    10h 26m 08.8s    88 53 15      2313-12-22    10h 40m 34.3s    88 43 16
2283-08-01    10h 26m 34.5s    88 53 20      2314-10-18    10h 39m 55.0s    88 43 09
2284-05-27    10h 28m 00.8s    88 53 14      2315-08-14    10h 40m 02.4s    88 43 15
2285-03-23    10h 29m 32.6s    88 52 46      2316-06-09    10h 41m 07.2s    88 43 15
2286-01-17    10h 29m 50.1s    88 52 07      2317-04-05    10h 42m 29.3s    88 42 52
2286-11-13    10h 29m 06.9s    88 51 45      2318-01-30    10h 42m 57.0s    88 42 15
2287-09-09    10h 28m 45.6s    88 51 44      2318-11-26    10h 42m 26.3s    88 41 52
2288-07-05    10h 29m 26.2s    88 51 46      2319-09-22    10h 42m 08.4s    88 41 51
2289-05-01    10h 30m 50.7s    88 51 31      2320-07-18    10h 42m 44.1s    88 41 55
2290-02-25    10h 31m 45.8s    88 50 55
```

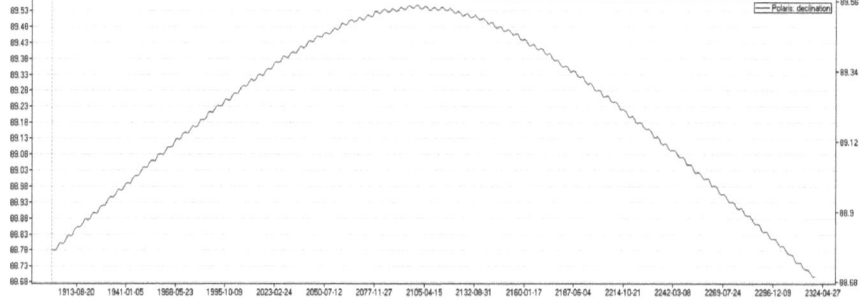

The graph shows the polar's declination from 1900 to 2300

Il grafico mostra la declinazione della polare dal 1900 al 2300 circa

Date	right asc.	declination	Date	right asc.	declination
2000-01-01	2h 32m 45.6s	89 16 01	2027-12-05	3h 10m 45.8s	89 23 01
2000-05-30	2h 30m 44.6s	89 15 39	2028-05-03	3h 07m 35.2s	89 22 57
2000-10-27	2h 34m 12.3s	89 15 57	2028-09-30	3h 11m 51.3s	89 22 51
2001-03-26	2h 31m 30.8s	89 16 15	2029-02-27	3h 10m 31.2s	89 23 25
2001-08-23	2h 33m 52.3s	89 15 54	2029-07-27	3h 11m 24.0s	89 22 53
2002-01-20	2h 34m 04.0s	89 16 39	2029-12-24	3h 14m 14.2s	89 23 30
2002-06-19	2h 32m 57.0s	89 16 10	2030-05-23	3h 11m 22.5s	89 23 15
2002-11-16	2h 36m 08.7s	89 16 39	2030-10-20	3h 15m 56.9s	89 23 18
2003-04-15	2h 33m 13.1s	89 16 45	2031-03-19	3h 13m 34.3s	89 23 44
2003-09-12	2h 36m 22.1s	89 16 34	2031-08-16	3h 15m 38.5s	89 23 15
2004-02-09	2h 35m 34.5s	89 17 16	2032-01-13	3h 17m 19.1s	89 23 55
2004-07-08	2h 35m 34.2s	89 16 45	2032-06-11	3h 15m 07.6s	89 23 31
2004-12-05	2h 38m 14.4s	89 17 22	2032-11-08	3h 19m 36.8s	89 23 46
2005-05-04	2h 35m 28.3s	89 17 16	2033-04-07	3h 16m 27.4s	89 24 00
2005-10-01	2h 39m 09.8s	89 17 16	2033-09-04	3h 19m 33.5s	89 23 38
2006-02-28	2h 37m 29.0s	89 17 50	2034-02-01	3h 19m 54.6s	89 24 19
2006-07-28	2h 38m 39.5s	89 17 20	2034-07-01	3h 18m 42.5s	89 23 48
2006-12-25	2h 40m 33.8s	89 18 03	2034-11-28	3h 22m 44.9s	89 24 14
2007-05-24	2h 38m 19.0s	89 17 45	2035-04-27	3h 19m 12.6s	89 24 17
2007-10-21	2h 42m 13.6s	89 17 57	2035-09-24	3h 23m 08.4s	89 24 05
2008-03-19	2h 39m 51.0s	89 18 20	2036-02-21	3h 22m 09.5s	89 24 43
2008-08-16	2h 42m 07.1s	89 17 55	2036-07-20	3h 22m 11.6s	89 24 11
2009-01-13	2h 43m 03.4s	89 18 38	2036-12-17	3h 25m 28.7s	89 24 46
2009-06-12	2h 41m 37.2s	89 18 11	2037-05-16	3h 22m 03.4s	89 24 38
2009-11-09	2h 45m 23.5s	89 18 34	2037-10-13	3h 26m 33.5s	89 24 37
2010-04-08	2h 42m 34.5s	89 18 44	2038-03-12	3h 24m 24.2s	89 25 09
2010-09-05	2h 45m 43.6s	89 18 26	2038-08-09	3h 25m 49.0s	89 24 39
2011-02-02	2h 45m 34.0s	89 19 08	2039-01-06	3h 28m 05.8s	89 25 20
2011-07-02	2h 45m 07.9s	89 18 36	2039-06-05	3h 25m 17.8s	89 25 02
2011-11-29	2h 48m 24.0s	89 19 07	2039-11-02	3h 30m 03.3s	89 25 13
2012-04-27	2h 45m 27.3s	89 19 04	2040-03-31	3h 27m 02.7s	89 25 35
2012-09-24	2h 49m 11.4s	89 18 57	2040-08-28	3h 29m 48.2s	89 25 11
2013-02-21	2h 47m 54.9s	89 19 32	2041-01-25	3h 30m 54.4s	89 25 54
2013-07-21	2h 48m 34.1s	89 18 59	2041-06-24	3h 29m 09.3s	89 25 28
2013-12-18	2h 51m 00.1s	89 19 37	2041-11-21	3h 33m 48.7s	89 25 50
2014-05-17	2h 48m 17.6s	89 19 22	2042-04-20	3h 30m 20.6s	89 26 00
2014-10-14	2h 52m 16.3s	89 19 27	2042-09-17	3h 34m 15.4s	89 25 43
2015-03-13	2h 50m 00.7s	89 19 54	2043-02-14	3h 34m 06.4s	89 26 25
2015-08-10	2h 51m 44.3s	89 19 24	2043-07-14	3h 33m 40.5s	89 25 53
2016-01-07	2h 53m 06.2s	89 20 07	2043-12-11	3h 37m 50.6s	89 26 24
2016-06-05	2h 51m 00.1s	89 19 43	2044-05-09	3h 34m 20.7s	89 26 21
2016-11-02	2h 54m 53.8s	89 19 59	2044-10-06	3h 39m 06.2s	89 26 14
2017-04-01	2h 51m 56.7s	89 20 16	2045-03-05	3h 37m 42.7s	89 26 49
2017-08-29	2h 54m 38.4s	89 19 54	2045-08-02	3h 38m 42.5s	89 26 17
2018-01-26	2h 54m 50.0s	89 20 37	2045-12-30	3h 42m 00.3s	89 26 54
2018-06-25	2h 53m 40.4s	89 20 08	2046-05-29	3h 38m 53.8s	89 26 39
2018-11-22	2h 57m 12.0s	89 20 36	2046-10-26	3h 44m 05.4s	89 26 42
2019-04-21	2h 53m 57.4s	89 20 40	2047-03-25	3h 41m 35.7s	89 27 07
2019-09-18	2h 57m 26.9s	89 20 29	2047-08-22	3h 43m 57.7s	89 26 37
2020-02-15	2h 56m 30.3s	89 21 09	2048-01-19	3h 46m 02.6s	89 27 17
2020-07-14	2h 56m 31.5s	89 20 38	2048-06-17	3h 43m 42.3s	89 26 52
2020-12-11	2h 59m 25.7s	89 21 15	2048-11-14	3h 48m 52.7s	89 27 06
2021-05-10	2h 56m 20.6s	89 21 07	2049-04-13	3h 45m 32.8s	89 27 20
2021-10-07	3h 00m 24.0s	89 21 08	2049-09-10	3h 49m 05.3s	89 26 56
2022-03-06	2h 58m 27.6s	89 21 41	2050-02-07	3h 49m 43.3s	89 27 36
2022-08-03	2h 59m 46.1s	89 21 12	2050-07-07	3h 48m 28.2s	89 27 05
2022-12-31	3h 01m 48.9s	89 21 54	2050-12-04	3h 53m 10.0s	89 27 28
2023-05-30	2h 59m 19.4s	89 21 36	2051-05-03	3h 49m 23.6s	89 27 30
2023-10-27	3h 03m 38.1s	89 21 48	2051-09-30	3h 53m 49.8s	89 27 16
2024-03-25	3h 00m 56.8s	89 22 11	2052-02-27	3h 52m 57.6s	89 27 53
2024-08-22	3h 03m 29.2s	89 21 47	2052-07-26	3h 53m 01.1s	89 27 19
2025-01-19	3h 04m 29.1s	89 22 30	2052-12-23	3h 56m 50.9s	89 27 51
2025-06-18	3h 02m 56.5s	89 22 04	2053-05-22	3h 53m 08.1s	89 27 42
2025-11-15	3h 07m 08.7s	89 22 27	2053-10-19	3h 58m 08.7s	89 27 38
2026-04-14	3h 04m 01.6s	89 22 36	2054-03-18	3h 55m 55.5s	89 28 09
2026-09-11	3h 07m 35.7s	89 22 20	2054-08-15	3h 57m 24.4s	89 27 38
2027-02-08	3h 07m 25.8s	89 23 01	2055-01-12	4h 00m 05.0s	89 28 16
2027-07-08	3h 07m 03.6s	89 22 29	2055-06-11	3h 56m 57.6s	89 27 58

Date	right asc.	declination	Date	right asc.	declination
2055-11-08	4h 02m 13.1s	89 28 06	2085-10-31	5h 16m 44.5s	89 31 42
2056-04-06	3h 58m 58.9s	89 28 28	2086-03-30	5h 14m 53.7s	89 32 12
2056-09-03	4h 01m 52.3s	89 28 02	2086-08-27	5h 16m 16.1s	89 31 36
2057-01-31	4h 03m 13.5s	89 28 44	2087-01-24	5h 20m 10.1s	89 32 08
2057-06-30	4h 01m 10.1s	89 28 17	2087-06-23	5h 16m 27.5s	89 31 50
2057-11-27	4h 06m 19.7s	89 28 37	2087-11-20	5h 22m 43.6s	89 31 48
2058-04-26	4h 02m 31.0s	89 28 48	2088-04-18	5h 19m 30.4s	89 32 10
2058-09-23	4h 06m 40.8s	89 28 30	2088-09-15	5h 22m 23.8s	89 31 38
2059-02-20	4h 06m 38.3s	89 29 10	2089-02-12	5h 24m 41.5s	89 32 14
2059-07-20	4h 05m 59.5s	89 28 39	2089-07-12	5h 21m 57.2s	89 31 47
2059-12-17	4h 10m 40.4s	89 29 08	2089-12-09	5h 28m 05.9s	89 31 57
2060-05-15	4h 06m 47.4s	89 29 07	2090-05-08	5h 23m 58.4s	89 32 09
2060-10-12	4h 11m 57.1s	89 28 58	2090-10-05	5h 28m 14.1s	89 31 43
2061-03-11	4h 10m 32.7s	89 29 34	2091-03-04	5h 28m 48.8s	89 32 21
2061-08-08	4h 11m 29.5s	89 29 01	2091-08-01	5h 27m 28.2s	89 31 49
2062-01-05	4h 15m 17.2s	89 29 37	2091-12-29	5h 33m 05.2s	89 32 09
2062-06-04	4h 11m 49.7s	89 29 23	2092-05-27	5h 28m 38.8s	89 32 11
2062-11-01	4h 17m 34.6s	89 29 24	2092-10-24	5h 34m 02.7s	89 31 54
2063-03-31	4h 14m 58.9s	89 29 51	2093-03-23	5h 32m 59.4s	89 32 29
2063-08-28	4h 17m 29.8s	89 29 21	2093-08-20	5h 33m 19.1s	89 31 56
2064-01-25	4h 20m 01.8s	89 29 59	2094-01-17	5h 38m 01.7s	89 32 25
2064-06-23	4h 17m 26.7s	89 29 36	2094-06-16	5h 33m 52.9s	89 32 15
2064-11-20	4h 23m 17.0s	89 29 47	2094-11-13	5h 40m 05.6s	89 32 08
2065-04-19	4h 19m 48.0s	89 30 02	2095-04-12	5h 37m 38.0s	89 32 37
2065-09-16	4h 23m 40.1s	89 29 37	2095-09-09	5h 39m 42.9s	89 32 04
2066-02-13	4h 24m 41.5s	89 30 16	2096-02-06	5h 43m 10.4s	89 32 39
2066-07-13	4h 23m 17.9s	89 29 45	2096-07-05	5h 39m 52.1s	89 32 20
2066-12-10	4h 28m 42.7s	89 30 05	2096-12-02	5h 46m 27.2s	89 32 23
2067-05-09	4h 24m 44.7s	89 30 08	2097-05-01	5h 42m 55.3s	89 32 42
2067-10-06	4h 29m 38.5s	89 29 50	2097-09-28	5h 46m 39.8s	89 32 13
2068-03-04	4h 29m 03.0s	89 30 26	2098-02-25	5h 48m 34.2s	89 32 50
2068-08-01	4h 29m 02.9s	89 29 52	2098-07-25	5h 46m 32.0s	89 32 22
2068-12-29	4h 33m 34.3s	89 30 20	2098-12-22	5h 52m 56.8s	89 32 34
2069-05-28	4h 29m 36.0s	89 30 12	2099-05-21	5h 48m 47.8s	89 32 42
2069-10-25	4h 35m 08.7s	89 30 04	2099-10-18	5h 53m 54.1s	89 32 18
2070-03-24	4h 33m 02.0s	89 30 34	2100-03-17	5h 54m 05.5s	89 32 54
2070-08-21	4h 34m 31.2s	89 30 00	2100-08-14	5h 53m 35.7s	89 32 19
2071-01-18	4h 37m 46.8s	89 30 36	2101-01-11	5h 59m 15.8s	89 32 40
2071-06-17	4h 34m 19.7s	89 30 17	2101-06-10	5h 54m 59.9s	89 32 36
2071-11-14	4h 40m 08.6s	89 30 21	2101-11-07	6h 01m 01.3s	89 32 19
2072-04-12	4h 36m 48.8s	89 30 43	2102-04-06	5h 59m 32.6s	89 32 50
2072-09-09	4h 39m 46.3s	89 30 14	2102-09-03	6h 00m 39.1s	89 32 13
2073-02-06	4h 41m 32.0s	89 30 53	2103-01-31	6h 05m 04.2s	89 32 41
2073-07-06	4h 39m 07.4s	89 30 26	2103-06-30	6h 01m 12.7s	89 32 25
2073-12-03	4h 44m 49.4s	89 30 42	2103-11-27	6h 07m 39.5s	89 32 18
2074-05-02	4h 40m 45.0s	89 30 53	2104-04-25	6h 04m 43.9s	89 32 41
2074-09-29	4h 45m 03.8s	89 30 32	2104-09-22	6h 07m 22.3s	89 32 05
2075-02-26	4h 45m 14.9s	89 31 11	2105-02-19	6h 10m 11.3s	89 32 38
2075-07-26	4h 44m 17.5s	89 30 40	2105-07-19	6h 07m 11.8s	89 32 13
2075-12-23	4h 49m 28.6s	89 31 06	2105-12-16	6h 13m 34.7s	89 32 16
2076-05-21	4h 45m 14.6s	89 31 06	2106-05-15	6h 09m 36.7s	89 32 29
2076-10-18	4h 50m 39.0s	89 30 54	2106-10-12	6h 13m 37.5s	89 31 59
2077-03-17	4h 49m 19.8s	89 31 29	2107-03-11	6h 14m 39.6s	89 32 34
2077-08-14	4h 50m 03.9s	89 30 57	2107-08-08	6h 12m 57.0s	89 32 02
2078-01-11	4h 54m 20.4s	89 31 30	2108-01-05	6h 18m 49.0s	89 32 16
2078-06-10	4h 50m 31.1s	89 31 18	2108-06-03	6h 14m 21.7s	89 32 19
2078-11-07	4h 56m 37.8s	89 31 16	2108-10-31	6h 19m 31.1s	89 31 56
2079-04-06	4h 54m 02.1s	89 31 44	2109-03-30	6h 18m 48.5s	89 32 30
2079-09-03	4h 56m 27.6s	89 31 13	2109-08-27	6h 18m 40.9s	89 31 55
2080-01-31	4h 59m 28.2s	89 31 50	2110-01-24	6h 23m 38.0s	89 32 19
2080-06-29	4h 56m 32.8s	89 31 28	2110-06-23	6h 19m 19.4s	89 32 11
2080-11-26	5h 02m 53.2s	89 31 35	2110-11-20	6h 25m 19.3s	89 31 59
2081-04-25	4h 59m 19.9s	89 31 53	2111-04-19	6h 23m 05.9s	89 32 28
2081-09-22	5h 03m 16.6s	89 31 26	2111-09-16	6h 24m 41.9s	89 31 53
2082-02-19	5h 04m 45.4s	89 32 04	2112-02-13	6h 28m 23.9s	89 32 25
2082-07-19	5h 03m 04.9s	89 31 34	2112-07-12	6h 24m 50.1s	89 32 07
2082-12-16	5h 09m 07.4s	89 31 51	2112-12-09	6h 31m 16.0s	89 32 04
2083-05-15	5h 05m 01.0s	89 31 56	2113-05-08	6h 27m 54.7s	89 32 26
2083-10-12	5h 10m 10.1s	89 31 35	2113-10-05	6h 31m 11.0s	89 31 54
2084-03-10	5h 09m 57.7s	89 32 11	2114-03-04	6h 33m 22.6s	89 32 29
2084-08-07	5h 09m 46.2s	89 31 36	2114-08-01	6h 31m 01.6s	89 32 03
2085-01-04	5h 14m 58.5s	89 32 01	2114-12-29	6h 37m 24.0s	89 32 10
2085-06-03	5h 10m 48.0s	89 31 54	2115-05-28	6h 33m 23.2s	89 32 21

Date	right asc.	declination
2115-10-25	6h 38m 04.3s	89 31 54
2116-03-23	6h 38m 37.6s	89 32 29
2116-08-20	6h 37m 45.8s	89 31 56
2117-01-17	6h 43m 32.7s	89 32 13
2117-06-16	6h 39m 21.5s	89 32 12
2117-11-13	6h 45m 04.5s	89 31 51
2118-04-12	6h 44m 00.4s	89 32 23
2118-09-09	6h 44m 42.9s	89 31 46
2119-02-06	6h 49m 24.3s	89 32 10
2119-07-06	6h 45m 31.7s	89 31 57
2119-12-03	6h 51m 48.3s	89 31 44
2120-05-01	6h 49m 16.1s	89 32 09
2120-09-28	6h 51m 30.9s	89 31 31
2121-02-25	6h 54m 41.7s	89 32 02
2121-07-25	6h 51m 34.7s	89 31 37
2121-12-22	6h 57m 54.0s	89 31 35
2122-05-21	6h 54m 15.1s	89 31 50
2122-10-18	6h 57m 52.0s	89 31 16
2123-03-17	6h 59m 17.1s	89 31 49
2123-08-14	6h 57m 19.9s	89 31 16
2124-01-11	7h 03m 11.0s	89 31 25
2124-06-09	6h 58m 55.9s	89 31 29
2124-11-06	7h 03m 39.4s	89 31 01
2125-04-05	7h 03m 18.6s	89 31 34
2125-09-02	7h 02m 47.6s	89 30 57
2126-01-30	7h 07m 44.8s	89 31 16
2126-06-29	7h 03m 29.6s	89 31 10
2126-11-26	7h 09m 01.1s	89 30 51
2127-04-25	7h 07m 06.6s	89 31 21
2127-09-22	7h 08m 10.6s	89 30 43
2128-02-19	7h 11m 55.0s	89 31 10
2128-07-18	7h 08m 14.9s	89 30 54
2128-12-15	7h 14m 13.1s	89 30 46
2129-05-14	7h 11m 07.9s	89 31 09
2129-10-11	7h 13m 46.8s	89 30 33
2130-03-10	7h 16m 05.1s	89 31 06
2130-08-07	7h 13m 29.4s	89 30 40
2131-01-04	7h 19m 29.6s	89 30 44
2131-06-03	7h 15m 41.6s	89 30 57
2131-10-31	7h 19m 45.5s	89 30 26
2132-03-29	7h 20m 31.2s	89 31 01
2132-08-26	7h 19m 19.4s	89 30 28
2133-01-23	7h 24m 53.0s	89 30 42
2133-06-22	7h 20m 51.6s	89 30 43
2133-11-19	7h 26m 02.0s	89 30 19
2134-04-18	7h 25m 15.0s	89 30 52
2134-09-15	7h 25m 35.0s	89 30 14
2135-02-12	7h 30m 12.4s	89 30 36
2135-07-12	7h 26m 27.1s	89 30 25
2135-12-09	7h 32m 16.9s	89 30 09
2136-05-07	7h 30m 06.1s	89 30 36
2136-10-04	7h 31m 56.7s	89 29 56
2137-03-03	7h 35m 12.1s	89 30 25
2137-07-31	7h 32m 08.8s	89 30 02
2137-12-28	7h 38m 06.6s	89 29 56
2138-05-27	7h 34m 51.6s	89 30 13
2138-10-24	7h 38m 01.3s	89 29 36
2139-03-23	7h 39m 39.2s	89 30 07
2139-08-20	7h 37m 38.4s	89 29 36
2140-01-17	7h 43m 13.4s	89 29 40
2140-06-15	7h 39m 20.4s	89 29 46
2140-11-12	7h 43m 33.2s	89 29 13
2141-04-11	7h 43m 30.5s	89 29 46
2141-09-08	7h 42m 45.3s	89 29 08
2142-02-05	7h 47m 31.2s	89 29 22
2142-07-05	7h 43m 30.9s	89 29 17
2142-12-02	7h 48m 28.7s	89 28 53
2143-05-01	7h 46m 53.5s	89 29 22
2143-09-28	7h 47m 32.4s	89 28 42
2144-02-25	7h 51m 08.8s	89 29 06
2144-07-24	7h 47m 33.3s	89 28 49
2144-12-21	7h 52m 56.0s	89 28 36
2145-05-20	7h 50m 08.0s	89 29 00

Date	right asc.	declination
2145-10-17	7h 52m 12.6s	89 28 21
2146-03-16	7h 54m 26.5s	89 28 52
2146-08-13	7h 51m 45.5s	89 28 26
2147-01-10	7h 57m 10.9s	89 28 25
2147-06-09	7h 53m 37.9s	89 28 39
2147-11-06	7h 57m 02.2s	89 28 05
2148-04-04	7h 57m 48.7s	89 28 39
2148-09-01	7h 56m 23.6s	89 28 06
2149-01-29	8h 01m 27.1s	89 28 17
2149-06-28	7h 57m 40.0s	89 28 19
2149-11-25	8h 02m 09.4s	89 27 52
2150-04-24	8h 01m 30.9s	89 28 25
2150-09-21	8h 01m 32.2s	89 27 47
2151-02-18	8h 05m 48.7s	89 28 08
2151-07-18	8h 02m 16.4s	89 27 58
2151-12-15	8h 07m 27.8s	89 27 40
2152-05-13	8h 05m 34.3s	89 28 07
2152-10-10	8h 07m 01.2s	89 27 28
2153-03-09	8h 10m 08.0s	89 27 55
2153-08-06	8h 07m 14.0s	89 27 34
2154-01-03	8h 12m 39.9s	89 27 25
2154-06-02	8h 09m 47.8s	89 27 44
2154-10-30	8h 12m 30.6s	89 27 05
2155-03-29	8h 14m 11.8s	89 27 36
2155-08-26	8h 12m 13.8s	89 27 05
2156-01-23	8h 17m 25.0s	89 27 07
2156-06-21	8h 13m 55.6s	89 27 14
2156-11-18	8h 17m 40.2s	89 26 39
2157-04-17	8h 17m 48.9s	89 27 11
2157-09-14	8h 16m 58.9s	89 26 33
2158-02-11	8h 21m 27.6s	89 26 45
2158-07-11	8h 17m 47.8s	89 26 40
2158-12-08	8h 22m 15.5s	89 26 13
2159-05-07	8h 20m 55.9s	89 26 42
2159-10-04	8h 21m 21.1s	89 26 00
2160-03-02	8h 24m 44.2s	89 26 22
2160-07-30	8h 21m 22.6s	89 26 05
2160-12-27	8h 26m 12.0s	89 25 48
2161-05-26	8h 23m 41.2s	89 26 11
2161-10-23	8h 25m 21.7s	89 25 30
2162-03-22	8h 27m 25.6s	89 25 59
2162-08-19	8h 24m 49.0s	89 25 32
2163-01-16	8h 29m 38.3s	89 25 28
2163-06-15	8h 26m 21.6s	89 25 41
2163-11-12	8h 29m 12.1s	89 25 04
2164-04-10	8h 29m 53.2s	89 25 37
2164-09-07	8h 28m 22.1s	89 25 03
2165-02-04	8h 32m 50.6s	89 25 11
2165-07-04	8h 29m 18.0s	89 25 14
2165-12-01	8h 33m 07.6s	89 24 44
2166-04-30	8h 32m 30.2s	89 25 17
2166-09-27	8h 32m 16.7s	89 24 38
2167-02-24	8h 36m 04.2s	89 24 57
2167-07-24	8h 32m 44.2s	89 24 48
2167-12-21	8h 37m 15.9s	89 24 28
2168-05-19	8h 35m 30.9s	89 24 56
2168-10-16	8h 36m 37.9s	89 24 15
2169-03-15	8h 39m 25.4s	89 24 42
2169-08-12	8h 36m 41.7s	89 24 22
2170-01-09	8h 41m 32.1s	89 24 12
2170-06-08	8h 38m 55.4s	89 24 31
2170-11-05	8h 41m 16.1s	89 23 52
2171-04-04	8h 42m 49.0s	89 24 24
2171-09-01	8h 40m 58.9s	89 23 53
2172-01-29	8h 45m 40.4s	89 23 54
2172-06-27	8h 42m 32.2s	89 24 02
2172-11-24	8h 45m 52.8s	89 23 26
2173-04-23	8h 46m 03.8s	89 23 59
2173-09-20	8h 45m 17.4s	89 23 20
2174-02-17	8h 49m 22.8s	89 23 32
2174-07-17	8h 46m 06.4s	89 23 27
2174-12-14	8h 50m 07.7s	89 22 59
2175-05-13	8h 48m 59.8s	89 23 28

Date	right asc.	declination	Date	right asc.	declination
2175-10-10	8h 49m 20.8s	89 22 45	2193-11-04	9h 15m 32.0s	89 18 24
2176-03-08	8h 52m 27.5s	89 23 06	2194-04-03	9h 17m 14.8s	89 18 52
2176-08-05	8h 49m 26.5s	89 22 48	2194-08-31	9h 15m 07.2s	89 18 23
2177-01-02	8h 53m 47.1s	89 22 30	2195-01-28	9h 19m 02.6s	89 18 16
2177-06-01	8h 51m 33.6s	89 22 52	2195-06-27	9h 16m 21.1s	89 18 28
2177-10-29	8h 52m 60.0s	89 22 09	2195-11-24	9h 18m 35.3s	89 17 47
2178-03-28	8h 54m 53.5s	89 22 37	2196-04-22	9h 19m 04.3s	89 18 19
2178-08-25	8h 52m 29.4s	89 22 09	2196-09-19	9h 17m 44.5s	89 17 41
2179-01-22	8h 56m 48.2s	89 22 02	2197-02-16	9h 21m 16.6s	89 17 47
2179-06-21	8h 53m 49.6s	89 22 15	2197-07-16	9h 18m 16.7s	89 17 47
2179-11-18	8h 56m 16.4s	89 21 36	2197-12-13	9h 21m 13.9s	89 17 13
2180-04-16	8h 56m 51.5s	89 22 08	2198-05-12	9h 20m 31.9s	89 17 44
2180-09-13	8h 55m 22.0s	89 21 32	2198-10-09	9h 20m 10.4s	89 17 02
2181-02-10	8h 59m 19.0s	89 21 38	2199-03-08	9h 23m 01.6s	89 17 19
2181-07-10	8h 56m 01.8s	89 21 40	2199-08-05	9h 20m 08.4s	89 17 07
2181-12-07	8h 59m 19.8s	89 21 08	2200-01-02	9h 23m 35.2s	89 16 44
2182-05-06	8h 58m 40.1s	89 21 40	2200-06-01	9h 21m 54.4s	89 17 10
2182-10-03	8h 58m 18.5s	89 21 00	2200-10-29	9h 22m 36.0s	89 16 27
2183-03-02	9h 01m 35.8s	89 21 17	2201-03-28	9h 24m 34.3s	89 16 54
2183-07-30	8h 58m 27.9s	89 21 07	2201-08-25	9h 22m 11.0s	89 16 31
2183-12-27	9h 02m 23.4s	89 20 45	2202-01-22	9h 25m 51.8s	89 16 20
2184-05-25	9h 00m 41.1s	89 21 13	2202-06-21	9h 23m 30.3s	89 16 38
2184-10-22	9h 01m 32.3s	89 20 31	2202-11-18	9h 25m 13.6s	89 15 58
2185-03-21	9h 03m 54.9s	89 20 58	2203-04-17	9h 26m 12.3s	89 16 30
2185-08-18	9h 01m 21.2s	89 20 37	2203-09-14	9h 24m 36.3s	89 15 58
2186-01-15	9h 05m 35.1s	89 20 27	2204-02-11	9h 28m 13.0s	89 16 00
2186-06-14	9h 03m 07.8s	89 20 46	2204-07-10	9h 25m 31.6s	89 16 07
2186-11-11	9h 05m 08.3s	89 20 06	2204-12-07	9h 28m 08.8s	89 15 32
2187-04-10	9h 06m 25.6s	89 20 38	2205-05-06	9h 28m 05.8s	89 16 05
2187-09-07	9h 04m 43.2s	89 20 07	2205-10-03	9h 27m 27.4s	89 15 26
2188-02-04	9h 08m 52.3s	89 20 09	2206-03-02	9h 30m 39.8s	89 15 39
2188-07-03	9h 06m 00.4s	89 20 17	2206-07-30	9h 27m 58.7s	89 15 34
2188-11-30	9h 08m 58.4s	89 19 41	2206-12-27	9h 31m 15.4s	89 15 07
2189-04-29	9h 09m 05.4s	89 20 14	2207-05-26	9h 30m 13.9s	89 15 36
2189-09-26	9h 08m 23.4s	89 19 36	2207-10-23	9h 30m 35.9s	89 14 53
2190-02-23	9h 12m 03.5s	89 19 48	2208-03-21	9h 33m 04.4s	89 15 16
2190-07-23	9h 09m 07.3s	89 19 43	2208-08-18	9h 30m 41.7s	89 14 58
2190-12-20	9h 12m 45.6s	89 19 15	2209-01-15	9h 34m 18.3s	89 14 40
2191-05-19	9h 11m 44.1s	89 19 44	2209-06-14	9h 32m 27.4s	89 15 02
2191-10-16	9h 12m 05.0s	89 19 01	2209-11-11	9h 33m 46.1s	89 14 18
2192-03-14	9h 14m 54.2s	89 19 22	2210-04-10	9h 35m 15.8s	89 14 47
2192-08-11	9h 12m 13.4s	89 19 05			
2193-01-08	9h 16m 11.2s	89 18 46			
2193-06-07	9h 14m 11.2s	89 19 08			

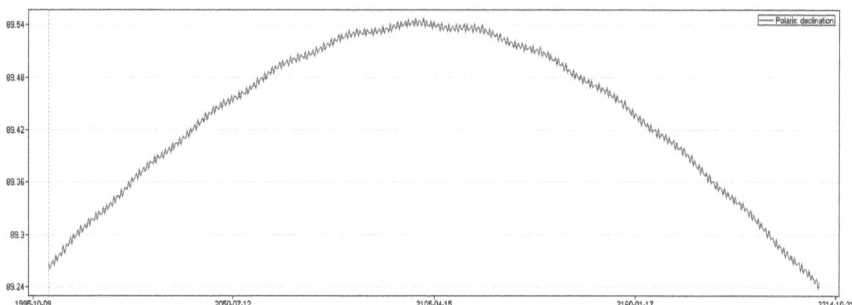

The graph shows the polar's declination from 2000 to 2200

Il grafico mostra la declinazione della polare dal 2000 al 2200 circa

Date	right asc.	declination	Date	right asc.	declination
2050-01-01	3h 50m 48.2s	89 27 29	2063-08-01	4h 16m 14.4s	89 29 21
2050-03-22	3h 48m 10.7s	89 27 33	2063-10-20	4h 19m 48.5s	89 29 29
2050-06-10	3h 47m 43.2s	89 27 11	2064-01-08	4h 20m 29.9s	89 29 55
2050-08-29	3h 50m 36.6s	89 27 02	2064-03-28	4h 17m 43.8s	89 30 00
2050-11-17	3h 53m 04.4s	89 27 22	2064-06-16	4h 17m 17.3s	89 29 37
2051-02-05	3h 51m 49.5s	89 27 44	2064-09-04	4h 20m 29.6s	89 29 29
2051-04-26	3h 49m 26.0s	89 27 33	2064-11-23	4h 23m 19.6s	89 29 47
2051-07-15	3h 50m 40.9s	89 27 12	2065-02-11	4h 22m 05.5s	89 30 09
2051-10-03	3h 53m 55.5s	89 27 16	2065-05-02	4h 19m 36.6s	89 29 58
2051-12-22	3h 54m 59.6s	89 27 42	2065-07-21	4h 21m 02.5s	89 29 37
2052-03-11	3h 52m 29.0s	89 27 51	2065-10-09	4h 24m 42.1s	89 29 41
2052-05-30	3h 51m 23.6s	89 27 30	2065-12-28	4h 26m 01.4s	89 30 05
2052-08-18	3h 53m 57.6s	89 27 18	2066-03-18	4h 23m 24.3s	89 30 15
2052-11-06	3h 56m 44.0s	89 27 35	2066-06-06	4h 22m 17.9s	89 29 54
2053-01-25	3h 56m 00.8s	89 27 59	2066-08-25	4h 25m 10.6s	89 29 41
2053-04-15	3h 53m 20.6s	89 27 53	2066-11-13	4h 28m 22.9s	89 29 56
2053-07-04	3h 54m 00.8s	89 27 31	2067-02-01	4h 27m 45.9s	89 30 19
2053-09-22	3h 57m 13.5s	89 27 32	2067-04-22	4h 24m 58.9s	89 30 13
2053-12-11	3h 58m 48.1s	89 27 56	2067-07-11	4h 25m 45.4s	89 29 50
2054-03-01	3h 56m 32.6s	89 28 11	2067-09-29	4h 29m 20.9s	89 29 49
2054-05-20	3h 54m 53.3s	89 27 53	2067-12-18	4h 31m 14.0s	89 30 12
2054-08-08	3h 57m 05.7s	89 27 38	2068-03-07	4h 28m 55.1s	89 30 26
2054-10-27	4h 00m 08.6s	89 27 51	2068-05-26	4h 27m 12.5s	89 30 07
2055-01-15	4h 00m 00.4s	89 28 17	2068-08-14	4h 29m 38.4s	89 29 51
2055-04-05	3h 57m 11.3s	89 28 17	2068-11-02	4h 33m 04.8s	89 30 02
2055-06-24	3h 57m 15.2s	89 27 54	2069-01-21	4h 33m 04.3s	89 30 26
2055-09-12	4h 00m 22.1s	89 27 51	2069-04-11	4h 30m 06.6s	89 30 25
2055-12-01	4h 02m 27.2s	89 28 14	2069-06-30	4h 30m 11.3s	89 30 02
2056-02-19	4h 00m 36.5s	89 28 33	2069-09-18	4h 33m 36.3s	89 29 57
2056-05-09	3h 58m 30.1s	89 28 19	2069-12-07	4h 36m 00.5s	89 30 18
2056-07-28	4h 00m 17.6s	89 28 01	2070-02-25	4h 34m 07.4s	89 30 36
2056-10-16	4h 03m 33.0s	89 28 11	2070-05-16	4h 31m 52.2s	89 30 21
2057-01-04	4h 04m 01.5s	89 28 38	2070-08-04	4h 33m 44.8s	89 30 01
2057-03-25	4h 01m 13.8s	89 28 43	2070-10-23	4h 37m 18.5s	89 30 08
2057-06-13	4h 00m 42.8s	89 28 21	2071-01-11	4h 37m 55.9s	89 30 34
2057-09-01	4h 03m 41.9s	89 28 14	2071-04-01	4h 34m 58.6s	89 30 38
2057-11-20	4h 06m 16.5s	89 28 34	2071-06-20	4h 34m 22.8s	89 30 16
2058-02-08	4h 04m 58.0s	89 28 57	2071-09-08	4h 37m 32.4s	89 30 07
2058-04-29	4h 02m 29.5s	89 28 47	2071-11-27	4h 40m 22.6s	89 30 25
2058-07-18	4h 03m 48.0s	89 28 27	2072-02-15	4h 39m 01.0s	89 30 47
2058-10-06	4h 07m 11.9s	89 28 32	2072-05-05	4h 36m 19.5s	89 30 36
2058-12-25	4h 08m 20.0s	89 28 59	2072-07-24	4h 37m 36.9s	89 30 15
2059-03-15	4h 05m 44.8s	89 29 10	2072-10-12	4h 41m 14.5s	89 30 19
2059-06-03	4h 04m 41.2s	89 28 50	2072-12-31	4h 42m 31.8s	89 30 44
2059-08-22	4h 07m 26.7s	89 28 38	2073-03-21	4h 39m 45.5s	89 30 54
2059-11-10	4h 10m 26.3s	89 28 55	2073-06-09	4h 38m 30.7s	89 30 33
2060-01-29	4h 09m 44.4s	89 29 20	2073-08-28	4h 41m 19.5s	89 30 21
2060-04-18	4h 07m 01.5s	89 29 15	2073-11-16	4h 44m 32.1s	89 30 36
2060-07-07	4h 07m 48.5s	89 28 53	2074-02-04	4h 43m 48.9s	89 31 00
2060-09-25	4h 11m 17.1s	89 28 54	2074-04-25	4h 40m 52.1s	89 30 55
2060-12-14	4h 13m 04.6s	89 29 19	2074-07-14	4h 41m 34.0s	89 30 33
2061-03-04	4h 10m 50.3s	89 29 34	2074-10-02	4h 45m 11.9s	89 30 32
2061-05-23	4h 09m 14.3s	89 29 16	2074-12-21	4h 47m 07.7s	89 30 56
2061-08-11	4h 11m 38.8s	89 29 01	2075-03-11	4h 44m 41.7s	89 31 11
2061-10-30	4h 14m 58.4s	89 29 14	2075-05-30	4h 42m 52.0s	89 30 54
2062-01-18	4h 14m 57.7s	89 29 40	2075-08-18	4h 45m 17.6s	89 30 38
2062-04-08	4h 12m 09.7s	89 29 40	2075-11-06	4h 48m 50.4s	89 30 50
2062-06-27	4h 12m 22.2s	89 29 17	2076-01-25	4h 48m 51.4s	89 31 16
2062-09-15	4h 15m 47.5s	89 29 13	2076-04-14	4h 45m 49.2s	89 31 16
2062-12-04	4h 18m 09.0s	89 29 36	2076-07-03	4h 45m 53.5s	89 30 54
2063-02-22	4h 16m 21.8s	89 29 54	2076-09-21	4h 49m 25.7s	89 30 49
2063-05-13	4h 14m 16.0s	89 29 39	2076-12-10	4h 51m 57.4s	89 31 10

Date	right asc.	declination	Date	right asc.	declination
2077-02-28	4h 50m 02.6s	89 31 30	2093-02-24	5h 34m 10.3s	89 32 28
2077-05-19	4h 47m 45.0s	89 31 16	2093-05-15	5h 31m 18.2s	89 32 19
2077-08-07	4h 49m 44.1s	89 30 57	2093-08-03	5h 32m 32.1s	89 31 58
2077-10-26	4h 53m 31.7s	89 31 04	2093-10-22	5h 36m 29.2s	89 31 58
2078-01-14	4h 54m 17.6s	89 31 30	2094-01-10	5h 38m 06.8s	89 32 22
2078-04-04	4h 51m 18.9s	89 31 36	2094-03-31	5h 35m 18.1s	89 32 34
2078-06-23	4h 50m 44.9s	89 31 15	2094-06-19	5h 33m 54.8s	89 32 14
2078-09-11	4h 54m 05.6s	89 31 05	2094-09-07	5h 36m 51.8s	89 32 00
2078-11-30	4h 57m 11.2s	89 31 23	2094-11-26	5h 40m 30.6s	89 32 12
2079-02-18	4h 55m 55.9s	89 31 46	2095-02-14	5h 39m 59.4s	89 32 36
2079-05-09	4h 53m 16.5s	89 31 36	2095-05-05	5h 36m 54.5s	89 32 33
2079-07-28	4h 54m 42.1s	89 31 15	2095-07-24	5h 37m 31.8s	89 32 11
2079-10-16	4h 58m 36.0s	89 31 18	2095-10-12	5h 41m 27.6s	89 32 06
2080-01-04	5h 00m 05.6s	89 31 42	2095-12-31	5h 43m 48.9s	89 32 28
2080-03-24	4h 57m 21.9s	89 31 53	2096-03-20	5h 41m 26.5s	89 32 44
2080-06-12	4h 56m 10.8s	89 31 33	2096-06-08	5h 39m 28.7s	89 32 28
2080-08-31	4h 59m 13.4s	89 31 19	2096-08-27	5h 41m 57.8s	89 32 10
2080-11-19	5h 02m 45.4s	89 31 33	2096-11-15	5h 45m 55.2s	89 32 18
2081-02-07	5h 02m 12.5s	89 31 57	2097-02-03	5h 46m 13.6s	89 32 43
2081-04-28	4h 59m 17.1s	89 31 52	2097-04-24	5h 43m 07.3s	89 32 44
2081-07-17	5h 00m 03.7s	89 31 30	2097-07-13	5h 43m 05.4s	89 32 22
2081-10-05	5h 03m 56.3s	89 31 27	2097-10-01	5h 46m 50.7s	89 32 13
2081-12-24	5h 06m 07.9s	89 31 50	2097-12-20	5h 49m 48.6s	89 32 32
2082-03-14	5h 03m 48.4s	89 32 05	2098-03-10	5h 48m 00.6s	89 32 51
2082-06-02	5h 02m 01.2s	89 31 47	2098-05-29	5h 45m 33.8s	89 32 38
2082-08-21	5h 04m 35.5s	89 31 29	2098-08-17	5h 47m 30.5s	89 32 17
2082-11-09	5h 08m 23.6s	89 31 39	2098-11-05	5h 51m 38.7s	89 32 20
2083-01-28	5h 08m 34.4s	89 32 03	2099-01-24	5h 52m 45.5s	89 32 45
2083-04-18	5h 05m 32.2s	89 32 03	2099-04-14	5h 49m 46.1s	89 32 51
2083-07-07	5h 05m 37.8s	89 31 40	2099-07-03	5h 49m 01.8s	89 32 29
2083-09-25	5h 09m 20.5s	89 31 33	2099-09-21	5h 52m 27.3s	89 32 16
2083-12-14	5h 12m 07.1s	89 31 52	2099-12-10	5h 55m 54.6s	89 32 31
2084-03-03	5h 10m 17.1s	89 32 10	2100-02-28	5h 54m 49.0s	89 32 53
2084-05-22	5h 07m 56.2s	89 31 56	2100-05-19	5h 52m 00.7s	89 32 44
2084-08-10	5h 09m 54.6s	89 31 35	2100-08-07	5h 53m 18.3s	89 32 21
2084-10-29	5h 13m 51.0s	89 31 40	2100-10-26	5h 57m 25.0s	89 32 19
2085-01-17	5h 14m 45.5s	89 32 05	2101-01-14	5h 59m 14.9s	89 32 41
2085-04-07	5h 11m 46.5s	89 32 09	2101-04-04	5h 56m 30.8s	89 32 52
2085-06-26	5h 11m 08.4s	89 31 47	2101-06-23	5h 55m 05.9s	89 32 32
2085-09-14	5h 14m 30.9s	89 31 35	2101-09-11	5h 58m 04.4s	89 32 15
2085-12-03	5h 17m 43.0s	89 31 51	2101-11-30	6h 01m 53.2s	89 32 25
2086-02-21	5h 16m 28.1s	89 32 12	2102-02-18	6h 01m 32.0s	89 32 48
2086-05-12	5h 13m 40.8s	89 32 02	2102-05-09	5h 58m 28.5s	89 32 44
2086-07-31	5h 15m 00.3s	89 31 39	2102-07-28	5h 59m 00.9s	89 32 20
2086-10-19	5h 18m 56.5s	89 31 40	2102-10-16	6h 02m 56.6s	89 32 13
2087-01-07	5h 20m 30.9s	89 32 03	2103-01-04	6h 05m 23.8s	89 32 33
2087-03-28	5h 17m 42.6s	89 32 13	2103-03-25	6h 03m 05.6s	89 32 48
2087-06-16	5h 16m 21.1s	89 31 52	2103-06-13	6h 01m 03.9s	89 32 31
2087-09-04	5h 19m 16.2s	89 31 36	2103-09-01	6h 03m 28.1s	89 32 11
2087-11-23	5h 22m 47.8s	89 31 49	2103-11-20	6h 07m 26.7s	89 32 16
2088-02-11	5h 22m 13.2s	89 32 12	2104-02-08	6h 07m 48.3s	89 32 39
2088-05-01	5h 19m 09.5s	89 32 07	2104-04-28	6h 04m 38.8s	89 32 40
2088-07-20	5h 19m 46.5s	89 31 44	2104-07-17	6h 04m 26.1s	89 32 17
2088-10-08	5h 23m 34.0s	89 31 39	2104-10-05	6h 08m 03.9s	89 32 06
2088-12-27	5h 25m 43.6s	89 32 01	2104-12-24	6h 11m 02.6s	89 32 22
2089-03-17	5h 23m 16.4s	89 32 16	2105-03-14	6h 09m 16.3s	89 32 41
2089-06-05	5h 21m 17.2s	89 31 58	2105-06-02	6h 06m 42.5s	89 32 27
2089-08-24	5h 23m 42.1s	89 31 40	2105-08-21	6h 08m 26.3s	89 32 05
2089-11-12	5h 27m 27.5s	89 31 48	2105-11-09	6h 12m 25.8s	89 32 06
2090-01-31	5h 27m 35.5s	89 32 13	2106-01-28	6h 13m 30.2s	89 32 29
2090-04-21	5h 24m 24.5s	89 32 13	2106-04-18	6h 10m 26.6s	89 32 35
2090-07-10	5h 24m 17.9s	89 31 50	2106-07-07	6h 09m 31.5s	89 32 13
2090-09-28	5h 27m 52.2s	89 31 43	2106-09-25	6h 12m 45.1s	89 31 58
2090-12-17	5h 30m 35.4s	89 32 02	2106-12-14	6h 16m 07.0s	89 32 11
2091-03-07	5h 28m 40.2s	89 32 21	2107-03-04	6h 14m 57.5s	89 32 33
2091-05-26	5h 26m 10.8s	89 32 07	2107-05-23	6h 12m 00.5s	89 32 24
2091-08-14	5h 28m 01.6s	89 31 47	2107-08-11	6h 13m 03.3s	89 32 01
2091-11-02	5h 31m 54.6s	89 31 52	2107-10-30	6h 16m 59.2s	89 31 58
2092-01-21	5h 32m 46.6s	89 32 17	2108-01-18	6h 18m 45.0s	89 32 20
2092-04-10	5h 29m 40.2s	89 32 23	2108-04-07	6h 15m 57.9s	89 32 31
2092-06-29	5h 28m 53.8s	89 32 01	2108-06-26	6h 14m 23.1s	89 32 12
2092-09-17	5h 32m 12.2s	89 31 50	2108-09-14	6h 17m 07.7s	89 31 54
2092-12-06	5h 35m 26.4s	89 32 06	2108-12-03	6h 20m 47.0s	89 32 03

Date	right asc.	declination	Date	right asc.	declination
2109-02-21	6h 20m 21.4s	89 32 27	2125-02-17	7h 05m 06.4s	89 31 28
2109-05-12	6h 17m 13.0s	89 32 24	2125-05-08	7h 02m 02.3s	89 31 30
2109-07-31	6h 17m 36.0s	89 32 01	2125-07-27	7h 01m 33.8s	89 31 07
2109-10-19	6h 21m 22.4s	89 31 53	2125-10-15	7h 04m 50.4s	89 30 53
2110-01-07	6h 23m 46.1s	89 32 13	2126-01-03	7h 07m 45.9s	89 31 07
2110-03-28	6h 21m 25.0s	89 32 30	2126-03-24	7h 06m 08.9s	89 31 27
2110-06-16	6h 19m 17.2s	89 32 14	2126-06-12	7h 03m 34.7s	89 31 15
2110-09-04	6h 21m 31.4s	89 31 54	2126-08-31	7h 04m 58.4s	89 30 52
2110-11-23	6h 25m 25.2s	89 31 59	2126-11-19	7h 08m 44.7s	89 30 49
2111-02-11	6h 25m 47.5s	89 32 24	2127-02-07	7h 09m 53.6s	89 31 12
2111-05-02	6h 22m 38.4s	89 32 26	2127-04-28	7h 06m 59.4s	89 31 20
2111-07-21	6h 22m 21.2s	89 32 04	2127-07-17	7h 05m 54.7s	89 30 59
2111-10-09	6h 25m 53.1s	89 31 53	2127-10-05	7h 08m 48.7s	89 30 42
2111-12-28	6h 28m 51.4s	89 32 10	2127-12-24	7h 12m 07.1s	89 30 52
2112-03-17	6h 27m 07.5s	89 32 30	2128-03-13	7h 11m 09.5s	89 31 15
2112-06-05	6h 24m 35.0s	89 32 18	2128-06-01	7h 08m 18.6s	89 31 08
2112-08-24	6h 26m 16.7s	89 31 57	2128-08-20	7h 09m 05.8s	89 30 44
2112-11-12	6h 30m 18.2s	89 31 58	2128-11-08	7h 12m 47.7s	89 30 38
2113-01-31	6h 31m 27.7s	89 32 22	2129-01-27	7h 14m 38.6s	89 30 59
2113-04-21	6h 28m 28.4s	89 32 29	2129-04-17	7h 12m 05.7s	89 31 12
2113-07-10	6h 27m 33.0s	89 32 08	2129-07-06	7h 10m 29.2s	89 30 54
2113-09-28	6h 30m 46.9s	89 31 54	2129-09-24	7h 12m 56.5s	89 30 34
2113-12-17	6h 34m 15.8s	89 32 07	2129-12-13	7h 16m 31.6s	89 30 41
2114-03-07	6h 33m 15.6s	89 32 30	2130-03-03	7h 16m 18.2s	89 31 05
2114-05-26	6h 30m 24.8s	89 32 22	2130-05-22	7h 13m 21.5s	89 31 03
2114-08-14	6h 31m 29.4s	89 31 59	2130-08-10	7h 13m 33.8s	89 30 40
2114-11-02	6h 35m 29.9s	89 31 56	2130-10-29	7h 17m 07.1s	89 30 30
2115-01-21	6h 37m 25.1s	89 32 18	2131-01-17	7h 19m 35.9s	89 30 48
2115-04-11	6h 34m 46.6s	89 32 31	2131-04-07	7h 17m 32.2s	89 31 05
2115-06-30	6h 33m 17.0s	89 32 12	2131-06-26	7h 15m 27.8s	89 30 50
2115-09-18	6h 36m 06.2s	89 31 54	2131-09-14	7h 17m 25.8s	89 30 28
2115-12-07	6h 39m 56.1s	89 32 02	2131-12-03	7h 21m 12.2s	89 30 31
2116-02-25	6h 39m 41.4s	89 32 26	2132-02-21	7h 21m 46.3s	89 30 55
2116-05-15	6h 36m 40.2s	89 32 23	2132-05-11	7h 18m 53.3s	89 30 58
2116-08-03	6h 37m 04.9s	89 32 00	2132-07-30	7h 18m 29.8s	89 30 35
2116-10-22	6h 40m 57.4s	89 31 52	2132-10-18	7h 21m 46.7s	89 30 21
2117-01-10	6h 43m 33.2s	89 32 11	2133-01-06	7h 24m 46.3s	89 30 36
2117-03-31	6h 41m 24.4s	89 32 27	2133-03-27	7h 23m 18.7s	89 30 57
2117-06-19	6h 39m 22.1s	89 32 11	2133-06-15	7h 20m 53.4s	89 30 45
2117-09-07	6h 41m 37.9s	89 31 50	2133-09-03	7h 22m 19.5s	89 30 22
2117-11-26	6h 45m 38.0s	89 31 54	2133-11-22	7h 26m 09.6s	89 30 19
2118-02-14	6h 46m 10.1s	89 32 17	2134-02-10	7h 27m 28.0s	89 30 42
2118-05-05	6h 43m 08.6s	89 32 20	2134-05-01	7h 24m 45.5s	89 30 50
2118-07-24	6h 42m 53.0s	89 31 56	2134-07-20	7h 23m 45.8s	89 30 29
2118-10-12	6h 46m 27.6s	89 31 43	2134-10-08	7h 26m 39.8s	89 30 11
2118-12-31	6h 49m 34.3s	89 31 59	2134-12-27	7h 30m 03.1s	89 30 21
2119-03-21	6h 47m 59.2s	89 32 18	2135-03-17	7h 29m 16.8s	89 30 44
2119-06-09	6h 45m 28.5s	89 32 05	2135-06-05	7h 26m 36.9s	89 30 37
2119-08-28	6h 47m 06.0s	89 31 42	2135-08-24	7h 27m 26.3s	89 30 12
2119-11-16	6h 51m 07.5s	89 31 41	2135-11-12	7h 31m 09.2s	89 30 05
2120-02-04	6h 52m 24.6s	89 32 03	2136-01-31	7h 33m 05.4s	89 30 25
2120-04-24	6h 49m 32.1s	89 32 11	2136-04-20	7h 30m 42.2s	89 30 37
2120-07-13	6h 48m 34.6s	89 31 48	2136-07-09	7h 29m 09.6s	89 30 18
2120-10-01	6h 51m 41.5s	89 31 31	2136-09-27	7h 31m 35.6s	89 29 57
2120-12-20	6h 55m 09.0s	89 31 42	2136-12-16	7h 35m 12.5s	89 30 02
2121-03-10	6h 54m 12.8s	89 32 04	2137-03-06	7h 35m 07.3s	89 30 26
2121-05-29	6h 51m 22.4s	89 31 56	2137-05-25	7h 32m 18.1s	89 30 23
2121-08-17	6h 52m 18.9s	89 31 31	2137-08-13	7h 32m 27.7s	89 29 58
2121-11-05	6h 56m 12.7s	89 31 25	2137-11-01	7h 35m 54.7s	89 29 46
2122-01-24	6h 58m 07.9s	89 31 45	2138-01-20	7h 38m 23.5s	89 30 03
2122-04-14	6h 55m 31.7s	89 31 57	2138-04-10	7h 36m 27.2s	89 30 19
2122-07-03	6h 53m 54.3s	89 31 37	2138-06-29	7h 34m 25.9s	89 30 03
2122-09-21	6h 56m 29.2s	89 31 17	2138-09-17	7h 36m 17.2s	89 29 40
2122-12-10	7h 00m 10.1s	89 31 23	2138-12-06	7h 39m 56.6s	89 29 40
2123-02-28	6h 59m 56.2s	89 31 46	2139-02-24	7h 40m 30.1s	89 30 02
2123-05-19	6h 56m 54.4s	89 31 43	2139-05-15	7h 37m 40.7s	89 30 05
2123-08-07	6h 57m 07.7s	89 31 18	2139-08-03	7h 37m 11.6s	89 29 41
2123-10-26	7h 00m 44.5s	89 31 08	2139-10-22	7h 40m 17.3s	89 29 25
2124-01-14	7h 03m 11.8s	89 31 25	2140-01-10	7h 43m 10.6s	89 29 37
2124-04-03	7h 01m 00.8s	89 31 42	2140-03-30	7h 41m 45.4s	89 29 57
2124-06-22	6h 58m 51.3s	89 31 25	2140-06-18	7h 39m 19.4s	89 29 45
2124-09-10	7h 00m 51.7s	89 31 03	2140-09-06	7h 40m 32.5s	89 29 20
2124-11-29	7h 04m 38.8s	89 31 05	2140-11-25	7h 44m 06.8s	89 29 15

Date	right asc.	declination	Date	right asc.	declination
2141-02-13	7h 45m 18.5s	89 29 36	2151-11-08	8h 05m 56.8s	89 27 35
2141-05-04	7h 42m 38.2s	89 29 44	2152-01-27	8h 08m 16.9s	89 27 52
2141-07-23	7h 41m 33.0s	89 29 22	2152-04-16	8h 06m 30.1s	89 28 09
2141-10-11	7h 44m 11.3s	89 29 02	2152-07-05	8h 04m 37.1s	89 27 54
2141-12-30	7h 47m 20.0s	89 29 11	2152-09-23	8h 06m 16.9s	89 27 30
2142-03-20	7h 46m 29.2s	89 29 32	2152-12-12	8h 09m 42.1s	89 27 30
2142-06-08	7h 43m 46.6s	89 29 25	2153-03-02	8h 10m 16.5s	89 27 53
2142-08-27	7h 44m 22.8s	89 29 00	2153-05-21	8h 07m 42.9s	89 27 57
2142-11-15	7h 47m 47.7s	89 28 51	2153-08-09	8h 07m 16.6s	89 27 33
2143-02-03	7h 49m 34.0s	89 29 10	2153-10-28	8h 10m 09.2s	89 27 16
2143-04-24	7h 47m 10.4s	89 29 23	2154-01-16	8h 12m 53.5s	89 27 29
2143-07-13	7h 45m 32.3s	89 29 03	2154-04-06	8h 11m 36.7s	89 27 49
2143-10-01	7h 47m 40.4s	89 28 41	2154-06-25	8h 09m 23.5s	89 27 37
2143-12-20	7h 50m 59.5s	89 28 46	2154-09-13	8h 10m 31.8s	89 27 12
2144-03-09	7h 50m 47.5s	89 29 09	2154-12-02	8h 13m 55.1s	89 27 07
2144-05-28	7h 47m 58.8s	89 29 07	2155-02-20	8h 15m 06.9s	89 27 28
2144-08-16	7h 47m 59.6s	89 28 42	2155-05-11	8h 12m 42.2s	89 27 36
2144-11-04	7h 51m 10.1s	89 28 29	2155-07-30	8h 11m 43.0s	89 27 14
2145-01-23	7h 53m 26.0s	89 28 46	2155-10-18	8h 14m 10.3s	89 26 53
2145-04-13	7h 51m 27.4s	89 29 03	2156-01-06	8h 17m 10.1s	89 27 02
2145-07-02	7h 49m 23.5s	89 28 48	2156-03-26	8h 16m 27.2s	89 27 23
2145-09-20	7h 51m 02.5s	89 28 24	2156-06-14	8h 14m 01.0s	89 27 16
2145-12-09	7h 54m 27.9s	89 28 25	2156-09-02	8h 14m 35.6s	89 26 50
2146-02-27	7h 54m 56.5s	89 28 48	2156-11-21	8h 17m 48.4s	89 26 40
2146-05-18	7h 52m 10.0s	89 28 51	2157-02-09	8h 19m 30.6s	89 26 59
2146-08-06	7h 51m 37.3s	89 28 28	2157-04-30	8h 17m 20.4s	89 27 11
2146-10-25	7h 54m 30.0s	89 28 12	2157-07-19	8h 15m 51.0s	89 26 51
2147-01-13	7h 57m 12.8s	89 28 26	2157-10-07	8h 17m 50.0s	89 26 28
2147-04-03	7h 55m 47.9s	89 28 46	2157-12-26	8h 20m 58.6s	89 26 31
2147-06-22	7h 53m 26.7s	89 28 35	2158-03-16	8h 20m 50.9s	89 26 54
2147-09-10	7h 54m 35.8s	89 28 11	2158-06-04	8h 18m 17.3s	89 26 51
2147-11-29	7h 58m 01.6s	89 28 07	2158-08-23	8h 18m 16.4s	89 26 25
2148-02-17	7h 59m 09.8s	89 28 29	2158-11-11	8h 21m 11.7s	89 26 11
2148-05-07	7h 56m 35.0s	89 28 38	2159-01-30	8h 23m 19.0s	89 26 27
2148-07-26	7h 55m 32.6s	89 28 17	2159-04-20	8h 21m 31.0s	89 26 43
2148-10-14	7h 58m 05.9s	89 27 58	2159-07-09	8h 19m 37.2s	89 26 27
2149-01-02	8h 01m 11.2s	89 28 08	2159-09-27	8h 21m 05.8s	89 26 02
2149-03-23	8h 00m 25.1s	89 28 31	2159-12-16	8h 24m 15.1s	89 26 00
2149-06-11	7h 57m 52.6s	89 28 24	2160-03-05	8h 24m 41.0s	89 26 23
2149-08-30	7h 58m 29.9s	89 28 00	2160-05-24	8h 22m 06.6s	89 26 25
2149-11-18	8h 01m 50.8s	89 27 51	2160-08-12	8h 21m 32.5s	89 26 01
2150-02-06	8h 03m 37.2s	89 28 12	2160-10-31	8h 24m 07.6s	89 25 43
2150-04-27	8h 01m 23.6s	89 28 25	2161-01-19	8h 26m 36.4s	89 25 55
2150-07-16	7h 59m 55.1s	89 28 07	2161-04-09	8h 25m 16.4s	89 26 14
2150-10-04	8h 02m 04.5s	89 27 45	2161-06-28	8h 23m 03.4s	89 26 02
2150-12-23	8h 05m 23.7s	89 27 50	2161-09-16	8h 23m 59.8s	89 25 36
2151-03-13	8h 05m 17.9s	89 28 14	2161-12-05	8h 27m 04.3s	89 25 31
2151-06-01	8h 02m 40.6s	89 28 12	2162-02-23	8h 28m 03.2s	89 25 52
2151-08-20	8h 02m 46.4s	89 27 48			

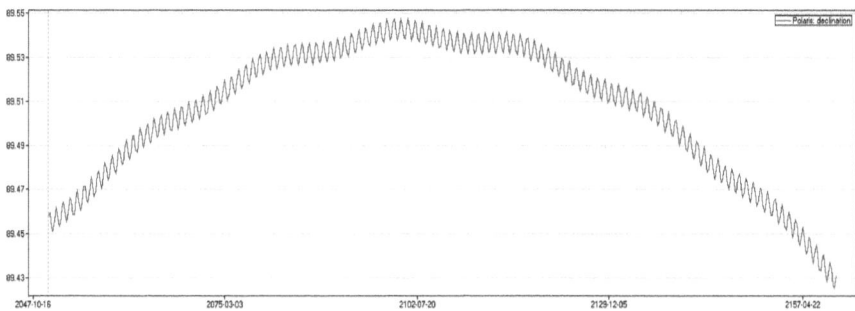

The graph shows the polar's declination from 2050 to 2150

Il grafico mostra la declinazione della polare dal 2050 al 2150 circa

Date	right asc.	declination	Date	right asc.	declination
2095-01-01	5h 40m 55.6s	89 32 24	2096-08-23	5h 41m 45.7s	89 32 10
2095-01-11	5h 40m 52.0s	89 32 28	2096-09-02	5h 42m 17.4s	89 32 09
2095-01-21	5h 40m 42.5s	89 32 31	2096-09-12	5h 42m 49.5s	89 32 09
2095-01-31	5h 40m 26.0s	89 32 33	2096-09-22	5h 43m 20.3s	89 32 09
2095-02-10	5h 40m 07.4s	89 32 36	2096-10-02	5h 43m 52.8s	89 32 10
2095-02-20	5h 39m 46.2s	89 32 38	2096-10-12	5h 44m 25.6s	89 32 11
2095-03-02	5h 39m 20.9s	89 32 39	2096-10-22	5h 44m 54.4s	89 32 12
2095-03-12	5h 38m 54.5s	89 32 39	2096-11-01	5h 45m 21.2s	89 32 14
2095-03-22	5h 38m 28.1s	89 32 40	2096-11-11	5h 45m 47.2s	89 32 17
2095-04-01	5h 38m 03.6s	89 32 39	2096-11-21	5h 46m 08.8s	89 32 19
2095-04-11	5h 37m 40.0s	89 32 38	2096-12-01	5h 46m 25.2s	89 32 22
2095-04-21	5h 37m 17.5s	89 32 36	2096-12-11	5h 46m 37.1s	89 32 26
2095-05-01	5h 37m 01.0s	89 32 34	2096-12-21	5h 46m 45.2s	89 32 29
2095-05-11	5h 36m 48.6s	89 32 31	2096-12-31	5h 46m 47.9s	89 32 32
2095-05-21	5h 36m 38.2s	89 32 28	2097-01-10	5h 46m 42.9s	89 32 36
2095-05-31	5h 36m 33.9s	89 32 26	2097-01-20	5h 46m 33.8s	89 32 39
2095-06-10	5h 36m 35.7s	89 32 23	2097-01-30	5h 46m 21.7s	89 32 42
2095-06-20	5h 36m 41.3s	89 32 19	2097-02-09	5h 46m 03.1s	89 32 44
2095-06-30	5h 36m 50.7s	89 32 16	2097-02-19	5h 45m 40.3s	89 32 46
2095-07-10	5h 37m 04.9s	89 32 14	2097-03-01	5h 45m 17.0s	89 32 48
2095-07-20	5h 37m 24.6s	89 32 11	2097-03-11	5h 44m 52.1s	89 32 48
2095-07-30	5h 37m 46.7s	89 32 09	2097-03-21	5h 44m 25.4s	89 32 48
2095-08-09	5h 38m 10.3s	89 32 07	2097-03-31	5h 43m 59.1s	89 32 48
2095-08-19	5h 38m 38.7s	89 32 06	2097-04-10	5h 43m 36.0s	89 32 47
2095-08-29	5h 39m 09.5s	89 32 05	2097-04-20	5h 43m 15.9s	89 32 45
2095-09-08	5h 39m 39.4s	89 32 04	2097-04-30	5h 42m 56.6s	89 32 43
2095-09-18	5h 40m 11.0s	89 32 05	2097-05-10	5h 42m 42.0s	89 32 40
2095-09-28	5h 40m 43.9s	89 32 05	2097-05-20	5h 42m 34.2s	89 32 38
2095-10-08	5h 41m 15.7s	89 32 06	2097-05-30	5h 42m 29.3s	89 32 34
2095-10-18	5h 41m 45.8s	89 32 07	2097-06-09	5h 42m 28.2s	89 32 31
2095-10-28	5h 42m 13.3s	89 32 09	2097-06-19	5h 42m 33.7s	89 32 29
2095-11-07	5h 42m 40.2s	89 32 11	2097-06-29	5h 42m 44.2s	89 32 26
2095-11-17	5h 43m 03.4s	89 32 14	2097-07-09	5h 42m 58.2s	89 32 23
2095-11-27	5h 43m 20.2s	89 32 17	2097-07-19	5h 43m 15.4s	89 32 20
2095-12-07	5h 43m 34.5s	89 32 20	2097-07-29	5h 43m 37.5s	89 32 18
2095-12-17	5h 43m 45.2s	89 32 24	2097-08-08	5h 44m 03.9s	89 32 16
2095-12-27	5h 43m 48.3s	89 32 27	2097-08-18	5h 44m 30.6s	89 32 14
2096-01-06	5h 43m 46.0s	89 32 30	2097-08-28	5h 44m 59.3s	89 32 13
2096-01-16	5h 43m 39.9s	89 32 34	2097-09-07	5h 45m 32.1s	89 32 13
2096-01-26	5h 43m 28.7s	89 32 37	2097-09-17	5h 46m 04.8s	89 32 12
2096-02-05	5h 43m 11.8s	89 32 39	2097-09-27	5h 46m 36.1s	89 32 13
2096-02-15	5h 42m 50.4s	89 32 41	2097-10-07	5h 47m 08.3s	89 32 14
2096-02-25	5h 42m 28.2s	89 32 43	2097-10-17	5h 47m 40.4s	89 32 15
2096-03-06	5h 42m 03.7s	89 32 44	2097-10-27	5h 48m 10.0s	89 32 16
2096-03-16	5h 41m 35.8s	89 32 44	2097-11-06	5h 48m 35.6s	89 32 18
2096-03-26	5h 41m 09.7s	89 32 44	2097-11-16	5h 48m 59.2s	89 32 21
2096-04-05	5h 40m 46.4s	89 32 43	2097-11-26	5h 49m 20.5s	89 32 24
2096-04-15	5h 40m 23.4s	89 32 42	2097-12-06	5h 49m 35.1s	89 32 27
2096-04-25	5h 40m 03.3s	89 32 40	2097-12-16	5h 49m 44.2s	89 32 30
2096-05-05	5h 39m 47.8s	89 32 38	2097-12-26	5h 49m 50.7s	89 32 34
2096-05-15	5h 39m 37.3s	89 32 35	2098-01-05	5h 49m 51.1s	89 32 37
2096-05-25	5h 39m 30.7s	89 32 32	2098-01-15	5h 49m 44.4s	89 32 40
2096-06-04	5h 39m 27.3s	89 32 29	2098-01-25	5h 49m 33.5s	89 32 43
2096-06-14	5h 39m 30.7s	89 32 26	2098-02-04	5h 49m 18.8s	89 32 46
2096-06-24	5h 39m 39.6s	89 32 23	2098-02-14	5h 48m 59.9s	89 32 48
2096-07-04	5h 39m 50.4s	89 32 20	2098-02-24	5h 48m 36.3s	89 32 50
2096-07-14	5h 40m 06.1s	89 32 17	2098-03-06	5h 48m 10.9s	89 32 51
2096-07-24	5h 40m 27.7s	89 32 15	2098-03-16	5h 47m 46.5s	89 32 51
2096-08-03	5h 40m 51.4s	89 32 13	2098-03-26	5h 47m 20.4s	89 32 51
2096-08-13	5h 41m 17.0s	89 32 11	2098-04-05	5h 46m 53.9s	89 32 50

Date	right asc.	declination	Date	right asc.	declination
2098-04-15	5h 46m 31.9s	89 32 49	2100-04-15	5h 52m 54.4s	89 32 51
2098-04-25	5h 46m 13.1s	89 32 47	2100-04-25	5h 52m 33.4s	89 32 50
2098-05-05	5h 45m 56.1s	89 32 45	2100-05-05	5h 52m 17.7s	89 32 47
2098-05-15	5h 45m 43.4s	89 32 42	2100-05-15	5h 52m 05.1s	89 32 45
2098-05-25	5h 45m 36.6s	89 32 39	2100-05-25	5h 51m 56.3s	89 32 42
2098-06-04	5h 45m 35.0s	89 32 36	2100-06-04	5h 51m 52.1s	89 32 39
2098-06-14	5h 45m 36.2s	89 32 33	2100-06-14	5h 51m 54.4s	89 32 36
2098-06-24	5h 45m 42.1s	89 32 30	2100-06-24	5h 52m 01.2s	89 32 32
2098-07-04	5h 45m 55.3s	89 32 27	2100-07-04	5h 52m 10.1s	89 32 29
2098-07-14	5h 46m 11.4s	89 32 24	2100-07-14	5h 52m 25.3s	89 32 27
2098-07-24	5h 46m 29.4s	89 32 22	2100-07-24	5h 52m 45.9s	89 32 24
2098-08-03	5h 46m 53.4s	89 32 20	2100-08-03	5h 53m 07.7s	89 32 22
2098-08-13	5h 47m 20.7s	89 32 18	2100-08-13	5h 53m 32.7s	89 32 20
2098-08-23	5h 47m 49.0s	89 32 16	2100-08-23	5h 54m 01.8s	89 32 18
2098-09-02	5h 48m 19.2s	89 32 15	2100-09-02	5h 54m 32.9s	89 32 17
2098-09-12	5h 48m 51.3s	89 32 15	2100-09-12	5h 55m 04.4s	89 32 16
2098-09-22	5h 49m 25.2s	89 32 15	2100-09-22	5h 55m 35.9s	89 32 16
2098-10-02	5h 49m 57.4s	89 32 15	2100-10-02	5h 56m 09.6s	89 32 16
2098-10-12	5h 50m 27.9s	89 32 16	2100-10-12	5h 56m 42.9s	89 32 17
2098-10-22	5h 50m 59.7s	89 32 18	2100-10-22	5h 57m 12.1s	89 32 18
2098-11-01	5h 51m 29.0s	89 32 19	2100-11-01	5h 57m 40.9s	89 32 20
2098-11-11	5h 51m 53.2s	89 32 22	2100-11-11	5h 58m 08.8s	89 32 22
2098-11-21	5h 52m 15.4s	89 32 24	2100-11-21	5h 58m 31.3s	89 32 24
2098-12-01	5h 52m 34.7s	89 32 27	2100-12-01	5h 58m 49.4s	89 32 27
2098-12-11	5h 52m 48.4s	89 32 30	2100-12-11	5h 59m 04.4s	89 32 30
2098-12-21	5h 52m 56.0s	89 32 34	2100-12-21	5h 59m 14.7s	89 32 33
2098-12-31	5h 52m 58.8s	89 32 37	2100-12-31	5h 59m 18.7s	89 32 37
2099-01-10	5h 52m 58.0s	89 32 40	2101-01-10	5h 59m 16.1s	89 32 40
2099-01-20	5h 52m 50.0s	89 32 43	2101-01-20	5h 59m 10.0s	89 32 43
2099-01-30	5h 52m 35.5s	89 32 46	2101-01-30	5h 58m 59.4s	89 32 46
2099-02-09	5h 52m 19.5s	89 32 49	2101-02-09	5h 58m 41.5s	89 32 48
2099-02-19	5h 51m 59.6s	89 32 51	2101-02-19	5h 58m 20.5s	89 32 51
2099-03-01	5h 51m 34.5s	89 32 52	2101-03-01	5h 57m 58.7s	89 32 52
2099-03-11	5h 51m 09.1s	89 32 53	2101-03-11	5h 57m 33.5s	89 32 53
2099-03-21	5h 50m 43.9s	89 32 53	2101-03-21	5h 57m 06.7s	89 32 53
2099-03-31	5h 50m 18.7s	89 32 53	2101-03-31	5h 56m 40.7s	89 32 53
2099-04-10	5h 49m 54.1s	89 32 52	2101-04-10	5h 56m 17.3s	89 32 52
2099-04-20	5h 49m 31.7s	89 32 50	2101-04-20	5h 55m 55.5s	89 32 50
2099-04-30	5h 49m 14.6s	89 32 48	2101-04-30	5h 55m 34.8s	89 32 48
2099-05-10	5h 49m 00.4s	89 32 45	2101-05-10	5h 55m 19.6s	89 32 46
2099-05-20	5h 48m 48.4s	89 32 43	2101-05-20	5h 55m 10.1s	89 32 43
2099-05-30	5h 48m 43.4s	89 32 40	2101-05-30	5h 55m 02.5s	89 32 40
2099-06-09	5h 48m 44.0s	89 32 37	2101-06-09	5h 54m 59.7s	89 32 37
2099-06-19	5h 48m 47.3s	89 32 33	2101-06-19	5h 55m 04.2s	89 32 33
2099-06-29	5h 48m 55.6s	89 32 30	2101-06-29	5h 55m 12.5s	89 32 30
2099-07-09	5h 49m 09.6s	89 32 28	2101-07-09	5h 55m 24.0s	89 32 27
2099-07-19	5h 49m 28.0s	89 32 25	2101-07-19	5h 55m 40.4s	89 32 24
2099-07-29	5h 49m 48.8s	89 32 22	2101-07-29	5h 56m 01.7s	89 32 22
2099-08-08	5h 50m 12.2s	89 32 20	2101-08-08	5h 56m 26.2s	89 32 20
2099-08-18	5h 50m 41.0s	89 32 19	2101-08-18	5h 56m 51.7s	89 32 18
2099-08-28	5h 51m 11.3s	89 32 17	2101-08-28	5h 57m 20.5s	89 32 16
2099-09-07	5h 51m 40.8s	89 32 16	2101-09-07	5h 57m 53.0s	89 32 15
2099-09-17	5h 52m 13.5s	89 32 16	2101-09-17	5h 58m 24.6s	89 32 15
2099-09-27	5h 52m 47.6s	89 32 16	2101-09-27	5h 58m 56.0s	89 32 15
2099-10-07	5h 53m 19.5s	89 32 17	2101-10-07	5h 59m 29.3s	89 32 15
2099-10-17	5h 53m 50.6s	89 32 18	2101-10-17	6h 00m 01.8s	89 32 16
2099-10-27	5h 54m 20.7s	89 32 19	2101-10-27	6h 00m 31.5s	89 32 17
2099-11-06	5h 54m 49.2s	89 32 21	2101-11-06	6h 00m 58.6s	89 32 19
2099-11-16	5h 55m 13.6s	89 32 24	2101-11-16	6h 01m 24.3s	89 32 21
2099-11-26	5h 55m 32.8s	89 32 26	2101-11-26	6h 01m 46.8s	89 32 24
2099-12-06	5h 55m 50.2s	89 32 30	2101-12-06	6h 02m 02.6s	89 32 27
2099-12-16	5h 56m 02.9s	89 32 33	2101-12-16	6h 02m 14.2s	89 32 30
2099-12-26	5h 56m 07.5s	89 32 36	2101-12-26	6h 02m 23.1s	89 32 33
2100-01-05	5h 56m 08.2s	89 32 39	2102-01-05	6h 02m 24.7s	89 32 36
2100-01-15	5h 56m 04.9s	89 32 43	2102-01-15	6h 02m 19.5s	89 32 39
2100-01-25	5h 55m 55.1s	89 32 45	2102-01-25	6h 02m 11.2s	89 32 43
2100-02-04	5h 55m 39.8s	89 32 48	2102-02-04	6h 01m 58.2s	89 32 45
2100-02-14	5h 55m 20.7s	89 32 50	2102-02-14	6h 01m 39.6s	89 32 47
2100-02-24	5h 54m 59.9s	89 32 52	2102-02-24	6h 01m 17.2s	89 32 49
2100-03-06	5h 54m 35.6s	89 32 53	2102-03-06	6h 00m 53.3s	89 32 51
2100-03-16	5h 54m 08.0s	89 32 54	2102-03-16	6h 00m 28.7s	89 32 51
2100-03-26	5h 53m 42.7s	89 32 54	2102-03-26	6h 00m 01.7s	89 32 51
2100-04-05	5h 53m 19.1s	89 32 53	2102-04-05	5h 59m 35.1s	89 32 50

Date	right asc.	declination	Date	right asc.	declination
2102-04-15	5h 59m 12.7s	89 32 49	2104-04-14	6h 05m 07.9s	89 32 43
2102-04-25	5h 58m 51.9s	89 32 47	2104-04-24	6h 04m 46.1s	89 32 41
2102-05-05	5h 58m 32.9s	89 32 45	2104-05-04	6h 04m 28.7s	89 32 39
2102-05-15	5h 58m 19.1s	89 32 42	2104-05-14	6h 04m 13.3s	89 32 36
2102-05-25	5h 58m 10.7s	89 32 39	2104-05-24	6h 04m 02.1s	89 32 33
2102-06-04	5h 58m 06.3s	89 32 36	2104-06-03	6h 03m 56.6s	89 32 31
2102-06-14	5h 58m 05.4s	89 32 33	2104-06-13	6h 03m 56.3s	89 32 27
2102-06-24	5h 58m 10.2s	89 32 30	2104-06-23	6h 03m 59.8s	89 32 24
2102-07-04	5h 58m 21.3s	89 32 27	2104-07-03	6h 04m 06.9s	89 32 21
2102-07-14	5h 58m 34.7s	89 32 24	2104-07-13	6h 04m 20.5s	89 32 18
2102-07-24	5h 58m 51.2s	89 32 21	2104-07-23	6h 04m 38.3s	89 32 15
2102-08-03	5h 59m 14.2s	89 32 19	2104-08-02	6h 04m 57.5s	89 32 12
2102-08-13	5h 59m 39.9s	89 32 17	2104-08-12	6h 05m 21.3s	89 32 10
2102-08-23	6h 00m 06.2s	89 32 15	2104-08-22	6h 05m 49.0s	89 32 09
2102-09-02	6h 00m 36.0s	89 32 14	2104-09-01	6h 06m 17.8s	89 32 07
2102-09-12	6h 01m 08.1s	89 32 13	2104-09-11	6h 06m 47.9s	89 32 06
2102-09-22	6h 01m 40.7s	89 32 12	2104-09-21	6h 07m 19.3s	89 32 06
2102-10-02	6h 02m 12.4s	89 32 12	2104-10-01	6h 07m 52.3s	89 32 05
2102-10-12	6h 02m 43.9s	89 32 13	2104-10-11	6h 08m 24.3s	89 32 06
2102-10-22	6h 03m 16.3s	89 32 14	2104-10-21	6h 08m 53.6s	89 32 07
2102-11-01	6h 03m 45.4s	89 32 15	2104-10-31	6h 09m 23.2s	89 32 08
2102-11-11	6h 04m 10.5s	89 32 17	2104-11-10	6h 09m 51.1s	89 32 10
2102-11-21	6h 04m 34.7s	89 32 20	2104-11-20	6h 10m 13.5s	89 32 12
2102-12-01	6h 04m 55.2s	89 32 22	2104-11-30	6h 10m 32.8s	89 32 15
2102-12-11	6h 05m 09.5s	89 32 25	2104-12-10	6h 10m 49.4s	89 32 18
2102-12-21	6h 05m 19.1s	89 32 28	2104-12-20	6h 11m 00.3s	89 32 21
2102-12-31	6h 05m 24.5s	89 32 32	2104-12-30	6h 11m 05.0s	89 32 24
2103-01-10	6h 05m 24.9s	89 32 35	2105-01-09	6h 11m 04.7s	89 32 27
2103-01-20	6h 05m 18.0s	89 32 38	2105-01-19	6h 11m 00.2s	89 32 30
2103-01-30	6h 05m 05.8s	89 32 41	2105-01-29	6h 10m 49.9s	89 32 33
2103-02-09	6h 04m 51.4s	89 32 44	2105-02-08	6h 10m 33.0s	89 32 36
2103-02-19	6h 04m 31.8s	89 32 45	2105-02-18	6h 10m 13.7s	89 32 38
2103-03-01	6h 04m 07.0s	89 32 47	2105-02-28	6h 09m 52.1s	89 32 40
2103-03-11	6h 03m 42.5s	89 32 48	2105-03-10	6h 09m 26.2s	89 32 41
2103-03-21	6h 03m 17.4s	89 32 48	2105-03-20	6h 08m 59.3s	89 32 41
2103-03-31	6h 02m 50.7s	89 32 48	2105-03-30	6h 08m 33.5s	89 32 41
2103-04-10	6h 02m 25.2s	89 32 47	2105-04-09	6h 08m 08.5s	89 32 40
2103-04-20	6h 02m 02.5s	89 32 46	2105-04-19	6h 07m 44.7s	89 32 38
2103-04-30	6h 01m 43.6s	89 32 43	2105-04-29	6h 07m 23.0s	89 32 37
2103-05-10	6h 01m 26.8s	89 32 41	2105-05-09	6h 07m 06.5s	89 32 34
2103-05-20	6h 01m 13.3s	89 32 38	2105-05-19	6h 06m 54.1s	89 32 32
2103-05-30	6h 01m 06.8s	89 32 35	2105-05-29	6h 06m 43.9s	89 32 29
2103-06-09	6h 01m 04.6s	89 32 32	2105-06-08	6h 06m 39.5s	89 32 26
2103-06-19	6h 01m 05.0s	89 32 29	2105-06-18	6h 06m 41.6s	89 32 22
2103-06-29	6h 01m 11.8s	89 32 26	2105-06-28	6h 06m 46.6s	89 32 19
2103-07-09	6h 01m 24.0s	89 32 23	2105-07-08	6h 06m 55.6s	89 32 16
2103-07-19	6h 01m 39.5s	89 32 20	2105-07-18	6h 07m 10.4s	89 32 13
2103-07-29	6h 01m 58.3s	89 32 17	2105-07-28	6h 07m 29.4s	89 32 10
2103-08-08	6h 02m 20.8s	89 32 15	2105-08-07	6h 07m 50.9s	89 32 08
2103-08-18	6h 02m 48.0s	89 32 13	2105-08-17	6h 08m 14.9s	89 32 06
2103-08-28	6h 03m 16.2s	89 32 11	2105-08-27	6h 08m 42.9s	89 32 04
2103-09-07	6h 03m 44.8s	89 32 10	2105-09-06	6h 09m 13.3s	89 32 03
2103-09-17	6h 04m 17.3s	89 32 09	2105-09-16	6h 09m 42.9s	89 32 02
2103-09-27	6h 04m 50.5s	89 32 09	2105-09-26	6h 10m 14.1s	89 32 02
2103-10-07	6h 05m 21.3s	89 32 09	2105-10-06	6h 10m 47.0s	89 32 02
2103-10-17	6h 05m 52.6s	89 32 10	2105-10-16	6h 11m 18.1s	89 32 02
2103-10-27	6h 06m 23.6s	89 32 11	2105-10-26	6h 11m 47.3s	89 32 03
2103-11-06	6h 06m 51.9s	89 32 13	2105-11-05	6h 12m 15.3s	89 32 05
2103-11-16	6h 07m 16.6s	89 32 15	2105-11-15	6h 12m 41.4s	89 32 07
2103-11-26	6h 07m 37.7s	89 32 17	2105-11-25	6h 13m 03.6s	89 32 09
2103-12-06	6h 07m 56.5s	89 32 20	2105-12-05	6h 13m 20.4s	89 32 12
2103-12-16	6h 08m 09.6s	89 32 23	2105-12-15	6h 13m 34.0s	89 32 15
2103-12-26	6h 08m 15.8s	89 32 26	2105-12-25	6h 13m 43.5s	89 32 18
2104-01-05	6h 08m 18.7s	89 32 30	2106-01-04	6h 13m 45.6s	89 32 22
2104-01-15	6h 08m 16.8s	89 32 33	2106-01-14	6h 13m 42.2s	89 32 25
2104-01-25	6h 08m 07.5s	89 32 36	2106-01-24	6h 13m 35.5s	89 32 28
2104-02-04	6h 07m 53.7s	89 32 39	2106-02-03	6h 13m 23.0s	89 32 31
2104-02-14	6h 07m 36.5s	89 32 41	2106-02-13	6h 13m 04.7s	89 32 33
2104-02-24	6h 07m 15.8s	89 32 43	2106-02-23	6h 12m 43.5s	89 32 35
2104-03-05	6h 06m 51.3s	89 32 44	2106-03-05	6h 12m 20.3s	89 32 37
2104-03-15	6h 06m 24.4s	89 32 45	2106-03-15	6h 11m 54.7s	89 32 37
2104-03-25	6h 05m 59.2s	89 32 45	2106-03-25	6h 11m 27.1s	89 32 37
2104-04-04	6h 05m 34.0s	89 32 44	2106-04-04	6h 11m 00.8s	89 32 37

Date	right asc.	declination	Date	right asc.	declination
2106-04-14	6h 10m 37.1s	89 32 36	2107-09-06	6h 14m 13.7s	89 31 57
2106-04-24	6h 10m 13.9s	89 32 34	2107-09-16	6h 14m 45.1s	89 31 56
2106-05-04	6h 09m 53.3s	89 32 32	2107-09-26	6h 15m 16.3s	89 31 56
2106-05-14	6h 09m 38.3s	89 32 30	2107-10-06	6h 15m 46.4s	89 31 56
2106-05-24	6h 09m 27.3s	89 32 27	2107-10-16	6h 16m 17.9s	89 31 56
2106-06-03	6h 09m 19.8s	89 32 24	2107-10-26	6h 16m 48.7s	89 31 57
2106-06-13	6h 09m 17.1s	89 32 21	2107-11-05	6h 17m 16.1s	89 31 59
2106-06-23	6h 09m 20.1s	89 32 17	2107-11-15	6h 17m 41.2s	89 32 01
2106-07-03	6h 09m 28.1s	89 32 14	2107-11-25	6h 18m 03.9s	89 32 03
2106-07-13	6h 09m 38.7s	89 32 11	2107-12-05	6h 18m 23.0s	89 32 06
2106-07-23	6h 09m 53.9s	89 32 08	2107-12-15	6h 18m 36.3s	89 32 09
2106-08-02	6h 10m 14.8s	89 32 06	2107-12-25	6h 18m 44.5s	89 32 12
2106-08-12	6h 10m 37.5s	89 32 03	2108-01-04	6h 18m 49.2s	89 32 15
2106-08-22	6h 11m 02.1s	89 32 02	2108-01-14	6h 18m 47.7s	89 32 19
2106-09-01	6h 11m 30.8s	89 32 00	2108-01-24	6h 18m 39.1s	89 32 22
2106-09-11	6h 12m 01.4s	89 31 59	2108-02-03	6h 18m 27.3s	89 32 25
2106-09-21	6h 12m 31.9s	89 31 58	2108-02-13	6h 18m 11.3s	89 32 27
2106-10-01	6h 13m 02.9s	89 31 58	2108-02-23	6h 17m 50.1s	89 32 29
2106-10-11	6h 13m 34.7s	89 31 59	2108-03-04	6h 17m 26.1s	89 32 31
2106-10-21	6h 14m 06.1s	89 31 59	2108-03-14	6h 17m 00.4s	89 32 32
2106-10-31	6h 14m 34.4s	89 32 01	2108-03-24	6h 16m 34.5s	89 32 32
2106-11-10	6h 15m 00.4s	89 32 03	2108-04-03	6h 16m 08.0s	89 32 32
2106-11-20	6h 15m 25.4s	89 32 05	2108-04-13	6h 15m 41.5s	89 32 31
2106-11-30	6h 15m 45.7s	89 32 07	2108-04-23	6h 15m 19.2s	89 32 29
2106-12-10	6h 16m 00.5s	89 32 10	2108-05-03	6h 14m 59.7s	89 32 27
2106-12-20	6h 16m 12.0s	89 32 13	2108-05-13	6h 14m 42.0s	89 32 25
2106-12-30	6h 16m 18.7s	89 32 17	2108-05-23	6h 14m 29.5s	89 32 22
2107-01-09	6h 16m 19.2s	89 32 20	2108-06-02	6h 14m 22.5s	89 32 19
2107-01-19	6h 16m 13.7s	89 32 23	2108-06-12	6h 14m 19.3s	89 32 16
2107-01-29	6h 16m 03.7s	89 32 26	2108-06-22	6h 14m 20.2s	89 32 13
2107-02-08	6h 15m 49.8s	89 32 29	2108-07-02	6h 14m 26.3s	89 32 10
2107-02-18	6h 15m 30.1s	89 32 31	2108-07-12	6h 14m 38.0s	89 32 07
2107-02-28	6h 15m 06.5s	89 32 33	2108-07-22	6h 14m 52.8s	89 32 04
2107-03-10	6h 14m 42.5s	89 32 34	2108-08-01	6h 15m 10.3s	89 32 01
2107-03-20	6h 14m 16.6s	89 32 34	2108-08-11	6h 15m 33.1s	89 31 59
2107-03-30	6h 13m 48.9s	89 32 34	2108-08-21	6h 15m 58.9s	89 31 57
2107-04-09	6h 13m 23.0s	89 32 34	2108-08-31	6h 16m 25.4s	89 31 55
2107-04-19	6h 12m 59.6s	89 32 32	2108-09-10	6h 16m 54.7s	89 31 54
2107-04-29	6h 12m 38.3s	89 32 30	2108-09-20	6h 17m 26.0s	89 31 54
2107-05-09	6h 12m 19.5s	89 32 28	2108-09-30	6h 17m 57.4s	89 31 54
2107-05-19	6h 12m 05.1s	89 32 26	2108-10-10	6h 18m 28.4s	89 31 54
2107-05-29	6h 11m 56.4s	89 32 23	2108-10-20	6h 18m 58.5s	89 31 55
2107-06-08	6h 11m 51.0s	89 32 19	2108-10-30	6h 19m 28.5s	89 31 56
2107-06-18	6h 11m 49.4s	89 32 16	2108-11-09	6h 19m 55.9s	89 31 58
2107-06-28	6h 11m 54.6s	89 32 13	2108-11-19	6h 20m 18.8s	89 32 00
2107-07-08	6h 12m 04.1s	89 32 10	2108-11-29	6h 20m 39.9s	89 32 02
2107-07-18	6h 12m 16.4s	89 32 07	2108-12-09	6h 20m 57.4s	89 32 05
2107-07-28	6h 12m 33.6s	89 32 04	2108-12-19	6h 21m 08.5s	89 32 08
2107-08-07	6h 12m 55.0s	89 32 02	2108-12-29	6h 21m 14.7s	89 32 12
2107-08-17	6h 13m 19.4s	89 32 00	2109-01-08	6h 21m 16.7s	89 32 15
2107-08-27	6h 13m 45.6s	89 31 58			

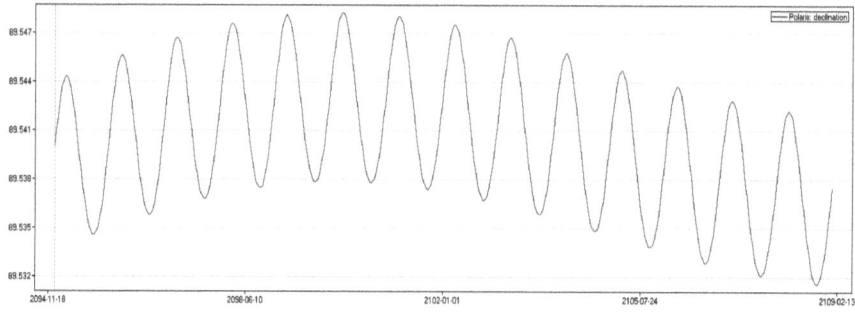

The graph shows the polar's declination from 2095 to 2110 circa

Il grafico mostra la declinazione della polare dal 2095 al 2110 circa

Date	right asc.	declination	Date	right asc.	declination
2095-01-01	5h 41m 52.4s	89 32 25	2096-08-23	5h 42m 33.1s	89 32 05
2095-01-11	5h 41m 46.3s	89 32 28	2096-09-02	5h 43m 04.5s	89 32 04
2095-01-21	5h 41m 35.5s	89 32 31	2096-09-12	5h 43m 37.3s	89 32 03
2095-01-31	5h 41m 20.4s	89 32 33	2096-09-22	5h 44m 10.7s	89 32 03
2095-02-10	5h 41m 01.7s	89 32 35	2096-10-02	5h 44m 44.0s	89 32 04
2095-02-20	5h 40m 40.2s	89 32 37	2096-10-12	5h 45m 16.3s	89 32 05
2095-03-02	5h 40m 16.6s	89 32 38	2096-10-22	5h 45m 46.8s	89 32 07
2095-03-12	5h 39m 52.0s	89 32 38	2096-11-01	5h 46m 14.5s	89 32 09
2095-03-22	5h 39m 27.2s	89 32 38	2096-11-11	5h 46m 38.9s	89 32 11
2095-04-01	5h 39m 03.2s	89 32 38	2096-11-21	5h 46m 59.2s	89 32 14
2095-04-11	5h 38m 40.6s	89 32 37	2096-12-01	5h 47m 14.9s	89 32 17
2095-04-21	5h 38m 20.4s	89 32 35	2096-12-11	5h 47m 25.5s	89 32 21
2095-05-01	5h 38m 03.2s	89 32 33	2096-12-21	5h 47m 30.9s	89 32 24
2095-05-11	5h 37m 49.6s	89 32 30	2096-12-31	5h 47m 30.9s	89 32 27
2095-05-21	5h 37m 40.0s	89 32 28	2097-01-10	5h 47m 25.8s	89 32 30
2095-05-31	5h 37m 34.7s	89 32 25	2097-01-20	5h 47m 15.7s	89 32 33
2095-06-10	5h 37m 34.0s	89 32 22	2097-01-30	5h 47m 01.3s	89 32 36
2095-06-20	5h 37m 38.0s	89 32 19	2097-02-09	5h 46m 43.2s	89 32 38
2095-06-30	5h 37m 46.7s	89 32 16	2097-02-19	5h 46m 22.0s	89 32 40
2095-07-10	5h 37m 59.9s	89 32 13	2097-03-01	5h 45m 58.8s	89 32 41
2095-07-20	5h 38m 17.4s	89 32 10	2097-03-11	5h 45m 34.2s	89 32 41
2095-07-30	5h 38m 38.9s	89 32 08	2097-03-21	5h 45m 09.4s	89 32 41
2095-08-09	5h 39m 04.0s	89 32 06	2097-03-31	5h 44m 45.1s	89 32 41
2095-08-19	5h 39m 32.1s	89 32 04	2097-04-10	5h 44m 22.2s	89 32 40
2095-08-29	5h 40m 02.6s	89 32 03	2097-04-20	5h 44m 01.5s	89 32 38
2095-09-08	5h 40m 34.9s	89 32 02	2097-04-30	5h 43m 43.7s	89 32 36
2095-09-18	5h 41m 08.1s	89 32 02	2097-05-10	5h 43m 29.4s	89 32 34
2095-09-28	5h 41m 41.5s	89 32 02	2097-05-20	5h 43m 19.0s	89 32 31
2095-10-08	5h 42m 14.3s	89 32 03	2097-05-30	5h 43m 12.9s	89 32 28
2095-10-18	5h 42m 45.5s	89 32 05	2097-06-09	5h 43m 11.4s	89 32 25
2095-10-28	5h 43m 14.4s	89 32 06	2097-06-19	5h 43m 14.5s	89 32 22
2095-11-07	5h 43m 40.3s	89 32 09	2097-06-29	5h 43m 22.4s	89 32 19
2095-11-17	5h 44m 02.3s	89 32 11	2097-07-09	5h 43m 34.8s	89 32 16
2095-11-27	5h 44m 19.9s	89 32 15	2097-07-19	5h 43m 51.6s	89 32 14
2095-12-07	5h 44m 32.6s	89 32 18	2097-07-29	5h 44m 12.5s	89 32 11
2095-12-17	5h 44m 40.2s	89 32 21	2097-08-08	5h 44m 37.0s	89 32 09
2095-12-27	5h 44m 42.4s	89 32 24	2097-08-18	5h 45m 04.7s	89 32 07
2096-01-06	5h 44m 39.4s	89 32 28	2097-08-28	5h 45m 34.9s	89 32 06
2096-01-16	5h 44m 31.3s	89 32 31	2097-09-07	5h 46m 06.9s	89 32 05
2096-01-26	5h 44m 18.6s	89 32 33	2097-09-17	5h 46m 40.1s	89 32 05
2096-02-05	5h 44m 01.9s	89 32 36	2097-09-27	5h 47m 13.7s	89 32 05
2096-02-15	5h 43m 42.0s	89 32 38	2097-10-07	5h 47m 46.7s	89 32 06
2096-02-25	5h 43m 19.5s	89 32 39	2097-10-17	5h 48m 18.4s	89 32 07
2096-03-06	5h 42m 55.4s	89 32 40	2097-10-27	5h 48m 47.8s	89 32 09
2096-03-16	5h 42m 30.5s	89 32 40	2097-11-06	5h 49m 14.3s	89 32 11
2096-03-26	5h 42m 05.9s	89 32 40	2097-11-16	5h 49m 37.1s	89 32 14
2096-04-05	5h 41m 42.4s	89 32 39	2097-11-26	5h 49m 55.6s	89 32 17
2096-04-15	5h 41m 20.7s	89 32 38	2097-12-06	5h 50m 09.3s	89 32 20
2096-04-25	5h 41m 01.7s	89 32 36	2097-12-16	5h 50m 17.7s	89 32 23
2096-05-05	5h 40m 45.8s	89 32 34	2097-12-26	5h 50m 20.9s	89 32 26
2096-05-15	5h 40m 33.8s	89 32 31	2098-01-05	5h 50m 18.8s	89 32 30
2096-05-25	5h 40m 25.9s	89 32 28	2098-01-15	5h 50m 11.6s	89 32 33
2096-06-04	5h 40m 22.5s	89 32 25	2098-01-25	5h 49m 59.7s	89 32 36
2096-06-14	5h 40m 23.7s	89 32 22	2098-02-04	5h 49m 43.6s	89 32 38
2096-06-24	5h 40m 29.6s	89 32 19	2098-02-14	5h 49m 24.1s	89 32 40
2096-07-04	5h 40m 40.2s	89 32 16	2098-02-24	5h 49m 02.0s	89 32 41
2096-07-14	5h 40m 55.2s	89 32 13	2098-03-06	5h 48m 38.1s	89 32 42
2096-07-24	5h 41m 14.5s	89 32 11	2098-03-16	5h 48m 13.3s	89 32 43
2096-08-03	5h 41m 37.5s	89 32 08	2098-03-26	5h 47m 48.6s	89 32 42
2096-08-13	5h 42m 03.9s	89 32 06	2098-04-05	5h 47m 24.8s	89 32 42

Date	right asc.	declination	Date	right asc.	declination
2098-04-15	5h 47m 02.7s	89 32 40	2100-04-15	5h 52m 45.7s	89 32 42
2098-04-25	5h 46m 43.1s	89 32 39	2100-04-25	5h 52m 25.6s	89 32 41
2098-05-05	5h 46m 26.7s	89 32 37	2100-05-05	5h 52m 08.5s	89 32 39
2098-05-15	5h 46m 13.9s	89 32 34	2100-05-15	5h 51m 55.0s	89 32 36
2098-05-25	5h 46m 05.2s	89 32 31	2100-05-25	5h 51m 45.6s	89 32 33
2098-06-04	5h 46m 01.0s	89 32 28	2100-06-04	5h 51m 40.5s	89 32 30
2098-06-14	5h 46m 01.3s	89 32 25	2100-06-14	5h 51m 40.0s	89 32 27
2098-06-24	5h 46m 06.4s	89 32 22	2100-06-24	5h 51m 44.2s	89 32 24
2098-07-04	5h 46m 16.1s	89 32 19	2100-07-04	5h 51m 53.1s	89 32 21
2098-07-14	5h 46m 30.4s	89 32 16	2100-07-14	5h 52m 06.6s	89 32 18
2098-07-24	5h 46m 48.9s	89 32 14	2100-07-24	5h 52m 24.4s	89 32 16
2098-08-03	5h 47m 11.4s	89 32 11	2100-08-03	5h 52m 46.2s	89 32 13
2098-08-13	5h 47m 37.3s	89 32 09	2100-08-13	5h 53m 11.5s	89 32 11
2098-08-23	5h 48m 06.1s	89 32 08	2100-08-23	5h 53m 39.9s	89 32 09
2098-09-02	5h 48m 37.2s	89 32 06	2100-09-02	5h 54m 10.6s	89 32 08
2098-09-12	5h 49m 09.8s	89 32 06	2100-09-12	5h 54m 43.1s	89 32 07
2098-09-22	5h 49m 43.3s	89 32 06	2100-09-22	5h 55m 16.6s	89 32 07
2098-10-02	5h 50m 16.8s	89 32 06	2100-10-02	5h 55m 50.1s	89 32 07
2098-10-12	5h 50m 49.4s	89 32 07	2100-10-12	5h 56m 23.0s	89 32 08
2098-10-22	5h 51m 20.3s	89 32 09	2100-10-22	5h 56m 54.3s	89 32 10
2098-11-01	5h 51m 48.7s	89 32 11	2100-11-01	5h 57m 23.3s	89 32 11
2098-11-11	5h 52m 13.7s	89 32 13	2100-11-11	5h 57m 49.0s	89 32 14
2098-11-21	5h 52m 34.8s	89 32 16	2100-11-21	5h 58m 10.9s	89 32 16
2098-12-01	5h 52m 51.4s	89 32 19	2100-12-01	5h 58m 28.3s	89 32 19
2098-12-11	5h 53m 03.0s	89 32 22	2100-12-11	5h 58m 40.8s	89 32 23
2098-12-21	5h 53m 09.3s	89 32 25	2100-12-21	5h 58m 48.1s	89 32 26
2098-12-31	5h 53m 10.3s	89 32 29	2100-12-31	5h 58m 50.0s	89 32 29
2099-01-10	5h 53m 06.0s	89 32 32	2101-01-10	5h 58m 46.6s	89 32 32
2099-01-20	5h 52m 56.8s	89 32 35	2101-01-20	5h 58m 38.3s	89 32 35
2099-01-30	5h 52m 43.1s	89 32 38	2101-01-30	5h 58m 25.3s	89 32 38
2099-02-09	5h 52m 25.5s	89 32 40	2101-02-09	5h 58m 08.4s	89 32 40
2099-02-19	5h 52m 04.9s	89 32 42	2101-02-19	5h 57m 48.2s	89 32 42
2099-03-01	5h 51m 41.9s	89 32 43	2101-03-01	5h 57m 25.6s	89 32 44
2099-03-11	5h 51m 17.5s	89 32 43	2101-03-11	5h 57m 01.4s	89 32 44
2099-03-21	5h 50m 52.6s	89 32 44	2101-03-21	5h 56m 36.5s	89 32 45
2099-03-31	5h 50m 28.2s	89 32 43	2101-03-31	5h 56m 11.9s	89 32 44
2099-04-10	5h 50m 05.0s	89 32 42	2101-04-10	5h 55m 48.5s	89 32 43
2099-04-20	5h 49m 43.8s	89 32 41	2101-04-20	5h 55m 26.9s	89 32 42
2099-04-30	5h 49m 25.5s	89 32 39	2101-04-30	5h 55m 08.0s	89 32 40
2099-05-10	5h 49m 10.4s	89 32 36	2101-05-10	5h 54m 52.3s	89 32 38
2099-05-20	5h 48m 59.3s	89 32 34	2101-05-20	5h 54m 40.4s	89 32 35
2099-05-30	5h 48m 52.4s	89 32 31	2101-05-30	5h 54m 32.7s	89 32 33
2099-06-09	5h 48m 50.0s	89 32 28	2101-06-09	5h 54m 29.5s	89 32 30
2099-06-19	5h 48m 52.3s	89 32 25	2101-06-19	5h 54m 30.9s	89 32 26
2099-06-29	5h 48m 59.3s	89 32 22	2101-06-29	5h 54m 37.1s	89 32 23
2099-07-09	5h 49m 10.9s	89 32 19	2101-07-09	5h 54m 47.9s	89 32 20
2099-07-19	5h 49m 27.0s	89 32 16	2101-07-19	5h 55m 03.1s	89 32 17
2099-07-29	5h 49m 47.2s	89 32 13	2101-07-29	5h 55m 22.6s	89 32 15
2099-08-08	5h 50m 11.1s	89 32 11	2101-08-08	5h 55m 45.9s	89 32 13
2099-08-18	5h 50m 38.3s	89 32 09	2101-08-18	5h 56m 12.5s	89 32 11
2099-08-28	5h 51m 08.1s	89 32 08	2101-08-28	5h 56m 42.0s	89 32 09
2099-09-07	5h 51m 40.0s	89 32 07	2101-09-07	5h 57m 13.6s	89 32 08
2099-09-17	5h 52m 13.1s	89 32 06	2101-09-17	5h 57m 46.6s	89 32 07
2099-09-27	5h 52m 46.7s	89 32 07	2101-09-27	5h 58m 20.2s	89 32 07
2099-10-07	5h 53m 19.9s	89 32 07	2101-10-07	5h 58m 53.6s	89 32 08
2099-10-17	5h 53m 52.0s	89 32 08	2101-10-17	5h 59m 25.9s	89 32 09
2099-10-27	5h 54m 21.9s	89 32 10	2101-10-27	5h 59m 56.4s	89 32 10
2099-11-06	5h 54m 49.1s	89 32 12	2101-11-06	6h 00m 24.1s	89 32 13
2099-11-16	5h 55m 12.6s	89 32 15	2101-11-16	6h 00m 48.4s	89 32 15
2099-11-26	5h 55m 31.9s	89 32 18	2101-11-26	6h 01m 08.5s	89 32 18
2099-12-06	5h 55m 46.5s	89 32 21	2101-12-06	6h 01m 23.9s	89 32 21
2099-12-16	5h 55m 55.9s	89 32 24	2101-12-16	6h 01m 34.3s	89 32 24
2099-12-26	5h 56m 00.0s	89 32 27	2101-12-26	6h 01m 39.4s	89 32 27
2100-01-05	5h 55m 58.8s	89 32 31	2102-01-05	6h 01m 39.1s	89 32 31
2100-01-15	5h 55m 52.5s	89 32 34	2102-01-15	6h 01m 33.6s	89 32 34
2100-01-25	5h 55m 41.4s	89 32 37	2102-01-25	6h 01m 23.3s	89 32 37
2100-02-04	5h 55m 26.0s	89 32 39	2102-02-04	6h 01m 08.6s	89 32 39
2100-02-14	5h 55m 07.1s	89 32 41	2102-02-14	6h 00m 50.3s	89 32 41
2100-02-24	5h 54m 45.3s	89 32 43	2102-02-24	6h 00m 29.0s	89 32 43
2100-03-06	5h 54m 21.7s	89 32 44	2102-03-06	6h 00m 05.6s	89 32 44
2100-03-16	5h 53m 57.0s	89 32 44	2102-03-16	5h 59m 41.0s	89 32 45
2100-03-26	5h 53m 32.2s	89 32 44	2102-03-26	5h 59m 16.2s	89 32 45
2100-04-05	5h 53m 08.1s	89 32 43	2102-04-05	5h 58m 52.0s	89 32 44

Date	right asc.	declination	Date	right asc.	declination
2102-04-15	5h 58m 29.2s	89 32 43	2104-04-14	6h 04m 12.8s	89 32 43
2102-04-25	5h 58m 08.6s	89 32 42	2104-04-24	6h 03m 51.8s	89 32 41
2102-05-05	5h 57m 51.0s	89 32 39	2104-05-04	6h 03m 33.6s	89 32 39
2102-05-15	5h 57m 36.8s	89 32 37	2104-05-14	6h 03m 18.8s	89 32 37
2102-05-25	5h 57m 26.6s	89 32 34	2104-05-24	6h 03m 07.9s	89 32 35
2102-06-04	5h 57m 20.7s	89 32 32	2104-06-03	6h 03m 01.2s	89 32 32
2102-06-14	5h 57m 19.4s	89 32 28	2104-06-13	6h 02m 59.0s	89 32 29
2102-06-24	5h 57m 22.7s	89 32 25	2104-06-23	6h 03m 01.5s	89 32 25
2102-07-04	5h 57m 30.8s	89 32 22	2104-07-03	6h 03m 08.6s	89 32 22
2102-07-14	5h 57m 43.4s	89 32 19	2104-07-13	6h 03m 20.4s	89 32 19
2102-07-24	5h 58m 00.4s	89 32 16	2104-07-23	6h 03m 36.7s	89 32 16
2102-08-03	5h 58m 21.5s	89 32 14	2104-08-02	6h 03m 57.0s	89 32 14
2102-08-13	5h 58m 46.2s	89 32 12	2104-08-12	6h 04m 21.1s	89 32 12
2102-08-23	5h 59m 14.1s	89 32 10	2104-08-22	6h 04m 48.5s	89 32 10
2102-09-02	5h 59m 44.5s	89 32 09	2104-09-01	6h 05m 18.4s	89 32 08
2102-09-12	6h 00m 16.8s	89 32 08	2104-09-11	6h 05m 50.4s	89 32 07
2102-09-22	6h 00m 50.1s	89 32 07	2104-09-21	6h 06m 23.6s	89 32 07
2102-10-02	6h 01m 23.8s	89 32 07	2104-10-01	6h 06m 57.3s	89 32 07
2102-10-12	6h 01m 56.9s	89 32 08	2104-10-11	6h 07m 30.5s	89 32 07
2102-10-22	6h 02m 28.5s	89 32 09	2104-10-21	6h 08m 02.5s	89 32 08
2102-11-01	6h 02m 58.0s	89 32 11	2104-10-31	6h 08m 32.4s	89 32 10
2102-11-11	6h 03m 24.4s	89 32 13	2104-11-10	6h 08m 59.4s	89 32 12
2102-11-21	6h 03m 47.0s	89 32 16	2104-11-20	6h 09m 22.8s	89 32 15
2102-12-01	6h 04m 05.3s	89 32 19	2104-11-30	6h 09m 41.9s	89 32 18
2102-12-11	6h 04m 18.7s	89 32 22	2104-12-10	6h 09m 56.1s	89 32 21
2102-12-21	6h 04m 26.9s	89 32 25	2104-12-20	6h 10m 05.2s	89 32 24
2102-12-31	6h 04m 29.7s	89 32 29	2104-12-30	6h 10m 09.0s	89 32 27
2103-01-10	6h 04m 27.3s	89 32 32	2105-01-09	6h 10m 07.5s	89 32 31
2103-01-20	6h 04m 19.8s	89 32 35	2105-01-19	6h 10m 00.9s	89 32 34
2103-01-30	6h 04m 07.6s	89 32 38	2105-01-29	6h 09m 49.5s	89 32 36
2103-02-09	6h 03m 51.3s	89 32 40	2105-02-08	6h 09m 33.9s	89 32 39
2103-02-19	6h 03m 31.7s	89 32 42	2105-02-18	6h 09m 14.8s	89 32 41
2103-03-01	6h 03m 09.4s	89 32 44	2105-02-28	6h 08m 53.0s	89 32 42
2103-03-11	6h 02m 45.4s	89 32 44	2105-03-10	6h 08m 29.3s	89 32 43
2103-03-21	6h 02m 20.7s	89 32 45	2105-03-20	6h 08m 04.6s	89 32 44
2103-03-31	6h 01m 56.0s	89 32 44	2105-03-30	6h 07m 39.9s	89 32 44
2103-04-10	6h 01m 32.3s	89 32 44	2105-04-09	6h 07m 16.0s	89 32 43
2103-04-20	6h 01m 10.3s	89 32 42	2105-04-19	6h 06m 53.7s	89 32 42
2103-04-30	6h 00m 50.9s	89 32 41	2105-04-29	6h 06m 33.7s	89 32 40
2103-05-10	6h 00m 34.6s	89 32 38	2105-05-09	6h 06m 16.9s	89 32 38
2103-05-20	6h 00m 22.0s	89 32 36	2105-05-19	6h 06m 03.6s	89 32 36
2103-05-30	6h 00m 13.5s	89 32 33	2105-05-29	6h 05m 54.3s	89 32 33
2103-06-09	6h 00m 09.5s	89 32 30	2105-06-08	6h 05m 49.5s	89 32 30
2103-06-19	6h 00m 10.0s	89 32 27	2105-06-18	6h 05m 49.2s	89 32 27
2103-06-29	6h 00m 15.3s	89 32 24	2105-06-28	6h 05m 53.6s	89 32 24
2103-07-09	6h 00m 25.2s	89 32 21	2105-07-08	6h 06m 02.6s	89 32 20
2103-07-19	6h 00m 39.7s	89 32 18	2105-07-18	6h 06m 16.3s	89 32 18
2103-07-29	6h 00m 58.4s	89 32 15	2105-07-28	6h 06m 34.2s	89 32 15
2103-08-08	6h 01m 21.0s	89 32 13	2105-08-07	6h 06m 56.2s	89 32 12
2103-08-18	6h 01m 47.1s	89 32 11	2105-08-17	6h 07m 21.6s	89 32 10
2103-08-28	6h 02m 16.1s	89 32 09	2105-08-27	6h 07m 50.1s	89 32 08
2103-09-07	6h 02m 47.4s	89 32 08	2105-09-06	6h 08m 21.0s	89 32 07
2103-09-17	6h 03m 20.2s	89 32 07	2105-09-16	6h 08m 53.6s	89 32 06
2103-09-27	6h 03m 53.7s	89 32 07	2105-09-26	6h 09m 27.0s	89 32 06
2103-10-07	6h 04m 27.3s	89 32 07	2105-10-06	6h 10m 00.6s	89 32 06
2103-10-17	6h 04m 59.9s	89 32 08	2105-10-16	6h 10m 33.5s	89 32 07
2103-10-27	6h 05m 30.8s	89 32 10	2105-10-26	6h 11m 04.7s	89 32 08
2103-11-06	6h 05m 59.0s	89 32 12	2105-11-05	6h 11m 33.5s	89 32 10
2103-11-16	6h 06m 24.0s	89 32 14	2105-11-15	6h 11m 59.1s	89 32 12
2103-11-26	6h 06m 44.9s	89 32 17	2105-11-25	6h 12m 20.7s	89 32 15
2103-12-06	6h 07m 01.2s	89 32 20	2105-12-05	6h 12m 37.9s	89 32 18
2103-12-16	6h 07m 12.5s	89 32 23	2105-12-15	6h 12m 50.0s	89 32 21
2103-12-26	6h 07m 18.5s	89 32 26	2105-12-25	6h 12m 57.0s	89 32 25
2104-01-05	6h 07m 19.1s	89 32 30	2106-01-04	6h 12m 58.5s	89 32 28
2104-01-15	6h 07m 14.5s	89 32 33	2106-01-14	6h 12m 54.9s	89 32 31
2104-01-25	6h 07m 05.1s	89 32 36	2106-01-24	6h 12m 46.2s	89 32 34
2104-02-04	6h 06m 51.1s	89 32 38	2106-02-03	6h 12m 33.0s	89 32 37
2104-02-14	6h 06m 33.4s	89 32 41	2106-02-13	6h 12m 15.9s	89 32 39
2104-02-24	6h 06m 12.5s	89 32 42	2106-02-23	6h 11m 55.6s	89 32 41
2104-03-05	6h 05m 49.5s	89 32 44	2106-03-05	6h 11m 32.9s	89 32 42
2104-03-15	6h 05m 25.1s	89 32 44	2106-03-15	6h 11m 08.8s	89 32 43
2104-03-25	6h 05m 00.3s	89 32 44	2106-03-25	6h 10m 44.0s	89 32 43
2104-04-04	6h 04m 35.9s	89 32 44	2106-04-04	6h 10m 19.5s	89 32 43

Date	right asc.	declination	Date	right asc.	declination
2106-04-14	6h 09m 56.2s	89 32 42	2107-09-06	6h 13m 54.1s	89 32 05
2106-04-24	6h 09m 34.8s	89 32 40	2107-09-16	6h 14m 26.3s	89 32 04
2106-05-04	6h 09m 16.1s	89 32 38	2107-09-26	6h 14m 59.7s	89 32 04
2106-05-14	6h 09m 00.6s	89 32 36	2107-10-06	6h 15m 33.3s	89 32 04
2106-05-24	6h 08m 48.9s	89 32 34	2107-10-16	6h 16m 06.3s	89 32 05
2106-06-03	6h 08m 41.4s	89 32 31	2107-10-26	6h 16m 37.8s	89 32 06
2106-06-13	6h 08m 38.4s	89 32 28	2107-11-05	6h 17m 07.1s	89 32 08
2106-06-23	6h 08m 40.0s	89 32 25	2107-11-15	6h 17m 33.3s	89 32 10
2106-07-03	6h 08m 46.3s	89 32 21	2107-11-25	6h 17m 55.6s	89 32 12
2106-07-13	6h 08m 57.3s	89 32 18	2107-12-05	6h 18m 13.6s	89 32 15
2106-07-23	6h 09m 12.7s	89 32 15	2107-12-15	6h 18m 26.6s	89 32 18
2106-08-02	6h 09m 32.3s	89 32 13	2107-12-25	6h 18m 34.4s	89 32 22
2106-08-12	6h 09m 55.7s	89 32 10	2108-01-04	6h 18m 37.0s	89 32 25
2106-08-22	6h 10m 22.5s	89 32 08	2108-01-14	6h 18m 34.2s	89 32 28
2106-09-01	6h 10m 52.0s	89 32 07	2108-01-24	6h 18m 26.4s	89 32 31
2106-09-11	6h 11m 23.7s	89 32 06	2108-02-03	6h 18m 14.0s	89 32 34
2106-09-21	6h 11m 56.7s	89 32 05	2108-02-13	6h 17m 57.6s	89 32 36
2106-10-01	6h 12m 30.3s	89 32 05	2108-02-23	6h 17m 37.8s	89 32 38
2106-10-11	6h 13m 03.7s	89 32 05	2108-03-04	6h 17m 15.5s	89 32 39
2106-10-21	6h 13m 35.9s	89 32 06	2108-03-14	6h 16m 51.6s	89 32 40
2106-10-31	6h 14m 06.3s	89 32 08	2108-03-24	6h 16m 26.9s	89 32 41
2106-11-10	6h 14m 33.8s	89 32 10	2108-04-03	6h 16m 02.4s	89 32 40
2106-11-20	6h 14m 57.8s	89 32 12	2108-04-13	6h 15m 38.8s	89 32 40
2106-11-30	6h 15m 17.7s	89 32 15	2108-04-23	6h 15m 17.1s	89 32 38
2106-12-10	6h 15m 32.8s	89 32 18	2108-05-03	6h 14m 57.9s	89 32 36
2106-12-20	6h 15m 42.8s	89 32 22	2108-05-13	6h 14m 41.8s	89 32 34
2106-12-30	6h 15m 47.5s	89 32 25	2108-05-23	6h 14m 29.4s	89 32 32
2107-01-09	6h 15m 46.9s	89 32 28	2108-06-02	6h 14m 21.2s	89 32 29
2107-01-19	6h 15m 41.2s	89 32 31	2108-06-12	6h 14m 17.3s	89 32 26
2107-01-29	6h 15m 30.6s	89 32 34	2108-06-22	6h 14m 18.1s	89 32 23
2107-02-08	6h 15m 15.7s	89 32 37	2108-07-02	6h 14m 23.5s	89 32 20
2107-02-18	6h 14m 57.2s	89 32 39	2108-07-12	6h 14m 33.6s	89 32 16
2107-02-28	6h 14m 35.9s	89 32 40	2108-07-22	6h 14m 48.2s	89 32 14
2107-03-10	6h 14m 12.5s	89 32 41	2108-08-01	6h 15m 07.0s	89 32 11
2107-03-20	6h 13m 48.0s	89 32 42	2108-08-11	6h 15m 29.7s	89 32 08
2107-03-30	6h 13m 23.2s	89 32 42	2108-08-21	6h 15m 55.9s	89 32 06
2107-04-09	6h 12m 59.1s	89 32 41	2108-08-31	6h 16m 24.9s	89 32 04
2107-04-19	6h 12m 36.5s	89 32 40	2108-09-10	6h 16m 56.1s	89 32 03
2107-04-29	6h 12m 16.2s	89 32 39	2108-09-20	6h 17m 28.9s	89 32 02
2107-05-09	6h 11m 58.7s	89 32 36	2108-09-30	6h 18m 02.4s	89 32 02
2107-05-19	6h 11m 44.8s	89 32 34	2108-10-10	6h 18m 35.9s	89 32 03
2107-05-29	6h 11m 34.8s	89 32 31	2108-10-20	6h 19m 08.4s	89 32 04
2107-06-08	6h 11m 29.1s	89 32 28	2108-10-30	6h 19m 39.0s	89 32 05
2107-06-18	6h 11m 28.0s	89 32 25	2108-11-09	6h 20m 07.1s	89 32 07
2107-06-28	6h 11m 31.5s	89 32 22	2108-11-19	6h 20m 31.7s	89 32 09
2107-07-08	6h 11m 39.7s	89 32 19	2108-11-29	6h 20m 52.3s	89 32 12
2107-07-18	6h 11m 52.5s	89 32 16	2108-12-09	6h 21m 08.3s	89 32 15
2107-07-28	6h 12m 09.6s	89 32 13	2108-12-19	6h 21m 19.2s	89 32 18
2107-08-07	6h 12m 30.8s	89 32 11	2108-12-29	6h 21m 24.8s	89 32 21
2107-08-17	6h 12m 55.7s	89 32 08	2109-01-08	6h 21m 25.2s	89 32 25
2107-08-27	6h 13m 23.6s	89 32 07			

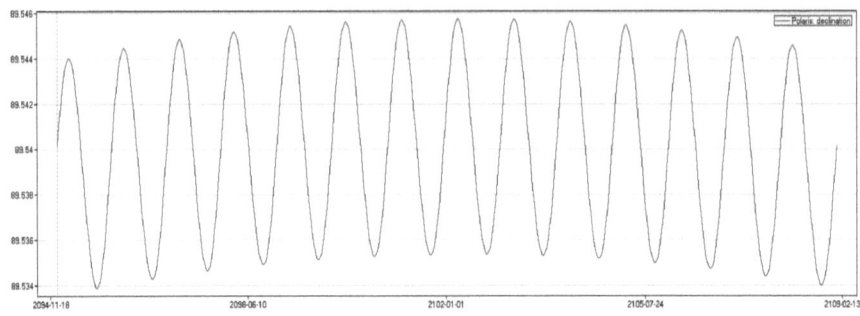

The graph shows the polar's declination from 2095
to 2110, without the effect of the nutation

Il grafico mostra la declinazione della polare dal
2095 al 2110 circa, senza l'effetto della nutazione

PRECESSION

PRECESSIONE

As well known because of the precession the terrestrial axle stirs of around 50.27" every year, moving the line of the equinoxes of a degree each 71.6 years, or rather it completes a complete turn in about 25800 years. Accordingly what we call Gamma Point, or Point of Aries, it is not fixed in that constellation, but it slowly stirs changing constellation. The chart that follows shows the position of the various points of the equinoxes and the solstices during the centuries.

Come ben noto a causa della precessione l'asse terrestre si muove di circa 50.27" ogni anno, facendo si che la linea degli equinozi si sposti di un grado ogni 71.6 anni, ossia compie un giro completo in circa 25800 anni. Di conseguenza quello che noi chiamiamo Punto Gamma, o Punto d'Ariete, non è fisso in quella costellazione, ma si muove lentamente cambiando costellazione. La tabella che segue riporta la posizione dei vari punti degli equinozi e dei solstizi nel corso dei secoli.

Spring equinox

From Gemini to Taurus   -4540
From Taurus to Aries   -1865
From Aries to Pisces   -67
From Pisces to Aquarius   2597
From Aquarius to Capricornus   4312

Nota : in the 1489 was at only 10' from Cetus

Autumn equinox

From Sagittarius to Ophiuchus -4260
From Ophiuchus to Scorpius   -2900
From Scorpius to Libra   -2270
From Libra to Virgo   -729
From Virgo to Leo   2439
From Leo to Cancer   4980

Winter solstice

From Pisces to Aquarius   -3960
From Aquarius to Capricornus   -2140
From Capricornus to Sagittarius -130
From Sagittarius to Ophiuchus   2269
From Ophiuchus to Scorpius   3597

Summer solstice

From Virgo to Leo   -4070
From Leo to Cancer   -1498
From Cancer to Gemini   -10
From Gemini to Taurus   1989
From Taurus to Aries   4609

Equinozio di primavera

Passaggio da Gemelli in Toro	-4540
Passaggio da Toro in Ariete	-1865
Passaggio da Ariete in Pesci	-67
Passaggio da Pesci in Aquario	2597
Passaggio da Acquario in Capricorno	4312

Nota : nel 1489 ha sfiorato a soli 10' la Balena

Equinozio d'autunno

Passaggio da Sagittario in Ofiuco	-4260
Passaggio da Ofiuco in Scorpione	-2900
Passaggio da Scorpione in Bilancia	-2270
Passaggio da Bilancia in Vergine	-729
Passaggio da Vergine in Leone	2439
Passaggio da Leone in Cancro	4980

Solstizio d'inverno

Passaggio da Pesci in Aquario	-3960
Passaggio da Acquario in Capricorno	-2140
Passaggio da Capricorno in Sagittario	-130
Passaggio da Sagittario in Ofiuco	2269
Passaggio da Ofiuco in Scorpione	3597

Solstizio d'estate

Passaggio da Vergine a Leone	-4070
Passaggio da Leone in Cancro	-1498
Passaggio da Cancro in Gemelli	-10
Passaggio da Gemelli in Toro	1989
Passaggio da Toro in Ariete	4609

EVOLUTION OF THE ORBITAL ELEMENTS OF THE PLANETS AND OF THE MOON

EVOLUZIONE DEGLI ELEMENTI ORBITALI DEI PIANETI E DELLA LUNA

The following figures give the variations of the eccentricity, inclination and semiaxis of the planets and of the Moon
from the JD=1721057.5 (1/1/0) to JD=5373457.5 (year 10000) calculated by numerical integration

I seguenti grafici mostrano l'evoluzione degli elementi orbitali dei pianeti e della Luna nel corso di molti secoli
I dati sono ottenuti mediante integrazione numerica delle equazioni del moto con altissima precisione
Data iniziale JD=1721057.5 pari al 1/1/0000 ,data finale JD= 5373457.5 pari all'anno 10000

Variation of the eccentricity of the orbit of Mercury
Evoluzione dell'eccentricità dell'orbita di Mercurio

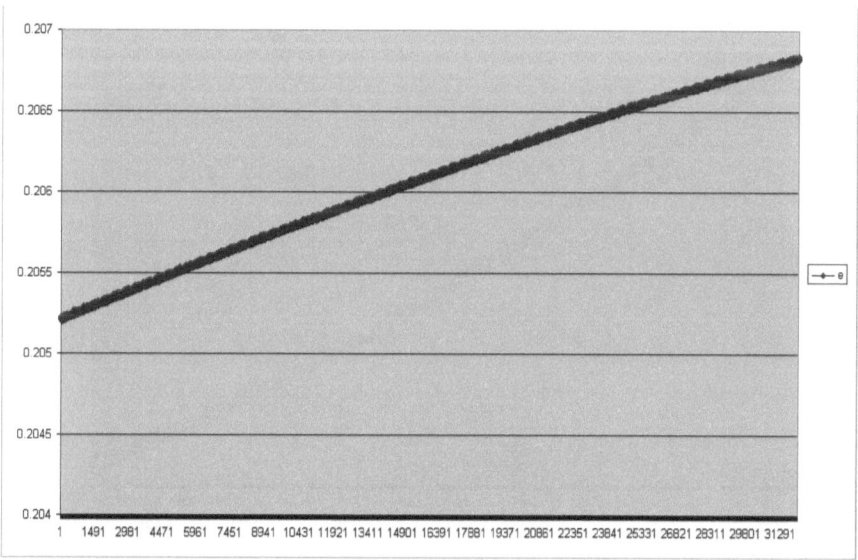

Variation of the inclination of the orbit of Mercury
Evoluzione dell'inclinazione dell'orbita di Mercurio

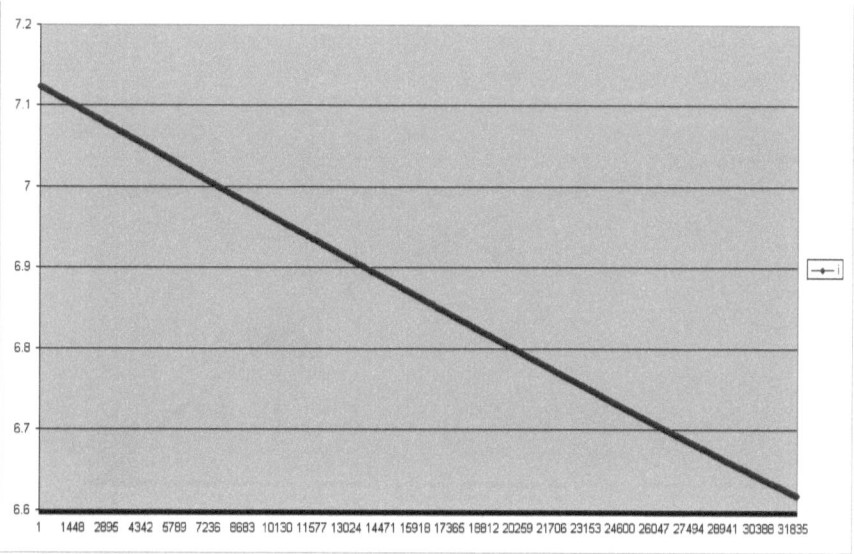

Variation of the eccentricity of the orbit of Venus
Evoluzione dell'eccentricità dell'orbita di Venere

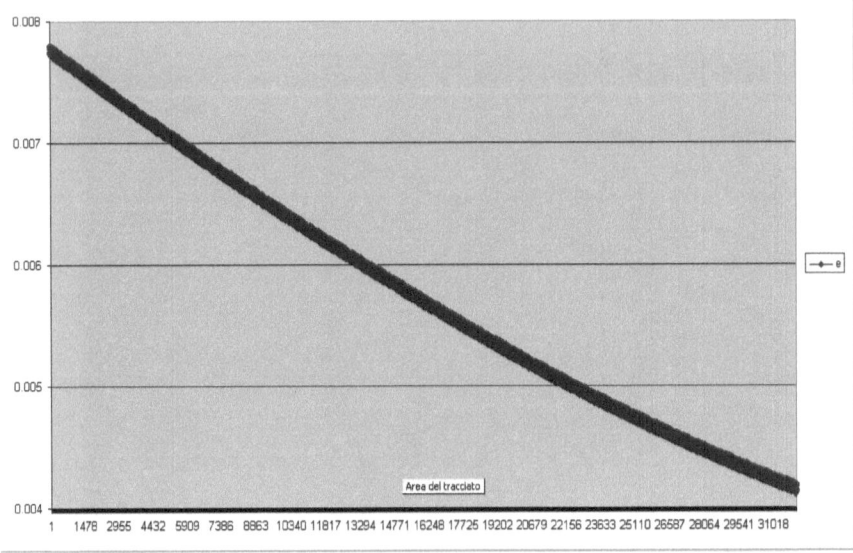

Variation of the inclination of the orbit of Venus
Evoluzione dell'inclinazione dell'orbita di Venere

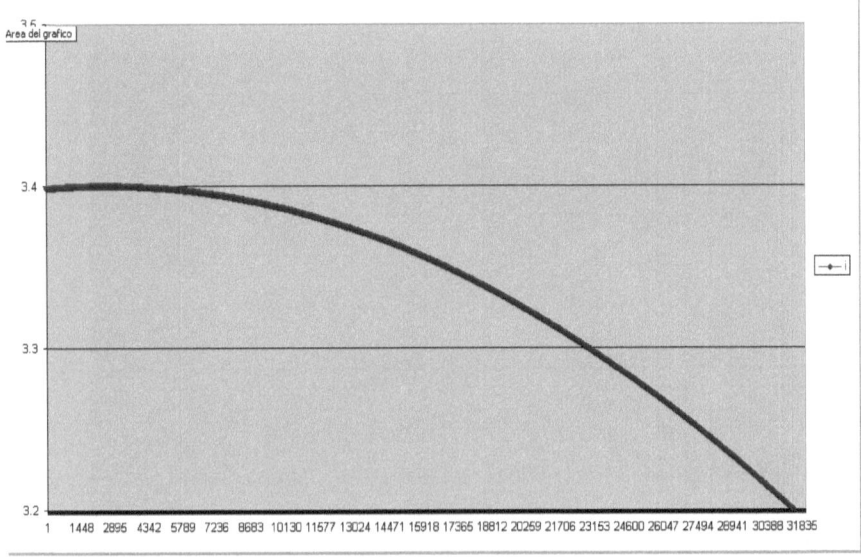

Variation of the eccentricity of the orbit of the Earth
Evoluzione dell'eccentricità dell'orbita della Terra

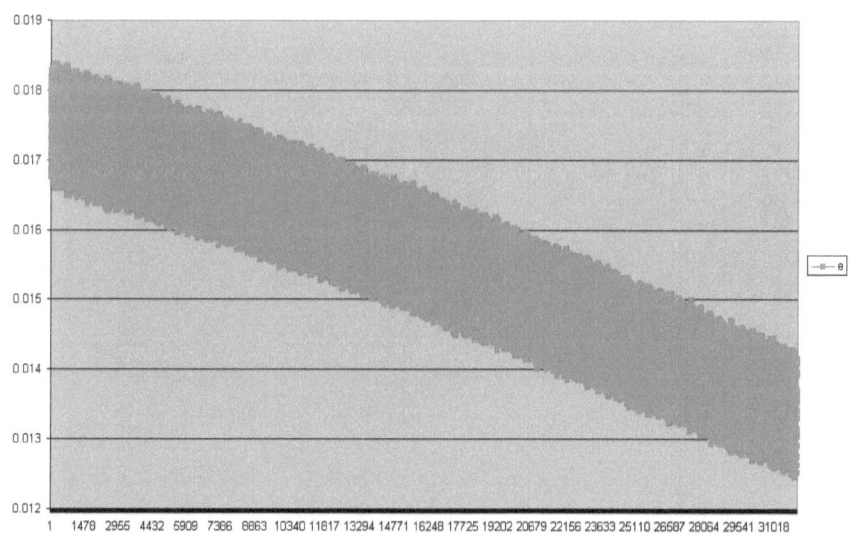

Variation of the inclination of the orbit of the Earth
Evoluzione dell'inclinazione dell'orbita della Terra

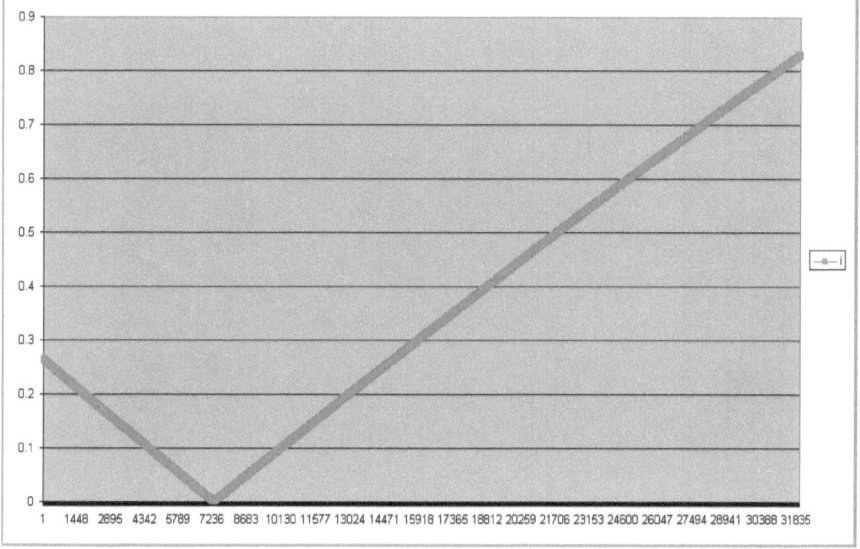

Variation of the eccentricity of the orbit of the Moon
Evoluzione dell'eccentricità dell'orbita della Luna

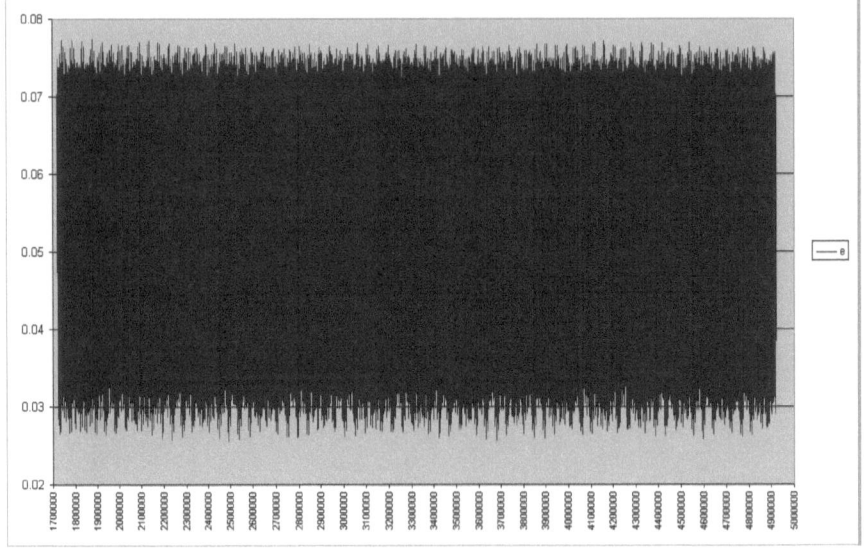

Variation of the inclination of the orbit of the Moon
Evoluzione dell'inclinazione dell'orbita della Luna

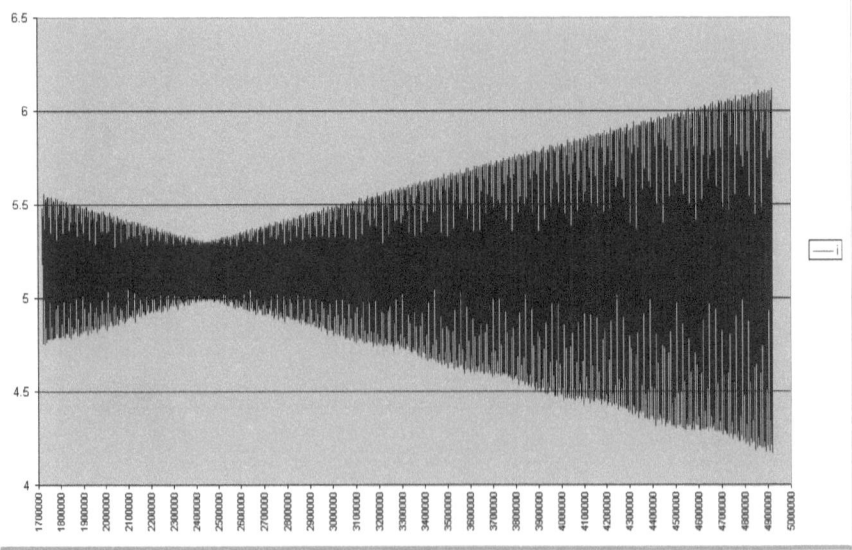

Variation of the eccentricity of the orbit of Mars
Evoluzione dell'eccentricità dell'orbita di Marte

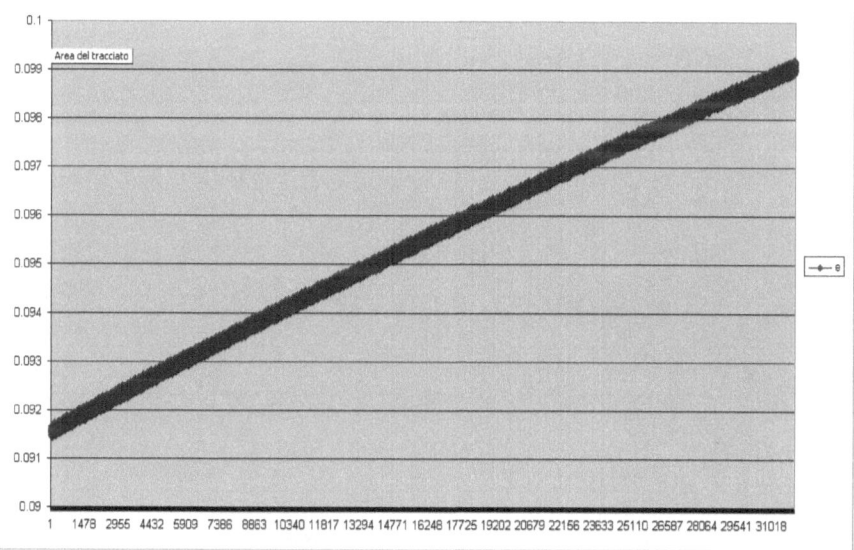

Variation of the inclination of the orbit of Mars
Evoluzione dell'inclinazione dell'orbita di Marte

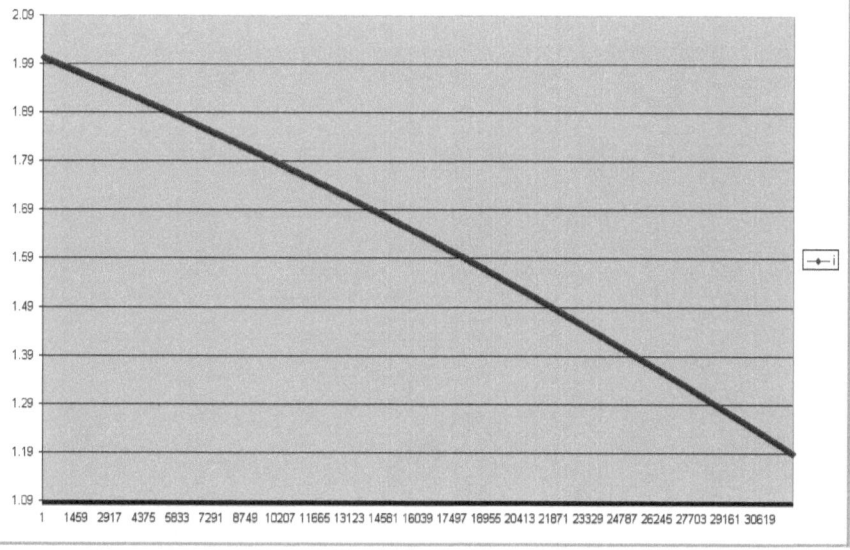

Variation of the eccentricity of the orbit of Jupiter
Evoluzione dell'eccentricità dell'orbita di Giove

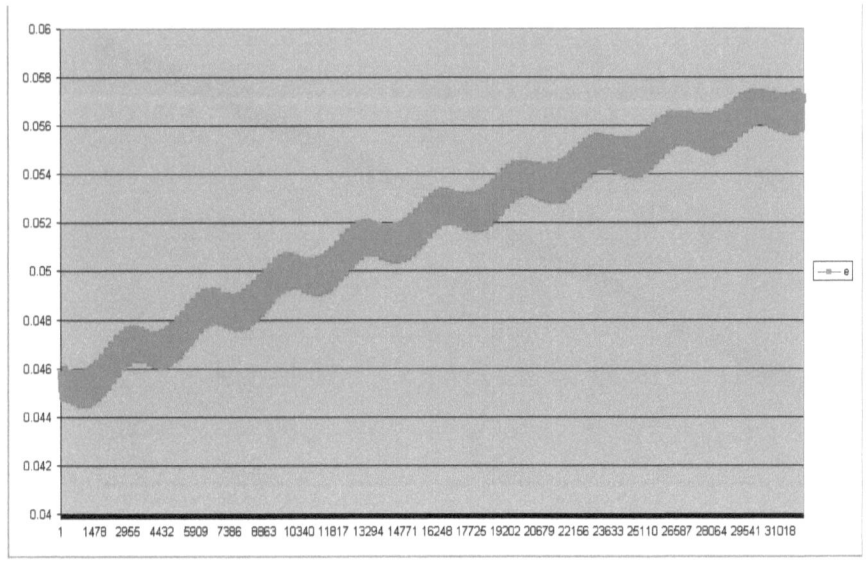

Variation of the inclination of the orbit of Jupiter
Evoluzione dell'inclinazione dell'orbita di Giove

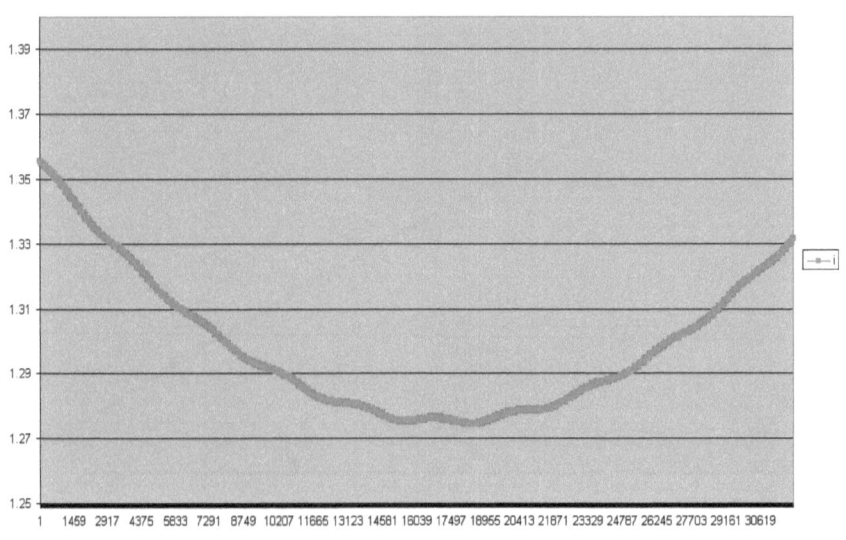

Variation of the eccentricity of the orbit of Saturn
Evoluzione dell'eccentricità dell'orbita di Saturno

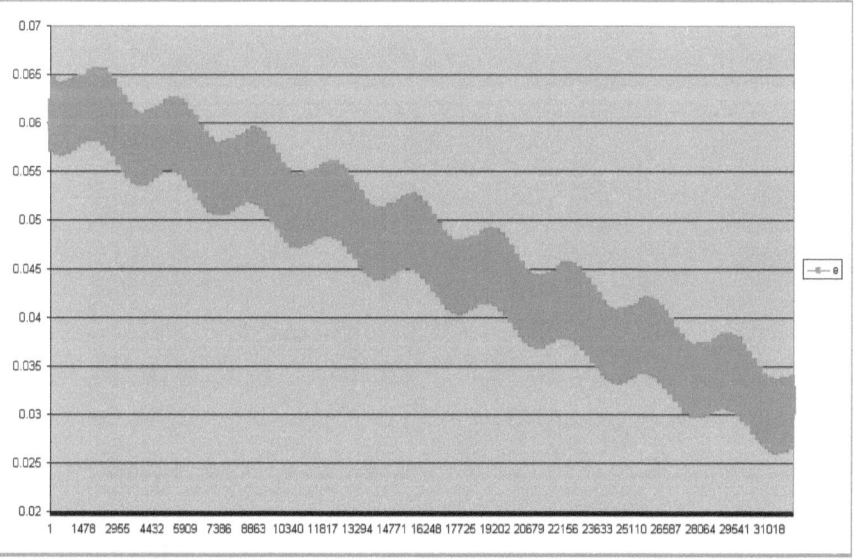

Variation of the inclination of the orbit of Saturn
Evoluzione dell'inclinazione dell'orbita di Saturno

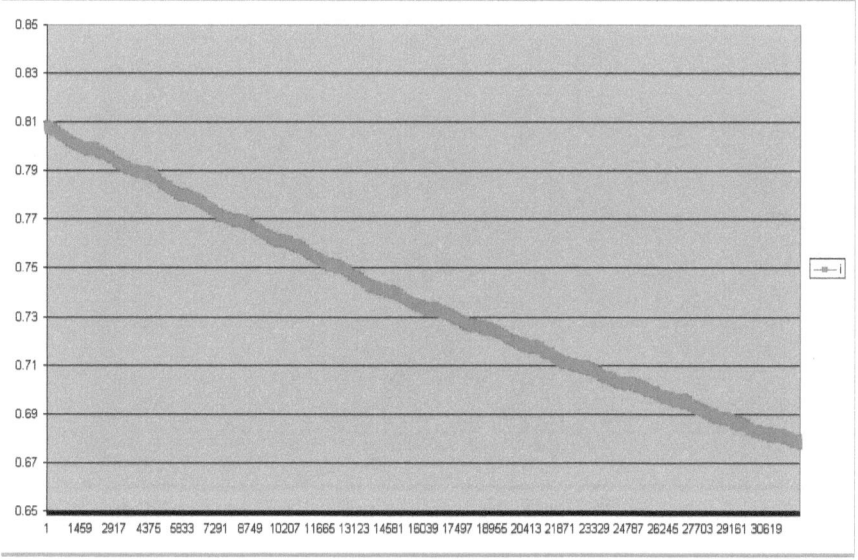

Variation of the semiaxis of the orbit of Saturn
Evoluzione del semiasse a dell'orbita di Saturno

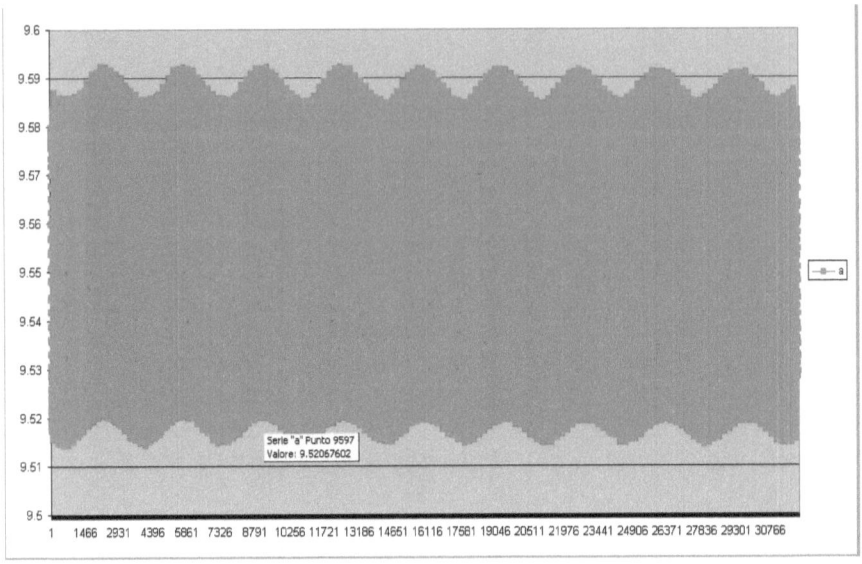

Variation of the eccentricity of the orbit of Uranus
Evoluzione dell'eccentricità dell'orbita di Urano

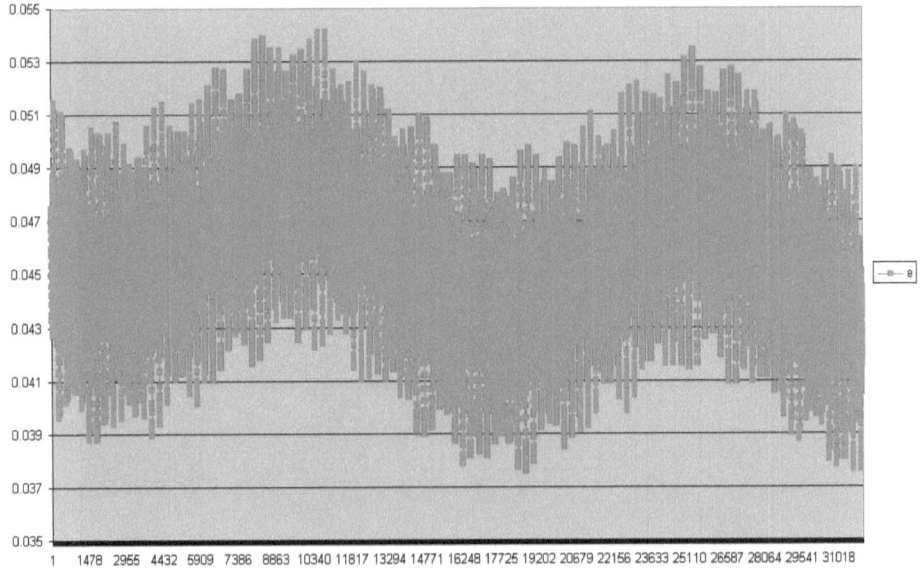

Variation of the semiaxis of the orbit of Uranus
Evoluzione del semiasse a dell'orbita di Urano

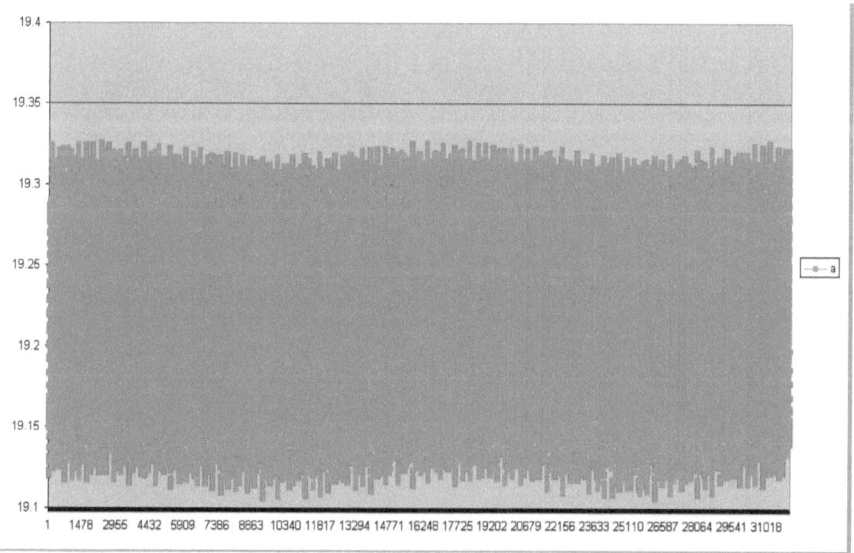

Variation of the eccentricity of the orbit of Neptune
Evoluzione dell'eccentricità dell'orbita di Nettuno

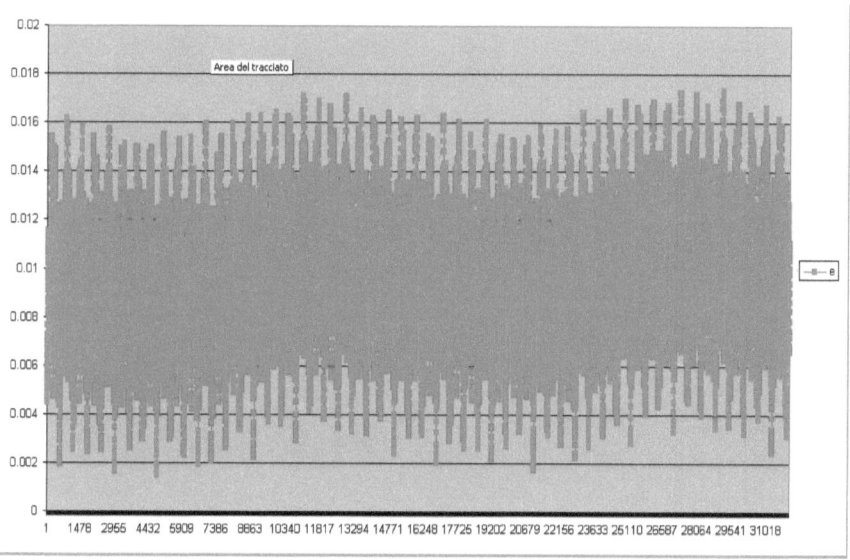

Variation of the inclination of the orbit of Neptune
Evoluzione dell'inclinazione dell'orbita di Nettuno

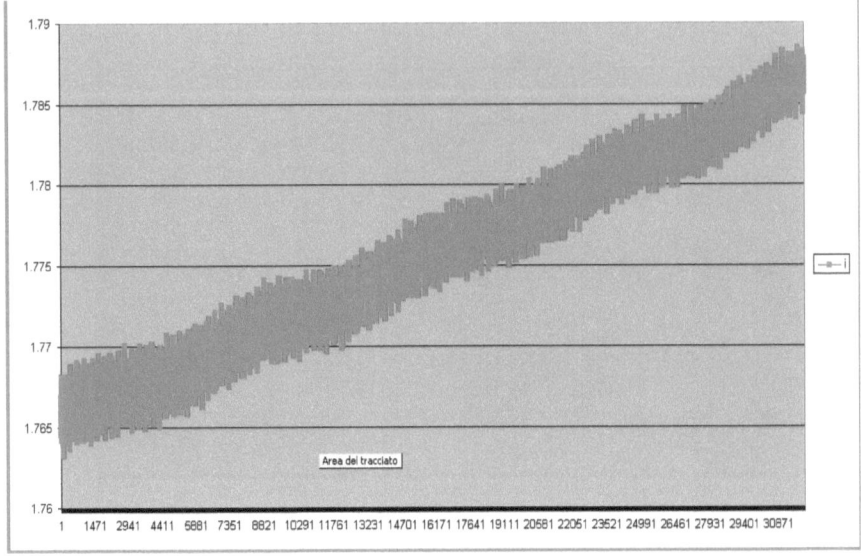

Variation of the semiaxis of the orbit of Neptune
Evoluzione del semiasse a dell'orbita di Nettuno

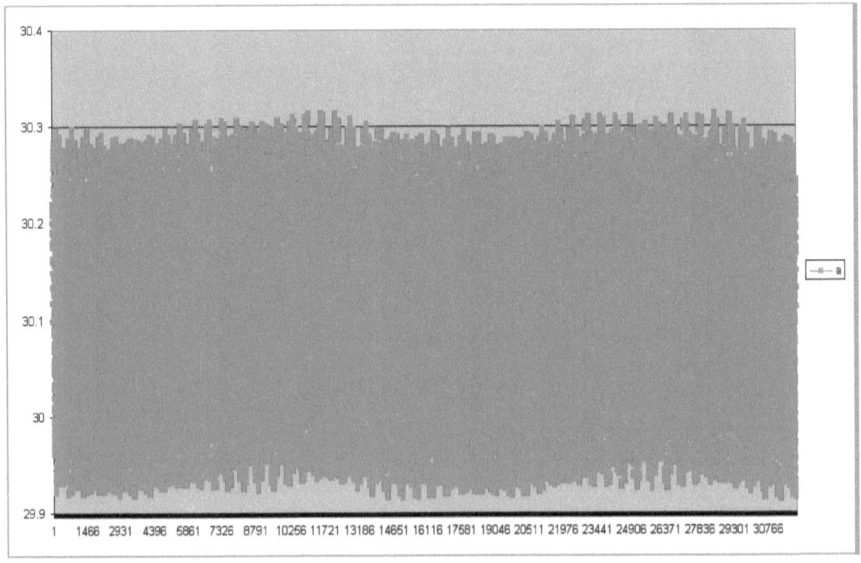

EASTER

PASQUA

In the Julian calendar Easter has a periodicity of 532 years, that is after this period the Easter Sundays repeat in the same order and on the same date of the year, but in the Gregorian calendar the periodicity is 5700000 year. I have calculated all Easters in a period of 5700000 years and they are many interesting facts. The extreme dates are 22 March and 25 April, the frequency of every day is in the table below. The most frequent day is 19 April, the opposite 22 March. Two successive Easters cannot both occur in March, but sometimes 2,3,4,5,7,8 or 10 successive Easters can occur in April (see below). The next serie of 10 will fall on 2856, serie of 8, the only, on 9698, and the serie of 7 on 2017. Sometimes the astronomical Easter and the ecclesiastical Easter fall on different dates, in fact for the astronomers the vernal equinox isn't fixed at 21 March, but the Paschal Full Moon is always on 21 March. Astronomically speacking Easter can fall 20 or 21 March and on 26 april too!

Mentre nel calendario giuliano la Pasqua aveva una periodicità di 532 anni, ossia dopo tale periodo le domeniche pasquali si ripetevano nello stesso ordine nella stessa data dell'anno, nel nostro calendario gregoriano la periodicità è 5700000 anni. Ho pertanto calcolato tutte le Pasque di un tale enorme periodo e sono venute fuori varie curiosità. Le date estreme sono 22 marzo e 25 aprile. La frequenza di ogni giorno è indicata nella prima tabella sottostante. Il giorno più frequente è il 19 aprile, il meno il 22 marzo. Non può mai accadere che due Pasque consecutive siano entrambe in marzo, mentre può accadere che ve ne siano 2,3,4,5,7,8 o addirittura 10 consecutive in aprile (vedi sotto). La prossima serie da 10 ci sarà nel 2856, quella da 8, unica, nel 9698, mentre quella da 7 già nel 2017. Talvolta la Pasqua astronomica e quella ecclesiastica differiscono poichè astronomicamente l'equinozio di primavera non è fisso al 21 marzo, mentre per la Chiesa sì; la Pasqua astronomica potrebbe infatti cadere teoricamente anche il 20 o 21 marzo ed il 26 aprile.

Month Mese	Day Giorno	Number Volte	Frequency in years Frequenza in anni
3	22	27550	206.896
3	23	54150	105.263
3	24	81225	70.1754
3	25	110200	51.7241
3	26	133000	42.8571
3	27	165300	34.4827
3	28	186200	30.6122
3	29	192850	29.5566
3	30	189525	30.0751
3	31	189525	30.0751
4	1	192851	29.5564
4	2	186200	30.6122
4	3	192850	29.5566
4	4	186200	30.6122
4	5	192850	29.5566
4	6	189525	30.0751
4	7	189525	30.0751
4	8	192850	29.5566
4	9	186200	30.6122
4	10	192850	29.5566
4	11	186200	30.6122
4	12	192850	29.5566
4	13	189525	30.0751
4	14	189525	30.0751
4	15	192850	29.5566
4	16	186200	30.6122
4	17	192850	29.5566
4	18	197400	28.8753
4	19	220400	25.8620
4	20	189525	30.0751
4	21	162450	35.0877
4	22	137750	41.3793
4	23	106400	53.5714
4	24	82650	68.9655
4	25	42000	135.714

Consecutive Easters - Pasque consecutive

1	1418671	(no consecutives)(Pasque isolate o alternate)
2	680472	
3	1	
4	304567	
5	51283	
6	0	
7	198144	
8	221	
9	0	
10	5692	

| Serie of 4 | Serie of 5 | Serie of 7 | Serie of 8 | Serie of 10 |
Serie di 4	Serie di 5	Serie di 7	Serie di 8	Serie di 10
1998- 2001	2087- 2091	2017- 2023	9698- 9705	2856- 2865
2009- 2012	2144- 2148	2036- 2042		3228- 3237
2028- 2031	2364- 2368	2047- 2053		3380- 3389
2055- 2058	2516- 2520	2074- 2080		3448- 3457
2066- 2069	2956- 2960	2104- 2110		3600- 3609
2093- 2096	3108- 3112	2131- 2137		3820- 3829
2112- 2115	3203- 3207	2169- 2175		3972- 3981
2123- 2126	3355- 3359	2188- 2194		7893- 7902
2150- 2153	3480- 3484	2199- 2205		8580- 8589
2161- 2164	3548- 3552	2237- 2243		9544- 9553
2180- 2183	3575- 3579	2256- 2262		
2218- 2221	3632- 3636	2267- 2273		
2229- 2232	3700- 3704	2294- 2300		
2248- 2251	3727- 3731	2324- 2330		
2275- 2278	3795- 3799	2408- 2414		
2286- 2289	3890- 3894	2419- 2425		
2305- 2308	3947- 3951	2446- 2452		
2316- 2319	4042- 4046	2484- 2490		
2335- 2338	4072- 4076	2571- 2577		
2343- 2346	4167- 4171	2609- 2615		
2354- 2357	4262- 4266	2628- 2634		
2381- 2384	4319- 4323	2639- 2645		
2392- 2395	4414- 4418	2666- 2672		
2400- 2403	4512- 4516	2696- 2702		
2427- 2430	4664- 4668	2723- 2729		
2438- 2441	4759- 4763	2761- 2767		
2465- 2468	4854- 4858	2780- 2786		
2476- 2479	4911- 4915	2791- 2797		
2495- 2498	5006- 5010	2818- 2824		
2506- 2509	5036- 5040	2875- 2881		
2533- 2536	5104- 5108	2886- 2892		
2544- 2547	5131- 5135	2943- 2949		
2552- 2555	5283- 5287	2981- 2987		
2563- 2566	5351- 5355	3000- 3006		
2590- 2593	5378- 5382	3011- 3017		
2601- 2604	5446- 5450	3038- 3044		
2620- 2623	5503- 5507	3095- 3101		
2647- 2650	5530- 5534	3133- 3139		
2658- 2661	5598- 5602	3152- 3158		
2685- 2688	5723- 5727	3163- 3169		
2704- 2707	5875- 5879	3190- 3196		
2715- 2718	5943- 5947	3247- 3253		
2742- 2745	5970- 5974	3258- 3264		
2753- 2756	6038- 6042	3285- 3291		
2772- 2775	6122- 6126	3304- 3310		
2799- 2802	6190- 6194	3315- 3321		
2810- 2813	6315- 6319	3342- 3348		
2837- 2840	6562- 6566	3410- 3416		
2848- 2851	7002- 7006	3467- 3473		
2867- 2870	7154- 7158	3535- 3541		
2894- 2897	7526- 7530	3619- 3625		
2905- 2908	7648- 7652	3657- 3663		
2916- 2919	7800- 7804	3687- 3693		
2924- 2927	8172- 8176	3755- 3761		
2935- 2938	8240- 8244	3782- 3788		
2962- 2965	8392- 8396	3839- 3845		
2973- 2976	8487- 8491	3850- 3856		
3019- 3022	8764- 8768	3877- 3883		
3030- 3033	8832- 8836	3896- 3902		

| Serie of 4 | Serie of 5 | Serie of 7 | Serie of 8 | Serie of 10 |
Serie di 4	Serie di 5	Serie di 7	Serie di 8	Serie di 10
3057- 3060	8859- 8863	3907- 3913		
3068- 3071	8916- 8920	3934- 3940		
3076- 3079	8984- 8988	3991- 3997		
3087- 3090	9079- 9083	4002- 4008		
3114- 3117	9204- 9208	4029- 4035		
3125- 3128	9356- 9360	4059- 4065		
3144- 3147	9451- 9455	4086- 4092		
3171- 3174	9603- 9607	4097- 4103		
3182- 3185	9796- 9800	4127- 4133		
3209- 3212	9891- 9895	4154- 4160		
3220- 3223	9948- 9952	4192- 4198		
3239- 3242		4222- 4228		
3266- 3269		4279- 4285		
3277- 3280		4290- 4296		
3323- 3326		4347- 4353		
3334- 3337		4374- 4380		
3361- 3364		4431- 4437		
3372- 3375		4442- 4448		
3391- 3394		4469- 4475		
3402- 3405		4499- 4505		
3429- 3432		4526- 4532		
3440- 3443		4537- 4543		
3459- 3462		4564- 4570		
3486- 3489		4583- 4589		
3497- 3500		4594- 4600		
3508- 3511		4621- 4627		
3516- 3519		4651- 4657		
3527- 3530		4678- 4684		
3554- 3557		4689- 4695		
3565- 3568		4719- 4725		
3592- 3595		4746- 4752		
3611- 3614		4784- 4790		
3638- 3641		4803- 4809		
3649- 3652		4814- 4820		
3676- 3679		4841- 4847		
3695- 3698		4898- 4904		
3706- 3709		4936- 4942		
3717- 3720		4955- 4961		
3744- 3747		4966- 4972		
3763- 3766		4993- 4999		
3774- 3777		5023- 5029		
3801- 3804		5061- 5067		
3812- 3815		5118- 5124		
3831- 3834		5156- 5162		
3858- 3861		5175- 5181		
3869- 3872		5186- 5192		
3915- 3918		5213- 5219		
3926- 3929		5270- 5276		
3953- 3956		5308- 5314		
3964- 3967		5327- 5333		
3983- 3986		5338- 5344		
4010- 4013		5365- 5371		
4021- 4024		5406- 5412		
4048- 4051		5433- 5439		
4067- 4070		5490- 5496		
4078- 4081		5547- 5553		
4116- 4119		5558- 5564		
4135- 4138		5585- 5591		
4146- 4149		5642- 5648		
4173- 4176		5653- 5659		

Serie of 4 Serie di 4	Serie of 5 Serie di 5	Serie of 7 Serie di 7	Serie of 8 Serie di 8	Serie of 10 Serie di 10
4184- 4187		5680- 5686		
4203- 4206		5699- 5705		
4214- 4217		5710- 5716		
4241- 4244		5737- 5743		
4252- 4255		5748- 5754		
4298- 4301		5775- 5781		
4309- 4312		5794- 5800		
4336- 4339		5805- 5811		
4355- 4358		5832- 5838		
4366- 4369		5851- 5857		
4393- 4396		5862- 5868		
4404- 4407		5889- 5895		
4450- 4453		5900- 5906		
4461- 4464		5919- 5925		
4488- 4491		5930- 5936		
4507- 4510		5957- 5963		
4518- 4521		5995- 6001		
4545- 4548		6014- 6020		
4556- 4559		6025- 6031		
4602- 4605		6052- 6058		
4613- 4616		6090- 6096		
4640- 4643		6109- 6115		
4659- 4662		6147- 6153		
4670- 4673		6166- 6172		
4697- 4700		6177- 6183		
4708- 4711		6234- 6240		
4727- 4730		6245- 6251		
4738- 4741		6272- 6278		
4765- 4768		6302- 6308		
4776- 4779		6329- 6335		
4822- 4825		6340- 6346		
4833- 4836		6367- 6373		
4860- 4863		6386- 6392		
4871- 4874		6397- 6403		
4879- 4882		6424- 6430		
4890- 4893		6481- 6487		
4917- 4920		6492- 6498		
4928- 4931		6519- 6525		
4974- 4977		6538- 6544		
4985- 4988		6549- 6555		
5042- 5045		6576- 6582		
5053- 5056		6587- 6593		
5080- 5083		6606- 6612		
5091- 5094		6617- 6623		
5099- 5102		6644- 6650		
5110- 5113		6682- 6688		
5137- 5140		6712- 6718		
5148- 5151		6769- 6775		
5194- 5197		6780- 6786		
5205- 5208		6834- 6840		
5232- 5235		6853- 6859		
5243- 5246		6864- 6870		
5262- 5265		6891- 6897		
5289- 5292		6921- 6927		
5300- 5303		6932- 6938		
5346- 5349		6959- 6965		
5357- 5360		7016- 7022		
5384- 5387		7054- 7060		
5395- 5398		7073- 7079		
5414- 5417		7084- 7090		

| Serie of 4 | Serie of 5 | Serie of 7 | Serie of 8 | Serie of 10 |
Serie di 4	Serie di 5	Serie di 7	Serie di 8	Serie di 10
5425- 5428		7111- 7117		
5452- 5455		7130- 7136		
5463- 5466		7141- 7147		
5482- 5485		7168- 7174		
5509- 5512		7206- 7212		
5520- 5523		7225- 7231		
5566- 5569		7236- 7242		
5577- 5580		7263- 7269		
5604- 5607		7304- 7310		
5615- 5618		7331- 7337		
5634- 5637		7388- 7394		
5661- 5664		7445- 7451		
5672- 5675		7456- 7462		
5718- 5721		7483- 7489		
5729- 5732		7513- 7519		
5756- 5759		7551- 7557		
5767- 5770		7608- 7614		
5786- 5789		7703- 7709		
5813- 5816		7760- 7766		
5824- 5827		7817- 7823		
5870- 5873		7828- 7834		
5881- 5884		7855- 7861		
5938- 5941		7923- 7929		
5949- 5952		7980- 7986		
5976- 5979		7991- 7997		
5987- 5990		8007- 8013		
6006- 6009		8045- 8051		
6033- 6036		8064- 8070		
6044- 6047		8075- 8081		
6071- 6074		8132- 8138		
6082- 6085		8143- 8149		
6101- 6104		8200- 8206		
6128- 6131		8227- 8233		
6139- 6142		8265- 8271		
6158- 6161		8284- 8290		
6185- 6188		8295- 8301		
6196- 6199		8322- 8328		
6207- 6210		8341- 8347		
6226- 6229		8352- 8358		
6253- 6256		8379- 8385		
6264- 6267		8417- 8423		
6291- 6294		8436- 8442		
6310- 6313		8447- 8453		
6321- 6324		8474- 8480		
6348- 6351		8504- 8510		
6359- 6362		8515- 8521		
6378- 6381		8542- 8548		
6405- 6408		8599- 8605		
6416- 6419		8637- 8643		
6443- 6446		8656- 8662		
6454- 6457		8667- 8673		
6462- 6465		8694- 8700		
6473- 6476		8724- 8730		
6500- 6503		8735- 8741		
6511- 6514		8819- 8825		
6530- 6533		8887- 8893		
6557- 6560		8971- 8977		
6568- 6571		9009- 9015		
6595- 6598		9028- 9034		
6625- 6628		9039- 9045		

| Serie of 4 | Serie of 5 | Serie of 7 | Serie of 8 | Serie of 10 |
Serie di 4	Serie di 5	Serie di 7	Serie di 8	Serie di 10
6636- 6639		9066- 9072		
6663- 6666		9096- 9102		
6674- 6677		9107- 9113		
6693- 6696		9134- 9140		
6704- 6707		9172- 9178		
6731- 6734		9191- 9197		
6742- 6745		9229- 9235		
6750- 6753		9259- 9265		
6761- 6764		9286- 9292		
6788- 6791		9324- 9330		
6799- 6802		9343- 9349		
6815- 6818		9381- 9387		
6826- 6829		9411- 9417		
6845- 6848		9479- 9485		
6872- 6875		9506- 9512		
6883- 6886		9563- 9569		
6902- 6905		9574- 9580		
6913- 6916		9631- 9637		
6940- 6943		9658- 9664		
6951- 6954		9715- 9721		
6978- 6981		9726- 9732		
6989- 6992		9753- 9759		
6997- 7000		9783- 9789		
7008- 7011		9821- 9827		
7027- 7030		9851- 9857		
7035- 7038		9878- 9884		
7046- 7049		9935- 9941		
7065- 7068		9973- 9979		
7092- 7095				
7103- 7106				
7122- 7125				
7149- 7152				
7160- 7163				
7179- 7182				
7187- 7190				
7198- 7201				
7217- 7220				
7244- 7247				
7255- 7258				
7282- 7285				
7293- 7296				
7312- 7315				
7323- 7326				
7350- 7353				
7361- 7364				
7369- 7372				
7380- 7383				
7407- 7410				
7418- 7421				
7426- 7429				
7437- 7440				
7464- 7467				
7475- 7478				
7505- 7508				
7532- 7535				
7543- 7546				
7570- 7573				
7581- 7584				
7589- 7592				
7600- 7603				

| Serie of 4 | Serie of 5 | Serie of 7 | Serie of 8 | Serie of 10 |
| Serie di 4 | Serie di 5 | Serie di 7 | Serie di 8 | Serie di 10 |

7627- 7630
7638- 7641
7665- 7668
7676- 7679
7684- 7687
7695- 7698
7722- 7725
7733- 7736
7741- 7744
7752- 7755
7779- 7782
7790- 7793
7809- 7812
7836- 7839
7847- 7850
7874- 7877
7885- 7888
7904- 7907
7915- 7918
7942- 7945
7953- 7956
7961- 7964
7972- 7975
7999- 8002
8026- 8029
8037- 8040
8056- 8059
8083- 8086
8094- 8097
8105- 8108
8113- 8116
8124- 8127
8151- 8154
8162- 8165
8189- 8192
8208- 8211
8219- 8222
8246- 8249
8257- 8260
8276- 8279
8303- 8306
8314- 8317
8333- 8336
8360- 8363
8371- 8374
8398- 8401
8409- 8412
8428- 8431
8455- 8458
8466- 8469
8493- 8496
8523- 8526
8534- 8537
8561- 8564
8572- 8575
8591- 8594
8618- 8621
8629- 8632
8648- 8651
8675- 8678

| Serie of 4 | Serie of 5 | Serie of 7 | Serie of 8 | Serie of 10 |
| Serie di 4 | Serie di 5 | Serie di 7 | Serie di 8 | Serie di 10 |

```
8686- 8689
8705- 8708
8716- 8719
8743- 8746
8754- 8757
8781- 8784
8792- 8795
8800- 8803
8811- 8814
8838- 8841
8849- 8852
8876- 8879
8895- 8898
8906- 8909
8933- 8936
8944- 8947
8952- 8955
8963- 8966
8990- 8993
9001- 9004
9020- 9023
9047- 9050
9058- 9061
9085- 9088
9115- 9118
9126- 9129
9153- 9156
9164- 9167
9183- 9186
9210- 9213
9221- 9224
9248- 9251
9267- 9270
9278- 9281
9305- 9308
9316- 9319
9335- 9338
9362- 9365
9373- 9376
9403- 9406
9430- 9433
9441- 9444
9468- 9471
9487- 9490
9498- 9501
9525- 9528
9536- 9539
9555- 9558
9582- 9585
9593- 9596
9620- 9623
9639- 9642
9650- 9653
9677- 9680
9688- 9691
9707- 9710
9734- 9737
9745- 9748
9772- 9775
9791- 9794
```

| Serie of 4 | Serie of 5 | Serie of 7 | Serie of 8 | Serie of 10 |
Serie di 4	Serie di 5	Serie di 7	Serie di 8	Serie di 10
9802- 9805				
9813- 9816				
9840- 9843				
9859- 9862				
9870- 9873				
9897- 9900				
9908- 9911				
9916- 9919				
9927- 9930				
9954- 9957				
9965- 9968				
9992- 9995				

APPARENT HORIZON

ORIZZONTE APPARENTE

The table lists the distance of the apparent horizon measured along the curved surface of the Earth. I suppose the Earth's globe spherical and I neglected the effect of the atmospheric refraction.

La tabella mostra la distanza dell'orizzonte apparente misurato lungo la superficie terrestre. Si è supposto che la Terra sia sferica e si è trascurato l'effetto della rifrazione atmosferica

H Heigt of Distance the observer (m)	D (km)	H Heigt of Distance the observer (m)	D (km)
1	3.569	39	22.286
2	5.047	40	22.57
3	6.181	41	22.85
4	7.137	42	23.127
5	7.98	43	23.401
6	8.741	44	23.671
7	9.442	45	23.939
8	10.093	46	24.203
9	10.706	47	24.465
10	11.285	48	24.724
11	11.836	49	24.98
12	12.362	50	25.234
13	12.867	51	25.485
14	13.352	52	25.733
15	13.821	53	25.98
16	14.274	54	26.224
17	14.714	55	26.465
18	15.14	56	26.705
19	15.555	57	26.942
20	15.959	58	27.177
21	16.353	59	27.411
22	16.738	60	27.642
23	17.114	61	27.871
24	17.482	62	28.099
25	17.843	63	28.325
26	18.196	64	28.549
27	18.543	65	28.771
28	18.883	66	28.991
29	19.217	67	29.21
30	19.546	68	29.427
31	19.869	69	29.643
32	20.187	70	29.857
33	20.5	71	30.069
34	20.808	72	30.28
35	21.112	73	30.49
36	21.411	74	30.698
37	21.707	75	30.905
38	21.998	76	31.11

H Heigt of Distance the observer (m)	D (km)	H Heigt of Distance the observer (m)	D (km)
77	31.314	300	61.809
78	31.517	400	71.370
79	31.718	500	79.793
80	31.918	600	87.409
81	32.117	700	94.412
82	32.315	800	100.93
83	32.511	900	107.051
84	32.706	1000	112.841
85	32.901	1200	123.61
86	33.094	1400	133.512
87	33.285	1600	142.729
88	33.476	1800	151.384
89	33.666	2000	159.571
90	33.854	2500	178.4
91	34.042	3000	195.421
92	34.228	3500	211.072
93	34.414	4000	225.638
94	34.599	4500	239.318
95	34.782	5000	252.255
96	34.965	6000	276.313
97	35.146	7000	298.433
98	35.327	8000	319.017
99	35.507	9000	338.347
100	35.686	10000	356.625
200	50.467		

TRANSIT OF PLANETS AS SEEN FROM OTHER PIANETS

TRANSITI DI PIANETI VISTI DA ALTRI PIANETI

Are listed all the hypothetical transits visible from other planets of our Solar Sistem

Sono elencati tutti i transiti di pianeti ipoteticamente visibili da altri pianeti del nostro Sistema Solare

TRANSITS FROM VENUS - TRANSITI DA VENERE

Date	TDT	Dm	
2016/12/17	01:18:09	0.05121	Mercury
2022/07/02	17:44:51	0.08596	Mercury
2028/01/16	10:06:48	0.22075	Mercury
2033/08/01	02:18:05	0.35147	Mercury
2058/06/24	22:59:55	0.33377	Mercury
2062/06/24	13:43:19	0.28799	Mercury
2064/01/09	03:28:31	0.01455	Mercury
2068/01/08	06:27:01	0.14502	Mercury
2069/07/25	08:52:49	0.32812	Mercury
2073/07/23	22:59:09	0.00605	Mercury
2079/02/06	15:26:40	0.13081	Mercury
2084/08/22	07:44:15	0.26379	Mercury

TRANSITS FROM MARS - TRANSITI DA MARTE

Date	TDT	Dm	
2013/05/10	04:27:56	0.17546	Mercury
2014/06/04	18:24:37	0.07207	Mercury
2015/04/15	16:01:42	0.08458	Mercury
2023/10/25	18:23:31	0.15703	Mercury
2024/09/05	01:20:20	0.02344	Mercury
2030/08/19	23:53:58	0.13123	Venus
2032/06/18	18:59:34	0.10670	Venus
2034/01/26	10:39:06	0.03841	Mercury
2035/02/21	21:05:43	0.12042	Mercury
2043/06/18	19:34:52	0.10330	Mercury
2044/07/13	19:54:50	0.02734	Mercury
2045/05/24	06:26:21	0.14899	Mercury
2052/11/08	04:28:40	0.16920	Mercury
2053/12/03	19:14:40	0.06224	Mercury
2054/10/14	15:53:51	0.08992	Mercury
2059/11/05	03:38:28	0.03445	Venus
2063/04/25	18:55:58	0.14868	Mercury
2064/03/06	01:28:04	0.03026	Mercury
2064/06/17	16:00:30	0.00767	Venus
2073/07/27	10:38:00	0.03229	Mercury
2074/08/22	21:39:38	0.12926	Mercury
2082/12/17	19:38:24	0.09673	Mercury
2084/01/12	20:36:14	0.03666	Mercury
2084/11/22	06:23:32	0.15481	Mercury
2084/11/10	06:17:01	0.09476	Earth

```
2091/11/05 00:29:12   0.16253   Venus
2092/05/09 04:34:30   0.16237   Mercury
2093/06/03 20:00:14   0.05273   Mercury
2094/04/14 16:00:21   0.09660   Mercury
2096/06/16 11:33:04   0.11750   Venus
2098/04/16 06:18:26   0.12226   Venus
```

TRANSITS FROM JUPITER - TRANSITI DA GIOVE

```
    Date        TDT         Dm
2014/01/05 21:38:56   0.02561   Earth
2018/01/12 01:39:33   0.00221   Mercury
2023/09/17 00:23:03   0.02301   Mercury
2023/12/15 08:25:54   0.03765   Mercury
2024/05/26 00:12:38   0.03002   Venus
2026/01/10 09:09:38   0.04927   Earth
2029/10/31 00:09:25   0.01427   Mercury
2030/11/14 12:51:24   0.02246   Venus
2035/07/06 03:37:04   0.03896   Mercury
2035/10/03 11:57:02   0.02238   Mercury
2040/07/08 03:23:26   0.00153   Mars
2041/08/18 23:04:04   0.03012   Mercury
2041/11/17 03:41:19   0.03665   Mercury
2042/07/20 14:18:56   0.00917   Venus
2047/07/22 14:49:31   0.00588   Mercury
2048/05/28 21:52:13   0.03022   Venus
2053/06/06 21:42:11   0.04630   Mercury
2053/09/05 01:42:39   0.01953   Mercury
2054/03/25 15:54:40   0.04070   Venus
2055/06/24 20:19:26   0.04216   Earth
2058/04/28 20:57:33   0.01595   Mars
2059/05/10 18:22:45   0.00938   Mercury
2059/08/08 02:13:24   0.05077   Mercury
2060/02/01 13:10:28   0.00853   Venus
2065/06/23 22:58:41   0.00143   Mercury
2066/07/22 21:11:55   0.04046   Venus
2067/06/29 12:51:36   0.01819   Earth
2071/02/26 22:17:46   0.02409   Mercury
2071/05/27 06:24:48   0.03679   Mercury
2071/10/07 05:05:40   0.04744   Venus
2072/12/26 18:09:32   0.02917   Earth
2077/04/11 21:27:58   0.01505   Mercury
2078/03/27 22:25:53   0.00837   Venus
2079/07/04 10:34:17   0.00739   Earth
```

```
2082/12/16 01:50:11   0.03943   Mercury
2083/03/15 10:13:34   0.02201   Mercury
2084/02/04 15:03:55   0.05302   Venus
2084/12/31 08:04:50   0.00417   Earth
2089/01/28 20:06:31   0.03129   Mercury
2089/04/29 00:39:11   0.03542   Mercury
2089/12/01 00:18:07   0.02317   Venus
2091/07/09 09:31:32   0.03349   Earth
2094/02/01 04:44:03   0.04489   Mars
2095/01/01 13:41:50   0.00660   Mercury
2095/10/10 06:01:22   0.01434   Venus
2097/01/04 21:21:12   0.02026   Earth
```

TRANSITS FROM SATURN - TRANSITI DA SATURNO

```
   Date       TDT         Dm
2020/07/20 23:32:27   0.02358   Earth
2024/05/17 15:39:33   0.02538   Mars
2027/07/22 21:16:05   0.02725   Mercury
2027/10/19 10:01:18   0.01454   Mercury
2028/01/14 13:37:38   0.00830   Venus
2028/01/15 22:38:01   0.00187   Mercury
2028/04/13 11:07:11   0.01074   Mercury
2028/07/10 23:30:30   0.02326   Mercury
2028/08/31 08:32:25   0.01643   Venus
2041/04/01 10:23:59   0.02761   Venus
2041/08/15 12:50:55   0.01501   Mercury
2041/11/12 08:38:15   0.00058   Mercury
2041/11/16 17:34:31   0.00634   Venus
2042/02/09 04:40:55   0.01398   Mercury
2042/07/03 23:34:38   0.01452   Venus
2049/07/16 04:56:39   0.00005   Earth
2056/12/09 07:52:37   0.02801   Venus
2057/03/07 13:46:17   0.01657   Mercury
2057/06/04 02:27:01   0.00390   Mercury
2057/07/27 01:46:34   0.00393   Venus
2057/08/31 14:58:22   0.00871   Mercury
2057/11/28 03:21:59   0.02124   Mercury
2058/03/13 20:57:23   0.02084   Venus
2064/01/16 18:06:21   0.01145   Earth
2070/10/12 18:28:43   0.02392   Venus
2071/01/02 14:11:04   0.01787   Mercury
2071/04/01 09:51:06   0.00351   Mercury
2071/05/30 01:15:44   0.00272   Venus
```

```
2071/06/29 05:47:13   0.01099   Mercury
2071/09/26 02:00:01   0.02559   Mercury
2072/01/14 06:52:14   0.01801   Venus
2078/07/11 05:00:26   0.02441   Earth
2082/08/26 18:09:08   0.02177   Mars
2086/06/21 11:50:25   0.02509   Venus
2086/07/25 15:15:37   0.02063   Mercury
2086/10/22 03:56:46   0.00795   Mercury
2087/01/18 16:30:04   0.00468   Mercury
2087/02/06 05:38:57   0.00090   Venus
2087/04/17 04:56:20   0.01724   Mercury
2087/09/24 00:54:43   0.02397   Venus
2093/01/09 19:15:22   0.02236   Earth
2096/10/12 00:19:31   0.00767   Mars
```

TRANSITS FROM URANUS - TRANSITI DA URANO

```
   Date       TDT        Dm
2018/12/13 22:59:10   0.00493   Mars
2020/10/26 21:39:38   0.01252   Mercury
2020/11/13 02:04:02   0.00762   Mars
2021/01/23 00:51:51   0.01076   Mercury
2021/04/21 04:02:59   0.00899   Mercury
2021/07/18 07:14:03   0.00723   Mercury
2021/10/14 10:25:25   0.00547   Mercury
2022/01/10 13:36:04   0.00370   Mercury
2022/04/08 16:45:39   0.00194   Mercury
2022/07/05 19:54:59   0.00018   Mercury
2022/10/01 23:04:04   0.00158   Mercury
2022/12/29 02:14:04   0.00335   Mercury
2023/03/27 05:22:28   0.00510   Mercury
2023/06/23 08:30:22   0.00686   Mercury
2023/09/19 11:37:48   0.00862   Mercury
2023/12/16 14:45:42   0.01037   Mercury
2024/03/13 17:53:46   0.01212   Mercury
2024/11/17 05:08:04   0.01332   Earth
2025/11/21 14:48:15   0.01048   Earth
2026/11/26 01:03:36   0.00751   Earth
2027/11/30 11:43:39   0.00450   Earth
2028/09/22 16:17:52   0.01133   Venus
2028/12/03 22:49:51   0.00141   Earth
2029/05/07 00:05:35   0.00670   Venus
2029/12/08 10:31:56   0.00173   Earth
2029/12/19 07:59:04   0.00202   Venus
```

```
2030/08/02 16:02:49  0.00271  Venus
2030/12/12 22:55:49  0.00488  Earth
2031/03/17 00:17:44  0.00746  Venus
2031/10/29 08:46:54  0.01225  Venus
2031/12/17 11:46:46  0.00807  Earth
2032/12/21 01:30:00  0.01121  Earth
2059/06/26 19:34:56  0.00421  Mars
2061/05/20 23:53:48  0.01330  Mercury
2061/06/01 04:40:14  0.01290  Mars
2061/08/17 07:48:22  0.01036  Mercury
2061/11/13 15:45:40  0.00740  Mercury
2062/02/09 23:44:45  0.00444  Mercury
2062/05/09 07:45:50  0.00146  Mercury
2062/08/05 15:49:05  0.00152  Mercury
2062/11/01 23:54:23  0.00451  Mercury
2063/01/29 08:01:16  0.00750  Mercury
2063/04/27 16:09:50  0.01050  Mercury
2063/07/25 00:20:03  0.01349  Mercury
2065/05/19 18:31:10  0.01142  Earth
2066/05/24 17:04:47  0.00804  Earth
2067/05/29 14:58:23  0.00463  Earth
2068/05/28 11:52:39  0.01000  Venus
2068/06/02 12:22:27  0.00123  Earth
2069/01/09 21:21:57  0.00509  Venus
2069/06/07 09:05:33  0.00211  Earth
2069/08/24 06:43:53  0.00021  Venus
2070/04/07 16:05:36  0.00463  Venus
2070/06/12 04:47:58  0.00542  Earth
2070/11/20 01:06:19  0.00941  Venus
2071/06/17 00:02:56  0.00862  Earth
2072/06/20 18:28:19  0.01175  Earth
```

TRANSITS FROM NEPTUNE - TRANSITI DA NETTUNO

```
   Date       TDT        Dm
2026/05/06 01:42:52  0.00057  Mars
2028/03/29 19:42:58  0.00800  Mars
2037/11/30 20:43:00  0.00871  Mercury
2038/02/26 22:14:51  0.00798  Mercury
2038/05/25 23:47:13  0.00725  Mercury
2038/08/22 01:19:05  0.00651  Mercury
2038/11/18 02:50:11  0.00579  Mercury
2039/02/14 04:20:40  0.00506  Mercury
2039/05/13 05:51:06  0.00433  Mercury
```

```
2039/08/09 07:22:21    0.00360    Mercury
2039/11/05 08:52:20    0.00288    Mercury
2040/02/01 10:21:35    0.00216    Mercury
2040/04/29 11:50:25    0.00144    Mercury
2040/07/26 13:19:39    0.00072    Mercury
2040/10/22 14:49:12    0.00000    Mercury
2041/01/18 16:17:20    0.00071    Mercury
2041/04/16 17:44:42    0.00143    Mercury
2041/07/13 19:12:14    0.00214    Mercury
2041/10/09 20:39:51    0.00285    Mercury
2042/01/05 22:07:31    0.00356    Mercury
2042/04/03 23:33:49    0.00426    Mercury
2042/07/01 00:59:59    0.00497    Mercury
2042/09/27 02:26:04    0.00567    Mercury
2042/10/27 12:16:48    0.00835    Venus
2042/12/24 03:52:33    0.00637    Mercury
2043/03/22 05:18:21    0.00707    Mercury
2043/06/10 01:32:41    0.00669    Venus
2043/06/18 06:43:36    0.00777    Mercury
2043/09/14 08:08:26    0.00846    Mercury
2044/01/21 14:51:42    0.00504    Venus
2044/09/03 04:18:17    0.00338    Venus
2045/04/16 17:37:16    0.00171    Venus
2045/11/28 06:55:05    0.00005    Venus
2046/07/11 20:16:05    0.00162    Venus
2047/02/22 09:38:01    0.00328    Venus
2047/10/05 23:01:57    0.00495    Venus
2048/05/18 12:20:26    0.00660    Venus
2048/12/30 01:38:50    0.00826    Venus
2061/05/29 15:33:34    0.00533    Saturn
2081/01/23 13:53:26    0.00897    Earth
2082/01/26 00:01:46    0.00669    Earth
2083/01/28 09:59:33    0.00439    Earth
2084/01/30 20:12:45    0.00210    Earth
2085/02/01 06:17:22    0.00021    Earth
2086/02/03 16:37:58    0.00249    Earth
2087/02/06 02:48:46    0.00479    Earth
2088/02/08 12:57:09    0.00706    Earth
```

Dm = minimal distance between the center of the Sun and the planet, in degrees

Dm = distanza minima tra il centro del Sole ed il pianeta, in gradi

OCCULTATIONS BETWEEN PLANETS VISIBLE FROM OTHER PLANETS FROM 2013 TO THE 2100

OCCULTAZIONI TRA PIANETI VISIBILI DA ALTRI PIANETI DAL 2013 AL 2100

Are listed all the occultations between planets that could be seen from the surface of other planets
In theory such phenomena could be seen (and be photographed) from the several probes in travel in our solar system

Sono elencate tutte le occultazioni tra pianeti che si potrebbero vedere dalla superficie degli altri pianeti

In teoria tali fenomeni potrebbero essere visti (e fotografati) dalle varie sonde in viaggio nel nostro sistema solare

FROM MERCURY - OCCULTAZIONI TRA PIANETI VISTE DA MERCURIO

Data	TDT	Dm	d1	d2	e	m1	m2	tm(s)	T	Occultante	Occulted Occultato
2022/11/29	20:24	3.7	12.8	4.9	-27	-2.8	0.8	725.1	T	Earth	Mars
2064/09/02	10:48	1.0	16.8	3.6	-22	-5.1	5.6	168.8	T	Venus	Uranus

FROM VENUS - OCCULTAZIONI TRA PIANETI VISTE DA VENERE

Data	TDT	Dm	d1	d2	e	m1	m2	tm(s)	T		Occulted

FROM MARS - OCCULTAZIONI TRA PIANETI VISTE DA MARTE

Data	TDT	Dm	d1	d2	e	m1	m2	tm(s)	T		Occulted
2022/11/29	20:34	6.5	3.5	32.5	8	1.2	0.1	609.0	T	Mercury	Earth
2032/09/11	01:45	12.5	4.7	27.3	-12	1.9	-1.6	1486	A	Mercury	Jupiter
2079/08/11	01:43	4.2	4.9	6.7	7	2.1	-1.3	194.6	0.48	Mercury	Earth
2079/11/04	15:59	6.6	28.6	3.2	-35	-1.7	5.9	6027	T	Jupiter	Uranus

FROM JUPITER - OCCULTAZIONI TRA PIANETI VISTE DA GIOVE

Data	TDT	Dm	d1	d2	e	m1	m2	tm(s)	T		Occulted
2032/09/11	01:40	1.6	1.3	1.4	4	3.0	3.8	549.5	A	Mercury	Mars
2065/11/22	13:27	5.5	3.6	2.8	1	4.3	0.5	309.2	T	Venus	Earth
2094/04/07	11:26	0.9	1.5	3.0	0	9.3	0.4	199.5	A	Mercury	Earth

FROM SATURN - OCCULTAZIONI TRA PIANETI VISTE DA SATURNO

Data	TDT	Dm	d1	d2	e	m1	m2	tm(s)	T		Occulted
2032/01/12	11:21	3.3	2.1	1.8	-4	0.5	4.7	227.0	0.13	Earth	Venus
2046/04/29	05:23	12.0	15.3	1.9	-24	0.5	8.5	5755	0.52	Jupiter	Neptune

FROM URANUS - OCCULTAZIONI TRA PIANETI VISTE DA URANO

Data	TDT	Dm	d1	d2	e	m1	m2	tm(s)	T		Occulted
2064/09/02	13:22	0.1	0.4	0.9	0	7.6	4.1	191.8	T	Venus	Mercury
2079/11/04	18:25	3.0	0.4	12.6	3	6.3	6.6	5616	T	Jupiter	Mars

FROM NEPTUNE - OCCULTAZIONI TRA PIANETI VISTE DA NETTUNO

Data	TDT	Dm	d1	d2	e	m1	m2	tm(s)	T		Occulted
2046/04/29	10:04	5.3	6.9	3.9	8	4.1	3.9	8791	0.14	Jupiter	Saturn

Date in the format year/month/day
Time in Terrestrial Dinamical Time
Dm distances between the centers of the planets as seen from the master planet, in arc seconds
r1,r2 distances of the planets from the master planet in A.U.
d1,d2 diameters of the planets in arc seconds
e elongations of the planets as seen from the master planet
m1,m2 magnitudes of the planets as seen from the master planets
tm lenght of the phenomena in seconds

type, Annular, Total; if partial is indicated the
covereing

Data nel formato anno/mese/giorno
Ora in Terrestrial Dinamical Time
Dm distanza tra i centri dei pianeti come visti dal pianeta interessato, in secondi d'arco
r1,r2 distanza dei pianeti dal pianeta di osservazione in unità astronomiche
d1,d2 diametro dei pianeti in secondi d'arco
e elongazione dei pianeti come visti dal pianeta interessato
m1,m2 magnitudine dei pianeti come visti dal pianeta interessato
tm durata del fenomeno in secondi
tipo, Anulare, Totale; se parziale è indicata la percentuale di copertura

INDEX - INDICE

INTRODUZIONE 3
INTRODUCTION 5
SEASONS - STAGIONI 7
PERIHELION OF THE EARTH 84
PERIELIO DELLA TERRA 84
BARICENTER OF THE SOLAR SISTEM 143
BARICENTRO DEL SISTEMA SOLARE 143
DURATION OF THE TWILIGHTS 147
DURATA DEI CREPUSCOLI 147
THE SHORTEST AND THE LONGEST TWILIGHTS 151
DURATA MINIMA E MASSIMA DEI CREPUSCOLI 151
THE DURATION OF THE TRUE SOLAR DAY 160
LA DURATA DEL GIORNO SOLARE VERO 160
EXTREME DECLINATIONS OF SUN, MOON AND PLANETS 1900-2100 173
ESTREME DECLINAZIONI DI SOLE, LUNA E PIANETI 1900-2100 173
THE DECLINATION OF POLARIS 219
LA DECLINAZIONE DELLA STELLA POLARE 219
PRECESSION 241
PRECESSIONE 241
EVOLUTION OF THE ORBITAL ELEMENTS OF THE PLANETS AND OF THE MOON 244
EVOLUZIONE DEGLI ELEMENTI ORBITALI DEI PIANETI E DELLA LUNA 244
EASTER 255
PASQUA 255
APPARENT HORIZON 266
ORIZZONTE APPARENTE 266
TRANSIT OF PLANETS AS SEEN FROM OTHER PIANETS 269
TRANSITI DI PIANETI VISTI DA ALTRI PIANETI 269
OCCULTATIONS BETWEEN PLANETS VISIBLE FROM OTHER PLANETS FROM 2013 TO THE 2100 276
OCCULTAZIONI TRA PIANETI VISIBILI DA ALTRI PIANETI DAL 2013 AL 2100 276
INDEX - INDICE 279

www.ingramcontent.com/pod-product-compliance
Lightning Source LLC
Chambersburg PA
CBHW031827170526
45157CB00001B/215
9781291645002